## AFRIKA 68-69

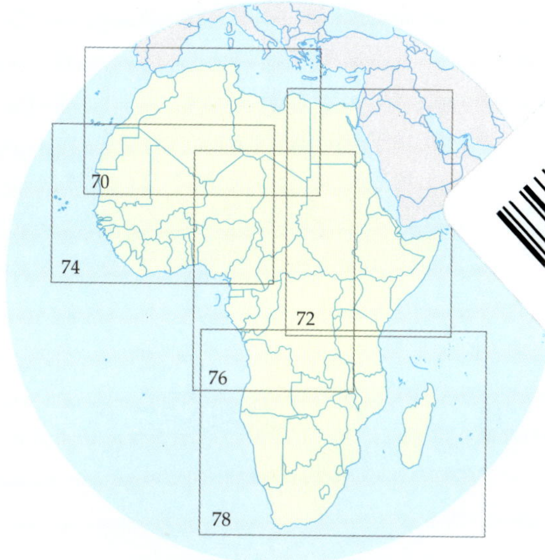


## EUROPA 80-81

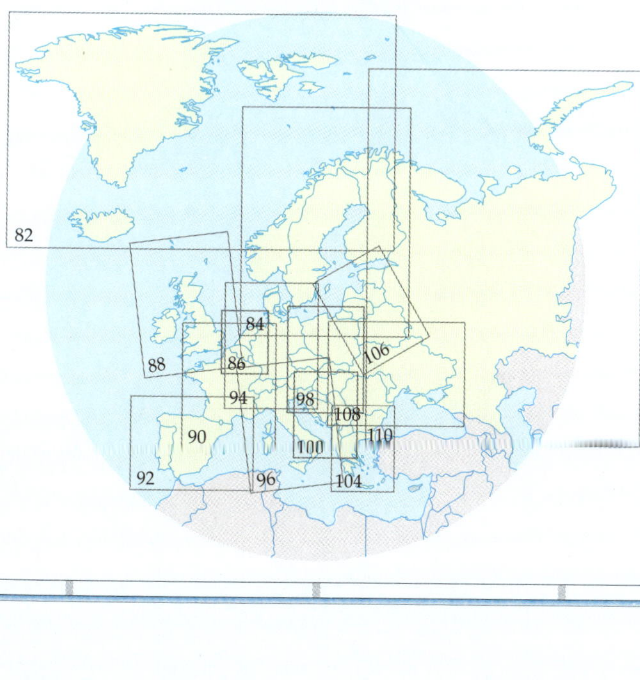

# DUMONT
# KOMPAKT-ATLAS

# DUMONT KOMPAKT-ATLAS

DORLING KINDERSLEY & DUMONT BUCHVERLAG

DIREKTOR KARTOGRAPHIE: Andrew Heritage

DIREKTOR GESTALTUNG: Chez Picthall

PROJEKTLEITUNG:
Julia Lunn, Julie Turner

KARTOGRAPHIE:
Roger Bullen, Bob Croser, Martin Darlison, Stephen Flanagan, Sally Gable, Dieter Müller, John Plumer, Andrew Thompson, Scott Wallace

DIGITALE KARTENHERSTELLUNG MITTELS DK CARTOPIA DURCH:
Tom Coulson, Dan Gardiner, Phil Rowles, Rob Stokes

ENTWURF: Katy Wall

REGISTER: Natalie Clarkson, Ruth Duxbury, Margaret Hynes, Simon Lewis, Debra Clapson

PRODUKTION: Hilary Stephens, David Proffit

*Erstveröffentlichung 1997 durch Dorling Kindersley Limited*
*9 Henrietta Street, London WC2E 8PS, Internet: http://www.dk.com*



DEUTSCHE FASSUNG:
Hans E. Latzke Redaktionsbüro, Bielefeld, und
DuMont Buchverlag, Köln



Die Deutsche Bibliothek – CIP Einheitsaufnahme

DuMont Kompakt-Atlas. - Köln : DuMont, 1998
Einheitssacht.: Concise world atlas <dt.>
ISBN 3-7701-4373-6

*Druck und buchbinderische Verarbeitung: Graphicom Srl, Italien*
ISBN 3-7701-4373-6

# LEGENDE

## GRENZEN

- internationale Grenze
- umstrittene *De facto*-Grenze
- Grenze eines beanspruchten Territoriums
- Demarkations-/Waffenstillstandslinie
- unklare internationale Grenze
- Grenze zwischen Verwaltungsgebieten

## VERKEHRSWEGE

- Autobahn/Fernstraße
- Nebenstraße
- Eisenbahn
- internationaler Flughafen

## FESTLANDGEWÄSSER

- Strom/Fluß
- Nebenfluß
- Fluß, nur zeitweise Wasser führend
- Kanal
- Wasserfall
- Süßwassersee
- zeitweiliger Süßwassersee
- Feuchtgebiet

## VEREISUNG

- permanente Eisdecke/Schelfeis
- Packeisgrenze im Winter
- Packeisgrenze im Sommer

## LANDSCHAFTSFAKTOREN

- Sandwüste
- Höhe über dem Meeresspiegel
- Tiefe unter dem Meeresspiegel
- Vulkan
- Paß/Tunnel
- Monument

## STÄDTE

- unter 50 000 Einwohner
- 50 000–100 000 Einwohner
- 100 000–500 000 Einwohner
- über 500 000 Einwohner
- Hauptstadt eines Staats
- Hauptstadt eines Verwaltungsgebiets

## BESCHRIFTUNG

| | |
|---|---|
| **TAIWAN** | Staat |
| **JERSEY** (Gr.-Br.) | abhängiges Gebiet |
| PARIS | Hauptstadt |
| KANSAS | Verwaltungsgebiet |
| Dordogne | Kulturlandschaft |
| *Sahara* | Landschaft |
| *Mont Blanc 4807m* | Berg/Paß |
| *Rhein* | Gewässer |
| *Sulu-See* | Meer |
| *Chile Rise* | untermeerische Formation |

## DETAILKARTEN

- Stadtgebiet
- Stadtzentrum
- Park
- Sehenswürdigkeit
- Vorort/Verwaltungsbezirk

# INHALT

## DUMONT KOMPAKT-ATLAS

Politische Weltkarte ........... 8-9
Reliefkarte der Erde ......... 10-11
Zeitzonen .................. 12-13
Struktur der Erde ........... 14-15
Globale Klimaprozesse ....... 16-17
Meeresströme .............. 18-19
Lebensraum Erde ........... 20-21
Bevölkerung .............. 22-23
Sprachen ................. 24-25
Religionen ................ 26-27
Die Weltwirtschaft .......... 28-29
Globale Konflikte ........... 30-31

# KONTINENTE & REGIONEN

## NORD- & MITTELAMERIKA

Nord- & Mittelamerika ......... 34-35
West-Kanada & Alaska ......... 36-37
Ost-Kanada ................. 38-39
USA: der Nordosten .......... 40-41
USA: der Südosten ........... 42-43
*Bermuda*
USA: der Mittlere Westen ....... 44-45
USA: der Westen ............ 46-47
*Los Angeles & Hawaii*
USA: der Südwesten .......... 48-49
Mexiko ................... 50-51
Mittelamerika .............. 52-53
Karibik ................... 54-55
*Jamaica, St. Lucia & Barbados*

## SÜDAMERIKA

Südamerika ................. 56-57
Nördliches Südamerika ........ 58-59
Westliches Südamerika ......... 60-61
*Galápagos-Inseln*
Brasilien .................. 62-63
Südliches Südamerika ......... 64-65
Atlantischer Ozean ............ 66-67

## AFRIKA

Afrika ..................... 68-69
Nordwest-Afrika ............. 70-71
Nordost-Afrika .............. 72-73
Westafrika ................. 74-75
Zentralafrika ............... 76-77
*São Tomé & Príncipe*
Südliches Afrika ............. 78-79

## EUROPA

Europa .................... 80-81
Nordatlantik ............... 82-83
Skandinavien & Finnland ...... 84-85
Benelux-Staaten ............. 86-87
Britische Inseln ............. 88-89
*London*
Frankreich, Andorra, Monaco .... 90-91
*Paris, Andorra & Monaco*

*Fortsetzung....*

## EUROPA *Fortsetzung*

Spanien & Portugal . . . . . . . . . . . . 92-93
*Azoren & Gibraltar*
Deutschland & Alpenländer . . . . 94-95
*Liechtenstein*
Italien . . . . . . . . . . . . . . . . . . . . . . 96-97
*San Marino & Vatikan-Stadt*
Mitteleuropa . . . . . . . . . . . . . . . . . 98-99
Westlicher Balkan . . . . . . . . . . . 100-101
*Bosnien-Herzegowina*
Mittelmeer . . . . . . . . . . . . . . . . . 102-103
*Malta & Zypern*
Südlicher Balkan . . . . . . . . . . . . 104-105
Baltikum & Weißrußland . . . . . 106-107
Ukraine, Moldawien, Rumänien 108-109
Europäisches Rußland . . . . . . . . 110-111

## NORD- & WESTASIEN

Nord- & Westasien . . . . . . . . . . 112-113
Rußland & Kasachstan . . . . . . . 114-115
Türkei & Kaukasus . . . . . . . . . . 116-117
Naher Osten . . . . . . . . . . . . . . . . 118-119
*West Bank (Westjordanland)*
Mittlerer Osten . . . . . . . . . . . . . 120-121
Zentralasien . . . . . . . . . . . . . . . 122-123

## SÜD- & OSTASIEN

Süd- & Ostasien . . . . . . . . . . . . 124-125
Westchina & Mongolei . . . . . . . 126-127
Ostchina & Korea . . . . . . . . . . . 128-129
*Hong Kong*
Japan . . . . . . . . . . . . . . . . . . . . . 130-131
*Tōkyō & Nansei-shotō*
Südindien & Sri Lanka . . . . . . . 132-133
Nordindien & Himalaya-Staaten 134-135
Südostasiatisches Festland . . . . 136-137
Südostasiatische Inselstaaten . . 138-139
*Singapur*
Indischer Ozean . . . . . . . . . . . . 140-141

## AUSTRALASIEN & OZEANIEN

Australasien & Ozeanien . . . . . 142-143
Südwestlicher Pazifik . . . . . . . . 144-145
West-Australien . . . . . . . . . . . . . 146-147
Ost-Australien . . . . . . . . . . . . . . 148-149
*Sydney*
Neuseeland . . . . . . . . . . . . . . . . 150-151
Pazifischer Ozean . . . . . . . . . . . 152-153
Antarktis . . . . . . . . . . . . . . . . . . . . . . 154
Arktis . . . . . . . . . . . . . . . . . . . . . . . . . 155

## ANHANG & REGISTER

Abhängige Territorien . . . . . . . 156-159
Glossar geographischer
Fremdsprachenbegriffe . . . . 160-161
Register mit
Länderdaten . . . . . . . . . . . . . 162-256

# Politische Weltkarte

E
F
G
H
1
2
3
4
5
ARKTISCHER OZEAN
Queen Elizabeth Islands
GRÖNLAND (Dänemark)
Baffin Island
Nördl. Polarkreis
Alaska (USA)
KANADA
Aleuten (USA)
Kurilen (Russ. Föd.)
PAZIFISCHER OZEAN
ST-PIERRE & MIQUELON (Frankreich)
VEREINIGTE STAATEN VON AMERIKA
ATLANTISCHER OZEAN
BERMUDA (Gr.-Br.)
PUERTO RICO (USA)
BRITISH VIRGIN ISLANDS (Gr.-Br.)
VIRGIN ISLANDS (USA)
ANGUILLA (Gr.-Br.)
ST. KITTS & NEVIS
ANTIGUA & BARBUDA
MONTSERRAT (Gr.-Br.)
GUADELOUPE (Frankreich)
DOMINICA
MARTINIQUE (Frankreich)
ST. LUCIA
BARBADOS
ST. VINCENT & DIE GRENADINEN
GRENADA
TRINIDAD & TOBAGO
Wendekreis des Krebses
MIDWAY ISLANDS (USA)
DOM. REP.
TURKS & CAICOS ISLANDS (Gr.-Br.)
CAYMAN ISLANDS (Gr.-Br.)
BAHAMAS
MEXIKO
HONDURAS
BELIZE
KUBA
JAMAICA
NAVASSA I. (USA)
HAITI
NIEDERL. ANT. (Niederl.)
ARUBA (Niederl.)
Hawaii (USA)
WAKE ISLAND (USA)
MARSHALL-INSELN
JOHNSTON ATOLL (USA)
GUATEMALA
EL SALVADOR
NICARAGUA
COSTA RICA
PANAMA
Clipperton (Franz. Polynesien)
WALLIS & FUTUNA (Frankreich)
KINGMAN REEF (USA)
PALMYRA ATOLL (USA)
BAKER & HOWLAND ISLANDS (USA)
JARVIS ISLAND (USA)
VENEZUELA
KOLUMBIEN
FRANZ. GUYANA (Frankreich)
GUYANA
SURINAME
Islas Galápagos (Ecuador)
Äquator
ECUADOR
NAURU
KIRIBATI
TUVALU
TOKELAU (Nsl.)
SALOMON-INSELN
PERU
BRASILIEN
VANUATU
COOK ISLANDS (Nsl.)
BOLIVIEN
NOUVELLE-CALÉDONIE (Frankreich)
FIDSCHI
POLYNÉSIE FRANÇAISE (Frankreich)
PARAGUAY
Wendekreis des Steinbocks
CORAL SEA ISLANDS (Australien)
TONGA
SAMOA
NIUE (Nsl.)
AMERICAN SAMOA (USA)
Isla San Felix (Chile)
Isla San Ambrosio (Chile)
NORFOLK ISLAND (Australien)
PITCAIRN ISLANDS (Gr.-Br.)
Osterinseln (Chile)
CHILE
Kermadec Islands (Nsl.)
URUGUAY
Islas Juan Fernandez (Chile)
ARGENTINIEN
NEU-SEELAND
Chatham Island (Nsl.)
PAZIFISCHER OZEAN
Bounty Island (Nsl.)
Campbell Island (Nsl.)
FALKLAND ISLANDS (Gr.-Br.)
Macquarie Island (Australien)
CHILE
SOUTH GEORGIA & SOUTH SANDWICH ISLANDS (Gr.-Br.)
Südl. Polarkreis
ANTARKTIS
ABKÜRZUNGEN: AFGH. Afghanistan, ÄGYPT. Ägypten ALB. Albanien, AS. oder ASERB. Aserbaidschan, B.-H. Bosnien-Herzegowina, BELG. Belgien, BOTS. Botswana, BULG. Bulgarien, DEUTSCHL. Deutschland, DOM. REP. Dominikanische Republik, EST. Estland, GRIECH. Griechenland, JORDAN. Jordanien, JUG. Jugoslawien, KAMB. Kambodscha, KIRGIS. Kirgisistan, KRO. Kroatien, LET. Lettland, LIECH. Liechtenstein, LIT. Litauen, LUX. Luxemburg, MAZED. Mazedonien, MOLD. Moldawien,
NIEDERL. Niederlande, NIEDERL. ANT. Niederländische Antillen, ÖST. Österreich, PORT. Portugal, RUM. Rumänien, RUSS. FÖD. Russische Föderation, S.M. San Marino, SLWK. Slowakei, SLWN. Slowenien, TADSCHIK. Tadschikistan, THAIL. Thailand, TSCH. REP. Tschechische Republik, TURKMEN. Turkmenistan, UNG. Ungarn, USBEK. Usbekistan, VAT. STADT Vatikan-Stadt, V.A.E. Vereinigte Arabische Emirate, WEISSR. Weißrußland, Z.A.R. Zentralafrikanische Republik, ZIMB. Zimbabwe
E
F
G
H

# Reliefkarte der Erde

E
F
G
H
1
2
3
4
5
ARKTISCHER OZEAN
Ellesmere Island
Queen Elizabeth Islands
Grönland
Ostsibirische See
Packeisgrenze im Sommer
Beaufort-See
Baffin Bay
Baffin Island
Chukchi-See
Brooks Range
Nördl. Polarkreis
Bering-Straße
Yukon
Mackenzie
Great Bear Lake
Mount McKinley (Denali) 6194 m
Great Slave Lake
Hudson Bay
Péninsule d'Ungava
Labrador-See
Packeisgrenze im Winter
Kamtschatka
Bering-Meer
Aleuten-Becken
Aleuten
Aleuten-Graben
Kurilen-Graben
Golf von Alaska
Coast Mountains
Rocky Mountains
Kanadischer Schild
Lake Winnipeg
Labrador
NORDAMERIKA
Great Lakes
Vancouver Island
Imperator-Rücken
Missouri
Great Plains
Coast Ranges
Große Neufundland-Bänke
Mendocino-Bruchzone
Appalachians
Mississippi
Mittelatlantischer Rücken
Nordamerikanisches Becken
Midway Islands
Murray-Bruchzone
Baja California
Sierra Madre
Golf von Mexiko
Wendekreis des Krebses
Mittelpazifischer Rücken
Hawaii
Yucatán-Halbinsel
Große Antillen
Westindische Inseln
ATLANTISCHER OZEAN
Mikronesien
Mittelamerikanischer Graben
Karibisches Meer
Kleine Antillen
Marshall Islands
PAZIFISCHER OZEAN
Polynesien
Line Islands
Guayana-Bergland
Äquator
Galápagos-Inseln
Amazonas
Amazonas-Becken
Phoenix Islands
Tuvalu
Solomon Islands
Marquesas
SÜD-AMERIKA
Anden
Peru-Chile-Graben
Brasilianisches Bergland
Samoa
Society Islands (Gesellschaftsinseln)
Tuamotu
Korallen-See
Fidschi
Tonga
Cook Islands
Ostpazifischer Rücken
Peru-Becken
Mato Grosso
Brasilian. Becken
Wendekreis des Steinbocks
Neukaledonien
Kermadec-Graben
Osterinseln
Gran Chaco
Paraná
Aconcagua 6959 m
Tasman-See
North Island
Südwest-pazifisches Becken
Islas Juan Fernández
South Island
Neuseeland
Argentinisches Becken
Patagonien
Campbell-Plateau
Falkland Islands (Islas Malvinas)
Tierra del Fuego
South Georgia
Kap Hoorn
Drake-Passage
South Sandwich Islands
Antarktische Halbinsel
Südl. Polarkreis
LEGENDE
unter Meeresspiegel 0
100 m
250 m
500 m
1000 m
2000 m
4000 m
- 4000 m
- 3000 m
- 2000 m
- 1000 m
- 500 m
328 ft
820 ft
1640 ft
3281 ft
6562 ft
13 124 ft
- 13 124 ft
- 9843 ft
- 6562 ft
- 3281 ft
- 1640 ft
- 250 m / - 820 ft
0

# ZEITZONEN

*Die Zahlen auf der Karte sind die Differenz der jeweiligen Zeitzone zu GMT (Greenwich Mean Time).*

*Die Uhren am unteren Kartenrand zeigen die Zeit der jeweiligen Zone um 12 Uhr (mittags) nach GMT.*

# STRUKTUR DER ERDE

GEOLOGISCHE ZONEN: Kontinentalschild, Sedimentdecke, Eruptivgestein, Korallenformation

GEBIRGSZÜGE: alpidisch (5–23 M/J), herzynisch (290–362 M/J), kaledonisch (386–439 M/J)

M/J= Mio. Jahr zurück liegen

Erdbebenzone
Hot Spot
vulkanische Zone
Grabenbruch

PLATTENGRENZEN
vorübergleitend
spreizend
kollidierend
unbeständig

# Globale Klimaprozesse

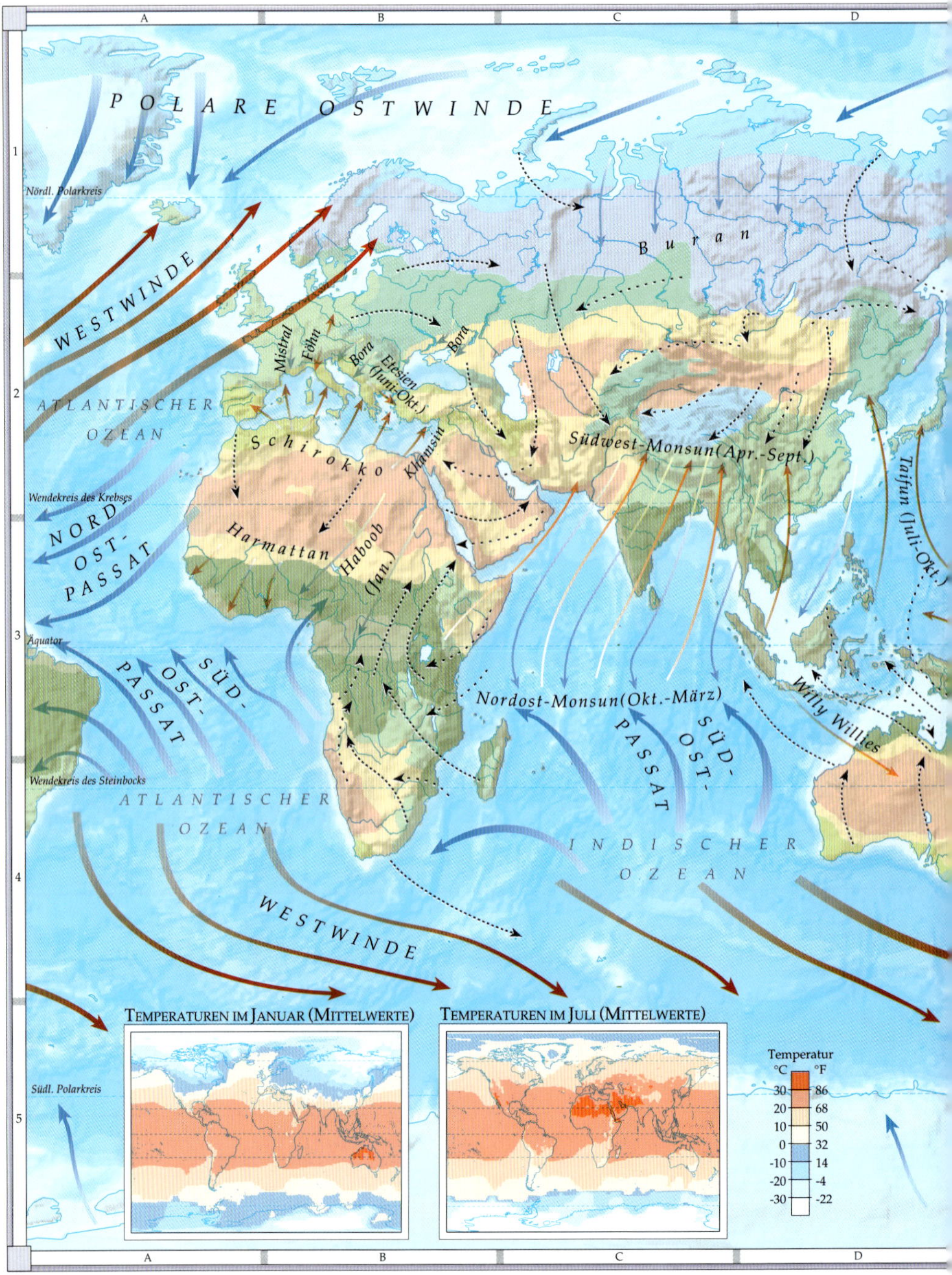


Klimazonen (Hauptkarte)

- Vergletscherung
- Tundrenzone
- subarktisch
- kühl-gemäßigt
- warm-gemäßigt
- mediterran
- semi-arid
- arid
- tropisch
- humid-äquatorial

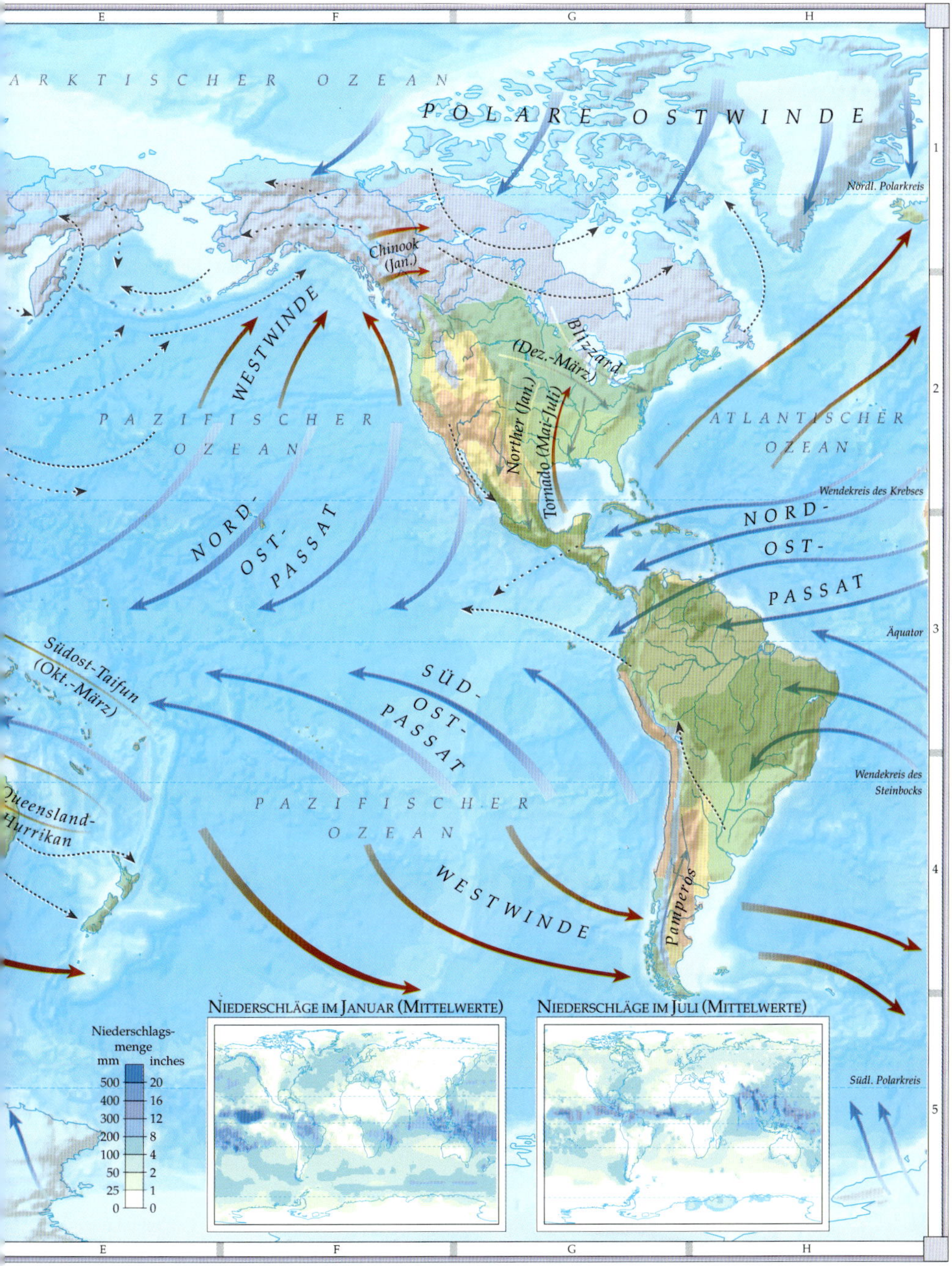


REGIONALE WINDE — warm — kalt — im Januar (warm und/oder kalt) — im Juli (warm und/oder kalt)

GLOBALE WINDE — warm — kalt

# Meeresströme

E
F
G
H
1
2
3
4
5
ISCHER OZEAN
Beaufort-Zirkulation
Ostsibirische See
Chukchi-See
Bering-Straße
Bering-Meer
Golf von Alaska
Alaska-Strom
Baffin Bay
Davis-Straße
Labrador-Strom
Hudson Bay
Nördl. Polarkreis
NORD-AMERIKA
Nordpazifik-Strom
Subarktischer Strom
Kalifornien-Strom
PAZIFISCHER OZEAN
ATLANTISCHER OZEAN
Golfstrom
Golf von Mexiko
Wendekreis des Krebses
Nördlicher Äquatorialstrom
Karibisches Meer
Äquatorialer Gegenstrom
Äquator
Südlicher Äquatorialstrom
SÜD-AMERIKA
Südlicher Subtropenstrom
Korallen-See
Ostaustralischer Strom
Wendekreis des Steinbocks
Peru (Humboldt)-Strom
PAZIFISCHER OZEAN
Tasman-See
Westwind-Drift
Südl. Polarkreis
ANTARKTIS

# LEBENSRAUM ERDE

GEOGRAPHISCHE ZONEN

| | | | |
|---|---|---|---|
| Eis | Gebirge | Laubwald | gemäßigter Regenwald |
| Tundra | Nadelwald | gemäßigte Savanne | mediterran |

E
F
G
H
1
2
3
4
5
ER OZEAN
Ellesmere Island
Queen Elizabeth Islands
Grönland
Ostsibirische See
Beaufort-See
Baffin Bay
Chukchi-See
Brooks Range
Baffin Island
Nördl. Polarkreis
Yukon
Mackenzie
Great Bear Lake
Bering-Straße
Great Slave Lake
Hudson Bay
Labrador-See
Kamchatka
Bering-See
Coast Mountains
Rocky Mountains
Kanadischer Schild
Labrador
Aleuten
Golf von Alaska
Lake Winnipeg
NORD-AMERIKA
Vancouver Island
Great Lakes
Missouri
Great Plains
Coast Ranges
Appalachians
ATLANTISCHER OZEAN
Mississippi
Baja California
Sierra Madre
Midway-Inseln
Hawaii-Inseln
Golf von Mexiko
Wendekreis des Krebses
Hawaii
Yucatán-Halbinsel
Große Antillen
Westindische Inseln
Karibisches Meer
Kleine Antillen
Mikronesien
Polynesien
Marshall-Inseln
PAZIFISCHER
Guayana-Bergland
Äquator
Linien-Inseln
Galápagos-Inseln
Amazonas
Phoenix-Inseln
Amazonas-Becken
Salomon-Inseln
Tuvalu
SÜD-AMERIKA
Marquesas
Anden
Samoa
Gesellschaftsinseln
Mato Grosso
Brasilianisches Bergland
Korallen-See
Fidschi
Tuamotu
Tonga
Cook-Inseln
Wendekreis des Steinbocks
Neukaledonien
Gran Chaco
OZEAN
Paraná
Tasman-See
North Island
Neuseeland
South Island
Patagonien
Falkland-Inseln (Malvinen)
Feuerland
Kap Hoorn
Drake-Passage
Antarktische Halbinsel
Südl. Polarkreis
trockenes Waldland
tropischer Regenwald
Kältewüste
tropische Savanne
Hitzewüste
Feuchtgebiet

# BEVÖLKERUNG

E
F
G
H
1
2
3
4
5
ARKTISCHER OZEAN
GRÖNLAND (Dänemark) 67
Nördl. Polarkreis
Alaska (USA)
KANADA 78
PAZIFISCHER OZEAN
VEREINIGTE STAATEN VON AMERIKA 76
ATLANTISCHER OZEAN
75 BERMUDA (Gr.-Br.)
PUERTO RICO (USA) 75
DOM. REP. 70
CAYMAN ISLANDS 77 (Gr.-Br.)
BAHAMAS 73
66 ST. KITTS & NEVIS
73 ANTIGUA & BARBUDA
75 GUADELOUPE (Frankr.)
77 DOMINICA
76 MARTINIQUE (Frankr.)
70 ST. LUCIA
75 BARBADOS
72 ST. VINCENT & DIE GRENADINEN
71 GRENADA
72 TRINIDAD & TOBAGO
FRANZ. GUYANA (Frankr.) 75
Wendekreis des Krebses
MEXIKO 71
HONDURAS
KUBA 75
BELIZE 74
JAMAICA 74
HAITI 57
NIED. ANT. (Niederl.) 73
ARUBA (Niederl.) 76
GUATEMALA 65
EL SALVADOR 67
NICARAGUA 67
COSTA RICA 76
PANAMA 73
68
Hawaii (USA)
MARSHALL-INSELN 63
WALLIS & FUTUNA (Frankr.)
NAURU 67
KIRIBATI 58
TUVALU 63
TOKELAU (Nsl.) 68
SALOMON-INSELN 71
VANUATU 66
FIDSCHI 72
NOUVELLE CALÉDONIE (Frankr.) 72
68
COOK ISLANDS (Nsl.)
POLYNÉSIE FRANÇAISE (Frankreich) 70
TONGA
SAMOA
NIUE (Nsl.)
AMERICAN SAMOA (USA)
PITCAIRN ISLANDS (Gr.-Br.)
VENEZUELA 72
KOLUMBIEN 69
65 70
GUYANA
SURINAME
Äquator
ECUADOR 69
PERU 66
BRASILIEN 67
BOLIVIEN 60
PARAGUAY 70
Wendekreis des Steinbocks
CHILE 74
ARGENTINIEN 72
URUGUAY 72
NEUSEELAND 76
FALKLAND ISLANDS (Gr.-Br.) 76
CHILE
SOUTH GEORGIA & SOUTH SANDWICH ISLANDS (Gr.-Br.)
Südl. Polarkreis
ANTARKTIS

# SPRACHEN

A
B
C
D
1
2
3
4
5
Isländisch
Keltisch
Lappisch
Finnisch
Germanisch
Slawisch
Romanisch
Griech.
Samojedisch
Jakutisch
Marisch
Tuwinisch
Mordvinisch
Kasachisch
Khalka-Mongolisch
Oiratisch
Mandschurisch
Mongolisch
Koreanisch
Japanisch
Uighur
Mandarin
Tibetisch
Kantonesisch
Turk-Sprachen
Persisch
Paschtu
Punjabi
Hibu
Dravida
Tamil
Austro-Asiatisch
Pilipino
Cebuano
Austronesisch
Malaiisch
Dayak
Bahasa Indonesia
Javanisch
Berber
Tuareg
Fulani
Hausa
Bantu
Amharisch
Somali
Swahili
Kreolisch
Malagasy
San
Khoi
Afrikaans
Nguni
ATLANTISCHER OZEAN
INDISCHER OZEAN
DIE WICHTIGSTEN INTERNATIONALEN SPRACHEN
Chinesisch
Spanisch
Arabisch
Hindi
Englisch
Französisch
Russisch
Portugiesisch
Arabisch/Französisch
Französisch/andere
Englisch/andere
Arabisch/andere
Hindi/Englisch/andere
Chinesisch/andere
Russisch/andere
Englisch/Französisch
Englisch/Spanisch
Spanisch/andere
Portugiesisch/andere
Andere Sprachen
Bantu Sprachgruppe
Hausa Andere Sprache
Unbewohntes Land

E
F
G
H
ARKTISCHER
OZEAN
Aleut
Eskimo-Aleut
Grönländisch
Dänisch
Nördl. Polarkreis
Indianische Sprachen
Athabasca
Algonquin
PAZIFISCHER
OZEAN
Nahuatl
Maya
Kreolisch
Wendekreis
des Krebses
Carib
Arawakan
Äquator
Quechua
Aymara
Polynesisch
Wendekreis
des Steinbocks
Maori
PAZIFISCHER
OZEAN
Südl. Polarkreis
1
2
3
4
5

# Religionen

A
B
C
D
1
2
3
4
5
SVALBARD (Norwegen)
ISLAND
FÄRÖER (Dänemark)
NORWEGEN
SCHWEDEN
FINNLAND
RUSSISCHE FÖDERATION
Europäisches Rußland
Asiatisches Rußland
GROSS-BRITANNIEN
DÄNEMARK
REPUBLIK IRLAND
EST.
LET.
LIT.
RUSS. FÖD.
NIEDERL.
DEUTSCHL.
POLEN
WEISSR.
BELG.
LUX.
FRANKR.
SCHWEIZ
LIECH.
TSCH.REP.
SLWK.
UKRAINE
ÖST.
UNG.
MOLD.
RUM.
SLWN.
KRO.
MONACO
ANDORRA
S.M.
VAT. STADT
B.-H.
JUG.
BULG.
ALB.
MAZED.
PORT.
SPANIEN
ITALIEN
GRIECHENL.
TÜRKEI
GEORGIEN
ARMENIEN
ASERB.
KASACHSTAN
MONGOLEI
USBEK.
KIRGIS.
TURKMEN.
TADSCHIK.
GIBRALTAR (Gr.-Br.)
TUNESIEN
MALTA
ZYPERN
SYRIEN
LIBANON
ISRAEL
IRAK
IRAN
AFGH.
JORDAN.
KUWAIT
BAHRAIN
QATAR
V.A.E.
SAUDI ARABIEN
OMAN
JEMEN
PAKISTAN
NEPAL
BHUTAN
CHINA
N. KOREA
S. KOREA
JAPAN
BANGLADESCH
INDIEN
MYANMAR
LAOS
MACAO (Portugal)
Hong Kong
TAIWAN
THAIL.
KAMB.
VIETNAM
SRI LANKA
MALEDIVEN
PHILIPPINEN
NORTHERN MARIANA ISLANDS (USA)
MIKRONESIEN
PALAU
BRUNEI
MALAYSIA
SINGAPUR
INDONESIEN
PAPUA-NEUGUINEA
AUSTRALIEN
MAROKKO
ALGERIEN
LIBYEN
ÄGYPT.
WEST-SAHARA
MAURETANIEN
MALI
NIGER
TSCHAD
SUDAN
ERITREA
DSCHIBUTI
ÄTHIOPIEN
SOMALIA
KAP VERDE
SENEGAL
GAMBIA
GUINEA-BISSAU
GUINEA
SIERRA LEONE
LIBERIA
ELFENBEINKÜSTE
GHANA
TOGO
BENIN
BURK. FASO
NIGERIA
KAMERUN
Ä.Q.-GUINEA
SÃO TOMÉ & PRÍNCIPE
GABUN
REP. KONGO
Z.A.R.
DEM. REP. KONGO
UGANDA
KENIA
RUANDA
BURUNDI
TANSANIA
ANGOLA
SAMBIA
MALAWI
MOÇAMBIQUE
ZIMB.
NAMIBIA
BOTS.
MADAGASKAR
SWAZILAND
LESOTHO
SÜD-AFRIKA
SEYCHELLEN
KOMOREN
MAYOTTE (Frankreich)
MAURITIUS
RÉUNION (Frankreich)
ATLANTISCHER OZEAN
INDISCHER OZEAN
ANTARKTIS (unbewohnt)
DIE WICHTIGSTEN RELIGIONEN
Chinesische Volksreligion
Protestantisches Christentum
Katholisches Christentum
Orthodoxes Christentum
Shi'a-Islam
Sunni-Islam
Hinduismus
Judaismus
Theravada-Buddhismus
Mahayana-Buddhismus
Tibetischer Buddhismus
andere
POLITISCHES SYSTEM
Staatsideologie
Marxistisch im 20. Jh.
Non-pluralistisch

E
F
G
H
ARKTISCHER OZEAN
GRÖNLAND (Dänemark)
Nördl. Polarkreis
Alaska (USA)
KANADA
PAZIFISCHER OZEAN
VEREINIGTE STAATEN VON AMERIKA
ATLANTISCHER OZEAN
BERMUDA (Gr.-Br.)
PUERTO RICO (USA)
DOM. REP.
BRITISH VIRGIN ISLANDS (Gr.-Br.)
VIRGIN ISLANDS (USA)
ANGUILLA (Gr.-Br.)
ST. KITTS & NEVIS
ANTIGUA & BARBUDA
MONTSERRAT (Gr.-Br.)
GUADELOUPE (Frankreich)
DOMINICA
MARTINIQUE (Frankreich)
ST. LUCIA
BARBADOS
ST. VINCENT & DIE GRENADINEN
GRENADA
TRINIDAD & TOBAGO
FRANZ. GUYANA (Frankreich)
TURKS & CAICOS ISLANDS (Gr.-Br.)
CAYMAN ISLANDS (Gr.-Br.)
BAHAMAS
HONDURAS
BELIZE
KUBA
JAMAICA
HAITI
NIEDERL. ANT. (Niederl.)
ARUBA (Niederl.)
MEXIKO
Wendekreis des Krebses
Hawaii (USA)
GUATEMALA
EL SALVADOR
NICARAGUA
COSTA RICA
PANAMA
VENEZUELA
KOLUMBIEN
ECUADOR
GUYANA
SURINAME
Äquator
MARSHALL-INSELN
NAURU
KIRIBATI
TUVALU
SALOMON-INSELN
TOKELAU (Nsl.)
VANUATU
COOK ISLANDS (Nsl.)
NOUVELLE-CALEDONIE (Frankreich)
FIDSCHI
POLYNÉSIE FRANÇAISE (Frankreich)
TONGA
SAMOA
AMERICAN SAMOA (USA)
PITCAIRN ISLANDS (Gr.-Br.)
PERU
BRASILIEN
BOLIVIEN
PARAGUAY
Wendekreis des Steinbocks
CHILE
ARGENTINIEN
URUGUAY
NEUSEELAND
PAZIFISCHER OZEAN
FALKLAND ISLANDS (Gr.-Br.)
CHILE
Südl. Polarkreis
ANTARKTIS
1
2
3
4
5

# Die Weltwirtschaft

E
F
G
H
1
2
3
4
5
OZEAN
GRÖNLAND (Dänemark)
Nördl. Polarkreis
Alaska (USA)
KANADA
PAZIFISCHER OZEAN
VEREINIGTE STAATEN VON AMERIKA
ATLANTISCHER OZEAN
BERMUDA (Gr.-Br.)
PUERTO RICO (USA)
DOM. REP.
TURKS & CAICOS ISLANDS (Gr.-Br.)
CAYMAN ISLANDS (Gr.-Br.)
ST. KITTS & NEVIS
ANTIGUA & BARBUDA
Wendekreis des Krebses
MEXIKO
BAHAMAS
HONDURAS
KUBA
GUADELOUPE (Frankreich)
BELIZE
JAMAICA
DOMINICA
Hawaii (USA)
MARTINIQUE (Frankreich)
HAITI
NIEDERL. ANT. (Niederl.)
ST. LUCIA
MARSHALL-INSELN
GUATEMALA
EL SALVADOR
NICARAGUA
COSTA RICA
ARUBA (Niederl.)
BARBADOS
ST. VINCENT & DIE GRENADINEN
GRENADA
PANAMA
VENEZUELA
TRINIDAD & TOBAGO
FRANZ. GUYANA (Frankreich)
KOLUMBIEN
Äquator
NAURU
KIRIBATI
ECUADOR
GUYANA
SURINAME
TUVALU
SALOMON-INSELN
TOKELAU (Nsl.)
PERU
BRASILIEN
SAMOA
VANUATU
TONGA
BOLIVIEN
NOUVELLE-CALÉDONIE (Frankreich)
FIDSCHI
POLYNÉSIE FRANÇAISE (Frankreich)
PARAGUAY
Wendekreis des Steinbocks
PITCAIRN ISLANDS (Gr.-Br.)
CHILE
ARGENTINIEN
URUGUAY
NEUSEELAND
PAZIFISCHER OZEAN
FALKLAND ISLANDS (Gr.-Br.)
CHILE
Südl. Polarkreis
ANTARKTIS

# GLOBALE KONFLIKTE

OZEAN
PAZIFISCHER OZEAN
ATLANTISCHER OZEAN
GRÖNLAND (Dänemark)
Nördl. Polarkreis
Alaska (USA)
KANADA
Kurilen (Russ. Föd.)
ST-PIERRE & MIQUELON (Frankreich)
VEREINIGTE STAATEN VON AMERIKA
BERMUDA (Gr.-Br.)
PUERTO RICO (USA)
BRITISH VIRGIN ISLANDS (Gr.-Br.)
VIRGIN ISLANDS (USA)
ANGUILLA (Gr.-Br.)
ST. KITTS & NEVIS
ANTIGUA & BARBUDA
MONTSERRAT (Gr.-Br.)
GUADELOUPE (Frankreich)
DOMINICA
MARTINIQUE (Frankreich)
ST. LUCIA
BARBADOS
ST. VINCENT & DIE GRENADINEN
GRENADA
TRINIDAD & TOBAGO
FRANZ. GUYANA (Frankreich)
Wendekreis des Krebses
Äquator
DOM. REP.
TURKS & CAICOS ISLANDS (Gr.-Br.)
CAYMAN ISLANDS (Gr.-Br.)
BAHAMAS
MEXIKO
HONDURAS
BELIZE
KUBA
JAMAICA
NAVASSA I. (USA)
HAITI
NIEDERL. ANT. (Niederl.)
ARUBA (Niederl.)
GUATEMALA
EL SALVADOR
NICARAGUA
COSTA RICA
PANAMA
VENEZUELA
KOLUMBIEN
ECUADOR
GUYANA
SURINAME
BRASILIEN
PERU
BOLIVIEN
PARAGUAY
Wendekreis des Steinbocks
CHILE
ARGENTINIEN
URUGUAY
FALKLAND ISLANDS (Gr.-Br.)
Hawaii (USA)
MARSHALL-INSELN
WALLIS & FUTUNA (Frankreich)
KINGMAN REEF (USA)
PALMYRA ATOLL (USA)
BAKER & HOWLAND ISLANDS (USA)
JARVIS ISLAND (USA)
NAURU
KIRIBATI
TUVALU
TOKELAU (Nsl.)
SALOMON-INSELN
VANUATU
COOK ISLANDS (Nsl.)
NOUVELLE-CALÉDONIE (Frankreich)
FIDSCHI
POLYNÉSIE FRANÇAISE (Frankreich)
TONGA
SAMOA
NIUE (Nsl.)
AMERICAN SAMOA (USA)
PITCAIRN ISLANDS (Gr.-Br.)
NEUSEELAND
Südl. Polarkreis
ANTARKTIS
E
F
G
H
1
2
3
4
5

# Kontinente & Regionen

# NORD- & MITTELAMERIKA

0 Kilometer 1000

0 Meilen 1000

EINWOHNER

- unter 50 000
- 50 000 -100 000
- 100 000 - 500 000
- über 500 000

RELIEF

| unter Meeresspiegel | | | | | | | 0 | 100 m | 250 m | 500 m | 1000 m | 2000 m | 4000 m |
|---|---|---|---|---|---|---|---|---|---|---|---|---|---|
| -4000 m | -3000 m | -2000 m | -1000 m | -500 m | | | | | | | | | |
| -13 124 ft | -9843 ft | -6562 ft | -3281 ft | -1640 ft | -820 ft / -250 m | | 0 | 328 ft | 820 ft | 1640 ft | 3281 ft | 6562 ft | 13 124 ft |

# West-Kanada & Alaska

0 Kilometer 400

0 Meilen 400

EINWOHNER

○ unter 50 000 | ○ 50 000 - 100 000 | ◉ 100 000 - 500 000 | ▣ über 500 000

OZEAN
Beaufort-See
GRÖNLAND
(Dänemark)
Knud Rasmussen Land
Alert
Ellesmere Island
Nares Strait
Axel Heiberg Island
Ellef Ringnes Island
Isachsen
Amund Ringnes Island
Grise Fiord
Prince Patrick Island
Mould Bay
Queen Elizabeth Islands
Bathurst Island
Devon Island
Cornwallis Island
Melville Island
Resolute
Lancaster Sound
Baffin Bay
Davis-Straße
Nördl. Polarkreis
Banks Island
Viscount Melville Sound
Somerset Island
Arctic Bay
Brodeur Peninsula
Prince of Wales Island
McClintock Channel
Gulf of Boothia
Baffin Island
Sachs Harbour
Tuktoyaktuk
Amundsen-Golf
Holman
Victoria Island
Boothia Peninsula
Igloolik
Inuvik
Paulatuk
King William Island
Pelly Bay
Melville Peninsula
Foxe Basin
Iqaluit
Cambridge Bay
Gjoa Haven
Coppermine
Repulse Bay
Fort Good Hope
Great Bear Lake
Southampton Island
Hudson Strait
Mackenzie
Echo Bay
Coral Harbour
Baker Lake
Péninsule d'Ungava
Mountains
NORTHWEST TERRITORIES
Rankin Inlet
Whale Cove
Rae-Edzo
Tungsten
Fort Simpson
Yellowknife
Reliance
Dubawnt
QUÉBEC
Lutselk'e
Arviat
Fort Providence
Great Slave Lake
Hudson Bay
Fort Liard
Hay River
Fort Smith
Caribou
Fort Nelson
Meander River
Fond-du-Lac
Churchill
Belcher Islands
BRITISH COLUMBIA
Beatton River
Lake Athabasca
Fort Vermilion
Wollaston Lake
Herchmer
Southern Indian Lake
James Bay
Wonowon
Fort McMurray
KANADA
Fox Mine
Fort St John
ALBERTA
Buffalo Narrows
Grande Prairie
SASKATCHEWAN
Flin Flon
Thompson
Prince George
Athabasca
Doré Lake
Ponton
Lake Winnipeg
Athabasca
North Saskatchewan
Big River
Saskatchewan
The Pas
Edmonton
Mount Robson 3954 m
Leduc
Prince Albert
MANITOBA
Pine Dock
ONTARIO
Provost
Barrows
Red Deer
Saskatoon
Norquay
Little Fort
Hanna
Kindersley
Yorkton
Lake of the Woods
Kamloops
Calgary
Shoal Lake
Kelowna
Vulcan
Regina
Medicine Hat
Brandon
Winnipeg
Great Lakes
Vancouver
Elkford
Weyburn
Lake Superior
Cranbrook
Lethbridge
Melita
Estevan
Lake Michigan
Lake Huron
Milk River
VEREINIGTE STAATEN VON AMERIKA
155
82
38
45
E
F
G
H
1
2
3
4
5
RELIEF
unter Meeresspiegel 0
-4000 m
-3000 m
-2000 m
-1000 m
-500 m
100 m
250 m
500 m
1000 m
2000 m
4000 m
-13 124 ft
-9843 ft
-6562 ft
-3281 ft
-1640 ft
-820 ft/-250 m
0
328 ft
820 ft
1640 ft
3281 ft
6562 ft
13 124 ft

# OST-KANADA

0 Kilometer 400
0 Meilen 400

EINWOHNER
- unter 50 000
- 50 000 -100 000
- 100 000 - 500 000
- über 500 000

E
F
G
H
1
2
3
4
5
82
66
Baffin Island
Resolution Island
Button Islands
Akpatok Island
Ungava Bay
Kuujjuaq
Rivière à la Baleine
Caniapiscau
Hebron
Cod Island
Nain
Labrador
Hopedale
Makkovik
Cape Harrison
Cartwright
Labrador-See
NEWFOUNDLAND & LABRADOR
Schefferville
Smallwood Reservoir
Churchill
Lake Melville
Réservoir de Caniapiscau
BEC
D A
St. Anthony
Strait of Belle Isle
Réservoir Manicouagan
Laurentian Highlands
Mingan
Havre-St-Pierre
Sept-Îles
Île d'Anticosti
Corner Brook
Gander
Grand Falls
St. John's
Newfoundland
Cape Race
Channel-Port aux Basques
St-Pierre
ST-PIERRE & MIQUELON
(Frankreich)
Baie-Comeau
Gaspé
Gulf of St. Lawrence
Péninsule de Gaspé
St. Lawrence (St-Laurent)
Lac St-Jean
Chicoutimi
Alma
La Baie
Jonquière
Matane
Rimouski
Rivière-du-Loup
Îles de la Madeleine
Cabot Strait
Bathurst
PRINCE EDWARD ISLAND
Sydney Mines
Glace Bay
Sydney
Cape Breton Island
Charlottetown
La Tuque
Edmundston
NEW BRUNSWICK
Charlesbourg
Montmagny
Québec
Moncton
Fredericton
Amherst
New Glasgow
Truro
Oromocto
St-Georges
Trois-Rivières
Drummondville
McAdam
NOVA SCOTIA
St. John
Dartmouth
Halifax
Sable Island
Montréal
Sherbrooke
MAINE
Bay of Fundy
Digby
Liverpool
Yarmouth
Shelburne
Cape Sable
VERMONT
NEW HAMPSHIRE
MASSACHUSETTS
Cape Cod
RHODE ISLAND
CONNECTICUT
ATLANTISCHER OZEAN
N
RELIEF
-4000 m
-3000 m
-2000 m
-1000 m
-500 m
unter Meeresspiegel 0
100 m
250 m
500 m
1000 m
2000 m
4000 m
-13 124 ft
-9843 ft
-6562 ft
-3281 ft
-1640 ft
-820 ft/-250 m
0
328 ft
820 ft
1640 ft
3281 ft
6562 ft
13 124 ft

# USA: DER NORDOSTEN

0 Kilometer 200

0 Meilen 200

EINWOHNER

- unter 50 000
- 50 000 - 100 000
- 100 000 - 500 000
- über 500 000

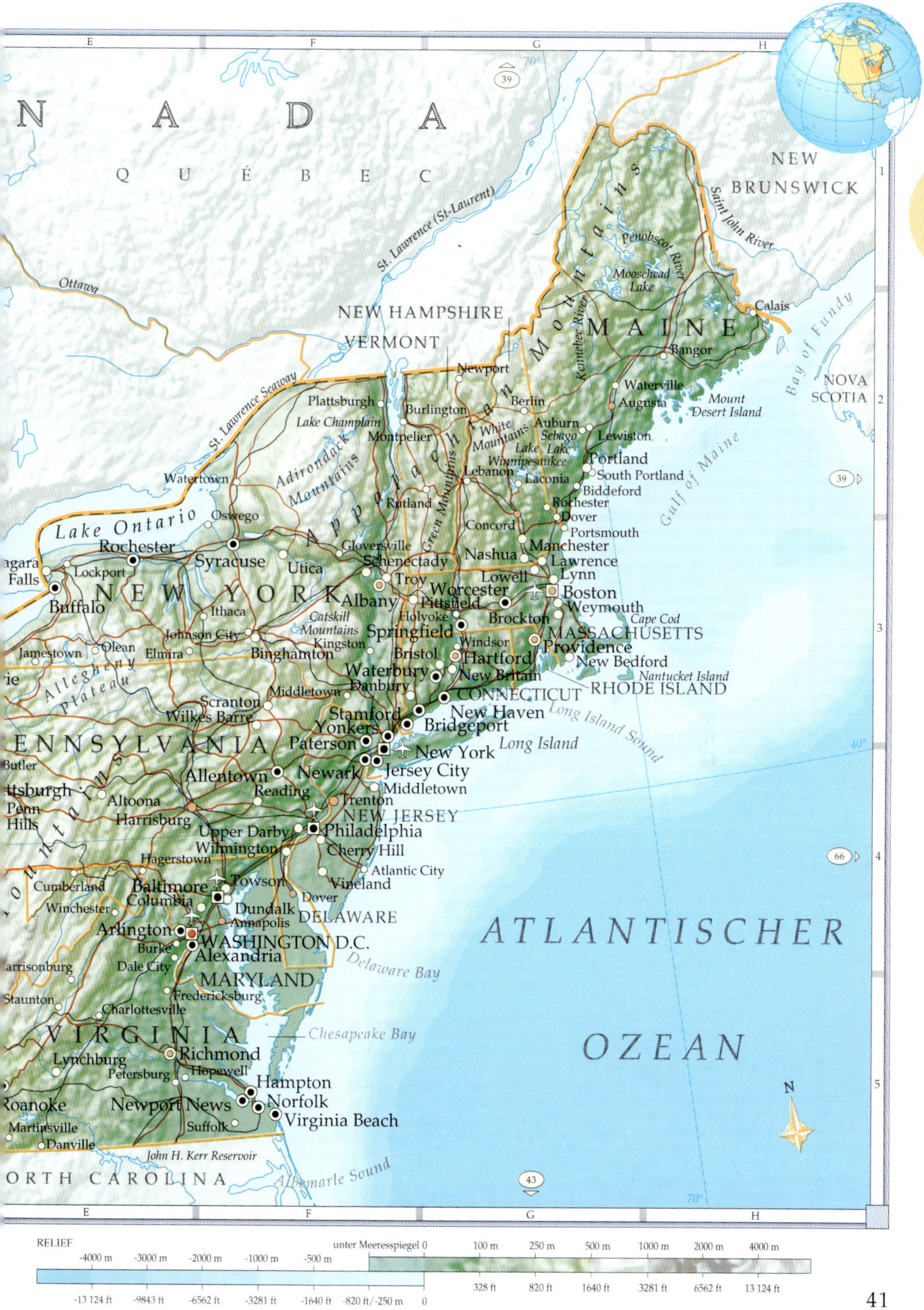
NADA
QUÉBEC
NEW BRUNSWICK
NOVA SCOTIA
St. Lawrence (St-Laurent)
Ottawa
St. Lawrence Seaway
NEW HAMPSHIRE
VERMONT
MAINE
Appalachian Mountains
Saint John River
Penobscot River
Kennebec River
Moosehead Lake
Calais
Bay of Fundy
Bangor
Waterville
Augusta
Mount Desert Island
Newport
Plattsburgh
Burlington
Berlin
Auburn
Lewiston
Lake Champlain
Montpelier
White Mountains
Sebago Lake
Lake Winnipesaukee
Portland
South Portland
Biddeford
Gulf of Maine
Watertown
Adirondack Mountains
Green Mountains
Lebanon
Laconia
Rutland
Rochester
Dover
Portsmouth
Lake Ontario
Oswego
Concord
Manchester
Rochester
Syracuse
Gloversville
Nashua
Lawrence
Lowell
Lynn
Niagara Falls
Lockport
Utica
Schenectady
Troy
Worcester
Boston
Buffalo
NEW YORK
Albany
Pittsfield
Weymouth
Ithaca
Catskill Mountains
Holyoke
Brockton
Cape Cod
Johnson City
Springfield
MASSACHUSETTS
Kingston
Windsor
Providence
Jamestown
Olean
Elmira
Binghamton
Bristol
Hartford
New Bedford
Allegheny Plateau
Waterbury
New Britain
Nantucket Island
Danbury
Middletown
CONNECTICUT
RHODE ISLAND
Scranton
Wilkes Barre
Stamford
New Haven
Long Island Sound
Yonkers
Bridgeport
PENNSYLVANIA
Paterson
New York
Long Island
Butler
Newark
Jersey City
Pittsburgh
Allentown
Reading
Middletown
Penn Hills
Altoona
Trenton
Harrisburg
NEW JERSEY
Upper Darby
Philadelphia
Wilmington
Cherry Hill
Hagerstown
Atlantic City
Cumberland
Baltimore
Towson
Vineland
Columbia
Dover
Winchester
Dundalk
Annapolis
DELAWARE
Arlington
WASHINGTON D.C.
Burke
Alexandria
Harrisonburg
Dale City
Delaware Bay
MARYLAND
Staunton
Fredericksburg
Charlottesville
VIRGINIA
Chesapeake Bay
Richmond
Lynchburg
Petersburg
Hopewell
Hampton
Roanoke
Newport News
Norfolk
Virginia Beach
Martinsville
Suffolk
Danville
John H. Kerr Reservoir
NORTH CAROLINA
Albemarle Sound
ATLANTISCHER OZEAN
N
70°
40°
39
66
43
E
F
G
H
1
2
3
4
5
RELIEF
-4000 m
-3000 m
-2000 m
-1000 m
-500 m
unter Meeresspiegel 0
100 m
250 m
500 m
1000 m
2000 m
4000 m
-13 124 ft
-9843 ft
-6562 ft
-3281 ft
-1640 ft
-820 ft/-250 m
0
328 ft
820 ft
1640 ft
3281 ft
6562 ft
13 124 ft

# USA: DER SÜDOSTEN

0 Kilometer 200

0 Meilen 200

EINWOHNER

○ unter 50 000 ○ 50 000 -100 000 ⊙ 100 000 - 500 000 ■ über 500 000

E
F
G
H
1
2
3
4
5
VIRGINIA
NORTH CAROLINA
SOUTH CAROLINA
GIA
FLORIDA
Bristol
Kingsport
Winston Salem
Eden
John H. Kerr Reservoir
Roanoke Rapids
Elizabeth City
Roanoke River
Albemarle Sound
Greensboro
Henderson
Durham
Raleigh
Greenville
High Point
Asheville
Goldsboro
Kinston
Pamlico Sound
Cape Hatteras
Hendersonville
Charlotte
Monroe
New Bern
Fayetteville
Havelock
Raleigh Bay
Laurinburg
Lumberton
Jacksonville
Onslow Bay
Greenville
Rock Hill
Easley
Union
Cape Fear River
Wilmington
Florence
Lake Murray
Columbia
Conway
Cape Fear
Myrtle Beach
Lake Marion
Long Bay
Aiken
Orangeburg
Augusta
Georgetown
Lake Moultrie
Milledgeville
Savannah River
Goose Creek
North Charleston
Charleston
Yemassee
Dublin
Statesboro
Saint Helena Sound
Vidalia
Hilton Head Island
Hinesville
Savannah
Ossabaw Island
Saint Catherines Island
Douglas
Altamaha River
Saint Simons Island
Waycross
Brunswick
ATLANTISCHER OZEAN
Jacksonville
Jacksonville Beach
Lake City
Suwannee River
Saint Augustine
Palatka
Lake George
Ocala
Daytona Beach
De Land
New Smyrna Beach
Leesburg
Orlando
Cape Canaveral
Kissimmee
Winter Haven
Melbourne
Lakeland
Tampa
Saint Petersburg
Bradenton
Vero Beach
Fort Pierce
Lake Okeechobee
Venice
Riviera Beach
West Palm Beach
Lake Worth
Fort Myers
Cape Coral
Pompano Beach
Grand Bahama Island
Great Abaco
Fort Lauderdale
Naples
The Everglades
Hialeah
Hollywood
Miami Beach
BAHAMAS
Ten Thousand Islands
Kendall
Miami
Eleuthera
Whitewater Bay
Homestead
New Providence
Key Largo
Florida Bay
Straits of Florida
Cat Island
Key West
Marquesas Keys
Florida Keys
Andros Island
San Salvador
N
41
66
54
80°
75°
35°
30°
25°
RELIEF
unter Meeresspiegel 0
-2000 m
-1000 m
-500 m
-250 m
-100 m
100 m
250 m
500 m
1000 m
2000 m
4000 m
-6562 ft
-3281 ft
-1640 ft
-820 ft
-328 ft
-164 ft/-50 m
0
328 ft
820 ft
1640 ft
3281ft
6562 ft
13 124 ft

# USA: DER MITTLERE WESTEN

0 Kilometer 200

0 Meilen 200

EINWOHNER

○ unter 50 000 ○ 50 000 - 100 000 ◉ 100 000 - 500 000 ◼ über 500 000

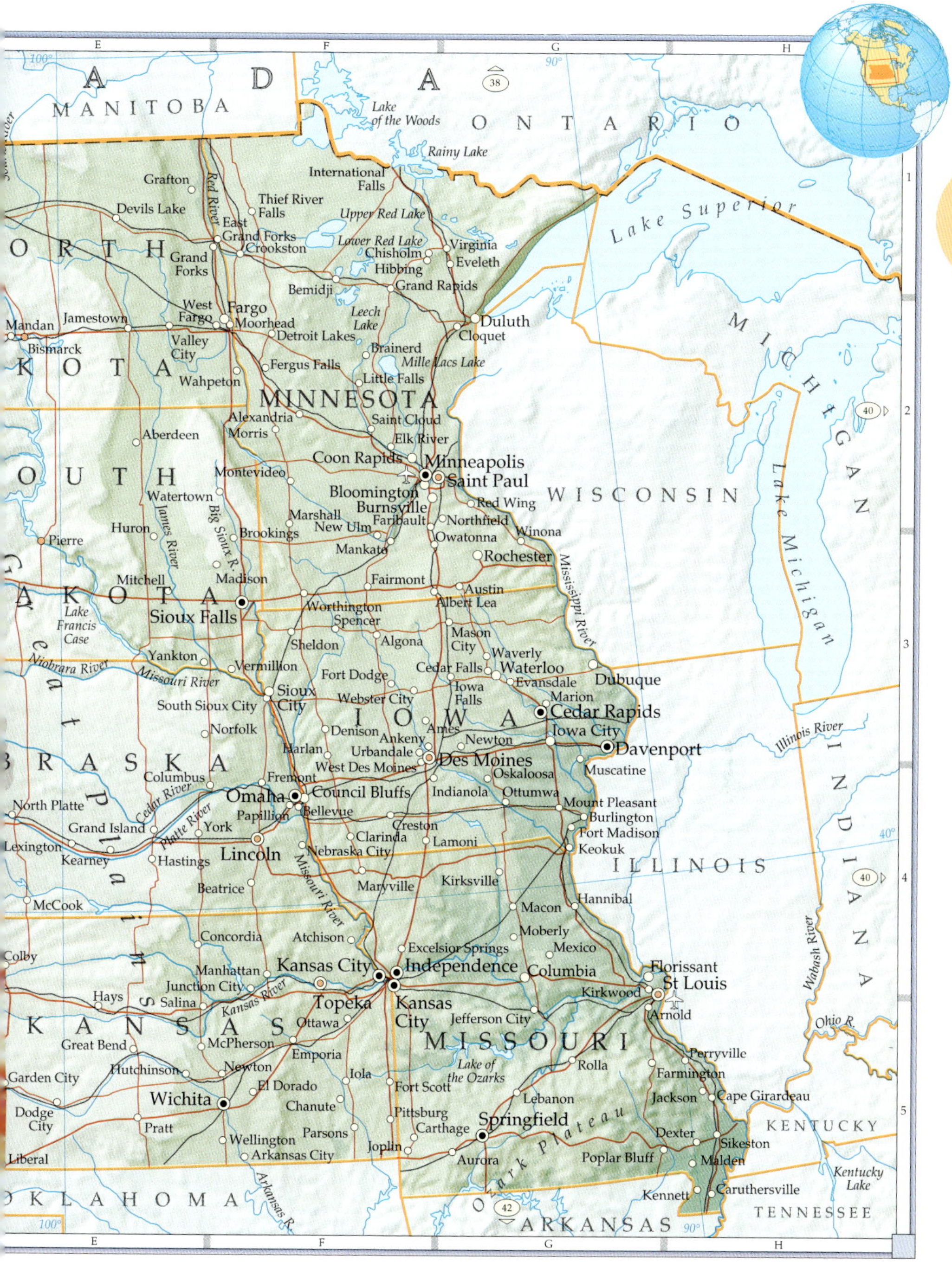
E
F
G
H
1
2
3
4
5
100°
90°
40°
38
40
42
A
D
A
MANITOBA
ONTARIO
Lake of the Woods
Rainy Lake
International Falls
Lake Superior
MICHIGAN
Lake Michigan
WISCONSIN
MINNESOTA
IOWA
ILLINOIS
INDIANA
MISSOURI
KANSAS
OKLAHOMA
ARKANSAS
KENTUCKY
TENNESSEE
NORTH
DAKOTA
SOUTH
DAKOTA
NEBRASKA
Great Plains
Grafton
Devils Lake
Red River
Thief River Falls
East Grand Forks
Grand Forks
Crookston
Upper Red Lake
Lower Red Lake
Virginia
Chisholm
Eveleth
Hibbing
Grand Rapids
Bemidji
Mandan
Bismarck
Jamestown
West Fargo
Fargo
Moorhead
Detroit Lakes
Valley City
Leech Lake
Duluth
Cloquet
Brainerd
Mille Lacs Lake
Fergus Falls
Wahpeton
Little Falls
Alexandria
Saint Cloud
Morris
Elk River
Aberdeen
Coon Rapids
Minneapolis
Saint Paul
Montevideo
Bloomington
Burnsville
Red Wing
Watertown
Marshall
New Ulm
Faribault
Northfield
Huron
James River
Big Sioux R.
Brookings
Winona
Pierre
Owatonna
Mankato
Rochester
Mississippi River
Mitchell
Madison
Fairmont
Austin
Albert Lea
Sioux Falls
Worthington
Spencer
Lake Francis Case
Sheldon
Algona
Mason City
Yankton
Waverly
Niobrara River
Missouri River
Vermillion
Cedar Falls
Waterloo
Evansdale
Dubuque
Fort Dodge
Iowa Falls
Sioux City
South Sioux City
Webster City
Marion
Cedar Rapids
Norfolk
Denison
Ankeny
Ames
Iowa City
Newton
Davenport
Illinois River
Harlan
Urbandale
West Des Moines
Des Moines
Muscatine
Columbus
Fremont
Oskaloosa
Cedar River
Omaha
Council Bluffs
Indianola
Ottumwa
North Platte
Papillion
Bellevue
Mount Pleasant
Burlington
Grand Island
Platte River
York
Creston
Fort Madison
Lexington
Clarinda
Lamoni
Keokuk
Kearney
Hastings
Lincoln
Nebraska City
Beatrice
Maryville
Kirksville
McCook
Hannibal
Macon
Concordia
Atchison
Moberly
Mexico
Colby
Excelsior Springs
Manhattan
Kansas City
Independence
Columbia
Florissant
Junction City
St Louis
Kirkwood
Hays
Salina
Kansas River
Topeka
Kansas City
Jefferson City
Arnold
Ottawa
Ohio R.
Wabash River
McPherson
Great Bend
Emporia
Lake of the Ozarks
Rolla
Perryville
Newton
Hutchinson
Farmington
Garden City
Iola
El Dorado
Fort Scott
Wichita
Chanute
Lebanon
Jackson
Cape Girardeau
Dodge City
Pittsburg
Springfield
Pratt
Parsons
Carthage
Ozark Plateau
Dexter
Sikeston
Wellington
Joplin
Poplar Bluff
Liberal
Arkansas City
Aurora
Malden
Kentucky Lake
Caruthersville
Kennett
Arkansas R.

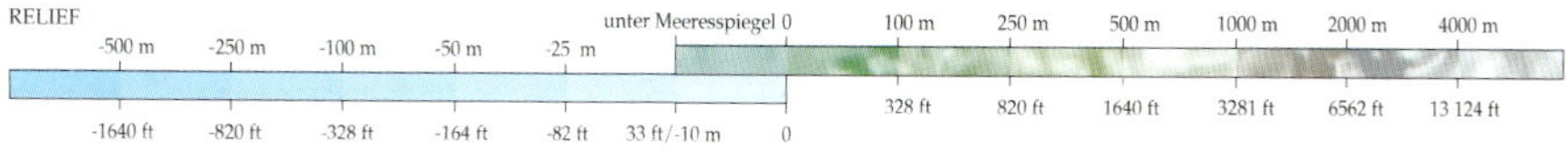
RELIEF
unter Meeresspiegel 0
-500 m
-250 m
-100 m
-50 m
-25 m
100 m
250 m
500 m
1000 m
2000 m
4000 m
-1640 ft
-820 ft
-328 ft
-164 ft
-82 ft
33 ft/-10 m
0
328 ft
820 ft
1640 ft
3281 ft
6562 ft
13 124 ft

# USA: DER WESTEN

0 Kilometer 200

0 Meilen 200

EINWOHNER

○ unter 50 000 ○ 50 000 -100 000 ◉ 100 000 - 500 000 ◼ über 500 000

RELIEF

| unter Meeresspiegel | | | | | | | 0 | 100 m | 250 m | 500 m | 1000 m | 2000 m | 4000 m |
|---|---|---|---|---|---|---|---|---|---|---|---|---|---|
| -4000 m | -3000 m | -2000 m | -1000 m | -500 m | | | | | | | | | |
| -13 124 ft | -9843 ft | -6562 ft | -3281 ft | -1640 ft | -820 ft/-250 m | 0 | | 328 ft | 820 ft | 1640 ft | 3281 ft | 6562 ft | 13 124 ft |

# USA: DER SÜDWESTEN

0 Kilometer 200

0 Meilen 200

EINWOHNER

○ unter 50 000 ○ 50 000 -100 000 ◉ 100 000 - 500 000 ▣ über 500 000

KANSAS
MISSOURI
Table Rock Lake
Beaver Lake
ARKANSAS
OKLAHOMA
TEXAS
LOUISIANA
KO
Golf von Mexiko
Altiplanicie Mexicana
Alva
Blackwell
Bartlesville
Miami
Ponca City
Vinita
Guymon
Woodward
Enid
Claremore
Sand Springs
Tulsa
Perryton
Stillwater
Broken Arrow
Guthrie
Sapulpa
Tahlequah
Dalhart
Dumas
Muskogee
Borger
The Village
Okmulgee
Sallisaw
Weatherford
El Reno
Oklahoma City
Lake Meredith
Pampa
Elk City
Eufaula Lake
Clinton
Moore
Shawnee
McAlester
Canadian River
Amarillo
Chickasha
Norman
Ada
Hereford
Canyon
Altus
Lawton
Duncan
Tulia
Red River
Ardmore
Lake Texoma
Durant
Hugo
Idabel
Clovis
Muleshoe
Childress
Vernon
Burkburnett
Plainview
Wichita River
Gainesville
Denison
Sherman
Paris
Texarkana
Littlefield
Wichita Falls
Bowie
Lubbock
Levelland
Denton
Plano
Greenville
Atlanta
Llano Estacado
Sulphur Springs
Irving
Garland
Lake O' the Pines
Brownfield
Fort Worth
Lake Tawakoni
Marshall
Snyder
Mineral Wells
Dallas
Hobbs
Lamesa
Burleson
Arlington
Tyler
Longview
Seminole
Sweetwater
Abilene
Cleburne
Ennis
Henderson
Red River
Andrews
Big Spring
Stephenville
Athens
Jacksonville
Midland
Colorado City
Corsicana
Trinity River
Odessa
Coleman
Palestine
Nacogdoches
Ballinger
Brownwood
Toledo Bend Reservoir
Monahans
Waco
Lufkin
Pecos
San Angelo
Neches River
Pecos plains
Killeen
Temple
Lake Livingston
Sabine River
Copperas Cove
Belton
Bryan
Huntsville
Lake Buchanan
Taylor
Brazos River
College Station
Silsbee
Fort Stockton
Round Rock
Conroe
Beaumont
Glass Mountains
Pecos River
Lake Travis
Somerville Lake
Brenham
The Woodlands
Orange
Alpine
Austin
Colorado River
Houston
Nederland
Kerrville
New Braunfels
San Marcos
Missouri City
Pasadena
Sabine Lake
League City
Galveston Bay
Santiago Mountains
Amistad Reservoir
Rosenberg
Texas City
San Antonio
Seguin
Alvin
Galveston
Hondo
Schertz
El Campo
Angleton
Del Rio
Uvalde
Edna
Bay City
Lake Jackson
Freeport
San Antonio River
Victoria
Pearsall
Kenedy
Port Lavaca
Matagorda Bay
Eagle Pass
Beeville
San Antonio Bay
Rio Grande
Portland
Robstown
Corpus Christi Bay
Alice
Corpus Christi
Kingsville
Laredo
Laguna Madre
Padre Island
Edinburg
Mission
Harlingen
San Benito
McAllen
Brownsville
45
42
54
51
100°
30°
E
F
G
H
1
2
3
4
5
RELIEF
unter Meeresspiegel 0
-2000 m
-1000 m
-500 m
-250 m
-100 m
100 m
250 m
500 m
1000 m
2000 m
4000 m
-6562 ft
-3281 ft
-1640 ft
-820 ft
-328 ft
-164 ft/-50 m
0
328 ft
820 ft
1640 ft
3281 ft
6562 ft
13 124 ft

# MEXIKO

0 Kilometer 400

0 Meilen 400

EINWOHNER

○ unter 50 000 ○ 50 000 -100 000 ◉ 100 000 - 500 000 ◼ über 500 000

RELIEF

| -4000 m | -3000 m | -2000 m | -1000 m | -500 m | unter Meeresspiegel 0 | 100 m | 250 m | 500 m | 1000 m | 2000 m | 4000 m |
|---|---|---|---|---|---|---|---|---|---|---|---|
| -13 124 ft | -9843 ft | -6562 ft | -3281 ft | -1640 ft | -820 ft/-250 m 0 | 328 ft | 820 ft | 1640 ft | 3281 ft | 6562 ft | 13 124 ft |

# MITTELAMERIKA

0 Kilometer 200

0 Meilen 200

EINWOHNER

○ unter 50 000 ○ 50 000 -100 000 ⦿ 100 000 - 500 000 ▣ über 500 000

E
F
G
H
N
54
Islas Santanilla
(Honduras)
Bajo Nuevo
(Kolumbien)
Laguna de Caratasca
Puerto Lempira
Karibisches
Meer
55
Waspam
Cayos Miskitos
Tuapi
Puerto Cabezas
Costa de Miskitos
Isla de Providencia
(Kolumbien)
Prinzapolka
Barra de Río Grande
Isla de San Andrés
(Kolumbien)
Laguna de Perlas
El Rama
Islas del Maíz
Bluefields
Punta Gorda
Bahía de San Juan del Norte
San Juan del Norte
Puerto Viejo
COSTA RICA
58
Quesada
Alajuela
Siquirres
Heredia
Limón
SAN JOSÉ
Cartago
Guabito
Cerro Chirripó Grande 3819m
Cordillera de Talamanca
Almirante
Laguna de Chiriquí
Golfo de los Mosquitos
Buenos Aires
Cortés
Palmar Sur
Volcán Barú 3475m
Boquete
Serranía de Tabasará
La Concepción
David
Bahía Coronado
Península de Osa
Golfo Dulce
Golfo de Chiriquí
Isla de Coiba
Guarumal
Santiago
Aguadulce
Penonomé
Capira
Ocú
Chitré
Las Tablas
Península de Azuero
Isla Cébaco
PANAMA
Istmo de Panamá
El Porvenir
Portobelo
Colón
Cristóbal
Panama-Kanal
Lago Gatún
Balboa
San Miguelito
PANAMÁ
Bahía de Panamá
Cordillera de San Blas
Chepo
Ailigandí
Chimán
Archipiélago de las Perlas
La Palma
Isla del Rey
Garachiné
Jaqué
Golfo de Panamá
Golfo del Darién
Serranía del Darién
Puerto Obaldía
Yaviza
El Real
KOLUMBIEN
80°
75°
15°
10°
1
2
3
4
5
RELIEF
unter Meeresspiegel 0
-4000 m
-3000 m
-2000 m
-1000 m
-500 m
100 m
250 m
500 m
1000 m
2000 m
4000 m
-13 124 ft
-9843 ft
-6562 ft
-3281 ft
-1640 ft
-820 ft/-250 m
0
328 ft
820 ft
1640 ft
3281 ft
6562 ft
13 124 ft

# KARIBIK

0 Kilometer 200
0 Meilen 200

EINWOHNER
○ unter 50 000
○ 50 000 - 100 000
● 100 000 - 500 000
■ über 500 000

ST. LUCIA
Gros Islet
Marisule Estate
CASTRIES
Babonneau
La Croix Maingot
Karibisches Meer
Grande Rivière
Millet
Dennery
Canaries
Mount Gimie 951m
Praslin
Soufrière
Micoud
Choiseul
Belle Vue
Vieux Fort
500 m / 1640 ft
200 m / 656 ft
Meeresspiegel
0 km 5
0 Meilen 5
BARBADOS
Checker Hall
ATLANTISCHER OZEAN
Speightstown
Mt Hillaby 340m
Bathsheba
Endeavour
Holetown
Welchman Hall
Cave Hill
Mount Friendship
Marchfield
BRIDGETOWN
St Patricks
Hastings
Oistins
Grantley Adams
Wendekreis des Krebses
TURKS & CAICOS ISLANDS (Gr.-Br.)
COCKBURN TOWN
ATLANTISCHER OZEAN
DOMINIKANISCHE REPUBLIK
Puerto Plata
Santiago
San Francisco de Macorís
Cordillera Central
La Vega
La Romana
SANTO DOMINGO
Isla Saona
Mona Passage
Isla Mona
PUERTO RICO (USA)
SAN JUAN
Caguas
Ponce
Mayagüez
VIRGIN ISLANDS (USA)
BRITISH VIRGIN ISLANDS (Gr.-Br.)
ROAD TOWN
CHARLOTTE AMALIE
St Croix
ANGUILLA (Gr.-Br.)
THE VALLEY
Sint Maartin
Leeward Islands
Barbuda
ANTIGUA & BARBUDA
ST JOHN'S
Antigua
BASSETERRE
ST. KITTS & NEVIS
PLYMOUTH
MONTSERRAT (Gr.-Br.)
Grande Terre
Pointe-à-Pitre
GUADELOUPE (Frankreich)
BASSE-TERRE
Basse-Terre
Marie-Galante
Kleine Antillen
DOMINICA
ROSEAU
Martinique Passage
FORT-DE-FRANCE
MARTINIQUE (Frankreich)
St Lucia Channel
Windward Islands
ST. LUCIA
CASTRIES
Vieux Fort
Saint Vincent Passage
BARBADOS
BRIDGETOWN
Saint Vincent
ST. VINCENT & DIE GRENADINEN
KINGSTOWN
The Grenadines
GRENADA
ST GEORGE'S
Karibisches Meer
Kleine Antillen
ARUBA (Niederl.)
ORANJESTAD
NIEDERLÄNDISCHE ANTILLEN (Niederl.)
Curaçao
Bonaire
WILLEMSTAD
Isla La Blanquilla
Tobago
TRINIDAD & TOBAGO
Islas Los Roques
Los Testigos
Isla de Margarita
Golfo de Venezuela
Isla La Tortuga
PORT-OF-SPAIN
Guaico
Golfo de Paria
Trinidad
San Fernando
VENEZUELA
RELIEF
unter Meeresspiegel 0
-4000 m -3000 m -2000 m -1000 m -500 m
100 m 250 m 500 m 1000 m 2000 m 4000 m
-13 124 ft -9843 ft -6562 ft -3281 ft -1640 ft -820 ft/-250 m 0
328 ft 820 ft 1640 ft 3281 ft 6562 ft 13 124 ft

# SÜDAMERIKA

0 Kilometer 500

0 Meilen 500

EINWOHNER

unter 50 000 · 50 000 -100 000 · 100 000 - 500 000 · über 500 000

ATLANTISCHER OZEAN
PAZIFISCHER OZEAN
ARGENTINIEN
CHILE
PARAGUAY
URUGUAY
Argentinisches Becken
Falkland-Plateau
South Georgia-Rücken
Scotia-See
Rio Grande-Schwelle
Santos-Plateau
Chile-Becken
Chile-Schwelle
Peru-Chile-Graben
South Sandwich-Graben
Drake-Passage
Wendekreis des Steinbocks
Gran Chaco
Pampa
Patagonien
ANTARKTIS
FALKLAND ISLANDS (Gr.-Br.)
West Falkland
East Falkland
(Islas Malvinas)
STANLEY
SOUTH GEORGIA (Gr.-Br.)
South Sandwich Islands
South Orkney Islands
South Shetland Islands
Tierra del Fuego (Feuerland)
Magellan-Straße
Kap Hoorn
Isla de Chiloé
Islas Juan Fernández (Chile)
Isla San Félix (Chile)
Isla San Ambrosio (Chile)
Golfo San Matías
Golfo San Jorge
Bahía Blanca
Bahía Grande
Rio de la Plata
Cerro Aconcagua 6960m
Nevado Ojos del Salado 6880m
Cerro San Valentin 4058m
SANTIAGO
BUENOS AIRES
MONTEVIDEO
ASUNCIÓN
Tocopilla
Calama
Antofagasta
Chañaral
Copiapó
Vallenar
La Serena
Coquimbo
Ovalle
Illapel
Viña del Mar
Valparaíso
Rancagua
Talca
Chillán
Talcahuano
Concepción
Temuco
Valdivia
Puerto Montt
Punta Arenas
El Calafate
San Salvador de Jujuy
Salta
San Miguel de Tucumán
Santiago del Estero
La Rioja
San Juan
Mendoza
San Rafael
Córdoba
Río Cuarto
Rafaela
Santa Fe
Rosario
La Plata
Mar del Plata
Necochea
Tandil
Punta Alta
General Roca
Neuquén
Trelew
Rawson
Comodoro Rivadavia
Formosa
Resistencia
Corrientes
Posadas
Rivera
Santa Maria
Passo Fundo
Caxias do Sul
Canoas
Porto Alegre
Rio Grande
Presidente Prudente
Londrina
Maringá
Ciudad del Este
Marília
Bauru
Campinas
Sorocaba
Ponta Grossa
Curitiba
Joinville
Blumenau
Florianópolis
São Paulo
Santos
Juiz de Fora
Nova Iguaçu
Rio de Janeiro
Campos
Paraná
Uruguay
Negro
Colorado
Chubut
Chico
Deseado
RELIEF
unter Meeresspiegel 0
-4000 m
-3000 m
-2000 m
-1000 m
-500 m
100 m
250 m
500 m
1000 m
2000 m
4000 m
-13 124 ft
-9843 ft
-6562 ft
-3281 ft
-1640 ft
-820 ft/-250 m
328 ft
820 ft
1640 ft
3281 ft
6562 ft
13 124 ft

# Nördliches Südamerika

0 Kilometer 200
0 Meilen 200

EINWOHNER
- unter 50 000
- 50 000 -100 000
- 100 000 - 500 000
- über 500 000

ST. VINCENT & DIE GRENADINEN
BARBADOS
GRENADA
Isla Blanquilla
Isla de Margarita
Los Testigos
La Asunción
Porlamar
Tobago
The Dragon's Mouths
TRINIDAD & TOBAGO
Trinidad
Carúpano
Cumaná
Cariaco
Güiria
Golfo de Paria
Puerto La Cruz
Barcelona
San Mateo
The Serpent's Mouth
Maturín
Anaco
Zaraza
Cantaura
Tucupita
El Tigre
Orinoco
Ciudad Guayana
Ciudad Bolívar
Upata
Embalse de Guri
El Callao
El Dorado
Caura
Salto Ángel (Angel Falls) 980m
Kamarang
Caroní
Paragua
Mount Roraima 2810m
Serra Pacaraima
Cuyuni
Peters Mine
Morawhanna
Baramanni
Matthews Ridge
Charity
Baramita
Suddie
Spring Garden
Parika
GEORGETOWN
Aurora
Bartica
Rockstone
New Amsterdam
Linden
GUYANA
Orealla
Kurupukari
Lethem
Kumaka
Dadanawa
Isherton
Biloku
Sierra Acaraí
(Corantijn) Courantyne
Totness
PARAMARIBO
Nieuw Amsterdam
Nieuw Nickerie
Boskamp
Apoera
W. J. van Blommesteinmeer
Kaaimanston
Galibi
SURINAME
Juliana Top 1230m
Teboe Top
Marowijne
Maroni
Grand-Santi
Cottica
St-Laurent-du-Maroni
Sinnamary
Kourou
CAYENNE
Montagnes de la Trinité
Montagne Tortue
FRANZ. GUYANA (Frankreich)
Ouanary
St-Georges
Camopi
ATLANTISCHER OZEAN
VENEZUELA
Macizo de las Guayanas (Guayana-Bergland)
Orinoco
Rio Negro
BRASILIEN
Amazonia
Amazonas
Purus
Tapajós
Äquator
10°
60°
E
F
G
H
1
2
3
4
5
55
67
62
RELIEF
-4000 m
-3000 m
-2000 m
-1000 m
-500 m
unter Meeresspiegel 0
100 m
250 m
500 m
1000 m
2000 m
4000 m
-13 124 ft
-9843 ft
-6562 ft
-3281 ft
-1640 ft
-820 ft/-250 m
0
328 ft
820 ft
1640 ft
3281 ft
6562 ft
13 124 ft

# WESTLICHES SÜDAMERIKA

0 Kilometer 400

0 Meilen 400

EINWOHNER

- unter 50 000
- 50 000 -100 000
- 100 000 - 500 000
- über 500 000

E
F
G
H
1
2
3
4
5
60°
10°
20°
70°
62
63
64
Amazonas
Amazonia
Madera
Aripuanã
Serra do Cachimbo
Teles Pires
BRASILIEN
Juruena
Purus
Fortaleza
Rondônia
Guayaramerín
Mato Grosso
Abuná
Riberalta
Moreno
Madre de Dios
Mamoré
Chapada dos Parecis
Guaporé
Paraguay
Cobija
Porvenir
Beni
Magdalena
Puerto Arturo
Puerto Maldonado
Santa Ana
San Miguel
San Matías
Trinidad
Las Petas
Las Piedras
Reyes
San Ignacio
Mamoré
Concepción
BOLIVIEN
Anden
Nevado Pupuya 5818m
Portachuelo
Montero
Warnes
San José
Puerto Suárez
Sicuani
Moho
Lago Titicaca
Puerto Acosta
Buena Vista
Santa Cruz
Salinas de Santiago
Ayaviri
Achacachi
Juliaca
Puno
Copacabana
Cochabamba
Comarapa
Nevado Ampato 6310m
Acora
LA PAZ
Cordillera Oriental
Aiquile
Viacha
Sumbay
Corocoro
Caracollo
Oruro
Volcán Misti 5822m
Socabaya
Huanuni
SUCRE (offizielle Hauptstadt)
Arequipa
Toledo
Lagunillas
Llallagua
Monteagudo
Camana
Moquegua
Lago Poopó
Challapata
Betanzos
Camiri
Nevado Sajama 6520m
Mollendo
Tacna
Potosí
Punta Coles
Ilo
Las Yaras
PARAGUAY
Sabaya
Cordillera Occidental
Cotagaita
Gran Chaco
Luca
Uyuni
San Lorenzo
Tarija
Wendekreis des Steinbocks
Villa Martín
Tupiza
Pilcomayo
San Pablo
CHILE
Villazón
ARGENTINIEN
Wendekreis des Steinbocks
RELIEF
unter Meeresspiegel
0
100 m
250 m
500 m
1000 m
2000 m
4000 m
-4000 m
-3000 m
-2000 m
-1000 m
-500 m
328 ft
820 ft
1640 ft
3281 ft
6562 ft
13 124 ft
-13 124 ft
-9843 ft
-6562 ft
-3281 ft
-1640 ft
-820 ft/-250 m
0

# BRASILIEN

0 Km 600

0 Meilen 600

EINWOHNER

unter 50 000 | 50 000 -100 000 | 100 000 - 500 000 | über 500 000

E
F
G
H
66
ATLANTISCHER OZEAN
FRANZ. GUYANA
(Frankr.)
URINAME
Serra Tumucumaque
Amapá
Ilha Caviana de Fora
Baía de Marajó
Ilha de Marajó
Belém
Baía de São Marcos
Äquator
Alenquer
Amazonas
Monte Alegre
Santarém
Altamira
São Luís
Parnaíba
Camocim
tuba
Tucuruí
Represa de Tucuruí
Santa Inês
Bacabal
Piripiri
Fortaleza
Atol das Rocas
San Fernando de Noronha
(Brasilien)
Xingu
Marabá
Imperatriz
Maranhão
Teresina
Ceará
Mossoró
Açu
Cabo Calcanhar
Natal
67
1
2
Pará
Araguaína
Carolina
Floriano
Rio Grande do Norte
Juazeiro do Norte
do Cachimbo
Balsas
Picos
Paraíba
João Pessoa
Campina Grande
Recife
BRASILIEN
Piauí
Pernambuco
Alagoas
Represa de Sobradinho
Juazeiro
Maceió
Serra Formosa
Serra dos Gradaús
Tocantins
Araguaia
Serra Geral de Goiás
São Francisco
Chapada Diamantina
Pilar
Aracaju
Estância
Mato Grosso
Taguatinga
Ipirá
Feira de Santana
Salvador
10°
Araguaia
Bahia
Baía de Todos os Santos
3
Planalto Central
Goiás
Cuiabá
BRASÍLIA
Janaúba
Itabuna
Vitória da Conquista
Canavieiras
Anápolis
Serra do Espinhaço
Rondonópolis
Jataí
Goiânia
Minas Gerais
Montes Claros
Araçuaí
Mato Grosso do Sul
Uberlândia
Pantanal
Araguari
Uberaba
Governador Valadares
Espírito Santo
Campo Grande
Frutal
Aquidauana
Belo Horizonte
Divinópolis
Vitória
Presidente Epitácio
Ribeirão Preto
São Paulo
Juiz de Fora
Campos
Marília
Campinas
Nova Iguaçu
4
20°
Londrina
Maringá
São Paulo
Rio de Janeiro
Santo André
Santos
Paraná
Ponta Grossa
Wendekreis des Steinbocks
Francisco Beltrão
Curitiba
Joinville
Paraná
Blumenau
Santa Catarina
Florianópolis
Passo Fundo
Rio Grande do Sul
Santa Maria
Canoas
5
Porto Alegre
Bagé
Lagoa dos Patos
Rio Negro
Rio Grande
Laguna Merín
URUGUAY
30°
50°
40°
30°
RELIEF
-4000 m
-3000 m
-2000 m
-1000 m
-500 m
unter Meeresspiegel 0
100m
250m
500m
1000m
2000m
4000m
-13 124 ft
-9843 ft
-6562 ft
-3281ft
-1640 ft
-820 ft/-250 m
0
328ft
820ft
1640ft
3281ft
6562ft
13 124ft

# Südliches Südamerika

0 Kilometer 200

0 Meilen 200

EINWOHNER

- unter 50 000
- 50 000 -100 000
- 100 000 - 500 000
- über 500 000

RELIEF

| unter Meeresspiegel | -6000 m | -4000 m | -2000 m | -1000 m | -500 m | 0 | 100 m | 250 m | 500 m | 1000 m | 2000 m | 4000 m |
|---|---|---|---|---|---|---|---|---|---|---|---|---|
| | -19 686 ft | -13 124 ft | -6562 ft | -3281 ft | -1640 ft | -820 ft/-250 m | 0 | 328 ft | 820 ft | 1640 ft | 3281 ft | 6562 ft | 13 124 ft |

# Atlantischer Ozean

0 Kilometer 1000

0 Meilen 1000

• Bedeutende Häfen

RELIEF

| | | | | | | |
|---|---|---|---|---|---|---|
| -6000 m | -4000 m | -2000 m | -1000 m | -500 m | -250 m | 0 |
| -19 686 ft | -13 124 ft | -6562 ft | -3281 ft | -1640 ft | -820 ft | 0 |

# Afrika

0 Kilometer 1000

0 Meilen 1000

EINWOHNER

○ unter 50 000 ○ 50 000 -100 000 ◉ 100 000 - 500 000 ■ über 500 000

ATLANTISCHER OZEAN
INDISCHER OZEAN
ANGOLA
NAMIBIA
BOTSWANA
SÜD-AFRIKA
SAMBIA
ZIMBABWE
MOÇAMBIQUE
MADAGASKAR
TANSANIA
MALAWI
DEMOKRATISCHE REPUBLIK KONGO
REPUBLIK KONGO
GABUN
RUANDA
BURUNDI
LESOTHO
SWAZILAND
KOMOREN
MAYOTTE (Frankreich)
ST. HELENA (Gr.-Br.)
ASCENSION ISLAND (St. Helena)
TRISTAN DA CUNHA (St. Helena)
Gough Island (Tristan Da Cunha)
Prince Edward Islands (Südafrika)
LUANDA
WINDHOEK
GABORONE
PRETORIA
MAPUTO
MBABANE
MASERU
HARARE
LUSAKA
LILONGWE
DODOMA
KINSHASA
BRAZZAVILLE
KIGALI
BUJUMBURA
NAIROBI
MORONI
ANTANANARIVO
Cape Town (Kapstadt)
Port Elizabeth
East London
Durban
Johannesburg
Bloemfontein
Walvis Bay
Swakopmund
Keetmanshoop
Lubango
Namibe
Huambo
Lobito
Lubumbashi
Kitwe
Ndola
Bulawayo
Francistown
Beira
Blantyre
Nampula
Nacala
Dar es Salaam
Tanga
Mombasa
Mahajanga
Toliara
Fianarantsoa
Kalahari
Namib
Mosambique-Kanal
Mittelatlantischer Rücken
Walvis-Rücken
Kap-Becken
Angola-Becken
Guinea-Becken
Golf von Guinea
Agulhas-Becken
Agulhas-Plateau
Mosambique-Plateau
Madagaskar-Becken
Madagaskar-Plateau
Südwestindischer Rücken
Atlantisch-Indischer Rücken
Crozet-Plateau
Conrad-Rücken
Somali-Becken
Kap der Guten Hoffnung
Oranje-Schwemmkegel
Wendekreis des Steinbocks
Ascension-Bruchzone

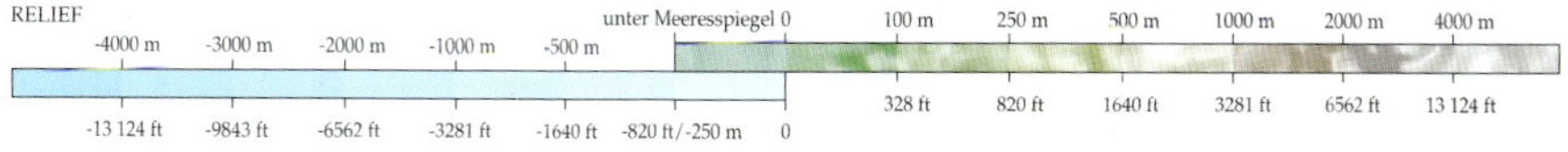
RELIEF
-4000 m
-3000 m
-2000 m
-1000 m
-500 m
unter Meeresspiegel 0
100 m
250 m
500 m
1000 m
2000 m
4000 m
-13 124 ft
-9843 ft
-6562 ft
-3281 ft
-1640 ft
-820 ft/-250 m
0
328 ft
820 ft
1640 ft
3281 ft
6562 ft
13 124 ft

# NORDWEST-AFRIKA

0 Kilometer 400

0 Meilen 400

EINWOHNER

○ unter 50 000 ○ 50 000 -100 000 ◉ 100 000 - 500 000 ◘ über 500 000

RELIEF

unter Meeresspiegel 0 | 100 m | 250 m | 500 m | 1000 m | 2000 m | 4000 m

-4000 m | -3000 m | -2000 m | -1000 m | -500 m

-13 124 ft | -9843 ft | -6562 ft | -3281 ft | -1640 ft | -820 ft/-250 m | 0

328 ft | 820 ft | 1640 ft | 3281 ft | 6562 ft | 13 124 ft

# Nordost-Afrika

0 Kilometer 400
0 Meilen 400

EINWOHNER
○ unter 50 000
○ 50 000 -100 000
◉ 100 000 - 500 000
■ über 500 000

RELIEF

| | | | | | | | | | | | | |
|---|---|---|---|---|---|---|---|---|---|---|---|---|
| -4000 m | -3000 m | -2000 m | -1000 m | -500 m | unter Meeresspiegel 0 | 100 m | 250 m | 500 m | 1000 m | 2000 m | 4000 m |
| -13 124 ft | -9843 ft | -6562 ft | -3281 ft | -1640 ft | -820 ft / -250 m | 0 | 328 ft | 820 ft | 1640 ft | 3281 ft | 6562 ft | 13 124 ft |

# Westafrika

0 Kilometer 250
0 Meilen 250

EINWOHNER

○ unter 50 000
○ 50 000 -100 000
◉ 100 000 - 500 000
▣ über 500 000

ALGERIEN
LIBYEN
MALI
NIGER
TSCHAD
BURKINA FASO
BENIN
TOGO
GHANA
NIGERIA
KAMERUN
ZENTRAL-AFRIKANISCHE REPUBLIK
Tassili N'Ajjer
Asedjrad
Tanezrouft
Ahaggar
Adrar des Ifôghas
Timétrine
Azaouâd
Ténéré du Tafassâsset
Ténéré
Tibesti
Massif de l' Aïr
Grand Erg de Bilma
Wendekreis des Krebses
Taoudenni
Araouane
Tessalit
Assamakka
Iferouâne
Monts Bagzane 2022m
Agadez
Séguédine
Gouré
Ngourti
Dilia
Nguigmi
Tombouctou
Goundam
Lac Niangay
Gao
Ansongo
Ménaka
Hombori Tondo 1155m
Mopti
Ayorou
Tillabéri
Dogondoutchi
Tahoua
Keïta
Dakoro
Birnin Konni
Tessaoua
Zinder
Maradi
Guidimouni
NIAMEY
Ouahigouya
Kaya
OUAGADOUGOU
Koudougou
Fada-Ngourma
Tenkodogo
Bawku
Bobo-Dioulasso
Sokoto
Gusau
Katsina
Kano
Nguru
Hadejia
Lake Chad (Tschad-See)
Maiduguri
Potiskum
Jega
Zaria
Kaduna
Yelwa
Kainji Reservoir
Dimlang 2042m
Bauchi
Jos
Jos Plateau
Gongola
Biu
Kumo
Yola
Mandara Mountains
Sansanné-Mango
Chaîne de l'Atakora
Natitingou
Bolgatanga
Wa
Black Volta
White Volta
Volta
Tamale
Yendi
Parakou
Sokodé
Ilorin
Jebba
ABUJA
Lafia
Benue
Shebshi Mountains
Niger
Wenchi
Lake Volta
Bondoukou
Ogbomosho
Oyo
Ede
Ibadan
Abomey
Lokoja
Makurdi
Wukari
Gotel Mountains
Sunyani
Kumasi
Owo
Benin City
Enugu
PORTO-NOVO
Abengourou
Kpalimé
Nsawam
Lagos
Cotonou
LOMÉ
Onitsha
Owerri
Aba
Calabar
Oban Hills
Djérem
Asamankese
Aboisso
Bingerville
Abidjan
Tema
ACCRA
Cape Coast
Sekondi-Takoradi
Sapele
Warri
Port Harcourt
Sklavenküste
Bucht von Benin
Niger-Delta
Isla de Bioco
Lom
Goldküste
Golf von Guinea
RELIEF
unter Meeresspiegel 0
100 m
250 m
500 m
1000 m
2000 m
4000 m
-4000 m
-3000 m
-2000 m
-1000 m
-500 m
328 ft
820 ft
1640 ft
3281 ft
6562 ft
13 124 ft
-13 124 ft
-9843 ft
-6562 ft
-3281 ft
-1640 ft
-820 ft/-250 m
0

# ZENTRALAFRIKA

0 Kilometer 400

0 Meilen 400

EINWOHNER

○ unter 50 000 ○ 50 000 -100 000 ◉ 100 000 - 500 000 ◼ über 500 000

DEMOKRATISCHE REPUBLIK KONGO
REPUBLIK KONGO
GABUN
ÄQUATORIAL-GUINEA
SÃO TOMÉ & PRÍNCIPE
ANGOLA
SAMBIA
TANSANIA
UGANDA
RUANDA
BURUNDI
ATLANTISCHER OZEAN
YAOUNDÉ
LIBREVILLE
MALABO
SÃO TOMÉ
KINSHASA
BRAZZAVILLE
Port-Gentil
Pointe-Noire
Cabinda (Angola)
Boma
Matadi
Kikwit
Ilebo
Kananga
Mbuji-Mayi
Kamina
Likasi
Lubumbashi
Kolwezi
Kipushi
Kalemie
Bukavu
Goma
Kisangani
Mbandaka
Bandundu
Gemena
Lisala
Bumba
Buta
Isiro
Bunia
Beni
Butembo
Douala
Edéa
Ebolowa
Bata
Franceville
Moanda
Lambaréné
Ouésso
Impfondo
Dolisie
Nkayi
Tshikapa
Mwene-Ditu
Kabinda
Gandajika
Manono
Kasongo
Kindu
Kalima
Lodja
Lubutu
Dilolo
Kasaji
Kenge
Cuango
Lac Kivu
Lac Edouard
Lake Albert
Lake Victoria
Lake Tanganyika
Lac Moero (Lake Mweru)
Lac Upemba
Lac Mai-Ndombe
Lac Ntomba
Congo (Zaire)
Kasai
Kwango
Kwilu
Lualaba
Lomami
Tshuapa
Sankuru
Lukenie
Lulonga
Ubangi
Uele
Cuanza
Zambezi
Lungue-Bungo
Kongo-Becken
Monts Mitumba
Massif du Chaillu
Plateaux Batéké
Planalto do Bié
Ruwenzori
Muchinga Escarpment
Äquator
5
6
7
8
A
B
C
D
E
10°
20°
30°
73
78
67
N

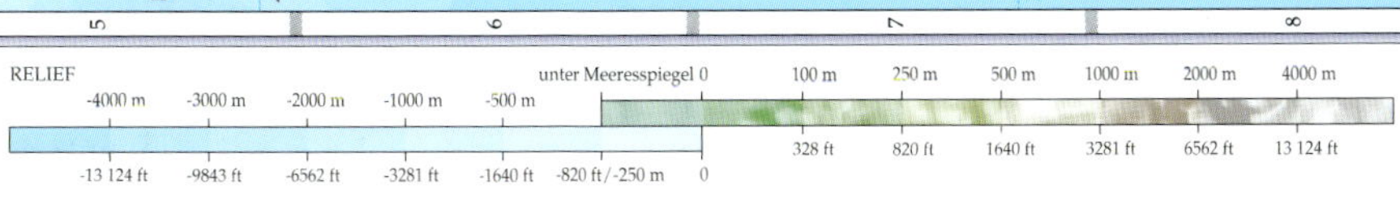
RELIEF
unter Meeresspiegel 0
100 m
250 m
500 m
1000 m
2000 m
4000 m
328 ft
820 ft
1640 ft
3281 ft
6562 ft
13 124 ft
-4000 m
-3000 m
-2000 m
-1000 m
-500 m
-13 124 ft
-9843 ft
-6562 ft
-3281 ft
-1640 ft
-820 ft / -250 m
0

# Südliches Afrika

0 Kilometer 400

0 Meilen 400

EINWOHNER

○ unter 50 000 ○ 50 000 - 100 000 ◉ 100 000 - 500 000 ▣ über 500 000

E
F
G
H
TANSANIA
Great Ruaha
MALAWI
Lake Nyasa
(Lake Malawi)
Mzuzu
Rio Rovuma
Negomane
Nkhotakota
Rio Lugenda
Rio Messalo
LILONGWE
Salima
Monkey Bay
Rio Lúrio
Cuamba
Zomba
Milange
Nsanje
Mocímboa da Praia
Mucojo
Pemba
Lúrio
Nacala
Lumbo
Moçambique
Nampula
Mocuba
Quelimane
Chimoio
Beira
Machanga
Inhambane
Quissico
MOÇAMBIQUE
SEYCHELLEN
VICTORIA
Mahé
Îles Amirante
Îles Centrales
Îles Aldabra
Îles Farquhar
KOMOREN
MORONI
Grande Comore
Anjouan
Mohéli
MAMOUDZOU
MAYOTTE
(Frankreich)
Ambanja
Analalava
Antsohihy
Mahajanga
Sambava
Antalaha
Maroantsetra
Fenoarivo Atsinanana
Toamasina
ANTANANARIVO
Antsirabe
Morondava
Ambositra
Mananjary
Mangoky
Fianarantsoa
Ihosy
Manakara
Farafangana
Toliara
Vangaindrano
Amboasary
MADAGASKAR
MAURITIUS
PORT LOUIS
ST-DENIS
RÉUNION
(Frankreich)
Îles Mascarène
Wendekreis des Steinbocks
INDISCHER
OZEAN
140
141
154
40°
50°
60°
10°
20°
30°
1
2
3
4
5


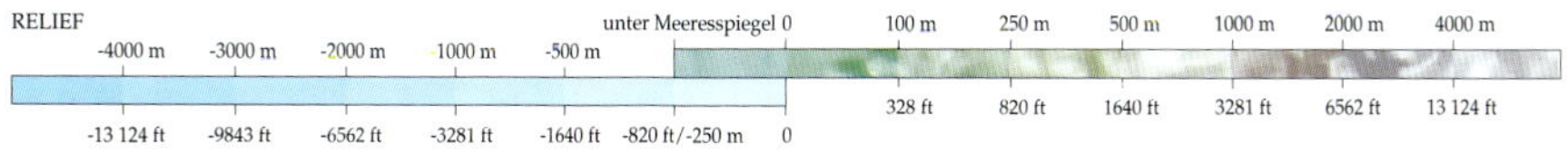

RELIEF
unter Meeresspiegel 0
-4000 m
-3000 m
-2000 m
-1000 m
-500 m
100 m
250 m
500 m
1000 m
2000 m
4000 m
-13 124 ft
-9843 ft
-6562 ft
-3281 ft
-1640 ft
-820 ft/-250 m
0
328 ft
820 ft
1640 ft
3281 ft
6562 ft
13 124 ft

# EUROPA

0 Kilometer 500

0 Meilen 500

EINWOHNER

- unter 50 000
- 50 000 -100 000
- 100 000 - 500 000
- über 500 000

E
F
G
H
155
Barents-See
Nordkap
Ostrov Kolguyev
Nördl. Polarkreis
Ural
Ob'
Irtysh
Murmansk
Kola-Halbinsel
Weißes Meer
FINNLAND
Arkhangel'sk
Severnaya Dvina
Bottnischer Meerbusen
RUSSISCHE FÖDERATION
Perm'
112
Onega-See
Tampere
Ladoga-See
Åland
Turku
HELSINKI
St. Petersburg
Vologda
Ufa
Uppsala
STOCKHOLM
TALLINN
Yaroslavl'
Kazan'
ESTLAND
Nizhniy Novgorod
LETTLAND
RIGA
Ul'yanovsk
Samara
Orenburg
MOSKAU
Ostsee
LITAUEN
Kaunas
Vitsyebsk
Kaliningrad (Russ. Föd.)
VILNIUS
Wolga
Gdańsk
MINSK
Bydgoszcz
Babruysk
Homyel'
WARSCHAU
WEISSRUSSLAND
Voronezh
Łódź
Brest
Pripjet-Sümpfe
Aral-See
Syr Darya
POLEN
Bug
KIEV
Kharkiv
Don
Wisła (Weichsel)
Volgograd
L'viv
Dnjepr
Kraków
Dnjestr
UKRAINE
Dnipropetrovs'k
Donets'k
Astrakhan'
Amu Darya
SLOWAKEI
Chernivtsi
Rostov-na-Donu
BUDAPEST
MOLDAWIEN
Dnjepr-Tiefland
UNGARN
Cluj-Napoca
CHIŞINĂU
Odesa
Asowsches Meer
Stavropol'
Kaspisches Meer
RUMÄNIEN
Krim
Kaukasus
El'brus 5642m
Braşov
Simferopol'
BELGRAD
BUKAREST
Schwarzes Meer
JUGO-SLAWIEN
Constanţa
Donau
BULGARIEN
Varna
SOFIA
Burgas
SKOPJE
MAZEDONIEN
TIRANA
ALBANIEN
Pindos
Ägäisches Meer
Anatolische Hochebene
ASIEN
GRIECHEN-LAND
ATHEN
Piräus
Kūhhā-ye Zāgros
Zypern
Tigris
Iráklein
Syrische Wüste
118
Euphrat
Kreta
RELIEF
unter Meeresspiegel 0
-4000 m
-3000 m
-2000 m
-1000 m
500 m
100 m
250 m
500 m
1000 m
2000 m
4000 m
-13 124 ft
-9843 ft
-6562 ft
-3281ft
-1640 ft
-820 ft / -250 m
0
328 ft
820 ft
1640 ft
3281 ft
6562 ft
13 124 ft

# NORDATLANTIK

0 Kilometer 400
0 Meilen 400

EINWOHNER
- unter 50 000
- 50 000 -100 000
- 100 000 - 500 000
- über 500 000

ARKTISCHER OZEAN
Lincoln-See
Peary Land
Kap Bridgman
Wandel-See
Independence Fjord
Nord
Kong Frederik VIIIs Land
Danmark Havn
Kong Christian Xs Land
Daneborg
Ittoqqortoormiit
Kangerlittivaq
SVALBARD
(Norwegen)
Spitsbergen
Pyramiden
LONGYEARBYEN
Barentsburg
Storfjorden
Nordaustlandet
Kvitøya
Kong Karls Land
Barentsøya
Edgeøya
Zemlya Frantsa-Iosifa
Novaya Zemlya
Barents-See
Grönland-See
Bjørnøya
(Norwegen)
Nordkapp
JAN MAYEN
(Norwegen)
Norwegische See
Straße
ISLAND
Bolungarvík
Siglufjördhur
Raufarhöfn
Húsavík
Akureyri
Seydhisfjördhur
Neskaupstadhur
Stykkishólmur
REYKJAVÍK
Selfoss
Vatnajökull
Djúpivogur
Thorlákshöfn
Hvannadalshnúkur
2119m
Surtsey
Vestmannaeyjar
FÆRØERNE
(Dänemark)
TÓRSHAVN
Shetland Islands
N
FINNLAND
SCHWEDEN
NORWEGEN
Vestfjorden
Nördl. Polarkreis
Bottnischer Meerbusen
155
110
84
85
E
F
G
H
1
2
3
4
5

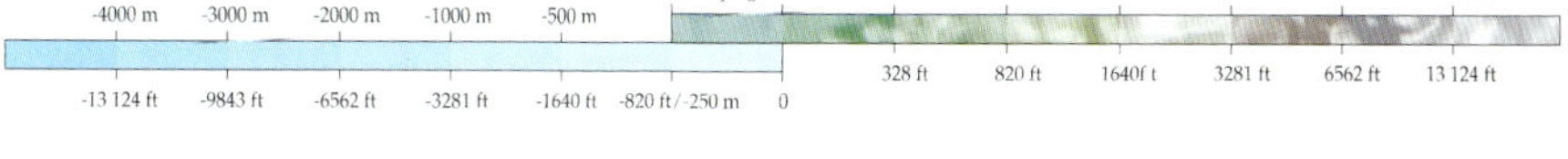
RELIEF
-4000 m
-3000 m
-2000 m
-1000 m
-500 m
unter Meeresspiegel 0
100 m
250 m
500 m
1000 m
2000 m
4000 m
-13 124 ft
-9843 ft
-6562 ft
-3281 ft
-1640 ft
-820 ft / -250 m
0
328 ft
820 ft
1640 ft
3281 ft
6562 ft
13 124 ft

# SKANDINAVIEN & FINNLAND

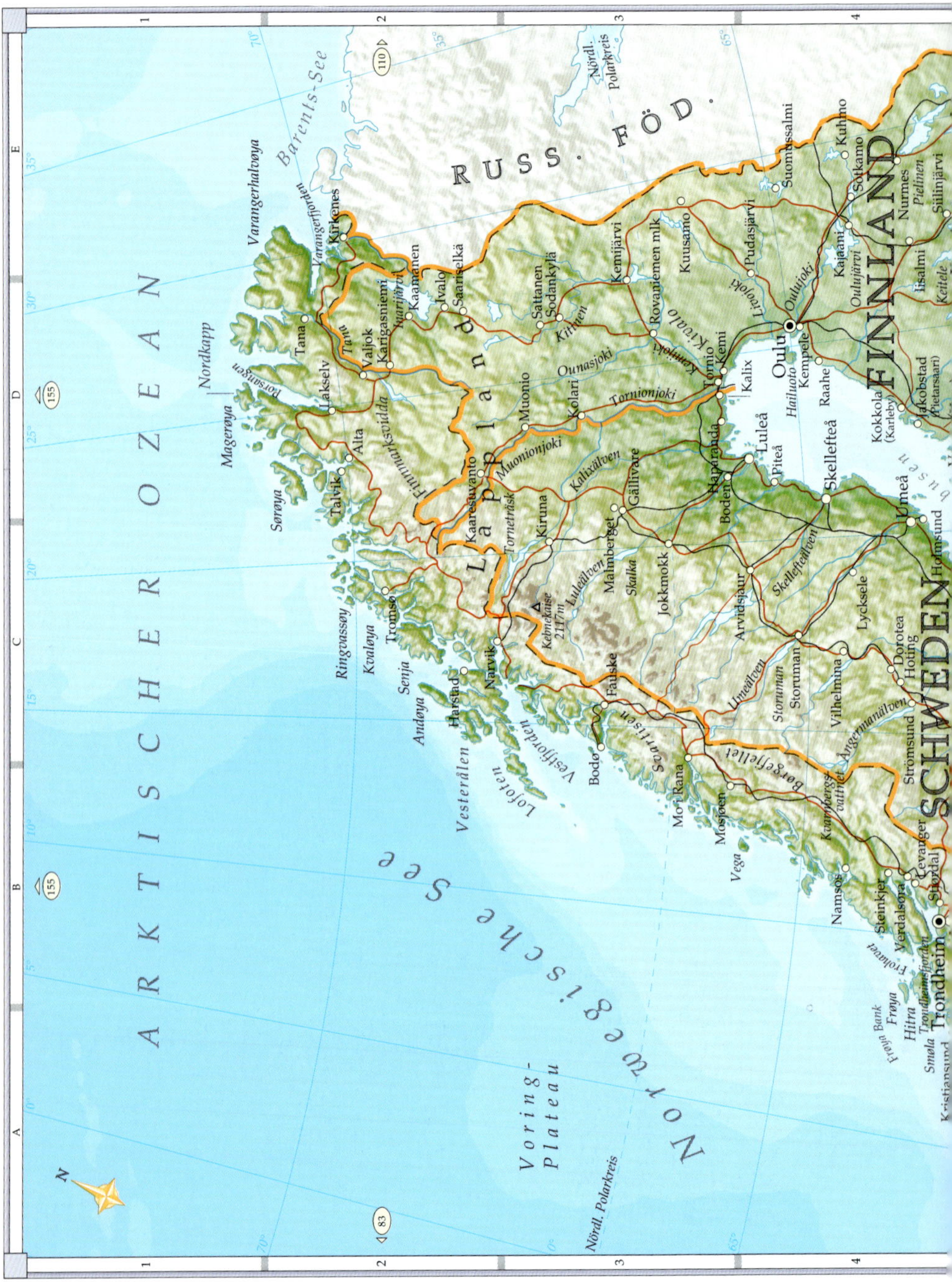


0 Kilometer 200

0 Meilen 200

EINWOHNER

- unter 50 000
- 50 000 - 100 000
- 100 000 - 500 000
- über 500 000

NORWEGEN
SCHWEDEN
FINNLAND
DÄNEMARK
ESTLAND
LETTLAND
LITAUEN
RUSS. FÖD.
WEISSRUSSLAND
POLEN
DEUTSCHLAND
KALININGRAD (Russ. Föd.)
O s t s e e
Nord - see
Skagerrak
Kattegat
Bottnischer Meerbusen
Finnischer Meerbusen
Bucht von Riga
OSLO
STOCKHOLM
HELSINKI
KØBENHAVN (Kopenhagen)
Bergen
Stavanger
Kristiansand
Trondheim
Göteborg
Malmö
Uppsala
Västerås
Örebro
Linköping
Norrköping
Jönköping
Borås
Helsingborg
Lund
Karlskrona
Kalmar
Växjö
Visby
Gävle
Sundsvall
Falun
Karlstad
Turku (Åbo)
Tampere
Espoo
Vantaa
Lahti
Jyväskylä
Lappeenranta
Kotka
Porvoo
Pori
Rauma
Hanko (Hangö)
Århus
Ålborg
Odense
Esbjerg
Randers
Kolding
Vejle
Göta land
Småland
Dalarna
Jotunheimen
Hardangervidda
Sognefjorden
Hardangerfjorden
Glittertind 2464 m
Gotland
Öland
Bornholm
Åland
Ålands hav
Saaremaa
Hiiumaa
Peipsi Järv (Peipus-See)
Ladozhskoye Ozero
Vänern
Vättern
Mälaren
Hjälmaren
Mjøsa
Sjælland
Fyn
Lolland
Falster
Møn
Jylland
Storebælt
Hanöbukten
Zatoka Gdańska (Danziger Bucht)
Wisła (Weichsel)
Oder
Elbe
Weser
Ems
Daugava
Nemunas (Memel)
Kuršskaya Kosa
RELIEF
-2000 m
-1000 m
-500 m
-250 m
-100 m
unter Meeresspiegel 0
100 m
250 m
500 m
1000 m
2000 m
4000 m
-6562 ft
-3281 ft
-1640 ft
-820 ft
-328 ft
-164 ft/-50 m
0
328 ft
820 ft
1640 ft
3281 ft
6562 ft
13 124 ft

# BENELUX-STAATEN

0 Kilometer 50

0 Meilen 50

EINWOHNER

○ unter 50 000 ○ 50 000 -100 000 ◉ 100 000 - 500 000 ▣ über 500 000

DEUTSCHLAND
BELGIEN
LUXEMBURG
FRANKREICH
Rhein
Mosel
Moselle
Schelde
Sambre
Oise
Somme
Lys
Maas
Ourthe
Amblève
Sûre
Our
Semois
Dender
Rupel
Leie
IJzer
Westerschelde
Zuid-Beveland
Artois
Lorraine
Flandern
Fagne
Famenne
Ardennen
Gutland
Hautes Fagnes
Botrange 694 m
BRUSSEL/BRUXELLES (Brüssel)
LUXEMBOURG
Antwerpen
Gent
Brugge
Liège (Lüttich)
Charleroi
Namur
Mons
Leuven
Hasselt
Maastricht
Eindhoven
Venlo
Oostende
Kortrijk
Tournai
Arlon
Bastogne
Esch-sur-Alzette
RELIEF
unter Meeresspiegel 0
-500 m
-250 m
-100 m
-50 m
-25 m
100 m
250 m
500 m
1000 m
2000 m
4000 m
-1640 ft
-820 ft
-328 ft
-164 ft
-82 ft
-33 ft/-10 m
0
328 ft
820 ft
1640 ft
3281 ft
6562 ft
13 124 ft

# BRITISCHE INSELN

0 Kilometer 100

0 Meilen 100

EINWOHNER

○ unter 50 000 ○ 50 000 -100 000 ◉ 100 000 - 500 000 ▣ über 500 000

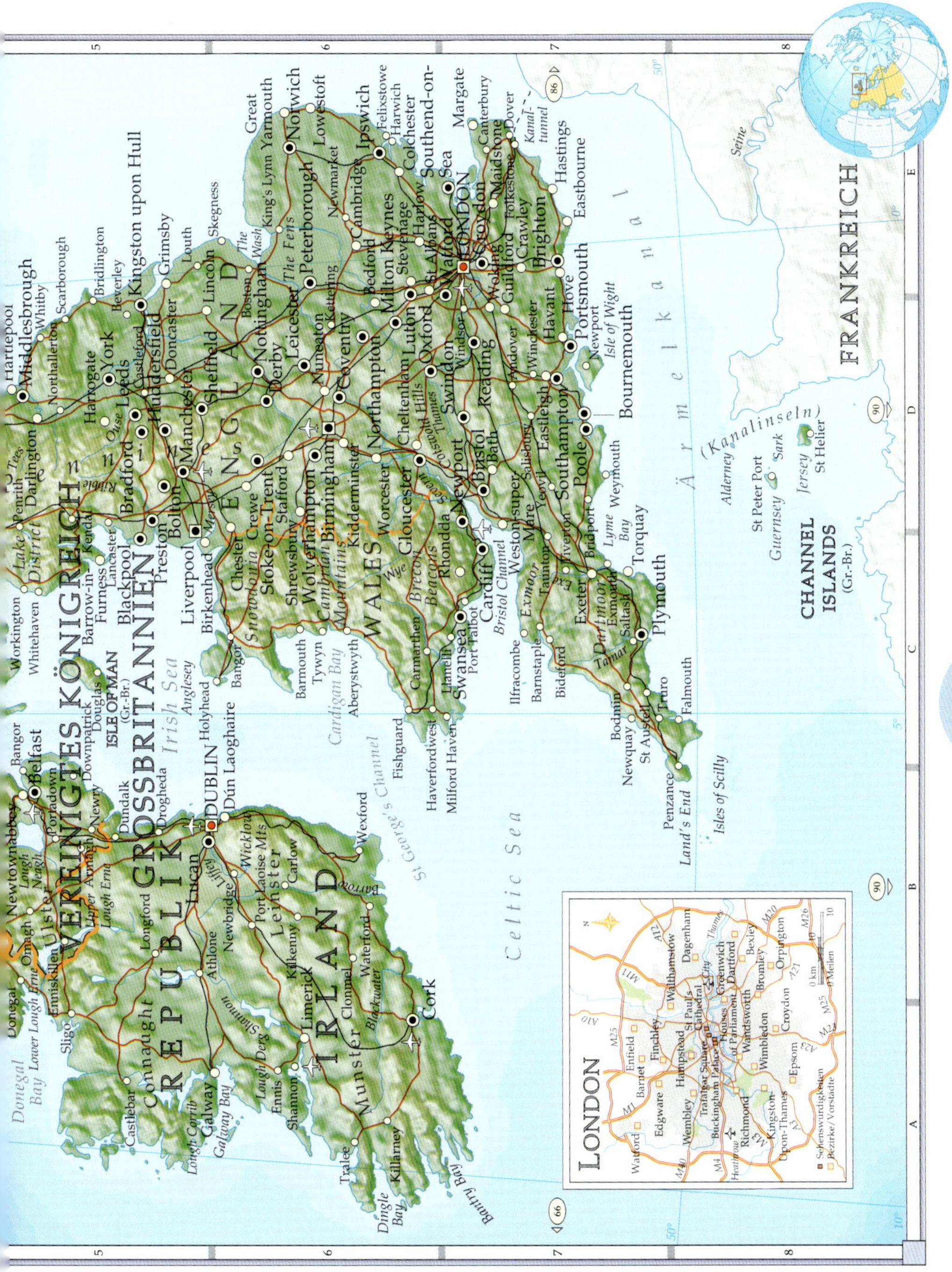


RELIEF

| unter Meeresspiegel 0 | 100 m | 250 m | 500 m | 1000 m | 2000 m | 4000 m |
|---|---|---|---|---|---|---|
| 0 | 328 ft | 820 ft | 1640 ft | 3281 ft | 6562 ft | 13 124 ft |

| -2000 m | -1000 m | -500 m | -250 m | -100 m | |
|---|---|---|---|---|---|
| -6562 ft | -3281 ft | -1640 ft | -820 ft | -328 ft | -164 ft/-50 m |

# FRANKREICH, ANDORRA, MONACO

0 Kilometer 100

0 Meilen 100

EINWOHNER

○ unter 50 000 ○ 50 000 -100 000 ⦿ 100 000 - 500 000 ▣ über 500 000

ITALIEN
SPANIEN
MONACO
Mittelmeer
Ligurisches Meer
Golfe du Lion
Côte d'Azur
Biscaya
Corse (Korsika)
Sardinien (Italien)
Pyrenäen (Pyrenées)
ANDORRA
ANDORRA LA VELLA
Massif Central
Aquitaine
Gascogne
Languedoc
Provence
Auvergne
Limousin
Dauphiné
Savoie
Charente
Médoc
Landes
Armagnac
Roussillon
Camargue
Bordeaux
Toulouse
Montpellier
Marseille
Toulon
Nice
Cannes
Antibes
Lyon
Grenoble
Limoges
Clermont-Ferrand
St-Étienne
Perpignan
Nîmes
Avignon
Arles
Aix-en-Provence
Bastia
Ajaccio
Bonifacio
Mont Blanc 4807m
Ebro
MONACO
FRANKREICH
Monte-Carlo
Larvotto
La Condamine
Fontvieille
Port de Monaco
ANDORRA
FRANKREICH
SPANIEN
Pic de Coma Pedrosa 2942m
Canillo
Encamp
Escaldes
Ordino
La Massana
Sant Julià de Lòria
Soldeu
Arinsal
El Serrat
Port d'Envalira
RELIEF
unter Meeresspiegel 0
-2000 m
-1000 m
-500 m
-250 m
-100 m
100 m
250 m
500 m
1000 m
2000 m
4000 m
-6562 ft
-3281 ft
-1640 ft
-820 ft
-328 ft
164 ft/-50 m
0
328 ft
820 ft
1640 ft
3281 ft
6562 ft
13 124 ft

# SPANIEN & PORTUGAL

0 Kilometer 100

0 Meilen 100

EINWOHNER

○ unter 50 000 ○ 50 000 -100 000 ◉ 100 000 - 500 000 ▣ über 500 000

E
F
G
H
1
2
3
4
5
90
96
97
71
FRANKREICH
Gascogne
Pirineos
(Pyrenäen)
Golfe du Lion
ANDORRA
Laredo
Bermeo
Zarautz
Donostia-San Sebastián
Irún
Eibar
Tolosa
Bergara
País Vasco
Vitoria-Gasteiz
Pamplona
Miranda de Ebro
Estella
Navarra
Jaca
Logroño
Arnedo
Calahorra
Huesca
La Seu d'Urgell
Ripoll
Figueres
Banyoles
La Rioja
Sistema Ibérico
Tudela
Tarazona
Soria
Ejea de los Caballeros
Ebro
Barbastro
Monzón
Berga
Manlleu
Girona
Vic
Palafrugell
Palamós
Cataluña
Balaguer
Cervera
Granollers
Blanes
Arenys de Mar
Costa Brava
Lleida
(Lérida)
Tàrrega
Sabadell
Terrassa
Mataró
Zaragoza
Fraga
Barcelona
Vilafranca del Penedès
L'Hospitalet de Llobregat
El Burgo de Osma
Calatayud
Valls
Sitges
Reus
El Vendrell
Medinaceli
Aragón
Daroca
Tarragona
Alcañiz
Tortosa
Costa Daurada
NIEN
Amposta
Guadalajara
Sant Carles de la Rápita
Alcalá de Henares
Vinaròs
orrejón de Ardoz
Teruel
Menorca
Ciutadella de Menorca
Mahón
Tajo
Cuenca
País Valenciano
Pollença
Onda
Castelló de la Plana
Sa Pobla
Tarancón
Burriana
Vila-real de los Infantes
Vall d' Uxó
Palma
Manacor
Castilla-La Mancha
Burjassot
Sagunto
Golfo de Valencia
Llucmajor
Felanitx
Mota del Cuervo
Valencia
Mallorca
Campo de Criptana
Torrente
Catarroja
Costa del Azahar
Socuéllamos
Sueca
Cabrera
Eivissa
(Ibiza)
Tomelloso
La Roda
Júcar
Algemesí
Cullera
Islas Baleares
Manzanares
Albacete
Xàtiva
Gandía
Oliva
Eivissa
La Solana
Almansa
Denia
(Balearische Inseln)
Valdepeñas
Ontinyent
Alcoy
Formentera
Villanueva de los Infantes
Villena
Hellín
Jumilla
Elda
Benidorm
Villajoyosa
Segura
Monóvar
San Juan de Alicante
Beas de Segura
Moratalla
Cieza
Elx
(Elche)
Alacant (Alicante)
Villacarrillo
Callosa de Segura
Úbeda
Mula
Orihuela
Costa Blanca
Cazorla
Murcia
Murcia
Béticos
Lorca
Totana
La Unión
Baza
Huéscar
Cartagena
Aguilas
Mittelmeer
Guadix
Mulhacén
3481m
Nevada
Mojácar
Costa Calida
Berja
Almería
Adra
ALGERIEN
GIBRALTAR (Gr.-Br.)
SPANIEN
N
Gibraltar Airport
North Mole
Gibraltar Harbour
The Rock
Catalan Bay
Catalan Bay
Bay of Gibraltar
Sandy Bay
Summit 426m
Rosia
Rosia Bay
Buena Vista
200 m / 656 ft
Meeresspiegel
Little Bay
0 km
0 Meilen
1
Punta de Europa
Straße von Gibraltar
RELIEF
unter Meeresspiegel 0
100 m
250 m
500 m
1000 m
2000 m
4000 m
-4000 m
-3000 m
-2000 m
-1000 m
-500 m
328 ft
820 ft
1640 ft
3281 ft
6562 ft
13 124 ft
-13 124 ft
-9843 ft
-6562 ft
-3281 ft
-1640 ft
-820 ft / -250 m
0

# Deutschland & Alpenländer

0 Kilometer 100

0 Meilen 100

EINWOHNER

○ unter 50 000 ○ 50 000 -100 000 ◉ 100 000 - 500 000 ■ über 500 000

RELIEF

| unter Meeresspiegel 0 | 100 m | 250 m | 500 m | 1000 m | 2000 m | 4000 m |
|---|---|---|---|---|---|---|
| 0 | 328 ft | 820 ft | 1640 ft | 3281 ft | 6562 ft | 13 124 ft |

| -500 m | -250 m | -100 m | -50 m | -25 m | |
|---|---|---|---|---|---|
| -1640 ft | -820 ft | -328 ft | -164 ft | -82 ft | -33 ft/-10 m |

# ITALIEN

0 Kilometer 100

0 Meilen 100

EINWOHNER

- unter 50 000
- 50 000 -100 000
- 100 000 - 500 000
- über 500 000

RELIEF

unter Meeresspiegel 0

| -2000 m | -1000 m | -500 m | -250 m | -100 m | | 0 | 100 m | 250 m | 500 m | 1000 m | 2000 m | 4000 m |
|---|---|---|---|---|---|---|---|---|---|---|---|---|
| -6562 ft | -3281 ft | -1640 ft | -820 ft | -328 ft | -164 ft/-50 m | 0 | 328 ft | 820 ft | 1640 ft | 3281 ft | 6562 ft | 13 124 ft |

# MITTELEUROPA

0 Kilometer 100

0 Meilen 100

EINWOHNER

○ unter 50 000 ○ 50 000 -100 000 ◉ 100 000 - 500 000 ■ über 500 000

TSCHECHISCHE REPUBLIK
SLOWAKEI
UNGARN
UKRAINE
RUMÄNIEN
ÖSTERREICH
SLOWENIEN
KROATIEN
BOSNIEN-HERZEGOWINA
JUGOSLAWIEN
SERBIEN
ITALIEN
PRAHA
BRATISLAVA
BUDAPEST
Adriatisches Meer
Golf von Venedig
Alpen
Niedere Tauern
Carpaţii Occidentali
Carpaţii Meridionali
Alföld
Donau
Velebit

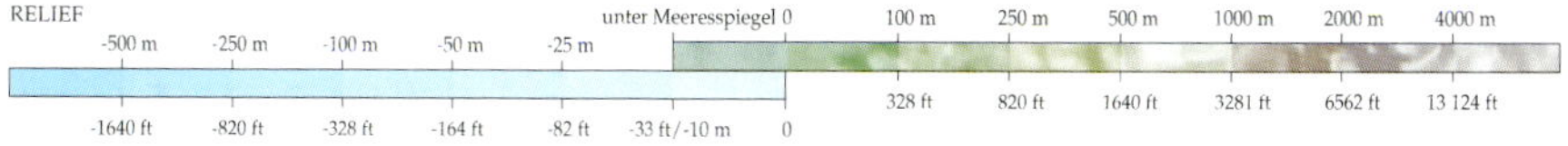
RELIEF
-500 m
-250 m
-100 m
-50 m
-25 m
unter Meeresspiegel 0
100 m
250 m
500 m
1000 m
2000 m
4000 m
-1640 ft
-820 ft
-328 ft
-164 ft
-82 ft
-33 ft/-10 m
0
328 ft
820 ft
1640 ft
3281 ft
6562 ft
13 124 ft

# Westlicher Balkan

0 Kilometer 75

0 Meilen 75

EINWOHNER

○ unter 50 000 ○ 50 000 -100 000 ◉ 100 000 - 500 000 ▣ über 500 000

BULGARIEN
MAZEDONIEN
ALBANIEN
GRIECHENLAND
MONTENEGRO
KOSOVO
ITALIEN
Ägäisches Meer
Ionische Inseln
Ionisches Meer
Straße von Otranto
...sches Meer
Pindos
Nord-albanische Alpen
Appennino Lucano
Golfo di Taranto
SKOPJE
TIRANË
Priština
Bitola
Prilep
Kumanovo
Titov Veles
Štip
Kočani
Radoviš
Strumica
Kavadarci
Gevgelija
Vardar
Bregalnica
Crna
Reka
Gostivar
Tetovo
Kičevo
Debar
Struga
Ohrid
Ohrid-See
Prespa-See
Peshkopi
Burrel
Krujë
Durrës
Kavajë
Elbasan
Lushnje
Fier
Vlorë
Gjiri i Vlorës
Berat
Kuçovë
Pogradec
Korçë
Tepelenë
Gjirokastër
Sarandë
Konispol
Lumi i Shkumbinit
Lumi i Devollit
Lumi i Osumit
Lumi i Vjosës
Drini i Zi
Shkodër
Bajram Curri
Lezhë
Laç
Skutari-See
Bar
Kotor
Cetinje
Podgorica
Nikšić
Ivangrad
Trebinje
Dubrovnik
Mljet
Palagruža
Prizren
Đakovica
Peć
Dečani
Orahovac
Kosovo Polje
Vučitrn
Kosovska Mitrovica
Novi Pazar
Uroševac
Gnjilane
Preševo
Bujanovac
Vranje
Surdulica
Vlasotince
Leskovac
Pirot
Morava
Kuršumlija
Podujevo
Prokuplje
Kopaonik
Kérkyra (Korfu)
Lefkada
Kefallonia
N
104
105
103
97
5
6
7
8
A
B
C
D
E
BOSNIEN-HERZEGOWINA
KROATIEN
JUGOSLAWIEN
MONTENEGRO
Adriatisches Meer
Bihać
Banja Luka
Orašje
Brčko
Tuzla
Sarajevo
Goražde
Mostar
Split
Dubrovnik
Sava
Bosna
Drina
Gebietsaufteilung
Serben
Muslime & Kroaten
0 50 km
0 50 Meilen
RELIEF
unter Meeresspiegel
-2000 m
-1000 m
-500 m
-250 m
-100 m
0
100 m
250 m
500 m
1000 m
2000 m
4000 m
-6562 ft
-3281 ft
-1640 ft
-820 ft
-328 ft
164 ft/-50 m
0
328 ft
820 ft
1640 ft
3281 ft
6562 ft
13 124 ft

# MITTELMEER

0 Kilometer 200
0 Meilen 200

EINWOHNER

- unter 50 000
- 50 000 - 100 000
- 100 000 - 500 000
- über 500 000

E
F
G
H
1
2
3
4
5
108
117
119
72
WIEN
Donau
BUDAPEST
UNGARN
MOLD.
CHIȘINĂU
UKRAINE
Odesa
Dnjepr
Asowsches Meer
Krym (Krim)
Kerch
Sevastopol'
Novorossiysk
LJUBLJANA
ZAGREB
KROATIEN
Ungarisches Tiefland
RUMÄNIEN
Karpaten
Carpații Meridionali
BELGRAD
BOSNIEN-HERZEGOWINA
Velebit
Dinarische Alpen
SARAJEVO
Velika Morava
BUKAREST
Constanța
Donau
Schwarzes Meer
JUGOSLAWIEN
Balkan
Varna
Deravica 2656m
SOFIA
BULGARIEN
Burgas
Musala 2925m
Rhodopen
SKOPJE
TIRANA
MAZE-DONIEN
ALBA-NIEN
İstanbul Boğazi
Zonguldak
Köroğlu Dağlar
Samsun
Ordu
İstanbul
Marmara Denizi
Bursa
ANKARA
Thessaloníki
Thásos
Límnos
Dalmacija
Adriatisches Meer
Straße von Otranto
Bari
Vesuvio 1277m
Neapel
Lecce
Golfo di Taranto
La Sila
Isola Lipari
Catanzaro
Korfu
Pindos Óros
Ionisches Meer
Kefallinía
GRIECHEN-LAND
ATHEN
Peiraías
Zákynthos
Ägäisches Meer
Skíros
Lésvos
Chíos
Ándros
Sámos
İzmir
TÜRKEI
Tuz Gölü
Anatolische Hochebene
Toros Dağları
Antalya
Adana
Monte Etna 3340m
Siracusa
Sizilien
MALTA
Mirtóo Pelagos
Ikaría
Náxos
Kykladen
Dodekanes
Kós
Kýthira
Rhodos
Antalya Körfezi
İskenderun Körfezi
Kretisches Meer
Irákleio
Kárpathos
Kríti (Kreta)
NIKOSIA
ZYPERN
SYRIEN
LIBANON
BEIRUT
DAMASKUS
Mittelmeer
Hefa
ISRAEL
Tel Aviv-Yafo
JERUSALEM
AMMAN
Gaza
Totes Meer
JORDANIEN
Mişrātah
Banghāzī
Große Syrte
Golf von Salûm
Nil-Delta
Alexandria
Port Said
Suez-Kanal
Qattara Depression
-133m
KAIRO
El Gîza
Great Sand Sea (Große Sandsee)
Nil
Arabische Wüste
Sinai
SAUDI-ARABIEN
LIBYEN
Libysche Wüste
ÄGYPTEN
Rotes Meer
15°
20°
25°
30°
35°
40°
RELIEF
unter Meeresspiegel 0
-4000 m
-3000 m
-2000 m
-1000 m
-500 m
100 m
250 m
500 m
1000 m
2000 m
4000 m
-13 124 ft
-9843 ft
-6562 ft
-3281 ft
-1640 ft
-820 ft/-250 m
0
328 ft
820 ft
1640 ft
3281 ft
6562 ft
13 124 ft

# SÜDLICHER BALKAN

0 Kilometer 100

0 Meilen 100

EINWOHNER

○ unter 50 000 ○ 50 000 - 100 000 ⦿ 100 000 - 500 000 ▣ über 500 000

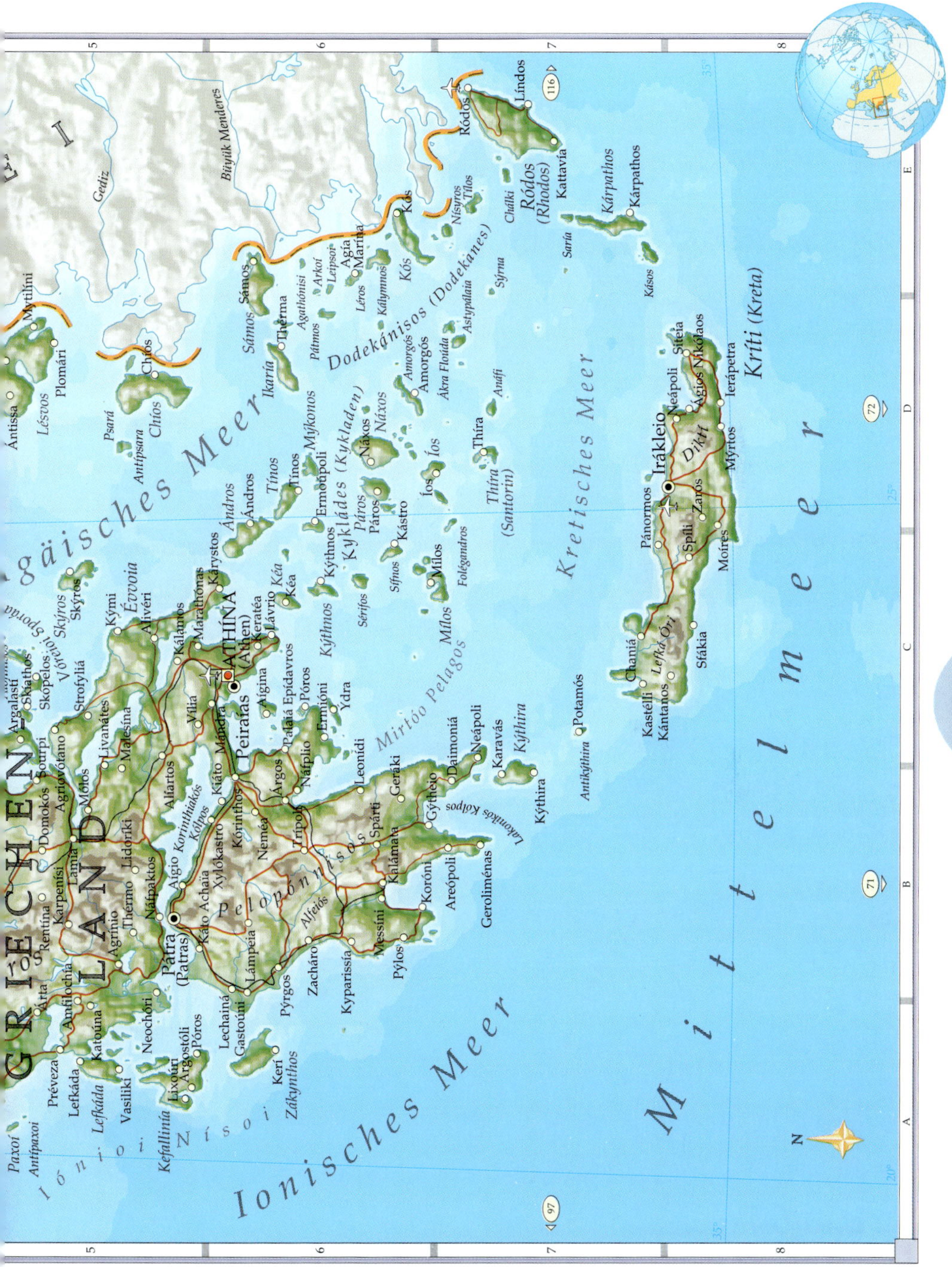


RELIEF

unter Meeresspiegel 0 | 100 m | 250 m | 500 m | 1000 m | 2000 m | 4000 m

328 ft | 820 ft | 1640 ft | 3281 ft | 6562 ft | 13 124 ft

-2000 m | -1000 m | -500 m | -250 m | -100 m

-6562 ft | -3281 ft | -1640 ft | -820 ft | -328 ft | -164 ft / -50 m | 0

# Baltikum & Weissrussland

0 Kilometer 100

0 Meilen 100

EINWOHNER

○ unter 50 000 ○ 50 000 -100 000 ⊙ 100 000 - 500 000 ▣ über 500 000

WEISSRUSSLAND
RUSSISCHE FÖDERATION
POLEN
UKRAINE
MINSK
VILNIUS
Brest
Hrodna
Homyel'
Mahilyow
Vitsyebsk
Babruysk
Pinsk
Mazyr
Orsha
Barysaw
Polatsk
Navapolatsk
Lida
Slutsk
Salihorsk
Maladzyechna
Zhodzina
Rechytsa
Svyetlahorsk
Baranavichy
Kobryn
Drahichyn
Byelaruskaya Hrada
Pripjet-Sümpfe
Dnjepr-Tiefland
Mazury (Masuren)
Wyżyna Lubelska

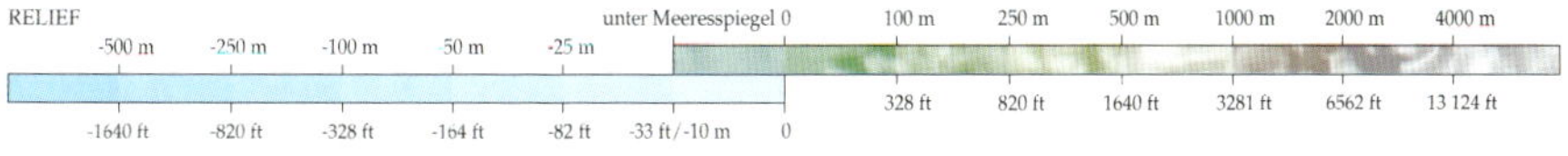
RELIEF
unter Meeresspiegel 0
-500 m
-250 m
-100 m
-50 m
-25 m
100 m
250 m
500 m
1000 m
2000 m
4000 m
-1640 ft
-820 ft
-328 ft
-164 ft
-82 ft
-33 ft / -10 m
0
328 ft
820 ft
1640 ft
3281 ft
6562 ft
13 124 ft

# UKRAINE, MOLDAWIEN, RUMÄNIEN

0 Kilometer 100
0 Meilen 100

EINWOHNER

- unter 50 000
- 50 000 - 100 000
- 100 000 - 500 000
- über 500 000

RELIEF

| -2000 m | -1000 m | -500 m | -250 m | -100 m | unter Meeresspiegel 0 | 100 m | 250 m | 500 m | 1000 m | 2000 m | 4000 m |
|---|---|---|---|---|---|---|---|---|---|---|---|
| -6562 ft | -3281 ft | -1640 ft | -820 ft | -328 ft | -164 ft/-50 m 0 | 328 ft | 820 ft | 1640 ft | 3281 ft | 6562 ft | 13 124 ft |

# Europäisches Russland

0 Kilometer 200

0 Meilen 200

EINWOHNER

○ unter 50 000 ○ 50 000 - 100 000 ◉ 100 000 - 500 000 ◼ über 500 000

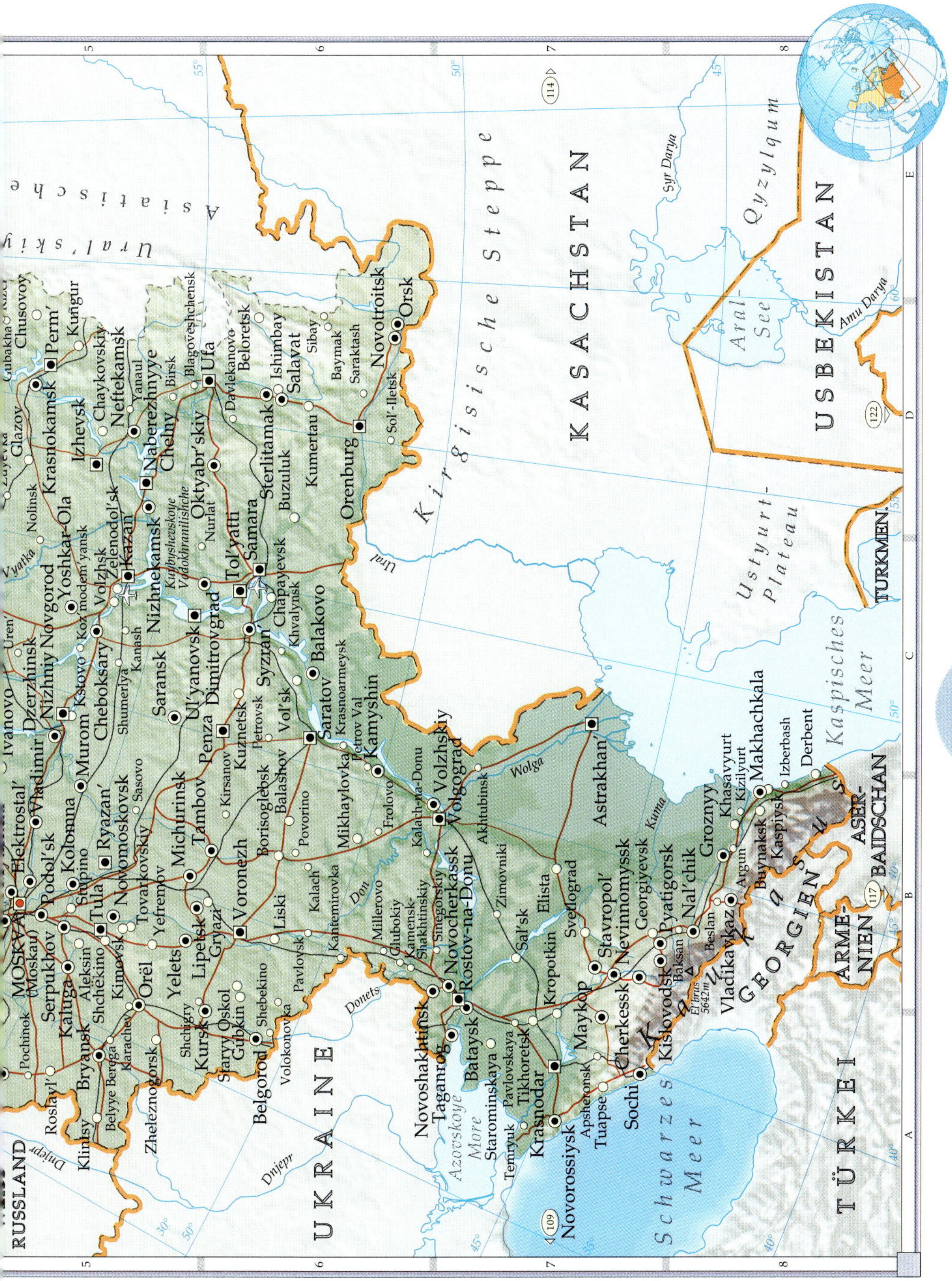


RELIEF

| unter Meeresspiegel | -2000 m | -1000 m | -500 m | -250 m | -100 m | 0 | 100 m | 250 m | 500 m | 1000 m | 2000 m | 4000 m |
|---|---|---|---|---|---|---|---|---|---|---|---|---|
| | -6562 ft | -3281 ft | -1640 ft | -820 ft | -328 ft | -164 ft/-50 m | 0 / 328 ft | 820 ft | 1640 ft | 3281 ft | 6562 ft | 13 124 ft |

# NORD- & WESTASIEN

0 Kilometer 800

0 Meilen 800

EINWOHNER

○ unter 50 000 ○ 50 000 -100 000 ● 100 000 - 500 000 ■ über 500 000

E
F
G
H
120°
140°
160°
180°
80°
155
... R OZEAN
Novosibirskiye Ostrova
(Neusibirische Inseln)
Ostrov Kotel'nyy
Laptev-See
Ostrov Novaya Sibir'
Ostrov Bol'shoy Lyakhovskiy
Yanskiy Zaliv
Ostsibirische See
Chukchi-Tiefsee-Ebene
Chukchi-Plateau
Chukchi-See
Ostrov Vrangelya
Proliv Longa
Beringstraße
Nördl. Polarkreis
34
70°
Anabar
Olenëk
Lena
Verkhoyanskiy Khrebet
Yana
Khrebet Cherskogo
Indigirka
Kolyma
Cherskiy
Pevek
Ekiatapskiy Khrebet
...irisches
FÖDERATION
...and
Vilyuy
Aldan
Yakutsk
Anadyr'
Velikaya
Golf von Anadyr'
Kolymskoye Nagor'ye
Koryakskoye Nagor'ye
Chona
Olëkminsk
Lena
Amga
Zaliv Shelikhova
Bering-Meer
60°
Magadan
Vitim
...odaybo
Baikal-See
...ablonovyy Khrebet
Stanovoy Khrebet
Khrebet Dzhugdzhur
Poluostrov Kamchatka
Ust'-Kamchatsk
Aleuten-Becken
Shantarskiye Ostrova
Okhotskisches Meer
Aleuten-Schwelle
Aleuten
Amur
Chita
...an-Ude
Blagoveshchensk
Komsomol'sk-na-Amure
Petropavlovsk-Kamchatskiy
Sakhalin
Aleuten-Graben
50°
Khabarovsk
Khrebet Sikhote-Alin'
Yuzhno-Sakhalinsk
Kurilen
Kurilen-Graben
Imperator-Rücken
La Perouse-Straße
E
N
Ussuriysk
Vladivostok
Nakhodka
40°
Japanisches Meer
Japan-Graben
Nordwest-pazifisches Becken
Mendocino-Bruchzone
153
Huang He (Gelber Fluß)
Gelbes Meer
Chinook-Rinne
...angzi
Ost-chinesisches Meer
PAZIFISCHER OZEAN
30°
Ryūkyū-Graben
Shikoku-Becken
Hawaiianischer Rücken
Wendekreis des Krebses
Mittelpazifischer Rücken
Marianen-Graben
20°
Süd-...inesisches Meer
Südchina-Becken
Philippinen-Becken
Melanesisches Becken
N
143
10°
1
2
3
4
5

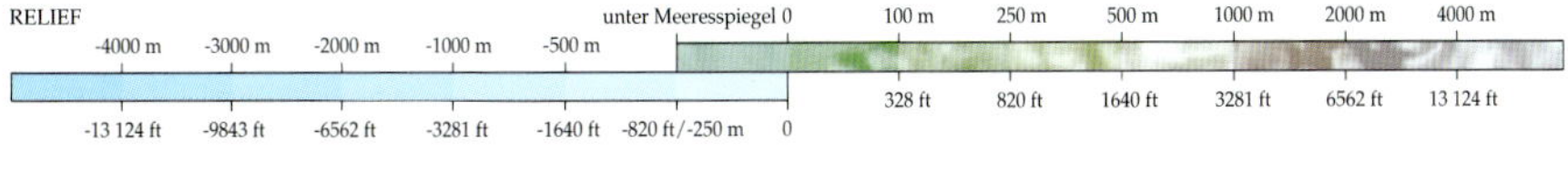
RELIEF
unter Meeresspiegel 0
100 m
250 m
500 m
1000 m
2000 m
4000 m
-4000 m
-3000 m
-2000 m
-1000 m
-500 m
328 ft
820 ft
1640 ft
3281 ft
6562 ft
13 124 ft
-13 124 ft
-9843 ft
-6562 ft
-3281 ft
-1640 ft
-820 ft/-250 m
0

# RUSSLAND & KASACHSTAN

0 Kilometer 800

0 Meilen 800

EINWOHNER

○ Unter 50 000 ○ 50 000 -100 000 ◉ 100 000 - 500 000 ▣ über 500 000

E
F
G
H
ALASKA (USA)
Chukchi-See
Bering-Straße
Ostrov Vrangelya
Proliv Longa
Ekiatapskiy Khrebet
Anadyrskiy Zaliv
Nördl. Polarkreis
Anadyr'
Pevek
Vostochno-Sibirskoye More
…ER OZEAN
Ostrov Komsomolets
Novosibirskiye Ostrova
Ostrov Novaya Sibir'
Ostrov Oktyabr'skoy Revolyutsii
Severnaya Zemlya
Ostrov Kotel'nyy
Ostrov Bol'shoy Lyakhovskiy
Ostrov Bol'shevik
Ambarchik
Cherskiy
Velikaya
Koryakskoye Nagor'ye
Bering-Meer
More Laptevykh
Alazeya
Kolyma
Indigirka
Karaginskiy Zaliv
Ostrov Karaginskiy
Poluostrov Kamchatka
Poluostrov Taymyr
Ozero Taymyr
Gora Byrranga
Ust'-Olenëk
Tiksi
Kazach'ye
Yana
Kolymskoye Nagor'ye
Ossora
Zaliv Shelikhova
Ust'-Kamchatsk
Vulkan Klyucheyskaya Sopka 4750m
Kheta
Anabar
Kotuy
Olenëk
Verkhoyanskiy Khrebet
Adycha
Khrebet Cherskogo
Susuman
Atka
Atlasovo
Magadan
Mil'kovo
Plato Putorana
Lena
Srednesibirskoye Ploskogor'ye
Aldan
Petropavlovsk-Kamchatskiy
Okhotsk
Okhotskoye More
Pervyy Kuril'skiy Proliv
Ostrov Paramushir
Yakutsk
Vilyuy
Nizhnyaya Tunguska
Nyurba
Sibirien
Amga
Maya
Khrebet Dzhugdzhur
Mirnyy
Suntar
Chunya
Olëkminsk
Shantarskiye Ostrova
…FÖDERATION
Vitim
Stanovoy Khrebet
Ostrov Sakhalin
Kuril'skiye Ostrova
Ostrov Urup
Ostrov Iturup
Kuril'sk
Bodaybo
Angara
Komsomol'sk-na-Amure
Amur
Tynda
Skovorodino
Kansk
Bratsk
Ozero Baykal
Yablonovyy Khrebet
Khrebet Sikhote-Alin'
Yuzhno-Sakhalinsk
…yshet
Tulun
Svobodnyy
Khabarovsk
Khor
La Perouse-Straße
Shilka
Usol'ye-Sibirskoye
Chita
Blagoveshchensk
Birobidzhan
Bikin
Angarsk
Vostochnyy Sayan
Olovyannaya
Borzya
Irkutsk
Ulan-Ude
Zabaykal'sk
Kyakhta
Ozero Khanka
JAPAN
CHINA
Ussuriysk
Vladivostok
Nakhodka
MONGOLEI
Japanisches Meer
NORD-KOREA
Gobi
N
36
152
128
RELIEF
unter Meeresspiegel 0
-4000 m
-3000 m
-2000 m
-1000 m
-500 m
-13 124 ft
-9843 ft
-6562 ft
-3281 ft
-1640 ft
-820 ft/-250 m
0
100 m
250 m
500 m
1000 m
2000 m
4000 m
328 ft
820 ft
1640 ft
3281 ft
6562 ft
13 124 ft

# TÜRKEI & KAUKASUS

0 Kilometer 200

0 Meilen 200

EINWOHNER

○ unter 50 000 ○ 50 000 -100 000 ◉ 100 000 - 500 000 ▣ über 500 000

E
F
G
H
111
RUSSISCHE
FÖDERATION
Kaukasus
Kaspisches
Meer
Gagra
Gudaut'a
Sokhumi
Och'amch'ire
Abkhazia
Enguri
Mquinvartsveri
5047m
Ossetia (Süd)
K'ut'aisi
Gori
Samtredia
P'ot'i
Ureki
K'obulet'i
GEORGIEN
Kleiner Kaukasus
Tsalka
T'BILISI (Tiflis)
Rust'avi
Alazani
Zaqatala
Xaçmaz
Quba
Siyäzän
Großer Kaukasus
Bat'umi
Ajaria
Akhalts'ikhe
Şäki
Kür (Kura)
Hopa
Artvin
Mingäçevir
Şamaxı
Sumqayıt
BAKI
(Baku)
Pazar
Rize
Of
Trabzon
Vanadzor
Ijevan
Gäncä
Yevlax
Gyumri
Art'ik
Sevan
ASERBAIDSCHAN
Giresun
Doğu Karadeniz Dağları
Çoruh Nehri
Kars
ARMENIEN
Sevana Lich
Qazimämmäd
Dağlıq Qarabağ
İmişli
Äli-Bayramll
Gümüşhane
İspir
Sarıkamış
YEREVAN
(Erivan)
Artashat
Xankändi
Aras
Biläsuvar
Aşkale
Pasinler
Horasan
Ağri
Büyükağrı Dağı
5137m
Goris
Erzincan
Erzurum
Tercan
Karaköse
ASERB.
Naxçıvan
Länkäran
Kemah
Patnos
Erciş
Muradiye
Baraji Keban
Bingöl
Keban
Muş
Elâziğ
Tatvan
Van Gölü
Van
Malatya
Toroslar
Bitlis
Gevaş
Silvan
Siirt
Daryācheh-ye Orūmīyeh
Reshteh-ye Kūhhā-ye Alborz
Adıyaman
Diyarbakır
Batman
Dicle
Silverek
Atatürk Barajı
Viranşehir
Mardin
Şanlıurfa
Nusaybin
Akçakale
122
120
IRAN
Tigris
Jabal 'Abd al 'Azīz
Nīnawé
Euphrat
Jabal Bishrī
Jabal Ḥamrīn
Kūhhā-ye Zāgros
IRAK
120
40°
50°
1
2
3
4
5
RELIEF
unter Meeresspiegel 0
100 m
250 m
500 m
1000 m
2000 m
4000 m
-2000 m
-1000 m
-500 m
-250 m
-100 m
328 ft
820 ft
1640 ft
3281 ft
6562 ft
13 124 ft
-6562 ft
-3281 ft
-1640 ft
-820 ft
-328 ft
-164 ft/-50 m
0

# NAHER OSTEN

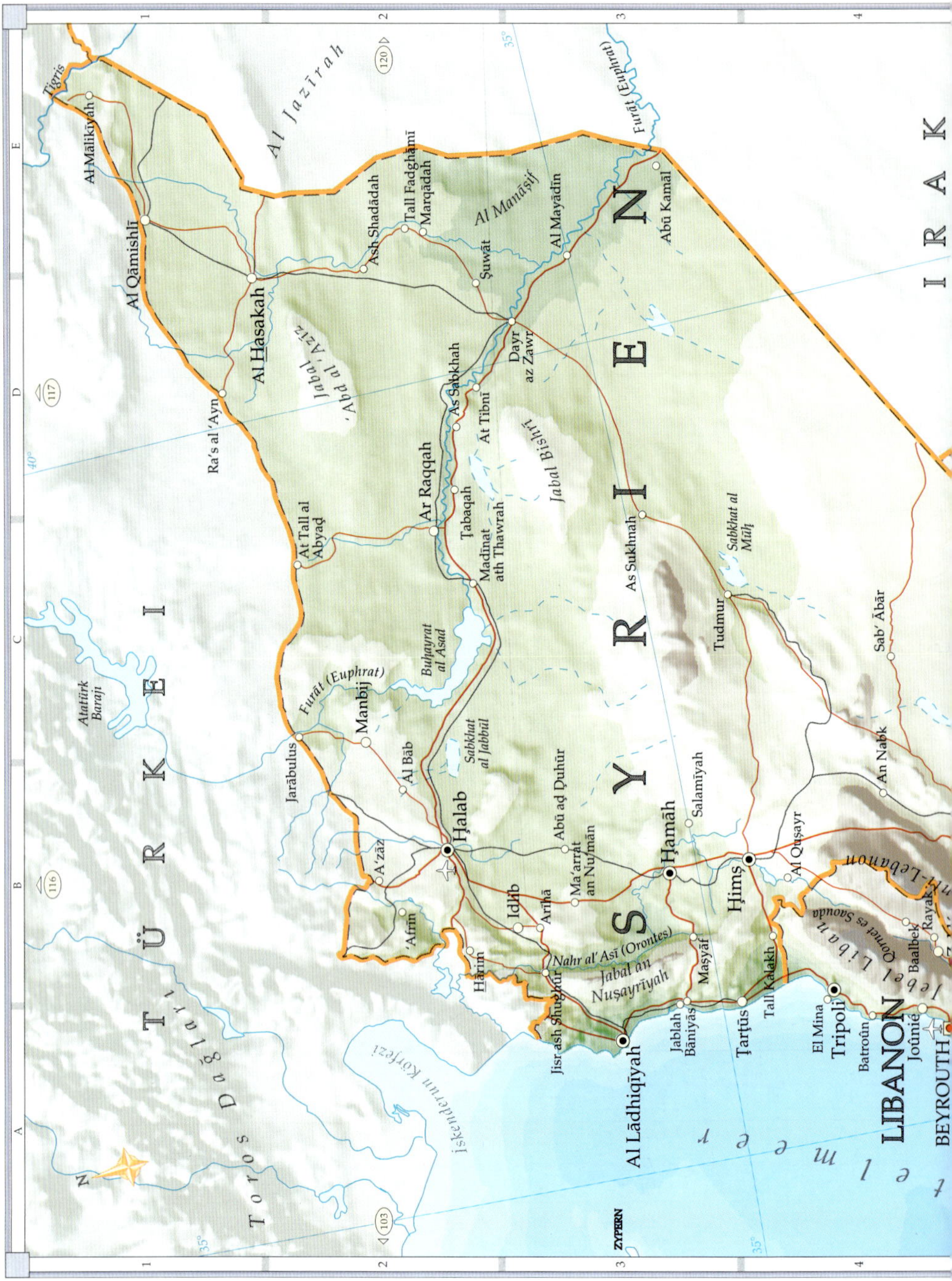


0 Kilometer 100

0 Meilen 100

EINWOHNER

○ unter 50 000 ○ 50 000 -100 000 ● 100 000 - 500 000 ■ über 500 000

WEST BANK (Aut. Reg.)
0 km 20
0 Meilen 20
Größere Ansiedlung
Israelische Siedlung
Gebiet unter palästinensischer Kontrolle
Jordan
Jenin
Qabatiya
Tulkarm
Qalqiliya
Nablus
Jiftlik Post
Kefar Tappuah
Mas-ha
Ramallah
Nu'eima
Auja et Tahta
Nahal Elisha
Jericho
Totes Meer
YERUSHALAYIM/AL QUDS (Jerusalem)
Bet Lehem (Bethlehem)
Hebron
(Israel hält 20% Kontrolle)
I S R A E L
JORDANIEN
S y r i s c h e W ü s t e
Al Labbah
Al Harrah
DIMASHQ (Damaskus)
As Suwaydā'
Jabal ad Durūz
Ar Rashādiyah
Aş Şafāwī
Wāḩat al Azraq
Al 'Umarī
Az Zarqā'
'AMMĀN (Amman)
Mā'dabā
JORDANIEN
Ard aş Şawwān
Bāyir
Qā' al Jafr
Al Jafr
Ma'ān
Al Mudawwarah
At Tubayq
An Nafūd
SAUDI-ARABIEN
Al 'Aqabah
Golf von Aqaba
Elat
Ash Shāh ūz
Ra's an Naqb
Al Quwayrah
Rum
Gharandal
Wādī Mūsā
Ash Shawbak
Al Ţafīlah
Al Mazār al Janūbī
Manzil
Al Mazra'ah
Al Karak
En Hazeva
Irbid
Ar Ramthā
Dar'ā
Al Mafraq
Al Qunayţirah
GOLAN-HÖHEN
Hermon 2814 m
Qaţanā
Yam Kinneret (See Genezareth)
Teverya
Zefat
Nahariyya
En Nâqoûra
Soûr
Saïda
Nahr el Litā
Mifraz Hefa
Hefa
Nazerat
Hadera
Netanya
Herzliyya
Tel Aviv-Yafo
Ramat Gan
Holon
Petah Tiqwa
Ashdod
Ashqelon
Ghazza (Gaza)
GAZA-STREIFEN (Aut. Reg.)
Khan Yunis
Rafah
Be'er Sheva'
'Arad
Dimona
ISRAEL
Ha Negev
Qezi'ot
Mizpe Ramon
Be'er Menuha
ÄGYPTEN
Sinai
Jordan
WEST BANK
YERUSHALAYIM/AL QUDS (Jerusalem)
Totes Meer
Aş Şalţ
Wādī as Sīr
RELIEF
unter Meeresspiegel 0
-2000 m -1000 m -500 m -250 m -100 m
100 m 250 m 500 m 1000 m 2000 m 4000 m
-6562 ft -3281 ft -1640 ft -820 ft -328 ft -164 ft/-50 m 0
328 ft 820 ft 1640 ft 3281 ft 6562 ft 13 124 ft

# MITTLERER OSTEN

0 Kilometer 400

0 Meilen 400

EINWOHNER

- unter 50 000
- 50 000 -100 000
- 100 000 - 500 000
- über 500 000

RELIEF

| unter Meeresspiegel | -4000 m | -3000 m | -2000 m | -1000 m | -500 m | 0 | 100 m | 250 m | 500 m | 1000 m | 2000 m | 4000 m |
|---|---|---|---|---|---|---|---|---|---|---|---|---|
| | -13 124 ft | -9843 ft | -6562 ft | -3281 ft | -1640 ft | -820 ft/-250 m | 0 | 328 ft | 820 ft | 1640 ft | 3281 ft | 6562 ft / 13 124 ft |

# ZENTRALASIEN

0 Kilometer 200

0 Meilen 200

EINWOHNER

○ unter 50 000   ○ 50 000 -100 000   ⦿ 100 000 - 500 000   ▣ über 500 000

E
F
G
H
KASACHSTAN
Balqash-Köl
Peski Saryesik-Atyrau
Peski Taukum
Peski Moyynqum
Borohoro Shan
Ili He
Syr Darya
BISHKEK
Tokmok
Kara-Balta
Kemin
Tüp
Jyrgalan
Karakol
Kyzyl-Suu
Ysyk-Köl
Kajisay
Pik Pobedy 7439m
Leninpol'
Talas
Manas 4482m
KIRGISISTAN
Tian Shan
Chatkal
Moldo-Too
Naryn
Kara-Say
Kokshaal-Too
Chatyr-Tash
Tash-Kömür
Chirchiq
TOSHKENT
Yangiyul
Ghazalkent
Parkent
Angren
Namangan
Jalal-Abad
Andijon
Osh
Olmaliq
Qŭqon
Bekobod
Khŭjand
Kyzyl-Kyya
Këk-Art
Aydarkŭl
Langar
Syrdar'ya
Guliston
Nawoiy
Jizzakh
Kattaqŭrghon
Samarqand
Sülüktü
Ŭroteppa
Farghona
Khaydarkan
Sary-Tash
Daroot-Korgon
Zarafshon
Koson
Urgut
Kitob
Qarshi
DUSHANBE
TADSCHIKISTAN
Surkhob
Qullai Garmo 7495m
Qarokŭl
Sarikol
Denow
Norak
Danghara
Qal'aikhum
Ghŭdara
Murghob
Pamir
Boysun
Qŭrghonteppa
Kŭlob
Bartang
Dzhelandy
Jarqŭrghon
Khorugh
Moskva
Qizilrabot
Termiz
Dŭsti
Farkhor
Feyzābād
Balkh
Kholm
Kunduz
Tāloqān
Ishkoshim
Sad Ishtrāgh
Sheberghān
Mazār-e Sharīf
Khānābād
Zēbāk
Shūlgareh
Baghlān
Hindukush
Pol-e Khomrī
Daryā-ye Qondūz
Barīkowt
Chārīkār
Maḥmūd-e Rāqī
Kūh-e Bābā
KĀBUL
Asadābād
Mehtarlām
Maydān Shahr
Daryā-ye-Kābul
Jalālābād
Khyber Pass
STAN
Gardēz
Ghaznī
Khowst
Moqor
Kalāt
Kandahār
Spīn Būldak
Toba Kākar Range
PAKISTAN
Sulaimān Range
Indus
Rāvi
Karakorum
Kashmir
JAMMU & KASHMĪR
(Waffenstillstandslinie zwischen Indien und Pakistan nach dem Abkommen von 1972)
XINJIANG UYGUR ZIZHIQU
Taklimakan Shamo
CHINA
AKSAI CHIN (von China besetzt, von Indien beansprucht)
AKSAI CHIN
DEMCHOK/DÊMQOG (von Indien und China beansprucht)
XIZANG ZIZHIQU (Tibet)
Himalaya
INDIEN
NEPAL
115
126
134
65°
70°
75°
80°
45°
40°
35°
30°
1
2
3
4
5

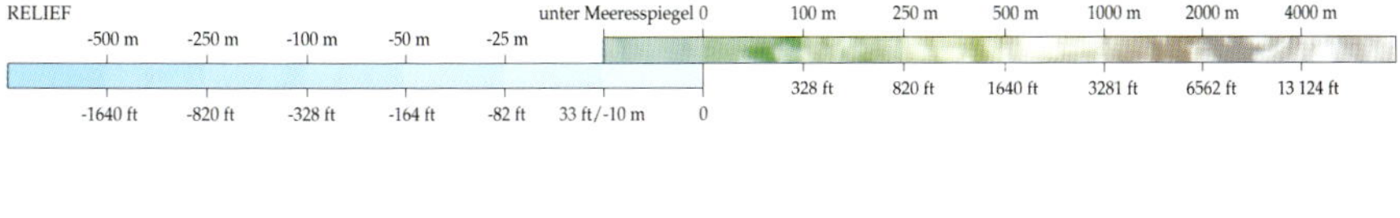
RELIEF
unter Meeresspiegel 0
-500 m
-250 m
-100 m
-50 m
-25 m
100 m
250 m
500 m
1000 m
2000 m
4000 m
-1640 ft
-820 ft
-328 ft
-164 ft
-82 ft
33 ft/-10 m
0
328 ft
820 ft
1640 ft
3281 ft
6562 ft
13 124 ft

# SÜD- & OSTASIEN

0 Kilometer 1000

0 Meilen 1000

EINWOHNER

- unter 50 000
- 50 000 -100 000
- 100 000 - 500 000
- über 500 000

E
F
G
H
113
Amur
Da Hinggan Ling
Mandschurische Ebene
Qiqihar
Harbin
Khanka-See
Changchun
Shenyang
Dandong
Yalu
NORD-KOREA
P'YŎNGYANG
BEIJING (Peking)
Dalian
Tianjin
SÜD-KOREA
SŎUL (Seoul)
Jinan
Qingdao
Gelbes Meer
Nanjing
Shanghai
Ostchinesisches Meer
Wuhan
Hangzhou
Nanchang
Fuzhou
T'AIPEI
TAIWAN
Kaohsiung
Taiwan-Straße
Guangzhou
Hong Kong (Xianggang)
Luzon-Straße
Ostrov Sakhalin
Kurilen
Kurilen-Graben
Sapporo
Hokkaidō
JAPAN
Japanisches Meer
Japan-Graben
Honshū
Sendai
TŌKYŌ
Yokohama
Nagoya
Kyōto
Fuji-san 3776m
Ōsaka
Hiroshima
Shikoku
Kitakyūshū
Kyūshū
Korea-Straße
Nansei-shotō
Ryūkyū-Graben
Kyūshū-Palau-Rücken
Imperator-Rücken
Nordwest-pazifisches Becken
Mittelpazifischer Rücken
PAZIFISCHER OZEAN
Philippinen-Becken
Marianen-Graben
Mikronesien
Äquator
152
Luzon
Baguio
Cabanatuan
MANILA
Mindoro
PHILIPPINEN
Samar
Panay Island
Iloilo
Tacloban
Cebu
Bacolod
Negros
Butuan
Palawan
Sulu-See
Cagayan de Oro
Mindanao
Davao
Zamboanga
Philippinen-See
Westl. Carolinen-Becken
Östl. Carolinen-Becken
Ontong-Java-Schwelle
Melanesien
Bismarck-Archipelago
Solomon Islands
Sandakan
BANDAR SERI BEGAWAN
Sabah
Manado
Halmahera
Sorong
Jayapura
Borneo
Samarinda
Balikpapan
Palu
Maluku (Molukken)
Pulau Seram
Pegunungan Maoke
Irian Jaya
Neuguinea
Salomonen-See
INDONESIEN
Banjarmasin
Sulawesi (Celebes)
Pulau Buru
Ambon
Selat Makasar
Ujungpandang
Nusa Tenggara
Surabaya
Bali
Flores
Timor
Malang
Denpasar
Kupang
Timor-Rinne
Pulau Sumba
Timor-See
Arafura-See
AUSTRALIEN
142
Korallen-See
RELIEF
unter Meeresspiegel 0
100 m
250 m
500 m
1000 m
2000 m
4000 m
-4000 m
-3000 m
-2000 m
-1000 m
-500 m
328 ft
820 ft
1640 ft
3281 ft
6562 ft
13 124 ft
-13 124 ft
-9843 ft
-6562 ft
-3281 ft
-1640 ft
-820 ft/-250 m
0

# Westchina & Mongolei

0 Kilometer 400

0 Meilen 400

EINWOHNER

○ unter 50 000 ○ 50 000 -100 000 ◉ 100 000 - 500 000 ◼ über 500 000

E
F
G
H
Ozero Baykal
Shilka
Heilong Jiang (Amur)
115
DERATION
Ergun He (Argun)
Ergun Zuoqi
Oroqen Zizhiqi
Da Hinggan Ling
Mandschurische Ebene
Onon
Xuguit Qi
Hailar
Manzhouli
Uldz
Sühbaatar
Darhan
Sharingol
Dzüünharaa
Onon
ULAANBAATAR
(Ulan Bator)
Nalayh
Dzuunmod
Kerulen
Öndörhaan
Choybalsan
Menengiyn Tal
Baruun-Urt
Hulun Nur
Butha Qi
HEILONGJIANG
Huolin Gol He
Tongliao
JILIN
OLEI
Saynshand
Dzüünbayan
Ulaan-Uul
Xilinhot
Erenhot
Bulgan
Dalandzadgad
NEI MONGOL ZIZHIQU
(Innere Mongolei)
Laoha He
Chifeng
Liao He
LIAONING
Jining
Yin Shan
Hohhot
Baotou
Huang He
BEIJING
TIANJIN
Liaodong Wan
Bo Hai
Korea-Bai
NORD-KOREA
SÜD-KOREA
Japanisches Meer
128
129
Wuhai
Helan Shan
Mu Us Shamo
Tengger Shamo
Chinesische Mauer
NINGXIA HUIZU ZIZHIQU
Xining
HEBEI
SHANXI
SHANDONG
Gelbes Meer
Huang He (Gelber Fluß)
JIANGSU
N A
GANSU
SHAANXI
Han
HENAN
ANHUI
SHANGHAI
Ost-chinesisches Meer
HUBEI
ZHEJIANG
Chang Jiang (Yangzi)
SICHUAN
JIANGXI
HUNAN
FUJIAN
YUNNAN
GUIZHOU
TAIWAN
110°
120°
130°
40°
50°
30°
1
2
3
4
5
RELIEF
unter Meeresspiegel 0
100 m
250 m
500 m
1000 m
2000 m
4000 m
-2000 m
-1000 m
-500 m
-250 m
-100 m
328 ft
820 ft
1640 ft
3281 ft
6562 ft
13 124 ft
-6562 ft
-3281 ft
-1640 ft
-820 ft
-328 ft
-164 ft/-50 m
0

# OSTCHINA & KOREA

0 Kilometer 200

0 Meilen 200

EINWOHNER

- unter 50 000
- 50 000 - 100 000
- 100 000 - 500 000
- über 500 000

JAPAN
Ostchinesisches Meer
Okinawa
Nansei-shotō (Japan)
Wendekreis des Krebses
PAZIFISCHER OZEAN
PHILIPPINEN
TAIWAN
T'AIPEI
Chilung
T'aichung
Chiai
T'ainan
Kaohsiung
Südchinesisches Meer
Hainan Dao
HAINAN
Haikou
Golf von Tongking
Hong Kong (Xianggang)
MACAO (Portugal)
MACAO
Shanghai
Suzhou
Wuxi
Jiaxing
Hangzhou
Ningbo
ZHEJIANG
Jinhua
Wenzhou
Nanjing
Hefei
ANHUI
Wuhu
Anqing
HENAN
Xinyang
HUBEI
Wuhan
Huangshi
Jingdezhen
Shangrao
Jiujiang
Nanchang
JIANGXI
Linchuan
FUJIAN
Nanping
Fuzhou
Quanzhou
Xiamen
Zhangzhou
Longyan
Yong'an
Shantou
GUANGDONG
Guangzhou
Dongguan
Ganzhou
Shaoguan
Jiangmen
Maoming
Zhanjiang
Xuwen
Haikang
Suixi
Danxian
Dongfang
Beihai
Qinzhou
Nanning
Yulin
Wuzhou
Zhaoqing
GUANGXI ZHUANGZU ZIZHIQU
Liuzhou
Guilin
Lengshuitan
Quanzhou
Hengyang
Chenzhou
Loudi
Xiangtan
Changsha
HUNAN
Dongting Hu
Yueyang
Xianning
Yichang
Lichuan
Wanxian
Chang Jiang (Yangzi)
Chongqing
SHAANXI
SICHUAN
Sichuan Pendi
Guangyuan
Mianyang
Chengdu
Neijiang
Zigong
Leshan
Ya'an
Dafang
Zunyi
Huaihua
GUIZHOU
Guiyang
Anshun
Kunming
Xichang
Jinsha Jiang
YUNNAN
Xiaguan
Yuan Jiang
Gejiu
(Roter Fluß)
Lixian Jiang (Schwarzer Fluß)
Wuliang Shan
Baoshan
Lancang Jiang (Mekong)
Jinghong
Nu Jiang (Salween)
Hengduan Shan
Litang
XIZANG ZIZHIQU
CHINA
INDIEN
MYANMAR (BIRMA)
LAOS
Mekong
THAILAND
KAMBODSCHA
VIETNAM
152
139
136

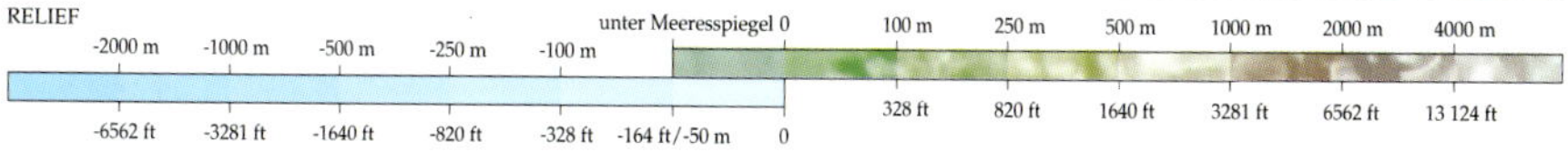
RELIEF
unter Meeresspiegel 0
-2000 m
-1000 m
-500 m
-250 m
-100 m
-6562 ft
-3281 ft
-1640 ft
-820 ft
-328 ft
-164 ft/-50 m
0
100 m
250 m
500 m
1000 m
2000 m
4000 m
328 ft
820 ft
1640 ft
3281 ft
6562 ft
13 124 ft

# JAPAN

0 Kilometer 200

0 Meilen 200

EINWOHNER

- unter 50 000
- 50 000 -100 000
- 100 000 - 500 000
- über 500 000

Honshū
Shikoku
Kyūshū
PAZIFISCHER OZEAN
Ost-chinesisches Meer
SÜD-KOREA
Korea-Straße
TŌKYŌ
Yokohama
Kawasaki
Chiba
Chōshi
Mito
Hitachi
Iwaki
Kōriyama
Sukagawa
Utsunomiya
Oyama
Ōmiya
Kawagoe
Kōfu
Fuji-san 3776 m
Fuji
Shizuoka
Hamamatsu
Toyota
Okazaki
Nagoya
Gifu
Ōgaki
Nakatsugawa
Matsumoto
Ueda
Nagano
Maebashi
Nagaoka
Niigata
Jōetsu
Itoigawa
Toyama
Takaoka
Kanazawa
Komatsu
Fukui
Tsuruga
Kyōto
Ōtsu
Tsu
Ise
Ōsaka
Kōbe
Wakayama
Gobō
Tanabe
Shingū
Owase
Himeji
Okayama
Kurashiki
Tottori
Yonago
Matsue
Hamada
Masuda
Gōtsu
Hiroshima
Iwakuni
Kure
Hōfu
Ube
Yamaguchi
Shimonoseki
Nagato
Tokushima
Niihama
Matsuyama
Kōchi
Nakamura
Sukumo
Kitakyūshū
Fukuoka
Kurume
Ōmuta
Kumamoto
Sasebo
Nagasaki
Ōita
Nobeoka
Miyazaki
Miyakonojō
Yatsushiro
Sendai
Kagoshima
Sado
Oki-shotō
Dōgo
Dōzen
Liancourt Rocks (von Japan & Südkorea beansprucht)
Tsushima
Iki
Gotō-rettō
Amakusa-shotō
Koshikijima-rettō
Tanega-shima
Yaku-shima
Ōsumi-shotō
Izu-shotō
Ō-shima
Nii-jima
Miyake-jima
Mikura-jima
Kōzu-shima
Hachijō-jima
Izu-hantō
Bōsō-hantō
Sagami-nada
Suruga-wan
Ise-wan
Kii-suidō
Tosa-wan
Bungo-suidō
Iyo-nada
Harima-nada
Awaji-shima
Biwa-ko
Wakasa-wan
Toyama-wan
Shibushi-wan
Kagoshima-wan
Kō-saki
Kasumiga-ura
Inawashiro-ko
Shinano-gawa
Hida-sammyaku
Chūgoku-sanchi
Mikuni-sammyaku
RELIEF
unter Meeresspiegel 0
-4000 m -3000 m -2000 m -1000 m -500 m
-13 124 ft -9843 ft -6562 ft -3281 ft -1640 ft -820 ft/-250 m 0
100 m 250 m 500 m 1000 m 2000 m 4000 m
328 ft 820 ft 1640 ft 3281 ft 6562 ft 13 124 ft

# SÜDINDIEN & SRI LANKA

0 Kilometer 400

0 Meilen 400

EINWOHNER

○ unter 50 000 ○ 50 000 -100 000 ◉ 100 000 - 500 000 ▣ über 500 000

E
F
G
H
90°
95°
100°
136
Brahmapur
Golf von Bengalen
MYANMAR (BIRMA)
THAILAND
Irrawaddy-Delta
15°
1
North Andaman
Andaman Islands (Indien)
Middle Andaman
South Andaman
Port Blair
Mergui Archipelago
137
2
10°
Andamanen-See
Little Andaman
Isthmus of Kra
Car Nicobar
Katchall Island
3
Little Nicobar
Nicobar Islands (Indien)
Great Nicobar
100°
Straße von Malacca
5°
Sumatera
138
4
INDONESIEN
Pulau Simeulue
Kepulauan Banyak
Pulau Nias
Äquator
5
Pulau Siberut
O Z E A N
85°
90°
95°
141
E
F
G
H

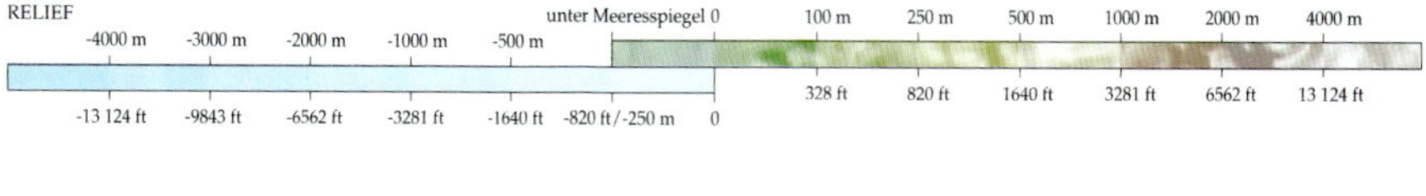
RELIEF
unter Meeresspiegel 0
-4000 m
-3000 m
-2000 m
-1000 m
-500 m
100 m
250 m
500 m
1000 m
2000 m
4000 m
-13 124 ft
-9843 ft
-6562 ft
-3281 ft
-1640 ft
-820 ft/-250 m
0
328 ft
820 ft
1640 ft
3281 ft
6562 ft
13 124 ft

# NORDINDIEN & HIMALAYA-STAATEN

0 Kilometer 300

0 Meilen 300

EINWOHNER

○ unter 50 000 | ○ 50 000 -100 000 | ◉ 100 000 - 500 000 | ▣ über 500 000

XINJIANG UYGUR ZIZHIQU
Kunlun Shan
AKSAI CHIN (von China besetzt, von Indien beansprucht)
DEMCHOK/ DÊMQOG (von China und Indien beansprucht)
CHINA
QINGHAI
SICHUAN
Jinsha Jiang
Tanggula Shan
Mekong
XIZANG ZIZHIQU (Tibet)
Nyainqêntanglha Shan
Tibet-Plateau
Himalaya
Brahmaputra
NEPAL
Annapurna 8091m
Mount Everest 8848m
Kula Kangri 7554m
THIMPHU
BHUTAN
Arunachal Pradesh
Dibrugarh
Jorhāt
Kohīma
Imphāl
Bareilly
Budaun
Bahraich
Salyan
Pokhara
Tansen
KATHMANDU
Bhaktapur
Lalitpur
Gangtok
Darjiling
Biratnagar
Shiliguri
Bongaigaon
Koch Bihār
Guwāhāti
Dispur
Assam
Uttar Pradesh
Lucknow
Faizābād
Gorakhpur
Kānpur
Mau
Jaunpur
Chhapra
Patna
Vārānasi
Allahābād
Sharif
Ganges
Bhāgalpur
Saidpur
Dinājpur
Rangpur
Jamālpur
Sylhet
Silchar
BANGLADESCH
Rājshāhi
Pābna
Brāhmanbāria
DHAKA
Comilla
Gaya
Bihar
INDIEN
Madhya Pradesh
Murwāra
Jabalpur
Dhanbād
Bokāro
Āsānsol
Rānchi
Bānkura
Jessore
Khulna
Chittagong
MYANMAR (BIRMA)
Wendekreis des Krebses
Chota Nagpur Plateau
Jamshedpur
West Bengal
Hāora
Calcutta
Barisāl
Korba
Bilāspur
Raurkela
Kharagpur
Ganges-Delta
Gondia
Raipur
Sambalpur
Bāleshwar
Rāj Nāndgaon
Durg
Orissa
Cuttack
Bhubaneshwar
Puri
Irrawaddy
Jagdalpur
Brahmapur
Golf von Bengalen
Karīmnagar
Andhra Pradesh
Eastern Ghats
Godavari
Srīkākulam
Vizianagaram
Visākhapatnam
Rājahmundry
Kākināda
Irrawaddy-Delta
126
136
133
RELIEF
unter Meeresspiegel 0
-2000 m -1000 m -500 m -250 m -100 m
-6562 ft -3281 ft -1640 ft -820 ft -328 ft -164 ft/-50 m 0
100 m 250 m 500 m 1000 m 2000 m 4000 m
328 ft 820 ft 1640 ft 3281 ft 6562 ft 13 124 ft

# Südostasiatisches Festland

0 Kilometer 200

0 Meilen 200

EINWOHNER

○ unter 50 000 ○ 50 000 -100 000 ◉ 100 000 - 500 000 ■ über 500 000

RELIEF

| | | | | | | | | | | | | | |
|---|---|---|---|---|---|---|---|---|---|---|---|---|---|
| -2000 m | -1000 m | -500 m | -250 m | -100 m | unter Meeresspiegel 0 | 100 m | 250 m | 500 m | 1000m | 2000 m | 4000 m |
| -6562 ft | -3281 ft | -1640 ft | -820 ft | -328 ft | -164 ft/-50 m | 0 | 328 ft | 820 ft | 1640 ft | 3281ft | 6562 ft | 13 124 ft |

# Südostasiatische Inselstaaten

0 Kilometer 400

0 Meilen 400

EINWOHNER

○ unter 50 000 ○ 50 000 -100 000 ◉ 100 000 - 500 000 ▣ über 500 000

Philippinen-See
PAZIFISCHER OZEAN
NORTHERN MARIANA ISLANDS (USA)
GUAM (USA)
MIKRONESIEN
PALAU
Babelthuap
PHILIPPINEN
Luzon-Straße
Babuyan Islands
Babuyan Channel
Cordillera Central
Tuguegarao
Ilagan
Luzon
Dagupan
Cabanatuan
Lamon Bay
Lucena
Naga
Legaspi
Mindoro
Mindoro Strait
Sibuyan Sea
Calbayog
Samar
Roxas
Cadiz
Tacloban
Leyte
Panay Island
Iloilo
Bacolod
Mandaue
Cebu
Palawan
Negros
Butuan
Bohol Sea
Iligan
Cagayan de Oro
Bislig
Lala
Quezon
Mindanao
Davao
Sulu-See
Zamboanga
Moro Gulf
Basilan Island
Lebak
General Santos
Davao Gulf
Sulu Archipelago
Kepulauan Talaud
Celebes-See
Kepulauan Sangir
Pulau Morotai
Manado
Bitung
Halmahera
Pulau Waigeo
Selat Dampier
Gorontalo
Laut Maluku
Laut Halmahera
Teluk Tomini
Sorong
Pulau Biak
Pulau Yapen
Palu
Kepulauan Banggai
Maluku (Molukken)
Teluk Sarera
Jayapura
Sulawesi (Celebes)
Pegunungan Quarles
Kepulauan Sula
Laut Seram
Pulau Misool
Teluk Berau
Sungai Mamberamo
Wahai
Danau Towuti
Fogi
Namrole
Ambon
Puncak Jaya 5040 m
Pegunungan Maoke
PAPUA-NEU-GUINEA
Kendari
Pulau Buru
Pulau Seram (Ceram)
Teluk Bone
Kolaka
Irian Jaya
New Guinea (Neuguinea)
Watampone
Ujungpandang
Kepulauan Kai
Kepulauan Aru
Bulukumba
Pulau Muna
Laut Banda
Sungai Digul
Kepulauan Tanimbar
Laut Flores
Nusa Tenggara
Kepulauan Alor
Pulau Yamdena
Flores
Dili
Kepulauan Leti
Arafura-See
Torres-Straße
Laut Sawu
Timor
Nikiniki
Kupang
Pulau Sumba
Timor-See
AUSTRALIEN
Äquator
RELIEF
unter Meeresspiegel 0
100 m
250 m
500 m
1000 m
2000 m
4000 m
-4000 m
-3000 m
-2000 m
-1000 m
-500 m
328 ft
820 ft
1640 ft
3281 ft
6562 ft
13 124 ft
-13 124 ft
-9843 ft
-6562 ft
-3281 ft
-1640 ft
-820 ft/-250 m
0

# Indischer Ozean

0 Kilometer 1500

0 Meilen 1500

○ bedeutende Häfen

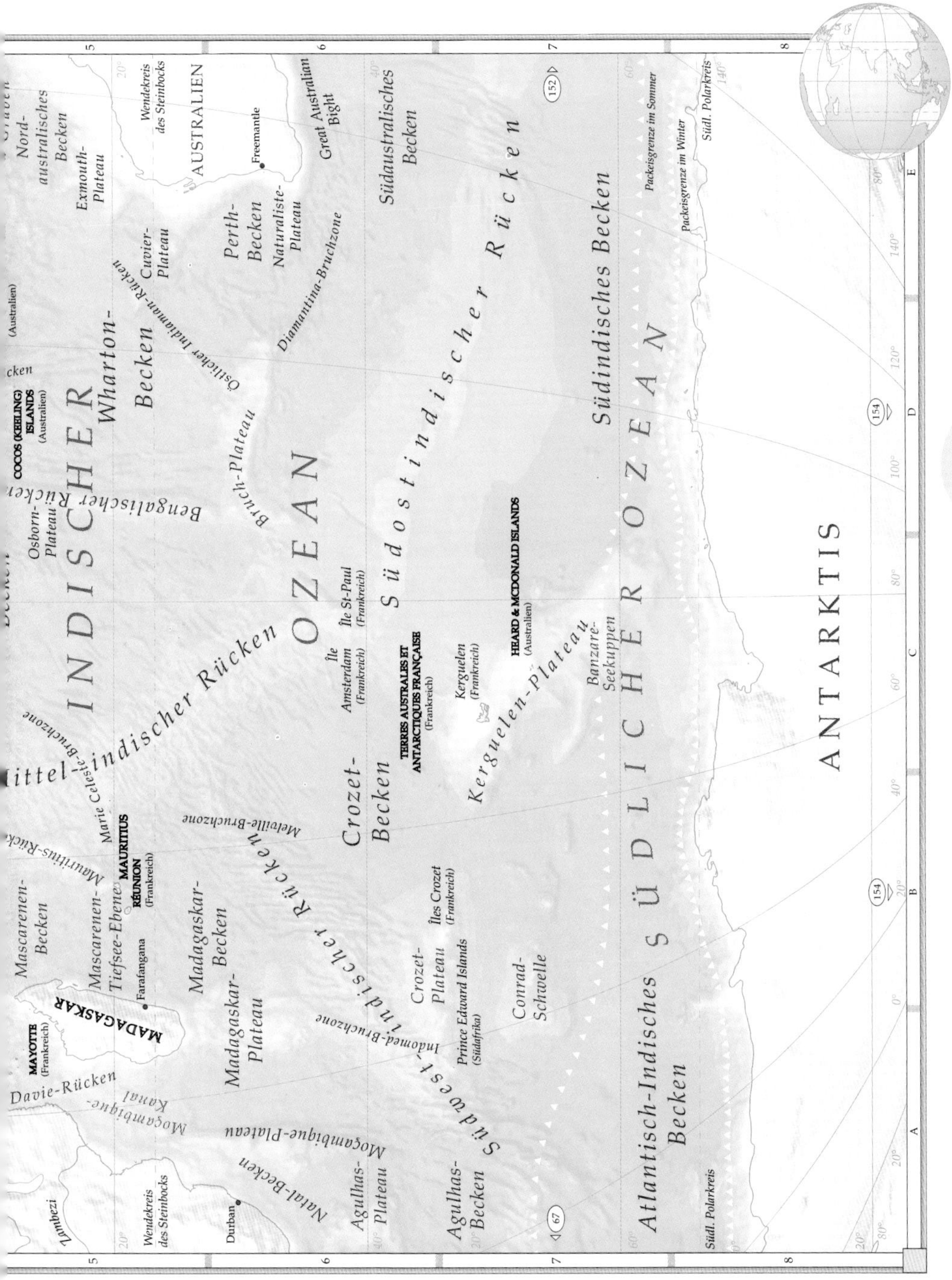


RELIEF

| -4000 m | -3000 m | -2000 m | -1000 m | -500 m | -250 m | 0 |
|---|---|---|---|---|---|---|
| -13 124 ft | -9843 ft | -6562 ft | -3281 ft | -1640 ft | -820 ft | 0 |

# AUSTRALASIEN & OZEANIEN

0 Kilometer 1000

0 Meilen 1000

EINWOHNER

○ unter 50 000 ○ 50 000 -100 000 ◉ 100 000 - 500 000 ▣ über 500 000

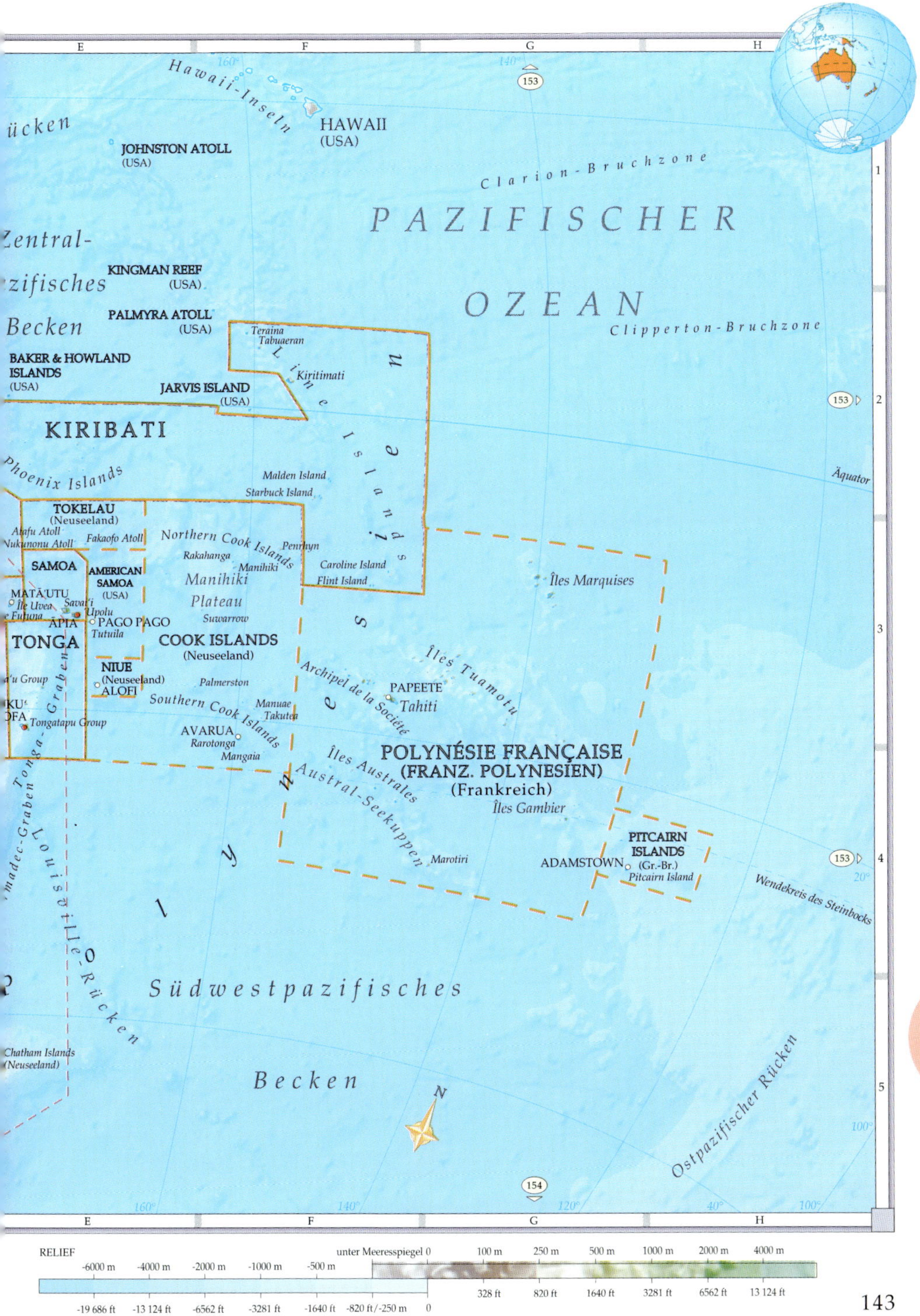
E
F
G
H
1
2
3
4
5
153
154
160°
140°
120°
100°
40°
20°
Hawaii-Inseln
HAWAII
(USA)
ücken
JOHNSTON ATOLL
(USA)
Clarion-Bruchzone
PAZIFISCHER
OZEAN
Clipperton-Bruchzone
Zentral-
zifisches
Becken
KINGMAN REEF
(USA)
PALMYRA ATOLL
(USA)
Teraina
Tabuaeran
BAKER & HOWLAND
ISLANDS
(USA)
Kiritimati
JARVIS ISLAND
(USA)
Line Islands
Äquator
KIRIBATI
Phoenix Islands
Malden Island
Starbuck Island
TOKELAU
(Neuseeland)
Atafu Atoll
Nukunonu Atoll
Fakaofo Atoll
Northern Cook Islands
Penrhyn
Rakahanga
Manihiki
Caroline Island
Flint Island
SAMOA
AMERICAN
SAMOA
(USA)
Manihiki
Plateau
Îles Marquises
MATĀ'UTU
Île Uvea
Futuna
Savai'i
Upolu
APIA
PAGO PAGO
Tutuila
Suwarrow
TONGA
COOK ISLANDS
(Neuseeland)
Îles Tuamotu
Archipel de la Société
PAPEETE
Tahiti
NIUE
(Neuseeland)
ALOFI
Palmerston
Southern Cook Islands
Manuae
Takutea
Tongatapu Group
AVARUA
Rarotonga
Mangaia
Tonga-Graben
Îles Australes
POLYNÉSIE FRANÇAISE
(FRANZ. POLYNESIEN)
(Frankreich)
Îles Gambier
Austral-Seekuppen
Polynesien
Kermadec-Graben
Louisville-Rücken
PITCAIRN
ISLANDS
(Gr.-Br.)
Pitcairn Island
ADAMSTOWN
Marotiri
Wendekreis des Steinbocks
Südwestpazifisches
Becken
Chatham Islands
(Neuseeland)
N
Ostpazifischer Rücken
RELIEF
unter Meeresspiegel 0
100 m
250 m
500 m
1000 m
2000 m
4000 m
-6000 m
-4000 m
-2000 m
-1000 m
-500 m
328 ft
820 ft
1640 ft
3281 ft
6562 ft
13 124 ft
-19 686 ft
-13 124 ft
-6562 ft
-3281 ft
-1640 ft
-820 ft/-250 m
0

# Südwestlicher Pazifik

0 Kilometer 750

0 Meilen 750

EINWOHNER

○ unter 50 000 ○ 50 000 -100 000 ◉ 100 000 - 500 000 ▣ über 500 000

PAZIFISCHER OZEAN
Internationale Datumsgrenze
KINGMAN REEF (USA)
PALMYRA ATOLL (USA)
Teraina
Tabuaeran
Kiritimati
BAKER & HOWLAND ISLANDS (USA)
JARVIS ISLAND (USA)
Äquator
KIRIBATI
Gilbert Islands
Beru
Nikunau
Tamana
Arorae
Birnie Island
Kanton
McKean Island
Enderbury Island
Nikumaroro
Manra
Orona
Phoenix Islands
Line Islands
Malden Island
Starbuck Island
Polynesien
Nanumea
Niutao
Nanumaga
Nui
Nukufetau
FONGAFALE
Nukulaelae
Niulakita
TUVALU
TOKELAU (Neuseeland)
Atafu Atoll
Nukunonu Atoll
Fakaofo Atoll
Penrhyn
Rakahanga
Manihiki
Vostok Island
Caroline Island
Flint Island
SAMOA
Savai'i
ĀPIA
'Upolu
AMERICAN SAMOA (USA)
PAGO PAGO
Ta'u
Tutuila
WALLIS & FUTUNA (Frankreich)
MATĀ'UTU
Île Uvea
Île Futuna
Northern Cook Islands
Îles Marquises (Marquesas)
Niuatoputapu
TONGA
Cikobia
Vanua Levu
Nadi
Viti Levu
SUVA
Kadavu
Lau Group
'Uta Vava'u
Tofua
Ha'apai Group
NIUE (Neuseeland)
ALOFI
COOK ISLANDS (Neuseeland)
Raiatea
Îles Tuamotu
PAPEETE
Tahiti
Archipel de la Société (Gesellschaftsinseln)
Palmerston
Manuae
Takutea
FIDSCHI
Tongatapu
NUKU' ALOFA
'Eua
Tongatapu Group
AVARUA
Rarotonga
Mangaia
Southern Cook Islands
Îles Australes
Wendekreis des Steinbocks
POLYNÉSIE FRANÇAISE (FRANZ. POLYNESIEN) (Frankreich)
Marotiri
153
RELIEF
unter Meeresspiegel 0
-6000 m
-4000 m
-2000 m
-1000 m
-500 m
-19 686 ft
-13 124 ft
-6562 ft
-3281 ft
-1640 ft
-820 ft/-250 m
0
100 m
250 m
500 m
1000 m
2000 m
4000 m
328 ft
820 ft
1640 ft
3281 ft
6562 ft
13 124 ft

# WEST-AUSTRALIEN

0 Kilometer 400

0 Meilen 400

EINWOHNER

○ unter 50 000 ○ 50 000 -100 000 ◉ 100 000 - 500 000 ■ über 500 000

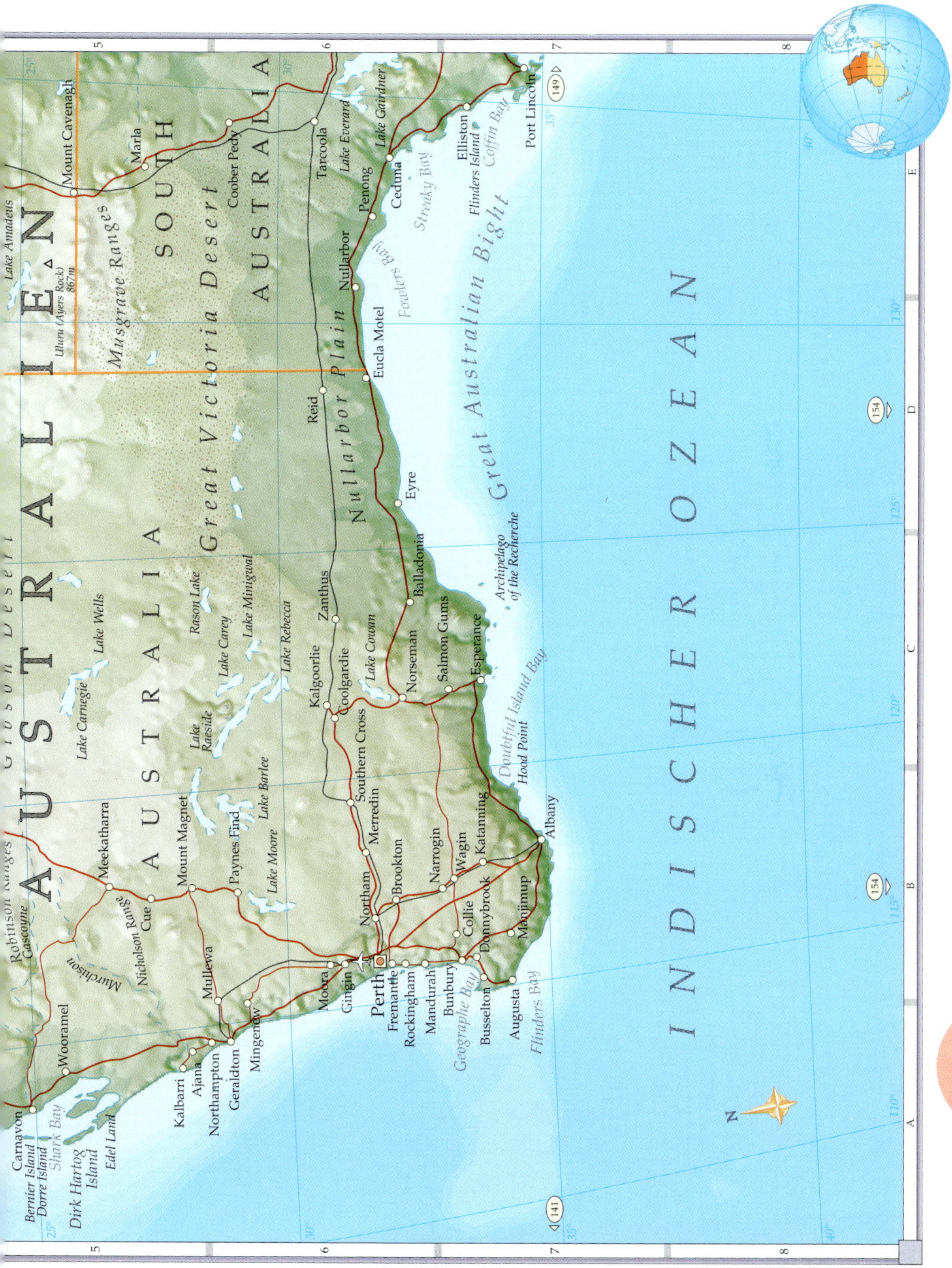
AUSTRALIEN
SOUTH AUSTRALIA
AUSTRALIA
INDISCHER OZEAN
Great Australian Bight
Great Victoria Desert
Nullarbor Plain
Gibson Desert
Musgrave Ranges
Robinson Ranges
Nicholson Range
Uluru (Ayers Rock) 867 m
Lake Amadeus
Mount Cavenagh
Marla
Coober Pedy
Tarcoola
Lake Everard
Lake Gairdner
Ceduna
Penong
Nullarbor
Eucla Motel
Reid
Eyre
Balladonia
Zanthus
Kalgoorlie
Coolgardie
Norseman
Salmon Gums
Esperance
Lake Cowan
Lake Rebecca
Lake Minigwal
Lake Carey
Rason Lake
Lake Raeside
Lake Barlee
Lake Moore
Lake Carnegie
Lake Wells
Southern Cross
Merredin
Northam
Brookton
Narrogin
Wagin
Katanning
Albany
Hood Point
Doubtful Island Bay
Archipelago of the Recherche
Collie
Donnybrook
Manjimup
Perth
Fremantle
Rockingham
Mandurah
Bunbury
Busselton
Augusta
Geographe Bay
Flinders Bay
Gingin
Moora
Mingenew
Geraldton
Northampton
Ajana
Kalbarri
Mullewa
Paynes Find
Mount Magnet
Cue
Meekatharra
Gascoyne
Murchison
Wooramel
Carnarvon
Shark Bay
Bernier Island
Dorre Island
Dirk Hartog Island
Edel Land
Fowlers Bay
Streaky Bay
Flinders Island
Elliston
Coffin Bay
Port Lincoln
149
154
141
N
A
B
C
D
E
5
6
7
8
25°
30°
35°
40°
110°
115°
120°
125°
130°

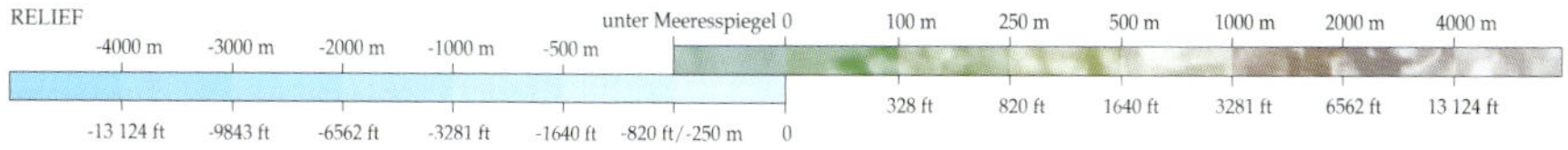
RELIEF
-4000 m
-3000 m
-2000 m
-1000 m
-500 m
unter Meeresspiegel 0
100 m
250 m
500 m
1000 m
2000 m
4000 m
-13 124 ft
-9843 ft
-6562 ft
-3281 ft
-1640 ft
-820 ft/-250 m
0
328 ft
820 ft
1640 ft
3281 ft
6562 ft
13 124 ft

# OST-AUSTRALIEN

0 Kilometer 400
0 Meilen 400

EINWOHNER
○ unter 50 000
○ 50 000 - 100 000
⊙ 100 000 - 500 000
▣ über 500 000

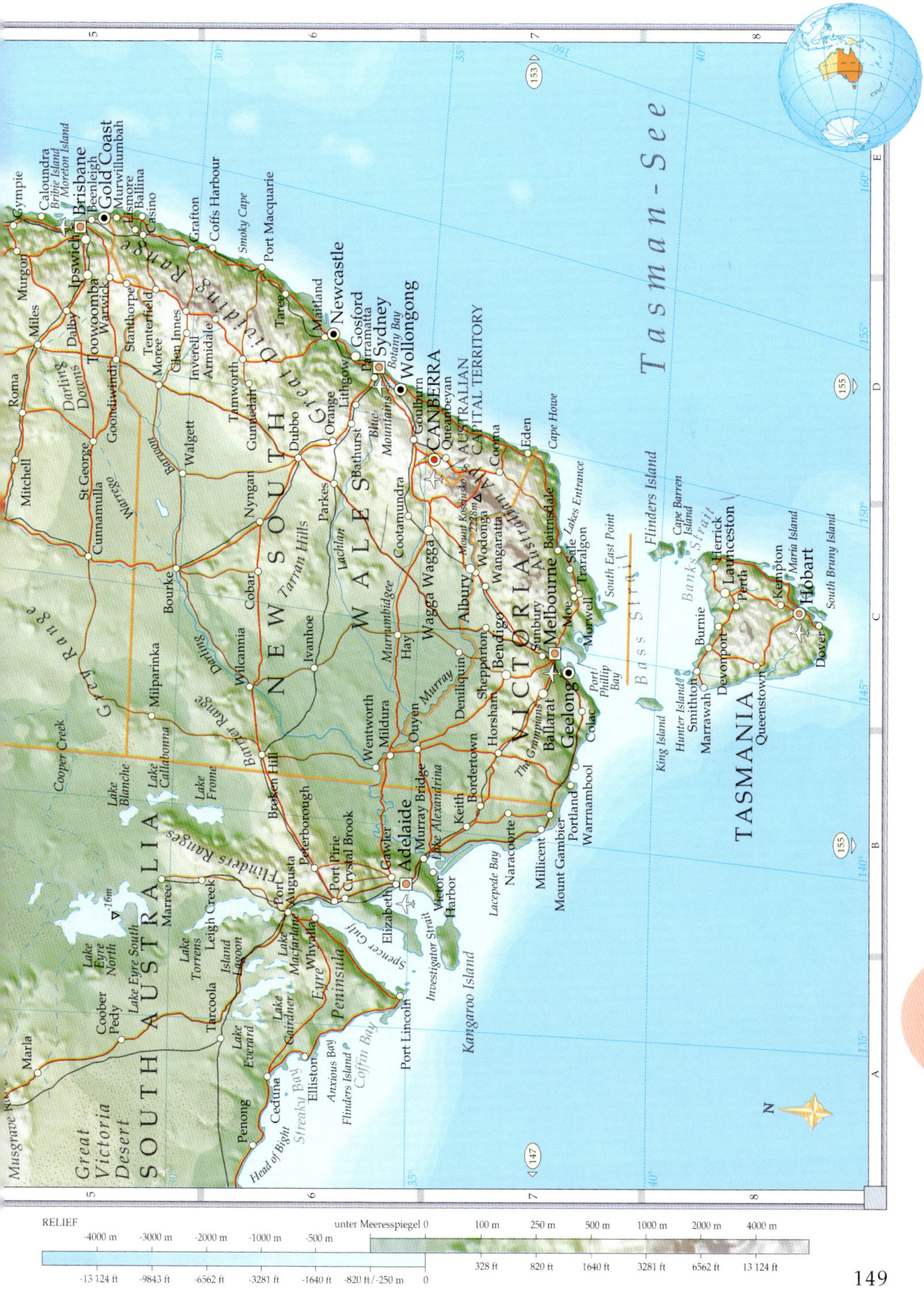
Tasman-See
Bass Strait
Banks Strait
NEW SOUTH WALES
VICTORIA
SOUTH AUSTRALIA
TASMANIA
AUSTRALIAN CAPITAL TERRITORY
CANBERRA
Sydney
Melbourne
Adelaide
Brisbane
Hobart
Newcastle
Wollongong
Gold Coast
Geelong
Great Dividing Range
Flinders Ranges
Grey Range
Barrier Range
Tarran Hills
Blue Mountains
Australian Alps
Mount Kosciusko 2228m
The Grampians
Darling Downs
Great Victoria Desert
Eyre Peninsula
Kangaroo Island
Spencer Gulf
Investigator Strait
Lacepede Bay
Streaky Bay
Coffin Bay
Anxious Bay
Head of Bight
Port Phillip Bay
Botany Bay
Lake Eyre North
Lake Eyre South
Lake Torrens
Lake Frome
Lake Blanche
Lake Callabonna
Lake Gairdner
Lake Everard
Lake Macfarlane
Lake Alexandrina
Island Lagoon
-16m
Cooper Creek
Darling
Murray
Murrumbidgee
Lachlan
Barwon
Warrego
Musgrave Ranges
Flinders Island
Cape Barren Island
King Island
Hunter Island
Maria Island
South Bruny Island
South East Point
Cape Howe
Smoky Cape
Moreton Island
Bribie Island
Lakes Entrance
Gympie
Caloundra
Ipswich
Beenleigh
Murwillumbah
Lismore
Ballina
Casino
Grafton
Coffs Harbour
Port Macquarie
Taree
Maitland
Gosford
Parramatta
Lithgow
Murgon
Miles
Dalby
Toowoomba
Warwick
Stanthorpe
Tenterfield
Glen Innes
Inverell
Armidale
Tamworth
Gunnedah
Moree
Goondiwindi
Roma
Mitchell
St George
Cunnamulla
Walgett
Dubbo
Orange
Bathurst
Goulburn
Queanbeyan
Cooma
Eden
Parkes
Nyngan
Cobar
Bourke
Cootamundra
Wagga Wagga
Albury
Wodonga
Wangaratta
Bairnsdale
Sale
Traralgon
Moe
Morwell
Sunbury
Bendigo
Shepparton
Deniliquin
Hay
Ivanhoe
Wilcannia
Milparinka
Broken Hill
Wentworth
Mildura
Ouyen
Horsham
Ballarat
Colac
Warrnambool
Portland
Mount Gambier
Millicent
Naracoorte
Bordertown
Keith
Murray Bridge
Gawler
Elizabeth
Victor Harbor
Crystal Brook
Port Pirie
Peterborough
Port Augusta
Whyalla
Port Lincoln
Elliston
Ceduna
Penong
Tarcoola
Coober Pedy
Marla
Marree
Leigh Creek
Devonport
Burnie
Smithton
Marrawah
Queenstown
Launceston
Herrick
Perth
Kempton
Dover
153
155
147
N
RELIEF
unter Meeresspiegel 0
100 m
250 m
500 m
1000 m
2000 m
4000 m
328 ft
820 ft
1640 ft
3281 ft
6562 ft
13 124 ft
-4000 m
-3000 m
-2000 m
-1000 m
-500 m
-13 124 ft
-9843 ft
-6562 ft
-3281 ft
-1640 ft
-820 ft / -250 m

# NEUSEELAND

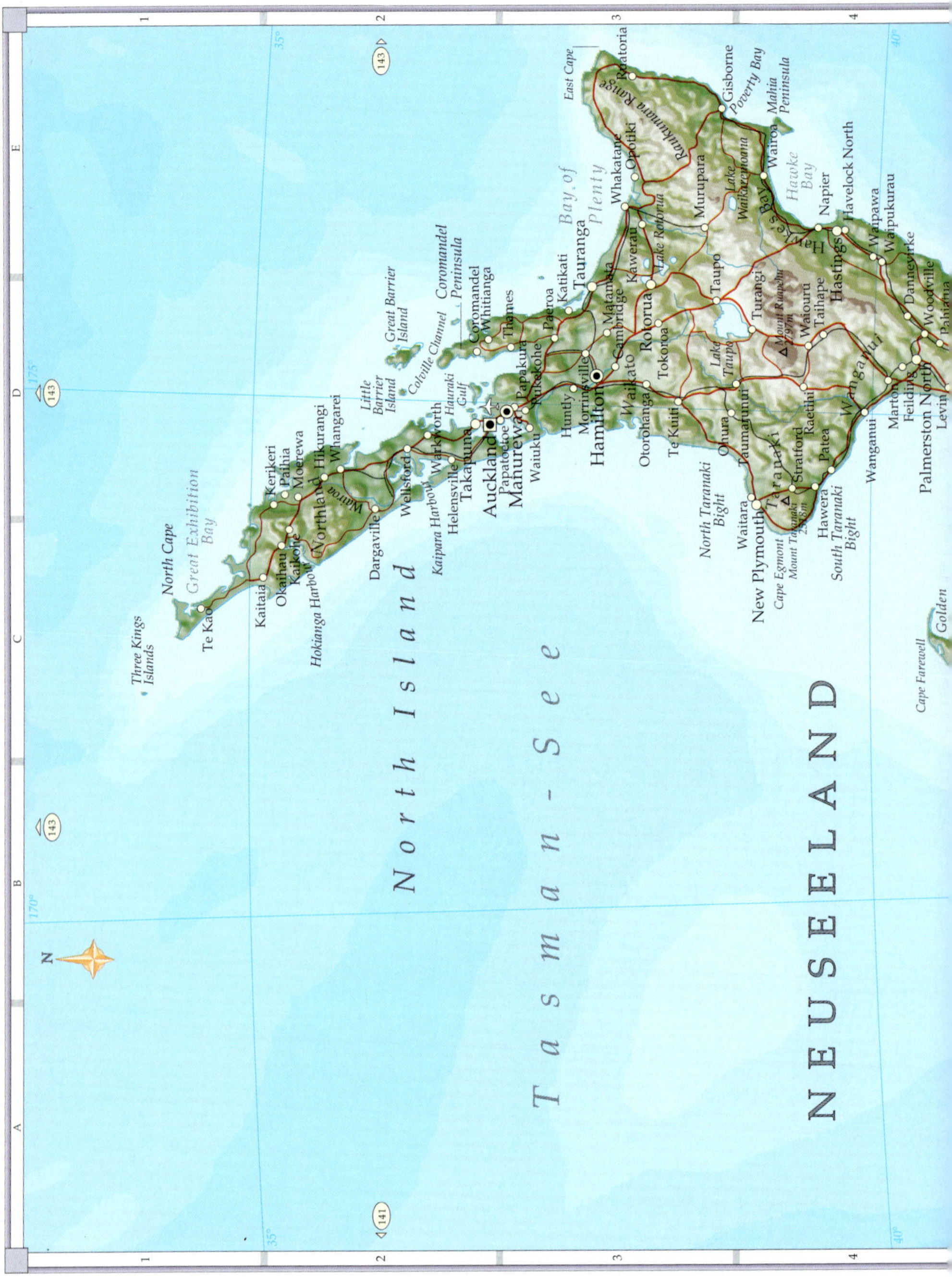


0 Kilometer 100
0 Meilen 100

EINWOHNER

○ unter 50 000 ○ 50 000 - 100 000 ⦿ 100 000 - 500 000 ▣ über 500 000

South Island
PAZIFISCHER OZEAN
WELLINGTON
Lower Hutt
Paraparaumu
Porirua
Cape Palliser
Cape Campbell
Cook Strait
Seddon
Picton
Blenheim
Kaikoura
Kaikoura Peninsula
Nelson
Motueka
Richmond
Bay
Richmond Range
Mount Owen 1875 m
Spenser Mts
Clarence
Hanmer Springs
Waipara
Pegasus Bay
Kaiapoi
Christchurch
Lyttelton
Banks Peninsula
Canterbury Bight
Canterbury Plains
Rangiora
Oxford
Darfield
Ashburton
Hinds
Geraldine
Temuka
Timaru
Waimate
Studholme
Oamaru
Hampden
Otago Peninsula
Dunedin
Mosgiel
Milton
Balclutha
Clutha
Taieri
Karamea Bight
Seddonville
Westport
Cape Foulwind
Reefton
Runanga
Greymouth
Hokitika
Ross
Otira
Arthur's Pass
Waiau
Southern Alps
Mayfield
Two Thumbs Range
Fairlie
Mt Cook 3754 m
Mount Cook
Lake Pukaki
Waitaki
Abut Head
Whataroa
West Coast
Haast
Jackson Head
Lake Hawea
Wanaka
Lake Wanaka
Lake Wakatipu
Queenstown
Cromwell
Alexandra
Eyre Mts
Livingstone Mts
Lumsden
Gore
Mataura
Invercargill
Tokanui
Toetoes Bay
Ruapuke Island
Foveaux Strait
Stewart Island
Halfmoon Bay
Codfish Island
Muttonbird Islands
Riverton
Winton
Waiau
Southland
Ta Waewae Bay
Milford Sound
Lake Te Anau
Te Anau
Lake Manapouri
George Sound
Caswell Sound
Resolution Island
Cardigan Peak 1722 m
142
143
154
45°
170°
175°
A
B
C
D
E
5
6
7
8

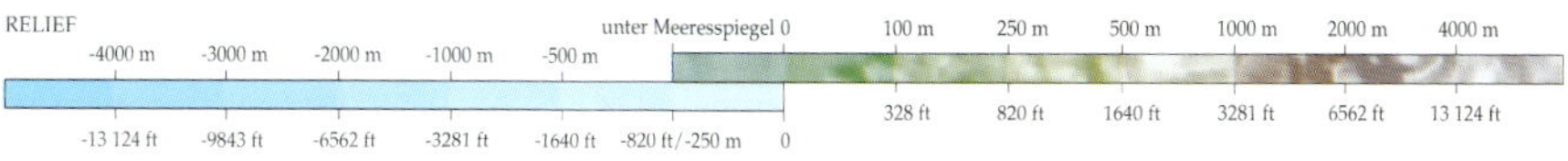
RELIEF
-4000 m
-3000 m
-2000 m
-1000 m
-500 m
unter Meeresspiegel 0
100 m
250 m
500 m
1000 m
2000 m
4000 m
-13 124 ft
-9843 ft
-6562 ft
-3281 ft
-1640 ft
-820 ft/-250 m
0
328 ft
820 ft
1640 ft
3281 ft
6562 ft
13 124 ft

# Pazifischer Ozean

0 Kilometer 2000

0 Meilen 2000

∘ bedeutende Häfen

RELIEF

| -4000 m | -3000 m | -2000 m | -1000 m | -500 m | -250 m | 0 |
|---|---|---|---|---|---|---|
| -13 124 ft | -9843 ft | -6562 ft | -3281 ft | -1640 ft | -820 ft | 0 |

# ANTARKTIS

0 Kilometer 500

0 Meilen 500

RELIEF

| unter Meeresspiegel | -4000 m | -3000 m | -2000 m | -1000 m | -500 m | 0 | 100 m | 250 m | 500 m | 1000 m | 2000 m | 4000 m |
|---|---|---|---|---|---|---|---|---|---|---|---|---|
| | -13 124 ft | -9843 ft | -6562 ft | -3281 ft | -1640 ft | -820 ft/-250 m | 328 ft | 820 ft | 1640 ft | 3281 ft | 6562 ft | 13 124 ft |

# Arktis

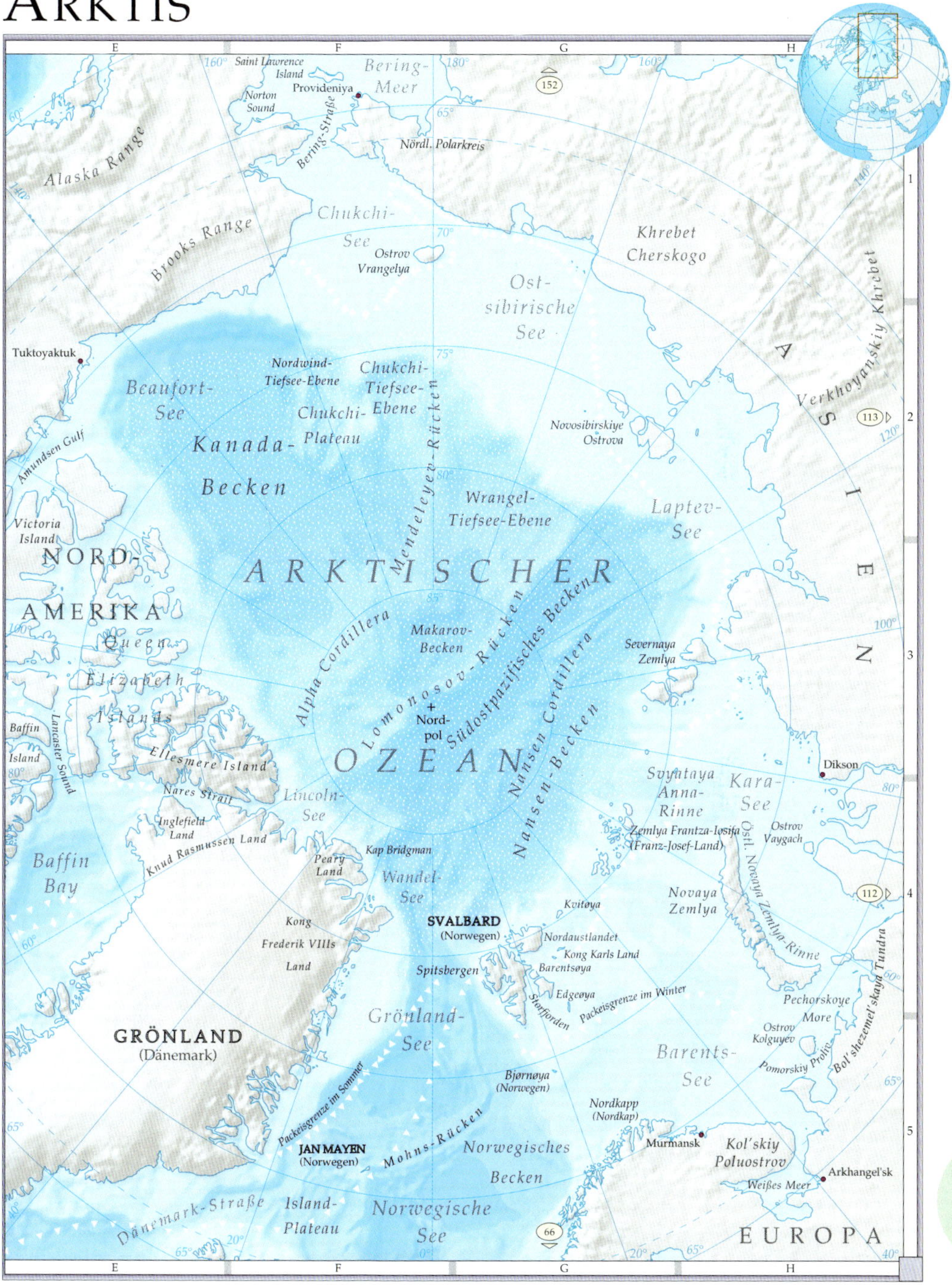


RELIEF

| -4000 m | -3000 m | -2000 m | -1000 m | -500 m | -250 m | 0 |
|---|---|---|---|---|---|---|
| -13 124 ft | -9843 ft | -6562 ft | -3281 ft | -1640 ft | -820 ft | 0 |

0 Kilometer 500

0 Meilen 500

○ bedeutende Häfen

# Abhängige Territorien

Trotz der umfassenden Dekolonisierung seit dem Zweiten Welkrieg leben auch heute noch etwa 10 Mio. Menschen in 59 Territorien unter der Verwaltung von Frankreich, Australien, Dänemark, Norwegen, Portugal, Neuseeland, dem Vereinigten Königreich Großbritannien, den USA und den Niederlanden. Diese Reste der ehemaligen Kolonialreiche stehen in sehr unterschiedlichen Verwaltungsbeziehungen zum jeweiligen Mutterland.

## Australien

Australiens Aussengebiete waren zuletzt in der Diskussion, als Papua-Neuguinea 1975 unabhängig wurde. Norfolk Island ist bewohnt von den Nachfahren der Bounty-Meuterer und späteren Einwanderern aus Australien.

### Ashmore & Cartier Islands
*Indischer Ozean*

Status: Außengebiet (External Territory)
Seit: 1978
Hauptstadt: keine
Bevölkerung: unbewohnt
Fläche: 5,2 km²

### Christmas Island
*Indischer Ozean*

Status: Außengebiet (External Territory)
Seit: 1958
Hauptstadt: Flying Fish Cove
Bevölkerung: 2871
Fläche: 134,6 km²

### Cocos Islands
*Indischer Ozean*

Status: Außengebiet (External Territory)
Seit: 1955
Hauptstadt: West Island
Bevölkerung: 555
Fläche: 14,24 km²

### Coral Sea Islands
*Südpazifik*

Status: Außengebiet (External Territory)
Seit: 1969
Hauptstadt: keine
Bevölkerung: 8 (Meteorologen)
Fläche: unter 3 km²

### Heard & McDonald Is.
*Indischer Ozean*

Status: Außengebiet (External Territory)
Seit: 1947
Hauptstadt: keine
Bevölkerung: unbewohnt
Fläche: 417 km²

### Norfolk Island
*Südpazifik*

Status: Außengebiet (External Territory)
Seit: 1913
Hauptstadt: Kingston
Bevölkerung: 2637
Fläche: 34,4 km²

## Dänemark

Die Färöer-Inseln gehören zur dänischen Krone, seit Königin Margrethe I. von Dänemark bzw. ihr Sohn Olaf V. 1380 Norwegen erbte, 1948 erhielten sie das Recht zur Selbstverwaltung. Grönland wurde ebenfalls 1380 dänisch. Heute ist das Mutterland nur noch für Außenpolitik und Verteidigung zuständig.

### Færøerne (Färöer-Inseln)
*Nordatlantik*

Status: seit 1948 autonomes Land unter der dänischen Krone
Seit: 1380
Hauptstadt: Tórshavn
Bevölkerung: 47 310
Fläche: 1399 km²

### Grønland (Grönland)
*Nordatlantik*

Status: seit 1953 gleichberechtigter Teil Dänemarks, seit 1979 mit innerer Autonomie
Seit: 1380
Hauptstadt: Nuuk
Bevölkerung: 55 385
Fläche: 2 175 516 km²

## Frankreich

Frankreich hat seine Überseegebiete durch ökonomische Verflechtung eng an das Mutterland gebunden, so daß Unabhängigkeitsbewegungen – außer in Neukaledonien – heute fast keine Rolle spielen. Die *Départements d'outre-mer* haben eigene Parlamente, unterstehen aber einem Präfekten und gelten als Teil des Mutterlandes. *Collectivités territoriales* (Gebietskörperschaften) und *Territoires d'outre-mer* besitzen verschiedene Grade der Autonomie.

### Clipperton
*Ostpazifik*

Status: verwaltet von Französisch Polynesien
Seit: 1930
Hauptstadt: keine
Bevölkerung: unbewohnt
Fläche: 7 km²

### Guyane française (Französisch-Guyana)
*Südamerika*

Status: Übersee-Département
Seit: 1817
Hauptstadt: Cayenne
Bevölkerung: 135 000
Fläche: 90 996 km²

### Polynésie française (Französisch-Polynesien)
*Südpazifik*

Status: Übersee-Territorium mit beschränkter Selbstverwaltung
Seit: 1843
Hauptstadt: Papeete
Bevölkerung: 211 000
Fläche: 4165 km²

### Guadeloupe
*Westindische Inseln*

STATUS: Übersee-Département
SEIT: 1635
HAUPTSTADT: Basse-Terre
BEVÖLKERUNG: 413 000
FLÄCHE: 1780 km²

### MARTINIQUE
*Westindische Inseln*

STATUS: Übersee-Département
SEIT: 1635
HAUPTSTADT: Fort-de-France
BEVÖLKERUNG: 371 000
FLÄCHE: 1100 km²

### MAYOTTE
*Indischer Ozean*

STATUS: Gebietskörperschaft
SEIT: 1843
HAUPTSTADT: Mamoudzou
BEVÖLKERUNG: 97 088
FLÄCHE: 374 km²

### NOUVELLE-CALÉDONIE (NEUKALEDONIEN)
*Südpazifik*

STATUS: Übersee-Territorium mit beschränkter Selbstverwaltung
SEIT: 1853
HAUPTSTADT: Noumeá
BEVÖLKERUNG: 179 000
FLÄCHE: 19 103 km²

### RÉUNION
*Indischer Ozean*

STATUS: Übersee-Département
SEIT: 1638
HAUPTSTADT: Saint-Denis
BEVÖLKERUNG: 632 000
FLÄCHE: 2512 km²

### ST-PIERRE ET MIQUELON
*Nordamerika*

STATUS: Gebietskörperschaft
SEIT: 1604
HAUPTSTADT: Saint Pierre
BEVÖLKERUNG: 6000
FLÄCHE: 242 km²

### WALLIS & FUTUNA
*Südpazifik*

STATUS: Übersee-Territorium mit beschränkter Selbstverwaltung
SEIT: 1842
HAUPTSTADT: Mata-Utu
BEVÖLKERUNG: 14 000
FLÄCHE: 274 km²

## NEUSEELAND

NEUSEELAND WÜRDE seine Außengebiete gern in die Unabhängigkeit entlassen, doch aufgrund der ökonomischen Schwäche von Tokelau und der in freier Assoziation mit Neuseeland verbundenen Staaten Niue und Cook Islands wird das Land auf absehbare Zeit für diese Gebiete verantwortlich bleiben.

### COOK ISLANDS
*Südpazifik*

STATUS: Assoziiertes Territorium mit innerer Autonomie
SEIT: 1901
HAUPTSTADT: Avarua
BEVÖLKERUNG: 19 000
FLÄCHE: 293 km²

### NIUE
*Südpazifik*

STATUS: Assoziiertes Territorium mit innerer Autonomie
SEIT: 1901
HAUPTSTADT: Alofi
BEVÖLKERUNG: 2000
FLÄCHE: 264 km²

### TOKELAU
*Südpazifik*

STATUS: Abhängiges Territorium (Dependent Territory)
SEIT: 1926
HAUPTSTADT: keine
BEVÖLKERUNG: 2000
FLÄCHE: 10,4 km²

## NIEDERLANDE

DIE BEIDEN ÜBERSEEGEBIETE, die dem Königreich verblieben sind, gehörten einst der Holländisch-Westindischen Kompanie. Beide sind heute selbstverwaltet, doch das Mutterland bleibt für die Verteidigung zuständig.

### ARUBA
*Westindische Inseln*

STATUS: Überseegebiet mit Sonderstatus
SEIT: 1643
HAUPTSTADT: Oranjestad
BEVÖLKERUNG: 69 000
FLÄCHE: 194 km²

### NEDERLANDSE ANTILLEN
*Westindische Inseln*

STATUS: Autonomes Gebiet der niederländischen Krone
SEIT: 1816
HAUPTSTADT: Willemstad
BEVÖLKERUNG: 195 000
FLÄCHE: 800 km²

## NORWEGEN

DURCH DEN SPITZBERGEN-Vertrag wurde 1920 Norwegens Souveränität über den Svalbard-Archipel anerkannt. Auf Jan Mayen ist eine NATO-Basis stationiert, Bouvet ist ein Naturreservat.

### BOUVETØYA (BOUVET ISLAND)
*Südatlantik*

STATUS: Nebenland
SEIT: 1928
HAUPTSTADT: keine
BEVÖLKERUNG: unbewohnt
FLÄCHE: 58 km²

### JAN MAYEN
*Nordatlantik*

STATUS: Außenbesitzung der norwegischen Krone
SEIT: 1929
HAUPTSTADT: keine
BEVÖLKERUNG: unbewohnt
FLÄCHE: 381 km²

### PETER I ØY (PETER I ISLAND)
*Südlicher Ozean*

STATUS: Nebenland
SEIT: 1931
HAUPTSTADT: keine
BEVÖLKERUNG: unbewohnt
FLÄCHE: 180 km²

### SVALBARD
*Arktischer Ozean*
STATUS: Außenbesitzung der norwegischen Krone
SEIT: 1920
HAUPTSTADT: Longyearbyen
BEVÖLKERUNG: 3431
FLÄCHE: 62 906 km²

## PORTUGAL

NACH DER NELKENREVOLUTION 1974 errangen Portugals Kolonien sehr rasch ihre Unabhängigkeit. Nur Macao ist noch von dem großen Überseereich übriggeblieben, wird aber 1999 als Spezielles Verwaltungsgebiet an China übergehen.

### MACAO
*Südchina*
STATUS: Überseegebiet mit innerer Autonomie
SEIT: 1557
HAUPTSTADT: Macao
BEVÖLKERUNG: 388 000
FLÄCHE: 18 km²

## USA

DIE VEREINIGTEN STAATEN betrachten ihre Überseegebiete trotz hoher Kosten als strategisch notwendig zur Kontrolle ihrer ›Hinterhöfe‹. In den Verwaltungskategorien gibt es verschiedene Formen der Selbstbestimmung. Ein *US Commonwealth Territory* wie Puerto Rico besitzt ein größeres Maß an Selbstbestimmung als ein *Unincorporated Territory* oder ein *External Territory*.

### AMERICAN SAMOA
*Südpazifik*
STATUS: Externes Außengebiet (Unincorporated Territory)
SEIT: 1900
HAUPTSTADT: Pago Pago
BEVÖLKERUNG: 51 000
FLÄCHE: 195 km²

### BAKER & HOWLAND ISLANDS
*Südpazifik*
STATUS: Externes Außengebiet (Unincorporated Territory)
SEIT: 1856
HAUPTSTADT: keine
BEVÖLKERUNG: unbewohnt
FLÄCHE: 1,4 km²

### GUAM
*Westpazifik*
STATUS: Externes Außengebiet (Unincorporated Territory)
SEIT: 1898
HAUPTSTADT: Agaña
BEVÖLKERUNG: 144 000
FLÄCHE: 549 km²

### JARVIS ISLAND
*Südpazifik*
STATUS: Externes Außengebiet (Unincorporated Territory)
SEIT: 1856
HAUPTSTADT: keine
BEVÖLKERUNG: unbewohnt
FLÄCHE: 4,5 km²

### JOHNSTON ATOLL
*Zentralpazifik*
STATUS: Externes Außengebiet (Unincorporated Territory)
SEIT: 1858
HAUPTSTADT: keine
BEVÖLKERUNG: 327
FLÄCHE: 2,8 km²

### KINGMAN REEF
*Zentralpazifik*
STATUS: verwaltet von der US Navy (Administered Territory)
SEIT: 1856
HAUPTSTADT: keine
BEVÖLKERUNG: unbewohnt
FLÄCHE: 1 km²

### MIDWAY ISLANDS
*Zentralpazifik*
STATUS: verwaltet von der US Navy (Administered Territory)
SEIT: 1867
HAUPTSTADT: keine
BEVÖLKERUNG: 453
FLÄCHE: 5,2 km²

### NAVASSA ISLAND
*Westindische Inseln*
STATUS: Externes Außengebiet (Unincorporated Territory)
SEIT: 1856
HAUPTSTADT: keine
BEVÖLKERUNG: unbewohnt
FLÄCHE: 5,2 km²

### NORTHERN MARIANA ISLANDS
*Westpazifik*
STATUS: Autonomes US-Commonwealth Territorium
SEIT: 1947
HAUPTSTADT: Saipan
BEVÖLKERUNG: 47 000
FLÄCHE: 457 km²

### PALMYRA ATOLL
*Zentralpazifik*
STATUS: Externes Außengebiet (Unincorporated Territory)
SEIT: 1898
HAUPTSTADT: keine
BEVÖLKERUNG: unbewohnt
FLÄCHE: 12 km²

### PUERTO RICO
*Westindische Inseln*
STATUS: Autonomes US-Commonwealth Territorium
SEIT: 1898
HAUPTSTADT: San Juan
BEVÖLKERUNG: 3,6 Mio.
FLÄCHE: 8959 km²

### VIRGIN ISLANDS
*Westindische Inseln*
STATUS: Externes Außengebiet (Unincorporated Territory)
SEIT: 1917
HAUPTSTADT: Charlotte Amalie
BEVÖLKERUNG: 104 000
FLÄCHE: 355 km²

### WAKE ISLAND
*Zentralpazifik*
STATUS: Externes Außengebiet (Unincorporated Territory)
SEIT: 1898
HAUPTSTADT: keine
BEVÖLKERUNG: 302
FLÄCHE: 6,5 km²

## VEREINIGTES KÖNIGREICH

DAS VEREINIGTE KÖNIGREICH von Großbritannien und Nordirland besitzt heute noch die meisten

Überseegebiete. Sie werden in verschiedenen Autonomiegraden von gewählten Repräsentanten und ernannten Beamten regiert. Bei großer Selbstbestimmung in inneren Angelegenheiten bleiben für bestimmte Bereiche, etwa Auswärtiges und Verteidigung, die Gouverneure der Krone zuständig.

**ANGUILLA**
*Westindische Inseln*
STATUS: Abhängiges Gebiet (Dependent Territory) mit innerer Autonomie
SEIT: 1650
HAUPTSTADT: The Valley
BEVÖLKERUNG: 8960
FLÄCHE: 96 km²

**ASCENSION**
*Südatlantik*
STATUS: verwaltet von St. Helena (als Dependency)
SEIT: 1673
HAUPTSTADT: keine
BEVÖLKERUNG: 1099
FLÄCHE: 88 km²

**BERMUDA**
*Nordatlantik*
STATUS: Kronkolonie mit innerer Autonomie
SEIT: 1612
HAUPTSTADT: Hamilton
BEVÖLKERUNG: 60 686
FLÄCHE: 53 km²

**BRITISH INDIAN OCEAN TERRITORY**
STATUS: Abhängiges Gebiet (Dependent Territory)
SEIT: 1814
HAUPTSTADT: Diego Garcia
BEVÖLKERUNG: 3400
FLÄCHE: 60 km²

**BRITISH VIRGIN ISLANDS**
*Westindische Inseln*
STATUS: Abhängiges Gebiet (Dependent Territory)
SEIT: 1672
HAUPTSTADT: Road Town
BEVÖLKERUNG: 16 644
FLÄCHE: 153 km²

**CAYMAN ISLANDS**
*Westindische Inseln*
STATUS: Abhängiges Gebiet (Dependent Territory) mit innerer Autonomie
SEIT: 1670
HAUPTSTADT: George Town
BEVÖLKERUNG: 25 355
FLÄCHE: 259 km²

**FALKLAND ISLANDS**
*Südatlantik*
STATUS: Abhängiges Gebiet (Dependent Territory)
SEIT: 1832
HAUPTSTADT: Stanley
BEVÖLKERUNG: 2121
FLÄCHE: 12 173 km²

**GIBRALTAR**
*Südwest-Europa*
STATUS: Kronkolonie
SEIT: 1713
HAUPTSTADT: Gibraltar
BEVÖLKERUNG: 28 074
FLÄCHE: 6,5 km²

**GUERNSEY**
*Ärmelkanal*
STATUS: Unmittelbares Krongebiet (Crown dependency)
SEIT: 1066
HAUPTSTADT: St Peter Port
BEVÖLKERUNG: 58 000
FLÄCHE: 65 km²

**ISLE OF MAN**
*Britische Inseln*
STATUS: Unmittelbares Krongebiet (Crown dependency)
SEIT: 1765
HAUPTSTADT: Douglas
BEVÖLKERUNG: 71 000
FLÄCHE: 572 km²

**JERSEY**
*Ärmelkanal*
STATUS: Unmittelbares Krongebiet (Crown dependency)
SEIT: 1066
HAUPTSTADT: St Helier
BEVÖLKERUNG: 84 082
FLÄCHE: 116 km²

**MONTSERRAT**
*Westindische Inseln*
STATUS: Abhängiges Gebiet (Dependent Territory) mit innerer Autonomie
SEIT: 1632
HAUPTSTADT: Plymouth
BEVÖLKERUNG: 11 000
FLÄCHE: 102 km²

**PITCAIRN ISLANDS**
*Südpazifik*
STATUS: Abhängiges Gebiet (Dependent Territory)
SEIT: 1887
HAUPTSTADT: Adamstown
BEVÖLKERUNG: 66
FLÄCHE: 3,5 km²

**ST. HELENA**
*Südatlantik*
STATUS: Abhängiges Gebiet (Dependent Territory)
SEIT: 1673
HAUPTSTADT: Jamestown
BEVÖLKERUNG: 6000
FLÄCHE: 122 km²

**SOUTH GEORGIA & SANDWICH ISLANDS**
*Südatlantik*
STATUS: verwaltet von den Falkland Islands (als Dependency)
SEIT: 1775
BEVÖLKERUNG: keine ständigen Einwohner
FLÄCHE: 3592 km²

**TRISTAN DA CUNHA**
*Südatlantik*
STATUS: verwaltet von St. Helena (als Dependency)
SEIT: 1612
BEVÖLKERUNG: 297
FLÄCHE: 98 km²

**TURKS & CAICOS ISLANDS**
*Westindische Inseln*
STATUS: Abhängiges Gebiet (Dependent Territory) mit innerer Autonomie
SEIT: 1766
HAUPTSTADT: Cockburn Town
BEVÖLKERUNG: 13 000
FLÄCHE: 430 km²

# Geographische Begriffe

In diesem Verzeichnis werden fremdsprachliche geographische Begriffe, die in den Karten und im Register verwendet sind, mit Angabe der Herkunftssprache übersetzt. Diese Gattungsbegriffe werden im Register dem Eigennamen nachgeordnet; Poluostrov Yamal ist also unter *Yamal, Poluostrov,* Península de Yucatán unter *Yucatán, Península de* nachzuschlagen.

A

**Å** *Dänisch, Norwegisch,* Fluß
**Altiplanicie** *Spanisch,* Plateau
**Älv(en)** *Schwedisch,* Fluß
**Anse** *Französisch,* Bucht
**Archipiélago** *Spanisch,* Archipel
**Arcipelago** *Italienisch,* Archipel
**Arquipélago** *Portugiesisch,* Archipel
**Aukštuma** *Litauisch,* Bergland
**Aylagy** *Turkmenisch,* Golf

B

**Bahía** *Spanisch,* Bucht
**Baía** *Portugiesisch,* Bucht
**Baḩr** *Arabisch,* Fluß
**Baie** *Französisch,* Bucht
**Bandao** *Chinesisch,* Halbinsel
**Banjaran** *Malaiisch,* Gebirgskette
**Batang** *Malaiisch,* Bach
**-berg** *Afrikaans, Norwegisch,* Berg
**Birket** *Arabisch,* See, Brunnen
**Boğazı** *Türkisch,* See
**Bugten** *Dänisch,* Bucht
**Buḩayrat** *Arabisch,* See, Stausee
**Buḩeiret** *Arabisch,* See
**Bukit** *Malaiisch,* Berg
**-bukta** *Norwegisch,* Bucht
**bukten** *Schwedisch,* Bucht
**Burnu** *Türkisch,* Kap, Landspitze
**Buuraha** *Somali,* Gebirge

C

**Cabo** *Portugiesisch,* Kap
**Cap** *Französisch,* Kap
**Cascada** *Portugiesisch,* Wasserfall
**Çay** *Türkisch,* Fluß
**Cerro** *Spanisch,* Berg
**Chaîne** *Französisch,* Gebirgskette
**Chau** *Kantonesisch,* Insel
**Chhâk** *Kambodschanisch,* Bucht
**Chhu** *Tibetisch,* Fluß
**-chŏsuji** *Koreanisch,* Stausee
**Chott** *Arabisch,* Depression, Salzsee
**Ch'ün-tao, Qundao** *Chinesisch,* Inselgruppe
**Chuor Phnum** *Kambodschanisch,* Gebirge
**Cordillera** *Spanisch,* Gebirgskette
**Costa** *Spanisch,* Küste
**Côte** *Französisch,* Küste
**Cuchilla** *Spanisch,* Gebirge

D

**Dağı** *Aserbaidschanisch, Türkisch,* Berg
**Dağları** *Aserbaidschanisch, Türkisch,* Gebirge
**-dake** *Japanisch,* Gipfel
**Danau** *Indonesisch,* See
**Đao** *Vietnamesisch,* Insel
**Daryā** *Persisch,* Fluß
**Daryācheh** *Persisch,* See
**Dasht** *Persisch,* Wüste, Ebene
**Dawḩat** *Arabisch,* Bucht
**Dere** *Türkisch,* Bach
**Dili** *Aserbaidschanisch,* Landzunge, Nehrung
**-do** *Koreanisch,* Insel
**Dooxo** *Somali,* Tal
**Düzü** *Aserbaidschanisch,* Steppe
**-dwīp** *Bengali,* Insel

E

**Embalse** *Spanisch,* Stausee
**Erg** *Arabisch,* Dünen
**Estany** *Katalanisch,* See
**Estrecho** *Spanisch,* Wasserstraße
**-ey** *Isländisch,* Insel
**Ezero** *Bulgarisch, Mazedonisch,* See

F

**Fjord** *Dänisch,* Fjord
**-fjord(en)** *Norwegisch,* Fjord(e)
**-fjørdhur** *Färöisch,* Fjord
**Fleuve** *Französisch,* Fluß
**Fliegu** *Maltesisch,* Kanal
**-fljór** *Isländisch,* Fluß

G

**-gang** *Koreanisch,* Fluß
**Ganga** *Nepali, Sinhala,* Fluß
**Gaoyuan** *Chinesisch,* Hochplateau
**-gawa** *Japanisch,* Fluß
**Gebel** *Arabisch,* Berg
**Ghubbat** *Arabisch,* Bucht
**Gjiri** *Albanisch,* Bucht
**Gol** *Mongolisch,* Fluß
**Golfe** *Französisch,* Golf
**Golfo** *Italienisch, Spanisch,* Golf
**Gora** *Russisch, Serbisch,* Berg
**Gory** *Russisch,* Gebirge
**Guba** *Russisch,* Bucht, Golf
**Gunung** *Malaiisch,* Berg

H

**Ḩadd** *Arabisch,* Landspitze, Kap
**-haehyŏp** *Koreanisch,* Straße, Meerenge
**Hai** *Chinesisch,* Meer, Bucht
**Ḩammādat** *Arabisch,* Plateau, Hochebene
**Hāmūn** *Persisch,* See
**Hawr** *Arabisch,* See
**Hāyk'** *Amharisch,* See
**He** *Chinesisch,* Fluß
**Helodrano** *Malagasisch,* Bucht
**-hegység** *Ungarisch,* Gebirgskette
**Highland** *Englisch,* Bergland
**Hills** *Englisch,* Berge
**Hka** *Birmesisch,* Fluß
**-ho** *Koreanisch,* See
**Hô** *Koreanisch,* Stausee
**Ḫolot** *Hebräisch,* Dünen
**Hora** *Weißrussisch,* Berg
**Hrada** *Weißrussisch,* Gebirge, Höhenzug
**Hsi, Xi** *Chinesisch,* Fluß
**Hu** *Chinesisch,* See

I

**Île(s)** *Französisch,* Insel(n)
**Ilha(s)** *Portugiesisch,* Insel(n)
**Ilhéu(s)** *Portugiesisch,* kleine Insel(n)
**Irmak** *Türkisch,* Fluß
**Isla(s)** *Spanisch,* Insel(n)
**Isola (Isole)** *Italienisch,* Insel(n)

J

**Jabal** *Arabisch,* Berg
**Jāl** *Arabisch,* Höhenzug
**-järvi** *Finnisch,* See
**Jazīrat** *Arabisch,* Insel
**Jazīreh** *Persisch,* Insel
**Jebel** *Arabisch,* Berg
**Jezero** *Serbokroatisch,* See
**Jiang** *Chinesisch,* Fluß
**-joki** *Finnisch,* Fluß
**-jökull** *Isländisch,* Gletscher
**Juzur** *Arabisch,* Inseln

K

**Kaikyō** *Japanisch,* Straße, Meerenge
**-kaise** *Lappisch,* Berg
**Kali** *Nepali,* Fluß
**Kalnas** *Litauisch,* Berg
**Kalns** *Lettisch,* Berg
**Kang** *Chinesisch,* Hafen
**Kangri** *Tibetisch,* Berg, Gebirge
**Kaôh** *Kambodschanisch,* Insel
**Kapp** *Norwegisch,* Kap
**Kavīr** *Persisch,* Wüste
**K'edi** *Georgisch,* Gebirgskette
**Kediet** *Arabisch,* Berg
**Kepulauan** *Indonesisch, Malaiisch,* Inselgruppe
**Khalīj, Khalîg** *Arabisch,* Golf
**Khawr** *Arabisch,* Bucht, Lagune
**Khola** *Nepali,* Fluß
**Khrebet** *Russisch,* Gebirgskette
**Ko** *Thai,* Insel
**Kolpos** *Griechisch,* Bucht, Golf
**Körfäzi** *Aserbaidschanisch,* Bucht, Golf
**Körfezi** *Türkisch,* Bucht
**Kõrgustik** *Estnisch,* Bergland
**Kosa** *Russisch,* Nehrung
**Koshi** *Nepali,* Fluß
**Kowtal** *Persisch,* Paß
**Kūh(hā)** *Persisch,* Berg (Gebirge)
**-kundo** *Koreanisch,* Inselgruppe

**-kysten** *Norwegisch*, Küste
**Kyun** *Birmesisch*, Insel

## L

**Laaq** *Somali*, See
**Lac** *Französisch*, See
**Lacul** *Rumänisch*, See
**Lago** *Italienisch*, *Portugiesisch*, *Spanisch*, See
**Laguna** *Spanisch*, Lagune, See
**Laht** *Estnisch*, Bucht
**Laut** *Indonesisch*, Meer
**Lembalemba** *Malagasisch*, Hochebene
**Lerr** *Armenisch*, Berg
**Lerrnashght'a** *Armenisch*, Gebirgskette
**Les** *Tschechisch*, Wald
**Lich** *Armenisch*, See
**Liqeni** *Albanisch*, See
**Lumi** *Albanisch*, Fluß
**Lyman** *Ukrainisch*, Haff

## M

**Mae Nam** *Thai*, Fluß
**-mägi** *Estnisch*, Berg, Hügel
**Maja** *Albanisch*, Berg
**-man** *Koreanisch*, Bucht
**Marios** *Litauisch*, See
**-meer** *Holländisch*, See
**Melkosopochnik** *Russisch*, Ebene
**-meri** *Estnisch*, Meer
**Mifraz** *Hebräisch*, Bucht
**Monkhafad** *Arabisch*, Depression
**Mont(s)** *Französisch*, Berg, (Gebirge)
**Monte** *Italienisch*, *Portugiesisch*, Berg
**More** *Russisch*, Meer
**Mörön** *Mongolisch*, Fluß

## N

**Nagor'ye** *Russisch*, Gebirgskette
**Nahal** *Hebräisch*, Fluß
**Nahr** *Arabisch*, Fluß
**Nam** *Laotisch*, Fluß
**Nehri** *Türkisch*, Fluß
**Nevado** *Spanisch*, Berg (schneebedeckt)
**Nisoi** *Griechisch*, Inseln
**Nizmennost'** *Russisch*, Tiefland, Ebene
**Nosy** *Malagasisch*, Insel
**Nuruu** *Mongolisch*, Gebirge
**Nuur** *Mongolisch*, See
**Nyzovyna** *Ukrainisch*, Tiefland, Ebene

## O

**Ostrov(a)** *Russisch*, Insel(n)
**Oued** *franz. Arabisch*, Wadi
**-oy** *Färöisch*, Insel
**-øy(a)** *Norwegisch*, Insel
**Oya** *Sinhala*, Fluß
**Ozero** *Russisch*, *Ukrainisch*, See

## P

**Passo** *Italienisch*, Paß
**Pegunungan** *Indonesisch*, *Malaiisch*, Gebirgskette
**Pelagos** *Griechisch*, Meer
**Penisola** *Italienisch*, Halbinsel
**Peski** *Russisch*, Sandwüste
**Phanom** *Thai*, Berg
**Phou** *Laotisch*, Berg
**Pic** *Katalanisch*, Gipfel
**Pico** *Portugiesisch*, *Spanisch*, Gipfel
**Pik** *Russisch*, Gipfel
**Planalto** *Portugiesisch*, Hochebene, Plateau
**Planina, Planini** *Bulgarisch*, *Mazedonisch*, *Serbokroatisch*, Gebirgskette
**Ploskogor'ye** *Russisch*, Bergland
**Poluostrov** *Russisch*, Halbinsel
**Potamos** *Griechisch*, Fluß
**Proliv** *Russisch*, Straße, Meerenge
**Pulau** *Indonesisch*, *Malaiisch*, Insel
**Pulu** *Malaiisch*, Insel
**Punta** *Portugiesisch*, *Spanisch*, Kap

## Q

**Qā'** *Arabisch*, Depression
**Qolleh** *Persisch*, Berg

## R

**Raas** *Somali*, Kap
**-rags** *Lettisch*, Kap
**Ramlat** *Arabisch*, Sandwüste
**Ra's** *Arabisch*, Kap, Landspitze
**Ravnina** *Bulgarisch*, *Russisch*, Ebene
**Rēcif** *Französisch*, Riff
**Represa (Rep.)** *Spanisch*, *Portugiesisch*, Stausee
**-rettō** *Japanisch*, Inselkette
**Riacho** *Spanisch*, Bach
**Riban'** *Malagasisch*, Gebirge
**Rio** *Portugiesisch*, Fluß
**Río** *Spanisch*, Fluß
**Riu** *Katalanisch*, Fluß
**Rivier** *Holländisch*, Fluß
**Rivière** *Französisch*, Fluß
**Rowd** *Paschtu*, Fluß
**Rūd** *Persisch*, Fluß
**Rudohorie** *Slowakisch*, Gebirge
**Ruisseau** *Französisch*, Bach

## S

**Sabkhat** *Arabisch*, Salzwüste
**Şaḩrā'** *Arabisch*, Wüste
**Samudra** *Sinhala*, Stausee
**-san** *Japanisch*, *Koreanisch*, Berg
**-sanchi** *Japanisch*, Gebirge
**-sanmaek** *Koreanisch*, Gebirge
**Sarīr** *Arabisch*, Wüste
**Sebkha, Sebkhet** *Arabisch*, Salzwüste, Depression
**Selat** *Indonesisch*, Straße
**Selseleh** *Persisch*, Gebirgskette
**Serra** *Portugiesisch*, Berg
**Serranía** *Spanisch*, Berg
**Sha'īb** *Arabisch*, Wasserlauf
**Shamo** *Chinesisch*, Wüste
**Shan** *Chinesisch*, Berg, Gebirge
**Shan-mo** *Chinesisch*, Gebirgskette
**-shima** *Japanisch*, Insel
**Shui-tao, Shuidao** *Chinesisch*, Kanal, Meerenge
**Sierra** *Spanisch*, Gebirge
**Sơn** *Vietnamesisch*, Berg
**Sông** *Vietnamesisch*, Fluß
**Sound** *Englisch*, Sund
**Štít** *Slowakisch*, Gipfel
**Stoeng** *Kambodschanisch*, Fluß
**Stretto** *Italienisch*, Straße, Meerenge
**Su Anbarı** *Aserbaidschanisch*, Stausee
**Sungai** *Indonesisch*, *Malaiisch*, Fluß
**Su** *Türkisch*, Fluß

## T

**Tal** *Mongolisch*, Ebene
**Tandavan'** *Malagasisch*, Gebirgskette
**Tangorombohitr'** *Malagasisch*, Gebirge
**Tao** *Chinesisch*, Insel
**Tassili** *Berberisch*, Hochland, Berg
**Tau** *Russisch*, Gebirge
**Taungdan** *Birmesisch*, Gebirgskette
**Teluk** *Indonesisch*, *Malaiisch*, Bucht
**Terara** *Amharisch*, Berg
**Tog** *Somali*, Tal
**Tônlé** *Kambodschanisch*, See
**Top** *Holländisch*, Gipfel
**-tunturi** *Finnisch*, Berg
**Tur'at** *Arabisch*, Kanal

## V

**Väin** *Estnisch*, Straße, Meerenge
**-vatn** *Isländisch*, See
**-vesi** *Finnisch*, See
**Vinh** *Vietnamesisch*, Bucht
**Vodokhranilishche (Vdkhr.)** *Russisch*, Stausee
**Vodoskhovyshche (Vdskh.)** *Ukrainisch*, Stausee
**Volcán** *Spanisch*, Vulkan
**Vozvyshennost'** *Russisch*, Bergland
**Vrh** *Mazedonisch*, Gipfel
**Vysochyna** *Ukrainisch*, Bergland
**Vysočina** *Tschechisch*, Bergland

## W

**Waadi** *Somali*, Wadi
**Wādī** *Arabisch*, Wadi, saisonaler Wasserlauf
**Wāḩat, Wâhat** *Arabisch*, Oase
**Wan** *Chinesisch*, Bucht
**Wyżyna** *Polnisch*, Bergland

## X

**Xé** *Laotisch*, Fluß

## Y

**Yarımadası** *Türkisch*, *Aserbaidschanisch*, Halbinsel
**Yazovir** *Bulgarisch*, Stausee
**Yoma** *Birmesisch*, Gebirge
**Yu, Yü** *Chinesisch*, Insel

## Z

**Zaliv** *Bulgarisch*, *Russisch*, Bucht, Golf
**Zatoka** *Ukrainisch*, *Polnisch*, Bucht
**Zemlya** *Russisch*, Land

# Abkürzungen

Abkürzungen, die im Atlas und im Register verwendet worden sind.

**A**
**Abkg.** Abkürzung
**Afr.** Afrikaans
**Alb.** Albanisch
**Amh.** Amharisch
**ant.** antiker Name
**Ar.** Arabisch
**Arm.** Armenisch
**As.** Aserbaidschanisch
**Aut.** Autonom

**B**
**Bask.** Baskisch
**Bel.** Belorussisch (Weißrussisch)
**Ben.** Bengalisch
**Bibl.** Biblisch
**Bir.** Birmesisch
**Bret.** Bretonisch
**Bul.** Bulgarisch

**C**
**Chin.** Chinesisch

**D**
**Dän.** Dänisch
**Dept.** Department, Département
**Dtsch.** Deutsch

**E**
**ehem.** ehemals
**Eng.** Englisch
**Est.** Estnisch

**F**
**Fär.** Färöisch
**Fidsch.** Fidschianisch
**Fin.** Finnisch
**Fläm.** Flämisch
**Fr./Franz.** Französisch
**Frankr.** Frankreich
**Fries.** Friesisch

**G**
**Geor.** Georgisch
**gesch.** geschätzt
**Gr.-Br.** Großbritannien, *off.* Vereinigtes Königreich von Großbritannien und Nordirland
**Griech.** Griechisch
**Guj.** Gujarati

**H**
**Haw.** Hawaiianisch
**Heb.** Hebräisch
**Hind.** Hindi
**hist.** historisch

**I**
**Ind.** Indonesisch
**Ir.** Irisch
**Isl.** Isländisch
**It.** Italienisch

**J**
**Jap.** Japanisch
**Jugo.** Jugoslawien

**K**
**Kam.** Kambodschanisch
**Kant.** Kantonesisch
**Kas.** Kasachisch
**Kast.** Kastilisch
**Kat.** Katalanisch
**Kir.** Kirgisisch
**Kor.** Koreanisch
**Kreol.** Kreolisch
**Kro.** Kroatisch
**Kurd.** Kurdisch (verschiedene kurdische Sprachen)

**L**
**Lao.** Laotisch
**Lapp.** Lappisch
**Lat.** Lateinisch
**Lett.** Lettisch
**Lit.** Litauisch

**M**
**Mal.** Malaiisch
**Malg.** Malagasisch
**Malt.** Maltesisch
**Maz.** Mazedonisch
**Mong.** Mongolisch

**N**
**Nep.** Nepali
**Nied.** Niederländisch
**Nor.** Norwegisch

**O**
**off.** offiziell

**P**
**Pash.** Pashtu
**Per.** Persisch
**Pol.** Polnisch
**Port.** Portugiesisch
**PNG** Papua-Neuguinea

**R**
**Rum.** Rumänisch
**Russ.** Russisch

**S**
**Schw.** Schweiz
**Schwe.** Schwedisch
**Serb.** Serbisch
**SKr.** Serbokroatisch
**Slwk.** Slowakisch
**Slwn.** Slowenisch
**Som.** Somali
**Sorb.** Sorbisch
**Sp.** Spanisch
**Swa.** Swahili

**T**
**Tadsch.** Tadschikisch
**Th.** Thai
**Tib.** Tibetisch
**Tsch.** Tschechisch
**Türk.** Türkisch
**Turkm.** Turkmenisch

**U**
**Uigh.** Uighurisch
**Ukr.** Ukrainisch
**Ung.** Ungarisch
**Usb.** Usbekisch

**V**
**var.** Variantname
**Vtn.** Vietnamesisch

**W**
**Wal.** Walisisch

**X / Y / Z**
**Xh.** Xhosa
**ZAR** Zentralafrikanische Republik

**Erläuterung zu den Länderkästen im Register:**

**Formation:** Jahr der Unabhängigkeit bzw. Jahr der Festlegung der heutigen Grenzen.
**Sprachen:** Offizielle Staatssprachen sind mit einem Stern markiert.

# Register

## A

**Aa** *siehe* Gauja
**Aachen** 94 A 4 *Nied.* Aken, *Fr.* Aix-la-Chapelle; *ant.* Aquae Grani, Aquisgranum. W Deutschland
**Aaiún** *siehe* Laâyoune
**Aalborg Bugt** *siehe* Ålborg Bugt
**Aalen** 95 B 6 S Deutschland
**Aalsmeer** 86 C 3 Z Niederlande
**Aalst** 87 B 6 *Fr.* Alost. Z Belgien
**Aalten** 86 E 4 O Niederlande
**Aalter** 87 B 5 NW Belgien
**Äänekoski** 85 D 5 Z Finnland
**Aar** *siehe* Aare
**Aare** 95 A 7 *var.* Aar. Fluß, W Schweiz
**Aarhus** *siehe* Århus
**Aasiaat** 82 C 3 *var.* Ausiait, *Dän.* Egedesminde. W Grönland
**Aat** *siehe* Ath
**Aba** 75 G 5 S Nigeria
**Aba** 77 E 5 NO Dem. Rep. Kongo
**Abā as Su'ūd** *siehe* Najrān
**Abaco Island** *siehe* Great Abaco
**Ābādān** 120 C 4 SW Iran
**Abagnar Qi** *siehe* Xilin Hot
**Abakan** 114 D 4 Z Russische Föderation
**Abancay** 60 D 4 SO Peru
**Abashiri** 130 D 2 *var.* Abasiri. Hokkaidō, NO Japan
**Abasiri** *siehe* Abashiri
**Ābaya Hāyk'** 73 C 5 *Eng.* Lake Margherita, *It.* Abbaia. See, SW Äthiopien
**Abayaḍ, Baḥr al** *siehe* Jebel, Bahr el und Weißer Nil
**Abbatis Villa** *siehe* Abbeville
**Abbazia** *siehe* Opatija
**Abbeville** 90 C 2 *ant.* Abbatis Villa. N Frankreich
**Abbeville** 42 B 3 Louisiana, S USA
**'Abd al 'Azīz, Jabal** 118 D 2 Gebirge, NO Syrien
**Abéché** 76 C 3 *var.* Abécher, Abeshr. SO Tschad
**Abellinum** *siehe* Avellino
**Abemama Atoll** 144 D 2 *var.* Apamama; *ehem.* Roger Simpson Island. Insel, W Kiribati
**Abengourou** 75 E 5 O Elfenbeinküste
**Aberbrothock** *siehe* Arbroath
**Abercorn** *siehe* Mbala
**Aberdeen** 88 D 3 *ant.* Devana. O Scotland, Großbritannien
**Aberdeen** 128 A 2 Hong Kong
**Aberdeen** 46 B 2 Washington, NW USA
**Aberdeen** 45 E 2 South Dakota, N USA
**Abergwaun** *siehe* Fishguard
**Abertawe** *siehe* Swansea
**Aberystwyth** 89 C 6 W Wales, Großbritannien
**Abessinisches Hochland** *siehe* Äthiopisches Hochland
**Abhā** 121 B 6 SW Saudi-Arabien
**Abidavichy** 107 D 7 *Russ.* Obidovichi. O Weißrußland
**Abidjan** 75 E 5 S Elfenbeinküste
**Abilene** 49 F 3 Texas, S USA
**Abingdon** *siehe* Pinta, Isla
**Abkhazia** 117 F 2 Region, NW Georgien
**Åbo** *siehe* Turku
**Abo, Massif d'** 76 B 1 Gebirge, N Tschad
**Aboisso** 75 E 5 SO Elfenbeinküste
**Abomey** 75 F 5 S Benin
**Abou-Déïa** 76 C 3 SO Tschad
**Aboudouhour** *siehe* Abū aḍ Ḍuhūr
**Abou Kémal** *siehe* Abū Kamāl
**Abrantes** 92 B 3 *var.* Abrántes. Z Portugal
**Abrántes** *siehe* Abrantes
**Abrashlare** *siehe* Brezovo
**Abrolhos-Bank** 57 E 4 untermeer. Formation, W Atlantischer Ozean
**Abrova** 107 B 6 *Russ.* Obrovo. SW Weißrußland
**Abrud** 108 B 4 *Ung.* Abrudbánya. SW Rumänien
**Abrudbánya** *siehe* Abrud
**Abruzzese, Appennino** 96 C 4 Gebirge, Z Italien
**Absaroka Range** 44 B 2 Gebirge, NW USA
**Abū aḍ Ḍuhūr** 118 B 3 *Fr.* Aboudouhour. NW Syrien
**Abu Dhabi** *siehe* Abū Ẓaby
**Abu Hamed** 72 C 3 N Sudan
**Abuja** 75 G 4 Staatshauptstadt, Z Nigeria
**Abū Kamāl** 118 E 3 *Fr.* Abou Kémal. O Syrien
**Abunã** 61 E 2 *var.* Rio Abunã, *Sp.* Río Abuná. Fluß, Bolivien/Brasilien
**Abuná, Río** *siehe* Abunã
**Abut Head** 151 B 6 Landspitze, South Island, SW Neuseeland
**Ābuyē Mēda** 73 D 5 Berg, Z Äthiopien
**Abū Ẓaby** 121 D 5 *var.* Abū Ẓabī, *Eng.* Abu Dhabi. Staatshauptstadt, Z Vereinigte Arabische Emirate
**Acalayong** 77 A 5 SW Äquat. Guinea
**Acaponeta** 50 C 4 Z Mexiko
**Acapulco** 51 E 5 *var.* Acapulco de Juárez. S Mexiko
**Acapulco de Juárez** *siehe* Acapulco
**Acarai Mountains** *siehe* Acaraí, Serra
**Acaraí, Serra** 59 F 4 *var.* Acarai Mountains. Gebirge, Brasilien/Guyana
**Acarigua** 58 D 2 N Venezuela
**Acay, Abra del** 64 C 2 Paß, N Argentinien
**Accra** 75 E 5 Staatshauptstadt, SO Ghana
**Achacachi** 61 F 4 W Bolivien
**Acklins Island** 54 D 2 Insel, Bahamas
**Aconcagua, Cerro** 64 B 4 Berg, W Argentinien
**Acora** 61 E 4 SO Peru
**A Coruña** 92 B 1 *Kast.* La Coruña, *Eng.* Corunna; *ant.* Caronium. NW Spanien
**Acre** 62 C 2 *off.* Estado do Acre. Bundesstaat, W Brasilien
**Acre** 60 D 2 Region, W Brasilien
**Acre, Estado do** *siehe* Acre
**Açu** 63 G 2 NO Brasilien
**Acuña** 50 D 2 *var.* Ciudad Acuña, Villa Acuña. NO Mexiko
**Ada** 49 G 2 Oklahoma, Z USA
**Ada** 100 D 3 N Jugoslawien
**Ada Bazar** *siehe* Adapazarı
**Adâfer** 74 D 2 Plateau, Z Mauretanien
**Adak Island** 36 A 3 Insel, Alaska, NW USA
**Adamaoua, Massif d'** 76 B 4 *Eng.* Adamawa Highlands. Gebirge, NW Kamerun
**Adamawa** 68 B 4 Provinz, N Kamerun
**Adamawa Highlands** *siehe* Adamaoua, Massif d'

**Adam-jo-Tando** *siehe* Tando Ādam
**Adamstown** 143 G 4 Hauptstadt eines abhängigen Territoriums von Großbritannien, Pitcairn Island, SW Pitcairn Islands
**'Adan** 121 B 7 *Eng.* Aden. SW Jemen
**Adana** 116 D 4 *ehem.* Seyhan. S Türkei
**Adapazarı** 116 B 3 *ehem.* Ada Bazar. NW Türkei
**Adare, Cape** 154 B 4 Landspitze, Antarktis
**Ad Dahnā'** 120 B 4 Wüste, O Saudi-Arabien
**Ad Dakhla** 70 A 4 *var.* Dakhla; *ehem.* Villa Cisneros. W Marokko
**Ad Dalanj** *siehe* Dilling
**Ad Dammān** 120 C 4 *var.* Dammām. NO Saudi-Arabien
**Ad Damazīn** *siehe* Ed Damazin
**Ad Dāmūr** *siehe* Damoûr
**Ad Dawḥah** 120 D 4 *Eng.* Doha. Staatshauptstadt, Z Qatar
**Ad Diffah** 68 C 2 *Dtsch.* Libysches Plateau. Plateau, Ägypten/Libyen
**Addis Abeba** *siehe* Ādīs Ābeba
**Addu Atoll** 132 B 5 Insel, S Malediven
**Adelaide** 149 B 6 South Australia, S Australien
**Aden** *siehe* 'Adan
**Aden, Golf von** 121 C 7 *var.* Badyarada 'Adméd. Golf, W Indischer Ozean
**Adige** 96 C 2 *Dtsch.* Etsch. Fluß, N Italien
**Adirondack Mountains** 41 F 2 Gebirge, New York, NO USA
**Ādīs Ābeba** 73 C 5 *Dtsch.* Addis Abeba, *Eng.* Addis Ababa. Staatshauptstadt, Z Äthiopien
**Adıyaman** 117 E 4 SO Türkei
**Adjud** 108 C 4 O Rumänien
**Admiralty Gulf** 146 C 2 Golf, O Indischer Ozean
**Admiralty Islands** 144 B 3 Inselgruppe, N Papua-Neuguinea
**Adra** 93 E 5 S Spanien
**Adrar** 74 C 2 Plateau, W Mauretanien
**Adrar** 70 D 3 Gebirge, SO Algerien
**Adrian** 40 C 3 Michigan, N USA
**Adriatisches Meer** 103 E 2 *Alb.* Deti Adriatik, *It.* Mare Adriatic, *SKr.* Jadransko More, *Slwn.* Jadransko Morje. Meer, N Mittelmeer
**Adycha** 115 F 2 Fluß, NO Russische Föderation
**Aegviidu** 106 D 2 *Dtsch.* Charlottenhof. NW Estland
**Aelok** *siehe* Ailuk Atoll
**Æsernia** *siehe* Isernia

**Afghanistan**
122 D 4 *Per.* Dowlāt-e Eslāmī-ye Afqānestān (Islamischer Staat Afghanistan); *ehem.* Republik Afghanistan. Z Asien

**UN-Name:** Islamic State of Afghanistan **Formation:** 1919 **Hauptstadt:** Kābul **Bevölkerung:** 20,5 Mio. **Fläche:** 652 090 km² **Sprachen:** Dari*, Pashtu*, Usbekisch, Turkmenisch **Religionen:** Sunna-Muslime 84%, Shi'a-Muslime 15%, andere 1% **Volksgruppen:** Pashtunen 38%, Tadschiken 25%, Hazara 19%, Usbeken 6%, andere 12% **Regierung:** Bürgerkrieg **Währung:** Afghani = 100 Puls

**Afmadow** 73 D 6 S Somalia
**Afrika** 66 D 4 Kontinent
**'Afrīn** 118 B 2 NW Syrien
**Afyon** 116 B 3 *ehem.* Afyonkarahisar. W Türkei
**Afyonkarahisar** *siehe* Afyon
**Agadès** *siehe* Agadez
**Agadez** 75 G 3 *ehem.* Agadès. Z Niger
**Agadir** 70 B 3 SW Marokko
**Ägadische Inseln** *siehe* Egadi, Isole
**Ägäisches Meer** 103 F 3 *Griech.* Aigaío Pélagos, Aigaion Pelagos, *Türk.* Ege Denizi. Meer, N Mittelmeer
**Agana** 144 B 1 *var.* Agaña. Hauptstadt eines abhängigen Territoriums, NW Guam
**Agaña** *siehe* Agana
**Āgaro** 73 C 5 W Äthiopien
**Agassiz-Bruchzone** 153 E 4 untermeer. Formation, S Pazifischer Ozean
**Agatha** *siehe* Agde
**Agathónisi** 105 D 6 Insel, Dodekánisos, SO Griechenland
**Agde** 91 C 6 *ant.* Agatha. S Frankreich
**Agen** 91 B 6 *ant.* Aginnum. SW Frankreich
**Agiá** 104 B 4 *var.* Ayiá. Z Griechenland
**Agía Marína** 105 E 6 Leros, SO Griechenland
**Agía Nápa** 102 C 5 SO Zypern
**Aginnum** *siehe* Agen
**Ágios Nikólaos** 105 D 8 *var.* Áyios Nikólaos. Kríti, SO Griechenland
**Āgra** 134 D 3 N Indien
**Ağrı** 117 F 3 *var.* Karaköse; *ehem.* Karakılısse. NO Türkei
**Agrigento** 97 C 7 *Griech.* Akragas; *ehem.* Girgenti. SW Italien
**Agrínio** 105 B 5 *ehem.* Agrinion. W Griechenland
**Agrinion** *siehe* Agrínio
**Agriovótano** 105 C 5 Z Griechenland
**Agropoli** 97 D 5 SW Italien
**Aguachica** 58 B 2 N Kolumbien
**Aguadulce** 53 F 5 S Panama
**Agua Prieta** 50 B 1 NW Mexiko
**Aguascalientes** 50 D 4 Z Mexiko
**Aguilas** 93 E 5 SO Spanien
**Aguililla** 50 D 4 SW Mexiko
**Agulhas-Bank** 67 D 6 untermeer. Formation, SW Indischer Ozean
**Agulhas-Becken** 67 E 6 untermeer. Formation, SW Indischer Ozean
**Agulhas-Plateau** 67 E 6 untermeer. Formation, SW Indischer Ozean

**Ägypten**
72 B 2 *Ar.* Al Jumhūrīyah al Miṣhriyya al 'Arabīyah (Arabische Republik Ägypten); *ehem.* Vereinigte Arabische Republik, *ant.* Aegyptus. NO Afrika

**UN-Name:** Arab Republic of Egypt **Formation:** 1936 **Hauptstadt:** Kairo **Bevölkerung:** 62,9 Mio. **Fläche:** 1 001 450 km² **Sprachen:** Arabisch*, Französisch, Englisch, Berberisch, Griechisch, Armenisch **Religionen:** Muslime 94%, andere 6% **Volksgruppen:** Afro-Asiaten 90%, andere 10% **Regierung:** Mehrparteienrepublik **Währung:** Ägypt. Pfund = 100 Piaster

**Ahaggar** 68 B 3 Gebirge, SO Algerien
**Ahmadābād** 134 C 4 *var.* Ahmedabad. W Indien
**Ahmadnagar** 134 C 5 *var.* Ahmednagar. W Indien
**Ahmedabad** *siehe* Ahmadābād
**Ahmednagar** *siehe* Ahmadnagar
**Ahuachapán** 52 B 3 W El Salvador
**Ahvāz** 120 C 3 *var.* Ahwāz; *ehem.* Nāsiri. SW Iran
**Aígina** 105 C 6 *var.* Aíyina. Z Griechenland
**Aígio** 105 B 5 *ehem.* Aíyion. S Griechenland
**Aiken** 43 E 2 South Carolina, SO USA
**Ailao Shan** 129 A 6 Gebirge, S China
**Ailigandí** 53 G 4 NO Panama
**Ailinglaplap Atoll** 144 D 2 *var.* Aelōñlaplap, Ailinglapalap. Insel, S Marshall-Inseln
**Ailuk Atoll** 144 D 1 *var.* Aelok. Insel, NO Marshall-Inseln
**Ainaži** 106 C 3 *Est.* Heinaste, *Dtsch.* Hainasch. N Lettland
**'Aïn Ben Tili** 74 D 1 N Mauretanien
**Aiquile** 61 F 4 Z Bolivien
**Air du Azbine** *siehe* Aïr, Massif de l'
**Aïr, Massif de l'** 75 G 3 *var.* Aïr, Air du Azbine, Asben. Gebirge, Z Niger
**Aiud** 108 B 4 *Dtsch.* Strassburg, *Ung.* Nagyenyed; *ehem.* Engeten. SW Rumänien
**Aix-en-Provence** 91 D 6 *var.* Aix; *ant.* Aquae Sextiae. SO Frankreich
**Aizkraukle** 106 C 4 S Lettland
**Ajaccio** 91 E 7 Corse, SO Frankreich
**Ajana** 147 A 5 W Australien
**Ajaria** 117 F 2 Region, SW Georgien
**Aj Bogd Uul** 126 D 2 Berg, SW Mongolei
**Ajdābiyā** 71 G 2 *var.* Agedabia, Ajdābiyah. NO Libyen
**Ajmer** 134 D 3 *var.* Ajmere. N Indien
**Ajmere** *siehe* Ajmer
**Akasha** 72 B 3 N Sudan
**Akçakale** 117 E 4 Türkei
**Akchâr** 74 C 2 Wüste, W Mauretanien
**Akdar, Jebel** *siehe* Akhḍar, Al Jabal al
**Akhalts'ikhe** 117 F 2 SW Georgien
**Akhḍar, Al Jabal al** 121 D 5 *var.* Jabal al Akhdar. Gebirge, NW Oman
**Akhdar, Jabal al** *siehe* Akhḍar, Al Jabal al
**Akhisar** 116 A 3 W Türkei
**Akhmîm** 72 B 2 *ant.* Panopolis. Z Ägypten
**Akhtubinsk** 111 C 7 SW Russische Föderation
**Akhtyrka** *siehe* Okhtyrka
**Akimiski Island** 38 C 3 Insel, Northwest Territories, Z Kanada
**Akita** 130 D 4 Honshū, Z Japan
**Akjoujt** 74 C 2 *ehem.* Fort-Repoux. W Mauretanien
**Akkeshi** 130 E 2 Hokkaidō, NO Japan
**Aklavik** 36 D 3 North West Territories, NW Kanada
**Akmola** *siehe* **Aqmola**
**Akpatok Island** 39 E 1 Insel, Northwest Territories, O Kanada
**Akron** 40 D 4 Ohio, N USA
**Akrotiri** *siehe* Akrotírion
**Aksai Chin** 126 A 4 *Chin.* Aksayqin. Umstrittenes Gebiet, China/Indien
**Aksaray** 116 C 4 Z Türkei
**Aksay** *siehe* Toxkan He
**Aksayqin** *siehe* Aksai Chin
**Aktash** *siehe* Oqtosh
**Aktau** *siehe* Aqtaū
**Aktsyabrski** 107 D 7 *Russ.* Oktyabr'skiy; *ehem.* Karpilovka. SO Weißrußland
**Aktyubinsk** *siehe* Aqtöbe
**Akureyri** 83 E 5 N Island
**Akyab** *siehe* Sittwe
**Alabama** 42 C 2 *off.* State of Alabama; *auch genannt:* Camellia State, Heart of Dixie, The Cotton State, Yellowhammer State. Bundesstaat, S USA
**Alabama River** 42 C 3 Fluß, Alabama, S USA
**Al Abyār** 71 G 2 *var.* Madīnat al Abyār. NO Libyen
**Alaca** 116 C 3 N Türkei
**Alacant** 93 F 4 *Kast.* Alicante; *Lat.* Lucentum. SO Spanien
**Alagoas** 63 G 2 *off.* Estado de Alagoas. Bundesstaat, O Brasilien
**Alagoas, Estado de** *siehe* Alagoas
**Alais** *siehe* Alès
**Alajuela** 53 E 4 Z Costa Rica
**Alakanuk** 36 B 2 Alaska, NW USA
**Al 'Alamayn** *siehe* El 'Alamein
**Al 'Amārah** 120 C 3 *var.* Amara. Irak
**Alamosa** 44 C 5 Colorado, Z USA
**Åland** 85 C 6 *Eng.* Aland Islands, *Fin.* Ahvenanmaa. Inselgruppe, SW Finnland
**Ålands Hav** 85 C 6 *Dtsch.* Ålandstief. Meerenge, Z Ostsee
**Ålandstief** *siehe* Ålands Hav
**Al 'Aqabah** 119 B 8 *var.* Akaba, Aqaba, 'Aqaba; *ant.* Aelana, Elath. SW Jordanien
**Alaşehir** 116 A 4 W Türkei
**Alaska** 36 C 3 *off.* State of Alaska; *auch genannt:* Land of the Midnight Sun, Seward's Folly, The Last Frontier; *ehem.* Russisch-Amerika. Bundesstaat, NW USA
**Alaska, Golf von** 152 D 1 Golf, NO Pazifischer Ozean
**Alaska Peninsula** 36 C 3 Halbinsel, Alaska, NW USA
**Alaska Range** 36 C 3 Gebirge, Alaska, NW USA
**Alattio** *siehe* Alta
**Alazani** 117 G 2 *var.* Qanıx. Fluß, Aserbaidschan/Georgien
**Alazeya** 115 G 2 Fluß, NO Russische Föderation
**Al Bāb** 118 B 2 NW Syrien
**Albacete** 93 E 4 Z Spanien
**Al Baghdādī** 120 B 3 *var.* Khān al Baghdādī. SW Irak
**Alba Iulia** 108 B 4 *Dtsch.* Weissenburg, *Ung.* Gyulafehérvár; *ehem.* Bălgrad, Karlsburg, Károly-Fehérvár. W Rumänien
**Albania** *siehe* Aubagne

**Albanien**
101 C 6 *Alb.* Republika e Shqipqërisë (Republik Albanien), *var.* Shqipëria; *ehem.* Sozialistische Volksrepublik Albanien. SO Europa

**UN-Name:** Republic of Albania **Formation:** 1913 **Hauptstadt:** Tiranë **Bevölkerung:** 3,3 Mio. **Fläche:** 28 750 km² **Sprachen:** Albanisch, Griechisch **Religionen:** Muslime 70%, Griechisch-Orthodoxe 20%, Römisch-Katholische 10% **Volksgruppen:** Albanier 96%, Griechen 2%, andere (inkl. Mazedonier) 2% **Regierung:** Mehrparteienrepublik **Währung:** Lek = 100 Qindarka

**Albanische Alpen** *siehe* Nordalbanische Alpen
**Albany** 42 D 3 Georgia, SO USA
**Albany** 38 C 3 Fluß, Ontario, S Kanada
**Albany** 147 B 7 Western Australia, SW Australien
**Albany** 41 F 3 Bundesstaatshauptstadt, New York, NO USA
**Albany** 46 B 3 Oregon, NW USA
**Al Başrah** 120 C 4 *Eng.* Basra; *hist.* Busra, Bussora. SO Irak
**Albatross Bay** 148 C 2 Bucht, SO Arafura-See
**Albatross Plateau** 35 B 7 untermeer. Formation, O Pazifischer Ozean
**Al Batrūn** *siehe* Batroûn
**Al Bayḑā'** 71 G 2 *var.* Beida. NO Libyen
**Albemarle Island** *siehe* Isabela, Isla
**Albemarle Sound** 43 G 1 Bucht, W Atlantischer Ozean
**Albergaria-a-Velha** 92 B 2 W Portugal
**Albert** 90 C 3 N Frankreich
**Albert, Lake** 77 E 5 *var.* Albert Nyanza, *ehem.* Lac Mobutu Sese Seko. See, Uganda/Dem. Rep. Kongo
**Albert Lea** 45 G 3 Minnesota, N USA
**Alberta** 37 E 4 Provinz, SW Kanada
**Albertville** *siehe* Kalemie
**Albi** 91 C 6 *ant.* Albiga. S Frankreich
**Albiga** *siehe* Albi
**Al Biyāḑ** 121 C 5 Wüste, Z Saudi-Arabien
**Ålborg** 85 B 7 *var.* Aalborg, Ålborg-Nørresundby; *ant.* Alburgum. N Dänemark
**Ålborg Bugt** 85 B 7 *var.* Aalborg Bugt. Bucht, O Nordsee
**Alborz, Reshteh-ye Kuhhā-ye** 120 C 2 *Eng.* Elburz Mountains. Gebirge, N Iran
**Albuquerque** 48 D 2 New Mexico, SW USA
**Albury** 149 C 7 New South Wales, SO Australien
**Alcácer do Sal** 92 B 4 W Portugal
**Alcalá de Henares** 93 E 3 *Ar.* Alkal'a; *ant.* Complutim, Complutum. Z Spanien
**Alcamo** 97 C 7 SW Italien
**Alcañiz** 93 F 2 NO Spanien
**Alcántara, Embalse de** 92 C 3 Stausee, W Spanien
**Alcaudete** 92 D 4 S Spanien
**Alcoi** *siehe* Alcoy
**Alcoy** 93 F 4 *var.* Alcoi. O Spanien
**Aldabra, Îles** 79 G 2 *Eng.* Aldabra Group. Inselgruppe, SW Seychellen
**Aldan** 115 F 3 Fluß, O Russische Föderation
**Al Dar al Baida** *siehe* Rabat
**Alderney** 89 D 8 Insel, N Channel Islands, Großbritannien
**Aleg** 74 C 3 SW Mauretanien
**Aleksandriya** *siehe* Oleksandriya
**Aleksandrovka** *siehe* Oleksandrivka
**Aleksin** 111 B 5 W Russische Föderation
**Aleksinac** 100 E 4 O Jugoslawien
**Alençon** 90 B 3 N Frankreich
**Alenquer** 63 E 2 NO Brasilien
**Aleppo** *siehe* Ḩalab
**Alert** 37 F 1 Ellesmere Island, Kanada
**Alès** 91 D 6 *ehem.* Alais. S Frankreich
**Aleşd** 108 B 3 *Ung.* Élesd. SW Rumänien
**Alessandria** 96 B 2 *Fr.* Alexandrie. N Italien
**Ålesund** 85 A 5 S Norwegen
**Aleuten** 36 A 3 *Eng.* Aleutian Islands. Inselgruppe, Alaska, NW USA
**Aleuten-Becken** 152 C 1 untermeer. Formation, N Pazifischer Ozean
**Aleuten-Graben** 152 D 1 untermeer. Formation, N Pazifischer Ozean
**Aleuten-Schwelle** 152 C 1 untermeer. Formation, N Pazifischer Ozean
**Aleutian Islands** *siehe* Aleuten
**Aleutian Range** 34 A 2 Gebirge, Alaska, NW USA
**Alexander Archipelago** 36 C 4 Inselgruppe, Alaska, NW USA
**Alexander City** 42 D 2 Alabama, S USA
**Alexander Island** 154 A 3 Insel, Antarktis
**Alexander Range** *siehe* Kirgisen-Gebirge
**Alexandra** 151 B 7 South Island, SW Neuseeland
**Alexandra Bay** 148 D 2 Bucht, NO Korallen-See
**Alexándreia** 104 B 4 *var.* Alexándria. N Griechenland
**Alexandrette** *siehe* İskenderun
**Alexandrette, Golf von** *siehe* İskenderun Körfezi
**Alexandria** 72 B 1 *Ar.* Al Iskandarīyah. N Ägypten
**Alexandria** 108 C 5 S Rumänien
**Alexandria** 42 B 3 Louisiana, S USA
**Alexandria** 45 F 2 Minnesota, N USA
**Alexandria** 41 E 4 Virginia, NO USA
**Alexándria** *siehe* Alexándreia
**Alexandrie** *siehe* Alessandria
**Alexandrina, Lake** 149 B 7 See, South Australia, SO Australien
**Alexandroúpoli** 104 D 3 *var.* Alexandroúpolis, *Türk.* Dedeagaç, Dedeagach. NO Griechenland
**Al Fāshir** *siehe* El Fasher
**Alfatar** 104 E 1 NO Bulgarien
**Alfeiós** 105 B 6 *var.* Alfiós, *ant.* Alpheius, Alpheus. Fluß, S Griechenland
**Alföld** 99 D 7 *Dtsch.* Ungarisches Tiefland, *var.* Großes Alföld. Ebene, SO Europa
**Alga** *siehe* Algha
**Algarve** 92 B 4 Region, S Portugal
**Algeciras** 92 C 5 SW Spanien
**Algeciras, Bahía de** *siehe* Gibraltar, Bay of
**Algemesí** 93 F 3 O Spanien
**Alger** 70 D 1 *var.* Algier, Al Jazair, El Djazaïr. Staatshauptstadt, N Algerien

**Algerien** 70 C 3 *Ar.* Al Jumhūriyya al Jazā'irīyya ad Dimukratīyya ash Sha'biyya (Demokratische Volksrepublik Algerien). NW Afrika

**UN-Name:** Democratic and Popular Republic of Algeria **Formation:** 1962 **Hauptstadt:** Algier **Bevölkerung:** 27,3 Mio. **Fläche** 2 381 740 km² **Sprachen:** Arabisch*, Berberisch, Französisch **Religionen:** Muslime 99%, Christen, Juden 1% **Volksgruppen:** Araber, Berber 99% Europäer 1% **Regierung:** Militärregime **Währung:** Dinar = 100 Centimes

**Algerisches Becken** *siehe* Balearische Tiefsee-Ebene
**Algha** 114 B 4 *Russ.* Alga. NW Kasachstan
**Alghero** 97 A 5 W Italien
**Algier** *siehe* Alger
**Al Golea** *siehe* El Goléa
**Algona** 45 F 3 Iowa, Z USA
**Al Hasā** 120 C 4 Wüste, NO Saudi-Arabien
**Al Ḩasakah** 118 D 1 *var.* Al Hasijah, El Haseke, *Fr.* Hassetché. NO Syrien
**Al Ḩillah** 120 B 3 *var.* Hilla. Z Irak
**Al Hudaydah** 121 B 6 *Eng.* Hodeida. W Jemen
**Al Hufūf** 121 C 5 *var.* Hofuf. NO Saudi-Arabien
**Alíartos** 105 C 5 Z Griechenland
**Äli-Bayramll** 117 H 3 *Russ.* Ali-Bayramly. SO Aserbaidschan
**Ali-Bayramly** *siehe* Äli-Bayramlı
**Alicante** *siehe* Alacant
**Alice** 49 G 5 Texas, S USA
**Alice Springs** 148 A 4 Northern Territory, Z Australien
**Aliki** *siehe* Alykí
**Alindao** 76 C 4 S Zentralafrikanische Republik
**Aliquippa** 40 D 4 Pennsylvania, NO USA
**Al Iskandarīyah** *siehe* Alexandria
**Alistráti** 104 C 3 NO Griechenland
**Alivéri** 105 C 5 *var.* Alivérion. Évvoia, Z Griechenland
**Alivérion** *siehe* Alivéri
**Al Jabal al Akhḑar** 71 G 2 *var.* Jebel Akdar. Gebirge, NO Libyen
**Al Jafr** 119 B 7 S Jordanien
**Al Jaghbūb** 71 H 3 NO Libyen
**Al Jahrā'** 120 C 4 *var.* Al Jahrah, Jahra. Kuwait
**Al Jawf** 120 B 4 *var.* Jauf. NW Saudi-Arabien
**Al Karak** 119 B 7 *var.* El Kerak, Karak, Kerak; *ant.* Kir Moab. W Jordanien
**Al Khārijah** *siehe* El Khârga
**Al-Khobar** *siehe* Al Khubar
**Al Khubar** 120 C 4 *var.* Al-Khobar. NO Saudi-Arabien
**Al Khufrah** 72 A 2 *Eng.* Kufra Oasis, *It.* Cufra. Oase, W Libyen
**Al Khums** 71 F 2 *var.* Homs, Khoms, Khums. NW Libyen
**Alkmaar** 86 C 3 NW Niederlande
**Al Kūt** 120 C 3 *var.* Kūt al 'Amārah, Kut al Imara. O Irak
**Al Kuwayt** 120 C 4 *var.* Kuwait City, Al-Kuwait, *Eng.* Kuwait; *ehem.* Qurein. Staatshauptstadt, Kuwait
**Al Lādhiqīyah** 118 A 3 *Eng.* Latakia, *Fr.* Lattaquié; *ant.* Laodicea, Laodicea ad Mare. W Syrien
**Allahābād** 135 E 3 N Indien
**Allanmyo** 136 B 4 W Myanmar
**'Allâq, Wâdi el** 72 C 3 saison. Wasserlauf, Ägypten/Sudan
**Allegheny Plateau** 41 E 3 Gebirge, NO USA
**Allenstein** *siehe* Olsztyn
**Allentown** 41 F 4 Pennsylvania, NO USA
**Alleppey** 132 C 3 *var.* Alappuzha; *ehem.* Alleppi. SW Indien
**Alliance** 44 D 3 Nebraska, Z USA
**Al Līth** 121 B 5 SW Saudi-Arabien
**Alma** 39 E 4 Québec, SO Kanada
**Alma-Ata** *siehe* Almaty
**Almada** 92 B 4 W Portugal
**Al Madīnah** 121 B 5 *Eng.* Medina. W Saudi-Arabien
**Al Mafraq** 119 B 6 *var.* Mafraq. N Jordanien
**Al Mahrah** 121 C 6 Gebirge, O Jemen
**Al Majma'ah** 120 C 4 Z Saudi-Arabien
**Al Mālikīyah** 118 E 1 *var.* Dayrīk, Malkiye, *Fr.* Malkieh. NO Syrien
**Almalyk** *siehe* Olmaliq
**Al Manāmah** 120 C 4 *Eng.* Manama. Staatshauptstadt, Bahrain
**Al Manāşif** 118 E 3 Gebirge, O Syrien
**Almansa** 93 E 4 Z Spanien
**Al Marj** 71 G 2 *var.* Barka, *It.* Barce. NO Libyen
**Almaty** 114 C 5 *ehem.* Alma-Ata. Staatshauptstadt, SO Kasachstan
**Al Mawşil** 120 B 2 *Eng.* Mosul. N Irak
**Al Mayādīn** 118 E 3 *var.* Mayadin, *Fr.* Meyadine. O Syrien
**Al Mazār al Janūbī** 119 B 7 *var.* Mazar. W Jordanien
**Al Mazra'ah** 119 B 7 *var.* Al Mazra', Mazra'a. W Jordanien
**Almelo** 86 E 3 O Niederlande
**Almendra, Embalse de** 92 C 2 Stausee, NW Spanien
**Almendralejo** 92 C 4 W Spanien
**Almere** 86 C 3 *var.* Almere-stad. Z Niederlande
**Almere-stad** *siehe* Almere
**Almería** 93 E 5 *Ar.* Al-Mariyya; *ant.* Unci, *Lat.* Portus Magnus. S Spanien
**Al Mīnā'** *siehe* El Mina
**Almirante** 53 F 5 NW Panama
**Al Mubarraz** 120 C 4 O Saudi-Arabien
**Al Mudawwarah** 119 B 8 SW Jordanien
**Al Mukallā** 121 C 7 *var.* Mukalla. SO Jemen
**Al Munastīr** *siehe* Monastir
**Alofi** 145 F 5 Hauptstadt eines abhängigen Territoriums, W Niue
**Aloja** 106 D 3 N Lettland
**Alónnisos** 105 C 5 Insel, Vóreioi Sporádes, O Griechenland
**Alor, Kepulauan** 139 E 5 Inselgruppe, O Indonesien
**Álora** 92 D 5 S Spanien
**Alost** *siehe* Aalst
**Alpen** 80 D 4 *Fr.* Alpes, *It.* Alpi. Gebirge, Z Europa
**Alpena** 40 D 2 Michigan, N USA
**Alpha Cordillera** 155 F 3 *var.* Alpha-Rücken. Untermeer. Formation, Arktis
**Alphen** *siehe* Alphen aan den Rijn
**Alphen aan den Rijn** 86 C 3 *var.* Alphen. Z Niederlande
**Alpi Aurine** *siehe* Zillertaler Alpen
**Alpi Lepontine** 95 B 7 *Fr.* Alpes Lépontiennes. Gebirge, Italien/Schweiz
**Alpine** 49 E 4 Texas, S USA
**Al Qāhirah** 72 B 1 *var.* El Qâhira, *Dtsch.* Kairo, *Eng.* Cairo. Staatshauptstadt, N Ägypten
**Al Qāmishlī** 118 E 1 *var.* Kamishli, Qamishly. NO Syrien
**Al Qaryāt** 71 F 3 NW Libyen

**Al Qaşrayn** *siehe* Kasserine
**Al Qayrawān** *siehe* Kairouan
**Al Quds** *siehe* Yerushalayim
**Al Qunayţirah** 119 B 5 *var.* El Kuneitra, El Quneitra, Kuneitra, Qunaytra. SW Syrien
**Al Quşayr** 118 B 4 *var.* El Quseir, Quayr, *Fr.* Kousseir. W Syrien
**Al Quwayrah** 119 B 8 *var.* El Quweira. SW Jordanien
**Alsace** 90 E 3 *Dtsch.* Elsaß. Region, NO Frankreich
**Alsdorf** 94 A 4 W Deutschland
**Alta** 84 D 2 *Fin.* Alattio. N Norwegen
**Altai** *siehe* Altay Shan
**Al Ţafīlah** 119 B 7 *var.* Et Tafila, Tafila. W Jordanien
**Altamaha River** 43 E 3 Fluß, Georgia, SO USA
**Altamira** 63 E 2 NO Brasilien
**Altamont** 46 B 4 Oregon, NW USA
**Altamura** 97 E 5 *ant.* Lupatia. SO Italien
**Altar, Desierto de** 50 A 1 Wüste, Mexiko/USA
**Altay** 126 D 2 W Mongolei
**Altay** 126 C 2 *Chin.* A-le-t'ai, *Mong.* Sharasume; *ehem.* Ch'eng-hua, Chenghwa. NW China
**Altay Shan** 124 C 1 *var.* Altay. Gebirge, O Asien
**Altin Köprü** 120 B 3 *var.* Altun Kupri. Irak
**Alton** 40 B 4 Illinois, N USA
**Altoona** 41 E 4 Pennsylvania, NO USA
**Alto Paraná** *siehe* Paraná
**Alt-Schwanenburg** *siehe* Gulbene
**Altun Kupri** *siehe* Altin Köprü
**Altun Shan** 126 C 4 *var.* Altyn Tagh. Gebirge, NW China
**Altus** 49 F 2 Oklahoma, Z USA
**Altyn Tagh** *siehe* Altun Shan
**Alūksne** 106 D 3 *Dtsch.* Marienburg. NO Lettland
**Al 'Ulá** 120 A 4 NW Saudi-Arabien
**Al 'Umarī** 119 C 6 O Jordanien
**Alupka** 109 F 5 S Ukraine
**Al Uqşur** *siehe* Luxor
**Alushta** 109 F 5 S Ukraine
**Alva** 49 F 1 Oklahoma, Z USA
**Alvarado** 51 F 4 O Mexiko
**Alvin** 49 H 4 Texas, S USA
**Al Wahībah, Ramlat** 121 E 5 *var.* Ramlat Ahl Wahībah, Ramlat Al Wahaybah, Wahībah Sands. Wüste, N Oman
**Al Wajh** 120 A 4 NW Saudi-Arabien
**Alwar** 134 D 3 N Indien
**Alykí** 104 C 4 *var.* Aliki. Thásos, N Griechenland
**Alytus** 107 B 5 *Pol.* Olita. S Litauen
**Amadeus, Lake** 147 E 5 See, South Australia, S Australien
**Amadi** 73 B 5 SW Sudan
**Amadjuak Lake** 82 A 2 See, N Kanada
**Amakusa-shotō** 131 A 8 Inselgruppe, Japan
**Åmål** 85 B 6 S Schweden
**Amami-ōshima** 130 A 3 Insel, Nansei-shotō, S Japan
**Amami-shotō** 130 A 3 Inselgruppe, Japan
**Amantea** 97 D 6 SW Italien
**Amapá** 63 E 1 *off.* Território de Amapá. Bundesstaat, NO Brasilien
**Amara** *siehe* Al 'Amārah
**Amarapura** 136 B 3 Z Myanmar
**Amarillo** 49 E 2 Texas, S USA
**Amay** 87 C 6 O Belgien
**Amazonas** 56 C 3 Fluß, Brasilien/Peru
**Amazonas** 62 D 2 *off.* Estado do Amazonas. Bundesstaat, N Brasilien
**Amazonas, Estado do** *siehe* Amazonas
**Amazonas-Schwemmkegel** 56 D 2 untermeer. Formation, Z Atlantischer Ozean
**Amazonia** 56 B 3 Region, N Südamerika
**Ambam** 77 A 5 S Kamerun
**Ambanja** 79 G 2 N Madagaskar
**Ambarchik** 115 G 2 NO Russische Föderation
**Ambato** 60 B 1 Z Ecuador
**Ambérieu-en-Bugey** 91 D 5 O Frankreich
**Amblève** 87 D 7 Fluß, O Belgien
**Amboasary** 79 F 4 S Madagaskar
**Ambon** 139 F 4 *ehem.* Amboina, Amboyna. Pulau Seram, O Indonesien
**Ambositra** 79 G 3 Z Madagaskar
**Ambracia** *siehe* Árta
**Ambrim** *siehe* Ambrym
**Ambriz** 78 A 1 NW Angola
**Ambrym** 144 D 4 *var.* Ambrim. Insel, Z Vanuatu
**Amchitka Island** 36 A 2 Insel, Alaska, NW USA
**Amdo** 126 C 5 W China
**Ameland** 86 D 1 *Fries.* It Amelân. Insel, N Niederlande
**American Falls Reservoir** 46 E 4 Stausee, Idaho, NW USA
**American Samoa** 145 F 4 US-Unincorporated Territory, S Pazifischer Ozean
**Americus** 42 D 3 Georgia, SO USA
**Amerikanischer Antarktis-Rücken** 67 C 7 untermeer. Formation, S Atlantischer Ozean
**Amersfoort** 86 D 3 Z Niederlande
**Ames** 45 F 3 Iowa, Z USA
**Amfilochía** 105 B 5 *var.* Amfilokhía. Z Griechenland
**Amfilokhía** *siehe* Amfilochía
**Amga** 115 F 3 Fluß, Z Russische Föderation
**Amherst** 39 F 4 Nova Scotia, SO Kanada
**Amherst** *siehe* Kyaikkami
**Amiens** 90 C 3 *ant.* Ambianum, Samarobriva. N Frankreich
**Amīndīvi Islands** 132 B 2 Inselgruppe, Lakshadweep, SW Indien
**Amirante, Îles** 79 G 1 Inselgruppe, Z Seychellen
**Amistad, Presa de la** *siehe* Amistad Reservoir
**Amistad Reservoir** 49 F 4 *var.* Presa de la Amistad. Stausee, Texas, S Mexiko/USA
**Amisus** *siehe* Samsun
**'Ammān** 119 B 6 *var.* Amman; *ant.* Philadelphia, *Bibl.* Rabbah Ammon, Rabbath Ammon. Staatshauptstadt, NW Jordanien
**Amman** *siehe* 'Ammān
**Ammassalik** 82 D 4 *var.* Angmagssalik. SO Grönland
**Amoentai** *siehe* Amuntai
**Āmol** 120 D 2 *var.* Amul. N Iran
**Amorgós** 105 D 6 Amorgós, SO Griechenland
**Amorgós** 105 D 6 Insel, Kykládes, SO Griechenland
**Amos** 38 D 4 Québec, SO Kanada
**Amourj** 74 D 3 SO Mauretanien
**Ampato, Nevado** 61 E 4 Berg, S Peru
**Amposta** 93 F 3 NO Spanien
**Amraoti** *siehe* Amrāvati
**Amrāvati** 134 D 4 *ehem.* Amraoti. Z Indien
**Amritsar** 134 D 2 N Indien
**Amstelveen** 86 C 3 Z Niederlande
**Amsterdam** 86 C 3 Staatshauptstadt, Z Niederlande
**Amsterdam, Île** 141 C 6 Insel, NO Französische Süd- & Antarktis- Territorien
**Am Timan** 76 C 3 SO Tschad
**Amu Darya** 122 D 2 *Russ.* Amudar'ya, *Turkm.* Amuderya, *Tadsch.* Dar"yoi Amu, *Usb.* Amudaryo; *ant.* Oxus. Fluß, Z Asien
**Amu-Dar'ya** 123 E 3 SO Turkmenistan
**Amuderya** *siehe* Amu Darya
**Amul** *siehe* Āmol
**Amund Ringnes Island** 37 F 2 Insel, N Kanada
**Amundsen Gulf** 37 E 3 Golf, SO Beaufort-See
**Amundsen-Scott** 154 B 3 Forschungsstation, Antarktis
**Amundsen-See** 154 A 4 Meer, S Pazifischer Ozean
**Amundsen-Tiefsee-Ebene** 154 B 4 untermeer. Formation, S Pazifischer Ozean
**Amuntai** 138 D 4 *ehem.* Amoentai. Kalimantan, Z Indonesien
**Amur** 115 G 4 *Chin.* Heilong Jiang. China/Russische Föderation, *siehe auch* Heilong Jiang
**Amvrosiyevka** *siehe* Amvrosiyivka
**Amvrosiyivka** 109 H 3 *var.* Amvrosiyevka. SO Ukraine
**Amýntaio** 104 B 4 *ehem.* Amíndaion. N Griechenland
**Anabar** 115 E 2 Fluß, N Russische Föderation
**An Abhainn Mhór** *siehe* Blackwater
**Anaco** 59 E 2 NO Venezuela
**Anaconda** 44 B 2 Montana, NW USA
**Anacortes** 46 B 1 Washington, NW USA
**Anadolu Dağları** *siehe* Doğu Karadeniz Dağları
**Anadyr'** 115 H 1 NO Russische Föderation
**Anadyr, Golf von** *siehe* Anadyrskiy Zaliv
**Anadyrskiy Zaliv** 115 H 1 Golf, N Bering-Meer
**Anáfi** 105 D 7 *ant.* Anaphe. Insel, Kykládes, SO Griechenland
**'Ānah** *siehe* 'Annah
**Analalava** 79 G 2 N Madagaskar
**Anamur** 116 C 5 S Türkei
**Anantapur** 132 C 2 S Indien
**Anaphe** *siehe* Anáfi
**Anápolis** 63 F 3 Z Brasilien
**Anār** 120 D 3 Z Iran
**Anatolien** *siehe* Anadolu
**Anatolische Hochebene** 116 C 4 Plateau, Z Türkei
**Anatom** 144 D 5 *var.* Aneityum, *ehem.* Kéamu. Insel, S Vanuatu
**Añatuya** 64 C 3 N Argentinien
**An Bhearú** *siehe* Barrow
**Anchorage** 36 C 3 Alaska, NW USA
**Ancona** 96 C 3 Z Italien
**Ancud** 65 B 6 *ehem.* San Carlos de Ancud. S Chile
**Åndalsnes** 85 A 5 S Norwegen
**Andalucía** 92 D 4 *Dtsch.* Andalusien. Region, S Spanien
**Andalusien** *siehe* Andalucía
**'Andām, Wādī** 121 E 5 Fluß, NO Oman
**Andaman Islands** 133 E 2 *Dtsch.* Andamanen. Inselgruppe, SO Indien
**Andamanen-See** 133 G 2 Meer, NO Indischer Ozean
**Anden** 57 B 5 Gebirge, Südamerika
**Andenne** 87 C 6 SO Belgien
**Anderlues** 87 B 7 S Belgien
**Anderson** 40 C 4 Indiana, N USA
**Andhra Pradesh** 135 E 5 Region, O Indien
**Andhra Pradesh** 132 D 1 Bundesstaat, SO Indien
**Andijon** 123 F 2 *Russ.* Andizhan. O Usbekistan
**Andikíthira** *siehe* Antikýthira
**Andipaxi** *siehe* Antípaxoi
**Andípsara** *siehe* Antípsara
**Ándissa** *siehe* Ántissa
**Andizhan** *siehe* Andijon
**Andkhvoy** 122 D 3 N Afghanistan

---

**Andorra**
91 A 7 *Fr.* Principat d'Andorra (Fürstentum Andorra), *Kat.* Valls d'Andorra, *Fr.* Vallées d'Andorre. SW Europa

**UN-Name:** Principality of Andorra **Formation:** 1278 **Hauptstadt:** Andorra la Vella **Bevölkerung:** 58 000 **Fläche:** 468 km² **Sprachen:** Katalanisch*, Spanisch **Religionen:** Römisch-Katholische 86%, andere 14% **Volksgruppen:** Katalanen 61%, Spanier (Kastilier) 30%, andere 9% **Regierung:** Parlamentarische Demokratie **Währung:** Franz. Franc, Span. Peseta

---

**Andorra la Vella** 91 B 7 *var.* Andorra, *Fr.* Andorre la Vielle, *Sp.* Andorra la Vieja. Staatshauptstadt, Z Andorra
**Andover** 89 D 7 S England, Großbritannien
**Andøya** 84 C 2 Insel, Z Norwegen
**Andrews** 49 E 3 Texas, S USA
**Andria** 97 E 5 S Italien
**An Droichead Nua** *siehe* Newbridge
**Andropov** *siehe* Rybinsk
**Ándros** 105 D 6 Ándros, SO Griechenland
**Ándros** 105 D 6 Insel, Kykládes, SO Griechenland
**Andros Island** 54 C 2 Insel, Bahamas
**Andros Town** 54 C 1 Bahamas
**Angara** 112 D 3 Fluß, Z Russische Föderation
**Angarsk** 115 E 4 Z Russische Föderation
**Ånge** 85 C 5 Z Schweden
**Ángel, Salto** 59 E 3 *Eng.* Angel Falls. Wasserfall, O Venezuela
**Ángel de la Guarda, Isla** 50 B 2 Insel, NW Mexiko
**Angeles** 139 E 1 *off.* Angeles City. Luzon, N Philippinen
**Angeles City** *siehe* Angeles
**Angel Falls** *siehe* Ángel, Salto
**Angerburg** *siehe* Węgorzewo
**Ångermanälven** 84 C 4 Fluß, N Schweden
**Angermünde** 94 D 3 NO Deutschland

**Angers** 90 B 4 *ant.* Juliomagus. NW Frankreich
**Anglesey** 89 C 5 Insel, NW England, Großbritannien
**Anglet** 91 A 6 SW Frankreich
**Angleton** 49 H 4 Texas, S USA
**Anglia** *siehe* England
**Angmagssalik** *siehe* Ammassalik
**Ang Nam Ngum** 136 C 4 See, N Laos

---

**Angola**
78 B 2 *Port.* República de Angola (Republik Angola), *ehem.* Volksrepublik Angola, Portugiesisch-Westafrika. S Afrika

**UN-Name:** Republic of Angola **Formation:** 1975 **Hauptstadt:** Luanda **Bevölkerung:** 10,6 Mio. **Fläche:** 1 246 700 km² **Sprachen:** Portugiesisch*, Umbundu, Kimbundu, Kongo **Religionen:** Römisch-Katholische, Protestanten 64%, Naturreligionen 34%, andere 2% **Volksgruppen:** Ovimbundu 37%, Kimbundu 25%, Kikongo 13%, andere 25% **Regierung:** Mehrparteienrepublik **Währung:** Kwanza = 100 Lwei

---

**Angola-Becken** 67 D 5 untermeer. Formation, O Atlantischer Ozean
**Angostura** *siehe* Ciudad Bolívar
**Angostura, Presa de la** 51 G 5 Stausee, SO Mexiko
**Angoulême** 91 B 5 *ant.* Iculisma. W Frankreich
**Angoumois** 91 B 5 Region, W Frankreich
**Angra Pequena** *siehe* Lüderitz
**Angren** 123 F 2 O Usbekistan
**Anguilla** 55 G 3 Brit. abhängiges Territorium, O Karibisches Meer
**Anhui** 129 C 5 *var.* Anhwei, Wan. Provinz, O China
**Anina** 108 A 4 *Dtsch.* Steierdorf, *Ung.* Stájerlakanina; *ehem.* Ştaierdorf-Anina, Steierdorf-Anina, Steyerlak-Anina. SW Rumänien
**Anjou** 90 B 4 Region, NW Frankreich
**Anjouan** 79 F 2 *var.* Johanna Island, Nzwani. Insel, Moçambique Channel/Pazifischer Ozean
**Ankara** 116 C 3 *ehem.* Angora, *ant.* Ancyra. Staatshauptstadt, Z Türkei
**Ankeny** 45 F 3 Iowa, Z USA
**Anklam** 94 D 2 NO Deutschland
**An Longfort** *siehe* Longford
**An Mhuir Cheilteach** *siehe* Celtic Sea
**Annaba** 71 E 1 *ehem.* Bône. NO Algerien
**An Nabk** 118 B 4 *var.* El Nebk, Nabk, Nebk, *Fr.* Nébeck. SW Syrien
**An Nafūd** 120 B 4 Wüste, NW Saudi-Arabien
**'Annah** 120 B 3 *var.* 'Ānah. NW Irak
**An Najaf** 120 B 3 *var.* Najaf. S Irak
**Annamitique, Chaîne** 136 D 4 Gebirge, Laos
**Annapolis** 41 F 4 Bundesstaatshauptstadt, Maryland, NO USA
**Annapurna** 135 E 3 Berg, Z Nepal
**An Nāqūrah** *siehe* En Nâqoûra
**Ann Arbor** 40 C 3 Michigan, N USA
**An Nāşirīyah** 120 C 3 *var.* Nasiriya. SO Irak
**Anneciacum** *siehe* Annecy
**Annecy** 91 D 5 *ant.* Anneciacum. O Frankreich
**Anniston** 42 D 2 Alabama, S USA
**Annotto Bay** 54 B 5 Z Jamaica
**An Ómaigh** *siehe* Omagh
**Anqing** 129 D 5 O China
**Ansbach** 95 C 6 SO Deutschland
**Anshan** 128 D 3 NO China
**Anshun** 129 B 6 S China
**Anson Bay** 146 D 2 Bucht, N Australien
**Ansongo** 75 E 3 O Mali
**An Srath Bán** *siehe* Strabane
**Antakya** 116 D 5 *off.* Hatay, *ant.* Antiocheia. S Türkei
**Antalaha** 79 G 2 NO Madagaskar
**Antalya** 116 B 4 *ehem.* Adalia, *ant.* Attaleia, *Bibl.* Attalia. SW Türkei
**Antalya Körfezi** 116 B 4 *Dtsch.* Golf von Antalya, *ehem.* Golf von Adalia. Golf, NO Mittelmeer
**Antananarivo** 79 G 3 *ehem.* Tananarive. Staatshauptstadt, Z Madagaskar
**Antarktis** 154 B 3 Kontinent
**Antarktische Halbinsel** 154 A 2 Halbinsel, Antarktis
**Antequera** 92 D 5 *ant.* Anticaria, Antiquaria. S Spanien
**Antibes** 91 E 6 *ant.* Antipolis. SO Frankreich
**Anticosti, Île d'** 39 F 3 *Eng.* Anticosti Island. Insel, Québec, O Kanada
**Antigua** 55 G 3 Insel, Antigua & Barbuda

---

**Antigua & Barbuda**
55 H 3 Republik im Commonwealth, O Karibisches Meer

**UN-Name:** Antigua and Barbuda **Formation:** 1981 **Hauptstadt:** St. John's **Bevölkerung:** 65 000 **Fläche** 440 km² **Sprachen:** Englisch*, Englisch-Kreolisch **Religionen:** Protestanten 87%, Römisch-Katholische 10%, andere 3% **Volksgruppen:** Schwarze 98%, andere 2% **Regierung:** Parlamentarische Monarchie **Währung:** EC-$ = 100 Cents

---

**Antikýthira** 105 C 7 *var.* Andikíthira. Insel, S Griechenland
**Anti-Lebanon** 118 B 4 *var.* Jebel esh Sharqi, *Ar.* Al Jabal ash Sharqī, *Fr.* Anti-Liban. Gebirge, Libanon/Syrien
**Antípaxoi** 105 A 5 *var.* Andipaxi. Insel, Iónioi Nísoi, W Griechenland
**Antipodes Islands** 142 D 5 Inselgruppe, S Neuseeland
**Antipolis** *siehe* Antibes
**Antípsara** 105 D 5 *var.* Andípsara. Insel, O Griechenland
**Ántissa** 105 D 5 *var.* Ándissa. Lésvos, O Griechenland
**An tIúr** *siehe* Newry
**Antivari** *siehe* Bar
**Antofagasta** 64 B 2 N Chile
**Antony** 90 C 3 N Frankreich
**An tSionainn** *siehe* Shannon
**Antsirabe** 79 G 3 Z Madagaskar
**Antsohihy** 79 G 2 N Madagaskar
**Antwerpen** 87 C 5 *Fr.* Anvers, *Eng.* Antwerp. N Belgien
**Anuradhapura** 132 D 3 Sri Lanka
**Anvers** *siehe* Antwerpen
**Anxious Bay** 149 A 6 Bucht, South Australia, S Australien
**Anyang** 128 C 4 NO China
**A'nyêmaqên Shan** 126 D 4 Gebirge, Z China
**Anykščiai** 106 C 4 O Litauen
**Anzio** 97 C 5 Z Italien
**Äolische Inseln** *siehe* Eolie, Isole
**Aomori** 130 D 3 Honshū, Z Japan
**Aosta** 96 A 1 *ant.* Augusta Praetoria. NW Italien
**Aouk, Bahr** 76 C 4 Fluß, Zentralafrikanische Republik/Tschad
**Aoukâr** 74 D 3 *var.* Aouker. Plateau, Z Mauretanien
**Aouker** *siehe* Aoukâr
**Aozou** 76 C 1 N Tschad
**Apalachee Bay** 42 D 3 Bucht, NO Golf von Mexiko
**Apalachicola River** 42 D 3 Fluß, Florida, SO USA
**Apartadó** 58 B 2 NW Kolumbien
**Apatity** 110 C 2 NW Russische Föderation
**Ape** 106 D 3 NO Lettland
**Apeldoorn** 86 D 3 O Niederlande
**Apennin** *siehe* Appennino
**Āpia** 145 F 4 Staatshauptstadt, Savai'i, Samoa
**Apoera** 59 G 3 NW Suriname
**Apollinopolis Parva** *siehe* Qûş
**Apostle Islands** 40 B 1 Inselgruppe, Wisconsin, N USA
**Appalachian Mountains** 35 C 5 Gebirge, O USA
**Appennino** 96 C 3 *Dtsch.* Apennin, *var.* Apenninen. Gebirge, Z Italien/San Marino
**Appingedam** 86 E 1 NO Niederlande
**Appleton** 40 B 2 Wisconsin, N USA
**Apple Valley** 47 C 7 California, W USA
**Apsheronsk** 111 A 7 SW Russische Föderation
**Apure** 58 C 2 Fluß, W Venezuela
**Apurímac** 60 D 3 Fluß, S Peru
**Aputiteeq** 82 D 4 *var.* Aputitêq. Grönland
**Aputitêq** *siehe* Aputiteeq
**Aqaba, Golf von** 120 A 4 *var.* Golf von Elat, Sinus Aelaniticus, *Ar.* Khalīj al 'Aqabah. Golf, Rotes Meer/Indischer Ozean
**Āqchah** 123 E 3 *var.* Āqcheh. N Afghanistan
**Āqcheh** *siehe* Āqchah
**Aqmola** 114 C 4 *Russ.* Akmola; *ehem.* Akmolinsk, Tselinograd. N Kasachstan
**Aqtaū** 114 A 4 *Russ.* Aktau; *ehem.* Shevchenko. W Kasachstan
**Aqtöbe** 114 B 4 *Russ.* Aktyubinsk. NW Kasachstan
**Aquae Flaviae** *siehe* Chaves

---

**Äquatorial-Guinea**
77 A 5 *Sp.* República de Guinea Ecuatorial (Republik Äquatorial-Guinea). Z Afrika

**UN-Name:** Republic of Equatorial Guinea **Formation:** 1968 **Hauptstadt:** Malabo **Bevölkerung:** 400 000 **Fläche:** 28 050 km² **Sprachen:** Spanisch*, Fang, Bubi **Religionen:** Christen 89%, andere 11% **Volksgruppen:** Fang 72%, Bubi 14%, Duala 3%, andere 11% **Regierung:** Mehrparteienrepublik **Währung:** CFA-Franc = 100 Centimes

---

**Aquidauana** 63 E 4 S Brasilien
**Aquitaine** 91 B 6 Region, SW Frankreich
**Arabische Halbinsel** 140 A 3 Halbinsel, Irak/Jordanien
**Arabische Wüste** 68 D 3 Wüste, O Ägypten
**Arabisches Becken** 140 B 3 untermeer. Formation, N Indischer Ozean
**Arabisches Meer** 140 B 3 Meer, NW Indischer Ozean
**Aracaju** 63 G 3 O Brasilien
**Araçuai** 63 F 3 SO Brasilien
**Arad** 108 A 4 W Rumänien
**'Arad** 119 B 7 S Israel
**Arafura-See** 152 B 3 Meer, W Pazifischer Ozean
**Aragón** 93 E 2 Region, O Spanien
**Araguaia, Río** 63 E 3 *var.* Araguaya. Fluß, Z Brasilien
**Araguaína** 63 F 2 O Brasilien
**Araguari** 63 F 4 SO Brasilien
**Araguaya** *siehe* Araguaia, Río
**Ara Jovis** *siehe* Aranjuez
**Arāk** 120 C 3 *ehem.* Sultānābād. W Iran
**Arakan Yoma** 136 A 3 Gebirge, W Myanmar
**Aral** 114 B 4 *Russ.* Aral'sk. SW Kasachstan
**Aral-See** 122 D 1 *Kas.* Aral Tengizi, *Russ.* Aral'skoye More, *Usb.* Orol Dengizi. Binnenmeer, Kasachstan/Usbekistan
**Aral'sk** *siehe* Aral
**Aranda de Duero** 92 D 2 N Spanien
**Arandelovac** 100 D 4 *ehem.* Arandjelovac. Z Jugoslawien
**Arandjelovac** *siehe* Arandelovac
**Aranjuez** 92 D 3 *ant.* Ara Jovis. Z Spanien
**Araouane** 75 E 2 N Mali
**'Ar'ar** 120 B 3 N Saudi-Arabien
**Ararat** *siehe* Büyükağri Daği
**Aras** 117 F 3 *Arm.* Arak's, *As.* Araz, *Per.* Rūd-e Aras, *Russ.* Araks, *Türk.* Aras Nehri; *ehem.* Araxes. Fluß, SW Asien
**Arauca** 58 C 2 NO Kolumbien
**Arauca** 58 D 2 Fluß, Kolumbien/Venezuela
**Arausio** *siehe* Orange
**Araxes** *siehe* Aras
**Arbīl** 120 B 3 *var.* Erbil, Irbīl, Kurd. Hawlēr; *ant.* Arbela. N Irak
**Arbroath** 88 D 4 *ant.* Aberbrothock. O Scotland, Großbritannien
**Arbuzinka** *siehe* Arbyzynka
**Arbyzynka** 109 E 3 *Russ.* Arbuzinka. S Ukraine
**Arcachon** 91 A 5 SW Frankreich
**Arcata** 47 A 5 California, W USA
**Archangel** *siehe* Arkhangel'sk
**Archidona** 92 D 5 S Spanien
**Arco** 96 C 2 N Italien
**Arco, Paso del** 65 B 5 Paß, Argentinien
**Arctic Bay** 37 G 2 Baffin Island, Kanada
**Arctowski** 154 A 2 Forschungsstation, Antarktis
**Arda** 104 C 3 *var.* Ardhas, *Griech.* Ardas. Fluß, Bulgarien/Griechenland
**Ardabīl** 120 C 2 *var.* Ardebil. NW Iran
**Ardakān** 120 D 3 Z Iran
**Ard aş Şawwān** 119 C 7 *var.* Ardh es Suwwān. Ebene, S Jordanien
**Ardebil** *siehe* Ardabīl

**Ardèche** 91 C 5 Region, O Frankreich
**Ardennen** *siehe* Ardennes
**Ardennes** 87 D 8 *Dtsch.* Ardennen. Plateau, W Europa
**Ardh es Suwwān** *siehe* Arḍ aṣ Ṣawwān
**Ardino** 104 D 3 S Bulgarien
**Ard Mhacha** *siehe* Armagh
**Ardmore** 49 G 2 Oklahoma, Z USA
**Arendal** 85 A 6 S Norwegen
**Arenys de Mar** 93 G 2 NO Spanien
**Areópoli** 105 B 7 *ehem.* Areópolis. S Griechenland
**Areópolis** *siehe* Areópoli
**Arequipa** 61 E 4 SO Peru
**Arezzo** 96 C 3 *ant.* Arretium. Z Italien
**Argalastí** 105 C 5 Z Griechenland
**Argenteuil** 90 C 3 N Frankreich

---

**Argentinien**
65 B 5 *Sp.* República Argentina (Argentinische Republik). S Südamerika

**UN-Name:** Argentine Republic **Formation:** 1850 **Hauptstadt:** Buenos Aires **Bevölkerung:** 33,5 Mio. **Fläche** 2 766 890 km² **Sprachen:** Spanisch*, Italienisch, Englisch, Deutsch, Französisch, indian. Sprachen **Religionen:** Römisch-Katholische 90%, Juden 2%, andere 8% **Volksgruppen:** Weiße 85%, andere (inkl. Mestizen und Indianer) 15% **Regierung:** Mehrparteienrepublik **Währung:** Peso = 100 Centavos

---

**Argentinien-Becken** *siehe* Argentinisches Becken
**Argentinischer Antarktis-Sektor** 154 B 3 Argentinischer Territorialanspruch, Antarktis
**Argentinisches Becken** 67 B 6 *var.* Argentinien-Becken. Untermeer. Formation, SW Atlantischer Ozean
**Argentinische Schwelle** *siehe* Falkland-Plateau
**Argo** 72 B 3 N Sudan
**Árgos** 105 B 6 S Griechenland
**Argostóli** 105 A 5 *var.* Argostólion. Kefallinía, W Griechenland
**Argostólion** *siehe* Argostóli
**Argun** 111 B 8 SW Russische Föderation
**Argun** *siehe* Ergun He
**Århus** 85 B 7 *var.* Aarhus. Z Dänemark
**Ari Atoll** 132 A 4 Insel, Z Malediven
**Arica** 64 B 1 *hist.* San Marcos de Arica. N Chile
**Aridaía** 104 B 3 *var.* Aridhaía. N Griechenland
**Ariha** 118 B 3 *var.* Arīḥā. W Syrien
**Arīḥā** *siehe* Ariha
**Ariminum** *siehe* Rimini
**Arinsal** 91 A 8 NW Andorra
**Arizona** 48 B 2 *off.* State of Arizona; *auch genannt:* Copper State, Grand Canyon State. Bundesstaat, SW USA
**Arkansas** 42 A 1 *off.* State of Arkansas; *auch genannt:* Land of Opportunity. Bundesstaat, S USA
**Arkansas City** 45 F 5 Kansas, Z USA
**Arkansas River** 42 B 2 Fluß, Z USA
**Arkhangel'sk** 110 C 3 *hist.* Arcangelo, Engl. Archangel. NW Russische Föderation
**Arkoí** 105 E 6 Insel, Dodekánisos, SO Griechenland
**Arktis** 155 F 3 *var.* Arktischer Ozean. Ozean
**Arles** 91 C 6 *var.* Arles-sur-Rhône; *ant.* Arelas, Arelate. SO Frankreich
**Arlington** 49 G 3 Texas, S USA
**Arlington** 41 E 4 Virginia, NO USA
**Arlon** 87 D 8 *Nied.* Aarlen, *Dtsch.* Arel; *Lat.* Orolaunum. SO Belgien
**Armagh** 89 B 5 *Ir.* Ard Mhacha. SO Northern Ireland, Großbritannien
**Armagnac** 91 B 6 Region, S Frankreich
**Ärmelkanal** 90 B 2 *Eng.* English Channel, *var.* The Channel, *Fr.* La Manche. Meerenge, NO Europa
**Armenia** 58 B 3 W Kolumbien

---

**Armenien**
117 F 3 *Arm.* Hayastani Hanrapetut'yun (Republik Armenien), *var.* Ajastan, *ehem.* Sozialistische Sowjetrepublik Armenien. SW Asien

**UN-Name:** Republic of Armenia **Formation:** 1991 **Hauptstadt:** Yerevan (Erivan) **Bevölkerung:** 3,6 Mio. **Fläche:** 29 800 km² **Sprachen:** Armenisch*, Aserbaidschanisch, Russisch, Kurdisch **Religionen:** Armenisch-Apostolische 90%, andere Christen und Muslime 10% **Volksgruppen:** Armenier 93%, Aserbaidschaner 3%, Russen, Kurden 4% **Regierung:** Mehrparteienrepublik **Währung:** Dram = 100 Louma

---

**Armidale** 149 D 6 New South Wales, SO Australien
**Armstrong** 38 B 3 Ontario, S Kanada
**Armyansk** *siehe* Armyans'k
**Armyans'k** 109 F 4 *Russ.* Armyansk. S Ukraine
**Arnaía** 104 C 4 N Griechenland
**Arnaud** 82 A 3 Fluß, O Kanada
**Arnea** *siehe* Arnaía
**Arnedo** 93 E 2 N Spanien
**Arnhem** 86 D 4 SO Niederlande
**Arnhem Land** 148 A 2 Region, Northern Territory, N Australien
**Arno** 96 B 3 Fluß, Z Italien
**Arno Atoll** 144 D 2 Inselgruppe, S Marshall-Inseln
**Arnold** 45 G 5 Missouri, Z USA
**Arnswalde** *siehe* Choszczno
**Arorae** 145 E 3 Insel, W Kiribati
**Ar Rahad** *siehe* Er Rahad
**Ar Ramādī** 120 B 3 *var.* Ramadi, Rumadiya. SW Irak
**Ar Ramthā** 119 B 5 *var.* Ramtha. N Jordanien
**Arran, Isle of** 88 C 4 Insel, SW Scotland, Großbritannien
**Ar Raqqah** 118 C 2 *var.* Rakka; *ant.* Nicephorium. N Syrien
**Arras** 90 C 2 *ant.* Nemetocenna. N Frankreich
**Ar Rashādīyah** 119 C 5 NO Jordanien
**Ar Rawḍatayn** 120 C 4 *var.* Raudhatain. Kuwait
**Arretium** *siehe* Arezzo
**Arriaga** 51 G 5 SO Mexiko
**Ar Riyāḍ** 121 C 5 *Eng.* Riyadh, *Dtsch.* Riad. Staatshauptstadt, Z Saudi-Arabien
**Arroyo Grande** 47 B 7 California, W USA
**Ar Rustāq** 121 E 5 *var.* Rostak, Rustaq. N Oman
**Ar Ruṭbah** 120 B 3 *var.* Rutba. SW Irak
**Árta** 105 A 5 *ant.* Ambracia. W Griechenland
**Artashat** 117 G 3 S Armenien
**Artemisa** 54 B 2 W Kuba
**Artesia** 48 D 3 New Mexico, SW USA
**Arthur's Pass** 151 C 6 Paß, South Island, Z Neuseeland
**Artigas** 64 D 3 *ehem.* San Eugenio, San Eugenio del Cuareim. N Uruguay
**Art'ik** 117 F 2 W Armenien
**Artois** 90 C 2 Region, N Frankreich
**Artsiz** *siehe* Artsyz
**Artsyz** 108 D 4 *Russ.* Artsiz. SW Ukraine
**Artvin** 117 F 2 NO Türkei
**Aru, Kepulauan** 139 G 4 *Eng.* Aru Islands; *ehem.* Aroe Islands. Inselgruppe, O Indonesien
**Arua** 73 B 6 NW Uganda
**Aruba** 55 E 5 *var.* Oruba. Aut. Region der Niederlande, S Karibisches Meer
**Aruba** 58 C 1 Insel, SO Karibisches Meer
**Arunāchal Pradesh** 135 H 3 Region, NO Indien
**Arusha** 73 C 7 N Tansania
**Arviat** 37 G 4 *ehem.* Eskimo Point. North West Territories, Z Kanada
**Arvidsjaur** 84 C 4 N Schweden
**Arys** 114 B 5 *Russ.* Arys'. S Kasachstan
**Asad, Buḩayrat al** 118 C 2 *Eng.* Lake Assad. Stausee, N Syrien
**Asadābād** 123 F 4 *var.* Asadbād; *ehem.* Chaghasarāy. O Afghanistan
**Asahi-dake** 130 D 2 Berg, Hokkaidō, NO Japan
**Asahikawa** 130 D 2 Hokkaidō, NO Japan
**Asamankese** 75 E 5 SO Ghana
**Āsānsol** 135 F 4 NO Indien
**Ascension-Bruchzone** 67 C 5 untermeer. Formation, Z Atlantischer Ozean
**Ascension Island** 69 A 5 Insel, O Atlantischer Ozean
**Ascoli Piceno** 96 C 4 *ant.* Asculum Picenum. Z Italien
**Asculum Picenum** *siehe* Ascoli Piceno
**Āseb** 72 D 4 *Eng.* Assab. SO Eritrea

---

**Aserbaidschan**
117 G 2 *As.* Azärbaycan Respublikasi (Aserbaidschanische Republik), *var.* Azärbaycan, *ehem.* Aserbaidschanische Sozialistische Sowjetrepublik. SO Asien

**UN-Name:** Republic of Azerbaijan **Formation:** 1991 **Hauptstadt:** Bakı (Baku) **Bevölkerung:** 7,4 Mio. **Fläche:** 86 600 km² **Sprachen:** Aserbaidschanisch*, Russisch, Armenisch **Religionen:** Muslime 83%, Armenisch-Apostolische, Russisch-Orthodoxe 17% **Volksgruppen:** Aserbaidschaner 83%, Russen 6%, Armenier 6%, andere 5% **Regierung:** Mehrparteienrepublik **Währung:** Manat = 100 Gopik

---

**Ashburton** 151 C 6 South Island, SW Neuseeland
**Ashburton** 146 B 4 Fluß, Western Australia, W Australien
**Ashdod** 119 A 6 *ant.* Azotos, *Lat.* Azotus. W Israel
**Asheville** 43 E 1 North Carolina, SO USA
**Ashgabat** 122 C 3 *ehem.* Ashkhabad, Poltoratsk. Staatshauptstadt, Z Turkmenistan
**Ashibetsu** 130 D 2 *var.* Asibetu. Hokkaidō, NO Japan
**Ashkelon** *siehe* Ashqelon
**Ashland** 40 D 5 Kentucky, O USA
**Ashland** 46 B 4 Oregon, NW USA
**Ashmore & Cartier Islands** 142 A 3 externes Territorium Australiens, O Indischer Ozean
**Ashmyany** 107 C 5 *Russ.* Oshmyany. W Weißrußland
**Ashqelon** 119 A 6 *var.* Ashkelon. Z Israel
**Ash Shadādah** 118 E 2 *var.* Ash Shaddādah, Jisr ash Shadadi Shaddādī, Shedadi, Tell Shedadi. NO Syrien
**Ash Sharāh** 119 B 7 *var.* Esh Sharā. Gebirge, W Jordanien
**Ash Shawbak** 119 B 7 W Jordanien
**Ash Shiḩr** 121 C 7 SO Jemen
**'Asī, Nahr al** 118 B 3 *var.* Nahr el Aassi, *Türk.* Asi Nehri, *ant.* Orontes. Fluß, NW Syrien
**Asi, Nehri** 116 D 5 *Ar.* Nahr al 'Asī, *ant.* Orontes. Fluß, SO Türkei
**Asien** 112 D 3 Kontinent
**Asibetu** *siehe* Ashibetsu
**Asipovichy** 107 D 6 *Pol.* Mahilyowskaya Voblasts', *Russ.* Osipovichi. Z Weißrußland
**Aşkale** 117 E 3 NO Türkei
**Askersund** 85 C 6 Z Schweden
**Asmara** 72 C 4 *Amh.* Āsmera. Staatshauptstadt, Z Eritrea
**Āsmera** *siehe* Asmara
**Asowsches Meer** 81 F 4 *Russ.* Azovskoye More, *Ukr.* Azovs'ke More. Meer, N Schwarzes Meer
**Aspinwall** *siehe* Colón
**Assab** *siehe* Āseb
**As Sabkhah** 118 D 2 *var.* Sabkha. NO Syrien
**Assad, Lake** *siehe* Asad, Buḩayrat al
**Aş Şafāwī** 119 C 6 N Jordanien
**Aş Şahrā' al Lībīyah** 68 C 3 *Dtsch.* Libysche Wüste. Wüste, NO Afrika
**As Salamīyah** *siehe* Salamīyah
**As Salṭ** 119 B 6 *var.* Salt. NW Jordanien
**Assam** 135 G 3 Region, NO Indien
**Assamaka** *siehe* Assamakka
**Assamakka** 75 F 2 *var.* Assamaka. NW Niger
**As Samāwah** 120 B 3 *var.* Samawa. S Irak
**Assen** 86 E 2 NO Niederlande
**Assenede** 87 B 5 NW Belgien
**Assling** *siehe* Jesenice
**As Sukhnah** 118 D 3 *var.* Sukhne, *Fr.* Soukhné. Z Syrien
**As Sulaymānīyah** 120 C 3 *var.* Sulaimaniya, *Kurd.* Slēmānī. NO Irak
**As Sulayyil** 120 B 4 S Saudi-Arabien
**Aş Şummān** 121 C 5 Wüste, N Saudi-Arabien
**As Suwaydā'** 119 B 5 *var.* El Suweida, Es Suweida, Suweida, *Fr.* Soueida. SW Syrien

**Asten** 87 D 5 SO Niederlande
**Asti** 96 A 2 *ant.* Asta Colonia, Asta Pompeia, Hasta Colonia, Hasta Pompeia. NW Italien
**Astigi** *siehe* Ecija
**Astorga** 92 C 2 *ant.* Asturica Augusta. N Spanien
**Astrakhan'** 111 C 7 SW Russische Föderation
**Asturias** 92 C 1 Region, NW Spanien
**Asturias** *siehe* Oviedo
**Asturica Augusta** *siehe* Astorga
**Astypálaia** 105 D 7 *var.* Astipálaia, *It.* Stampalia. Insel, Dodekánisos, SO Griechenland
**Asunción** 64 D 2 Staatshauptstadt, S Paraguay
**Aswân** 72 B 2 *var.* Assouan, Assuan; *ant.* Syene. SO Ägypten
**Asyût** 72 B 2 *var.* Assiout, Assiut, Siut; *ant.* Lycopolis. Z Ägypten
**Atacama, Desierto de** 64 B 1 *Eng.* Atacama Desert. Wüste, N Chile
**Atacama-Wüste** *siehe* Atacama, Desierto de
**Atafu Atoll** 145 F 3 Insel, NW Tokelau
**Atakora, Chaîne de l'** 75 F 4 *var.* Atakora Mountains. Gebirge, N Benin
**Atakora Mountains** *siehe* Atakora, Chaîne de l'
**Atâr** 74 C 2 NW Mauretanien
**Atas Bogd** 126 D 3 Berg, SW Mongolei
**Atascadero** 47 B 7 California, W USA
**Atatürk Barajı** 117 E 4 Stausee, SO Türkei
**Atbara** 72 C 3 *var.* 'Aṭbārah. NO Sudan
**'Aṭbārah** *siehe* Atbara
**Atbasar** 114 C 4 N Kasachstan
**Atchison** 45 F 4 Kansas, Z USA
**Ath** 87 B 6 *var.* Aat. SW Belgien
**Athabasca** 37 E 5 Alberta, SW Kanada
**Athabasca** 37 E 5 *var.* Athabaska. Fluß, Alberta. SW Kanada
**Athabasca, Lake** 37 F 4 See, SW Kanada
**Athabaska** *siehe* Athabasca
**Athen** *siehe* Athína
**Athens** 42 C 1 Alabama, S USA
**Athens** 43 E 2 Georgia, SO USA
**Athens** 40 D 4 Ohio, N USA
**Athens** 42 D 1 Tennessee, S USA
**Athens** 49 G 3 Texas, S USA
**Atherton** 148 D 3 Queensland, NO Australien
**Athína** 105 C 6 *Dtsch.* Athen, *Eng.* Athens; *ehem.* Athínai, *ant.* Athenae. Staatshauptstadt, Z Griechenland

---

**Äthiopien**
73 C 5 Ityop'ya (Äthiopien), *var.* Abyssinia, *Dtsch.* Abessinien; *ehem.* Volksrepublik Äthiopien. NO Afrika

**UN-Name:** Unbestimmt **Formation:** 1993 **Hauptstadt:** Addis Abeba **Bevölkerung:** 51 Mio. **Fläche:** 1 128 221 km² **Sprachen:** Amharisch* (Amharigna), Englisch, Arabisch **Religionen:** Muslime 43%, Christen 37%, Naturreligionen, andere 20%, **Volksgruppen:** Oromo 40%, Amharen und Tigre 32%, andere 28% **Regierung:** Mehrparteienrepublik **Währung:** Birr = 100 Cents

---

**Äthiopisches Hochland** 73 C 5 *var.* Abessinisches Hochland. Plateau, N Äthiopien
**Athlone** 89 B 6 *Ir.* Baile Átha Luain. Z Rep. Irland
**Ath Thawrah** *siehe* Madīnat ath Thawrah
**Ati** 76 C 3 Z Tschad
**Atikokan** 38 B 4 Ontario, S Kanada
**Atka** 115 G 3 O Russische Föderation
**Atka Island** 36 A 3 Insel, Alaska, NW USA
**Atlanta** 35 C 6 Bundesstaatshauptstadt, Georgia, SO USA
**Atlanta** 49 H 2 Texas, S USA
**Atlantic City** 41 F 4 New Jersey, NO USA
**Atlantischer Ozean** 66 C 4 *var.* Atlantik. Ozean,
**Atlantisch-Indisches Becken** 67 D 8 untermeer. Formation, SW Indischer Ozean
**Atlantisch-Indischer Rücken** 67 D 7 untermeer. Formation, SW Indischer Ozean
**Atlas** 68 B 2 Gebirge, N Afrika
**Atlasovo** 115 H 3 O Russische Föderation
**Atlas Saharien** 70 D 2 *Eng.* Saharan Atlas. Gebirge, Algerien/Marokko
**Atlin** 36 D 4 British Columbia, W Kanada
**Ätna** *siehe* Etna, Monte
**Aṭ Ṭā'if** 121 B 5 W Saudi-Arabien
**At Tāj** 71 H 4 SO Libyen
**At Tall al Abyaḍ** 118 C 2 *var.* Tall al Abyaḍ, Tell Abyad, *Fr.* Tell Abiad. N Syrien
**Attapu** 137 E 5 *var.* Attopeu. SO Laos
**Attawapiskat** 38 C 3 Ontario, Z Kanada
**Attawapiskat** 38 C 3 Fluß, S Kanada
**Attersee** 95 D 6 See, N Österreich
**At Tibnī** 118 D 2 *var.* Tibnī. NO Syrien
**Attopeu** *siehe* Samakhixai
**Attu Island** 36 A 2 Insel, Alaska, NW USA
**Atuntaqui** 60 B 1 N Ecuador
**Atyraū** 114 B 4 *ehem.* Gur'yev. W Kasachstan
**Aubagne** 91 D 6 *ant.* Albania. SO Frankreich
**Aubange** 87 D 8 SO Belgien
**Auburn** 42 D 2 Alabama, S USA
**Auburn** 41 G 2 Maine, NO USA
**Auburn** 46 B 2 Washington, NW USA
**Auch** 91 B 6 *Lat.* Augusta Auscorum, Elimberrum. S Frankreich
**Auckland** 150 D 2 North Island, N Neuseeland
**Auckland Islands** 142 D 5 Inselgruppe, S Neuseeland
**Aude** 91 C 6 Region, S Frankreich
**Audenarde** *siehe* Oudenaarde
**Audern** *siehe* Audru
**Audincourt** 90 E 4 O Frankreich
**Audru** 106 D 2 *Dtsch.* Audern. SW Estland
**Augila** *siehe* Awjilah
**Augsburg** 95 C 6 *ant.* Augusta Vindelicorum. S Deutschland
**Augusta** 147 B 7 Western Australia, SW Australien
**Augusta** 43 E 2 Georgia, SO USA
**Augusta** 41 G 2 Bundesstaatshauptstadt, Maine, NO USA
**Augusta Emerita** *siehe* Mérida
**Augusta Praetoria** *siehe* Aosta
**Augusta Trajana** *siehe* Stara Zagora
**Augustobona Tricassium** *siehe* Troyes
**Augustodurum** *siehe* Bayeux
**Augustów** 98 E 2 *Russ.* Avgustov. NO Polen
**Augustus Island** 146 C 3 Insel, NW Australien
**'Aujā et Tahtā** 119 E 7 *var.* Khirbet el 'Aujā et Taḥtā. O West Bank (Westjordanland)
**Auk Bok** 137 B 5 *var.* South Island. Insel, S Myanmar
**Auob** 78 B 4 *var.* Oup. Fluß, O Namibia/Südafrika
**Aurangābād** 134 D 5 W Indien
**Aur Atoll** 144 D 1 Insel, O Marshall-Inseln
**Auray** 90 A 4 NW Frankreich
**Aurelia Aquensis** *siehe* Baden-Baden
**Aurelianum** *siehe* Orléans
**Aurillac** 91 C 5 Z Frankreich
**Aurora** 40 B 3 Illinois, N USA
**Aurora** 45 G 5 Missouri, Z USA
**Aurora** 44 D 4 Colorado, Z USA
**Aurora** 59 F 2 NW Guyana
**Aurora** *siehe* Maewo
**Aus** 78 B 4 SW Namibia
**Aussig** *siehe* Ústí nad Labem
**Äußere Hebriden** *siehe* Outer Hebrides
**Austin** 35 C 6 Bundesstaatshauptstadt, Texas, S USA
**Austin** 45 G 3 Minnesota, N USA
**Austral-Bruchzone** 153 E 4 untermeer. Formation, S Pazifischer Ozean
**Australes, Îles** 145 H 5 Inselgruppe, SW Französisch-Polynesien
**Australian Alps** 149 C 7 Gebirge, SO Australien
**Australian Capital Territory** 149 D 7 *ehem.* Federal Capital Territory. Bundesstaat, SO Australien
**Australie, Bassin Nord de l'** *siehe* Nordaustralisches Becken

---

**Australien**
142 A 4 *Engl.* Australia. Republik im Commonwealth, Indischer Ozean/Pazifischer Ozean

**UN-Name:** Commonwealth of Australia **Formation:** 1901 **Hauptstadt:** Canberra **Bevölkerung:** 17,8 Mio. **Fläche** 7 686 850 km² **Sprachen:** Englisch*, Griechisch, Italienisch, Malaiisch, Sprachen der Aborigines **Religionen:** Protestanten 60%, Römisch-Katholische 26%, andere 14% **Volksgruppen:** Europäer 95%, Asiaten 4%, Aborigines und andere 1% **Regierung:** Parlamentarische Demokratie **Währung:** Austral.-$ = 100 Cents

---

**Australisches Antarktis-Territorium** 154 C 3 Gebietsanspruch Australiens, Antarktis
**Austral-Seekuppen** 152 D 4 untermeer. Formation, S Pazifischer Ozean
**Austrava** *siehe* Ostrov
**Ausuitoq** *siehe* Grise Fiord
**Auvergne** 91 C 5 Region, S Frankreich
**Auxerre** 90 C 4 *ant.* Autesiodorum, Autissiodorum. Z Frankreich
**Avaricum** *siehe* Bourges
**Avarua** 145 G 5 Hauptstadt eines abhängigen Territoriums, Rarotonga, S Cook Islands
**Ávdira** 104 D 3 NO Griechenland
**Aveiro** 92 B 3 *ant.* Talabriga. W Portugal
**Avellino** 97 D 5 *ant.* Abellinum. S Italien
**Avenio** *siehe* Avignon
**Aversa** 97 D 5 S Italien
**Avesta** 85 C 6 Z Schweden
**Aveyron** 91 C 6 Fluß, S Frankreich
**Avezzano** 96 C 4 Z Italien
**Avgustov** *siehe* Augustów
**Aviemore** 88 C 3 N Scotland, Großbritannien
**Avignon** 91 D 6 *ant.* Avenio. SO Frankreich
**Ávila** 92 D 3 *var.* Avila; *ant.* Abela, Abula, Abyla, Avela. Z Spanien
**Avilés** 92 C 1 NW Spanien
**Avranches** 90 B 3 N Frankreich
**Awaji-shima** 131 C 6 Insel, Japan
**Āwash** 73 D 5 Z Äthiopien
**Awbārī** 71 F 3 SW Libyen
**Awjilah** 71 G 3 *It.* Augila. NO Libyen
**Awled Djellal** *siehe* Ouled Djellal
**Axel** 87 B 5 SW Niederlande
**Axel Heiberg Island** 37 F 1 *var.* Axel Heiburg. Insel, N Kanada
**Axel Heiburg** *siehe* Axel Heiberg Island
**Axiós** *siehe* Vardar
**Ayacucho** 60 D 4 S Peru
**Ayaguz** *siehe* Ayaköz
**Ayaköz** 114 C 5 *Russ.* Ayagus; *ehem.* Sergiopol. O Kasachstan
**Ayamonte** 92 B 5 S Spanien
**Ayaviri** 61 E 4 S Peru
**Aydarkŭl** 123 E 2 *Russ.* Ozero Aydarkul'. See, Z Usbekistan
**Aydarkul', Ozero** *siehe* Aydarkŭl
**Aydın** 116 A 4 *ehem.* Aïdin; *ant.* Tralles. SW Türkei
**Ayers Rock** *siehe* Uluru
**Ayeyarwady** *siehe* Irrawaddy
**Ayiá** *siehe* Agiá
**Ayia Napa** *siehe* Agía Nápa
**Ayorou** 75 F 3 W Niger
**'Ayoûn el 'Atroûs** 74 D 3 *var.* Aïoun el Atroûss, Aïoun el Atrous. SO Mauretanien
**Ayr** 88 C 4 SW Scotland, Großbritannien
**Ayr** 148 D 3 Queensland, O Australien
**Aytos** 104 E 2 O Bulgarien
**Ayutthaya** 137 C 5 *var.* Phra Nakhon Si Ayutthaya. Z Thailand
**Ayvalık** 116 A 3 W Türkei
**Azahar, Costa del** 93 F 3 Küstenregion, O Spanien
**Azaouâd** 75 E 3 Plateau, SW Mali
**A'zāz** 118 B 2 NW Syrien
**Azimabad** *siehe* Patna
**Azogues** 60 B 2 S Ecuador
**Azoren** 92 A 5 *Port.* Arquipélago dos Açores, *var.* Açores, Ilhas dos Açores. Inselgruppe, W Portugal
**Azoren-Biscaya-Schwelle** 80 A 3 untermeer. Formation, O Atlantischer Ozean
**Azoum, Bahr** 76 C 3 Fluß, SO Tschad
**Azovskoye More** 111 A 7 *Dtsch.* Asowsches Meer, *Ukr.* Azovs'ke More. Meer, N Schwarzes Meer
**Azraq, Bahr al** 72 C 4 *Amh.* Abai, Ābay Wenz, *Ar.* An Nīl al Azraq,

*Eng.* Blue Nile, *Dtsch.* Blauer Nil. Fluß, Äthiopien/Sudan
**Azraq, Waḩat al** 119 C 6 Oase, N Jordanien
**Aztec** 48 C 1 New Mexico, SW USA
**Azuaga** 92 C 4 W Spanien
**Azuero, Península de** 53 F 5 Halbinsel, S Panama
**Azul** 65 D 5 O Argentinien
**Azur, Côte d'** 91 C 6 Küstenregion, SO Frankreich
**Aẓ Ẓahrān** 120 C 4 *Eng.* Dhahran. NO Saudi-Arabien
**Az Zaqāzīq** *siehe* Zagazig
**Az Zarqā'** 119 B 6 *var.* Zarqa. NW Jordanien
**Az Zāwiyah** 71 F 2 *var.* Zawia. NW Libyen
**Az Zilfī** 120 B 4 N Saudi-Arabien

# B

**Baabda** 118 A 4 *var.* B'abdā. Libanon
**Baalbek** 118 B 4 *var.* Ba'labakk; *ant.* Heliopolis. O Libanon
**Baar** 95 B 7 N Schweiz
**Baarle-Nassau** 87 C 5 Enklave, N Belgien
**Baarn** 86 C 3 Z Niederlande
**Bābā, Kūh-e** 123 E 4 Gebirge, Z Afghanistan
**Babadag** 108 D 5 SO Rumänien
**Babahoyo** 60 B 2 *ehem.* Bodegas. Z Ecuador
**Babajevo** *siehe* Babayevo
**Babayevo** 110 B 4 *var.* Babajevo. NW Russische Föderation
**B'abdā** *siehe* Baabda
**Bab el Mandeb** 121 B 7 Meerenge, Arabisches Meer/Rotes Meer
**Babelthuap** 144 A 2 Insel, Palau
**Babonneau** 55 F 1 N St. Lucia
**Babruysk** 107 D 7 *Russ.* Bobruysk. O Weißrußland
**Babuyan Channel** 139 E 1 Meerenge, Philippinen-See/Südchinesisches Meer
**Babuyan Islands** 139 E 1 Insel, N Philippinen
**Bacabal** 63 F 2 O Brasilien
**Bacău** 108 C 4 *Ung.* Bákó. NO Rumänien
**Bắc Giang** 136 D 3 N Vietnam
**Bacheykava** 107 D 5 *Russ.* Bocheykovo. N Weißrußland
**Bačka Palanka** 100 D 3 *ehem.* Palanka. NW Jugoslawien
**Bačka Topola** 100 D 3 *Ung.* Topolya; *ehem.* Bácstopolya. NW Jugoslawien
**Bac Liêu** 137 D 6 *var.* Vinh Loi. S Vietnam
**Bacolod** 139 E 2 *off.* Bacolod City. Negros, Z Philippinen
**Bacolod City** *siehe* Bacolod
**Bactra** *siehe* Balkh
**Badain Jaran Shamo** 126 D 3 Wüste, N China
**Badajoz** 92 C 4 *ant.* Pax Augusta. W Spanien
**Bad Doberan** 94 C 2 N Deutschland
**Baden-Baden** 95 B 6 *ant.* Aurelia Aquensis. SW Deutschland
**Bad Freienwalde** 94 D 3 NO Deutschland
**Bad Hersfeld** 94 B 4 Z Deutschland
**Bad Homburg** 95 B 5 W Deutschland
**Bad Ischl** 95 D 7 Z Österreich
**Bad Krozingen** 95 A 6 SW Deutschland
**Badlands** 44 D 2 Region, North Dakota, N USA
**Badu Island** 148 C 1 Insel, Queensland, SW Australien
**Bad Vöslau** 95 E 6 NO Österreich
**Badyarada 'Adméd** *siehe* Aden, Golf von
**Bafatá** 74 C 4 Z Guinea-Bissau
**Baffin Bay** 82 C 2 Bucht, NW Atlantischer Ozean
**Baffin Island** 37 G 2 Insel, Northwest Territories, NO Kanada
**Bafing** 74 C 3 Fluß, NW Afrika
**Bafoussam** 76 A 4 W Kamerun
**Bafra** 116 D 2 N Türkei
**Bāft** 120 D 4 S Iran
**Bagaces** 52 D 4 NW Costa Rica
**Bagdad** *siehe* Baghdād
**Bagé** 63 E 5 S Brasilien
**Baghdād** 120 B 3 *Dtsch.* Bagdad, *Eng.* Baghdad. Staatshauptstadt, Z Irak
**Bāghīn** 120 D 4 Iran
**Baghlān** 123 E 4 NO Afghanistan
**Bago** *siehe* Pegu
**Bagoé** 74 D 4 Fluß, Elfenbeinküste/Mali
**Bagrationovsk** 106 A 4 *Dtsch.* Preussisch Eylau. W Russische Föderation
**Bagrax Hu** *siehe* Bosten Hu
**Baguio** 139 E 1 *off.* Baguio City. Luzon, N Philippinen
**Baguio City** *siehe* Baguio
**Bagzane, Monts** 75 G 3 Berg, N Niger
**Bahama Islands** *siehe* Bahamas

---

**Bahamas**
54 C 2 Republik im Commonwealth, N Karibisches Meer

**UN-Name:** The Commonwealth of the Bahamas **Formation:** 1973 **Hauptstadt:** Nassau **Bevölkerung:** 300 000 **Fläche** 13 880 km² **Sprachen:** Englisch*, Englisch-Kreolisch **Religionen:** Protestanten 76%, Römisch-Katholische 19%, andere 5% **Volksgruppen:** Schwarze 85%, Weiße 15% **Regierung:** Parlamentarische Monarchie **Währung:** Baham.-$ = 100 Cents

---

**Bahamas** 35 D 6 *var.* Bahama Islands. Inselgruppe, W Atlantischer Ozean
**Bahariya** 72 B 2 *var.* Wāhat el Bahariya. Oase, Z Ägypten
**Bahariya, Wāhat el** *siehe* Bahariya
**Bahāwalpur** 134 C 2 O Pakistan
**Bäherden** 122 C 3 *Russ.* Bakharden, Bakherden. Z Turkmenistan
**Bahia** 63 F 3 *off.* Estado da Bahia. Bundesstaat, O Brasilien
**Bahia, Estado da** *siehe* Bahia
**Bahía, Islas de la** 52 C 1 *Eng.* Bay Islands. Inselgruppe, N Honduras
**Bahía Blanca** 65 C 5 O Argentinien
**Bahía Grande** 65 C 7 Bucht, SW Atlantischer Ozean
**Bahir Dar** 72 C 4 *var.* Bahr Dar, Bahrdar Giyorgis. NW Äthiopien
**Bahraich** 135 E 3 N Indien

---

**Bahrain**
120 C 4 *Ar.* Dawlāt al-Baḩrayn (Emirat Bahrain); *ehem.* Bahrein, *ant.* Tylos oder Tyros, SW Asien

**UN-Name:** State of Bahrain **Formation:** 1971/1972 **Hauptstadt:** Manama **Bevölkerung:** 548 000 **Fläche** 695 km² **Sprachen:** Arabisch*, Englisch, Urdu **Religionen:** Muslime (mehrheitlich der Shi'a angehörend) 85%, Christen 7%, andere 8% **Volksgruppen:** Araber 73%, Südasiaten 14%, Perser 8%, andere 5% **Regierung:** Absolute Monarchie **Währung:** Dinar = 1000 Fils

---

**Bahrām Chāh** 122 D 5 SW Afghanistan
**Bahushewsk** 107 E 6 *Russ.* Bogushëvsk. NO Weißrußland
**Baia Mare** 108 B 3 *Dtsch.* Frauenbach, *Ung.* Nagybánya; *ehem.* Neustadt. NW Rumänien
**Baia Sprie** 108 B 3 *Dtsch.* Mittelstadt, *Ung.* Felsőbánya. NW Rumänien
**Baïbokoum** 76 B 4 SW Tschad
**Băicoi** 108 C 5 SO Rumänien
**Baie-Comeau** 39 E 4 Québec, SO Kanada
**Baikal-See** *siehe* Baykal, Ozero
**Baile Átha Luain** *siehe* Athlone
**Bailén** 92 D 4 S Spanien
**Baile na Mainistreach** *siehe* Newtownabbey
**Băilești** 108 B 5 SW Rumänien
**Bailey's Bay** 42 A 5 Bucht, W Atlantischer Ozean
**Bainbridge** 42 D 3 Georgia, SO USA
**Bā'ir** *siehe* Bāyir
**Baireuth** *siehe* Bayreuth
**Bairiki** 144 D 2 Staatshauptstadt, Tarawa, W Kiribati
**Bairnsdale** 149 C 7 Victoria, SO Australien
**Baiyin** 128 B 4 N China
**Baja** 99 C 7 S Ungarn
**Baja California** 48 A 5 *Eng.* Lower California, *Dtsch.* Niederkalifornien. Halbinsel, NW Mexiko
**Baja California** 50 A 2 Bundesstaat, NW Mexiko
**Bajo Boquete** *siehe* Boquete
**Bajram Curri** 101 C 5 N Albanien
**Bakala** 76 C 4 Z Zentralafrikanische Republik
**Baker** 42 B 3 Louisiana, S USA
**Baker & Howland Islands** 145 F 2 US-Unincorporated Territory, Z Pazifischer Ozean
**Baker Lake** 37 F 3 Z Kanada
**Bakersfield** 47 C 7 California, W USA
**Bakharden** *siehe* Bäherden
**Bakhchisaray** *siehe* Bakhchysaray
**Bakhchysaray** 109 F 5 *Russ.* Bakhchisaray. S Ukraine
**Bakhmach** 109 F 1 N Ukraine
**Bākhtarān** 120 C 3 *ehem.* Kermānshāh, Qahremānshahr. W Iran
**Baki** 117 H 2 *Eng.* Baku. Staatshauptstadt, O Aserbaidschan
**Bákó** *siehe* Bacău
**Bakony** 99 C 7 *Dtsch.* Bakonywald. Gebirge, W Ungarn
**Baksan** 111 B 8 SW Russische Föderation
**Baku** *siehe* Baki
**Bakwanga** *siehe* Mbuji-Mayi
**Balabac, Selat** *siehe* Balabac-Straße
**Balabac-Straße** 138 D 3 *var.* Selat Balabac. Meerenge, W Pazifischer Ozean
**Balaguer** 93 F 2 NO Spanien
**Balakovo** 111 C 6 W Russische Föderation
**Bālā Morghāb** 122 D 4 NW Afghanistan
**Balao** 60 B 2 S Ecuador
**Balashov** 111 B 6 W Russische Föderation
**Balasore** *siehe* Bāleshwar
**Balaton** 99 C 7 *Dtsch.* Plattensee. See, W Ungarn
**Balbina, Represa** 62 D 1 Stausee, NW Brasilien
**Balboa** 53 G 5 Z Panama
**Balcarce** 65 D 5 O Argentinien
**Balclutha** 151 B 7 South Island, SW Neuseeland
**Baldy Mountain** 44 C 1 Berg, Montana, NW USA
**Baleares, Islas** 93 H 4 *Dtsch.* Balearische Inseln. Inselgruppe, O Spanien
**Balearische Inseln** *siehe* Baleares, Islas
**Balearische Tiefsee-Ebene** 80 C 5 *var.* Algerisches Becken. Untermeer. Formation, O Atlantischer Ozean
**Baleine, Rivière à la** 39 E 2 Fluß, Québec, O Kanada
**Balen** 87 C 5 N Belgien
**Bāleshwar** 135 F 4 *ehem.* Balasore. O Indien
**Bali** 138 D 5 Insel, Z Indonesien
**Balıkesir** 116 A 3 W Türkei
**Balikpapan** 138 D 4 Kalimantan, Z Indonesien
**Balkan** 104 C 2 Bul./*SKr.* Stara Planina. Gebirge, Bulgarien/Jugoslawien
**Balkh** 123 E 3 *ant.* Bactra. N Afghanistan
**Balkhash** *siehe* Balqash
**Balkhash, Ozero** *siehe* Balqash-Köl
**Balkhash-See** *siehe* Balqash-Köl
**Balladonia** 147 C 6 Western Australia, S Australien
**Ballarat** 149 C 7 Victoria, SO Australien
**Balleny Islands** 154 B 5 Inselgruppe, Antarktis
**Ballina** 149 E 5 New South Wales, SO Australien
**Ballinger** 49 F 3 Texas, S USA
**Balls Pyramid** 142 C 4 Insel, O Australien
**Balqash** 114 C 5 *Russ.* Balkhash. SO Kasachstan
**Balqash-Köl** 114 C 5 *Russ.* Ozero Balkhash. See, SO Kasachstan
**Balş** 108 B 5 S Rumänien
**Balsas** 63 F 2 O Brasilien
**Balsas, Río** 51 E 5 *var.* Río Mexcala. Fluß, S Mexiko
**Bal'shavik** 107 D 7 *Russ.* Bol'shevik. SO Weißrußland
**Balta** 108 D 3 SW Ukraine
**Bălţi** 108 D 3 *Russ.* Bel'tsy. N Moldawien
**Baltimore** 41 F 4 Maryland, NO USA
**Baluchistān** 134 A 3 *var.* Balochistān, Beluchistan. Provinz, SW Pakistan
**Balvi** 106 D 4 NO Lettland
**Balykchy** *siehe* Ysyk-Köl
**Balzers** 94 E 2 S Liechtenstein
**Bam** 120 E 4 SO Iran
**Bamako** 74 D 4 Staatshauptstadt, SW Mali
**Bambari** 76 C 4 Z Zentralafrikanische Republik
**Bamberg** 95 C 5 SO Deutschland
**Bamenda** 76 A 4 W Kamerun
**Banaba** 144 D 2 *var.* Ocean Island. Insel, W Kiribati

**Banc St.Lazarus** *siehe* St. Lazarus Bank
**Banda, Laut** 139 F 5 *Dtsch.* Banda-See. Meer, W Pazifischer Ozean
**Bandaaceh** 138 A 3 *var.* Banda Atjeh; *ehem.* Koetaradja, Kutaradja, Kutaraja. Sumatera, W Indonesien
**Bandama** 74 D 5 *var.* Bandama Fleuve. Fluß, S Elfenbeinküste
**Bandama Blanc** 74 D 5 Fluß, Z Elfenbeinküste
**Bandama Fleuve** *siehe* Bandama
**Bandar-e 'Abbās** 120 D 4 *var.* Bandar'Abbās; *ehem.* Gombroon. S Iran
**Bandar-e Būshehr** 120 C 4 *var.* Būshehr, *Eng.* Bushire. S Iran
**Bandar-e Khamīr** 120 D 4 S Iran
**Bandar-e Langeh** 120 D 4 *var.* Bandar-e Lengeh, Lingeh. S Iran
**Bandar Maharani** *siehe* Muar
**Bandarlampung** 138 C 4 Sumatera, W Indonesien
**Bandar Penggaram** *siehe* Batu Pahat
**Bandar Seri Begawan** 138 D 3 *ehem.* Brunei Town. Staatshauptstadt, N Brunei
**Banda-See** *siehe* Banda, Laut
**Bandırma** 116 A 3 *var.* Penderma. NW Türkei
**Bandjarmasin** *siehe* Banjarmasin
**Bandoeng** *siehe* Bandung
**Bandundu** 77 C 6 *ehem.* Banningville. SW Dem. Rep. Kongo
**Bandung** 138 C 5 *ehem.* Bandoeng. Jawa, Z Indonesien
**Bangalore** 132 C 2 Bundesstaatshauptstadt, S Indien
**Bangassou** 77 D 5 S Zentralafrikanische Republik
**Banggai, Kepulauan** 139 E 4 Inselgruppe, Z Indonesien
**Banghāzī** 71 G 2 *Eng.* Bengazi, Benghazi, *It.* Bengasi. NO Libyen
**Bangka** 138 C 4 Insel, W Indonesien
**Bangkok** *siehe* Krung Thep

**Bangladesch**
135 F 3 *Ben.* Gan Prajātantrī Bāmlādes (Volksrepublik Bangladesch), *ehem.* Ostpakistan. S Asien

**UN-Name:** People's Republic of Bangladesh **Formation:** 1971 **Hauptstadt:** Dhaka **Bevölkerung:** 122,2 Mio. **Fläche:** 143 998 km² **Sprachen:** Bengali*, Urdu, Chakma, Marma, Garo, Khasi **Religionen:** Muslime 83%, Hindus 16%, andere 1% **Volksgruppen:** Bengali 98%, andere 2% **Regierung:** Mehrparteienrepublik **Währung:** Taka = 100 Paisa

**Bangor** 89 C 6 NW Wales, Großbritannien
**Bangor** 89 C 5 *Ir.* Beannchar. O Northern Ireland, Großbritannien
**Bangor** 41 H 2 Maine, NO USA
**Bang Pla Soi** *siehe* Chon Buri
**Bangui** 77 C 5 Staatshauptstadt, SW Zentralafrikanische Republik
**Ban Hat Yai** *siehe* Hat Yai
**Ban Hin Heup** 136 C 4 Z Laos
**Ban Houayxay** 136 C 3 *var.* Ban Houei Sai. NW Laos
**Ban Houei Sai** *siehe* Houayxay
**Ban Hua Hin** 137 C 6 *var.* Hua Hin. Z Thailand
**Bani** 74 D 3 Fluß, S Mali
**Banī Suwayf** *siehe* Beni Suef
**Bāniyās** 118 A 3 *var.* Banias, Baniyas, Paneas. W Syrien
**Banjak, Kepulauan** *siehe* Banyak, Kepulauan
**Banja Luka** 101 A 7 NW Bosnien-Herzegowina
**Banjarmasin** 138 D 4 *ehem.* Bandjarmasin. Kalimantan, Z Indonesien
**Banjul** 74 B 3 *ehem.* Bathurst. Staatshauptstadt, W Gambia
**Ban Khok Kloi** 137 B 7 S Thailand
**Banks, Îles** *siehe* Banks Islands
**Banks Island** 37 E 2 Insel, NW Kanada
**Banks Islands** 144 D 4 *Fr.* Îles Banks. Inselgruppe, N Vanuatu
**Banks Lake** 46 C 2 Stausee, Washington, NW USA
**Banks Peninsula** 151 C 6 Halbinsel, South Island, Z Neuseeland
**Banks Strait** 149 C 8 Meerenge, SW Tasman-See
**Bānkura** 135 F 4 NO Indien
**Banmo** *siehe* Bhamo
**Ban Na Môn** 136 D 3 NO Laos
**Banningville** *siehe* Bandundu
**Bañolas** *siehe* Banyoles
**Ban Pak Phanang** *siehe* Pak Phanang
**Ban Sai Yok** 137 B 5 Z Myanmar
**Banská Bystrica** 99 C 6 *Dtsch.* Neusohl, *Ung.* Besztercebánya. Z Slowakei
**Bantry Bay** 89 A 7 *Ir.* Bá Bheanntraí. Bucht, NO Atlantischer Ozean
**Banya** 104 E 2 O Bulgarien
**Banyak, Kepulauan** 138 A 3 *ehem.* Kepulauan Banjak. Inselgruppe, NW Indonesien
**Banyo** 76 B 4 W Kamerun
**Banyoles** 93 G 2 *var.* Bañolas. NO Spanien
**Banzare-Seekuppen** 141 C 7 untermeer. Formation, S Indischer Ozean
**Baoji** 128 B 4 *var.* Pao-chi, Paoki. Z China
**Baoro** 76 C 4 W Zentralafrikanische Republik
**Baoshan** 129 A 6 *var.* Pao-shan. SW China
**Baotou** 127 F 3 *var.* Pao-t'ou, Paotow. N China
**Ba'qūbah** 120 B 3 *var.* Qubba. Z Irak
**Baquerizo Moreno** *siehe* Puerto Baquerizo Moreno
**Bar** 101 C 5 *It.* Antivari. SW Jugoslawien
**Baraawe** 73 D 6 *It.* Brava. S Somalia
**Baramanni** 59 F 2 N Guyana
**Bārāmati** 134 C 5 W Indien
**Baramita** 59 F 2 NW Guyana
**Baranavichy** 107 B 6 *Pol.* Baranowicze, *Russ.* Baranovichi. SW Weißrußland

**Barbados**
55 G 1 Republik im Commonwealth, O Karibisches Meer

**UN-Name:** Barbados **Formation:** 1966 **Hauptstadt:** Bridgetown **Bevölkerung:** 260 000 **Fläche:** 430 km² **Sprachen:** Englisch*, Englisch-Kreolisch **Religionen:** Protestanten 94%, Römisch-Katholische 5%, andere 1% **Volksgruppen:** Schwarze 80%, Mischlinge 15%, Weiße 4%, andere 1% **Regierung:** Parlamentarische Demokratie **Währung:** Barbados-$ = 100 Cents

**Barbados** 59 F 1 Insel, W Atlantischer Ozean
**Barbastro** 93 F 2 NO Spanien
**Barbate de Franco** 92 C 5 S Spanien
**Barbuda** 55 G 3 Insel, Antigua & Barbuda
**Barcaldine** 148 C 4 Queensland, O Australien
**Barcelona** 93 G 2 *ant.* Barcino, Barcinona. O Spanien
**Barcelona** 59 E 2 NO Venezuela
**Barcoo** 148 C 4 Fluß, O Australien
**Barcs** 99 C 7 SW Ungarn
**Bardaï** 76 C 1 N Tschad
**Bardejov** 99 D 5 *Dtsch.* Bartfeld, *Ung.* Bártfa. NO Slowakei
**Barduli** *siehe* Barletta
**Bareilly** 135 E 3 *var.* Bareli. N Indien
**Bareli** *siehe* Bareilly
**Barendrecht** 86 C 4 SW Niederlande
**Barentin** 90 B 3 N Frankreich
**Barentsburg** 83 G 2 W Svalbard
**Barentsøya** 83 G 2 Insel, O Svalbard
**Barents-See** 155 H 5 *Nor.* Barents Havet, *Russ.* Barentsevo More. Meer, Arktis
**Bari** 97 E 5 *var.* Bari delle Puglie; *ant.* Barium. S Italien
**Barikot** *siehe* Barīkowt
**Barīkowṯ** 123 F 4 *var.* Barikot. NO Afghanistan
**Barillas** 52 A 2 *var.* Santa Cruz Barillas. NW Guatemala
**Barinas** 58 C 2 W Venezuela
**Barisāl** 135 G 4 S Bangladesch
**Barisan, Pegunungan** 138 B 4 Gebirge, Sumatera, W Indonesien
**Barito, Sungai** 138 D 4 Fluß, Kalimantan, Z Indonesien
**Barkly Tableland** 148 B 3 Plateau, N Australien
**Bârlad** 108 D 4 *ehem.* Bîrlad. O Rumänien
**Barlavento, Ilhas de** 74 A 2 *var.* Windward Islands. Inselgruppe, Kap Verde
**Bar-le-Duc** 90 D 3 *var.* Bar-sur-Ornain. NO Frankreich
**Barlee, Lake** 147 B 6 See, Western Australia, W Australien
**Barlee Range** 146 B 4 Gebirge, Western Australia, W Australien
**Barletta** 97 E 5 *ant.* Barduli. S Italien
**Barlinek** 98 B 3 *Dtsch.* Berlinchen. W Polen
**Barmen-Elberfeld** *siehe* Wuppertal
**Barmouth** 89 C 6 W Wales, Großbritannien
**Barnaul** 114 D 4 Z Russische Föderation
**Barnstaple** 89 C 7 SW England, Großbritannien
**Baroda** *siehe* Vadodara
**Baron'ki** 107 E 7 *Russ.* Boron'ki. O Weißrußland
**Barquisimeto** 58 C 2 NW Venezuela
**Barra** 88 B 3 Insel, W Wales, Großbritannien
**Barra de Río Grande** 53 E 3 O Nicaragua
**Barranca** 60 C 3 W Peru
**Barrancabermija** 58 B 2 N Kolumbien
**Barranquilla** 58 B 1 N Kolumbien
**Barreiro** 92 B 4 W Portugal
**Barrier Range** 149 B 6 Mittelgebirge, New South Wales, SO Australien
**Barrow** 89 B 6 *Ir.* An Bhearú. Fluß, SO Rep. Irland
**Barrow** 36 D 2 Alaska, NW USA
**Barrow-in-Furness** 89 C 5 NW England, Großbritannien
**Barrow Island** 146 A 4 Insel, W Australien
**Barrows** 37 F 5 Manitoba, S Kanada
**Bar-sur-Ornain** *siehe* Bar-le-Duc
**Bartang** 123 F 3 Fluß, SO Tadschikistan
**Bartenstein** *siehe* Bartoszyce
**Bartica** 59 F 3 N Guyana
**Bartlesville** 49 G 1 Oklahoma, Z USA
**Bartlett** 42 C 1 Tennessee, S USA
**Bartoszyce** 98 D 2 *Dtsch.* Bartenstein. N Polen
**Barú, Volcán** 53 E 5 *var.* Volcán de Chiriquí. Vulkan, W Panama
**Baruun Huuray** 126 C 2 Feuchtgebiet, O Mongolei
**Baruun-Urt** 127 F 2 O Mongolei
**Barwon** 149 D 5 Fluß, New South Wales, SO Australien
**Barysaw** 107 D 6 *Russ.* Borisov. NO Weißrußland
**Basarabeasca** 108 D 4 *Russ.* Bessarabka. SO Moldawien
**Basel** 95 A 7 *Eng.* Basle, *Fr.* Bâle. NW Schweiz
**Basilan Island** 139 E 3 Insel, SW Philippinen
**Basra** *siehe* Al Başrah
**Bass, Îlots de** *siehe* Marotiri
**Bass Strait** 152 B 4 Meerenge, Indischer Ozean/Pazifischer Ozean
**Bassano del Grappa** 96 C 2 NO Italien
**Bassein** 136 A 4 *var.* Pathein. SW Myanmar
**Basse-Terre** 55 G 4 Insel, Guadeloupe
**Basse-Terre** 55 G 4 Hauptstadt eines abhängigen Territoriums, Guadeloupe
**Basseterre** 55 G 3 Staatshauptstadt, St. Kitts & Nevis
**Bassikounou** 74 D 3 SO Mauretanien
**Bassum** 94 B 3 NW Deutschland
**Bastia** 91 E 7 Corse, SO Frankreich
**Bastogne** 87 D 7 SO Belgien
**Bastrop** 42 B 2 Louisiana, S USA
**Bastyn'** 107 C 7 *Russ.* Bostyn'. SW Weißrußland
**Bata** 77 A 5 NW Äquat. Guinea
**Batabanó, Golfo de** 54 B 2 Golf, NW Karibisches Meer
**Batae Coritanorum** *siehe* Leicester
**Batajnica** 100 D 3 N Jugoslawien
**Batangas** 139 E 2 *off.* Batangas City. Luzon, N Philippinen
**Batangas City** *siehe* Batangas
**Bataysk** 111 B 7 SW Russische Föderation
**Bătdâmbâng** 137 D 5 *ehem.* Battambang. NW Kambodscha
**Batéké, Plateaux** 77 B 6 Plateau, S Rep. Kongo
**Bath** 89 D 7 *hist.* Akermanceaster, *ant.* Aquae Calidae, Aquae Solis. S England, Großbritannien
**Bathsheba** 55 H 1 O Barbados
**Bathurst** 39 F 4 New Brunswick, SO Kanada
**Bathurst** 149 D 6 New South Wales, SO Australien
**Bathurst** *siehe* Banjul
**Bathurst Island** 37 F 2 Insel, N Kanada
**Bathurst Island** 146 D 2 Insel, Northern Territory, N Australien

**Bāṭin, Wādī al** 120 C 4 saison. Wasserlauf, SW Asien
**Batman** 117 F 4 *var.* İluh. SO Türkei
**Baton Rouge** 42 B 3 Louisiana, S USA
**Batroûn** 118 A 4 *var.* Al Batrūn. N Libanon
**Battambang** *siehe* Bătdâmbâng
**Batticaloa** 132 D 3 Sri Lanka
**Battipaglia** 97 D 5 S Italien
**Bat'umi** 117 E 2 W Georgien
**Batu Pahat** 138 B 3 *ehem.* Bandar Penggaram. W Malaysia
**Baturaja** 138 B 4 W Indonesien
**Bauchi** 75 G 4 NO Nigeria
**Bauer-Becken** 153 F 3 untermeer. Formation, O Pazifischer Ozean
**Baumann, Pic** *siehe* Agou, Mont
**Bauru** 57 D 5 S Brasilien
**Bauska** 106 C 4 *Dtsch.* Bauske. S Lettland
**Bauske** *siehe* Bauska
**Bautzen** 94 D 4 *Sorb.* Budyšin. O Deutschland
**Bawku** 75 E 4 N Ghana
**Bayamo** 54 C 3 O Kuba
**Bayan Har Shan** 126 D 4 *var.* Bayan Khar. Gebirge, Z China
**Bayanhongor** 126 D 2 Z Mongolei
**Bayan Khar** *siehe* Bayan Har Shan
**Bay City** 49 G 4 Texas, S USA
**Bay City** 40 C 3 Michigan, N USA
**Baydhabo** 73 D 6 *var.* Baydhowa, Isha Baydhabo, *It.* Baidoa. SW Somalia
**Bayerische Alpen** 95 C 7 Gebirge, Österreich/Deutschland
**Bayern** 95 C 6 Region, SO Deutschland
**Bayeux** 90 B 3 *ant.* Augustodurum. N Frankreich
**Bāyir** 119 C 7 *var.* Bā'ir. S Jordanien
**Bay Islands** *siehe* Bahía, Islas de la
**Baykal, Ozero** 115 E 4 *Dtsch.* Baikal-See. See, S Russische Föderation
**Baymak** 111 D 6 W Russische Föderation
**Bayonne** 91 A 6 *ant.* Lapurdum. SW Frankreich
**Bayram-Ali** *siehe* Bayramaly
**Bayramaly** 122 D 3 *ehem.* Bayram-Ali. S Turkmenistan
**Bayreuth** 95 C 5 *var.* Baireuth. SO Deutschland
**Baysun** *siehe* Boysun
**Baza** 93 E 4 S Spanien
**Beagle Channel** 65 C 8 Meerenge, Atlantischer Ozean/Pazifischer Ozean
**Béal Feirste** *siehe* Belfast
**Beannchar** *siehe* Bangor
**Bear Island** *siehe* Bjørnøya
**Bear Lake** 46 E 4 See, NW USA
**Beas de Segura** 93 E 4 S Spanien
**Beata, Isla** 55 E 3 Insel, SW Dominikan. Republik
**Beatrice** 45 F 4 Nebraska, Z USA
**Beatton River** 37 E 4 British Columbia, W Kanada
**Beaucaire** 91 C 6 S Frankreich
**Beaufort-See** 155 E 2 Meer, Arktis
**Beaufort-Wes** *siehe* Beaufort West
**Beaufort West** 78 C 5 *Afr.* Beaufort-Wes. SW Südafrika
**Beaumont** 49 H 4 Texas, S USA
**Beaune** 90 D 4 Z Frankreich
**Beauvais** 90 C 3 *ant.* Bellovacum, Caesaromagus. N Frankreich
**Beaver Island** 40 C 2 Insel, Michigan, N USA
**Beaverton** 46 B 3 Oregon, NW USA
**Beāwar** 134 C 3 N Indien
**Bečej** 100 D 3 *Dtsch.* Altbetsche, *Ung.* Óbecse, Rácz-Becse; *ehem.* Magyar-Becse, Stari Bečej. N Jugoslawien
**Béchar** 70 D 2 *ehem.* Colomb-Béchar. W Algerien
**Beckley** 40 D 5 West Virginia, NO USA
**Bedford** 89 E 6 O England, Großbritannien
**Bedford, Cape** 148 D 2 Landspitze, Queensland, NO Australien
**Bedum** 86 E 1 NO Niederlande
**Beenleigh** 149 E 5 O Australien
**Be'er Menuha** 119 B 7 S Israel
**Beernem** 87 A 5 NW Belgien
**Be'er Sheva'** 119 A 7 *var.* Beersheba, *Ar.* Bir es Saba. S Israel
**Beesel** 87 D 5 SO Niederlande
**Beeville** 49 G 4 Texas, S USA
**Begoml'** *siehe* Byahoml'
**Behar** *siehe* Bihār
**Beida** *siehe* Al Bayḍā'
**Beihai** 129 C 6 *var.* Peihai. S China
**Beijing** 128 D 3 *var.* Pei-ching, *Dtsch.* Peking; *ehem.* Pei-p'ing. Staatshauptstadt, China
**Beilen** 86 E 2 NO Niederlande
**Beira** 79 E 3 Z Moçambique
**Beirut** *siehe* Beyrouth
**Bei Shan** 126 D 3 Gebirge, Z China
**Beiuş** 108 B 3 *Ung.* Belényes. NW Rumänien
**Beja** 92 B 4 *ant.* Pax Julia. SO Portugal
**Béjar** 92 C 3 N Spanien
**Békás** *siehe* Bicaz
**Békéscsaba** 99 D 7 *Rum.* Bichiş-Ciaba. SO Ungarn
**Bekobod** 123 E 2 *Russ.* Bekabad; *ehem.* Begovat. O Usbekistan
**Bela Crkva** 100 E 3 *Dtsch.* Weisskirchen, *Ung.* Fehértemplom. O Jugoslawien
**Belarus** *siehe* Weißrußland
**Belau** *siehe* Palau
**Belaya Tserkov'** *siehe* Bila Tserkva
**Belchatow** *siehe* Bełchatów
**Bełchatów** 98 C 4 *var.* Belchatow. Z Polen
**Belcher, Îles** *siehe* Belcher Islands
**Belcher Islands** 38 C 2 *Fr.* Îles Belcher. Inselgruppe, Northwest Territories, SO Kanada
**Beledweyne** 73 D 5 *var.* Belet Huen, *It.* Belet Uen. Z Somalia
**Belém** 63 F 1 *var.* Pará. N Brasilien
**Belen** 48 D 2 New Mexico, SW USA
**Belén** 52 D 4 SW Nicaragua
**Belényes** *siehe* Beiuş
**Belfast** 89 B 5 *Ir.* Béal Feirste. O Northern Ireland, Großbritannien
**Belfield** 44 D 2 North Dakota, N USA
**Belfort** 90 D 4 O Frankreich
**Belgard** *siehe* Białogard
**Belgaum** 132 B 1 W Indien

**Belgien**
87 B 6 *Nied.* Koninkrijk België, *Fr.* Royaume de Belgique (Königreich Belgien). W Europa

**UN-Name:** Kingdom of Belgium **Formation:** 1830 **Hauptstadt:** Brüssel **Bevölkerung:** 10 Mio. **Fläche:** 30 518 km² **Sprachen:** Französisch*, Niederländisch*, Flämisch **Religionen:** Römisch-Katholische 75%, andere 25% **Volksgruppen:** Flamen 58%, Wallonen 32%, andere Europäer 6%, andere 4% **Regierung:** Parlamentarische Monarchie **Währung:** Belg. Franc = 100 Centimes

**Belgorod** 111 A 6 W Russische Föderation
**Belgrad** *siehe* Beograd
**Belgrano II** 154 B 2 Forschungsstation, Antarktis
**Beli Manastir** 100 C 2 *Ung.* Pélmonostor; *ehem.* Monostor. NO Kroatien
**Bélinga** 77 B 5 NO Gabun
**Belitung, Pulau** 138 C 4 Insel, W Indonesien

**Belize**
52 B 1 *Sp.* Belice; Republik im Commonwealth, *ehem.* Kolonie Belize, Britisch-Honduras. Z Amerika

**UN-Name:** Belize **Formation:** 1981 **Hauptstadt:** Belmopan **Bevölkerung:** 200 000 **Fläche:** 22 960 km² **Sprachen:** Englisch*, Englisch-Kreolisch, Spanisch **Religionen:** Christen 87%, andere 13% **Volksgruppen:** Mestizen (Maya-Spanier) 44%, Kreolen 30%, Indianer (v. a. Maya) 11%, Garifuna 8%, andere 7% **Regierung:** Parlamentarische Monarchie **Währung:** Belize-$ =100 Cents

**Belize** 52 B 1 Fluß, Belize/Guatemala
**Belize City** 52 C 1 *var.* Belize, *Span.* Belice. NO Belize
**Beljak** *siehe* Villach
**Belkofski** 36 B 3 Alaska, NW USA
**Belle Île** 90 A 4 Insel, NW Frankreich
**Belle Isle, Strait of** 39 G 3 Meerenge, Newfoundland and Labrador, NW Gulf of St.Lawrence
**Belleville** 40 B 5 Illinois, N USA
**Belle Vue** 55 F 2 S St. Lucia
**Bellevue** 46 B 2 Washington, NW USA
**Bellevue** 45 F 4 Nebraska, Z USA
**Bellingham** 46 B 1 Washington, NW USA
**Belling Hausen Mulde** *siehe* Südostpazifisches Becken
**Bellingshausen** 154 A 2 Forschungsstation, Antarktis
**Bellingshausen-See** 154 A 3 Meer, SO Pazifischer Ozean
**Bellingshausen-Tiefsee-Ebene** 153 F 5 untermeer. Formation, Antarktis
**Bello** 58 B 2 W Kolumbien
**Bello Horizonte** *siehe* Belo Horizonte
**Bellville** 78 C 5 SW Südafrika
**Belmopan** 52 C 1 Staatshauptstadt, Z Belize
**Belogradchik** 104 B 1 *var.* Belogradčik. NW Bulgarien
**Belogradčik** *siehe* Belogradchik
**Belo Horizonte** 63 F 4 *ehem.* Bello Horizonte. SO Brasilien
**Belomorsk** 110 B 3 NW Russische Föderation
**Beloretsk** 111 D 6 W Russische Föderation
**Belorusskaya Gryada** *siehe* Byelaruskaya Hrada
**Belorußland** *siehe* Weißrußland
**Belovár** *siehe* Bjelovar
**Beloye More** 110 C 3 *Dtsch.* Weißes Meer. Meer, Arktis/Barents-Meer
**Belozersk** 110 B 4 *var.* Beloz'orsk. NW Russische Föderation
**Beloz'orsk** *siehe* Belozersk
**Belton** 49 G 3 Texas, S USA
**Bel'tsy** *siehe* Bălţi
**Belynichi** *siehe* Byalynichy
**Belyy, Ostrov** 114 D 2 Insel, N Russische Föderation
**Belyye Berega** 111 A 5 W Russische Föderation
**Bemidji** 45 F 1 Minnesota, N USA
**Bemmel** 86 D 4 SO Niederlande
**Benavente** 92 C 2 N Spanien
**Bend** 46 B 3 Oregon, NW USA
**Bendern** 94 E 1 NW Liechtenstein
**Bendigo** 149 C 7 Victoria, SO Australien
**Beneschau** *siehe* Benešov
**Benešov** 99 B 5 *Dtsch.* Beneschau. W Tschechische Republik
**Benevento** 97 D 5 *ant.* Beneventum, Malventum. S Italien
**Bengalen, Golf von** 133 E 1 Golf, N Indischer Ozean
**Bengalischer Rücken** 141 D 5 *var.* Ninetyeast Ridge. Untermeer. Formation, O Indischer Ozean
**Bengbu** 129 D 5 *var.* Peng-pu. O China
**Benghazi** *siehe* Banghāzī
**Bengkulu** 138 B 4 *ehem.* Bengkoeloe, Benkoelen, Benkulen. Sumatera, W Indonesien
**Benguela** 78 B 2 *var.* Benguella. W Angola
**Benguella** *siehe* Benguela
**Beni** 77 E 5 O Dem. Rep. Kongo
**Beni** 61 E 3 Fluß, N Bolivien
**Benidorm** 93 F 4 SO Spanien
**Beni-Mellal** 70 C 2 Z Marokko

**Benin**
52 F 4 *Frz.* République du Bénin (Republik von Benin), *ehem.* Dahomé. W Afrika

**UN-Name:** Republic of Benin **Formation:** 1960 **Hauptstadt:** Porto-Novo **Bevölkerung:** 5,2 Mio. **Fläche:** 112 620 km² **Sprachen:** Französisch*, Fon, Bariba, Yoruba, Adja **Religionen:** Naturreligionen 70%, Muslime 15%, Christen 15% **Volksgruppen:** Fon 39%, Yoruba 12%, Adja 10%, andere 39% **Regierung:** Mehrparteienrepublik **Währung:** CFA-Franc = 100 Centimes

**Benin, Bucht von** 75 F 5 Bucht, N Golf von Guinea
**Benin City** 75 G 5 SW Nigeria
**Beni Suef** 72 B 2 *var.* Banī Suwayf. N Ägypten
**Ben Nevis** 88 C 3 Berg, W Scotland, Großbritannien
**Bénoué** *siehe* Benue
**Bénoy** 76 B 4 S Tschad
**Benson** 48 B 3 Arizona, SW USA
**Benton** 42 B 2 Arkansas, Z USA
**Benue** 68 B 4 *Fr.* Bénoué. Fluß, Kamerun/Nigeria
**Beograd** 100 D 3 *Dtsch.* Belgrad; *ant.* Singidunum. Staatshauptstadt, N Jugoslawien
**Berat** 101 C 6 *var.* Berati, *SKr.* Beligrad. Z Albanien
**Berau, Teluk** 139 G 4 *var.* MacCluer Gulf. Golf, W Pazifischer Ozean
**Berbera** 72 D 4 NW Somalia
**Berbérati** 77 B 5 SW Zentralafrikanische Republik
**Berck-Plage** 90 C 2 N Frankreich
**Berdichev** *siehe* Berdychiv

**Berdyans'k** 109 G 4 *Russ.* Berdyansk; *ehem.* Osipenko. SO Ukraine
**Berdychiv** 108 D 2 *Russ.* Berdichev. N Ukraine
**Berehove** 108 B 3 *Tsch.* Berehovo, *Ung.* Beregszász, *Russ.* Beregovo. W Ukraine
**Berettyó** 99 D 7 *Rum.* Barcău; *ehem.* Berătău, Beretău. Fluß, Ungarn/Rumänien
**Berettyóújfalu** 99 E 6 O Ungarn
**Berezhany** 108 C 2 *Pol.* Brzeżany W Ukraine
**Berezina** *siehe* Byerezino
**Berezniki** 111 D 5 NW Russische Föderation
**Berga** 93 G 2 NO Spanien
**Bergamo** 96 B 2 *ant.* Bergomum. N Italien
**Bergara** 93 E 1 N Spanien
**Bergen** 94 D 2 NO Deutschland
**Bergen** 86 C 2 NW Niederlande
**Bergen** 85 A 5 S Norwegen
**Bergen** *siehe* Mons
**Bergerac** 91 B 5 SW Frankreich
**Bergeyk** 87 D 5 S Niederlande
**Berg-Karabach** *siehe* Dağliq Qarabağ
**Bergomum** *siehe* Bergamo
**Beringen** 87 C 5 NO Belgien
**Beringov Proliv** *siehe* Bering-Straße
**Bering-See** 152 D 1 Meer, N Pazifischer Ozean
**Bering-Straße** 152 D 1 *Russ.* Beringov Proliv. Meerenge, N Pazifischer Ozean
**Berja** 93 E 5 S Spanien
**Berkeley** 47 B 6 California, W USA
**Berkner Island** 154 B 2 Insel, Antarktis
**Berkovitsa** 104 C 2 NW Bulgarien
**Berlin** 94 D 3 Staatshauptstadt, NO Deutschland
**Berlin** 41 G 2 Maine, NO USA
**Berlinchen** *siehe* Barlinek
**Bermejo** 64 C 2 Fluß, N Argentinien
**Bermeo** 93 E 1 N Spanien
**Bermuda** 35 E 6 *var.* Bermuda Islands, Bermudas; *ehem.* Somers Islands. Brit. Kronkolonie, W Atlantischer Ozean
**Bermuda-Schwelle** 66 B 3 untermeer. Formation, W Atlantischer Ozean
**Bern** 95 A 7 *Fr.* Berne. Staatshauptstadt, W Schweiz
**Bernau** 94 D 3 NO Deutschland
**Bernburg** 94 C 4 Z Deutschland
**Berne** *siehe* Bern
**Berner Alpen** 95 A 7 *var.* Berner Oberland. Gebirge, SW Schweiz
**Bernier Island** 147 A 5 Insel, W Australien
**Bernina, Passo del** 95 B 7 *Dtsch.* Bernina-Paß. Paß, SO Schweiz
**Bernina-Paß** *siehe* Bernina, Passo del
**Bérnissart** 87 B 6 SW Belgien
**Berry** 90 C 4 Region, Z Frankreich
**Berry Islands** 54 C 1 Inselgruppe, Bahamas
**Bertoua** 77 B 5 Z Kamerun
**Beru** 145 E 2 *var.* Peru. Insel, W Kiribati
**Berwick-upon-Tweed** 88 D 4 N England, Großbritannien
**Besançon** 90 D 4 *ant.* Besontium, Vesontio. O Frankreich
**Beslan** 111 B 8 SW Russische Föderation
**Bessarabka** *siehe* Basarabeasca
**Betanzos** 92 B 1 NW Spanien
**Betanzos** 61 F 4 S Bolivien
**Bethlehem** 78 D 4 Z Südafrika
**Bethlehem** *siehe* Bet Lehem
**Bet Lehem** 119 E 7 *Bibl.* Bethlehem, *Ar.* Bayt Laḥm. Z West Bank (Westjordanland)
**Bétou** 77 C 5 N Rep. Kongo
**Bette, Pic** 71 G 4 *var.* Bikkū Bīttī, *It.* Picco Bette. Berg, S Libyen
**Beulah** 40 C 2 Michigan, N USA
**Beveren** 87 B 5 N Belgien
**Beverley** 89 D 5 NO England, Großbritannien
**Beyrouth** 118 A 4 *var.* Bayrūt, *Eng.* Beirut; *ant.* Berytus. Staatshauptstadt, W Libanon
**Beyşehir Gölü** 116 B 4 See, Z Türkei
**Béziers** 91 C 6 *ant.* Baeterrae, Baeterrae Septimanorum, Julia Beterrae. S Frankreich
**Bezwada** *siehe* Vijayawāda
**Bhadrāvati** 132 C 2 SW Indien
**Bhāgalpur** 135 F 3 NO Indien
**Bhaktapur** 135 F 3 Nepal
**Bhamo** 136 B 2 *var.* Banmo. N Myanmar
**Bharūch** 134 C 4 W Indien
**Bhaunagar** *siehe* Bhāvnagar
**Bhāvnagar** 134 C 4 *ehem.* Bhaunagar. W Indien
**Bheanntraí, Bá** *siehe* Bantry Bay
**Bhopāl** 134 D 4 Bundesstaatshauptstadt, Z Indien
**Bhubaneshwar** 135 F 5 *ehem.* Bhubaneswar, Bhuvaneshwar. Bundesstaatshauptstadt, O Indien
**Bhusaval** *siehe* Bhusāwal
**Bhusāwal** 134 D 4 *ehem.* Bhusaval Z Indien

---

**Bhutan**

135 G 3 Druk Gyal Khab (Königreich Bhutan), *var.* Druk-Yul, S Asien

**UN-Name:** Kingdom of Bhutan **Formation:** 1865 **Hauptstadt:** Thimphu **Bevölkerung:** 1,7 Mio. **Fläche:** 47 000 km² **Sprachen:** Dzongkha*, Nepali **Religionen:** Mahayana-Buddhisten 70%, Hindus 24%, Muslime 5%, andere 1% **Volksgruppen:** Bhutia 61%, Gurung 15%, Assamesen 13%, andere 11% **Regierung:** Konstitutionelle Monarchie **Währung:** Ngultrum = 100 Chetrum

---

**Biak, Pulau** 139 G 4 Insel, O Indonesien
**Biała Podlaska** 98 E 3 O Polen
**Białogard** 98 B 2 *Dtsch.* Belgard. NW Polen
**Białystok** 98 E 3 *Russ.* Belostok, Bielostok. O Polen
**Biarritz** 91 A 6 SW Frankreich
**Bicaz** 108 C 4 *Ung.* Békás. NO Rumänien
**Bichiş-Ciaba** *siehe* Békéscsaba
**Biddeford** 41 G 2 Maine, NO USA
**Bideford** 89 C 7 SW England, Großbritannien
**Bié, Planalto do** 69 C 6 *var.* Bié Plateau. Plateau, Z Angola
**Biel** 95 A 7 *Fr.* Bienne. W Schweiz
**Bielefeld** 94 B 4 NW Deutschland
**Bielsko-Biała** 99 C 5 *Dtsch.* Bielitz, Bielitz-Biala. S Polen
**Bielsk Podlaski** 98 E 3 O Polen
**Biên Hoa** 137 E 6 S Vietnam
**Bienne** *siehe* Biel
**Bienville, Lac** 38 D 2 See, Québec, Z Kanada
**Bié Plateau** *siehe* Bié, Planalto do
**Bigge Island** 146 C 2 Insel, W Australien
**Bighorn Mountains** 44 C 2 Gebirge, Wyoming, Z USA
**Bighorn River** 44 C 2 Fluß, NW USA
**Bight, Head of** 149 A 6 Bucht, South Australia, S Australien
**Bight, The** 54 C 1 Bahamas
**Bignona** 74 B 3 SW Senegal
**Bigorra** *siehe* Tarbes
**Bigosovo** *siehe* Bihosava
**Big Rapids** 40 C 2 Michigan, N USA
**Big River** 37 F 5 Saskatchewan, Z Kanada
**Big Sioux River** 45 F 3 Fluß, N USA
**Big Spring** 49 E 3 Texas, S USA
**Bihać** 101 A 7 NW Bosnien-Herzegowina
**Bihār** 135 F 4 *ehem.* Behar. Bundesstaat, N Indien
**Biharamulo** 73 B 7 NW Tansania
**Bihosava** 107 D 5 *Russ.* Bigosovo. NW Weißrußland
**Bijeljina** 100 D 3 NO Bosnien-Herzegowina
**Bijelo Polje** 101 D 5 W Jugoslawien
**Bīkāner** 134 C 3 NW Indien
**Bikin** 115 G 4 SO Russische Föderation
**Bikini Atoll** 144 D 1 *var.* Pikinni. Insel, NW Marshall-Inseln
**Bilāspur** 135 E 4 Z Indien
**Biläsuvar** 117 H 3 *Russ.* Bilyasuvar; *ehem.* Pushkino. SO Aserbaidschan
**Bila Tserkva** 109 E 2 *Russ.* Belaya Tserkov'. N Ukraine
**Bilbao** 93 E 1 *Bask.* Bilbo. N Spanien
**Bilbo** *siehe* Bilbao
**Bilecik** 116 B 3 NW Türkei
**Billings** 44 C 2 Montana, NW USA
**Biloela** 148 D 4 Queensland, O Australien
**Biloku** 59 G 4 S Guyana
**Biloxi** 42 C 3 Mississippi, S USA
**Bilpa Morea Claypan** 148 B 4 See, Z Australien
**Biltine** 76 C 3 O Tschad
**Bilwi** *siehe* Puerto Cabezas
**Bilzen** 87 D 6 NO Belgien
**Bimini Islands** 54 C 1 Inselgruppe, Bahamas
**Binche** 87 B 7 S Belgien
**Bindloe Island** *siehe* Marchena, Isla
**Binga, Monte** 79 E 3 Berg, Z Moçambique
**Bingerville** 75 E 5 SO Elfenbeinküste
**Binghamton** 41 F 3 New York, NO USA
**Bingöl** 117 E 3 O Türkei
**Bintulu** 138 D 3 Borneo, O Malaysia
**Bío Bío** 65 B 5 Fluß, Z Chile
**Bioco, Isla de** 77 A 5 *var.* Bioko, *Eng.* Fernando Po, *Sp.* Fernando Póo; *ehem.* Macías Nguema Biyogo. Insel, NW Äquat. Guinea
**Birāk** 71 F 3 *var.* Brak. Z Libyen
**Birao** 76 D 3 NO Zentralafrikanische Republik
**Biratnagar** 135 F 3 Nepal
**Birdum** 148 A 2 Northern Territory, N Australien
**Bireuen** 138 A 3 W Indonesien
**Bīrjand** 120 E 3 O Iran
**Birkenfeld** 95 A 5 SW Deutschland
**Birkenhead** 89 C 6 NW England, Großbritannien
**Bîrlad** *siehe* Bârlad
**Birma** *siehe* Myanmar
**Birmingham** 89 C 6 W England, Großbritannien
**Birmingham** 42 C 2 Alabama, S USA
**Bîr Mogreïn** 74 C 1 *var.* Bir Moghrein; *ehem.* Fort-Trinquet. N Mauretanien
**Birnie Island** 145 F 3 Insel, Z Kiribati
**Birni-Nkonni** *siehe* Birnin Konni
**Birnin Konni** 75 F 3 *var.* Birni-Nkonni. SW Niger
**Birobidzhan** 115 G 4 SO Russische Föderation
**Birsen** *siehe* Biržai
**Birsk** 111 D 5 W Russische Föderation
**Biržai** 106 C 4 *Dtsch.* Birsen. NO Litauen
**Birżebbuġa** 102 B 5 SO Malta
**Bisbee** 48 B 3 Arizona, SW USA
**Biscaya, Golf von** 66 D 3 *Fr.* Golfe de Gascogne, *Sp.* Golfo de Vizcaya. Golf, NO Atlantischer Ozean
**Biscaya-Tiefsee-Ebene** 80 B 4 untermeer. Formation, O Atlantischer Ozean
**Bischheim** 90 E 3 NO Frankreich
**Bischofsburg** *siehe* Biskupiec
**Bīshah, Wādī** 121 B 5 saison. Wasserlauf, W Saudi-Arabien
**Bishkek** 123 G 2 *var.* Pishpek; *ehem.* Frunze. Staatshauptstadt, N Kirgisistan
**Bishrī, Jabal** 118 D 3 Gebirge, O Syrien
**Biskra** 71 E 2 *var.* Beskra, Biskara. NO Algerien
**Biskupiec** 98 D 2 *Dtsch.* Bischofsburg. N Polen
**Bislig** 139 F 2 Mindanao, S Philippinen
**Bismarck** 45 E 2 Bundesstaatshauptstadt, North Dakota, N USA
**Bismarck Archipelago** 144 C 3 *Dtsch.* Bismarck-Archipel, Inselgruppe, NO Papua-Neuguinea
**Bismarck-See** 144 B 3 Meer, SW Pazifischer Ozean
**Bissau** 74 B 4 Staatshauptstadt, W Guinea-Bissau
**Bistrița** 108 B 3 *Dtsch.* Bistritz, *Ung.* Beszterce; *ehem.* Nösen. N Rumänien
**Bitam** 77 B 5 N Gabun
**Bitburg** 95 A 5 SW Deutschland
**Bitlis** 117 F 4 SO Türkei
**Bitoeng** *siehe* Bitung
**Bitola** 101 D 6 *Türk.* Monastir; *ehem.* Bitolj. S Mazedonien
**Bitonto** 97 E 5 *ant.* Butuntum. SO Italien
**Bitterroot Range** 46 D 2 *Port.* Cadeia Bitterroot. Gebirge, NW USA
**Bitung** 139 F 3 *ehem.* Bitoeng. Sulawesi, Z Indonesien
**Biu** 75 H 4 O Nigeria
**Biwa-ko** 131 C 6 See, Honshū, SW Japan
**Biy-Khem** *siehe* Bol'shoy Yenisey
**Bizerte** 71 E 1 *Ar.* Banzart, *Eng.* Bizerta. N Tunesien

**Bjelovar** 100 B 2 *Ung.* Belovár. N Kroatien
**Björneborg** *siehe* Pori
**Bjørnøya** 83 G 3 *Eng.* Bear Island. Insel, N Norwegen
**Blackall** 148 C 4 Queensland, O Australien
**Blackfoot** 46 E 4 Idaho, NW USA
**Black Hills** 44 D 3 Gebirge, N USA
**Black Mesa** 48 B 1 Berg, Arizona, SW USA
**Black Mountains** 48 A 1 Gebirge, Arizona, SW USA
**Blackpool** 89 C 5 NW England, Großbritannien
**Black Range** 48 C 2 Gebirge, New Mexico, SW USA
**Black River** 54 A 5 W Jamaica
**Black River** *siehe* Schwarzer Fluß
**Black Rock Desert** 46 C 4 *Port.* Deserto Black Rock. Wüste, Nevada, W USA
**Blacksburg** 40 D 5 Virginia, NO USA
**Black Volta** 75 E 4 *var.* Borongo, Mouhoun, Moun Hou, *Dtsch.* Schwarzer Volta, *Fr.* Volta Noire. Fluß, NW Afrika
**Blackwater** 89 B 6 *Ir.* An Abhainn Mhór. Fluß, S Rep. Irland
**Blackwell** 49 G 1 Oklahoma, Z USA
**Blagoevgrad** 104 C 3 *ehem.* Gorna Dzhumaya. W Bulgarien
**Blagoveshchensk** 111 D 5 W Russische Föderation
**Blagoveshchensk** 115 G 4 SO Russische Föderation
**Blake-Plateau** 35 D 6 *var.* Blake Terrace. Untermeer. Formation, W Atlantischer Ozean
**Blake Terrace** *siehe* Blake Plateau
**Blanche, Lake** 149 B 5 See, South Australia, S Australien
**Blanes** 93 G 2 NO Spanien
**Blankenberge** 87 A 5 NW Belgien
**Blankenheim** 95 A 5 W Deutschland
**Blanquilla, Isla** 59 E 1 *var.* La Blanquilla. Insel, N Venezuela
**Blantyre** 79 E 2 *var.* Blantyre-Limbe. S Malawi
**Blantyre-Limbe** *siehe* Blantyre
**Blaricum** 86 C 3 Z Niederlande
**Blauer Nil** *siehe* Azraq, Bahr el
**Blenheim** 151 D 5 South Island, Z Neuseeland
**Blesae** *siehe* Blois
**Blida** 70 D 2 *var.* El Boulaida, El Boulaïda. N Algerien
**Bloemfontein** 78 C 4 *var.* Mangaung. Z Südafrika
**Blois** 90 C 4 *ant.* Blesae. Z Frankreich
**Bloomfield** 48 C 1 New Mexico, SW USA
**Bloomington** 40 C 4 Indiana, N USA
**Bloomington** 45 F 2 Minnesota, N USA
**Bluefields** 53 E 3 SO Nicaragua
**Blue Mountain Peak** 54 B 5 Berg, O Jamaica
**Blue Mountains** 149 D 6 Gebirge, New South Wales, SO Australien
**Blue Mountains** 46 C 3 *Port.* Montanha Azuis. Gebirge, NW USA
**Blue Mud Bay** 148 B 2 Bucht, Gulf of Carpentaria/Arafura-See
**Blumenau** 63 F 5 S Brasilien
**Bo** 74 C 4 S Sierra Leone
**Boaco** 52 D 3 W Nicaragua
**Boa Vista** 74 A 3 Insel, Kap Verde
**Boa Vista** 62 D 1 Bundesstaatshauptstadt, NW Brasilien
**Bobo-Dioulasso** 75 E 4 SW Burkina Faso
**Bobonong** 78 D 3 O Botswana
**Bobrinets** *siehe* Bobrynets'
**Bobruysk** *siehe* Babruysk
**Bobrynets'** 109 E 3 *Russ.* Bobrinets. Z Ukraine
**Bocay** 52 D 2 N Nicaragua
**Bocheykovo** *siehe* Bacheykava
**Bocholt** 94 A 4 W Deutschland
**Bochum** 94 A 4 W Deutschland
**Bocșa** 108 A 4 *Dtsch.* Bokschen, *Ung.* Boksánbanyá. SW Rumänien
**Bodaybo** 115 F 4 O Russische Föderation
**Bodega Bay** 47 A 6 Bucht, O Pazifischer Ozean
**Bodegas** *siehe* Babahoyo
**Boden** 84 D 3 N Schweden
**Bodensee** 95 B 6 *var.* Konstanzer See, *Fr.* Lac Constance. Deutschland/Schweiz
**Bodmin** 89 C 7 SW England, Großbritannien
**Bodø** 84 C 3 Z Norwegen
**Bodrum** 116 A 4 *hist.* Petrunion, SW Türkei
**Boeloekoemba** *siehe* Bulukumba
**Boende** 77 C 5 Z Dem. Rep. Kongo
**Boeroe** *siehe* Buru, Pulau
**Bogale** 137 B 5 S Myanmar
**Bogalusa** 42 B 3 Louisiana, S USA
**Bogatynia** 98 B 4 *Dtsch.* Reichenau. SW Polen
**Bogendorf** *siehe* Łuków
**Bogor** 138 C 5 *Nied.* Buitenzorg. Jawa, Z Indonesien
**Bogotá** 58 B 3 *ehem.* Santa Fe, Santa Fe de Bogotá. Staatshauptstadt, Z Kolumbien
**Bogushëvsk** *siehe* Bahushewsk
**Boguslav** *siehe* Bohuslav
**Bo Hai** 128 D 4 *var.* Gulf of Chihli. Golf, Gelbes Meer/Pazifischer Ozean
**Böhmen** *siehe* Čechy
**Böhmerwald** 95 C 5 *Tsch.* Šumava, Ceský Les. Gebirge, Z Europa
**Bohol Sea** 139 E 2 *var.* Mindanao Sea. Meer, W Pazifischer Ozean
**Bohuslav** 109 E 2 *Russ.* Boguslav. N Ukraine
**Bois, Lac des** *siehe* Woods, Lake of the
**Bois Blanc Island** 40 C 2 Insel, Michigan, N USA
**Boise** 46 D 3 *var.* Boise City. Bundesstaatshauptstadt, Idaho, NW USA
**Boise City** *siehe* Boise
**Boizenburg** 94 C 3 N Deutschland
**Bojador** *siehe* Boujdour
**Bojnūrd** 120 D 2 *var.* Bujnurd. N Iran
**Bokāro** 135 F 4 N Indien
**Boké** 74 C 4 W Guinea
**Boknafjorden** 85 A 6 Fjord, NO Nordsee
**Bol** 76 B 3 W Tschad
**Bolesławiec** 98 B 4 *Dtsch.* Bunzlau. SW Polen
**Bolgatanga** 75 E 4 N Ghana
**Bolgrad** *siehe* Bolhrad
**Bolhrad** 108 D 4 *Russ.* Bolgrad. SW Ukraine
**Bolívar, Pico** 58 C 2 Berg, W Venezuela

---

**Bolivien**
61 F 4 *Sp.* República de Bolivia (Republik Bolivien). W Südamerika

**UN-Name:** Republic of Bolivia **Formation:** 1903 **Hauptstadt:** La Paz **Bevölkerung:** 7,8 Mio. **Fläche:** 1 098 580 km² **Sprachen:** Spanisch*, Quechua*, Aymará* **Religionen:** Römisch-Katholische 95%, andere 5% **Volksgruppen:** Indianer 55%, Mestizen 27%, Weiße 10%, andere 8% **Regierung:** Mehrparteienrepublik **Währung:** Boliviano = 100 Centavos

---

**Bollene** 91 D 6 SO Frankreich
**Bollnäs** 85 C 5 Z Schweden
**Bologna** 96 B 3 N Italien
**Bolognesi** 60 C 2 O Peru
**Bologoye** 110 B 4 W Russische Föderation
**Bol'sezemelskaja Tundra** *siehe* Bol'shezemel'skaya Tundra
**Bol'shevik** *siehe* Bal'shavik
**Bol'shevik, Ostrov** 115 E 2 Insel, Severnaya Zemlya, N Russische Föderation
**Bol'shezemel'skaya Tundra** 110 E 3 *var.* Bol'sezemelskaja Tundra. Region, NW Russische Föderation
**Bol'shoy Lyakhovskiy, Ostrov** 115 F 2 Insel, N Russische Föderation
**Bolton** 89 C 5 *ehem.* Bolton-le-Moors. NW England, Großbritannien
**Bolton-le-Moors** *siehe* Bolton
**Bolu** 116 B 3 NW Türkei
**Bolungarvík** 83 E 4 NW Island
**Bolyarovo** 104 D 3 *ehem.* Pashkeni. SO Bulgarien
**Bolzano** 96 C 1 *Dtsch.* Bozen; *ant.* Bauzanum. N Italien
**Boma** 77 B 7 W Dem. Rep. Kongo
**Bombay** *siehe* Mumbai
**Bomi Hills** 74 D 4 Mittelgebirge, NW Liberia
**Bomu** 76 D 4 *var.* M'Bomu, Mbomou, Mbomu. Fluß, Zentralafrikanische Republik/Dem. Rep. Kongo
**Bonaire** 58 D 1 Insel, O Niederländische Antillen
**Bonanza** 52 D 2 NO Nicaragua
**Bonaparte Archipelago** 146 C 2 Inselgruppe, NW Australien
**Bonda** 77 B 6 Z Gabun
**Bondoukou** 75 E 4 O Elfenbeinküste
**Bone** *siehe* Watampone
**Bône** *siehe* Annaba
**Bone, Teluk** 139 E 4 Bucht, W Pazifischer Ozean
**Bongaigaon** 135 G 3 NO Indien
**Bongo, Massif des** 76 D 4 *var.* Chaîne des Mongos. Gebirge, NO Zentralafrikanische Republik
**Bongor** 76 B 4 SW Tschad
**Bonifacio** 91 E 7 Corse, SO Frankreich
**Bonn** 95 A 5 W Deutschland
**Bononia** *siehe* Vidin
**Boothia, Gulf of** 37 F 2 Bucht, Arktis
**Boothia Felix** *siehe* Boothia Peninsula
**Boothia Peninsula** 37 F 2 *ehem.* Boothia Felix. Halbinsel, Northwest Territories, NO Kanada
**Boppard** 95 A 5 W Deutschland
**Boquete** 53 F 5 *var.* Bajo Boquete. W Panama
**Bor** 100 E 4 O Jugoslawien
**Bor** 73 B 5 S Sudan
**Borås** 85 B 7 S Schweden
**Bordeaux** 91 B 5 *ant.* Burdigala. SW Frankreich
**Bordertown** 149 B 7 South Australia, S Australien
**Borgå** *siehe* Porvoo
**Børgefjellet** 84 C 4 Gebirge, Z Norwegen
**Borger** 49 E 1 Texas, S USA
**Borger** 86 E 2 NO Niederlande
**Borgholm** 85 C 7 S Schweden
**Borgo Maggiore** 96 E 1 San Marino
**Borisoglebsk** 111 B 6 W Russische Föderation
**Borisov** *siehe* Barysaw
**Borlänge** 85 C 6 Z Schweden
**Borne** 86 E 3 O Niederlande
**Borneo** 138 C 4 Insel, SO Asien
**Bornholm** 85 B 8 *var.* Bornholms Amt. Inselgruppe, O Dänemark
**Bornholm** 94 D 2 Insel, O Dänemark
**Bornholms Amt** *siehe* Bornholm
**Borohoro Shan** 126 B 2 Gebirge, NW China
**Boron'ki** *siehe* Baron'ki
**Borovan** 104 C 2 NW Bulgarien
**Borovichi** 110 B 4 *var.* Boroviči. W Russische Föderation
**Boroviči** *siehe* Borovichi
**Borovo** 100 D 3 NO Kroatien
**Borșa** 108 C 3 *Ung.* Borsa. N Rumänien
**Borsa** *siehe* Borșa
**Bor Ul Shan** 126 D 3 Gebirge, N China
**Boryslav** 108 B 2 *Pol.* Borysław, *Russ.* Borislav. NW Ukraine
**Borzya** 115 F 5 S Russische Föderation
**Bosanska Dubica** 100 B 3 NW Bosnien-Herzegowina
**Bosanska Gradiška** 100 C 3 N Bosnien-Herzegowina
**Bosanski Brod** 100 C 3 N Bosnien-Herzegowina
**Bosanski Novi** 100 B 3 NW Bosnien-Herzegowina
**Bosanski Šamac** 100 C 3 N Bosnien-Herzegowina
**Boskamp** 59 G 3 N Suriname
**Boskovice** 99 B 5 *Dtsch.* Boskowitz. SO Tschechische Republik
**Boskowitz** *siehe* Boskovice
**Bosna** 101 A 8 Fluß, N Bosnien-Herzegowina

---

**Bosnien-Herzegowina**
100 A 8 Republica Bosna i Hercegovina (Republik Bosnien und Herzegowina). SO Europa

**UN-Name:** The Republic of Bosnia and Herzegovina **Formation:** 1992 **Hauptstadt:** Sarajevo **Bevölkerung:** 4,5 Mio. **Fläche:** 51 130 km² **Sprachen:** Serbisch*, Kroatisch* **Religionen:** Muslime 44%, Serbisch-Orthodoxe 31%, Römisch-Katholische 17%, andere 8% **Volksgruppen:** Bosnier 44%, Serben 31%, Kroaten 17%, andere 8% **Regierung:** Mehrparteienrepublik **Währung:** Dinar = 100 Para

---

**Bōsō-hantō** 131 D 6 Halbinsel, Honshū, S Japan
**Bosporus** *siehe* Istanbul Boğazı
**Bossangoa** 76 C 4 Z Zentralafrikanische Republik
**Bossembélé** 76 B 4 Z Zentralafrikanische Republik

**Bossier City** 42 A 2 Louisiana, S USA
**Bosten Hu** 126 C 3 *var.* Bagrax Hu. See, NW China
**Boston** 89 D 6 *ehem.* St.Botolph's Town. O England, Großbritannien
**Boston** 41 G 3 Bundesstaatshauptstadt, Massachusetts, NO USA
**Boston Mountains** 42 B 1 Gebirge, Arkansas, Z USA
**Bostyn'** *siehe* Bastyn'
**Botany Bay** 149 D 6 Bucht, W Tasman-See
**Boteti** 78 C 3 *var.* Botletle. Fluß, N Botswana
**Botletle** *siehe* Boteti
**Botoșani** 108 C 3 *Ung.* Botosány. NO Rumänien
**Botosány** *siehe* Botoșani
**Botou** 128 D 4 NO China
**Botrange** 87 D 6 Berg, O Belgien

**Botswana**
78 C 3 Repaboliki ya Botswana (Republik Botswana [Botsuana]). S Afrika

**UN-Name:** Republic of Botswana **Formation:** 1966 **Hauptstadt:** Gaborone **Bevölkerung:** 1,5 Mio. **Fläche:** 581 730 km² **Sprachen:** Englisch*, Tswana*, Shona, San **Religionen:** Naturreligionen 50%, Christen 50% **Volksgruppen:** Tswana 75%, Shona 12%, San 3%, andere 10% **Regierung:** Mehrparteienrepublik **Währung:** Pula = 100 Thebe

**Bottnischer Meerbusen** 66 D 2 *Fin.* Pohjanlahti, *Schwe.* Bottniska Viken. Golf, N Ostsee
**Bouar** 76 B 4 W Zentralafrikanische Republik
**Bou Craa** 70 B 3 N West-Sahara
**Bougainville Island** 144 C 3 Insel, NO Papua-Neuguinea
**Bougouni** 74 D 4 SW Mali
**Boujdour** 70 A 3 *var.* Bojador. W West-Sahara
**Boulder** 44 B 2 Montana, NW USA
**Boulder** 44 C 4 Colorado, Z USA
**Boulogne-sur-Mer** 90 B 2 *var.* Boulogne; *ant.* Bononia, Gesoriacum, Gessoriacum. N Frankreich
**Boûmdeïd** 74 C 3 *var.* Boumdeït. S Mauretanien
**Boumdeït** *siehe* Boûmdeïd
**Boundiali** 74 D 4 N Elfenbeinküste
**Bountiful** 44 B 4 Utah, Z USA
**Bounty-Becken** *siehe* Bounty-Rinne
**Bounty Islands** 142 D 5 Inselgruppe, S Neuseeland
**Bounty-Rinne** 152 C 5 *var.* Bounty-Becken. Untermeer. Formation, S Pazifischer Ozean
**Bourbonnais** 90 C 4 Region, Z Frankreich
**Bourgas** *siehe* Burgas
**Bourg-en-Bresse** 91 D 5 *var.* Bourg, Bourge-en-Bresse. O Frankreich
**Bourges** 90 C 4 *ant.* Avaricum. Z Frankreich
**Bourgogne** 90 C 4 *Dtsch.* Burgund. Region, O Frankreich
**Bourke** 149 C 5 New South Wales, SO Australien
**Bournemouth** 89 D 7 S England, Großbritannien
**Boutilimit** 74 C 3 SW Mauretanien
**Bowie** 49 G 2 Oklahoma, Z USA
**Bowen** 148 D 3 Queensland, NO Australien
**Bowling Green** 40 D 3 Ohio, N USA
**Bowling Green** 40 C 5 Kentucky, O USA
**Bowling Green, Cape** 148 D 3 Landspitze, Queensland, O Australien
**Boxmeer** 86 D 4 SO Niederlande
**Boyarka** 109 E 2 N Ukraine
**Boysun** 123 E 3 *Russ.* Baysun. S Usbekistan
**Bozeman** 44 B 2 Montana, NW USA
**Bozüyük** 116 B 3 NW Türkei
**Brač** 100 B 4 *var.* Brach, *It.* Brazza; *ant.* Brattia. Insel, S Kroatien
**Bracara Augusta** *siehe* Braga
**Bradenton** 43 E 4 Florida, SO USA
**Bradford** 89 D 5 NW England, Großbritannien
**Braga** 92 B 2 *ant.* Bracara Augusta. NW Portugal
**Bragança** 92 C 2 *Eng.* Braganza; *ant.* Julio Briga. NO Portugal
**Brahestad** *siehe* Raahe
**Brāhmanbāria** 135 G 4 O Bangladesch
**Brahmapur** 135 F 5 O Indien
**Brahmaputra** 124 C 2 *var.* Tsangpo, *Ben.* Jamuna, *Chin.* Yarlung Zangbo Jiang. Fluß, S Asien
**Brăila** 108 D 4 O Rumänien
**Braine-le-Comte** 87 B 6 SW Belgien
**Brainerd** 45 F 2 Minnesota, N USA
**Brak** *siehe* Birāk
**Brampton** 38 D 5 Ontario, S Kanada
**Brandberg** 78 B 3 Berg, NW Namibia
**Brandenburg** 94 C 3 *var.* Brandenburg an der Havel. NO Deutschland
**Brandenburg an der Havel** *siehe* Brandenburg
**Brandon** 37 F 5 Manitoba, S Kanada
**Braniewo** 98 C 2 *Dtsch.* Braunsberg. N Polen
**Brasília** 63 F 3 Staatshauptstadt, Z Brasilien
**Brasilianisches Becken** 67 C 5 *var.* Brasilien-Becken. Untermeer. Formation, W Atlantischer Ozean
**Brasilianisches Bergland** *siehe* Planalto Central

**Brasilien**
62 C 2 República Federativa do Brasil (Föderative Republik Brasilien), *Sp.* Brasil; *ehem.* Vereinigte Staaten von Brasilien. Z Südamerika

**UN-Name:** Federative Republic of Brazil **Formation:** 1822 **Hauptstadt:** Brasília **Bevölkerung:** 161,8 Mio. **Fläche:** 8 511 970 km² **Sprachen:** Portugiesisch*, Deutsch, Italienisch **Religionen:** Römisch-Katholische 90%, andere 10% **Volksgruppen:** Weiße (Portugiesen, Italiener, Deutsche) 55%, Mischlinge 38%, Schwarze 6%, andere 1% **Regierung:** Mehrparteienrepublik **Währung:** Real = 100 Centavos

**Brașov** 108 C 4 *Dtsch.* Kronstadt, *Ung.* Brassó; *ehem.* Orașul Stalin. Z Rumänien
**Brasstown Bald** 42 D 1 Berg, Georgia, SO USA
**Bratislava** 99 C 6 *Dtsch.* Pressburg, *Ung.* Pozsony. Staatshauptstadt, SW Slowakei
**Bratsk** 115 E 4 Z Russische Föderation
**Braunsberg** *siehe* Braniewo
**Braunschweig** 94 C 4 *Eng./Fr.* Brunswick. N Deutschland
**Brava** 74 A 3 Insel, Kap Verde
**Brava** *siehe* Baraawe
**Bravo del Norte** *siehe* Grande, Río
**Brawley** 47 D 8 California, W USA
**Brazos River** 49 G 3 Fluß, Texas, S USA
**Brazzaville** 77 B 6 Staatshauptstadt, S Rep. Kongo
**Brčko** 101 B 7 NO Bosnien-Herzegowina
**Brecht** 87 C 5 N Belgien
**Brecon Beacons** 89 C 6 Gebirge, S Wales, Großbritannien
**Breda** 86 C 4 S Niederlande
**Bree** 87 D 5 NO Belgien
**Bregalnica** 101 E 6 Fluß, O Mazedonien
**Bregovo** 104 B 1 NW Bulgarien
**Bremen** 94 B 3 NW Deutschland
**Bremerhaven** 94 B 3 NW Deutschland
**Bremerton** 46 B 2 Washington, NW USA
**Brenham** 49 G 4 Texas, S USA
**Brenner Paß** 95 C 7 *var.* Brenner Sattel, *Fr.* Col du Brenner, *It.* Passo del Brennero. Paß, Österreich/Italien
**Brescia** 96 B 2 *ant.* Brixia. N Italien
**Breslau** *siehe* Wrocław
**Bressanone** 96 C 1 *Dtsch.* Brixen. N Italien
**Brest** 90 A 3 NW Frankreich
**Brest** 107 A 6 *Pol.* Brześć nad Bugiem, *Russ.* Brest-Litovsk; *ehem.* Brześć Litewski. SW Weißrußland
**Bretagne** 90 A 3 *Eng.* Brittany; *Lat.* Britannia Minor. Region, NW Frankreich
**Brezhnev** *siehe* Naberezhnyye Chelny
**Brezovo** 104 D 2 *ehem.* Abrashlare. Z Bulgarien
**Bria** 76 D 4 Z Zentralafrikanische Republik
**Briançon** 91 D 5 *ant.* Brigantio. SO Frankreich
**Bribie Island** 149 E 5 Insel, Queensland, SO Australien
**Bricgstow** *siehe* Bristol
**Bridgeport** 41 F 3 Connecticut, NO USA
**Bridgetown** 55 G 2 Staatshauptstadt, SW Barbados
**Bridgman, Kap** 83 E 1 Landspitze, NO Grönland
**Bridlington** 89 E 5 NO England, Großbritannien
**Bridport** 89 C 7 SW England, Großbritannien
**Brig** 95 B 7 *Fr.* Brigue, *It.* Briga. SW Schweiz
**Brigantio** *siehe* Briançon
**Brigham City** 44 B 3 Utah, W USA
**Brighton** 89 E 7 SO England, Großbritannien
**Brighton** 44 D 4 Colorado, Z USA
**Brindisi** 97 E 5 *ant.* Brundisium, Brundusium, SO Italien
**Brisbane** 149 E 5 Bundesstaatshauptstadt, Queensland, O Australien
**Bristol** 89 D 7 *ant.* Bricgstow. S England, Großbritannien
**Bristol** 41 F 3 Connecticut, NO USA
**Bristol** 40 D 5 Rhode Island, NO USA
**Bristol** 43 E 1 Tennessee, S USA
**Bristol Bay** 36 B 3 Bucht, SO Bering-Meer
**Bristol Channel** 89 C 7 Bucht, Atlantischer Ozean/Celtic Sea
**Britische Inseln** 66 D 2 Inselgruppe, NO Atlantischer Ozean
**Britisches Antarktis-Territorium** 154 B 3 Territorial-Anspruch Großbritanniens, Antarktis
**British Columbia** 36 D 4 *Fr.* Colombie-Britannique. Provinz, SW Kanada
**British Indian Ocean Territory** 124 B 5 *siehe auch* Chagos Islands. Brit. abhängiges Territorium, Z Indischer Ozean
**British Solomon Islands Protectorate** *siehe* Salomon-Inseln
**British Virgin Islands** 55 G 3 *Dtsch.* Jungferninseln. Brit. abhängiges Territorium, Karibisches Meer
**Brive-la-Gaillarde** 91 C 5 *ehem.* Brive, *ant.* Briva Curretia. Z Frankreich
**Brixen** *siehe* Bressanone
**Brixia** *siehe* Brescia
**Brno** 99 B 5 *Dtsch.* Brünn. SO Tschechische Republik
**Broad Sound** 148 D 4 Sund, SO Korallen-See
**Brocēni** 106 B 3 SW Lettland
**Brockton** 41 G 3 Massachusetts, NO USA
**Brockville** 38 D 5 Ontario, SO Kanada
**Brodeur Peninsula** 37 F 2 Halbinsel, Baffin Island, NO Kanada
**Brodnica** 98 D 3 *Dtsch.* Buddenbrock. N Polen
**Broek-in-Waterland** 86 C 3 Z Niederlande
**Broken Arrow** 49 G 1 Oklahoma, Z USA
**Broken Hill** 149 B 6 New South Wales, SO Australien
**Bromberg** *siehe* Bydgoszcz
**Brookhaven** 42 B 3 Mississippi, S USA
**Brookings** 45 F 3 South Dakota, N USA
**Brooks Range** 36 D 2 Gebirge, Alaska, NW USA
**Brookton** 147 B 6 Western Australia, W Australien
**Broome** 146 C 3 Western Australia, NW Australien
**Broomfield** 44 C 4 Colorado, Z USA
**Brovary** 109 E 2 N Ukraine
**Brownfield** 49 E 2 Texas, S USA
**Brownsville** 49 G 5 Texas, S USA
**Brownwood** 49 F 3 Texas, S USA
**Brozha** 107 D 7 O Weißrußland
**Brozha** *siehe* Brozha
**Bruce, Mount** 146 B 4 Berg, Western Australia, W Australien
**Bruch-Plateau** 141 D 6 untermeer. Formation, S Indischer Ozean
**Bruges** *siehe* Brugge
**Brugge** 87 A 5 *Dtsch.* Brügge, *Fr.* Bruges. NW Belgien
**Brügge** *siehe* Brugge
**Brummen** 86 D 4 O Niederlande

**Brunei**
138 D 3 *Mal.* Negara Brunei Darussalam (Islamisches Sultanat Brunei Darussalam). SO Asien

**UN-Name:** The Sultanate of Brunei **Formation:** 1984 **Hauptstadt:** Bandar

Seri Begawan **Bevölkerung:** 300 000 **Fläche:** 5770 km² **Sprachen:** Malaiisch*, Englisch, Chinesisch **Religionen:** Muslime 63%, Buddhisten 14%, Christen 10%, andere 13% **Volksgruppen:** Malaien 69%, Chinesen 18%, andere 13% **Regierung:** Absolute Monarchie **Währung:** Brunei-$ = 100 Cents

---

**Brunei Town** *siehe* Bandar Seri Begawan
**Brünn** *siehe* Brno
**Brunswick** 43 E 3 Georgia, SO USA
**Brunswick** *siehe* Braunschweig
**Brus Laguna** 52 D 2 O Honduras
**Brüssel** *siehe* Bruxelles
**Brüx** *siehe* Most
**Bruxelles** 87 C 6 *var.* Brussels, *Nied.* Brussel, *Dtsch.* Brüssel; *ant.* Broucsella. Staatshauptstadt, Z Belgien
**Bryan** 49 G 3 Texas, S USA
**Bryansk** 111 A 5 W Russische Föderation
**Brzeg** 98 C 4 *Dtsch.* Brieg; *ant.* Civitas Altae Ripae. SW Polen
**Brzeżany** *siehe* Berezhany
**Bucaramanga** 58 B 2 N Kolumbien
**Buccaneer Archipelago** 146 C 3 Inselgruppe, W Australien
**Buchanan** 74 C 5 *ehem.* Grand Bassa. SW Liberia
**Buchanan, Lake** 49 F 3 Stausee, Texas, S USA
**Bu Craa** *siehe* Bou Craa
**București** 108 C 5 *Dtsch.* Bukarest, Gross Schlatten, *Ung.* Abrudbánya, *Rum.* Bucureti; *ehem.* Altenburg, *ant.* Cetatea Dambovitei. Staatshauptstadt, S Rumänien
**Buda-Kashalyova** 107 D 7 *Russ.* Buda-Koshelëvo. SO Weißrußland
**Buda-Koshelëvo** *siehe* Buda-Kashalyova
**Budapest** 99 D 6 *off.* Budapest Főváros, *SKr.* Budimpešta. Staatshauptstadt, N Ungarn
**Budaun** 135 E 3 N Indien
**Buddenbrock** *siehe* Brodnica
**Budweis** *siehe* České Budějovice
**Budyšin** *siehe* Bautzen
**Buenaventura** 58 A 3 W Kolumbien
**Buena Vista** 93 H 5 S Gibraltar
**Buena Vista** 61 G 4 Z Bolivien
**Buenos Aires** 64 D 4 *hist.* Santa Maria del Buen Aire. Staatshauptstadt, O Argentinien
**Buenos Aires** 53 E 5 SO Costa Rica
**Buenos Aires, Lago** 65 B 6 *var.* Lago General Carrera. See, Argentinien/Chile
**Buffalo** 41 E 3 New York, NO USA
**Buffalo Narrows** 37 F 4 Saskatchewan, Z Kanada
**Buff Bay** 54 B 5 O Jamaica
**Buftea** 108 C 5 S Rumänien
**Bug** 81 E 3 *Bel.* Zakhodni Buh, *Russ.* Zapadnyy Bug, *Ukr.* Zakhidnyy Buh. Fluß, O Europa
**Buga** 58 B 3 W Kolumbien
**Bughotu** *siehe* Santa Isabel
**Buġibba** 102 B 5 NO Malta
**Bugojno** 100 B 4 Z Bosnien-Herzegowina
**Buḩayrat ath Tharthār** 120 B 3 See, Z Irak
**Buḩeiret Nâṣir** 72 B 3 *var.* Buḩayrat Nāṣir, *Eng.* Lake Nasser. See, Ägypten/Sudan
**Buitenzorg** *siehe* Bogor
**Bujalance** 92 D 4 S Spanien
**Bujanovac** 101 E 5 SO Jugoslawien
**Bujnurd** *siehe* Bojnūrd
**Bujumbura** 73 B 7 *ehem.* Usumbura. Staatshauptstadt, W Burundi
**Bukarest** *siehe* Bucuresti
**Bukavu** 77 E 6 *ehem.* Costermansville. O Dem. Rep. Kongo
**Bukhoro** 122 D 2 *var.* Bokhara, *Russ.* Bukhara. Z Usbekistan
**Bukit Panjang** 138 A 1 Z Singapur
**Bukoba** 73 B 6 NW Tansania
**Bülach** 95 B 7 NW Schweiz
**Bulawayo** 78 D 3 *var.* Buluwayo. SW Zimbabwe
**Buldur** *siehe* Burdur
**Bulgan** 127 E 2 N Mongolei

---

**Bulgarien**
104 C 2 Republika Balgarija (Republik Bulgarien), *Bul.* Bŭlgariya; *ehem.* Volksrepublik Bulgarien. SO Europa

**UN-Name:** Republic of Bulgaria **Formation:** 1908 **Hauptstadt:** Sofia **Bevölkerung:** 8,9 Mio. **Fläche:** 110 910 km² **Sprachen:** Bulgarisch*, Türkisch, Mazedonisch, Rumänisch, Armenisch **Religionen:** Christen 85%, Muslime 13%, Juden 1%, andere 1% **Volksgruppen:** Bulgaren 85%, Türken 9%, Mazedonier 3%, Sinti 3% **Regierung:** Mehrparteienrepublik **Währung:** Lev = 100 Stoninki

---

**Bulukumba** 139 E 5 *ehem.* Boeloekoemba. Sulawesi, Z Indonesien
**Buluwayo** *siehe* Bulawayo
**Bumba** 77 D 5 N Dem. Rep. Kongo
**Bunbury** 147 B 7 Western Australia, SW Australien
**Bundaberg** 148 D 4 Queensland, O Australien
**Bungo-suidō** 131 B 7 Meerenge, NW Pazifischer Ozean
**Bunia** 77 E 5 NO Dem. Rep. Kongo
**Bünyan** 116 D 3 Z Türkei
**Bunzlau** *siehe* Bolesławiec
**Buraida** *siehe* Buraydah
**Buraydah** 120 B 4 *var.* Buraida. N Saudi-Arabien
**Burdigala** *siehe* Bordeaux
**Burdur** 116 B 4 *var.* Buldur. SW Türkei
**Burē** 72 C 4 NW Äthiopien
**Burgas** 104 E 2 *var.* Bourgas. O Bulgarien
**Burgaski Zaliv** 104 E 2 Golf, W Schwarzes Meer
**Burgos** 92 D 2 N Spanien
**Burgund** *siehe* Bourgogne
**Burhan Budai Shan** 126 D 4 Gebirge, Z China
**Buriram** 137 D 5 *var.* Buri Ram, Puriramya. O Thailand
**Burjassot** 93 F 3 O Spanien
**Burkburnett** 49 F 2 Texas, S USA
**Burke** 41 E 4 Virginia, NO USA

---

**Burkina Faso**
75 E 3 *ehem.* Obervolta. NW Afrika

**UN-Name:** Burkina Faso **Formation:** 1960 **Hauptstadt:** Ouagadougou **Bevölkerung:** 10,3 Mio. **Fläche:** 274 200 km² **Sprachen:** Französisch*, Mossi, Ful **Religionen:** Naturreligionen 65%, Muslime 25%, Christen 10% **Volksgruppen:** Mossi 45%, Mande 10%, Fulbe 10%, andere 35% **Regierung:** Mehrparteienrepublik **Währung:** CFA-Franc = 100 Centimes

---

**Burleson** 49 G 3 Texas, S USA
**Burlington** 41 F 2 Maine, NO USA
**Burlington** 45 G 4 Iowa, Z USA
**Burma** *siehe* Myanmar
**Burnie** 149 C 8 Tasmania, SO Australien
**Burnsville** 45 F 2 Minnesota, N USA
**Burrel** 101 D 6 *var.* Burreli. Z Albanien
**Burreli** *siehe* Burrel
**Burriana** 93 F 3 O Spanien
**Bursa** 116 B 3 *hist.* Brussa; *ant.* Prusa. NW Türkei
**Būr Sa'īd** *siehe* Port Said
**Burtnieks** *siehe* Burtnieku Ezers
**Burtnieku Ezers** 106 D 3 *var.* Burtnieks. See, N Lettland
**Burton** 40 C 3 Michigan, N USA
**Buru, Pulau** 139 F 4 *ehem.* Boeroe. Insel, O Indonesien

---

**Burundi**
73 B 7 Republika y'Uburundi (Republik Burundi), *ehem.* Königreich Burundi, *var.* Urundi. NO Afrika

**UN-Name:** Republic of Burundi **Formation:** 1962 **Hauptstadt:** Bujumbura **Bevölkerung:** 6,4 Mio. **Fläche:** 27 830 km² **Sprachen:** Kirundi*, Französisch*, Kisuaheli **Religionen:** Christen 68%, Naturreligionen 32% **Volksgruppen:** Hutu 85%, Tutsi 13%, Twa (Pygmäen) 1%, andere 1% **Regierung:** Mehrparteienrepublik **Währung:** Burundi-Franc = 100 Centimes

---

**Busselton** 147 B 7 Western Australia, SW Australien
**Busto Arsizio** 96 B 2 N Italien
**Buta** 77 D 5 N Dem. Rep. Kongo
**Butembo** 77 E 5 NO Dem. Rep. Kongo
**Butha Qi** 127 G 1 *var.* Zalantun. NO China
**Butler** 41 E 4 Pennsylvania, NO USA
**Bütow** *siehe* Bytów
**Butte** 44 B 2 Montana, NW USA
**Butterworth** 138 B 3 W Malaysia
**Button Islands** 39 E 1 Inselgruppe, Northwest Territories, NO Kanada
**Butuan** 139 F 2 *off.* Butuan City. Mindanao, S Philippinen
**Butuan City** *siehe* Butuan
**Butuntum** *siehe* Bitonto
**Buulobarde** 73 D 6 *var.* Buulo Berde. Somalia
**Buulo Berde** *siehe* Buulobarde
**Buur Gaabo** 73 D 6 S Somalia
**Buynaksk** 111 B 8 SW Russische Föderation
**Büyükağrı Dağı** 117 G 3 *var.* Aǧri Dağı, Aghri Dagh, Koh-i-Noh, Masis, *Dtsch.* Ararat. Berg, O Türkei
**Büyükmenderes** 116 A 4 *var.* Büyük Menderes Nehri, *ant.* Maiandros, *Dtsch.* Mäander. Fluß, SW Türkei
**Buzău** 108 C 5 SO Rumänien
**Büzmeyin** 122 C 3 *Russ.* Byuzmeyin, *ehem.* Bezmein. Z Turkmenistan
**Buzuluk** 111 D 6 W Russische Föderation
**Byahoml'** 107 D 5 *Russ.* Begoml'. N Weißrußland
**Byalynichy** 107 D 6 *Russ.* Belynichi. O Weißrußland
**Bydgoszcz** 98 C 3 *Dtsch.* Bromberg. W Polen
**Byelaruskaya Hrada** 107 B 6 *Russ.* Belorusskaya Gryada. Gebirgszug, N Weißrußland
**Byerezino** 107 D 6 *Russ.* Berezina. Fluß, O Weißrußland
**Byrranga, Gora** 115 E 2 Gebirge, N Russische Föderation
**Bystrovka** *siehe* Kemin
**Bytča** 99 C 5 NW Slowakei
**Bytów** 98 C 2 *Dtsch.* Bütow. NW Polen
**Byuzmeyin** *siehe* Büzmeyin
**Byval'ki** 107 D 8 SO Weißrußland

# C

**Caála** 78 B 2 *var.* Kaala, Robert Williams, *Port.* Vila Robert Williams. Z Angola
**Caazapá** 64 D 3 S Paraguay
**Caballo Reservoir** 48 C 3 Stausee, New Mexico, SW USA
**Cabañaquinta** 92 D 1 N Spanien
**Cabanatuan** 139 E 1 *off.* Cabanatuan City. Luzon, N Philippinen
**Cabanatuan City** *siehe* Cabanatuan
**Cabillonum** *siehe* Chalon-sur-Saône
**Cabimas** 58 C 1 NW Venezuela
**Cabinda** 77 B 6 *var.* Kabinda. Provinz, NW Angola
**Cabinda** 78 A 1 *var.* Kabinda NW Angola
**Cabora Bassa, Lake** *siehe* Cahora Bassa, Albufeira de
**Caborca** 50 B 1 NW Mexiko
**Cabot Strait** 39 G 4 Meerenge, Atlantischer Ozean/Gulf of St. Lawrence
**Cabras, Ilha das** 76 E 2 Insel, O Atlantischer Ozean
**Cabrera** 93 G 3 *ant.* Capraria. O Spanien
**Čačak** 100 D 4 Z Jugoslawien
**Cáceres** 92 C 3 *Ar.* Qazris. W Spanien
**Cachimbo, Serra do** 63 E 2 Gebirge, Z Brasilien
**Caconda** 78 B 2 Z Angola
**Čadca** 99 C 5 *Ung.* Csaca. N Slowakei
**Cadillac** 40 C 2 Michigan, N USA
**Cadiz** 139 E 2 *off.* Cadiz City. Negros, Z Philippinen
**Cádiz** 92 C 5 *ant.* Gades, Gadier, Gadir, Gadire. SW Spanien
**Cádiz, Golfo de** 92 B 5 Golf, NO Atlantischer Ozean
**Cadiz, Golf von** *siehe* Cádiz, Golfo de
**Cadiz City** *siehe* Cadiz
**Cadurcum** *siehe* Cahors
**Caen** 90 B 3 N Frankreich
**Caerdydd** *siehe* Cardiff
**Caer Gybi** *siehe* Holyhead
**Caesena** *siehe* Cesena
**Cafayate** 64 C 2 N Argentinien
**Cagayan de Oro** 139 F 2 *off.* Cagayan de Oro City. Mindanao, S Philippinen
**Cagayan de Oro City** *siehe* Cagayan de Oro
**Cagliari** 97 A 6 *ant.* Caralis. Sardinien, W Italien
**Caguas** 55 F 3 Puerto Rico

**Cahora Bassa, Albufeira de** 78 D 2 *Eng.* Lake Cabora Bassa. Stausee, NW Moçambique
**Cahors** 91 B 6 *ant.* Cadurcum. S Frankreich
**Cahul** 108 D 4 *Russ.* Kagul. S Moldawien
**Caicos Passage** 54 D 2 Meerenge, N Karibisches Meer
**Cailungo** 96 E 1 San Marino
**Cairns** 148 D 3 Queensland, NO Australien
**Caisleán an Bharraigh** *siehe* Castlebar
**Cajamarca** 60 B 3 *ehem.* Caxamarca. NW Peru
**Čajovskij** *siehe* Chaykovskiy
**Čakovec** 100 B 2 *Dtsch.* Csakathurn, *Ung.* Csáktornya; *ehem. Dtsch.* Tschakathurn. N Kroatien
**Calabar** 75 G 5 S Nigeria
**Calabozo** 58 D 2 Z Venezuela
**Calafat** 108 B 5 SW Rumänien
**Calafate** *siehe* El Calafate
**Calahorra** 93 E 2 N Spanien
**Calais** 90 C 2 N Frankreich
**Calais** 41 H 2 Maine, NO USA
**Calama** 64 B 2 N Chile
**Călăraşi** 108 D 3 *var.* Călăras, *Russ.* Kalarash. Z Moldawien
**Călăraşi** 108 C 5 SO Rumänien
**Calatayud** 93 E 2 NO Spanien
**Calbayog** 139 F 2 *off.* Calbayog City. Samar, Z Philippinen
**Calbayog City** *siehe* Calbayog
**Calcanhar, Cabo** 63 G 2 Landspitze, NO Brasilien
**Calcutta** 135 G 4 Bundesstaatshauptstadt, NO Indien
**Caldas da Rainha** 92 A 3 W Portugal
**Caldera** 64 B 3 N Chile
**Caldwell** 46 D 3 Idaho, NW USA
**Caledon Bay** 148 B 2 Bucht, Gulf of Carpentaria / Arafura-See
**Caledonia** 52 C 1 N Belize
**Caleta** *siehe* Catalan Bay
**Caleta Olivia** 65 B 6 SO Argentinien
**Calgary** 37 E 5 Alberta, SW Kanada
**Cali** 58 A 3 W Kolumbien
**Calicut** 132 C 2 *var.* Kozhikode. SW Indien
**California** 47 C 7 *off.* State of California; *auch genannt:* El Dorado, The Golden State. Bundesstaat, W USA
**California, Golfo de** 153 F 2 *var.* Gulf of California; *ehem.* Sea of Cortez. Golf, O Pazifischer Ozean
**Călimăneşti** 108 B 4 SW Rumänien
**Callabonna, Lake** 149 B 5 See, South Australia, S Australien
**Callao** 60 C 4 W Peru
**Callatis** *siehe* Mangalia
**Callosa de Segura** 93 F 4 O Spanien
**Calmar** *siehe* Kalmar
**Caloundra** 149 E 5 Queensland, O Australien
**Caltanissetta** 97 C 7 SW Italien
**Caluula** 72 E 4 NO Somalia
**Camabatela** 78 B 1 NW Angola
**Camacupa** 78 B 2 *var.* General Machado, *Port.* Vila General Machado. Z Angola
**Camagüey** 54 C 2 *ehem.* Puerto Príncipe. Z Kuba
**Camagüey, Archipiélago de** 54 C 2 Inselgruppe, Z Kuba
**Camana** 61 E 4 *var.* Camaná. SW Peru
**Camaná** *siehe* Camana
**Camargo** 50 D 2 *var.* Ciudad Camargo. N Mexiko
**Camargue** 91 D 6 Region, SO Frankreich
**Ca Mau** 137 D 6 *var.* Quan Long, Quanlong; *ehem.* Camau. S Vietnam
**Cambay, Gulf of** *siehe* Khambhāt, Golf von
**Camberia** *siehe* Chambéry
**Cambrai** 90 C 2 *Fläm.* Kambryk; *ehem.* Cambray, *ant.* Cameracum. N Frankreich
**Cambrian Mountains** 89 C 6 Gebirge, Z Wales, Großbritannien
**Cambridge** 89 E 6 *Lat.* Cantabrigia. O England, Großbritannien
**Cambridge** 54 A 5 W Jamaica
**Cambridge** 150 D 3 North Island, N Neuseeland
**Cambridge Bay** 37 F 3 Victoria Island, Kanada
**Cambulo** 78 C 1 NO Angola
**Camden** 42 B 2 South Carolina, SO USA
**Cameron** 40 A 2 Wisconsin, N USA
**Camiri** 61 G 4 S Bolivien
**Camocim** 63 G 2 O Brasilien
**Camopi** 59 H 3 O Franz. Guyana
**Campamento** 52 C 2 Z Honduras
**Campbell, Cape** 151 D 5 Landspitze, South Island, SW Neuseeland
**Campbell Island** 142 D 5 Insel, S Neuseeland
**Campbell-Plateau** 152 C 5 untermeer. Formation, SW Pazifischer Ozean
**Campbell River** 36 D 5 Vancouver Island, Kanada
**Campeche** 51 G 4 SO Mexiko
**Campeche, Bahía de** 51 F 4 *Eng.* Bay of Campeche. Bucht, S Golf von Mexiko
**Campeche, Bay of** *siehe* Campeche, Bahía de
**Câm Pha** 136 E 3 N Vietnam
**Câmpina** 108 C 5 *ehem.* Cîmpina. SO Rumänien
**Campina Grande** 63 G 2 O Brasilien
**Campinas** 63 F 4 S Brasilien
**Campobasso** 97 D 5 S Italien
**Campo Criptana** *siehe* Campo de Criptana
**Campo de Criptana** 93 E 3 *var.* Campo Criptana. Z Spanien
**Campo dos Goitacazes** *siehe* Campos
**Campo Grande** 63 E 4 Bundesstaatshauptstadt, SW Brasilien
**Campos** 63 F 4 *var.* Campo dos Goitacazes. SO Brasilien
**Câmpulung** 108 B 4 *ehem.* Câmpulung-Muşcel, Cîmpulung. S Rumänien
**Cam Ranh** 137 E 6 SO Vietnam
**Canadian River** 49 E 2 Fluß, S USA
**Çanakkale** 116 A 3 *var.* Dardanelli; *ehem.* Chanak, Kale-i-Sultaniye. W Türkei
**Çanakkale Boğazı** 116 A 2 *Dtsch.* Dardanellen. Meerenge, Marmara-Meer / Mittelmeer
**Cananea** 50 B 1 NW Mexiko
**Canarias, Islas** 70 A 2 Inselgruppe, Aut. Region, W Atantischer Ozean
**Canaries** 55 F 1 W St. Lucia
**Canarreos, Archipiélago de los** 54 B 2 Inselgruppe, W Kuba
**Cañas** 52 D 4 NW Costa Rica
**Canaveral, Cape** 43 F 4 Landspitze, Florida, SO USA
**Canavieiras** 63 G 3 O Brasilien
**Canberra** 149 D 7 Staatshauptstadt, Australian Capital Territory, SO Australien
**Cancún** 51 H 3 SO Mexiko
**Cangzhou** 128 D 4 NO China
**Caniapiscau** 39 E 2 Fluß, Québec, O Kanada
**Caniapiscau, Réservoir de** 39 E 2 Stausee, Québec, Z Kanada
**Canik Dağlar** 116 D 2 Gebirge, N Türkei
**Canillo** 91 A 8 C Andorra
**Çankırı** 116 C 3 *var.* Chankiri; *ant.* Gangra, Germanicopolis. N Türkei
**Cannanore** 132 B 2 *var.* Kananur, Kannur. SW Indien
**Cannes** 91 D 6 SO Frankreich
**Canoas** 63 E 5 S Brasilien
**Canon City** 44 D 5 Colorado, Z USA
**Cantabria** 92 D 1 Region, N Spanien
**Cantábrica, Cordillera** 92 C 1 Gebirge, N Spanien
**Cantabrigia** *siehe* Cambridge
**Cantaura** 59 E 2 NO Venezuela
**Canterbury** 89 E 7 *hist.* Cantwaraburh, *ant.* Durovernum, *Lat.* Cantuaria. SO England, Großbritannien
**Canterbury Bight** 151 C 6 Meeresregion, S Pazifischer Ozean
**Canterbury Plains** 151 C 6 Ebene, South Island, SW Neuseeland
**Cân Thơ** 137 D 6 S Vietnam
**Canton** *siehe* Guangzhou
**Canton** 42 B 2 Mississippi, S USA
**Canton** 40 D 4 Ohio, N USA
**Canyon** 49 E 2 Texas, S USA
**Cao Băng** 136 D 3 *var.* Caobang. N Vietnam
**Caobang** *siehe* Cao Băng
**Cap-Breton, Île du** *siehe* Cape Breton Island
**Cape Barren Island** 149 C 8 Insel, Tasmania, SO Australien
**Cape Breton Island** 39 G 4 *Fr.* Île du Cap-Breton. Insel, Nova Scotia, SO Kanada
**Cape Coast** 75 E 5 *ehem.* Cape Coast Castle. S Ghana
**Cape Coast Castle** *siehe* Cape Coast
**Cape Coral** 43 E 5 Florida, SO USA
**Cape Fear River** 43 F 2 Fluß, North Carolina, SO USA
**Cape Girardeau** 45 H 5 Missouri, Z USA
**Capelle aan den IJssel** 86 C 4 SW Niederlande
**Cape Palmas** *siehe* Harper
**Cape Town** 78 B 5 *var.* Ekapa, *Afr.* Kaapstad, Kapstad. SW Südafrika
**Cape York Peninsula** 148 C 2 Halbinsel, N Australien
**Cap-Haïtien** 54 D 3 *var.* Le Cap. N Haiti
**Capira** 53 G 5 Z Panama
**Capitán Bado** 64 D 2 O Paraguay
**Capitán Pablo Lagerenza** 64 D 1 *var.* Mayor Pablo Lagerenza. N Paraguay
**Capri, Isola di** 97 C 5 Insel, S Italien
**Caprivi Strip** 78 C 3 *Dtsch.* Caprivizipfel; *ehem. Eng.* Caprivi Concession. Region, NO Namibia
**Caquetá** 58 C 5 *var.* Rio Japurá, Yapurá. Fluß, Brasilien / Kolumbien
**Caracal** 108 B 5 S Rumänien
**Caracaraí** 62 D 1 W Brasilien
**Caracas** 58 D 1 Staatshauptstadt, N Venezuela
**Caracollo** 61 F 4 W Bolivien
**Caralis** *siehe* Cagliari
**Caráquez** 60 A 1 *ehem.* Bahía de Caráquez. W Ecuador
**Caráquez, Bahía de** *siehe* Caráquez
**Caraşova** 108 A 4 *Ung.* Krassóvár. SW Rumänien
**Caratasca, Laguna de** 53 E 2 Lagune, W Karibisches Meer
**Carballiño** 92 B 1 NW Spanien
**Carbondale** 40 B 5 Illinois, N USA
**Carbonia** 97 A 6 *var.* Carbonia Centro. S Italien
**Carbonia Centro** *siehe* Carbonia
**Carcaso** *siehe* Carcassonne
**Carcassonne** 91 B 6 *ant.* Carcaso. S Frankreich
**Cárdenas** 54 B 2 W Kuba
**Cardiff** 89 C 7 *Wal.* Caerdydd. SO Wales, Großbritannien
**Cardigan Bay** 89 C 6 Bucht, SO Irish Sea
**Carei** 108 B 3 *Dtsch.* Gross-Karol, Karol, *Ung.* Nagykároly; *ehem.* Careii-Mari. NW Rumänien
**Carey, Lake** 147 C 6 See, Western Australia, SW Australien
**Cariaco** 59 E 1 NO Venezuela
**Caribou** 37 F 4 Manitoba, Z Kanada
**Carlisle** 89 C 5 *ant.* Luguvallium, Luguvallum, Caer Luel. NW England, Großbritannien
**Carlow** 89 B 6 *Ir.* Ceatharlach. SO Rep. Irland
**Carlsbad** 48 D 3 New Mexico, SW USA
**Carlsberg-Rücken** 140 B 4 untermeer. Formation, NW Indischer Ozean
**Carlsruhe** *siehe* Karlsruhe
**Carmarthen** 89 C 6 SW Wales, Großbritannien
**Carmaux** 91 C 6 S Frankreich
**Carmel** 40 C 4 Indiana, N USA
**Carmelita** 52 B 1 N Guatemala
**Carmen** 51 G 4 *var.* Ciudad del Carmen. SO Mexiko
**Carmona** 92 D 4 S Spanien
**Carnavon** 147 A 5 Western Australia, W Australien
**Carnegie, Lake** 147 C 5 Salzsee, Western Australia, W Australien
**Car Nicobar** 133 F 3 Insel, SW Indien
**Caroço, Ilha** 76 E 1 Insel, O Atlantischer Ozean
**Carolina** 63 F 2 O Brasilien
**Caroline Island** 145 H 3 *ehem.* Thornton Island. Insel, O Kiribati
**Caroline Islands** 144 B 2 Inselgruppe, S Mikronesien
**Caroline Peak** 151 A 7 Berg, South Island, S Neuseeland
**Caroní** 59 E 3 Fluß, O Venezuela
**Carora** 58 C 2 N Venezuela
**Carpaţii Meridionali** 108 B 4 *var.* Alpi Transilvaniei, Carpaţii Sudici, *Dtsch.* Südkarpaten, Siebenbürger Alpen, *Eng.* South Carpathians, Transylvanian Alps, *Ung.* Déli-Kárpátok, Erdélyi-Havasok. Gebirge, Z Rumänien
**Carpaţii Occidentali** 108 B 4 *Dtsch.* Westkarpaten. Gebirge, W Rumänien
**Carpentaria, Gulf of** 148 B 2 Golf, N Arafura-See
**Carpi** 96 B 2 N Italien
**Carrara** 96 B 3 Z Italien

**Carr Boyd Range** 146 D 3 Gebirge, N Australien
**Čarsk** *siehe* Charsk
**Carson City** 47 C 5 Bundesstaatshauptstadt, Nevada, W USA
**Carson Sink** 47 C 5 Salzebene, Nevada, W USA
**Cartagena** 93 F 4 *ant.* Carthago Nova. SO Spanien
**Cartagena** 58 B 1 *var.* Cartagena de los Indes. NW Kolumbien
**Cartagena de los Indes** *siehe* Cartagena
**Cartago** 53 E 4 Z Costa Rica
**Carthage** 45 F 5 Missouri, Z USA
**Carthago Nova** *siehe* Cartagena
**Cartwright** 39 G 2 Newfoundland and Labrador, O Kanada
**Carúpano** 59 E 1 NO Venezuela
**Carusbur** *siehe* Cherbourg
**Caruthersville** 45 H 5 Missouri, Z USA
**Casablanca** 70 C 2 *Ar.* Dar-el-Beida. NW Marokko
**Casa Grande** 48 B 2 Arizona, SW USA
**Cascade Range** 46 B 4 Gebirge, NW USA
**Cascadia-Becken** 153 E 1 untermeer. Formation, NO Pazifischer Ozean
**Cascais** 92 B 4 Portugal
**Caserta** 97 D 5 S Italien
**Casey** 154 D 4 Forschungsstation, Antarktis
**Casino** 149 E 5 New South Wales, SO Australien
**Čáslav** 99 B 5 *Dtsch.* Tschaslau. Z Tschechische Republik
**Casper** 44 C 3 Wyoming, Z USA
**Cassel** *siehe* Kassel
**Casteggio** 96 B 2 N Italien
**Castelló de la Plana** 93 F 3 *var.* Castellón. O Spanien
**Castellón** *siehe* Castelló de la Plana
**Castelnaudary** 91 C 6 S Frankreich
**Castelo Branco** 92 B 3 Z Portugal
**Castelsarrasin** 91 B 6 S Frankreich
**Castelvetrano** 97 C 7 SW Italien
**Castilla-La Mancha** 93 E 3 Region, NO Spanien
**Castilla-León** 92 C 2 Region, NW Spanien
**Castlebar** 89 A 5 *Ir.* Caisleán an Bharraigh. W Rep. Irland
**Castleford** 89 D 5 W England, Großbritannien
**Castle Harbour** 42 B 5 Hafen, O Bermuda
**Castricum** 86 C 3 W Niederlande
**Castries** 55 F 1 Staatshauptstadt, N St. Lucia
**Castro** 65 B 6 W Chile
**Castrovillari** 97 D 6 SW Italien
**Castuera** 92 C 4 W Spanien
**Caswell Sound** 151 A 7 Sund, S Tasman-See
**Catacamas** 52 D 2 Z Honduras
**Catacaos** 60 B 3 NW Peru
**Catalan Bay** 93 H 4 *var.* Caleta. Bucht, Gibraltar
**Catalan Bay** 93 H 4 O Gibraltar
**Catalina** 64 B 2 N Chile
**Cataluña** 93 G 2 Region, N Spanien
**Catamarca** *siehe* San Fernando del Valle de Catamarca
**Catania** 97 D 7 SW Italien
**Catanzaro** 97 E 6 SW Italien
**Catarroja** 93 F 3 O Spanien
**Cat Island** 54 C 1 Insel, Bahamas
**Catskill Mountains** 41 F 3 Gebirge, New York, NO USA
**Cattaro** *siehe* Kotor
**Cauca** 58 B 2 Fluß, N Kolumbien
**Caucasia** 58 B 2 NW Kolumbien
**Caura** 59 E 3 Fluß, Z Venezuela
**Cavalla** 74 D 5 *var.* Cavally Fleuve. Fluß, Elfenbeinküste/Liberia
**Cave Hill** 55 G 2 W Barbados
**Caviana, Ilha** *siehe* Caviana de Fora, Ilha
**Caviana de Fora, Ilha** 63 F 1 *var.* Ilha Caviana. Insel, N Brasilien
**Cawnpore** *siehe* Kānpur
**Caxamarca** *siehe* Cajamarca
**Caxias do Sul** 57 D 5 S Brasilien
**Caxito** 78 B 1 NW Angola
**Cayenne** 59 H 3 Hauptstadt eines abhängigen Territoriums, NO Franz. Guyana
**Cayman Brac** 54 B 3 Insel, Cayman Islands
**Cayman Islands** 54 B 3 Brit. abhängiges Territorium, Cayman Islands
**Cay Sal** 54 B 2 Insel, Bahamas
**Cazin** 100 B 3 NW Bosnien-Herzegowina
**Cazorla** 93 E 4 S Spanien
**Ceará** 63 G 2 *off.* Estado do Ceará. Bundesstaat, Z Brasilien
**Ceará** *siehe* Fortaleza
**Ceará, Estado do** *siehe* Ceará
**Ceará-Tiefsee-Ebene** 67 C 5 untermeer. Formation, W Atlantischer Ozean
**Ceatharlach** *siehe* Carlow
**Cébaco, Isla** 53 F 5 Insel, SW Panama
**Cebu** 139 E 2 *off.* Cebu City. Cebu, Z Philippinen
**Cebu City** *siehe* Cebu
**Čechy** 99 A 5 *var.* Bohemia, *Dtsch.* Böhmen. Region, W Tschechische Republik
**Cecina** 96 B 3 NW Italien
**Cedar City** 44 A 5 Utah, W USA
**Cedar Falls** 45 G 3 Iowa, Z USA
**Cedar Rapids** 45 G 3 Iowa, Z USA
**Cedar River** 45 E 4 Fluß, Nebraska, Z USA
**Cedros, Isla** 50 A 2 Insel, W Mexiko
**Ceduna** 149 A 6 South Australia, S Australien
**Cefalù** 97 C 7 *ant.* Cephaloedium. SW Italien
**Celebes** *siehe* Sulawesi
**Celebes-See** 152 A 3 *Ind.* Laut Sulawesi. Meer, W Pazifischer Ozean
**Celica** 60 B 2 SW Ecuador
**Celje** 95 E 7 *Dtsch.* Cilli. Z Slowenien
**Čelkar** *siehe* Chelkar
**Celldömölk** 99 C 7 W Ungarn
**Celle** 94 B 3 *ehem.* Zelle. N Deutschland
**Celovec** *siehe* Klagenfurt
**Celtic Sea** 89 B 7 *Ir.* An Mhuir Cheilteach. Meer, NO Atlantischer Ozean
**Cenderawasih, Teluk** 139 G 4 *var.* Teluk Cendrawasih. Bucht, W Pazifischer Ozean
**Cenon** 91 B 5 SW Frankreich
**Central Group** *siehe* Îles Centrales
**Centralia** 46 B 2 Washington, NW USA
**Central Indian Ridge** *siehe* Mittelindischer Rücken
**Central Makrān Range** 134 A 3 Gebirge, W Pakistan
**Central Provinces and Berar** *siehe* Madhya Pradesh
**Central Range** 144 B 3 Gebirge, New Guinea, NW Papua-Neuguinea
**Čepelare** *siehe* Chepelare
**Cephaloedium** *siehe* Cefalù
**Ceram-See** *siehe* Seram, Laut
**Cereté** 58 B 2 NW Kolumbien
**Cerignola** 97 D 5 SO Italien
**Cernay** 90 E 4 NO Frankreich
**Cerro Chirripó** *siehe* Chirripó Grande, Cerro
**Cerro de Pasco** 60 C 3 Z Peru
**Cervera** 93 F 2 NO Spanien
**Cesena** 96 C 3 *ant.* Caesena. N Italien
**Cēsis** 106 D 3 *Dtsch.* Wenden. Z Lettland
**Česká Republika** *siehe* Tschechische Republik
**České Budějovice** 99 B 5 *Dtsch.* Budweis. SW Tschechische Republik
**Český Krumlov** 99 A 6 *var.* Böhmisch-Krumau, *Dtsch.* Krummau. SW Tschechische Republik
**Cetinje** 101 C 5 *It.* Cettigne. SW Jugoslawien
**Cette** *siehe* Sète
**Cettigne** *siehe* Cetinje
**Ceuta** 92 D 5 Spanische Exklave, N Marokko
**Cévennes** 91 C 6 Gebirge, Frankreich
**Ceyhan** 116 D 4 S Türkei
**Ceylon-Tiefsee-Ebene** 140 C 4 untermeer. Formation, N Indischer Ozean
**Ceyre to the Caribs** *siehe* Marie-Galante
**Chabjuwardoo Bay** 146 A 4 Bucht, O Indischer Ozean
**Chachapoyas** 60 C 3 NW Peru
**Chachevichy** 107 D 6 *Russ.* Chechevichi. O Weißrußland
**Chachoengsao** 137 C 5 *var.* Chaxerngsao. Z Thailand
**Chaco** *siehe* Gran Chaco
**Chaco Mesa** 48 C 1 Berg, New Mexico, SW USA
**Chad, Lake** *siehe* Tchad, Lac du
**Chadron** 44 D 3 Nebraska, Z USA
**Chāgai Hills** 134 A 2 *var.* Chāh Gay. Gebirge, Afghanistan/Pakistan
**Chagos-Graben** 140 C 4 untermeer. Formation, Z Indischer Ozean
**Chagos Islands** 140 C 4 *var.* British Indian Ocean Territory. Inselgruppe, Z Indischer Ozean
**Chagos-Lakkadiven-Plateau** 140 C 4 untermeer. Formation, Z Indischer Ozean
**Chāh Gay** *siehe* Chāgai Hills
**Chaillu, Massif du** 77 B 6 Gebirge, Z Gabun
**Chaîne Côtière** *siehe* Coast Mountains
**Chajul** 52 B 2 W Guatemala
**Chakhānsūr** 122 D 5 SW Afghanistan
**Chala** 60 D 4 SW Peru
**Chalatenango** 52 C 3 N El Salvador
**Chálki** 105 E 7 Insel, Dodekánisos, SO Griechenland
**Chalkidikí** 104 C 4 *var.* Khalkidhikí; *ant.* Chalcidice. Halbinsel, NO Griechenland
**Challans** 90 A 4 NW Frankreich
**Challapata** 61 F 4 SW Bolivien
**Challenger-Bruchzone** 153 F 4 untermeer. Formation, SO Pazifischer Ozean
**Challenger Deep** *siehe* Marianen-Graben
**Châlons-en-Champagne** 90 D 3 *ehem.* Châlons-sur-Marne, *hist.* Arcae Remorum, *ant.* Carolopois. NO Frankreich
**Chalon-sur-Saône** 90 D 4 *ant.* Cabillonum. Z Frankreich
**Cha Mai** *siehe* Thung Song
**Chaman** 134 B 2 SW Pakistan
**Chambéry** 91 D 5 *ant.* Camberia. O Frankreich
**Champagne** 90 D 3 Region, N Frankreich
**Champaign** 40 B 4 Illinois, N USA
**Champasak** 137 D 5 S Laos
**Champlain, Lake** 41 F 2 See, Kanada/USA
**Champotón** 51 G 4 SO Mexiko
**Chañaral** 64 B 3 N Chile
**Chanco** 64 B 4 Z Chile
**Chandeleur Islands** 42 C 3 Insel, S USA
**Chandīgarh** 134 D 2 Bundesstaatshauptstadt, N Indien
**Chandler** 48 B 2 Arizona, SW USA
**Chang, Ko** 137 C 6 Insel, Z Thailand
**Changane, Rio** 78 D 3 Fluß, S Moçambique
**Changchun** 128 E 3 *var.* Ch'angch'un, Ch'angch'un; *ehem.* Hsinking. Provinzhauptstadt, NO China
**Changi** 138 B 1 O Singapur
**Chang Jiang** 129 C 5 *var.* Yangzi Kiang, *Eng.* Yangtze, *Dtsch.* Jangtsekiang. Fluß, Z China
**Changsha** 129 C 5 *var.* Ch'angsha, Ch'ang-sha. Provinzhauptstadt, S China
**Changzhi** 128 C 4 Z China
**Chañi, Nevado de** 64 C 2 Berg, N Argentinien
**Chaniá** 105 C 7 *var.* Khaniá, *It.* Canea; *ant.* Cydonia. SO Griechenland
**Channel Islands** 89 D 8 *Fr.* Iles Normandes, *Dtsch.* Kanalinseln. Territorium unter der Britischen Krone, Z Ärmelkanal, Großbritannien
**Channel-Port aux Basques** 39 G 4 Newfoundland and Labrador, SO Kanada
**Chantada** 92 C 1 NW Spanien
**Chanthaburi** 137 C 6 *var.* Chantabun, Chantaburi. Z Thailand
**Chanute** 45 F 5 Kansas, Z USA
**Chaoyang** 128 D 3 NO China
**Chapais** 38 D 4 Québec, SO Kanada
**Chapala** 50 D 4 SW Mexiko
**Chapala, Lago de** 50 D 4 See, Z Mexiko
**Chapayevsk** 111 C 6 W Russische Föderation
**Chaplynka** 109 F 4 S Ukraine
**Chapra** *siehe* Chhapra
**Chardzhev** *siehe* Chärjew
**Charente** 91 B 5 Region, W Frankreich
**Charhār Borjak** 122 D 5 SW Afghanistan
**Chari** 76 B 3 *var.* Shari. Fluß, Zentralafrikanische Republik/Tschad
**Chārīkār** 123 E 4 NO Afghanistan
**Charity** 59 F 2 NW Guyana
**Chärjew** 122 D 3 *Russ.* Chardzhev, *ehem.* Chardzhou, Chardzhui, Leninsk-Turkmenski. O Turkmenistan
**Charleroi** 87 C 7 S Belgien
**Charlesbourg** 39 E 4 Québec, SO Kanada

**Charles Island** 38 D 1 Insel, Northwest Territories, NO Kanada
**Charleston** 40 B 4 Bundesstaatshauptstadt, Illinois, Z USA
**Charleston** 43 F 2 South Carolina, SO USA
**Charleston** 40 D 5 West Virginia, N USA
**Charleville** 149 C 5 Queensland, O Australien
**Charleville-Mézières** 90 D 3 N Frankreich
**Charlotte** 43 E 1 North Carolina, SO USA
**Charlotte Amalie** 55 F 3 *ehem.* Saint Thomas. Hauptstadt eines abhängigen Territoriums, Virgin Islands (US)
**Charlottenhof** *siehe* Aegviidu
**Charlottesville** 41 E 5 Virginia, NO USA
**Charlotte Town** *siehe* Roseau
**Charlottetown** 39 F 4 Prince Edward Island, SO Kanada
**Charsk** 114 D 5 O Kasachstan
**Charters Towers** 148 C 3 Queensland, NO Australien
**Chartres** 90 C 3 *ant.* Autricum, Civitas Carnutum. Z Frankreich
**Chashniki** 107 D 5 N Weißrußland
**Châteaubriant** 90 B 4 NW Frankreich
**Châteaudun** 90 C 4 Z Frankreich
**Châteauroux** 90 B 4 *ehem.* Indreville. Z Frankreich
**Château-Thierry** 90 D 3 N Frankreich
**Châtelet** 87 C 7 S Belgien
**Châtelherault** *siehe* Châtellerault
**Châtellerault** 90 B 4 *Eng.* Châtelherault. W Frankreich
**Chatham** 38 C 5 New Brunswick, SO Kanada
**Chatham Island** *siehe* San Cristóbal, Isla
**Chatham Island Rise** *siehe* Chatham-Schwelle
**Chatham Islands** 152 D 5 Inselgruppe, O Neuseeland
**Chatham-Schwelle** 152 C 4 *var.* Chatham Island Rise. Untermeer. Formation, SW Pazifischer Ozean
**Chatkal** 123 F 2 *Russ.* Chatkal'skiy Khrebet. Gebirge, Kirgisistan/Usbekistan
**Chāttagām** *siehe* Chittagong
**Chattanooga** 42 D 1 Tennessee, S USA
**Chatyr-Tash** 123 G 2 Z Kirgisistan
**Châu Ðôc** 137 D 6 *var.* Chau Phu, Chauphu. SW Vietnam
**Chauk** 136 A 3 W Myanmar
**Chaumont** 90 D 4 *ehem.* Chaumont-en-Bassigny. N Frankreich
**Chaumont-en-Bassigny** *siehe* Chaumont
**Chausy** *siehe* Chavusy
**Chaves** 92 C 2 *ant.* Aquae Flaviae. N Portugal
**Chavusy** 107 E 6 *Russ.* Chausy. O Weißrußland
**Chaxerngsao** *siehe* Chachoengsao
**Chaykovskiy** 111 D 5 *var.* Čajovskij NW Russische Föderation
**Cheb** 99 A 5 *Dtsch.* Eger. W Tschechische Republik
**Cheboksary** 111 C 5 W Russische Föderation
**Cheboygan** 40 C 2 Michigan, N USA
**Chech, Erg** 68 B 3 Wüste, Algerien/Mali
**Checker Hall** 55 G 1 N Barbados
**Cheduba Island** 136 A 4 Insel, W Myanmar
**Chefchaouen** 70 C 2 *var.* Chaouén, Chaouèn, Chechaouén, Chechaouèn, Chechaouen, Chefchaouèn, *Sp.* Xauen. N Marokko
**Chehel Abdālān, Kūh-e** 122 D 4 *var.* Chalap Dalam, *Pash.* Chalap Dalan. Gebirge, Z Afghanistan
**Cheju-do** 128 E 4 *Jap.* Saishū; *ehem.* Quelpart. Insel, S Süd-Korea
**Cheju Strait** 128 E 4 Meerenge, Gelbes Meer/Pazifischer Ozean
**Chek Chue** 128 B 2 *var.* Stanley. Hong Kong
**Cheleken** 122 B 2 W Turkmenistan
**Chelkar** 114 B 4 W Kasachstan
**Chełm** 98 E 4 *Russ.* Kholm. SO Polen
**Chełmno** 98 C 3 *Dtsch.* Culm, Kulm. N Polen
**Cheltenham** 89 D 6 S England, Großbritannien
**Chelyabinsk** 114 C 3 Z Russische Föderation
**Chemnitz** 94 D 4 *ehem.* Karl-Marx-Stadt. O Deutschland
**Chengde** 128 D 3 *var.* Jehol. SO China
**Chengdu** 129 B 5 *var.* Ch'eng-tu, Chengtu. Provinzhauptstadt, SW China
**Chenzhou** 129 C 6 SO China
**Chepelare** 104 C 3 *var.* Čepelare. S Bulgarien
**Chepo** 53 G 4 Z Panama
**Cher** 90 C 4 Fluß, Z Frankreich
**Cherbourg** 90 B 3 *ant.* Carusbur. N Frankreich
**Cherepovets** 110 B 4 *var.* Cerepoveo, Cerepovec. NW Russische Föderation
**Chergui, Chott ech** 70 D 2 Salzsee, N Algerien
**Cherikov** *siehe* Cherykaw
**Cherkassy** *siehe* Cherkasy
**Cherkasy** 109 E 2 *Russ.* Cherkassy. Z Ukraine
**Cherkessk** 111 B 7 SW Russische Föderation
**Chernigov** *siehe* Chernihiv
**Chernihiv** 109 E 1 *Russ.* Chernigov. NO Ukraine
**Chernivtsi** 108 C 3 *Dtsch.* Czernowitz, *Rum.* Cernăuți, *Russ.* Chernovtsy. W Ukraine
**Chernomorskoye** *siehe* Chornomors'ke
**Chernyakhovsk** 106 A 4 *Dtsch.* Insterburg. W Russische Föderation
**Cherry Hill** 41 F 4 New Jersey, NO USA
**Cherski** *siehe* Cherskogo, Khrebet
**Cherskogo, Khrebet** 115 F 3 *var.* Cherski. Gebirge, NO Russische Föderation
**Cherson** *siehe* Kherson
**Chervonograd** *siehe* Chervonohrad
**Chervonohrad** 108 C 2 *Russ.* Chervonograd. NW Ukraine
**Chervyen'** 107 D 6 Z Weißrußland
**Cherykaw** 107 E 7 *Russ.* Cherikov. O Weißrußland
**Chesapeake Bay** 41 F 5 Bucht, W Atlantischer Ozean
**Chester** 89 C 6 *Wal.* Caerleon; *hist.* Legaceaster, *Lat.* Deva, Devana Castra. W England, Großbritannien
**Chetumal** 51 H 4 *var.* Payo Obispo. SO Mexiko
**Cheviot Hills** 88 D 4 Mittelgebirge, England/Scotland, Großbritannien
**Cheyenne** 44 D 4 Bundesstaatshauptstadt, Wyoming, Z USA
**Cheyenne River** 44 D 3 Fluß, South Dakota, N USA
**Chhapra** 135 F 3 *ehem.* Chapra. N Indien
**Chiai** 129 D 6 *var.* Chiayi, Kiayi, *Jap.* Kagi. W Taiwan
**Chiang Mai** 136 C 4 *var.* Chiangmai, Chiengmai, Kiangmai. NW Thailand
**Chiang Rai** 136 C 3 *var.* Chianrai, Chienrai, Muang Chiang Rai. N Thailand
**Chiapa** *siehe* Chiapa de Cerzo
**Chiapa de Cerzo** 51 G 5 *var.* Chiapa. SO Mexiko
**Chiba** 131 D 5 *var.* Tiba. Honshū, S Japan
**Chibougamau** 38 D 4 Québec, SO Kanada
**Chicago** 40 B 3 Illinois, N USA
**Chicago Heights** 40 B 3 Illinois, N USA
**Chichester Range** 146 B 4 Gebirge, W Australien
**Chickasha** 49 G 2 Oklahoma, Z USA
**Chiclayo** 60 B 3 NW Peru
**Chico** 65 B 6 Fluß, SO Argentinien
**Chico** 47 B 5 California, W USA
**Chicoutimi** 39 E 4 Québec, SO Kanada
**Chiemsee** 95 C 6 See, SO Deutschland
**Chiesanuova** 96 D 2 San Marino
**Chieti** 96 D 4 *var.* Teate. Z Italien
**Chifeng** 127 G 2 *var.* Ulanhad. N China
**Chigirin** *siehe* Chyhyryn
**Chihli, Gulf of** *siehe* Bo Hai
**Chihuahua** 50 C 2 NW Mexiko
**Childress** 49 F 2 Texas, S USA

---

**Chile**
64-65 B 6 República de Chile (Republik Chile). S Südamerika

**UN-Name:** Republic of Chile **Formation:** 1818 **Hauptstadt:** Santiago **Bevölkerung:** 14,3 Mio. **Fläche:** 756 950 km² **Sprachen:** Spanisch*, indian. Sprachen **Religionen:** Römisch-Katholische 89%, Protestanten 11% **Volksgruppen:** Weiße, Mestizen 92%, Indianer 6%, andere 2% **Regierung:** Mehrparteienrepublik **Währung:** Peso = 100 Centavos

---

**Chile-Becken** 67 A 5 untermeer. Formation, O Pazifischer Ozean
**Chile Chico** 65 B 6 W Chile
**Chilenisches Antarktis-Territorium** 154 B 3 Territorialanspruch Chiles, Antarktis
**Chile-Schwelle** 67 A 6 untermeer. Formation, SO Pazifischer Ozean
**Chilia-Nouă** *siehe* Kiliya
**Chililabombwe** 78 D 2 Z Sambia
**Chillán** 65 B 5 Z Chile
**Chillicothe** 40 D 4 Ohio, N USA
**Chiloé, Isla de** 65 A 6 *var.* Isla Grande de Chiloé. Insel, W Chile
**Chiloé, Isla Grande de** *siehe* Chiloé, Isla de
**Chilpancingo** 51 E 5 *var.* Chilpancingo de los Bravos. S Mexiko
**Chilpancingo de los Bravos** *siehe* Chilpancingo
**Chilung** 129 D 6 *var.* Keelung, *Jap.* Kirun, Kirun'; *ehem. Sp.* Santissima Trinidad. N Taiwan
**Chimán** 53 G 5 O Panama
**Chimbay** *siehe* Chimboy
**Chimborazo** 60 B 1 Berg, Z Ecuador
**Chimbote** 60 C 3 W Peru
**Chimboy** 122 D 1 *Russ.* Chimbay. NW Usbekistan
**Chimoio** 79 E 3 Z Moçambique

---

**China**
124 D 2 Zhonghua Renmin Gongheguo (Volksrepublik China), *Chin.* Chung-hua Jen-min Kung-ho-kuo, *ehem.* Chinesisches Kaiserreich. O Asien

**UN-Name:** People's Republic of China **Formation:** 1912 **Hauptstadt:** Beijing (Peking) **Bevölkerung:** 1,2 Mrd. **Fläche:** 9 396 960 km² **Sprachen:** Mandarin*, Wu, Kantonesisch, Hsiang, Min, Hakka, Kan **Religionen:** Konfuzianer 20%, Buddhisten 6%, Taoisten 2%, andere 72% **Volksgruppen:** Han 93%, Zhaung 1%, Hui 1%, andere 5% **Regierung:** Ein-Parteien-System **Währung:** Yuan = 10 Jiao = 100 Fen

---

**Chinandega** 52 C 3 NW Nicaragua
**Chincha Alta** 60 D 4 SW Peru
**Chindwin** 136 B 2 Fluß, NW Myanmar
**Chinesische Mauer** 127 E 4 ant. Monument, Z China
**Chingola** 78 D 2 Z Sambia
**Chinguețți** 74 C 2 *var.* Chinguetti. Z Mauretanien
**Chinguetti** *siehe* Chinguețți
**Chin Hills** 136 A 3 Gebirge, W Myanmar
**Chinook-Rinne** 152 D 2 untermeer. Formation, N Pazifischer Ozean
**Chioggia** 96 C 2 *ant.* Fossa Claudia. NO Italien
**Chíos** 105 D 5 *var.* Hios, Khíos, *It.* Scio. Chíos, O Griechenland
**Chíos** 105 D 5 *var.* Hios, Khíos, *It.* Scio, *Türk.* Sakız Adası. Insel, O Griechenland
**Chipata** 78 D 2 *ehem.* Fort Jameson. O Sambia
**Chippewa Falls** 40 A 2 Wisconsin, N USA
**Chiquimula** 52 B 2 SO Guatemala
**Chīrāla** 132 D 1 O Indien
**Chirchik** *siehe* Chirchiq
**Chirchiq** 123 F 2 *Russ.* Chirchik. O Usbekistan
**Chiriquí, Golfo de** 53 F 5 *Eng.* Chiriquí Gulf. Bucht, O Pazifischer Ozean
**Chiriquí, Laguna de** 53 F 5 Bucht, O Pazifischer Ozean
**Chiriquí, Volcán de** *siehe* Barú, Volcán
**Chiriquí Gulf** *siehe* Chiriquí, Golfo de
**Chirripó Grande, Cerro** 53 E 4 *var.* Cerro Chirripó. Berg, SO Costa Rica
**Chisec** 52 B 2 Z Guatemala
**Chisholm** 45 F 1 Minnesota, N USA
**Chișinău** 108 D 4 *Russ.* Kishinev. Z Moldawien

**Chita** 115 F 4 Z Russische Föderation
**Chitangwiza** *siehe* Chitungwiza
**Chitina** 36 D 3 Alaska, NW USA
**Chitose** 130 D 2 *var.* Titose. Hokkaidō, NO Japan
**Chitré** 53 F 5 S Panama
**Chittagong** 135 G 4 *Ben.* Chāttagām. SO Bangladesch
**Chitungwiza** 78 D 3 *ehem.* Chitangwiza. NO Zimbabwe
**Chkalov** *siehe* Orenburg
**Chlef** 70 D 2 *var.* Ech Cheliff, Ech Cheleff; *ehem.* Al-Asnam, El Asnam, Orléansville. NW Algerien
**Choa Chu Kang** 138 A 1 W Singapur
**Chocolate Mountains** 47 D 8 Gebirge, California, W USA
**Chodzież** 98 C 3 NW Polen
**Choele Choel** 65 C 5 Z Argentinien
**Choiseul** 55 F 2 SW St. Lucia
**Choiseul** 144 C 3 *var.* Lauru. Insel, NW Salomon-Inseln
**Ch'ok'ē** 72 C 4 *var.* Choke Mountains. Gebirge, NW Äthiopien
**Choke Mountains** *siehe* Ch'ok'ē
**Cholet** 90 B 4 NW Frankreich
**Choluteca** 52 C 3 S Honduras
**Choma** 78 D 2 S Sambia
**Chomutov** 98 A 4 *Dtsch.* Komotau. NW Tschechische Republik
**Chon Buri** 137 C 5 *ehem.* Bang Pla Soi. Z Thailand
**Chone** 60 A 1 W Ecuador
**Ch'ŏngjin** 128 E 3 NO Nord-Korea
**Chongqing** 129 B 5 *var.* Ch'ung-ching, Ch'ung-ch'ing, Chungking, Pahsien, Tchongking, Yuzhou. SW China
**Chonos, Archipiélago de los** 65 A 7 Inselgruppe, S Chile
**Chornomors'ke** 109 E 5 *Russ.* Chernomorskoye. S Ukraine
**Chortkiv** 108 C 2 *Russ.* Chortkov. W Ukraine
**Chortkov** *siehe* Chortkiv
**Chorum** *siehe* Çorum
**Chorzów** 99 C 5 *Dtsch.* Königshütte; *ehem.* Królewska Huta. S Polen
**Chōshi** 131 D 5 *var.* Tyôsi. Honshū, S Japan
**Choszczno** 98 B 3 *Dtsch.* Arnswalde. W Polen
**Chota Nagpur Plateau** 135 E 4 Plateau, Z Indien
**Choybalsan** 127 F 2 O Mongolei
**Christchurch** 151 C 6 South Island, Z Neuseeland
**Christiana** 54 B 5 Z Jamaica
**Christiansand** *siehe* Kristiansand
**Christmas Creek** 146 C 3 NW Australien
**Christmas Island** 141 D 5 externes Territorium Australiens, O Indischer Ozean
**Christmas Island** *siehe* Kiritimati
**Chu** *siehe* Shū
**Chubut** 65 B 6 Fluß, SO Argentinien
**Chudskoye Ozero** *siehe* Peipsi Järv
**Chūgoku-sanchi** 131 B 6 Gebirge, Honshū, SW Japan
**Chuí** 64 E 4 *var.* Chuy. O Uruguay
**Chukchi-Plateau** 155 F 2 untermeer. Formation, Arktis
**Chukchi-See** 36 C 1 *Russ.* Chukotskoye More, *var. Dtsch.* Tschuktschenen-See. Meer, Arktis
**Chukchi-Tiefsee-Ebene** 155 F 2 untermeer. Formation, Arktis
**Chukotskoye More** *siehe* Chukchi-See
**Chula Vista** 47 C 8 California, W USA
**Chulucanas** 60 B 2 NW Peru
**Chulym** 114 D 4 Fluß, Z Russische Föderation
**Chumphon** 137 C 6 *var.* Jumporn S Thailand
**Ch'unch'ŏn** 128 E 4 *Jap.* Shunsen N Süd-Korea
**Chunya** 115 E 3 Fluß, Z Russische Föderation
**Chuor Phnum Dângrêk** 137 D 5 *var.* Phanom Dang Raek, Phanom Dong Rak, *Fr.* Chaîne des Dangrek. Gebirge, Kambodscha/Thailand
**Chuquicamata** 64 B 2 N Chile
**Chur** 95 B 7 *Fr.* Coire, *It.* Coira, *Rätorom.* Cuera, Quera; *ant.* Curia Rhaetorum. O Schweiz
**Churchill** 37 G 4 Manitoba, Z Kanada
**Churchill** 39 F 2 Fluß, O Kanada
**Chuska Mountains** 48 C 1 Gebirge, SW USA
**Chusovoy** 111 D 5 *var.* Čusovoj NW Russische Föderation
**Chuuk Islands** 144 B 2 *var.* Hogoley Islands. Inselgruppe, Z Mikronesien
**Chyhyryn** 109 E 3 *Russ.* Chigirin. N Ukraine
**Ciadîr-Lunga** 108 D 4 *var.* Ceadâr-Lunga, *Russ.* Chadyr-Lunga. S Moldawien
**Cide** 116 C 2 N Türkei
**Ciechanów** 98 D 3 *ehem.* Zichenau. Z Polen
**Ciego de Ávila** 54 C 2 Z Kuba
**Ciénaga** 58 B 1 N Kolumbien
**Cienfuegos** 54 B 2 Z Kuba
**Cieza** 93 E 4 SO Spanien
**Cihanbeyli** 116 C 3 Z Türkei
**Cikobia** 145 E 4 *ehem.* Thikombia. Insel, N Fidschi
**Cilacap** 138 C 5 *ehem.* Tjilatjap. Jawa, Z Indonesien
**Cill Airne** *siehe* Killarney
**Cill Chainnigh** *siehe* Kilkenny
**Cilli** *siehe* Celje
**Cîmpina** *siehe* Câmpina
**Cincinnati** 40 C 4 Ohio, N USA
**Ciney** 87 C 7 SO Belgien
**Cintra** *siehe* Sintra
**Cipolletti** 65 B 5 Z Argentinien
**Cirebon** 138 C 4 *ehem.* Tjirebon. Jawa, Z Indonesien
**Cirò Marina** 97 E 6 SO Italien
**Cisnădie** 108 B 4 *Dtsch.* Heltau, *Ung.* Nagydisznód. SW Rumänien
**Citharista** *siehe* la Ciotat
**Citlaltépetl** 35 C 7 Berg, S Mexiko
**Citrus Heights** 47 B 5 California, W USA
**City of Manila** *siehe* Manila
**Ciudad Acuña** *siehe* Acuña
**Ciudad Bolívar** 59 E 2 *ehem.* Angostura. Z Venezuela
**Ciudad Camargo** *siehe* Camargo
**Ciudad Cortés** *siehe* Cortés
**Ciudad Darío** 52 D 3 *var.* Dario. W Nicaragua
**Ciudad de Dolores Hidalgo** *siehe* Dolores Hidalgo
**Ciudad del Carmen** *siehe* Carmen
**Ciudad del Este** 64 E 2 *ehem.* Cuidad Presidente Stroessner, Presidente Stroessner, Puerto Presidente Stroessner. SO Paraguay
**Ciudad Delicias** *siehe* Delicias
**Ciudad Guayana** 59 E 2 *ehem.* San Tomé de Guayana, Santo Tomé de Guayana. NO Venezuela
**Ciudad Guzmán** 50 D 4 SW Mexiko
**Ciudad Hidalgo** 51 G 5 SO Mexiko
**Ciudad Juárez** 50 C 1 N Mexiko
**Ciudad Lerdo** 50 D 3 Z Mexiko
**Ciudad Madero** 51 E 3 *var.* Villa Cecilia. Z Mexiko
**Ciudad Mante** 51 E 3 Z Mexiko
**Ciudad Miguel Alemán** 51 E 2 Z Mexiko
**Ciudad Obregón** 50 B 2 NW Mexiko
**Ciudad Ojeda** 58 C 1 NW Venezuela
**Ciudad Porfirio Díaz** *siehe* Piedras Negras
**Ciudad Real** 92 D 4 Z Spanien
**Ciudad-Rodrigo** 92 C 3 N Spanien
**Ciudad Trujillo** *siehe* Santo Domingo
**Ciudad Valles** 51 E 4 Z Mexiko
**Ciudad Victoria** 51 E 3 Z Mexiko
**Ciutadella** *siehe* Ciutadella de Menorca
**Ciutadella de Menorca** 93 G 3 *var.* Ciutadella. O Spanien
**Civitanova Marche** 96 D 4 Z Italien
**Civitas Eburovicum** *siehe* Évreux
**Civitavecchia** 96 C 4 *ant.* Centum Cellae, Trajani Portus. Z Italien
**Claremore** 49 G 1 Oklahoma, Z USA
**Clarence** 151 C 5 Fluß, South Island, Z Neuseeland
**Clarence Town** 54 D 2 Bahamas
**Clarinda** 45 F 4 Iowa, Z USA
**Clarión, Isla** 50 A 5 Insel, W Mexiko
**Clarion-Bruchzone** 153 E 2 untermeer. Formation, NO Pazifischer Ozean
**Clark Fork** 44 A 1 Fluß, NW USA
**Clark Hill Lake** 43 E 2 *var.* J.Storm Thurmond Reservoir. Stausee, SO USA
**Clarksburg** 40 D 4 West Virginia, NO USA
**Clarksdale** 42 B 2 Mississippi, S USA
**Clarksville** 42 C 1 Tennessee, S USA
**Clearwater** 43 E 4 Florida, SO USA
**Clearwater Mountains** 46 D 2 Gebirge, Idaho, NW USA
**Clearwater River** 46 D 2 Fluß, Idaho, NW USA
**Cleburne** 49 G 3 Texas, S USA
**Clermont** 148 D 4 Queensland, O Australien
**Clermont-Ferrand** 91 C 5 Z Frankreich
**Cleveland** 42 B 2 Mississippi, S USA
**Cleveland** 40 D 3 Ohio, N USA
**Cleveland** 42 D 1 Tennessee, S USA
**Clifton** 48 C 2 Arizona, SW USA
**Clinton** 42 B 2 Mississippi, S USA
**Clinton** 49 F 1 Oklahoma, Z USA
**Clipperton** 153 F 3 Insel, O Pazifischer Ozean
**Clipperton-Bruchzone** 153 E 3 untermeer. Formation, O Pazifischer Ozean
**Cloncurry** 148 B 3 Queensland, Z Australien
**Clonmel** 89 A 6 *Ir.* Cluain Meala. S Rep. Irland
**Cloppenburg** 94 B 3 NW Deutschland
**Cloquet** 45 G 2 Minnesota, N USA
**Cloud Peak** 44 C 3 Berg, Wyoming, Z USA
**Clovis** 49 E 2 New Mexico, SW USA
**Clovis** 47 C 6 California, W USA
**Cluain Meala** *siehe* Clonmel
**Cluj-Napoca** 108 B 3 *Dtsch.* Klausenburg, *Ung.* Kolozsvár; *ehem.* Cluj. NW Rumänien
**Clutha** 151 B 7 Fluß, South Island, SW Neuseeland
**Clyde** 88 C 4 Fluß, Z Scotland, Großbritannien
**Coari** 62 D 2 N Brasilien
**Coast Mountains** 36 D 4 *Fr.* Chaîne Côtière. Gebirge, Kanada/USA
**Coast Ranges** 46 A 4 Gebirge, W USA
**Coats Island** 38 C 1 Insel, Northwest Territories, NO Kanada
**Coats Land** 154 B 2 Region, Antarktis
**Coatzacoalcos** 51 F 4 *var.* Quetzalcoalco; *ehem.* Puerto México. O Mexiko
**Cobán** 52 B 2 Z Guatemala
**Cobar** 149 C 6 New South Wales, SO Australien
**Cobija** 61 E 3 NW Bolivien
**Coburg** 95 C 5 SO Deutschland
**Coca** *siehe* Puerto Francisco de Orellana
**Cocanada** *siehe* Kākināda
**Cochabamba** 61 F 4 *hist.* Oropeza. Z Bolivien
**Cochin** 132 C 3 *var.* Kochi. SW Indien
**Cochinos, Bahía de** 54 B 2 *Eng.* Bay of Pigs, *Dtsch.* Schweinebucht. Bucht, N Karibisches Meer
**Cochrane** 65 B 7 S Chile
**Cochrane** 38 C 4 Ontario, S Kanada
**Cockburn Town** 55 E 2 Hauptstadt eines abhängigen Territoriums, Turks & Caicos Islands
**Cockpit Country, The** 54 A 4 Region, NW Jamaica
**Coco** 52 D 2 *var.* Río Wanki, Segoviao Wangkí. Fluß, Honduras/Nicaragua
**Cocobeach** 77 A 5 NW Gabun
**Coconino Plateau** 48 B 1 Ebene, Arizona, SW USA
**Cocos-Becken** 140 D 4 untermeer. Formation, O Indischer Ozean
**Cocos Island Ridge** *siehe* Cocos-Rücken
**Cocos (Keeling) Islands** 141 D 5 externes Territorium Australiens, O Indischer Ozean
**Cocos-Rücken** 153 G 3 *var.* Cocos Island Ridge. Untermeer. Formation, O Pazifischer Ozean
**Cod, Cape** 41 G 3 Landspitze, Massachusetts, NO USA
**Codfish Island** 151 A 8 Insel, South Island, SW Neuseeland
**Cod Island** 39 F 1 Insel, Newfoundland and Labrador, O Kanada
**Codlea** 108 C 4 *Dtsch.* Zeiden, *Ung.* Feketehalom. Z Rumänien
**Cody** 44 C 2 Wyoming, Z USA
**Coeur d'Alene** 46 C 2 Idaho, NW USA
**Coevorden** 86 E 2 NO Niederlande

**Coffin Bay** 149 A 6 South Australia, S Australien
**Coffs Harbour** 149 E 6 New South Wales, SO Australien
**Cognac** 91 B 5 *ant.* Compniacum. W Frankreich
**Coiba, Isla de** 53 F 5 Insel, SW Panama
**Coihaique** 65 B 6 *var.* Coyhaique. S Chile
**Coimbatore** 132 C 3 S Indien
**Coimbra** 92 B 3 *ant.* Conimbria, Conimbriga. W Portugal
**Coín** 92 D 5 S Spanien
**Coirib, Loch** *siehe* Corrib, Lough
**Colac** 149 B 7 Victoria, SO Australien
**Colbeck, Cape** 154 B 4 Landspitze, Antarktis
**Colby** 45 E 4 Kansas, Z USA
**Colchester** 89 E 6 *hist.* Colneceaster, *ant.* Camulodunum. SO England, Großbritannien
**Coleman** 49 F 3 Texas, S USA
**Coleraine** 88 B 4 *Ir.* Cúil Raithin. N Northern Ireland, Großbritannien
**Coles, Punta** 61 E 5 Landspitze, S Peru
**Colesberg** 78 C 5 Z Südafrika
**Colima** 50 D 4 S Mexiko
**Coll** 88 B 3 Insel, W Scotland, Großbritannien
**College Station** 49 G 3 Texas, S USA
**Collie** 147 B 7 Western Australia, W Australien
**Collinsville** 148 D 3 Queensland, O Australien
**Collinsville** 40 B 4 Illinois, N USA
**Collipo** *siehe* Leiria
**Colmar** 90 E 4 *Dtsch.* Kolmar. NO Frankreich
**Colomb-Béchar** *siehe* Béchar
**Colombie-Britannique** *siehe* British Columbia
**Colombo** 132 C 4 Staatshauptstadt, Sri Lanka
**Colón** 53 G 4 *ehem.* Aspinwall. Z Panama
**Colón, Archipiélago de** *siehe* Galápagos-Inseln
**Colonia** *siehe* Kolonia
**Colorado** 65 B 5 Fluß, O Argentinien
**Colorado** 35 B 5 *var.* Río Colorado. Fluß, Mexiko/USA
**Colorado** 44 C 4 *off.* State of Colorado; *auch genannt:* Centennial State, Silver State. Bundesstaat, Z USA
**Colorado, Río** *siehe* Colorado
**Colorado City** 49 F 3 Texas, S USA
**Colorado Springs** 44 D 5 Colorado, Z USA
**Columbia** 41 F 4 Maryland, NO USA
**Columbia** 43 E 2 Bundesstaatshauptstadt, South Carolina, SO USA
**Columbia** 42 C 1 Tennessee, S USA
**Columbia** 45 G 4 Missouri, Z USA
**Columbia Plateau** 46 C 3 Plateau, NW USA
**Columbia River** 46 B 2 Fluß, NW USA
**Columbine** 44 C 4 Colorado, Z USA
**Columbus** 42 D 2 Georgia, SO USA
**Columbus** 42 C 2 Mississippi, S USA
**Columbus** 40 D 4 Bundesstaatshauptstadt, Ohio, N USA
**Columbus** 45 E 4 Nebraska, Z USA
**Colville Channel** 150 D 2 Meerenge, Bay of Plenty/Hauraki Gulf
**Comacchio** 96 C 3 *var.* Commachio; *ant.* Comactium. N Italien
**Comalcalco** 51 G 4 SO Mexiko
**Coma Pedrosa, Pic Alt de la** *siehe* Coma Pedrosa, Pic de
**Coma Pedrosa, Pic de** 91 A 7 *var.* Pic Alt de la Coma Pedrosa. Berg, NW Andorra
**Comarapa** 61 G 4 Z Bolivien
**Comarnic** 108 C 4 SO Rumänien
**Comayagua** 52 C 2 W Honduras
**Combermere Bay** 136 A 4 Bucht, Golf von Bengalen/Indischer Ozean
**Comer See** *siehe* Como, Lago di
**Comilla** 135 G 4 *Ben.* Kumillā. O Bangladesch
**Comino** *siehe* Kemmuna
**Comitán** 51 G 5 *var.* Comitán de Domínguez. SO Mexiko
**Comitán de Domínguez** *siehe* Comitán
**Commissioner's Point** 42 A 5 Landspitze, W Bermuda
**Como** 96 B 2 *ant.* Comum. N Italien
**Como, Lago di** 96 B 2 *var.* Lario, *Dtsch.* Comer See, *Eng.* Lake Como. See, N Italien
**Comodoro Rivadavia** 65 B 6 SO Argentinien
**Compiègne** 90 C 3 N Frankreich
**Compniacum** *siehe* Cognac
**Comrat** 108 D 4 *Russ.* Komrat. S Moldawien
**Comum** *siehe* Como
**Conakry** 74 C 4 Staatshauptstadt, SW Guinea
**Conca** *siehe* Cuenca
**Concarneau** 90 A 3 NW Frankreich
**Concepción** 65 B 5 Z Chile
**Concepción** 61 G 3 O Bolivien
**Concepción** 64 D 2 *var.* Villa Concepción. Z Paraguay
**Concepción** *siehe* La Concepción
**Concepción de la Vega** *siehe* La Vega
**Conchos, Río** 50 C 2 Fluß, N W Mexiko
**Concord** 41 G 3 Bundesstaatshauptstadt, New Hampshire, NO USA
**Concordia** 64 D 4 O Argentinien
**Concordia** 45 E 4 Kansas USA
**Condate** *siehe* St-Claude
**Condega** 52 D 3 NW Nicaragua
**Congo** 77 C 6 *var.* Zaire, *Dtsch.* Kongo. Fluß, Z Afrika
**Coni** *siehe* Cuneo
**Conjeeveram** *siehe* Kānchīpuram
**Connaught** 89 A 5 Region, W Rep. Irland
**Connecticut** 41 G 3 *off.* State of Connecticut; *auch genannt:* Blue Law State, Constitution State, Land of Steady Habits, Nutmeg State. Bundesstaat, NO USA
**Connersville** 40 C 4 Indiana, N USA
**Conrad-Rücken** 69 D 8 untermeer. Formation, SW Indischer Ozean
**Conrad-Schwelle** 141 B 7 untermeer. Formation, SW Indischer Ozean
**Conroe** 49 H 3 Texas, S USA
**Consentia** *siehe* Cosenza
**Consolación del Sur** 54 A 2 W Kuba
**Con Son** *siehe* Côn Đao
**Con Son Island** 137 E 7 Island, S Vietnam
**Constance, Lake** *siehe* Bodensee
**Constanța** 108 D 5 *var.* Küstendje, *Eng.* Constanza, *Dtsch.* Konstanza, *Türk.* Küstence. SO Rumänien
**Constantia** *siehe* Coutances
**Constantine** 71 E 2 *var.* Qacentina, *Ar.* Qoussantîna. NO Algerien
**Conway** 43 F 2 South Carolina, SO USA
**Coober Pedy** 149 A 5 South Australia, S Australien
**Cook, Mount** 151 B 6 *ehem.* Aoraki, Aorangi. Berg, South Island, SW Neuseeland
**Cook Islands** 145 F 4 Außengebiet in freier Assoziierung mit Neuseeland, S Pazifischer Ozean
**Cook-Straße** 151 D 5 *var.* Raukawa. Meerenge, Pazifischer Ozean/Tasman-See
**Cooktown** 148 D 2 Queensland, NO Australien
**Coolgardie** 147 C 6 Western Australia, W Australien
**Cooma** 149 D 7 New South Wales, SO Australien
**Coomassie** *siehe* Kumasi
**Coon Rapids** 45 F 2 Minnesota, N USA
**Cooper Creek** 149 B 5 *var.* Barcoo, Cooper's Creek. Fluß, S Australien
**Coos Bay** 46 A 3 Oregon, NW USA
**Cootamundra** 149 C 6 New South Wales, SO Australien
**Copacabana** 61 E 4 W Bolivien
**Copiapó** 64 B 3 *hist.* San Francisco de Selva. N Chile
**Copiapó** 57 B 5 N Chile
**Copperas Cove** 49 G 3 Texas, S USA
**Coppermine** 37 E 3 *var.* Qurlurtuuq. Northwest Territories, NW Kanada
**Coquilhatville** *siehe* Mbandaka
**Coquimbo** 64 B 3 N Chile
**Corabia** 108 B 5 S Rumänien
**Coral Harbour** 37 G 3 Southampton Island, Kanada
**Coral Sea Islands** 148 E 3 externes Territorium Australiens. NO Australien
**Corcaigh** *siehe* Cork
**Corcovado, Golfo** 65 B 6 Golf, SO Pazifischer Ozean
**Cordele** 42 D 3 Georgia, SO USA
**Cordillera Central** 55 E 3 Gebirge, Z Dominikan. Republik
**Cordillera Central** 58 B 3 Gebirge, W Kolumbien
**Cordillera Central** 139 E 1 Gebirge, Luzon, N Philippinen
**Cordillera Occidental** 61 F 5 Gebirge, Bolivien/Chile
**Cordillera Occidental** 58 B 3 Gebirge, W Kolumbien
**Cordillera Occidental** 60 D 4 Gebirge, W Peru
**Córdoba** 92 D 4 *Eng.* Cordova, *Fr.* Cordue; *ant.* Corduba. SW Spanien
**Córdoba** 64 C 4 Z Argentinien
**Córdoba** 51 F 4 O Mexiko
**Cordova** 36 C 3 Alaska, NW USA
**Córdova** 60 D 4 SW Peru
**Corfu** *siehe* Kérkyra
**Coria** 92 C 3 W Spanien
**Corinth** 42 C 1 Mississippi, S USA
**Corinto** 52 C 3 NW Nicaragua
**Cork** 89 A 6 *Ir.* Corcaigh. S Rep. Irland
**Corner Brook** 39 G 3 Newfoundland and Labrador, O Kanada
**Corn Islands** *siehe* Maíz, Islas del
**Cornwallis Island** 37 F 2 Insel, N Kanada
**Coro** 58 C 1 *ehem.* Santa Ana de Coro. NW Venezuela
**Corocoro** 61 F 4 W Bolivien
**Coromandel** 150 D 2 North Island, N Neuseeland
**Coromandel-Küste** 132 D 2 Region, O Indien
**Coromandel Peninsula** 150 D 2 Halbinsel, North Island, N Neuseeland
**Coronado, Bahía de** 53 E 5 Bucht, O Pazifischer Ozean
**Coronel Dorrego** 65 C 5 O Argentinien
**Coronel Oviedo** 64 D 2 SO Paraguay
**Corozal** 52 C 1 N Belize
**Corozo Pando** 58 D 2 Z Venezuela
**Corpus Christi** 49 G 5 Texas, S USA
**Corpus Christi Bay** 49 G 5 Bucht, NW Golf von Mexiko
**Corrib, Lough** 89 A 5 *Ir.* Loch Coirib. See, W Rep. Irland
**Corrientes** 64 D 3 NO Argentinien
**Corse** 91 E 7 *Dtsch.* Korsika. Insel, SO Frankreich
**Corsicana** 49 G 3 Texas, S USA
**Cortegana** 92 C 4 S Spanien
**Cortés** 53 E 5 *var.* Ciudad Cortés. SO Costa Rica
**Cortina d'Ampezzo** 96 C 1 NO Italien
**Coruche** 92 B 3 Z Portugal
**Çoruh Nehri** 117 E 3 Fluß, NO Türkei
**Çorum** 116 D 3 *ehem.* Chorum. N Türkei
**Corvallis** 46 B 3 Oregon, NW USA
**Corvo** 92 A 5 *var.* Ilha do Corvo. Insel, W Portugal
**Corvo, Ilha do** *siehe* Corvo
**Cosenza** 97 D 6 *ant.* Consentia. SW Italien
**Cosne-Cours-sur-Loire** 90 C 4 *var.* Cosne-sur-Loire; *ant.* Condate. Z Frankreich
**Costa Blanca** 93 F 4 Region, SO Spanien
**Costa Brava** 93 H 2 Küstenregion, NO Spanien
**Costa Calida** 93 F 5 Region, SO Spanien
**Costa Dorada** *siehe* Daurada, Costa

**Costa Rica**
53 E 4 República de Costa Rica (Republik Costa Rica). Z Mittelamerika

**UN-Name:** Republic of Costa Rica **Formation:** 1821 **Hauptstadt:** San José **Bevölkerung:** 3,4 Mio. **Fläche:** 51 000 km² **Sprachen:** Spanisch*, Englisch-Kreolisch, Bribri, Cabecar **Religionen:** Katholiken 95%, andere 5% **Volksgruppen:** Weiße/Mestizen 96%, Schwarze 2%, Indianer 2% **Regierung:** Mehrparteienrepublik **Währung:** Colón = 100 Céntimos

**Costa Verde** 92 D 1 Küstenregion, N Spanien
**Costermansville** *siehe* Bukavu
**Cotagaita** 61 G 5 S Bolivien
**Côte d'Ivoire** *siehe* Elfenbeinküste
**Côte d'Or** 90 D 4 Region, O Frankreich

**Cotonou** 75 F 5 *var.* Kotonu. S Benin
**Cotswold Hills** 89 D 6 *var.* Cotswolds. Mittelgebirge, S England, Großbritannien
**Cotswolds** *siehe* Cotswold Hills
**Cottbus** 94 D 4 *ehem.* Kottbus. O Deutschland
**Cottica** 59 H 3 O Suriname
**Cotyora** *siehe* Ordu
**Couentrey** *siehe* Coventry
**Couëron** 90 B 4 Frankreich
**Council Bluffs** 45 F 4 Iowa, Z USA
**Courantyne River** 59 G 4 *var.* Corantijn Rivier, Corentyne River. Fluß, Guyana/Suriname
**Courtrai** *siehe* Kortrijk
**Coutances** 90 B 3 *ant.* Constantia. N Frankreich
**Couvin** 87 C 7 S Belgien
**Coventry** 89 D 6 *ant.* Couentrey. Z England, Großbritannien
**Covilhã** 92 C 3 O Portugal
**Cowan, Lake** 147 C 6 See, Western Australia, SW Australien
**Coyhaique** *siehe* Coihaique
**Cozumel, Isla** 51 H 3 Insel, SO Mexiko
**Cradock** 78 C 5 S Südafrika
**Craig** 44 C 4 Colorado, Z USA
**Craiova** 108 B 5 SW Rumänien
**Cranbrook** 37 E 5 Alberta. SW Kanada
**Crawley** 89 E 7 SO England, Großbritannien
**Cremona** 96 B 2 N Italien
**Cres** 100 A 3 *It.* Cherso; *ant.* Crexa. Insel, W Kroatien
**Creston** 45 F 4 Iowa, Z USA
**Crestview** 42 D 3 Florida, SO USA
**Créteil** 90 C 3 N Frankreich
**Creuse** 90 B 4 Fluß, Z Frankreich
**Crewe** 89 C 6 W England, Großbritannien
**Crikvenica** 100 A 2 *It.* Cirquenizza; *ehem.* Cirkvenica. NW Kroatien
**Cristóbal** 53 G 4 Z Panama
**Cristóbal Colón, Pico** 58 B 1 Berg, N Kolumbien
**Cristuru Secuiesc** 108 C 4 *Dtsch.* Kreutz, *Ung.* Székelykeresztúr; *ehem.* Cristur, Cristuru Săcuiesc, Sitaş Cristuru Szitás-Keresztúr, Szitás-Keresztúr. Z Rumänien
**Crna Gora** *siehe* Montenegro
**Crna Reka** 101 E 6 Fluß, S Mazedonien
**Crocker, Banjaran** 138 D 3 *var.* Crocker Range. Gebirge, Borneo, O Malaysia
**Crocker Range** *siehe* Crocker, Banjaran
**Crocodile** *siehe* Limpopo
**Croker Island** 146 E 2 Insel, N Australien
**Cromwell** 151 B 7 South Island, SW Neuseeland
**Crooked Island** 54 D 2 Insel, Bahamas
**Crooked Island Passage** 54 D 2 Meerenge, N Karibisches Meer
**Crookston** 45 F 1 Minnesota, N USA
**Crotone** 97 E 6 *var.* Cotrone; *ant.* Crotona, Kroton. SW Italien
**Croydon** 89 E 7 SO England, Großbritannien
**Crozet, Îles** 141 B 7 Inselgruppe, W Franz. Süd- & Antarktis-Territorium
**Crozet-Becken** 141 B 6 untermeer. Formation, S Indischer Ozean
**Crozet-Plateau** 141 B 6 *Eng.* Crozet Plateau, Crozet Plateaus. Untermeer. Formation, SW Indischer Ozean
**Crystal Brook** 149 B 6 South Australia, S Australien
**Csaca** *siehe* Čadca
**Csorna** 99 C 6 NW Ungarn
**Csurgó** 99 C 7 SW Ungarn
**Cuamba** 79 E 2 *ehem.* Nova Freixo. N Moçambique
**Cuando** *siehe* Kwando
**Cuango** 77 C 7 NW Angola
**Cuango** *siehe* Kwango
**Cuanza** 69 C 5 *var.* Kwanza. Fluß, Z Angola
**Cuauhtémoc** 50 C 2 N Mexiko
**Cuautla** 51 E 4 S Mexiko
**Cubal** 78 B 2 W Angola
**Cubango** 78 B 2 *var.* Kuvango, *Port.* Vila Artur de Paiva, Vila da Ponte. Z Angola
**Cubango** 78 B 2 *var.* Kavango, Kavengo, Kubango, Okavanggo, Okavango. Fluß, S Afrika
**Cúcuta** 58 C 2 *var.* San José de Cúcuta. N Kolumbien
**Cuchumatanes, Sierra de los** 52 A 2 Gebirge, N Guatemala
**Cuddapah** 132 C 2 S Indien
**Cue** 147 B 5 Western Australia, W Australien
**Cuenca** 93 E 3 *ant.* Conca. Z Spanien
**Cuenca** 60 B 2 S Ecuador
**Cuernavaca** 51 E 4 S Mexiko
**Cuiabá** 63 E 3 *ehem.* Cuyabá. Bundesstaatshauptstadt, SW Brasilien
**Cuijck** 86 D 4 SO Niederlande
**Cúil Raithin** *siehe* Coleraine
**Cuito** 78 B 2 *var.* Kwito. Fluß, SO Angola
**Cukai** 138 B 3 *var.* Chukai, Kemaman. W Malaysia
**Culiacán** 50 C 3 *var.* Culiacán Rosales, Culiacán-Rosales. Z Mexiko
**Cullera** 93 F 3 O Spanien
**Cullman** 42 C 2 Alabama, S USA
**Culpepper Island** *siehe* Darwin, Isla
**Cumaná** 59 E 1 NO Venezuela
**Cumbal, Nevada de** 58 A 4 Berg, SW Kolumbien
**Cumberland** 41 E 4 Maryland, NO USA
**Cumberland Plateau** 42 D 1 Mittelgebirge, Alabama, S USA
**Cumberland River** 43 E 1 Fluß, S USA
**Cunene** 78 A 3 *var.* Kunene. Fluß, Angola/Namibia
**Cuneo** 96 A 2 *Fr.* Coni. NW Italien
**Cunnamulla** 149 C 5 Queensland, O Australien
**Cuprija** 100 D 4 Z Jugoslawien
**Curaçao** 55 E 5 Insel, Z Niederländische Antillen
**Curicó** 64 B 4 Z Chile
**Curitiba** 63 F 4 *ehem.* Curytiba. Bundesstaatshauptstadt, S Brasilien
**Curtea de Argeş** 108 B 4 *var.* Curtea-de-Arges. S Rumänien
**Curtea-de-Arges** *siehe* Curtea de Argeş
**Curtici** 108 A 4 *Dtsch.* Kurtitsch, *Ung.* Kürtös. W Rumänien
**Curtis Island** 148 E 4 Insel, Queensland, SO Australien
**Curuguaty** 64 E 2 O Paraguay
**Curytiba** *siehe* Curitiba
**Cusco** 60 D 4 *var.* Cuzco. Z Peru
**Čusovoj** *siehe* Chusovoy
**Cusset** 91 C 5 Z Frankreich
**Cutch, Rann of** *siehe* Kachchh, Rann of
**Cuttack** 135 F 5 O Indien
**Cuvier-Plateau** 141 E 5 untermeer. Formation, O Indischer Ozean
**Cuxhaven** 94 B 2 NW Deutschland
**Cuyabá** *siehe* Cuiabá
**Cuyuni** 59 F 2 *var.* Río Cuyuni. Fluß, Guyana/Venezuela
**Cuyuni, Río** *siehe* Cuyuni River
**Cuzco** *siehe* Cusco
**Čvrsnica** 100 C 4 Gebirge, SW Bosnien-Herzegowina
**Cymru** *siehe* Wales
**Cypern** *siehe* Zypern
**Częstochowa** 98 C 4 *Dtsch.* Czenstochau, Tschenstochau, *Russ.* Chenstokhov. S Polen
**Człuchów** 98 C 3 *Dtsch.* Schlochau. NW Polen

# D

**Đa, Sông** 136 D 3 *Chin.* Lixian Jiang, *Dtsch.* Schwarzer Fluß, *Fr.* Rivière Noire, *Eng.* Black River. Fluß, China/Vietnam
**Dabajuro** 58 C 1 NW Venezuela
**Dabeiba** 58 B 2 NW Kolumbien
**Dąbrowa Tarnowska** 99 D 5 SO Polen
**Dabryn'** 107 C 8 *Russ.* Dobryn'. SO Weißrußland
**Dacca** *siehe* Dhākā
**Dadanawa** 59 F 4 SW Guyana
**Dafang** 129 B 5 O China
**Dagana** 74 B 3 N Senegal
**Dagda** 106 D 4 SO Lettland
**Dağliq Qarabağ** 117 G 3 *Russ.* Nagornyy Karabakh, *ehem.* Avtonomnaya Oblast Nagorno- Karabakhskaya, *Arm.* Lerrnayin Gharabakh, *Dtsch.* Nagorni Karabach, Berg-Karabach. Ehemalige aut. Region, SW Aserbaidschan
**Dagupan** 139 E 1 *off.* Dagupan City. Luzon, N Philippinen
**Dagupan City** *siehe* Dagupan
**Da Hinggan Ling** 127 G 1 *Eng.* Great Khingan Range, *Dtsch.* Großer Khingan. Gebirge, NO China
**Dahm, Ramlat** 121 B 6 Wüste, NW Jemen
**Daimiel** 92 D 3 Z Spanien
**Daimoniá** 105 B 7 S Griechenland
**Daingin, Bá an** *siehe* Dingle Bay
**Dakar** 74 B 3 Staatshauptstadt, W Senegal
**Dakhla** 72 B 2 *var.* Wāhat el Dākhla. Oase, Z Ägypten
**Dākhla, Wāhat el** *siehe* Dakhla
**Dakoro** 75 G 3 S Niger
**Đakovica** 101 D 5 *var.* Djakovica, *Alb.* Gjakovë. SW Jugoslawien
**Đakovo** 100 C 3 *var.* Djakovo, *Ung.* Diakovár. O Kroatien
**Dakshin** *siehe* Deccan
**Dalaman** 116 A 4 Türkei
**Dalandzadgad** 127 E 3 S Mongolei
**Dalarna** 85 C 5 *ehem. Eng.* Dalecarlia. Region, Z Schweden
**Đa Lat** 137 E 6 S Vietnam
**Dalby** 149 D 5 Queensland, O Australien
**Dalecarlia** *siehe* Dalarna
**Dale City** 41 E 4 Virginia, NO USA
**Dalhart** 49 E 1 New Mexico, SW USA
**Dalian** 128 D 4 *var.* Dairen, Dalien, Jay Dairen, Lüda,Ta-lien, *Russ.* Dalny. NO China
**Dallas** 49 G 3 Texas, S USA
**Dalmacija** 100 B 4 *Dtsch.* Dalmatien, *It.* Dalmazia, *Eng.* Dalmatia. Region S Kroatien
**Dalton** 42 D 1 Georgia, SO USA
**Daly Waters** 148 A 2 Northern Territory, N Australien
**Damachava** 107 A 6 *var.* Damachova, *Pol.* Domaczewo, *Russ.* Domachëvo. SW Weißrußland
**Damān** 134 C 5 *Port.* Damão. W Indien
**Damão** *siehe* Damān
**Damara** 76 C 4 S Zentralafrikanische Republik
**Damaskus** *siehe* Dimashq
**Damietta** *siehe* Dumyât
**Dammām** *siehe* Ad Dammān
**Damoûr** 119 A 5 *var.* Ad Dāmūr. W Libanon
**Dampier** 146 B 4 Western Australia, W Australien
**Dampier, Selat** 139 G 4 Meerenge, W Pazifischer Ozean
**Damqawt** 121 D 6 *var.* Damqut. O Jemen
**Damqut** *siehe* Damqawt
**Damxung** 126 C 5 W China
**Danané** 74 D 5 W Elfenbeinküste
**Đà Nâng** 137 E 5 *ehem.* Tourane. Z Vietnam
**Danborg** *siehe* Daneborg
**Danbury** 41 F 3 Connecticut, NO USA
**Dandong** 128 E 3 *var.* Tan-tung; *ehem.* An-tung. NO China
**Daneborg** 83 E 3 *var.* Danborg. O Grönland

---

**Dänemark**
85 A 7 *Dän.* Kongeriget Danmark (Königreich Dänemark), *ant.* Hafnia. N Europa

**UN-Name:** Kingdom of Denmark **Formation:** 960/1953 **Hauptstadt:** Kopenhagen **Bevölkerung:** 5,2 Mio. **Fläche:** 43 069 km² **Sprachen:** Dänisch*, Färöisch, Inuit **Religionen:** Evangelisch-Lutherische 91%, andere Christen 9% **Volksgruppen:** Dänen 96%, Färöer, Inuit 1%, andere 3% **Regierung:** Konstitutionelle Monarchie **Währung:** Krone = 100 Øre

---

**Dänemark-Straße** 82 D 4 *Dän.* Danmarksstraedet. Meerenge, N Atlantischer Ozean
**Dänew** 122 D 3 *Russ.* Dyanev, *var.* Deynau. NO Turkmenistan
**Dangara** *siehe* Danghara
**Danghara** 123 E 3 *Russ.* Dangara. SW Tadschikistan
**Dangriga** 52 C 1 *ehem.* Stann Creek. O Belize
**Danlí** 52 D 3 S Honduras
**Danmark Havn** 83 E 2 O Grönland
**Danmarksstraedet** *siehe* Dänemark-Straße
**Dannenberg** 94 C 3 N Deutschland
**Dannevirke** 150 D 4 North Island, Z Neuseeland
**Danum** *siehe* Doncaster
**Danville** 41 E 5 Virginia, NO USA
**Danville** 40 B 4 Illinois, N USA
**Danxian** 129 C 7 *var.* Dan Xian, Nada. Hainan Dao, S China

**Danziger Bucht** *siehe* Gdańska, Zatoka
**Daqm** *siehe* Duqm
**Dar'ā** 119 B 5 *var.* Der'a, *Fr.* Déraa. SW Syrien
**Darabani** 108 C 3 NW Rumänien
**Daraut-Kurgan** *siehe* Daroot-Korgon
**Darbėnai** 106 B 3 NW Litauen
**Dardanellen** *siehe* Çanakkale Boğazı
**Dar-el-Beida** *siehe* Casablanca
**Dar es Salaam** 73 D 7 O Tansania
**Darfield** 151 C 6 South Island, Z Neuseeland
**Darfur** 72 A 4 *var.* Darfur Massif. Gebirge, W Sudan
**Darfur Massif** *siehe* Darfur
**Dargaville** 150 D 2 North Island, N Neuseeland
**Darhan** 127 E 2 N Mongolei
**Darién, Golfo del** 53 H 4 *Eng.* Gulf of Darien. Golf, SO Karibisches Meer
**Darién, Serranía del** 53 H 5 Gebirge, Kolumbien/Panama
**Dario** *siehe* Ciudad Darío
**Dariorigum** *siehe* Vannes
**Darjeeling** *siehe* Darjiling
**Darjiling** 135 F 3 *ehem.* Darjeeling. NO Indien
**Darling** 149 C 6 Fluß, New South Wales, SO Australien
**Darling Downs** 149 D 5 Mittelgebirge, Queensland, SO Australien
**Darlington** 89 D 5 N England, Großbritannien
**Darmīān** 120 E 3 O Iran
**Darmstadt** 95 B 5 SW Deutschland
**Darnah** 71 G 2 *var.* Dérna. NO Libyen
**Darnley, Cape** 154 D 3 Landspitze, Antarktis
**Daroca** 93 E 2 NO Spanien
**Daroot-Korgon** 123 F 3 *var.* Daraut-Kurgan. SW Kirgisistan
**Dartmoor** 89 C 7 Heideland, SW England, Großbritannien
**Dartmouth** 39 F 4 Nova Scotia, SO Kanada
**Darvaza** *siehe* Derweze
**Darvīshān** *siehe* Darweyshān
**Darweyshān** 122 D 5 *var.* Darvīshān. S Afghanistan
**Darwin** *siehe* Goose Green
**Darwin** 148 A 2 *ehem.* Palmerston, Port Darwin. Bundesstaatshauptstadt, Northern Territory, N Australien
**Darwin, Isla** 60 A 4 *var.* Culpepper Island. Insel, Galápagos-Inseln, O Pazifischer Ozean
**Darwin Settlement** *siehe* Darwin
**Dashhowuz** 122 C 2 *Russ.* Dashkhovuz; *ehem.* Tashauz. N Turkmenistan
**Dashkawka** 107 D 6 *Russ.* Dashkovka. O Weißrußland
**Dashkhovuz** *siehe* Dashhowuz
**Dashkovka** *siehe* Dashkawka
**Dasht** 120 D 2 N Iran
**Datong** 128 C 3 *var.* Tatung, Ta-t'ung. N China
**Daugava** 106 D 4 *Dtsch.* Westliche Dvina, *var.* Düna, *Bel.* Dzvina, *Russ.* Zapadnaya Dvina. Fluß, S Lettland
**Daugavpils** 106 D 4 *Dtsch.* Dünaburg; *ehem. Russ.* Dvinsk. SO Lettland
**Daung Kyun** 137 B 6 Insel, S Myanmar
**Dauphiné** 91 D 5 Region, O Frankreich
**Daurada, Costa** 93 G 2 *var.* Costa Dorada. Küstenregion, O Spanien
**Dāvangere** 132 C 2 W Indien
**Davao** 139 F 2 *off.* Davao City. Mindanao, S Philippinen
**Davao City** *siehe* Davao
**Davao Gulf** 139 F 3 Golf, W Pazifischer Ozean
**Davenport** 45 G 3 Iowa, Z USA
**David** 53 F 5 W Panama
**Davie-Rücken** 141 A 5 untermeer. Formation, W Indischer Ozean
**Davis** 154 D 3 Forschungsstation, Antarktis
**Davis** 47 B 6 California, W USA
**Davis Mountains** 48 D 3 Gebirge, Texas, S USA
**Davis-See** 154 D 3 Meer, S Indischer Ozean
**Davis-Straße** 82 B 3 Meerenge, Baffin Bay/Labrador-See
**Davlekanovo** 111 D 6 W Russische Föderation
**Dawei** *siehe* Tavoy
**Dawra** 70 B 3 *var.* Daora, Daoura. NW West-Sahara
**Dax** 91 B 6 *var.* Ax; *ant.* Aquae Augustae, Aquae Tarbelicae. SW Frankreich
**Dayr az Zawr** 118 D 3 *var.* Deir ez Zor. O Syrien
**Dayton** 40 C 4 Ohio, N USA
**Daytona Beach** 43 E 4 Florida, SO USA
**De Aar** 78 C 5 Z Südafrika
**Deán Funes** 64 C 3 Z Argentinien
**Death Valley** 47 D 6 Tal, California, W USA
**Debar** 101 D 6 *Dtsch.* Dibra, *Türk.* Debre. W Mazedonien
**De Bildt** *siehe* De Bilt
**De Bilt** 86 C 3 *var.* De Bildt. Z Niederlande
**Debrecen** 99 D 6 *Dtsch.* Debreczin, *Rum.* Debrețin; *ehem.* Debreczen. O Ungarn
**Decatur** 42 C 2 Alabama, S USA
**Decatur** 40 B 4 Illinois, N USA
**Deccan** 132 C 1 *Hind.* Dakshin. Plateau, Z Indien
**Děčín** 98 A 4 *Dtsch.* Tetschen. NW Tschechische Republik
**Dedemsvaart** 86 E 3 O Niederlande
**Dee** 88 C 3 Fluß, O Scotland, Großbritannien
**Deering** 36 C 2 Alaska, NW USA
**De Funiak Springs** 42 D 3 Florida, SO USA
**Deggendorf** 95 D 6 SO Deutschland
**Deh Bīd** 120 D 4 Z Iran
**Deinze** 87 B 6 NW Belgien
**Deir ez Zor** *siehe* Dayr az Zawr
**Deirgeirt, Loch** *siehe* Derg, Lough
**Dej** 108 B 3 *Ung.* Dés; *ehem.* Deés. NW Rumänien
**De Jouwer** *siehe* Joure
**Dékoa** 76 C 4 Z Zentralafrikanische Republik
**De Land** 43 E 4 Florida, SO USA
**Delano** 47 C 7 California, W USA
**Delārām** 122 D 5 SW Afghanistan
**Delaware** 41 F 4 *off.* State of Delaware; *auch genannt:* Blue Hen State, Diamond State, First State. Bundesstaat, O USA
**Delaware** 40 D 4 Ohio, N USA
**Delaware Bay** 41 F 5 Bucht, W Atlantischer Ozean
**Delft** 86 C 4 W Niederlande
**Delfzijl** 86 E 1 NO Niederlande
**Delgo** 72 B 3 N Sudan
**Delhi** 134 D 3 *var.* Dehli, *Hind.* Dilli; *hist.* Shahjahanabad. N Indien
**Delicias** 50 C 2 *var.* Ciudad Delicias. N Mexiko
**Delmenhorst** 94 B 3 NW Deutschland
**Del Rio** 49 F 4 Texas, S USA
**Demba** 77 D 6 S Dem. Rep. Kongo
**Dembia** 76 D 4 SO Zentralafrikanische Republik
**Demchok** 126 A 4 *var.* Dêmqog. Umstrittenes Gebiet, China/Indien
**Deming** 48 C 3 New Mexico, SW USA
**Demmin** 94 D 2 NO Deutschland
**Dêmqog** 126 A 4 *var.* Demchok. Umstrittenes Gebiet, China/Indien
**Denali** *siehe* McKinley, Mount
**Denau** *siehe* Denow
**Dender** 87 B 6 *Fr.* Dendre. Fluß, W Belgien
**Dendre** *siehe* Dender
**Denekamp** 86 E 3 O Niederlande
**Den Haag** *siehe* 's-Gravenhage
**Den Ham** 86 E 3 O Niederlande
**Den Helder** 86 C 2 NW Niederlande
**Denia** 93 F 4 O Spanien
**Deniliquin** 149 C 7 New South Wales, SO Australien
**Denison** 49 G 2 Texas, S USA
**Denison** 45 F 3 Iowa, Z USA
**Denizli** 116 B 4 SW Türkei
**Dennery** 55 F 1 O St. Lucia
**Denow** 123 E 3 *Russ.* Denau. S Usbekistan
**Denpasar** 138 D 5 *ehem.* Paloe. Bali, Z Indonesien
**Denton** 49 G 2 Texas, S USA
**Denver** 44 D 4 Bundesstaatshauptstadt, Colorado, Z USA
**Dera Ghāzi Khān** 134 C 2 *var.* Dera Ghāzikhān. Z Pakistan
**Dera Ghāzikhān** *siehe* Dera Ghāzi Khān
**Đeravica** 101 D 5 Berg, SW Jugoslawien
**Derbent** 111 C 8 SW Russische Föderation
**Derby** 89 D 6 Z England, Großbritannien
**Derg, Lough** 89 A 6 *Ir.* Loch Deirgeirt. See, W Rep. Irland
**Dergachi** *siehe* Derhachi
**Derhachi** 109 G 2 *Russ.* Dergachi. O Ukraine
**De Ridder** 42 A 3 Louisiana, S USA
**Dérna** *siehe* Darnah
**Dertosa** *siehe* Tortosa
**Derventa** 100 C 3 N Bosnien-Herzegowina
**Derweze** 122 C 2 *Russ.* Darvaza. Z Turkmenistan
**Deschutes River** 46 B 3 Fluß, Oregon, NW USA
**Desē** 72 D 4 *var.* Desse, *It.* Dessie. N Äthiopien
**Deseado** 65 B 7 Fluß, S Argentinien
**Des Moines** 45 F 4 Bundesstaatshauptstadt, Iowa, Z USA
**Desna** 109 E 1 Fluß, Russische Föderation/Ukraine
**Dessau** 94 C 4 O Deutschland
**Destêrro** *siehe* Florianópolis
**Detroit** 40 D 3 Michigan, N USA
**Detroit Lakes** 45 F 2 Minnesota, N USA
**Deurne** 87 D 5 SO Niederlande
**Deutsch-Eylau** *siehe* Iława
**Deutsch Krone** *siehe* Wałcz

**Deutschland**
94 B 4 Bundesrepublik Deutschland. W Europa

**UN-Name:** Federal Republic of Germany **Formation:** 1990
**Hauptstadt:** Berlin **Bevölkerung:** 80,6 Mio. **Fläche:** 356 910 km²
**Sprachen:** Deutsch*, Sorbisch, Türkisch **Religionen:** Protestanten 45%, Römisch-Katholische 37%, andere 18% **Volksgruppen:** Deutsche 92%, andere 8%
**Regierung:** Mehrparteienrepublik
**Währung:** Deutsche Mark = 100 Pfennige

**Deva** 108 B 4 *Dtsch.* Diemrich, *Ung.* Déva. W Rumänien
**Devana** *siehe* Aberdeen
**Deventer** 86 D 3 O Niederlande
**Devils Lake** 45 E 1 Missouri, Z USA
**Devoll** *siehe* Devollit, Lumi i
**Devollit, Lumi i** 101 D 6 *var.* Devoll. Fluß, SO Albanien
**Devon Island** 37 F 2 *ehem.* North Devon Island. Insel, NO Kanada
**Devonport** 149 C 8 Tasmania, SO Australien
**Devrek** 116 C 2 N Türkei
**Dexter** 45 G 5 Missouri, Z USA
**Deynau** *siehe* Dänew
**Dezfūl** 120 C 3 *var.* Dizful. SW Iran
**Dezhou** 128 D 4 NO China
**Dhahran** *siehe* Aẓ Ẓahrān
**Dhākā** 135 G 4 *ehem.* Dacca. Staatshauptstadt, Z Bangladesch
**Dhanbād** 135 F 4 NO Indien
**Dhārwād** 132 B 1 *ehem.* Dharwar. SW Indien
**Dhíkti Ori** *siehe* Díkti
**Dhomokós** *siehe* Domokós
**Dhráma** *siehe* Dráma
**Dhrepanon, Akra** *siehe* Drépano, Ákra
**Dhún na nGall, Bá** *siehe* Donegal Bay
**Diamantina, Chapada** 63 F 3 Gebirge, O Brasilien
**Diamantina-Bruchzone** 141 E 6 untermeer. Formation, O Indischer Ozean
**D'Iberville** 42 C 3 Mississippi, S USA
**Dibio** *siehe* Dijon
**Dibrugarh** 135 H 3 NO Indien
**Dickinson** 44 D 2 North Dakota, N USA
**Dicle** 117 F 4 *Dtsch.* Tigris. SO Türkei, *siehe auch* Tigris
**Didymóteicho** 104 D 3 *var.* Dhidhimótikhon, Didimotiho. NO Griechenland
**Diedenhofen** *siehe* Thionville
**Diekirch** 87 D 8 Luxemburg
**Điên Biên** 136 D 3 *var.* Bien Bien, Dien Bien Phu. NW Vietnam
**Diepenbeek** 87 D 6 NO Belgien
**Diepholz** 94 B 3 NW Deutschland
**Dieppe** 90 C 2 N Frankreich
**Dieren** 86 D 4 O Niederlande
**Differdange** 87 D 8 Luxemburg
**Digby** 39 F 5 Nova Scotia, SO Kanada
**Digne** 91 D 6 *var.* Digne-les-Bains. SO Frankreich
**Digne-les-Bains** *siehe* Digne
**Digoel** *siehe* Digul, Sungai
**Digoin** 90 C 4 Z Frankreich
**Digul, Sungai** 139 H 5 *ehem.* Digoel. Fluß, Irian Jaya, O Indonesien

**Dijon** 90 D 4 *ant.* Dibio. Z Frankreich
**Dikhil** 72 D 4 SW Dschibuti
**Dikson** 114 D 2 N Russische Föderation
**Diktí** 105 D 8 *var.* Dhíkti Ori. Gebirge, Kríti, SO Griechenland
**Dili** 139 F 5 *var.* Dilli, Dilly. Timor, Z Indonesien
**Dilia** 75 G 3 *var.* Dillia. Fluß, SO Niger
**Di Linh** 137 E 6 S Vietnam
**Dilizhan** *siehe* Dilijan
**Dillia** *siehe* Dilia
**Dilling** 72 B 4 *var.* Ad Dalanj. Z Sudan
**Dillon** 44 B 2 Montana, NW USA
**Dilolo** 77 D 8 S Dem. Rep. Kongo
**Dimashq** 119 B 5 *var.* Ash Shām, Esh Sham, *Dtsch.* Damaskus, *Eng.* Damascus, *Fr.* Damas, *It.* Damasco. Staatshauptstadt, SW Syrien
**Dimitrovgrad** 111 C 6 W Russische Föderation
**Dimitrovgrad** 104 D 3 S Bulgarien
**Dimitrovo** *siehe* Pernik
**Dimlang** 75 G 4 *var.* Vogel Peak. Berg, O Nigeria
**Dimona** 119 A 7 S Israel
**Dimovo** 104 B 1 NW Bulgarien
**Dinājpur** 135 G 3 NW Bangladesch
**Dinan** 90 A 3 NW Frankreich
**Dinant** 87 C 7 S Belgien
**Dinar** 116 B 4 SW Türkei
**Dinara** *siehe* Dinarische Alpen
**Dinarische Alpen** 100 C 4 *SKr.* Dinara. Gebirge, Bosnien-Herzegowina/Kroatien
**Dindigul** 132 C 3 SO Indien
**Dingle Bay** 89 A 6 *Ir.* Bá an Daingin. Bucht, NO Atlantischer Ozean
**Dinguiraye** 74 C 4 N Guinea
**Diourbel** 74 B 3 W Senegal
**Direction, Cape** 148 C 2 Landspitze, Queensland, NO Australien
**Dirē Dawa** 73 D 5 O Äthiopien
**Dirk Hartog Island** 147 A 5 Insel, W Australien
**Dirra** 72 A 4 Sudan
**Dirschau** *siehe* Tczew
**Disappointment, Lake** 146 C 4 Salzsee, Western Australia, W Australien
**Discovery Bay** 128 A 1 *Kant.* Tai Pak Wan. Hong Kong
**Dispur** 135 G 3 NO Indien
**Divinópolis** 63 F 4 SO Brasilien
**Divo** 74 D 5 S Elfenbeinküste
**Diyarbakır** 117 E 4 *ehem.* Diarbekr; *ant.* Amida. SO Türkei
**Dizful** *siehe* Dezfūl
**Djakovo** *siehe* Đakovo
**Djambala** 77 B 6 Z Rep. Kongo
**Djambi** *siehe* Hari, Batang
**Djanet** 71 E 4 *ehem.* Fort Charlet. SO Algerien
**Djelfa** 70 D 2 *var.* El Djelfa. N Algerien
**Djéma** 76 D 4 O Zentralafrikanische Republik
**Djember** *siehe* Jember
**Djerba** *siehe* Jerba, Île de
**Djérem** 75 H 5 Fluß, Z Kamerun
**Djerid, Schott el-** *siehe* Jerid, Chott el
**Djibouti** 72 D 4 *var.* Jibuti, *Dtsch.* Dschibuti. Staatshauptstadt, O Dschibuti
**Djidda** siehe Jiddah
**Djiguéni** 74 D 3 SO Mauretanien
**Djisr el Choghour** *siehe* Jisr ash Shughūr
**Djourab, Erg du** 76 C 2 Wüste, N Tschad
**Djúpivogur** 83 E 5 SO Island
**Dneprodzerzhinskoye Vodokhranilishche** *siehe* Dniprodzerzhyns'ke Vodoskhovyshche
**Dneprorudnoye** *siehe* Dniprorudne
**Dniprodzerzhyns'k** 109 F 3 *Russ.* Dneprodzerzhinsk; *ehem.* Kamenskoye. Z Ukraine
**Dniprodzerzhyns'ke Vodoskhovyshche** 109 F 3 *Russ.* Dneprodzerzhinskoye Vodokhranilishche. Stausee, NO Ukraine
**Dnipropetrovs'k** 109 F 3 *Russ.* Dnepropetrovsk; *ehem.* Yekaterinoslav. O Ukraine
**Dniprorudne** 109 F 3 *Russ.* Dneprorudnoye. SO Ukraine
**Dnjepr** 81 F 4 *Russ.* Dnepr, *Bel.* Dnyapro, *Ukr.* Dnipro. Fluß, O Europa
**Dnjepr-Tiefland** 109 F 2 *Bel.* Prydnyaprowskaya Nizina, *Ukr.* Prydniprovs'ka Nyzovyna. Tiefland, Weißrußland/Ukraine
**Dnjestr** 108 D 3 *Rum.* Nistru, *Russ.* Dnestr, *Ukr.* Dnister, *ant.* Tyras. Fluß, Moldawien/Ukraine
**Doba** 76 C 4 S Tschad
**Döbeln** 94 D 4 O Deutschland
**Doboj** 100 C 3 N Bosnien-Herzegowina
**Dobre Miasto** 98 D 2 *Dtsch.* Guttstadt. N Polen
**Dobrich** 104 E 2 *var.* Dobrič, *Rum.* Bazargic; *ehem.* Tolbukhin. NO Bulgarien
**Dobrush** 107 D 8 SO Weißrußland
**Dobryn'** *siehe* Dabryn'
**Dodekanes** *siehe* Dodekánisos
**Dodekánisos** 105 D 6 *var.* Nóties Sporádes, *Dtsch.* Dodekanes; *ehem.* Dhodhekánisos. Inselgruppe, SO Griechenland
**Dodge City** 45 E 5 Kansas, Z USA
**Dodoma** 73 C 7 Staatshauptstadt, Z Tansania
**Dogana** 96 E 1 San Marino
**Dōgo** 131 B 6 Insel, Oki-shotō, W Japan
**Dogondoutchi** 75 F 3 SW Niger
**Dogrular** *siehe* Pravda
**Doğu Karadeniz Dağları** 117 E 3 *var.* Anadolu Dağları. Gebirge, NO Türkei
**Doha** *siehe* Ad Dawḩah
**Dokkum** 86 D 1 N Niederlande
**Dokuchayevs'k** 109 G 3 *var.* Dokuchayevsk. SO Ukraine
**Dokuchayevsk** *siehe* Dokuchayevs'k
**Doldrums-Bruchzone** 66 C 4 untermeer. Formation, W Atlantischer Ozean
**Dôle** 90 D 4 O Frankreich
**Dolina** *siehe* Dolyna
**Dolinskaya** *siehe* Dolyns'ka
**Dolisie** 77 B 6 *ehem.* Loubomo. S Rep. Kongo
**Dolomiten** *siehe* Dolomitiche, Alpi
**Dolomitiche, Alpi** 96 C 1 *var.* Dolomiti, *Dtsch.* Dolomiten. Gebirge, NO Italien
**Dolores** 64 D 4 O Argentinien
**Dolores** 52 B 1 N Guatemala
**Dolores** 64 D 4 W Uruguay
**Dolores Hidalgo** 51 E 4 *var.* Ciudad de Dolores Hidalgo. Z Mexiko
**Dolyna** 108 B 2 *Russ.* Dolina. W Ukraine
**Dolyns'ka** 109 F 3 *Russ.* Dolinskaya. S Ukraine
**Dombås** 85 B 5 S Norwegen
**Domesnes, Cape** *siehe* Kolkasrags
**Domeyko** 64 B 3 N Chile

---

**Dominica**
55 H 4 Republik im Commonwealth, O Karibisches Meer

**UN-Name:** Commonwealth of Dominica **Formation:** 1978 **Hauptstadt:** Roseau **Bevölkerung:** 71 000 **Fläche:** 750 km² **Sprachen:** Englisch*, Französisch-Kreolisch (Patois), Carib, Cocoy (engl. Dialekt) **Religionen:** Römisch-Katholische 77%, Protestanten 15%, andere 8% **Volksgruppen:** Schwarze 98%, Indianer 2% **Regierung:** Mehrparteienrepublik **Währung:** EC-$ = 100 Cents

---

**Dominica Channel** *siehe* Martinique Passage

---

**Dominikanische Republik**
55 E 3 República Dominicana (Dominikanische Republik), N Karibisches Meer

**UN-Name:** Dominican Republic **Formation:** 1865 **Hauptstadt:** Santo Domingo **Bevölkerung:** 7,8 Mio. **Fläche:** 48 730 km² **Sprachen:** Spanisch*, Französisch-Kreolisch (Patois) **Religionen:** Römisch-Katholische 95%, andere 5% **Volksgruppen:** Afro-Europäer 73%, Weiße 16%, Schwarze 11% **Regierung:** Mehrparteienrepublik **Währung:** Peso = 100 Centavos

---

**Domokós** 105 B 5 *var.* Dhomokós. Z Griechenland
**Don** 81 F 3 *var.* Duna, *ant.* Tanais. Fluß, SW Russische Föderation
**Donau** 81 E 4 *Bul.* Dunav, *Slow.* Dunaj, *Ung.* Duna, *Rum.* Dunărea. Fluß, Z Europa
**Donau-Delta** 108 D 5 *Rum.* Delta Dunării. Delta, Rumänien/Ukraine
**Donau-Tiefland** *siehe* Dunavska Ravnina
**Donauwörth** 95 C 6 S Deutschland
**Don Benito** 92 C 4 W Spanien
**Doncaster** 89 D 5 *ant.* Danum. N England, Großbritannien
**Dondo** 78 B 1 NW Angola
**Donegal** 89 A 5 *Ir.* Dún na nGall. NW Rep. Irland
**Donegal Bay** 89 A 5 *Ir.* Bá Dhún na nGall. Bucht, O Atlantischer Ozean
**Donets** 109 G 2 Fluß, Russische Föderation/Ukraine
**Donets'k** 109 G 3 *Russ.* Donetsk; *ehem.* Stalino. O Ukraine
**Dongfang** 129 B 7 Hainan Dao, S China
**Dongguan** 129 C 6 SW China
**Đông Ha** 136 E 4 Z Vietnam
**Dong Hai** *siehe* Ostchinesisches Meer
**Đông Hơi** 136 E 4 Z Vietnam
**Dongola** 72 B 3 *var.* Donqola, Dunqula. N Sudan
**Dongou** 77 C 5 NO Rep. Kongo
**Dongting Hu** 129 C 5 *var.* Tung-t'ing Hu. See, SO China
**Dongying** 128 D 4 NO China
**Donnybrook** 147 B 7 SW Australien
**Donostia-San Sebastián** 93 E 1 N Spanien
**Door Peninsula** 40 C 2 Halbinsel, Wisconsin, N USA
**Dooxo Nugaaleed** 73 E 5 *var.* Nogal Valley. Tal, O Somalia
**Dordogne** 91 B 5 Region, SW Frankreich
**Dordogne** 91 B 5 Fluß, W Frankreich
**Dordrecht** 86 C 4 *var.* Dordt, Dort. SW Niederlande
**Doré Lake** 37 F 5 Saskatchewan, Z Kanada
**Dorohoi** 108 C 3 NO Rumänien
**Dorotea** 84 C 4 N Schweden
**Dorre Island** 147 A 5 Insel, W Australien
**Dortmund** 94 A 4 W Deutschland
**Dos Hermanas** 92 C 5 S Spanien
**Dospat** 104 C 3 SW Bulgarien
**Dothan** 42 D 3 Alabama, S USA
**Dotnuva** 106 B 4 Z Litauen
**Douai** 90 C 2 *ehem.* Douay, *ant.* Duacum. N Frankreich
**Douala** 77 A 5 *var.* Duala. W Kamerun
**Doubtful Island Bay** 147 C 7 Bucht, SO Indischer Ozean
**Douglas** 89 C 5 Hauptstadt eines abhängigen Territoriums, Isle of Man, Britische Inseln
**Douglas** 43 E 3 Georgia, SO USA
**Douglas** 48 C 3 Arizona, SW USA
**Douglas** 44 C 3 Wyoming, Z USA
**Douma** *siehe* Dūmā
**Douro, Rio** *siehe* Duero
**Dover** 89 E 7 *Fr.* Douvres; *Lat.* Dubris Portus. SO England, Großbritannien
**Dover** 149 C 8 Tasmania, SO Australien
**Dover** 41 G 3 New Hampshire, NO USA
**Dover** 41 F 4 Bundesstaatshauptstadt, Delaware, NO USA
**Dover, Straße von** 90 C 2 *Eng.* Strait of Dover, Straits of Dover, *Fr.* Pas de Calais. Meerenge, NO Atlantischer Ozean
**Dovrefjell** 85 B 5 Gebirge, S Norwegen
**Downpatrick** 89 C 5 *Ir.* Dún Pádraig. SO Northern Ireland, Großbritannien
**Dōzen** 131 B 6 Insel, Oki-shotō, W Japan
**Dra, Hamada du** 70 C 3 *var.* Hammada du Drâa, Haut Plateau du Dra. Plateau, W Algerien
**Drachten** 86 D 2 N Niederlande
**Drăgășani** 108 B 5 SW Rumänien
**Dragoman** 104 B 2 W Bulgarien
**Dragon's Mouth, The** 59 F 1 Meerenge, W Atlantischer Ozean
**Drahichyn** 107 B 6 *Pol.* Drohiczyn Poleski, *Russ.* Drogichin. SW Weißrußland
**Drakensberg** 78 D 5 Gebirge, Lesotho/Südafrika
**Drake-Passage** 153 F 5 Wasserstraße, Atlantischer Ozean/Pazifischer Ozean
**Dralfa** 104 D 2 N Bulgarien
**Dráma** 104 C 3 *var.* Dhráma. NO Griechenland
**Dramburg** *siehe* Drawsko Pomorskie
**Drammen** 85 B 6 S Norwegen
**Drau** 95 D 7 S Österreich, *siehe auch* Drava

**Drava** 100 C 3 *Dtsch.* Drau, *Eng.* Drave, *Slwn.* Drawa, *Ung.* Dráva. Fluß, SO Europa
**Drawsko Pomorskie** 98 B 3 *Dtsch.* Dramburg. NW Polen
**Drépano, Akra** 104 C 4 *var.* Akra Dhrepanon. Landspitze, N Griechenland
**Drepanum** *siehe* Trapani
**Dresden** 94 D 4 O Deutschland
**Drin** *siehe* Drina
**Drina** 100 D 4 Fluß, Bosnien-Herzegowina/Jugoslawien
**Drini i Zi** 101 D 5 *Dtsch.* Schwarze Drin, *Alb.* Lumi i Drinit të Zi, *SKr.* Crni Drim. Fluß, Albanien/Mazedonien
**Drissa** 107 D 5 *Bel.* Drysa. Fluß, Weißrußland/Russische Föderation
**Drobeta-Turnu Severin** 108 B 5 *ehem.* Turnu Severin. SW Rumänien
**Drogheda** 89 B 5 *Ir.* Droichead Átha. NO Rep. Irland
**Drohobych** 108 B 2 *Pol.* Drohobycz, *Russ.* Drogobych. NW Ukraine
**Droichead Átha** *siehe* Drogheda
**Drôme** 91 D 6 Region, Frankreich
**Dronning Maud Land** 154 C 2 *var.* Queen Maud Land. Region, Antarktis
**Drug** *siehe* Durg
**Drummond Island** 40 D 2 Insel, Michigan, N USA
**Drummondville** 39 E 4 Québec, SO Kanada
**Druskienniki** *siehe* Druskininkai
**Druskininkai** 107 B 5 *Pol.* Druskienniki. S Litauen
**Dryden** 38 B 3 Ontario, Z Kanada
**Drysa** *siehe* Drissa
**Drysdale** 146 D 3 Fluß, N Australien

**Dschibuti**
72 D 4 Jumhūriya Jībūti (Republik Dschibuti), République de Djibouti; *ehem.* Französisch Somaliland. NO Afrika

**UN-Name:** Republic of Djibouti **Formation:** 1977 **Hauptstadt:** Djibouti **Bevölkerung:** 600 000 **Fläche:** 23 200 $km^2$ **Sprachen:** Arabisch*, Französisch*, Somali, Afar **Religionen:** Christen 87%, andere 13% **Volksgruppen:** Issa 35%, Afar 20%, Gadaboursi und Isaak 28%, andere 17% **Regierung:** Ein-Parteien-System **Währung:** Franc = 100 Centimes

**Dschibuti** *siehe* Djibouti
**Duala** *siehe* Douala
**Dubai** *siehe* Dubayy
**Dubăsari** 108 D 3 *Russ.* Dubossary. NO Moldawien
**Dubawnt** 37 F 4 Fluß, Northwest Territories, Z Kanada
**Dubayy** 120 D 4 *Eng.* Dubai. NO Vereinigte Arabische Emirate
**Dubbo** 149 D 6 New South Wales, SO Australien
**Dublin** 89 B 6 *Ir.* Baile Átha Cliath; *ant.* Eblana. Staatshauptstadt, O Rep. Irland
**Dublin** 43 E 2 Georgia, SO USA
**Dubno** 108 C 2 NW Ukraine
**Dubossary** *siehe* Dubăsari
**Dubrovnik** 101 A 8 *It.* Ragusa. SO Kroatien
**Dubuque** 45 G 3 Iowa, Z USA
**Dudelange** 87 D 8 *var.* Forge du Sud, *Dtsch.* Dudelingen. Luxemburg
**D-U-D Municipality** *siehe* Majuro
**Duero** 92 B 2 *var.* Río Duero, *Port.* Rio Douro. Fluß, Portugal/Spanien
**Duffel** 87 C 5 Z Belgien
**Dufour Spitze** 95 A 8 *var.* Punta Dufour, *It.* Pizzo Dufour. Berg, Italien/Schweiz
**Dugi Otok** 100 A 3 *var.* Isola Grossa, *It.* Isola Lunga. Insel, W Kroatien
**Duisburg** 94 A 4 *ehem.* Duisburg-Hamborn. W Deutschland
**Duisburg-Hamborn** *siehe* Duisburg
**Duitama** 58 B 3 Z Kolumbien
**Duiven** 86 D 4 O Niederlande
**Duk Faiwil** 73 B 5 Sudan
**Dulan** 126 D 4 Z China
**Dulce, Golfo** 53 E 5 Golf, O Pazifischer Ozean
**Dulce, Golfo** *siehe* Izabal, Lago de
**Dülmen** 94 A 4 W Deutschland
**Dulovo** 104 E 1 NO Bulgarien
**Duluth** 45 G 2 Minnesota, N USA
**Dūmā** 119 B 5 *Fr.* Douma. SW Syrien
**Dumas** 49 E 1 Texas, S USA
**Dumfries** 88 C 4 S Scotland, Großbritannien
**Dumont d'Urville** 154 D 4 Forschungsstation, Antarktis
**Dumyât** 72 B 1 *Eng.* Damietta. N Ägypten
**Duna** *siehe* Donau
**Düna** *siehe* Westliche Dvina
**Dunării, Delta** *siehe* Donau-Delta
**Dunaújváros** 99 C 7 *ehem.* Dunapentele, Sztálinváros. Z Ungarn
**Dunavska Ravnina** 104 C 2 *Dtsch.* Donau-Tiefland. Ebene, N Bulgarien
**Duncan** 49 G 2 Oklahoma, Z USA
**Dundalk** 89 B 5 *Ir.* Dún Dealgan. NO Rep. Irland
**Dundalk** 41 F 4 Maryland, NO USA
**Dún Dealgan** *siehe* Dundalk
**Dundee** 88 C 4 O Scotland, Großbritannien
**Dundee** 78 D 4 O Südafrika
**Dunedin** 151 B 7 South Island, SW Neuseeland
**Dunfermline** 88 C 4 Z Scotland, Großbritannien
**Dungu** 77 E 5 NO Dem. Rep. Kongo
**Dungun** 138 B 3 *var.* Kuala Dungun. W Malaysia
**Dunholme** *siehe* Durham
**Dunkerque** 90 C 2 *Eng.* Dunkirk, *Fläm.* Duinekerke; *ehem.* Dunquerque. N Frankreich
**Dünkirchen** *siehe* Dunkerque
**Dún Laoghaire** 89 B 6 *Eng.* Dunleary; *ehem.* Kingstown. O Rep. Irland
**Dún na nGall** *siehe* Donegal
**Dún Pádraig** *siehe* Downpatrick
**Dupnitsa** 104 C 2 *ehem.* Stanke Dimitrov, Marek. W Bulgarien
**Duqm** 121 E 5 *var.* Daqm. O Oman
**Durance** 91 D 6 Fluß, SO Frankreich
**Durango** 50 D 3 *var.* Victoria de Durango. W Mexiko
**Durango** 44 C 5 Colorado, Z USA
**Durankulak** 104 E 1 *Rum.* Răcari; *ehem.* Blatnitsa, Duranulac. NO Bulgarien
**Durant** 49 G 2 Oklahoma, Z USA
**Durban** 78 D 5 *var.* Port Natal. O Südafrika
**Durbe** 106 B 3 *Dtsch.* Durben. W Lettland
**Durben** *siehe* Durbe
**Durg** 135 E 4 *ehem.* Drug. Z Indien
**Durham** 89 D 5 *hist.* Dunholme. N England, Großbritannien
**Durham** 43 F 1 North Carolina, SO USA
**Durrazo** *siehe* Durrës
**Durrës** 101 C 6 *var.* Durrësi, Dursi, *It.* Durazzo, *SKr.* Drač, *Türk.* Draç, W Albanien
**Durūz, Jabal ad** 119 C 5 Berg, SW Syrien
**Dushanbe** 123 E 3 *var.* Dyushambe; *ehem.* Stalinabad, *Tadsch.* Stalinobod. Staatshauptstadt, W Tadschikistan
**Düsseldorf** 94 A 4 W Deutschland
**Dusti** *siehe* Dūstí
**Dūstí** 123 E 3 *Russ.* Dusti. SW Tadschikistan
**Dutch Harbor** 36 B 3 Unalaska Island, Alaska, USA
**Dyersburg** 42 C 1 Tennessee, S USA
**Dzerzhinsk** 111 C 5 W Russische Föderation
**Dzhalal-Abad** *siehe* Jalal-Abad
**Dzhanak** *siehe* Janak
**Dzhankoy** 109 F 4 S Ukraine
**Dzharkurgan** *siehe* Jarqŭrghon
**Dzhelandy** 123 F 3 SO Tadschikistan
**Dzhergalan** *siehe* Jyrgalan
**Dzhetygara** *siehe* Zhetiqara
**Dzhizak** *siehe* Jizzakh
**Dzhugdzhur, Khrebet** 115 G 3 Gebirge, O Russische Föderation
**Działdowo** 98 D 3 Z Polen
**Dzungaria** 126 C 2 *var.* Sungaria, Zungaria. Region, W China
**Dzüünbayan** 127 E 2 SO Mongolei
**Dzüünharaa** 127 E 2 N Mongolei
**Dzuunmod** 127 E 2 Z Mongolei
**Dzvina** 106 D 4 *Dtsch.* Westliche Dvina, *var.* Düna, *Lett.* Daugava, *Russ.* Zapadnaya Dvina. Fluß, O Weißrußland

# E

**Eagle Lake** 47 B 5 See, California, W USA
**Eagle Pass** 49 F 4 Texas, S USA
**Easley** 43 E 1 South Carolina, SO USA
**Eastbourne** 89 E 7 SO England, Großbritannien
**East Cape** 150 E 3 Region, North Island, Neuseeland
**East Caroline Islands** 144 C 2 Inselgruppe, O Mikronesien
**Eastern Ghats** 124 B 3 Gebirge, SO Indien
**Eastern Sierra Madre** *siehe* Madre Oriental, Sierra
**East Falkland** 65 D 8 *var.* Soledad. Insel, O Falkland Islands
**East Grand Forks** 45 F 1 Minnesota, N USA
**East Kilbride** 88 C 4 S Scotland, Großbritannien
**Eastleigh** 89 D 7 S England, Großbritannien
**East London** 78 D 5 *Afr.* Oos-Londen; *ehem.* EMonti, Port Rex. S Südafrika
**Eastmain** 38 D 3 Fluß, Québec, Z Kanada
**East Saint Louis** 40 B 4 Illinois, N USA
**Eau Claire** 40 A 2 Wisconsin, N USA
**Ébano** 51 E 3 Z Mexiko
**Ebensee** 95 D 6 N Österreich
**Eberswalde-Finow** 94 D 3 O Deutschland
**Ebetsu** 130 D 2 *var.* Ebetu. Hokkaidō, NO Japan
**Ebetu** *siehe* Ebetsu
**Ebeye** 144 D 1 Insel, Z Marshall-Inseln
**Ebolowa** 77 A 5 S Kamerun
**Ebon Atoll** 144 D 2 *var.* Epoon. Insel, S Marshall-Inseln
**Ébrié, Lagune** 74 D 5 See, SW Elfenbeinküste
**Ebro** 93 E 2 Fluß, NO Spanien
**Ecbatana** *siehe* Hamadān
**Ech Cheliff** *siehe* Chlef
**Echo Bay** 37 E 3 Northwest Territories, Z Kanada
**Echt** 87 D 5 SO Niederlande
**Ecija** 92 D 4 *ant.* Astigi. SW Spanien
**Eckengraf** *siehe* Viesīte

**Ecuador**
60 A 2 República de Ecuador (Republik Ecuador). NW Süd-amerika

**UN-Name:** Republic of Ecuador **Formation:** 1830 **Hauptstadt:** Quito **Bevölkerung:** 11,5 Mio. **Fläche:** 283 560 $km^2$ **Sprachen:** Spanisch*, Quechua*, indian. Sprachen **Religionen:** Römisch-Katholische 95%, andere 5% **Volksgruppen:** Mestizen 55%, Indianer 25%, Schwarze 10%, Weiße 10% **Regierung:** Mehrparteienrepublik **Währung:** Sucre = 100 Centavos

**Edd** *siehe* Ed
**Ed Da'ein** 72 A 4 W Sudan
**Ed Damazin** 72 C 4 *var.* Ad Damazīn. O Sudan
**Ed Damer** 72 C 3 *var.* Ad Damar, Ad Dāmir. NO Sudan
**Ed Debba** 72 B 3 N Sudan
**Ede** 75 F 5 SW Nigeria
**Ede** 86 D 4 Z Niederlande
**Edéa** 77 A 5 SW Kamerun
**Edel Land** 147 A 5 Landspitze, Western Australia, W Australien
**Eden** 43 F 1 North Carolina, SO USA
**Eden** 149 D 7 New South Wales, SO Australien
**Edessa** *siehe* Sanlıurfa
**Edfu** *siehe* Idfu
**Edgeøya** 83 G 2 Insel, S Svalbard
**Edinburg** 49 G 5 Texas, S USA
**Edinburgh** 88 C 4 SO Scotland, Großbritannien
**Edingen** *siehe* Enghien
**Edirne** 116 A 2 *ehem.* Adrianopel, *ant.* Hadrianopolis. NW Türkei
**Edmonds** 46 B 2 Washington, NW USA
**Edmonton** 37 E 5 Provinzhauptstadt, Alberta, SW Kanada
**Edmundston** 39 E 4 New Brunswick, SO Kanada
**Edna** 49 G 4 Texas, S USA
**Edolo** 96 B 1 N Italien
**Edremit** 116 A 3 NW Türkei
**Edward, Lake** 77 E 6 *Fr.* Lac Edouard, *var.* Albert Edward Nyanza, Edward Nyanza, Lake Rutanzige, *ehem.* Lac Idi Amin. See, Uganda/Dem. Rep. Kongo

**Eeklo** 87 B 5 *var.* Eekloo. NW Belgien
**Eekloo** *siehe* Eeklo
**Eems** *siehe* Ems
**Eersel** 87 D 5 S Niederlande
**Éfaté** 144 D 4 *Fr.* Vaté; *ehem.* Sandwich Islands. Inselgruppe, Z Vanuatu
**Effingham** 40 B 4 Illinois, N USA
**Eforie Sud** 108 D 5 O Rumänien
**Efstrátios, Ágios** 104 D 4 *var.* Ayios Evstratios. Insel, O Griechenland
**Egadi, Isole** 97 B 7 *Dtsch.* Ägadische Inseln. Inselgruppe, S Italien
**Eger** 99 D 6 *Dtsch.* Erlau. NO Ungarn
**Eger** *siehe* Cheb
**Éghezèe** 87 C 6 Z Belgien
**Egiyn Gol** 126 D 2 *var.* Egiyn Gul. Fluß, N Mongolei
**Egiyn Gul** *siehe* Egiyn Gol
**Egmont** *siehe* Taranaki, Mount
**Egmont, Cape** 150 C 4 Landspitze, North Island, Z Neuseeland
**Eibar** 93 E 1 N Spanien
**Eibergen** 86 E 3 O Niederlande
**Eidfjord** 85 A 5 S Norwegen
**Eifel** 95 A 5 Plateau, W Deutschland
**Eigg** 88 B 3 Insel, W Scotland, Großbritannien
**Eight Degree Channel** 132 B 3 Meerenge, N Indischer Ozean
**Eighty Miles Beach** 146 B 3 Strand, Western Australia, W Australien
**Eijsden** 87 D 6 SO Niederlande
**Eindhoven** 87 D 5 S Niederlande
**Eisenhüttenstadt** 94 D 4 O Deutschland
**Eisleben** 94 C 4 Z Deutschland
**Eivissa** 93 G 3 *var.* Iviza, *Kast.* Ibiza; *ant.* Ebusus. Insel, O Spanien
**Eivissa** 93 G 4 *var.* Iviza, *Kast.* Ibiza; *ant.* Ebusus. O Spanien
**Ejea de los Caballeros** 93 F 2 NO Spanien
**Ekiatapskiy Khrebet** 115 G 1 Gebirge, NO Russische Föderation
**El 'Alamein** 72 B 1 *var.* Al 'Alamayn. N Ägypten
**Elat** 119 B 8 *var.* Eilat, Elath. S Israel
**Elâzığ** 117 E 3 *var.* Elâziz. O Türkei
**Elâziz** *siehe* Elâzığ
**Elba, Isola d'** 96 B 4 Insel, Z Italien
**Elbasan** 101 C 6 *var.* Elbasani. Z Albanien
**Elbasani** *siehe* Elbasan
**Elbe** 94 C 3 *Tsch.* Labe. Fluß, Deutschland/Tschechische Republik
**Elbert, Mount** 44 C 4 Berg, Colorado, Z USA
**Elbląg** 98 D 2 *var.* Elblag, *Dtsch.* Elbing. N Polen
**El'brus** 111 B 8 *var.* Gora El'brus. Berg, SW Russische Föderation
**El'brus, Gora** *siehe* El'brus
**El Burgo de Osma** 93 E 2 Z Spanien
**Elburz** *siehe* Alborz, Reshteh-ye Kūhhā-ye
**El Calafate** 65 B 7 *var.* Calafate. S Argentinien
**El Callao** 59 F 2 O Venezuela
**El Campo** 49 G 4 Texas, S USA
**El Carmen de Bolívar** 58 B 2 NW Kolumbien
**El Centro** 47 D 8 California, W USA
**Elche** *siehe* Elx
**Elda** 93 F 4 O Spanien
**El Djelfa** *siehe* Djelfa
**El Dorado** 50 C 3 Z Mexiko
**El Dorado** 45 F 5 Kansas, Z USA
**El Dorado** 59 F 2 O Venezuela
**Eldorado** 64 E 3 NO Argentinien
**Eldoret** 73 C 6 W Kenia
**Elektrostal'** 111 B 5 W Russische Föderation
**Elephant Butte Reservoir** 48 C 2 Stausee, New Mexico, SW USA
**Élesd** *siehe* Aleşd
**Eleuthera Island** 54 C 1 Insel, Bahamas
**El Fasher** 72 A 4 *var.* Al Fāshir. W Sudan

---

**Elfenbeinküste**
74 D 4 *Fr.* République de Côte d'Ivoire (Republik der Elfenbeinküste). NW Afrika

**UN-Name:** Republic of the Ivory Coast **Formation:** 1960 **Hauptstadt:** Yamoussoukro **Bevölkerung:** 13,7 Mio. **Fläche:** 322 463 km² **Sprachen:** Französisch*, Baoulé, Bété, Diula, Kru, Senoufo **Religionen:** Naturreligionen 63%, Muslime 25%, Christen 12% **Volksgruppen:** Baoulé 23%, Bété 18%, Kru 17%, Malinke 15%, andere 27% **Regierung:** Mehrparteienrepublik **Währung:** CFA-Franc = 100 Centimes

---

**Elfenbeinküste** 74 D 5 *Fr.* Côte d'Ivoire. Küstenregion, S Elfenbeinküste
**Elgin** 88 C 3 W Scotland, Großbritannien
**Elgin** 40 B 3 Illinois, N USA
**El Gîza** 72 B 1 *var.* Al Jīzah, Gîza, Gizeh. N Ägypten
**El Goléa** 70 D 3 *var.* Al Golea. Z Algerien
**El Ḩank** 68 A 3 Wüste, Mali/Mauretanien
**El Ḩank** 74 D 1 Kliff, S Mauretanien
**El Hasaheisa** 72 C 4 *var.* Al Hasahisa, Al Ḩuşayḩişah, Hasaheisa. Z Sudan
**Élisabethville** *siehe* Lubumbashi
**Elista** 111 B 7 SW Russische Föderation
**Elizabeth** 149 B 6 South Australia, S Australien
**Elizabeth City** 43 G 1 North Carolina, SO USA
**Elizabethtown** 40 C 5 Kentucky, O USA
**El-Jadida** 70 C 2 *ehem.* Mazagan. W Marokko
**Ełk** 98 E 2 *Dtsch.* Lyck. NO Polen
**Elk City** 49 F 1 Oklahoma, Z USA
**Elkford** 37 E 5 Alberta, SW Kanada
**El Khârga** 72 B 2 *var.* Al Khārijah. Oase, Z Ägypten
**Elkhart** 40 C 3 Indiana, N USA
**Elk River** 45 F 2 Minnesota, N USA
**Ellef Ringnes Island** 37 F 1 Insel, N Kanada
**Ellen, Mount** 44 B 5 Berg, Utah, W USA
**Ellensburg** 46 B 2 Washington, NW USA
**Ellesmere Island** 37 F 1 Insel, N Kanada
**Ellice Islands, The** *siehe* Tuvalu
**Elliston** 149 A 6 South Australia, S Australien
**Ellsworth Land** 154 A 3 Region, Antarktis
**El Mina** 118 B 4 *var.* Al Mīnā'. N Libanon
**El Minya** 72 B 2 *var.* Al Minyā, Minya. Z Ägypten
**Elmira** 41 E 3 New York, NO USA
**El Mreyyé** 74 D 2 Wüste, O Mauretanien
**Elmshorn** 94 B 3 N Deutschland
**El Muglad** 72 B 4 Z Sudan
**El Obeid** 72 B 4 *var.* Al Obayyid, Al Ubayyiḑ. Z Sudan
**El Oued** 71 E 2 *var.* Al Oued, El Ouâdi, El Wad. NO Algerien
**Eloy** 48 B 3 Arizona, SW USA
**El Paso** 48 D 3 Texas, S USA
**El Porvenir** 53 G 4 N Panama
**El Progreso** 52 C 2 NW Honduras
**El Puerto de Santa María** 92 B 5 S Spanien
**El Quweira** *siehe* Al Quwayrah
**El Rama** 53 E 3 SO Nicaragua
**El Real** 53 H 5 *var.* El Real de Santa María. SO Panama
**El Real de Santa María** *siehe* El Real
**El Reno** 49 F 1 Oklahoma, Z USA
**Elsaß** *siehe* Alsace

---

**El Salvador**
52 B 3 República de El Salvador (Republik El Salvador). W Mittelamerika

**UN-Name:** Republic of El Salvador **Formation:** 1856 **Hauptstadt:** San Salvador **Bevölkerung:** 5,8 Mio. **Fläche:** 21 040 km² **Sprachen:** Spanisch*, Nahua, Maya **Religionen:** Römisch-Katholische 75%, andere 25% **Volksgruppen:** Mestizen 89%, Indianer 10%, Weiße 1% **Regierung:** Mehrparteienrepublik **Währung:** Colón = 100 Centavos

---

**El Serrat** 91 A 7 N Andorra
**Elst** 86 D 4 O Niederlande
**Eltanin-Bruchzone** 153 E 5 untermeer. Formation, SO Pazifischer Ozean
**El Tigre** 59 E 2 NO Kolumbien
**Elva** 106 D 3 *Dtsch.* Elwa. SO Estland
**Elvas** 92 C 4 Z Portugal
**El Vendrell** 93 G 2 NO Spanien
**El Vigía** 58 C 2 NW Venezuela
**Elwa** *siehe* Elva
**Elwell, Lake** 44 B 1 Stausee, Montana, NW USA
**Elx** 93 F 4 *Kast.* Elche; *ant.* Ilici, *Lat.* Illicis. O Spanien
**El Yopal** *siehe* Yopal
**Emajõgi** 106 D 3 *Dtsch.* Embach. Fluß, SO Estland
**Emámrúd** 120 D 2 *ehem.* Shāhrūd. N Iran
**Emba** *siehe* Embi
**Embach** *siehe* Emajõgi
**Embi** 114 B 4 *Russ.* Emba. W Kasachstan
**Emden** 94 A 3 NW Deutschland
**Emerald** 148 D 4 Queensland, O Australien
**Emerald Isle** *siehe* Montserrat
**Emi Koussi** 68 C 3 Berg, N Tschad
**Emmaste** 106 C 2 Hiiumaa, W Estland
**Emmeloord** 86 D 2 N Niederlande
**Emmen** 86 E 2 NO Niederlande
**Emmendingen** 95 A 6 SW Deutschland
**Empalme** 50 B 2 NW Mexiko
**Emporia** 45 F 5 Kansas, Z USA
**Empty Quarter** *siehe* Rub' al Khālī
**Ems** 94 A 3 *Nied.* Eems. Fluß, Deutschland
**Encamp** 91 A 8 C Andorra
**Encarnación** 64 D 3 S Paraguay
**Encinitas** 47 C 8 California, W USA
**Encs** 99 D 6 NO Ungarn
**Endeavour** 55 G 1 NW Barbados
**Endeavour Strait** 148 C 1 Meerenge, N Australien
**Enderbury Island** 145 F 3 Insel, Z Kiribati
**Enderby Land** 154 D 2 Region, Antarktis
**Enderby-Tiefsee-Ebene** 154 D 1 untermeer. Formation, S Indischer Ozean
**Endersdorf** *siehe* Jędrzejów
**Enewetak Atoll** 144 C 1 *var.* Ānewetak, Eniwetok. Insel, W Marshall-Inseln
**Enghien** 87 B 6 *Nied.* Edingen. SW Belgien
**England** 89 D 6 *Lat.* Anglia. Nationalregion, Großbritannien
**Englewood** 44 D 4 Colorado, Z USA
**English Channel** *siehe* Ärmelkanal
**Engure** 106 C 3 W Lettland
**Engures Ezers** 106 C 3 See, NW Lettland
**Enguri** 117 F 1 *Russ.* Inguri. Fluß, NW Georgien
**En Hazeva** 119 B 7 S Israel
**Enid** 49 F 1 Oklahoma, Z USA
**En Nâqoûra** 119 A 5 *var.* An Nāqūrah. SW Libanon
**Ennedi** 76 D 2 Plateau, O Tschad
**Ennis** 89 A 6 *Ir.* Inis. W Rep. Irland
**Ennis** 49 G 3 Texas, S USA
**Enniskillen** 89 A 5 *var.* Inniskilling, *Ir.* Inis Ceithleann. S Northern Ireland, Großbritannien
**Enns** 95 D 6 Fluß, Z Österreich
**Enschede** 86 E 3 O Niederlande
**Ensenada** 50 A 1 NW Mexiko
**Ensley** 42 C 3 Florida, SO USA
**Entebbe** 73 B 6 S Uganda
**Entre Vientos** 65 B 8 Chile
**Entroncamento** 92 B 3 Z Portugal
**Enugu** 75 G 5 S Nigeria
**Eolie, Isole** 97 D 6 *var.* Isole Lipari, *Dtsch.* Äolische Inseln, Liparische Inseln. Inselgruppe, S Italien
**Epanomí** 104 B 4 N Griechenland
**Epéna** 77 C 5 NO Rep. Kongo
**Épi** 144 D 4 Insel, Z Vanuatu
**Épinal** 90 D 4 NO Frankreich
**Epoon** *siehe* Ebon Atoll
**Eravur** 132 D 3 Sri Lanka
**Erciş** 117 F 3 O Türkei
**Erdi** 76 D 2 Plateau, NO Tschad
**Erdi Ma** 76 D 2 Wüste, NO Tschad
**Erebus, Mount** 154 C 4 Berg, Antarktis
**Ereğli** 116 B 2 NW Türkei
**Ereğli** 116 C 4 S Türkei
**Erenhot** 127 F 2 *var.* Erlian. NO China
**Erfrischungsinsel** *siehe* Nauru
**Erfurt** 94 C 4 Z Deutschland
**Ergene** 116 A 2 *var.* Ergene Irmağı. Fluß, NW Türkei
**Ergene Irmağı** *siehe* Ergene
**Erg Iguid** *siehe* Erg Iguîdi
**Erg Iguîdi** 70 C 3 *var.* Erg Iguid. Wüste, Algerien/Mauretanien
**Erguig, Bahr** 76 C 3 Fluß, SW Tschad
**Ergun He** 127 F 1 *Russ.* Argun, Fluß, N China
**Ergun Zuoqi** 127 F 1 N China
**Erie** 41 E 3 Pennsylvania, NO USA
**Érié, Lac** *siehe* Erie, Lake
**Erie, Lake** 40 D 3 *Fr.* Lac Érié. See, Kanada/USA

**Eritrea**
72 C 4 *ehem.* Provinz Eritrea von Äthiopien. NO Afrika

**UN-Name:** State of Eritrea
**Formation:** 1993 **Hauptstadt:** Asmara **Bevölkerung:** 3,5 Mio. **Fläche:** 93 680 km² **Sprachen:** Tigrinya*, Arabisch*, Tigre **Religionen:** Koptische Christen 45%, Muslime 45%, andere 10% **Volksgruppen:** Tigrinya 50%, Tigrer 30%, Afar 8%, andere 12% **Regierung:** Provisorische Republik **Währung:** Äthiop. Birr = 100 Cents

**Erivan** *siehe* Yerevan
**Erlangen** 95 C 5 S Deutschland
**Erlau** *siehe* Eger
**Erlian** *siehe* Erenhot
**Ermak** 114 C 4 *Russ.* Yermak. NO Kasachstan
**Ermelo** 86 D 3 Z Niederlande
**Ermióni** 105 C 6 S Griechenland
**Ermoúpoli** 105 D 6 *ehem.* Ermoúpolis, *ant.* Hermoupolis. Kykládes, SO Griechenland
**Ernākulam** 132 C 3 SW Indien
**Erode** 132 C 2 SO Indien
**Erquelinnes** 87 B 7 S Belgien
**Er-Rachidia** 70 C 2 *var.* al Raudia, Ksar al Soule. O Marokko
**Er Rahad** 72 B 4 *var.* Ar Rahad. Z Sudan
**Erromango** 144 D 4 Insel, S Vanuatu
**Erzerum** *siehe* Erzurum
**Erzgebirge** 95 D 5 *Tsch.* Krušné Hory, *Eng.* Ore Mountains. Gebirge, Deutschland/Tschechische Republik
**Erzincan** 117 E 3 *ehem.* Erzinjan. O Türkei
**Erzinjan** *siehe* Erzincan
**Erzurum** 117 E 3 *ehem.* Erzerum. NO Türkei
**Esbjerg** 85 A 7 W Dänemark
**Esbo** *siehe* Espoo
**Escaldes** 91 A 8 C Andorra
**Escanaba** 40 C 2 Michigan, N USA
**Escárcega** *siehe* Francisco Escárcega
**Esch-sur-Alzette** 87 D 8 Luxemburg
**Escondido** 47 C 8 California, W USA
**Escuinapa** 50 C 4 *var.* Escuinapa de Hidalgo. Z Mexiko
**Escuinapa de Hidalgo** *siehe* Escuinapa
**Escuintla** 51 G 5 SO Mexiko
**Escuintla** 52 B 3 S Guatemala
**Eşfahān** 120 D 3 *Eng.* Isfahan; *ant.* Aspadana. Z Iran
**Esil** 114 C 4 *Russ.* Ishim. Z Kasachstan, *siehe auch* Ishim
**Eskimo Point** *siehe* Arviat
**Eskişehir** 116 B 3 *ehem.* Eskishehr. W Türkei
**Eskishehr** *siehe* Eskişehir
**Esla, Embalse de** 92 C 2 *var.* Embalse de Elsa. Stausee, NW Spanien
**Eslāmābād** 120 C 3 *var.* Eslāmābād-e Gharb, *Eng.* Islamabad; *ehem.* Shāhābād, Harunabad. W Iran
**Esmeraldas** 60 A 1 N Ecuador
**Esna** *siehe* Isna
**Espanola** 48 D 1 New Mexico, SW USA
**Esperance** 147 C 7 Western Australia, SW Australien
**Esperanza** 50 B 2 NW Mexiko
**Esperanza** 154 A 2 Forschungsstation, Antarktis
**Esperanza** 60 D 3 O Peru
**Espinal** 58 B 3 Z Kolumbien
**Espinhaço, Serra do** 63 F 3 Gebirge, SO Brasilien
**Espírito Santo** 63 G 4 *off.* Estado do Espírito Santo. Bundesstaat, SO Brasilien
**Espírito Santo, Estado do** *siehe* Espírito Santo
**Espiritu Santo** 144 C 4 *var.* Santo. Insel, W Vanuatu
**Espoo** 85 D 6 *Schwe.* Esbo. S Finnland
**Esquel** 65 B 6 SW Argentinien
**Essaouira** 70 B 2 *ehem.* Mogador. W Marokko
**Es Semara** *siehe* Smara
**Essen** 94 A 4 *var.* Essen an der Ruhr. W Deutschland
**Essen** 87 C 5 N Belgien
**Essequibo** 56 C 2 Fluß, Z Guyana
**Estacado, Llano** 49 E 2 Ebene, SW USA
**Estados, Isla de los** 65 C 8 *ehem. Eng.* Staten Island. Insel, S Argentinien
**Estância** 63 G 3 O Brasilien
**Estelí** 52 D 3 NW Nicaragua
**Estella** 93 E 1 N Spanien
**Estepona** 92 D 5 S Spanien
**Estevan** 37 F 5 Saskatchewan, S Kanada

**Estland**
106 D 2 *Est.* Eesti Vabariik (Republik Estland), *Lett.* Igaunija; *ehem.* Estnische Sozialistische Sowjetrepublik, *Russ.* Estonskaya SSR. O Europa

**UN-Name:** Republic of Estonia
**Formation:** 1991 **Hauptstadt:** Tallinn **Bevölkerung:** 1,6 Mio. **Fläche:** 45 125 km² **Sprachen:** Estnisch*, Russisch **Religionen:** Evangelisch-Lutherische 98%, Russisch-Orthodoxe, Baptisten 2% **Volksgruppen:** Esten 62%, Russen 30%, Ukrainer 3%, andere 5% **Regierung:** Mehrparteienrepublik **Währung:** Kroon = 100 Cents

**Estrela, Serra da** 92 C 3 Gebirge, Z Portugal
**Estremoz** 92 B 4 Z Portugal
**Esztergom** 99 C 6 *Dtsch.* Gran; *ant.* Strigonium. N Ungarn
**Etāwah** 134 D 3 N Indien
**Etna, Monte** 97 C 7 *Dtsch.* Ätna. Vulkan, SW Italien
**Etosha Pan** 78 B 3 Salzsee, N Namibia
**Etoumbi** 77 B 5 NW Rep. Kongo
**Etsch** *siehe* Adige
**Ettelbrück** 87 D 8 Luxemburg
**'Eua** 145 E 5 *ehem.* Middleburg Island. Insel, S Tonga
**Euböa** *siehe* Évvoia
**Eucla** 147 D 6 Western Australia, S Australien
**Euclid** 40 D 3 Ohio, N USA
**Eufaula** 42 D 3 Alabama, S USA
**Eufaula Lake** 49 G 1 *var.* Eufaula Reservoir. Stausee, Oklahoma, Z USA
**Eufaula Reservoir** *siehe* Eufaula Lake
**Eugene** 46 B 3 Oregon, NW USA
**Eunice** 42 B 3 Louisiana, S USA
**Eupen** 87 D 6 O Belgien
**Euphrat** 120 C 3 *Ar.* Al-Furat, *Türk.* Firat Nehri. Fluß, SW Asien
**Eureka** 37 F 1 Ellesmere Island, Kanada
**Eureka** 47 A 5 California, W USA
**Eureka** 44 A 1 Montana, NW USA
**Europa** 66 E 3 Kontinent
**Europa, Punta de** 93 H 5 *Eng.* Europa Point, Landspitze, S Gibraltar
**Euskirchen** 95 A 5 W Deutschland
**Eutin** 94 C 2 N Deutschland
**Evansdale** 45 G 3 Iowa, Z USA
**Evanston** 40 B 3 Illinois, N USA
**Evanston** 44 B 4 Wyoming, Z USA
**Evansville** 40 B 5 Indiana, N USA
**Eveleth** 45 G 1 Minnesota, N USA
**Everard, Lake** 149 A 6 Salzsee, S Australien
**Everest, Mount** 124 C 3 *Chin.* Qomolangma Feng, *Nep.* Sagarmatha. Berg, China/Nepal
**Everett** 46 B 2 Washington, NW USA
**Everglades, The** 43 E 5 Feuchtgebiet, Florida, SO USA
**Evje** 85 A 6 S Norwegen
**Évora** 92 B 4 *Lat.* Liberalitas Julia, *ant.* Ebora. Z Portugal
**Évreux** 90 C 3 *ant.* Civitas Eburovicum. N Frankreich
**Évros** *siehe* Maritsa
**Évry** 90 C 3 N Frankreich
**Evstratios, Ayios** *siehe* Efstrátios, Ágios
**Évvoia** 105 C 5 *Dtsch.* Euböa, *Lat.* Euboea. Insel, Kykládes, Z Griechenland
**Ewarton** 54 B 5 Z Jamaica
**Excelsior Springs** 45 F 4 Missouri, Z USA
**Exe** 89 C 7 Fluß, SW England, Großbritannien
**Exeter** 89 C 7 *ant.* Isca Damnoniorum. SW England, Großbritannien
**Exmoor** 89 C 7 Heideland, SW England, Großbritannien
**Exmouth** 89 C 7 SW England, Großbritannien
**Exmouth** 146 A 4 Western Australia, W Australien
**Exmouth Gulf** 146 A 4 Golf, W Indischer Ozean
**Exmouth-Plateau** 141 E 5 untermeer. Formation, O Indischer Ozean
**Extremadura** 92 C 3 Region, W Spanien
**Exuma Cayes** 54 C 1 Inselgruppe, Bahamas
**Eyre** 147 D 6 Western Australia, W Australien
**Eyre Mountains** 151 A 7 Gebirge, South Island, SW Neuseeland
**Eyre North, Lake** 149 B 5 Salzsee, S Australien
**Eyre Peninsula** 149 A 6 Halbinsel, S Australien
**Eyre South, Lake** 149 B 5 Salzsee, S Australien
**Ezequiel Ramos Mexía, Embalse** 65 B 5 See, Z Argentinien

# F

**Faadhippolhu Atoll** 132 B 4 *var.* Fadiffolu, Lhaviyani Atoll. Insel, N Malediven
**Fabens** 48 D 3 Texas, S USA
**Fada** 76 C 2 O Tschad
**Fada-Ngourma** 75 E 4 O Burkina Faso
**Fadghāmī** *siehe* Tall Fadghāmī
**Faenza** 96 C 3 *ant.* Faventia. N Italien
**Færingehavn** 82 B 4 *var.* Kangerluarsoruseq. S Grönland
**Færøerne** 83 F 5 *Dtsch.* Färöer-Inseln, *Fär.* Føroyar. Externes Territorium Dänemarks, N Atlantischer Ozean
**Faetano** 96 E 2 San Marino
**Făgăraş** 108 C 4 *Dtsch.* Fogarasch, *Ung.* Fogaras. Z Rumänien
**Fagibina, Lake** *siehe* Faguibine, Lac
**Fagne** 87 C 7 Mittelgebirge, S Belgien
**Faguibine, Lac** 75 E 3 *var.* Lake Fagibina. See, NW Mali
**Fahlun** *siehe* Falun
**Fahraj** 120 E 4 SO Iran
**Faial** 92 A 5 *var.* Ilha do Faial. Insel, W Portugal
**Faial, Ilha do** *siehe* Faial
**Faifo** *siehe* Hôi An
**Fairbanks** 36 C 3 Alaska, NW USA
**Fairfield** 47 B 6 California, W USA
**Fair Isle** 88 D 2 Insel, NO Scotland, Großbritannien
**Fairlie** 151 B 6 South Island, SW Neuseeland
**Fairmont** 45 F 3 Minnesota, N USA
**Faisalābād** 134 C 2 *ehem.* Lyallpur. NO Pakistan
**Faizābād** 135 E 3 N Indien
**Fakaofo Atoll** 145 F 3 Insel, SO Tokelau
**Falam** 136 A 3 NW Myanmar
**Falconara Marittima** 96 C 3 Z Italien
**Falkland Islands** 65 C 7 *Sp.* Islas Malvinas. Inselgruppe, SW Atlantischer Ozean
**Falkland-Plateau** 57 D 7 *var.* Argentinische Schwelle. Untermeer. Formation, SW Atlantischer Ozean
**Fallbrook** 47 C 8 California, W USA
**Falmouth** 89 C 8 SW England, Großbritannien
**Falmouth** 54 A 4 W Jamaica
**Falster** 85 B 8 Insel, SO Dänemark
**Fălticeni** 108 C 3 *Ung.* Falticsén. NO Rumänien
**Falticsén** *siehe* Fălticeni
**Falun** 85 C 5 *var.* Fahlun. Z Schweden
**Famagusta** *siehe* Gazimağusa
**Famenne** 87 C 7 Region, SO Belgien
**Fang** 136 C 3 N Thailand
**Fanling** 128 A 1 Hong Kong
**Fanning Island** *siehe* Tabuaeran
**Fano** 96 C 3 *ant.* Fanum Fortunae, Colonia Julia Fanestris. Z Italien
**Farafangana** 79 G 4 SO Madagaskar
**Farafra** 72 B 2 *var.* Wāhat el Farāfra. Oase, Z Ägypten
**Farāfra, Wāhat el** *siehe* Farafra
**Farāh** 122 D 4 *var.* Farah, Fararud. W Afghanistan
**Faranah** 74 C 4 S Guinea
**Farewell, Cape** 150 C 4 Landspitze, South Island, Z Neuseeland
**Farghona** 123 F 2 *Russ.* Fergana; *ehem.* Novyy Margilan. O Usbekistan
**Fargo** 45 F 2 North Dakota, N USA
**Faribault** 45 F 3 Minnesota, N USA
**Farīdābād** 134 D 3 N Indien
**Farkhor** 123 E 3 *Russ.* Parkhar. SW Tadschikistan
**Farmington** 48 C 1 New Mexico, SW USA
**Farmington** 45 G 5 Missouri, Z USA

**Faro** 92 B 5 S Portugal
**Färöer-Inseln** 66 D 2 *Dän.* Færøerne, *Fär.* Føroyar. Inselgruppe, NO Atlantischer Ozean
**Färöer-Island-Rücken** 80 C 1 untermeer. Formation, NW Norwegisches Meer
**Färöer-Shetland-Rinne** 80 C 2 untermeer. Formation, SW Norwegisches Meer
**Farquhar, Îles** 79 G 2 *Eng.* Farquhar Group. Inselgruppe, S Seychellen
**Fastiv** 109 E 2 *Russ.* Fastov. NW Ukraine
**Fastov** *siehe* Fastiv
**Fauske** 84 C 3 Z Norwegen
**Faventia** *siehe* Faenza
**Faxa Bay** *siehe* Faxaflói
**Faxaflói** 83 E 5 *Eng.* Faxa Bay. Bucht, N Atlantischer Ozean
**Faya** 76 C 2 *ehem.* Faya-Largeau, Largeau. N Tschad
**Fayetteville** 42 A 1 Arkansas, SO USA
**Fayetteville** 43 F 1 North Carolina, SO USA
**Fazzān** 71 F 4 *Eng.* Fezzan. Region, W Libyen
**Fdérik** 74 C 2 *var.* Fdérick, Fderik, *Fr.* Fort Gouraud. NW Mauretanien
**Fear, Cape** 43 F 2 Landspitze, North Carolina, SO USA
**Fécamp** 90 B 3 N Frankreich
**Fédala** *siehe* Mohammedia
**Federal Capital Territory** *siehe* Australian Capital Territory
**Fehérgyarmat** 99 E 6 O Ungarn
**Fehmarn** 94 C 2 Insel, N Deutschland
**Fehmarnbelt** *siehe* Femerbælt
**Feijó** 62 C 2 W Brasilien
**Feilding** 150 D 4 North Island, Z Neuseeland
**Feira** *siehe* Feira de Santana
**Feira de Santana** 63 G 3 *var.* Feira. O Brasilien
**Felanitx** 93 H 3 *ant.* Canati, Felaniche. O Spanien
**Feldkirchen in Kärnten** 95 D 7 *Slwn.* Trg. S Österreich
**Félegyháza** *siehe* Kiskunfélegyháza
**Felidhu Atoll** 132 B 4 Insel, Z Malediven
**Felipe Carrillo Puerto** 51 H 4 SO Mexiko
**Felixstowe** 89 E 6 O England, Großbritannien
**Fellin** *siehe* Viljandi
**Femerbælt** 94 C 2 *Dtsch.* Fehmarnbelt. Meerenge, SW Ostsee
**Femunden** 85 B 5 See, S Norwegen
**Fénérive** *siehe* Fenoarivo Atsinanana
**Fengcheng** 128 D 3 *var.* Feng-cheng, *Jap.* Fenghwangcheng. NO China
**Fenoarivo Atsinanana** 79 G 3 *ehem.* Fénérive. NO Madagaskar
**Fens, The** 89 E 6 Feuchtgebiet, O England, Großbritannien
**Feodosiya** 109 G 5 *var.* Kefe, *It.* Kaffa; *ant.* Theodosia. S Ukraine
**Féres** 104 D 3 NO Griechenland
**Fergana** *siehe* Farghona
**Fergus Falls** 45 F 2 Minnesota, N USA
**Ferizaj** *siehe* Uroševac
**Fernandina, Isla** 60 A 5 *var.* Narborough Island. Insel, Galápagos-Inseln, O Pazifischer Ozean
**Fernando de la Mora** 64 D 2 S Paraguay
**Fernando de Noronha** 63 H 2 Insel, O Brasilien
**Ferrara** 96 C 2 *ant.* Forum Alieni. N Italien
**Ferrol** 92 B 1 *var.* El Ferrol; *ehem.* El Ferrol del Caudillo. NW Spanien
**Fertő** *siehe* Neusiedler See
**Fès** 70 C 2 *Eng.* Fez. N Marokko
**Fethiye** 116 B 4 *ehem.* Makri, *var.* Meğri, *ant.* Telmessos. SW Türkei
**Fetlar** 88 D 1 Insel, NO Scotland, Großbritannien
**Feuerland** *siehe* Tierra del Fuego
**Feyẕābād** 123 F 3 *var.* Faizabad, Faizābād, Feyzābād, Fyzabad. NO Afghanistan
**Fez** *siehe* Fès
**Fezzan** *siehe* Fazzān
**Fianarantsoa** 79 F 3 Z Madagaskar
**Fianga** 76 B 4 SW Tschad

---

**Fidschi**
145 E 5 *Fidsch.* Na matanitu ko Viti (Republik Fidschi), SW Pazifischer Ozean

**UN-Name:** Sovereign Democratic Republic of Fiji **Formation:** 1970 **Hauptstadt:** Suva **Bevölkerung:** 800 000 **Fläche:** 18 270 km² **Sprachen:** Englisch*, Fidschi, Hindu, Urdu **Religionen:** Christen 52%, Hindus 38%, Muslime 8%, andere 2% **Volksgruppen:** Indigene Fidschianer 49%, Indo-Fidschianer 46%, andere 5% **Regierung:** Mehrparteienrepublik **Währung:** Fidschi-$ = 100 Cents

---

**Fier** 101 C 6 *var.* Fieri, SW Albanien
**Fieri** *siehe* Fier
**Figeac** 91 C 5 S Frankreich
**Figig** *siehe* Figuig
**Figueira da Foz** 92 B 3 W Portugal
**Figueres** 93 G 2 O Spanien
**Figuig** 70 D 2 *var.* Figig. O Marokko
**Filadelfia** 52 D 4 W Costa Rica
**Filiași** 108 B 5 SW Rumänien
**Filipstad** 85 B 6 Z Schweden
**Finale Ligure** 96 A 3 NW Italien
**Findlay** 40 D 4 Ohio, N USA
**Finike** 116 B 4 *ant.* Phoinikos, SW Türkei

---

**Finnland**
84 D 4 *Fin.* Suomen Tasavalta, Suomi (Republik Finnland). N Europa

**UN-Name:** Republic of Finland **Formation:** 1917 **Hauptstadt:** Helsinki **Bevölkerung:** 5,1 Mio. **Fläche:** 338 130 km² **Sprachen:** Finnisch*, Schwedisch, Lappisch **Religionen:** Evangelisch-Lutherische 89%, Griechisch-Orthodoxe 1%, andere 10% **Volksgruppen:** Finnen 93%, Schweden 6%, andere (inkl. Samen) 1% **Regierung:** Mehrparteienrepublik **Währung:** Markka = 100 Pennia

---

**Finnischer Meerbusen** 85 E 6 *Est.* Soome Laht, *Fin.* Suomenlahti, *Eng.* Gulf of Finland, *Russ.* Finskiy Zaliv, *Schwe.* Finska Viken. Golf, Ostsee
**Finnmarksvidda** 84 D 2 Region, N Norwegen
**Finsterwalde** 94 D 4 O Deutschland
**Fiorina** 96 E 1 San Marino
**Firat Nehri** 117 E 3 *Dtsch.* Euphrat, *Ar.* Al-Furat. Fluß, O Türkei
**Firenze** 96 C 3 *Dtsch.* Florenz; *ant.* Florentia. Z Italien
**Fischbacher Alpen** 95 E 7 Gebirge, O Österreich
**Fischhausen** *siehe* Primorsk
**Fish** 78 B 4 *var.* Vis. Fluß, S Namibia
**Fishguard** 89 B 6 *Wal.* Abergwaun. SW Wales, Großbritannien
**Fiskenæsset** *siehe* Qeqertarsuatsiaat
**Fisterra, Cabo** 92 B 1 Landspitze, NW Spanien
**Fitzgerald** 43 E 3 Georgia, SO USA
**Fitzroy** 146 C 3 Fluß, Western Australia, N Australien
**Fitzroy Crossing** 146 C 3 Western Australia, NW Australien
**Flagstaff** 48 B 2 Arizona, SW USA
**Flandern** 87 A 6 *Nied.* Vlaanderen, *Fr.* Flandre. Region, Belgien/Frankreich
**Flathead Lake** 44 B 1 See, Montana, NW USA
**Flatts Village** 42 B 5 *var.* The Flatts Village. Z Bermuda
**Flensburg** 94 B 2 N Deutschland
**Flinders** 148 C 3 Fluß, N Australien
**Flinders Bay** 147 A 7 Bucht, SO Indischer Ozean
**Flinders Island** 149 C 8 Insel, Tasmania, SO Australien
**Flinders Island** 149 A 6 Insel, South Australia, S Australien
**Flinders Ranges** 149 B 6 Gebirge, S Australien
**Flinders Reefs** 148 D 3 Riff, W Korallen-See
**Flin Flon** 37 F 5 Manitoba, Z Kanada
**Flint** 40 D 3 Michigan, N USA
**Flint Island** 145 H 4 Insel, O Kiribati
**Florence** 43 F 2 South Carolina, SO USA
**Florencia** 58 B 4 S Kolumbien
**Florenz** *siehe* Firenze
**Flores** 92 A 5 Insel, W Portugal
**Flores** 52 B 1 N Guatemala
**Flores** 139 E 5 Insel, Nusa Tenggara, Z Indonesien
**Flores, Laut** 139 E 5 *Dtsch.* Flores-See. Meer, W Pazifischer Ozean
**Flores-See** *siehe* Flores, Laut
**Floriano** 63 F 2 O Brasilien
**Florianópolis** 63 F 5 *ehem.* Destêrro. Bundesstaatshauptstadt, S Brasilien
**Florida** 43 E 4 *off.* State of Florida; *auch genannt:* Peninsular State, Sunshine State. Bundesstaat, SO USA
**Florida** 64 D 4 S Uruguay
**Florida, Straße von** 43 F 5 Meerenge, W Atlantischer Ozean
**Florida Bay** 43 E 5 Bucht, O Golf von Mexiko
**Florida Keys** 43 E 5 Insel, Florida, SO USA
**Florida Negra** 65 C 7 SO Argentinien
**Flórina** 104 B 4 *var.* Phlórina. N Griechenland
**Florissant** 45 G 4 Missouri, Z USA
**Floúda, Ákra** 105 D 7 Headland, Astypálaia, SO Griechenland
**Flylân** *siehe* Vlieland
**Foča** 100 C 4 SO Bosnien-Herzegowina
**Focșani** 108 C 4 O Rumänien
**Foggia** 97 D 5 SO Italien
**Fogi** 139 F 4 O Indonesien
**Fogo** 74 A 3 Insel, Kap Verde
**Foix** 91 B 6 S Frankreich
**Folégandros** 105 C 7 Insel, Kykládes, SO Griechenland
**Foleyet** 38 C 4 Ontario, S Kanada
**Foligno** 96 C 4 Z Italien
**Folkestone** 89 E 7 SO England, Großbritannien
**Folsom** 47 B 5 California, W USA
**Fond-du-Lac** 37 F 4 Saskatchewan, Z Kanada
**Fongafale** 145 E 3 *var.* Funafuti. Staatshauptstadt, Funafuti, Z Tuvalu
**Fonseca, Golfo de** 52 C 3 Golf, O Pazifischer Ozean
**Fontainebleau** 90 C 3 N Frankreich
**Fontenay-le-Comte** 90 A 4 NW Frankreich
**Fonyód** 99 C 7 W Ungarn
**Forchheim** 95 C 5 SO Deutschland
**Forel, Mount** 82 D 4 Berg, SO Grönland
**Forfar** 88 C 3 NO Scotland, Großbritannien
**Forlì** 96 C 3 *ant.* Forum Livii. N Italien
**Formentera** 93 G 4 *ant.* Ophiusa, *Lat.* Frumentum. Insel, O Spanien
**Formosa** 64 D 3 NO Argentinien
**Formosa, Serra** 63 E 3 Gebirge, Z Brasilien
**Formosa Bay** 73 D 7 *var.* Ungama Bay. Bucht, NW Indischer Ozean
**Fort Albany** 38 C 3 Ontario, Z Kanada
**Fortaleza** 63 G 2 *ehem.* Ceará. Bundesstaatshauptstadt, NO Brasilien
**Fortaleza** 61 F 2 N Bolivien
**Fort-Archambault** *siehe* Sarh
**Fort Charlet** *siehe* Djanet
**Fort-Chimo** *siehe* Kuujjuaq
**Fort Collins** 44 D 4 Colorado, Z USA
**Fort-Crampel** *siehe* Kaga Bandoro
**Fort-de-France** 55 H 4 *ehem.* Fort-Royal. Hauptstadt eines abhängigen Territoriums, Martinique
**Fort Dodge** 45 F 3 Iowa, Z USA
**Fortescue** 146 B 4 Fluß, W Australien
**Fort-Foureau** *siehe* Kousséri
**Fort Frances** 38 B 4 Ontario, S Kanada
**Fort Good Hope** 37 E 3 *var.* Good Hope. Northwest Territories, W Kanada
**Forth** 88 C 4 Fluß, S Scotland, Großbritannien
**Forth, Firth of** 88 D 4 Ästuar, NW Nordsee
**Fortín General Diaz** 64 D 2 W Paraguay
**Fort Jameson** *siehe* Chipata
**Fort Lauderdale** 43 F 5 Florida, SO USA
**Fort Liard** 37 E 4 *var.* Liard. Northwest Territories, W Kanada
**Fort Madison** 45 G 4 Iowa, Z USA
**Fort McMurray** 37 F 4 Alberta, Z Kanada
**Fort McPherson** 36 D 3 *var.* McPherson. Northwest Territories, NW Kanada
**Fort Morgan** 44 D 4 Colorado, Z USA
**Fort Myers** 43 E 5 Florida, SO USA
**Fort Nelson** 37 E 4 British Columbia, W Kanada

**Fort Peck Lake** 44 C 1 Stausee, Montana, NW USA
**Fort Pierce** 43 F 4 Florida, SO USA
**Fort Providence** 37 E 4 *var.* Providence. Northwest Territories, W Kanada
**Fort-Repoux** *siehe* Akjoujt
**Fort Rosebery** *siehe* Mansa
**Fort-Rousset** *siehe* Owando
**Fort-Royal** *siehe* Fort-de-France
**Fort St.John** 37 E 5 British Columbia, W Kanada
**Fort Scott** 45 F 5 Kansas, Z USA
**Fort Severn** 38 C 2 Ontario, Z Kanada
**Fort-Shevchenko** 114 A 4 W Kasachstan
**Fort-Sibut** *siehe* Sibut
**Fort Simpson** 37 E 4 *var.* Simpson. Northwest Territories, W Kanada
**Fort Smith** 37 E 4 Northwest Territories, W Kanada
**Fort Smith** 42 A 1 Arkansas, Z USA
**Fort Stockton** 49 E 3 Texas, S USA
**Fort Vermilion** 37 E 4 Alberta, W Kanada
**Fort Walton Beach** 42 D 3 Florida, SO USA
**Fort Wayne** 40 C 4 Indiana, N USA
**Fort William** 88 B 3 W Scotland, Großbritannien
**Fort Worth** 49 G 3 Texas, S USA
**Fort Yukon** 36 D 3 Alaska, NW USA
**Forum Alieni** *siehe* Ferrara
**Forum Livii** *siehe* Forlì
**Fossa Claudia** *siehe* Chioggia
**Fougamou** 77 A 6 Z Gabun
**Fougères** 90 B 3 NW Frankreich
**Foulwind, Cape** 151 B 5 Landspitze, South Island, Neuseeland
**Foumban** 76 A 4 NW Kamerun
**Fouta Djallon** 68 A 4 *var.* Futa Jallon. Gebirge, W Guinea
**Foveaux Strait** 151 A 8 Meerenge, S Pazifischer Ozean
**Fowlers Bay** 147 E 6 Bucht, South Australia, S Australien
**Foxe-Basin** 82 B 2 untermeer. Formation, NO Hudson Bay
**Fox Mine** 37 F 4 Manitoba, Z Kanada
**Fraga** 93 F 2 NO Spanien
**Franceville** 77 B 6 *var.* Massoukou, Masuku. O Gabun
**Franche-Comté** 90 D 4 Region, O Frankreich
**Francis Case, Lake** 45 E 3 Stausee, South Dakota, N USA
**Francisco Beltrão** 63 E 5 S Brasilien
**Francisco Escárcega** 51 G 4 SO Mexiko
**Francistown** 78 D 3 NO Botswana
**Frankfort** 40 C 5 Bundesstaatshauptstadt, Kentucky, O USA
**Frankfurt** *siehe* Słubice
**Frankfurt am Main** 95 B 5 *var.* Frankfurt, *Fr.* Francfort; *Eng.* Frankfort on the Main. SW Deutschland
**Frankfurt an der Oder** 94 D 3 O Deutschland
**Fränkische Alb** 95 C 6 *var.* Frankenalb. Gebirge, S Deutschland
**Franklin** 42 C 1 Tennessee, S USA
**Franklin D.Roosevelt Lake** 46 C 1 Stausee, Washington, NW USA

---

**Frankreich**
90 B 4 République Française (Französische Republik). W Europa

**UN-Name:** The French Republic **Formation:** 1685 **Hauptstadt:** Paris **Bevölkerung:** 57,7 Mio. **Fläche:** 551 500 km² **Sprachen:** Französisch*, Provenzalisch, Bretonisch, Katalanisch, Baskisch **Religionen:** Römisch-Katholische 90%, Protestanten 2%, Juden 1%, andere 7% **Volksgruppen:** Franzosen 92%, Nordafrikaner 3%, andere 5% **Regierung:** Mehrparteienrepublik **Währung:** Franc = 100 Centimes

---

**Frantsa-Iosifa, Zemlya** 114 D 1 *Dtsch.* Franz-Josef-Land. Inselgruppe, N Russische Föderation
**Franz-Josef-Land** *siehe* Frantsa-Iosifa, Zemlya
**Französisches Süd- & Antarktis-Territorium** *siehe* Terres Australes et Antarctiques Françaises
**Französisch-Guyana** 59 H 3 *var.* Guiana, Guyane, *Fr.* Guyane Française, *Eng.* French Guiana. Franz. Übersee-Dept., NO Südamerika
**Französisch-Polynesien** *siehe* Polynésie Française
**Fraserburgh** 88 D 3 NO Scotland, Großbritannien
**Fraser Island** 148 E 4 *var.* Great Sandy Island, Insel, O Australien
**Frauenburg** *siehe* Saldus
**Frederick Reef** 148 E 4 Riff, W Korallen-See
**Fredericksburg** 41 E 5 Virginia, NO USA
**Fredericton** 39 F 4 New Brunswick, SO Kanada
**Frederiksdal** *siehe* Narsaq Kujalleq
**Fredrikshald** *siehe* Halden
**Fredrikstad** 85 B 6 S Norwegen
**Freeport** 54 C 1 Bahamas
**Freeport** 49 H 4 Texas, S USA
**Freetown** 74 C 4 Staatshauptstadt, W Sierra Leone
**Freiburg im Breisgau** 95 A 6 *var.* Freiburg, *Fr.* Fribourg-en-Brisgau. SW Deutschland
**Fremantle** 147 B 6 Western Australia, SW Australien
**Fremont** 47 B 6 California, W USA
**Fremont** 45 F 4 Nebraska, Z USA
**Fresnillo** 50 D 3 *var.* Fresnillo de Gonzales Echeverria, Fresnillo de González Echeverría. Z Mexiko
**Fresno** 47 C 6 California, W USA
**Freundschaftsinseln** *siehe* Tonga
**Freyming-Merlebach** 90 E 3 NO Frankreich
**Frías** 64 C 3 N Argentinien
**Friedek-Mistek** *siehe* Frýdek-Místek
**Friedrichshafen** 95 B 7 S Deutschland
**Frisches Haff** *siehe* Zalew Wisłany
**Frobisher Bay** *siehe* Iqaluit
**Frohavet** 84 B 4 Sund, SO Norwegisches Meer
**Frolovo** 111 B 6 SW Russische Föderation
**Frome, Lake** 149 B 6 Salzsee, S Australien
**Frontera** 51 G 4 SO Mexiko
**Frontignan** 91 C 6 S Frankreich
**Frostviken** *siehe* Kvarnbergsvattnet
**Frøya** 84 A 4 Insel, W Norwegen
**Frutal** 63 F 4 SO Brasilien
**Frýdek-Místek** 99 C 5 *Dtsch.* Friedek-Mistek. SO Tschechische Republik
**Fuengirola** 92 D 5 S Spanien
**Fuerte Olimpo** 64 D 2 *var.* Olimpo. NO Paraguay
**Fuerteventura** 70 B 3 Insel, Islas Canarias, SW Spanien
**Fuji** 131 D 6 *var.* Huzi. Honshū, S Japan
**Fujian** 129 D 6 *var.* Fu-chien, Fuhkien, Fukien, Min. Provinz, SO China
**Fuji-san** 131 D 6 *var.* Fujiyama, Mount Fuji. Berg, Honshū, SO Japan
**Fujiyama** *siehe* Fuji-san
**Fukang** 126 C 2 W China
**Fukui** 131 C 6 *var.* Hukui. Honshū, SW Japan
**Fukuoka** 131 A 7 *var.* Hukuoka; *hist.* Najima. Kyūshū, SW Japan
**Fukushima** 130 D 4 *var.* Hukusima. Honshū, Z Japan
**Fulda** 95 B 5 Z Deutschland
**Funafuti** 145 E 3 Insel, Z Tuvalu
**Funafuti** *siehe* Fongafale
**Funchal** 70 A 2 Madeira, SW Portugal
**Fundy, Bay of** 39 F 5 Bucht, NW Atlantischer Ozean
**Fünen** *siehe* Fyn
**Fung Wong Shan** *siehe* Lantau Peak
**Furāt, Nahr al** 118 C 2 *Dtsch.* Euphrat, *Türk.* Firat Nehri. Z Irak
**Furnes** *siehe* Veurne
**Fürth** 95 C 5 S Deutschland
**Furukawa** 130 D 4 *var.* Hurukawa. Honshū, Z Japan
**Fushun** 128 D 3 *var.* Fou-shan, Fu-shun. NO China
**Füssen** 95 C 7 S Deutschland
**Futa Jallon** *siehe* Fouta Djallon
**Futog** 100 D 3 N Jugoslawien
**Futuna, Île** 145 E 4 Insel, N Wallis & Futuna
**Fuxin** 128 D 3 *var.* Fou-hsin, Fu-hsin, Fusin. NO China
**Fuzhou** 129 D 6 *var.* Foochow, Fu-chou. Provinzhauptstadt, SO China
**Fyn** 85 B 8 *Dtsch.* Fünen. Insel, Z Dänemark

# G

**Gaafu Alifu Atoll** *siehe* North Huvadhu Atoll
**Gaafu Dhaalu Atoll** *siehe* South Huvadhu Atoll
**Gaalkacyo** 73 E 5 *var.* Galka'yo', *It.* Galcaio. Z Somalia
**Gabela** 78 B 2 W Angola
**Gaberones** *siehe* Gaborone
**Gabès** 71 E 2 *var.* Qābis. O Tunesien
**Gabès, Golfe de** 71 F 2 *Ar.* Khalij Qābis. Golf, S Mittelmeer
**Gaborone** 78 C 4 *ehem.* Gaberones. Staatshauptstadt, SO Botswana
**Gabrovo** 104 D 2 Z Bulgarien

---

**Gabun**
77 B 6 République Gabonaise (Gabunische Republik). Z Afrika

**UN-Name:** The Gabonese Republic **Formation:** 1960 **Hauptstadt:** Libreville **Bevölkerung:** 1,3 Mio. **Fläche:** 267 670 km² **Sprachen:** Französisch*, Fang, Puna, Sira, Nzebi, Mpongwe **Religionen:** Römisch-Katholische, andere Christen 96%, Muslime 2%, andere 2% **Volksgruppen:** Fang 36%, Mpongwe 15%, Mbete 14%, andere 35% **Regierung:** Mehrparteienrepublik **Währung:** CFA-Franc = 100 Centimes

---

**Gadsden** 42 D 2 Alabama, S USA
**Gaeta** 97 C 5 Z Italien
**Gaeta, Golfo di** 97 C 5 *Dtsch.* Golf von Gaeta, O Tyrrhenisches Meer
**Gafsa** 71 E 2 *var.* Qafşah. W Tunesien
**Gagnoa** 74 D 5 Z Elfenbeinküste
**Gagra** 117 E 1 NW Georgien
**Gaillac** 91 C 6 *var.* Gaillac-sur-Tarn. S Frankreich
**Gaillac-sur-Tarn** *siehe* Gaillac
**Gaillimh** *siehe* Galway
**Gaillimhe, Cuan na** *siehe* Galway Bay
**Gailtaler Alpen** 95 D 7 Gebirge, S Österreich
**Gainesville** 42 D 2 Georgia, SO USA
**Gainesville** 43 E 3 Florida, SO USA
**Gainesville** 49 G 2 Texas, S USA
**Gairdner, Lake** 149 A 6 Salzsee, S Australien
**Gaiziņ** *siehe* Gaizina Kalns
**Gaizina Kalns** 106 D 4 *var.* Gaiziņ. Berg, O Lettland
**Galán, Cerro** 64 B 2 Berg, N Argentinien
**Galanta** 99 C 6 *Ung.* Galánta. SW Slowakei
**Galánta** *siehe* Galanta
**Galápagos-Bruchzone** 153 E 3 untermeer. Formation, Z Pazifischer Ozean
**Galápagos-Inseln** 153 G 3 *Sp.* Archipiélago de Colón. Inselgruppe, O Pazifischer Ozean
**Galápagos-Schwelle** 153 F 3 untermeer. Formation, O Pazifischer Ozean
**Galashiels** 88 D 4 SO Scotland, Großbritannien
**Galați** 108 D 5 *Dtsch.* Galatz. O Rumänien
**Galatz** *siehe* Galați
**Galesburg** 40 B 4 Illinois, N USA
**Galibi** 59 H 3 NO Suriname
**Galicia** 92 B 1 Region, NW Spanien
**Galiuro Mountains** 48 B 3 Gebirge, Arizona, SW USA
**Gallatin** 42 D 1 Tennessee, S USA
**Galle** 132 D 4 *ehem.* Point de Galle. Sri Lanka
**Gallego-Schwelle** 153 F 3 untermeer. Formation, O Pazifischer Ozean
**Gallipoli** 97 E 6 SW Italien
**Gällivare** 84 D 3 N Schweden
**Gallup** 48 C 1 New Mexico, SW USA
**Galtat-Zemmour** 70 B 3 *var.* Guelta Zemmur. O West-Sahara
**Galveston** 49 H 4 Texas, S USA
**Galveston Bay** 49 H 4 Bucht, N Golf von Mexiko
**Galway** 89 A 6 *Ir.* Gaillimh. W Rep. Irland
**Galway Bay** 89 A 6 *Ir.* Cuan na Gaillimhe. Bucht, NO Atlantischer Ozean
**Gámas** *siehe* Kaamanen
**Gambell** 36 B 2 Saint Lawrence Island, Alaska, USA
**Gambia** 74 C 3 Fluß, Gambia/Senegal

---

**Gambia**
74 B 3 Republic of The Gambia (Republik Gambia). W Afrika

**UN-Name:** Republic of The Gambia **Formation:** 1965 **Hauptstadt:** Banjul **Bevölkerung:** 1,1 Mio. **Fläche:** 11 300 km² **Sprachen:** Englisch*,

Manding, Ful, Wolof, Djola, Soninke
**Religionen:** Muslime 85%, Christen 9%, Naturreligionen 6%
**Volksgruppen:** Mandingo 41%, Fulbe 14%, Wolof 13%, andere 32%
**Regierung:** Militärregime
**Währung:** Dalasi = 100 Butut

---

**Gambier, Îles** 153 E 4 Inselgruppe, O Französisch-Polynesien
**Gamboma** 77 B 6 O Rep. Kongo
**Gan** 132 B 5 Z Malediven
**Gäncä** 117 G 2 *Russ.* Gyandzha; *ehem.* Kirovabad, Yelisavetpol. W Aserbaidschan
**Gandajika** 77 D 7 S Dem. Rep. Kongo
**Gander** 39 G 3 Newfoundland and Labrador, SO Kanada
**Gandhīdhām** 134 C 4 W Indien
**Gandía** 93 F 4 O Spanien
**Ganges** 135 G 4 *Ben.* Padma. Fluß, Bangladesch/Indien
**Ganges-Delta** 135 G 4 Delta, Bangladesch/Indien
**Ganges-Schwemmkegel** 140 D 3 untermeer. Formation, N Indischer Ozean
**Ganges-Tiefland** 124 C 3 Ebene, Indien/Pakistan
**Gangtok** 135 G 3 NO Indien
**Gansu** 128 B 4 *var.* Gan, Kansu. Provinz, N China
**Ganzhou** 129 C 6 S China
**Gao** 75 E 3 O Mali
**Gaoligong Shan** 136 B 1 Gebirge, Myanmar/China
**Gaoual** 74 C 4 N Guinea
**Gap** 91 D 6 *ant.* Vapincum. SO Frankreich
**Garabogazköl Aylagy** 122 B 2 *Russ.* Zaliv Kara-Bogaz-Gol. Bucht, O Kaspisches Meer
**Garabogazköl Bogazy** 122 B 2 *Russ.* Proliv Kara-Bogaz-Gol. Meerenge, O Kaspisches Meer
**Garachiné** 53 G 5 SO Panama
**Garagum** 122 C 3 *Kas.* Qara Qum, *Dtsch.* Karakum, *Eng.* Kara Kum, *var.* Black Sand Desert, *Russ.* Karakumy; *var.* Peski Karakumy. Wüste, Z Turkmenistan
**Garagum Kanaly** 122 D 3 *Russ.* Karakumskiy Kanal. Kanal, Z Turkmenistan
**Gara Knitrino** 104 D 2 NO Bulgarien
**Gárassavon** *siehe* Kaaresuvanto
**Garbsen** 94 B 3 N Deutschland
**Garda, Lago di** 96 C 2 *var.* Benaco, *Dtsch.* Gardasee. See, NO Italien
**Garden City** 45 E 5 Kansas, Z USA
**Gardēz** 123 E 4 *var.* Gardeyz, Gardez, Gordiaz. O Afghanistan
**Garegegasnjárga** *siehe* Karigasniemi
**Gargždai** 106 B 3 W Litauen
**Garissa** 73 D 6 O Kenia
**Garland** 49 G 2 Texas, S USA
**Garmo, Qullai** 123 F 3 *Russ.* Kommunizma Pik; *ehem.* Stalin Pik. Berg, O Tadschikistan
**Garoe** *siehe* Garoowe
**Garonne** 91 B 5 *ant.* Garumna. Fluß, S Frankreich
**Garoowe** 73 E 5 *var.* Garoe. N Somalia
**Garoua** 76 B 4 *var.* Garua. N Kamerun
**Garrygala** 122 C 3 *Russ.* Kara-Kala. W Turkmenistan
**Garsen** 73 D 6 SO Kenia
**Garua** *siehe* Garoua
**Garumna** *siehe* Garonne
**Garwolin** 98 D 4 O Polen
**Gar Xincun** 126 A 4 *var.* Gar. W China
**Gary** 40 B 3 Indiana, N USA
**Garzón** 58 B 4 S Kolumbien
**Gascogne** 91 B 6 Region, S Frankreich
**Gascogne, Golfe de** *siehe* Biscaya, Golf von
**Gascoyne** 147 B 5 Fluß, W Australien
**Gaspé** 39 F 4 Québec, SO Kanada
**Gaspé, Péninsule de** 39 F 4 *var.* Péninsule de la Gaspésie. Halbinsel, Québec, SO Kanada
**Gaspésie, Péninsule de la** *siehe* Gaspé, Péninsule de
**Gastoúni** 105 B 6 S Griechenland
**Gatchina** 110 B 4 *var.* Gatčina. NW Russische Föderation
**Gatčina** *siehe* Gatchina
**Gatineau** 38 D 4 Québec, SO Kanada
**Gatooma** *siehe* Kadoma
**Gatún, Lago** 53 F 5 Stausee, Z Panama
**Gauhāti** *siehe* Guwāhāti
**Gauja** 106 D 3 *Dtsch.* Aa. Fluß, Lettland/Estland
**Gāvbandī** 120 D 4 S Iran
**Gavere** 87 B 6 NW Belgien
**Gävle** 85 C 5 *var.* Gäfle; *ehem.* Gefle. Z Schweden
**Gawler** 149 B 6 South Australia, S Australien
**Gaya** 135 F 4 N Indien
**Gaya** *siehe* Kyjov
**Gaysin** *siehe* Haysyn
**Gaza** *siehe* Ghazza
**Gaz-Achak** *siehe* Gazojak
**Gazalkent** *siehe* Ghazalkent
**Gazanjyk** 122 B 2 *Russ.* Kazandzhik. W Turkmenistan
**Gaza-Streifen** 119 A 7 *Ar.* Qita Ghazzah. Aut. Gebiet, SW Asien
**Gaziantep** 116 D 4 *var.* Gazi Antep; *ehem.* Aintab, Antep. S Türkei
**Gazimağusa** 102 C 5 *var.* Mağosa, *Griech.* Famagusta. O Zypern
**Gazipaşa** 116 C 5 Türkei
**Gazli** 122 D 2 Z Usbekistan
**Gazojak** 122 D 2 *Russ.* Gaz-Achak. NO Turkmenistan
**Gdańsk** 98 C 2 *Dtsch.* Danzig, *Fr.* Dantzig. N Polen
**Gdańska, Zatoka** 98 C 2 *Dtsch.* Danziger Bucht, *Russ.* Gdan'skaya Bukhta. Golf, S Ostsee
**Gdingen** *siehe* Gdynia
**Gdynia** 98 C 2 *Dtsch.* Gdingen. N Polen
**Gedaref** 72 C 4 *var.* Al Qaḍārif, El Gedaref. O Sudan
**Gediz** 116 A 3 Fluß, W Türkei
**Gediz** 116 B 3 W Türkei
**Geel** 87 C 5 *var.* Gheel. N Belgien
**Geelong** 149 C 7 Victoria, SO Australien
**Geilo** 85 A 5 S Norwegen
**Gejiu** 129 B 6 *var.* Kochiu. S China
**Gela** 97 C 7 *ehem.* Terranova di Sicilia. SW Italien
**Gelbes Meer** 128 D 4 *Chin.* Huang Hai, *Kor.* Hwang-Hae. Meer, NW Pazifischer Ozean
**Geldermalsen** 86 C 4 Z Niederlande
**Geleen** 87 D 6 SO Niederlande
**Gelib** *siehe* Jilib
**Gelinsoor** *siehe* Gellinsoor
**Gellinsoor** 73 E 5 *var.* Gelinsoor. Z Somalia
**Gembloux** 87 C 6 Z Belgien
**Gemena** 77 C 5 NW Dem. Rep. Kongo
**Gemerek** 116 D 3 Türkei
**Gemona del Friuli** 96 D 2 NO Italien
**Genck** *siehe* Genk
**General Alvear** 64 B 4 W Argentinien
**General Carrera, Lago** *siehe* Buenos Aires, Lago
**General Eugenio A.Garay** 64 C 1 NW Paraguay
**General José F.Uriburu** *siehe* Zárate
**General Santos** 139 F 3 *off.* General Santos City. Mindanao, S Philippinen
**General Santos City** *siehe* General Santos
**Genève** 95 A 8 *Dtsch.* Genf, *It.* Ginevra, *Eng.* Geneva. SW Schweiz
**Genezareth, See** *siehe* Kinneret, Yam
**Genf** *siehe* Genève
**Genfer See** *siehe* Léman, Lac
**Genichesk** *siehe* Heniches'k
**Genk** 87 D 6 *var.* Genck. NO Belgien
**Gennep** 86 D 4 SO Niederlande
**Genova** 96 A 2 *Dtsch.* Genua, *Eng.* Genoa, *Fr.* Gênes, *ant.* Genua. NW Italien
**Genova, Golfo di** 96 A 3 *Dtsch.* Golf von Genua. Golf, N Ligurisches Meer
**Genovesa, Isla** 60 B 5 *var.* Tower Island. Insel, Galápagos-Inseln, O Pazifischer Ozean
**Gent** 87 B 5 *Eng.* Ghent, *Fr.* Gand. NW Belgien
**Genua** *siehe* Genova
**Genua, Golf von** *siehe* Genova, Golfo di
**Geographe Bay** 147 A 7 Bucht, O Indischer Ozean
**Geok-Tepe** *siehe* Gökdepe
**George** 78 C 5 S Südafrika
**George, Lake** 43 E 4 See, Florida, SO USA
**Georges-Bank** 35 D 5 untermeer. Formation, W Atlantischer Ozean
**George Sound** 151 A 7 Sund, S Tasman-See
**George Town** 54 C 2 Bahamas
**George Town** 54 B 3 *var.* Georgetown. Hauptstadt eines abhängigen Territoriums, Cayman Islands
**George Town** 138 B 3 *var.* Penang, Pinang. Pulau Pinang, W Malaysia
**Georgetown** 43 F 2 South Carolina, SO USA
**Georgetown** 59 G 2 Staatshauptstadt, N Guyana
**Georgetown** *siehe* George Town
**Georgia** 42 D 2 *off.* State of Georgia; *auch genannt:* Empire State of the South, Peach State. Bundesstaat, SO USA
**Georgian Bay** 38 C 5 Seebucht, Ontario, S Kanada

---

**Georgien**
117 F 2 *Geor.* Sak'art'velos Respublikis (Republik Georgien), *Russ.* Gruziya; *ehem.* Georgische Sozialistische Sowjetrepublik, *Russ.* Gruzinskaya SSR. SW Asien

**UN-Name:** Republic of Georgia
**Formation:** 1991 **Hauptstadt:** Tbilisi
**Bevölkerung:** 5,5 Mio. **Fläche:** 69 700 km² **Sprachen:** Georgisch*, Armenisch, Russisch **Religionen:** Georgisch-Orthodoxe 70%, Russisch-Orthodoxe 10%, andere 20%
**Volksgruppen:** Georgier 69%, Armenier 9%, Russen 6%, Aserbaidschaner 5%, andere 11%
**Regierung:** Präsidialrepublik
**Währung:** Lari = 100 Tetri

---

**Georgina** 148 B 4 Fluß, Z Australien
**Georgiu-Dezh** *siehe* Liski
**Georgiyevsk** 111 B 7 SW Russische Föderation
**Georg von Neumayer** 154 B 2 Forschungsstation, Antarktis
**Gera** 94 C 4 O Deutschland
**Geráki** 105 B 6 S Griechenland
**Geral de Goiás, Serra** 63 F 3 Gebirge, O Brasilien
**Geraldine** 151 B 6 South Island, SW Neuseeland
**Geraldton** 147 A 6 Western Australia, W Australien
**Gerdauen** *siehe* Zheleznodoroznyy
**Gerede** 116 C 3 N Türkei
**Gereshk** 122 D 5 SW Afghanistan
**Gering** 44 D 4 Nebraska, Z USA
**Gerlachovský Štít** 99 D 5 *var.* Gerlachovka, *Dtsch.* Gerlsdorfer Spitze, *Ung.* Gerlachfalvi Csúcs; *ehem.* Stalinov Štít, *Dtsch.* Franz-Josef-Spitze, *Ung.* Ferencz-József Csúcs. Berg, N Slowakei
**Geroliménas** 105 B 7 S Griechenland
**Gerpinnes** 87 C 7 S Belgien
**Gerze** 116 D 2 N Türkei
**Gesellschaftsinseln** *siehe* Société, Archipel de la
**Getafe** 92 D 3 Z Spanien
**Gevaş** 117 F 4 SO Türkei
**Gevgelija** 101 E 6 *var.* Devđelija, Djevdjelija, *Türk.* Gevgeli. SO Mazedonien
**Gewürzinseln** *siehe* Maluku

---

**Ghana**
75 E 5 Republic of Ghana (Republik Ghana). W Afrika

**UN-Name:** Republic of Ghana
**Formation:** 1957 **Hauptstadt:** Accra
**Bevölkerung:** 17,5 Mio. **Fläche:** 238 540 km² **Sprachen:** Englisch,* Akan, Mossi, Ewe **Religionen:** Naturreligionen 38%, Muslime 30%, Christen 24%, andere 8%
**Volksgruppen:** Akan 52%, Mossi 15%, Ewe 12%, Ga 8%, andere 13%
**Regierung:** Mehrparteienrepublik
**Währung:** Cedi = 100 Pesewas

---

**Ghanzi** 78 C 3 *var.* Khanzi. W Botswana
**Gharandal** 119 B 7 SW Jordanien
**Gharvān** *siehe* Gharyān
**Gharyān** 71 F 2 *var.* Gharvān. NW Libyen
**Ghawdex** 102 A 5 *var.* Gozo. Insel, NW Malta
**Ghazalkent** 123 F 2 *Russ.* Gazalkent. O Usbekistan
**Ghaznī** 123 E 4 *var.* Ghazni. O Afghanistan
**Ghazni** *siehe* Ghaznī
**Ghazza** 119 A 6 *Eng.* Gaza, *Heb.* 'Azza. NO Aut. Gebiet Gaza (Gaza-Streifen)
**Gheel** *siehe* Geel
**Gheorgheni** 108 C 4 *Dtsch.* Niklasmarkt, *Ung.* Gyergyószentmiklós;

*ehem.* Gheorghieni, Sîn-Miclăuș. Z Rumänien
**Gherla** 108 B 3 *Dtsch.* Neuschliss, *Ung.* Szamosújvár; *ehem. Dtsch.* Armenierstadt. NW Rumänien
**Ghijduwon** 122 D 2 *Russ.* Gizhduvan. Z Usbekistan
**Ghŭdara** 123 F 3 *var.* Gudara, *Russ.* Kudara. SO Tadschikistan
**Ghūrīān** 122 D 4 W Afghanistan
**Giannitsá** 104 B 4 *var.* Yiannitsá. N Griechenland
**Gibeon** 78 B 4 S Namibia
**Gibraltar** 93 G 4 Abhängiges Territorium von Großbritannien, SW Europa
**Gibraltar, Bay of** 93 G 5 *Sp.* Bahía de Algeciras. Bucht, NO Atlantischer Ozean
**Gibraltar, Straße von** 92 C 5 *Eng.* Strait of Gibraltar, *Sp.* Estrecho de Gibraltar, Atlantischer Ozean/Mittelmeer
**Gibraltar Harbour** 93 H 4 W Gibraltar
**Gibson Desert** 147 C 5 Wüste, Western Australia, W Australien
**Giedraičiai** 107 C 5 O Litauen
**Giessen** 95 B 5 W Deutschland
**Gifu** 131 C 6 *var.* Gihu. Honshū, SW Japan
**Giganta, Sierra de la** 50 B 3 Gebirge, W Mexiko
**Gihu** *siehe* Gifu
**Gijón** 92 D 1 NW Spanien
**Gila River** 48 A 2 Fluß, Arizona, SW USA
**Gilbert Islands** 145 E 2 Inselgruppe, W Kiribati
**Gilf Kebir Plateau** 72 A 2 *Ar.* Haḑabat al Jilf al Kabīr. Plateau, SW Ägypten
**Gillette** 44 D 3 Wyoming, Z USA
**Gilroy** 47 B 6 California, W USA
**Gimie, Mount** 55 F 1 Berg, Z St. Lucia
**Gingin** 147 B 6 Western Australia, SW Australien
**Gipeswic** *siehe* Ipswich
**Girardot** 58 B 3 Z Kolumbien
**Giresun** 117 E 2 *var.* Kerasunt; *ant.* Cerasus, Pharnacia. NO Türkei
**Girne** 102 C 5 *Griech.* Kerýneia, *var.* Kyrenia. N Zypern
**Girona** 93 G 2 *var.* Gerona; *ant.* Gerunda. O Spanien
**Gisborne** 150 E 3 North Island, NO Neuseeland
**Gissar** 123 E 3 *Russ.* Gissarskiy Khrebet. Gebirge, Tadschikistan/Usbekistan
**Gissarskiy Khrebet** *siehe* Gissar
**Giulianova** 96 D 4 Z Italien
**Giurgiu** 108 C 5 S Rumänien
**Gizhduvan** *siehe* Ghijduwon
**Gjirokastër** 101 C 7 *var.* Gjirokastra, *It.* Argirocastro, *Griech.* Argyrokastron; *ehem.* Gjinokastër, Gjirokastra. S Albanien
**Gjoa Haven** 37 F 3 King William Island, Kanada
**Gjøvik** 85 B 5 S Norwegen
**Glace Bay** 39 G 4 Nova Scotia, SO Kanada
**Gladstone** 148 E 4 Queensland, O Australien
**Glåma** 85 B 5 Fluß, O Norwegen
**Glasgow** 88 C 4 Z Scotland, Großbritannien
**Glass Mountains** 49 E 4 Gebirge, Texas, S USA
**Glazov** 111 D 5 NW Russische Föderation
**Gleiwitz** *siehe* Gliwice
**Glendale** 48 B 2 Arizona, SW USA
**Glendale** 47 C 7 California, W USA
**Glendive** 44 D 2 Montana, NW USA
**Glen Innes** 149 D 5 New South Wales, SO Australien
**Glina** 100 B 3 NO Kroatien
**Glittertind** 85 A 5 Berg, S Norwegen
**Gliwice** 99 C 5 *Dtsch.* Gleiwitz. S Polen
**Globino** *siehe* Hlobyne
**Głogów** 98 B 4 *Dtsch.* Glogau, Glogow. W Polen
**Glommen** *siehe* Glomma
**Gloucester** 89 C 6 *hist.* Caer Glou, *Lat.* Glevum. W England, Großbritannien
**Gloversville** 41 F 3 New York, NO USA
**Głowno** 98 D 4 *var.* Główno. Z Polen
**Glubokiy** 111 B 6 SW Russische Föderation
**Glubokoye** *siehe* Hlybokaye
**Glukhov** *siehe* Hlukhiv
**Gnesen** *siehe* Gniezno
**Gniezno** 98 C 3 *Dtsch.* Gnesen. Z Polen
**Gnjilane** 101 E 5 *var.* Gilani, *Alb.* Gjilan. S Jugoslawien
**Goa** 132 B 2 *var.* Old Goa, *Port.* Goa Velha. Bundesstaat, Indien
**Gobabis** 78 B 3 O Namibia
**Gobi** 124 D 1 Wüste, China/Mongolei
**Gobō** 131 C 7 Honshū, SW Japan
**Godavāri** 135 E 5 Fluß, S Indien
**Godhra** 134 C 4 W Indien
**Göding** *siehe* Hodonín
**Godoy Cruz** 64 B 4 W Argentinien
**Goeree** 86 B 4 Insel, SW Niederlande
**Gogebic Range** 40 B 1 Mittelgebirge, N USA
**Goiânia** 63 F 3 *ehem.* Goyania. Bundesstaatshauptstadt, Z Brasilien
**Goiás** 63 E 3 *off.* Estado de Goiás; *ehem.* Goiaz, Goyaz. Bundesstaat, Z Brasilien
**Gojōme** 130 D 4 Honshū, NW Japan
**Göksun** 116 D 4 Z Türkei
**Gökdepe** 122 C 3 *var.* Gëkdepe, *Russ.* Geok Tepe. Z Turkmenistan
**Gol** 85 A 5 S Norwegen
**Golan-Höhen** 119 B 5 *Ar.* Al Jawlān, *Heb.* HaGolan. Gebirge, SW Syrien
**Golaya Pristan** *siehe* Hola Prystan'
**Gołdap** 98 E 2 *Dtsch.* Goldap. NO Polen
**Goldap** *siehe* Gołdap
**Gold Coast** 149 E 5 Queensland, O Australien
**Golden Bay** 150 C 4 Bucht, South Island, O Tasman-See
**Goldingen** *siehe* Kuldīga
**Goldküste** 75 E 5 *Eng.* Gold Coast. Küstenregion, S Ghana
**Goldsboro** 43 F 1 North Carolina, SO USA
**Goleniów** 98 B 3 *Dtsch.* Gollnow. NW Polen
**Gollnow** *siehe* Goleniów
**Golmud** 126 D 4 *var.* Ge'e'mu, Golmo, *Chin.* Ko-erh-mu. Z China
**Golovanevsk** *siehe* Holovanivs'k
**Goma** 77 E 6 NO Dem. Rep. Kongo
**Gomel'** *siehe* Homyel'
**Gomera** 70 A 3 Insel, Islas Canarias, SW Spanien
**Gómez Palacio** 50 D 3 Z Mexiko
**Gonaïves** 54 D 3 *var.* Les Gonaïves. N Haiti
**Gonâve, Île de la** 54 D 3 Insel, Z Haiti
**Gondar** *siehe* Gonder
**Gonder** 72 C 4 *var.* Gondar. NW Äthiopien
**Gondia** 135 E 4 Z Indien
**Gonggar** 126 C 5 W China
**Gongola** 75 G 4 Fluß, O Nigeria
**Gónnoi** 104 B 4 *var.* Gónnos; *ehem.* Derelí. Z Griechenland
**Good Hope** *siehe* Fort Good Hope
**Goodland** 44 D 4 Kansas, Z USA
**Goondiwindi** 149 D 5 Queensland, O Australien
**Goor** 86 E 3 O Niederlande
**Goose Creek** 43 F 2 South Carolina, SO USA
**Goose Green** 65 D 7 *ehem.* Darwin. Falkland Islands
**Goose Lake** 46 B 4 *var.* Lago dos Gansos. See, W USA
**Göppingen** 95 B 6 SW Deutschland
**Gorakhpur** 135 E 3 N Indien
**Gorany** *siehe* Harany
**Goražde** 101 A 8 SO Bosnien-Herzegowina
**Gorbovichi** *siehe* Harbavichy
**Gore** 151 B 7 South Island, SW Neuseeland
**Gorē** 73 C 5 W Äthiopien
**Goré** 76 C 4 S Tschad
**Gorgān** 120 D 2 *var.* Astarabad, Astrabad, Gurgan; *ehem.* Asterābād, *ant.* Hyrcania. N Iran
**Gori** 117 F 2 Z Georgien
**Gorinchem** 86 C 4 *var.* Gorkum. Z Niederlande
**Goris** 117 G 3 SO Armenien
**Gorki** *siehe* Horki
**Gor'kiy** *siehe* Nizhniy Novgorod
**Gorkum** *siehe* Gorinchem
**Görlitz** 94 D 4 O Deutschland
**Görlitz** *siehe* Zgorzelec
**Gorna Dzhumaya** *siehe* Blagoevgrad
**Gornji Milanovac** 100 D 4 Z Jugoslawien
**Gorodets** *siehe* Haradzyets
**Gorodishche** *siehe* Horodyshche
**Gorodnya** *siehe* Horodnya
**Gorodok** *siehe* Haradok
**Gorontalo** 139 E 4 Sulawesi, Z Indonesien
**Gorssel** 86 D 3 O Niederlande
**Gorzów Wielkopolski** 98 B 3 *Dtsch.* Landsberg, Landsberg an der Warthe. W Polen
**Gosford** 149 D 6 New South Wales, SO Australien
**Goshogawara** 130 D 3 *var.* Gosyogawara. Honshū, Z Japan
**Gospić** 100 A 3 Z Kroatien
**Gostivar** 101 D 6 W Mazedonien
**Gosyogawara** *siehe* Goshogawara
**Götaland** 85 B 6 Region, S Schweden
**Göteborg** 85 B 7 *Eng.* Gothenburg. S Schweden
**Gotel Mountains** 75 G 5 Gebirge, O Nigeria
**Gotha** 94 C 4 Z Deutschland
**Gothenburg** *siehe* Göteborg
**Gotland** 85 C 6 Insel, SO Schweden
**Gotō-rettō** 131 A 7 Inselgruppe, Japan
**Gotska Sandön** 85 C 6 Insel, SO Schweden
**Gōtsu** 131 B 6 *var.* Gôtu. Honshū, SW Japan
**Göttingen** 94 B 4 Z Deutschland
**Gottschee** *siehe* Kočevje
**Gottwaldov** *siehe* Zlín
**Gôtu** *siehe* Gōtsu
**Gouda** 86 C 4 Z Niederlande
**Gough-Bruchzone** 67 C 6 untermeer. Formation, S Atlantischer Ozean
**Gough Island** 69 B 8 Insel, S Atlantischer Ozean
**Gouin, Réservoir** 38 D 4 Stausee, Québec, SO Kanada
**Goulburn** 149 D 7 New South Wales, SO Australien
**Goulburn Islands** 148 A 1 Inselgruppe, Northern Territory, N Australien
**Goundam** 75 E 3 NW Mali
**Gouré** 75 G 3 SO Niger
**Goverla, Gora** *siehe* Hoverla, Hora
**Governador Valadares** 63 F 4 SO Brasilien
**Govĭ Altayn Nuru** 127 E 3 Gebirge, S Mongolei
**Goya** 64 D 3 NO Argentinien
**Goyania** *siehe* Goiânia
**Goz Beïda** 76 D 3 SO Tschad
**Gozo** *siehe* Ghawdex
**Gračanica** 100 C 3 NO Bosnien-Herzegowina
**Graciosa** 92 A 5 *var.* Ilha Graciosa. Insel, W Portugal
**Gradačac** 100 C 3 N Bosnien-Herzegowina
**Gradaús, Serra dos** 63 E 3 Gebirge, Z Brasilien
**Grafton** 149 E 6 New South Wales, SO Australien
**Grafton** 45 E 1 North Dakota, N USA
**Graham Land** 154 A 2 Region, Antarktis
**Grain Coast** *siehe* Kornküste
**Grajewo** 98 E 2 NO Polen
**Grampian Mountains** 88 C 3 Gebirge, Z Scotland, Großbritannien
**Grampians, The** 149 B 7 Gebirge, Victoria, SO Australien
**Granada** 92 D 5 S Spanien
**Granada** 52 D 3 SW Nicaragua
**Gran Canaria** 70 A 3 Insel, Islas Canarias, SW Spanien
**Gran Chaco** 61 G 4 *var.* Chaco. Region, W Südamerika
**Grand Bahama Island** 54 C 1 Insel, Bahamas
**Grand Bassa** *siehe* Buchanan
**Grand Canary** *siehe* Gran Canaria
**Grand Canyon** 48 B 1 Tal, Arizona, SW USA
**Grand Cayman** 54 B 3 Insel, Cayman Islands
**Grande Comore** 79 F 2 *var.* Njazidja, Great Comoro. Insel, Komoren
**Grande Deux, Réservoir la** 38 D 3 Stausee, Québec, O Kanada
**Grande Prairie** 37 E 5 Alberta, W Kanada
**Grand Erg de Bilma** 75 H 3 Wüste, NO Niger
**Grand Erg Occidental** 70 D 3 Wüste, W Algerien
**Grand Erg Oriental** 71 E 3 Wüste, Algerien/Tunesien
**Grande Rivière** 55 F 1 Z St. Lucia
**Grande Terre** 55 G 3 Insel, Guadeloupe

**Grande-Terre** *siehe* Nouvelle-Calédonie
**Grand Falls** 39 G 3 New Brunswick, SO Kanada
**Grand Forks** 45 E 1 North Dakota, N USA
**Grandichi** *siehe* Hrandzichy
**Grand Island** 45 E 4 Nebraska, Z USA
**Grand Junction** 44 C 4 Colorado, Z USA
**Grand Lac de l'Ours** *siehe* Great Bear Lake
**Grand Lac des Esclaves** *siehe* Great Slave Lake
**Grand Paradis** *siehe* Gran Paradiso
**Grand Rapids** 40 C 3 Michigan, N USA
**Grand Rapids** 45 F 1 Minnesota, N USA
**Grand Ronde River** 46 C 3 Fluß, NW USA
**Grand St-Bernard, Col du** 95 A 8 *Dtsch.* Großer St.-Bernard-Paß, *It.* Passo di Gran San Bernardo. Paß, Italien/Schweiz
**Grand-Santi** 59 H 3 W Franz. Guyana
**Gran Malvina** *siehe* West Falkland
**Granollers** 93 G 2 *var.* Granollérs. NO Spanien
**Granollérs** *siehe* Granollers
**Gran Paradiso** 96 A 2 *Fr.* Grand Paradis. Berg, NW Italien
**Gran Santiago** *siehe* Santiago
**Grantley Adams** 55 H 2 internationaler Flughafen, SO Barbados
**Grants** 48 C 2 New Mexico, SW USA
**Grants Pass** 46 B 4 Oregon, NW USA
**Granville** 90 B 3 N Frankreich
**Gratz** *siehe* Graz
**Graulhet** 91 C 6 S Frankreich
**Grave** 86 D 4 SO Niederlande
**Grayling** 36 C 2 Alaska, NW USA
**Graz** 95 E 7 *ehem.* Gratz. SO Österreich
**Great Abaco** 54 C 1 *var.* Abaco Island. Insel, Bahamas
**Great Australian Bight** 152 B 4 Bucht, O Indischer Ozean
**Great Barrier Island** 150 D 2 Insel, North Island, N Neuseeland
**Great Barrier Reef** 148 D 2 Riff, W Pazifischer Ozean
**Great Basin** 47 C 5 Becken, Nevada, W USA
**Great Bear Lake** 37 E 3 *Fr.* Grand Lac de l'Ours. See, Northwest Territories, NW Kanada
**Great Bend** 45 E 5 Kansas, Z USA
**Great Dividing Range** 148 C 2 Gebirge, O Australien
**Great Exhibition Bay** 150 C 1 Bucht, S Pazifischer Ozean
**Great Exuma Island** 54 C 2 Insel, Bahamas
**Great Falls** 44 B 1 Montana, NW USA
**Great Grimsby** *siehe* Grimsby
**Great Inagua** 54 D 2 *var.* Inagua Islands. Insel, Bahamas
**Great Karoo** 78 C 5 *var.* Great Karroo, High Veld, *Afr.* Groot Karoo, Hoë Karoo. Region, S Südafrika
**Great Khingan Range** *siehe* Da Hinggan Ling
**Great Lake** *siehe* Tônlé Sap
**Great Nicobar** 133 G 3 Insel, SO Indien
**Great Plains** 45 E 3 Region, Z Kanada/USA
**Great Ruaha** 73 C 7 Fluß, S Tansania
**Great Salt Desert** *siehe* Kavīr, Dasht-e
**Great Salt Lake** 44 B 3 Salzsee, Utah, W USA
**Great Salt Lake Desert** 44 A 4 Ebene, Utah, W USA
**Great Sand Sea** 72 A 2 Wüste, Ägypten/Libyen
**Great Sandy Desert** 146 C 4 Wüste, Western Australia, W Australien
**Great Sandy Desert** *siehe* Rub' al Khālī
**Great Sandy Desert** *siehe* Große Sandwüste
**Great Sandy Island** *siehe* Fraser Island
**Great Slave Lake** 37 E 4 *Fr.* Grand Lac des Esclaves. See, Northwest Territories, NW Kanada
**Great Sound** 42 A 5 Bucht, W Atlantischer Ozean
**Great Victoria Desert** 142 A 4 Wüste, SW Australien
**Great Yarmouth** 89 E 6 *var.* Yarmouth. O England, Großbritannien
**Grebenka** *siehe* Hrebinka
**Gredos, Sierra de** 92 D 3 Gebirge, Z Spanien
**Greeley** 44 D 4 Colorado, Z USA
**Green Bay** 40 B 2 N USA
**Green Bay** 40 B 2 Seebucht, Wisconsin, N USA
**Greeneville** 43 E 1 Tennessee, S USA
**Green Mountains** 41 G 3 Gebirge, Vermont, NO USA
**Greenock** 88 C 4 SW Scotland, Großbritannien
**Green River** 40 C 5 Fluß, Kentucky, O USA
**Green River** 44 B 4 Fluß, Z USA
**Greensboro** 43 F 1 North Carolina, SO USA
**Greenville** 43 F 1 North Carolina, SO USA
**Greenville** 42 B 2 Arkansas, Z USA
**Greenville** 42 D 3 Alabama, S USA
**Greenville** 43 E 1 South Carolina, SO USA
**Greenville** 49 G 2 Texas, S USA
**Greenwood** 42 B 2 Mississippi, S USA
**Greenwood** 43 E 2 South Carolina, SO USA
**Gregory Range** 148 C 3 Gebirge, Queensland, O Australien
**Greifswald** 94 D 2 NO Deutschland
**Grenada** 42 C 2 Mississippi, S USA

---

**Grenada**
55 G 5 State of Grenada, Republik im Commonwealth, O Karibisches Meer

**UN-Name:** Grenada **Formation:** 1974 **Hauptstadt:** St. George's **Bevölkerung:** 92 000 **Fläche:** 340 $km^2$ **Sprachen:** Englisch*, Englisch-Kreolisch **Religionen:** Römisch-Katholische 68%, Protestanten 32% **Volksgruppen:** Schwarze 84%, Afro-Europäer 13%, Südasiaten 3% **Regierung:** Parlamentarische Demokratie **Währung:** EC-$ = 100 Cents

---

**Grenadines, The** 55 H 5 Inselgruppe, O Karibisches Meer
**Grenoble** 91 D 5 *ant.* Cularo, Gratianopolis. O Frankreich
**Grenville, Cape** 148 C 2 Landspitze, Queensland, NO Australien
**Gresham** 46 B 3 Oregon, NW USA
**Grevelingen** 86 B 4 Ästuar, S Nordsee
**Grevená** 104 B 4 N Griechenland
**Greymouth** 151 B 5 South Island, Z Neuseeland
**Grey Range** 149 C 5 Gebirge, O Australien
**Greytown** *siehe* San Juan del Norte

---

**Griechenland**
105 A 5 *Griech.* Ellinkí Dimokratía (Hellenische Demokratie), *var.* Ellás; *ant.* Hellas. SO Europa

**UN-Name:** Hellenic Republic **Formation:** 1913 **Hauptstadt:** Athen **Bevölkerung:** 10,5 Mio. **Fläche:** 131 990 $km^2$ **Sprachen:** Griechisch*, Türkisch, Albanisch, Mazedonisch **Religionen:** Griechisch-Orthodoxe 98%, Muslime 1%, andere 1% **Volksgruppen:** Griechen 98%, andere 2% **Regierung:** Mehrparteienrepublik **Währung:** Drachme = 100 Lepta

---

**Grimari** 76 C 4 Z Zentralafrikanische Republik
**Grimsby** 89 E 5 *ehem.* Great Grimsby. NO England, Großbritannien
**Grise Fiord** 37 F 2 *var.* Ausuitoq. Ellesmere Island, Kanada
**Grobin** *siehe* Grobiņa
**Grobiņa** 106 B 3 *Dtsch.* Grobin. W Lettland
**Grodno** *siehe* Hrodna
**Groesbeek** 86 D 4 SO Niederlande
**Grójec** 98 D 4 Z Polen
**Groningen** 86 E 1 NO Niederlande
**Grönland** 82 D 3 *Dän.* Grønland, *Inuit* Kalaallit Nunaat. Externes Territorium Dänemarks, Arktis/Atlantischer Ozean
**Grönland-See** 83 F 2 Meer, Arktis
**Groote Eylandt** 148 B 2 Insel, N Australien
**Grootfontein** 78 B 3 N Namibia
**Groot Karasberge** 78 B 4 Gebirge, S Namibia
**Gros Islet** 55 F 1 N St. Lucia
**Großbritannien** *siehe* Vereinigtes Königreich von Großbritannien und Nordirland
**Große Antarktis** 154 C 3 *var.* Ost-Antarktis. Region, Antarktis
**Große Antillen** 54 D 3 *Eng.* Greater Antilles. Inselgruppe, NW Karibisches Meer
**Große Indische Wüste** *siehe* Thar
**Große Neufundland-Bänke** 66 B 3 untermeer. Formation, NW Atlantischer Ozean
**Großer Belt** *siehe* Storebælt
**Großer Grabenbruch** 69 D 5 *Eng.* Great Rift Valley, Depression. Afrika/Asien
**Großer Kaukasus** 117 G 2 *As.* Ba Qafqaz Silsiläsi, *Geor.* Kavkasioni, *Russ.* Bol'shoy Kavkaz. Gebirge, N Aserbaidschan/Georgien/Russische Föderation
**Großer Khingan** *siehe* Da Hinggan Ling
**Großer St.-Bernard-Paß** *siehe* Grand St-Bernard, Col du
**Großer Sund** *siehe* Suur Väin
**Großes Alföld** *siehe* Alföld
**Große Sandsee** 72 A 2 *Eng.* Great Sand Sea. Wüste, Ägypten/Libyen
**Große Sandwüste** 112 B 5 *Ar.* Rub' al Khālī, *Eng.* Great Sandy Desert, SW Asien, *siehe auch* Rub' al Khālī
**Große Syrte** *siehe* Khalīj Surt
**Grosseto** 96 B 4 NW Italien
**Großglockner** 95 D 7 Berg, Österreich
**Großkanizsa** *siehe* Nagykanizsa
**Groznyy** 111 B 8 SW Russische Föderation
**Grudziądz** 98 C 3 *var.* Grudziädz, *Dtsch.* Graudenz. N Polen
**Grums** 85 B 6 Z Schweden
**Grünau** 78 B 4 S Namibia
**Gryazi** 111 B 6 W Russische Föderation
**Gryfice** 98 B 2 *Dtsch.* Greifenberg, Greifenberg in Pommern. NW Polen
**Guabito** 53 E 4 NW Panama
**Guadalajara** 93 E 3 *Ar.* Wad Al-Hajarah; *ant.* Arriaca. Z Spanien
**Guadalajara** 50 D 4 Z Mexiko
**Guadalcanal** 144 C 3 Insel, Z Salomon-Inseln
**Guadalquivir** 92 D 4 Fluß, W Spanien
**Guadalupe** 50 D 3 Z Mexiko
**Guadalupe Mountains** 48 D 3 Gebirge, SW USA
**Guadeloupe** 55 H 3 Franz. Übersee-Dept., O Karibisches Meer
**Guadiana** 92 C 4 Fluß, Portugal/Spanien
**Guadix** 93 E 5 S Spanien
**Guaico** 55 H 5 Trinidad & Tobago
**Guaimaca** 52 C 2 Z Honduras
**Guajira, Península de la** 58 C 1 Halbinsel, N Kolumbien
**Gualaco** 52 D 2 Z Honduras
**Gualán** 52 B 2 Z Guatemala
**Gualaquiza** 60 B 2 O Ecuador
**Gualdicciolo** 96 D 1 San Marino
**Gualeguaychú** 64 D 4 O Argentinien
**Guam** 144 A 1 US-Unincorporated Territory, W Pazifischer Ozean
**Guamúchil** 50 C 3 Z Mexiko
**Guanabacoa** 54 B 2 W Kuba
**Guanare** 58 C 2 N Venezuela
**Guanare** 58 D 2 Fluß, NW Venezuela
**Guangdong** 129 C 6 *var.* Kuangtung, Kwangtung, Yue. Provinz, SO China
**Guangxi Zhuangzu Zizhiqu** 129 B 6 *var.* Guangxi, Gui, Kuang-hsi, Kwangsi, *Eng.* Kwangsi Chuang. Aut. Region, S China
**Guangyuan** 129 B 5 *var.* Kuangyuan, Kwangyuan. SW China
**Guangzhou** 129 C 6 *var.* Kuangchou, Kwangchow, *Eng.* Canton, *Dtsch.* Kanton. Provinzhauptstadt, SO China
**Guantánamo** 54 D 3 SO Kuba
**Guantanamo Bay** 54 D 3 US-Militärstützpunkt, O Kuba
**Guaporé** 61 F 3 *var.* Río Iténez. Fluß, Bolivien/Brasilien
**Guarda** 92 C 3 O Portugal
**Guarumal** 53 F 5 S Panama
**Guasave** 50 C 3 Z Mexiko

---

**Guatemala**
52 A 2 República de Guatemala (Republik Guatemala). NW Mittelamerika

**UN-Name:** Republic of Guatemala **Formation:** 1838 **Hauptstadt:** Guatemala City **Bevölkerung:** 10,6 Mio. **Fläche:** 108 890 $km^2$ **Sprachen:** Spanisch*, Maya-Sprachen: Quiché, Mam, Kekchí **Religionen:** Christen 99%, andere 1% **Volksgruppen:** Indianer (Indigénas) 55%, Ladinos (Mestizen, Weiße) 45% **Regierung:** Mehrparteienrepublik **Währung:** Quetzal = 100 Centavos

---

**Guatemala-Becken** 153 F 3 untermeer. Formation, O Pazifischer Ozean
**Guatemala City** *siehe* Guatemala, Ciudad de
**Guatemala, Ciudad de** 52 B 2 *Eng.* Guatemala City; *ehem.* Santiago de los Caballeros. Staatshauptstadt, Z Guatemala
**Guaviare** 58 C 3 Fluß, O Kolumbien
**Guayana-Becken** 66 B 4 untermeer. Formation, W Atlantischer Ozean
**Guayana-Bergland** 56 C 2 *Sp.* Macizo de las Guayanas. Gebirge, N Südamerika
**Guayanas, Macizo de las** *siehe* Guayana-Bergland
**Guayaquil** 60 B 2 *var.* Santiago de Guayaquil. SW Ecuador
**Guayaquil, Golfo de** 60 A 2 Golf, O Pazifischer Ozean
**Guayaramerín** 61 F 2 N Bolivien
**Guaymas** 50 B 2 NW Mexiko
**Gubadag** 122 D 2 *ehem.* Tel'mansk, *Turkm.* Tel'man. N Turkmenistan
**Gubakha** 111 D 5 *var.* Gubachaj, Gubaha. NW Russische Föderation
**Guben** 94 D 4 *ehem.* Wilhelm-Pieck-Stadt. O Deutschland
**Gubkin** 111 B 6 W Russische Föderation
**Gudaut'a** 117 E 1 NW Georgien
**Guelta Zemmur** *siehe* Galtad Zemmour
**Guéret** 91 C 5 Z Frankreich
**Guerguerat** *siehe* Lagouira
**Guernsey** 89 D 8 Insel, W Channel Islands, Großbritannien
**Guernsey, Bailiwick of** *siehe* Guernsey
**Guerrero Negro** 50 A 2 NW Mexiko
**Guidder** *siehe* Guider
**Guider** 76 B 4 *var.* Guidder. N Kamerun
**Guidimouni** 75 G 3 S Niger
**Guildford** 89 D 7 SO England, Großbritannien
**Guilin** 129 C 6 *var.* Kuei-lin, Kweilin. O China
**Guimaráes** *siehe* Guimarães
**Guimarães** 92 B 2 *var.* Guimaráes. N Portugal

---

**Guinea**
74 C 4 République de Guinée (Republik Guinea); *ehem.* Französisch-Guinea, Revolutionäre Volksrepublik Guinea. W Afrika

**UN-Name:** Republic of Guinea **Formation:** 1958 **Hauptstadt:** Conakry **Bevölkerung:** 6,3 Mio. **Fläche:** 245 860 $km^2$ **Sprachen:** Französisch*, Ful, Malinke, Sousou, Kissi **Religionen:** Muslime 85%, Christen 8%, Naturreligionen 7% **Volksgruppen:** Fulbe 40%, Malinke 25%, Sousou 12%, andere 23% **Regierung:** Mehrparteienrepublik **Währung:** Franc = 100 Centimes

---

**Guinea, Golf von** 69 B 5 *Fr.* Golfe de Guinée. Bucht, O Atlantischer Ozean
**Guinea-Becken** 67 D 5 untermeer. Formation, O Atlantischer Ozean

---

**Guinea-Bissau**
74 B 4 Republica de Guiné-Bissau (Republik Guinea-Bissau), *Port.* Guiné-Bissau; *ehem.* Portugiesisch-Guinea. W Afrika

**UN-Name:** Republic of Guinea-Bissau **Formation:** 1974 **Hauptstadt:** Bissau **Bevölkerung:** 1 Mio. **Fläche:** 36 120 $km^2$ **Sprachen:** Portugiesisch*, Balante, Fulani, Malinke, Portugiesisch-Kreolisch **Religionen:** Naturreligionen 54%, Muslime 38%, Christen 8% **Volksgruppen:** Balante 27%, Fulbe 22%, Malinke 12%, andere 39% **Regierung:** Mehrparteienrepublik **Währung:** Peso = 100 Centavos

---

**Guinée, Golfe de** *siehe* Guinea, Golf von
**Güiria** 59 E 1 NO Venezuela
**Guiyang** 129 B 6 *var.* Kuei-Yang, Kuei-yang, Kueyang, Kweiyang; *ehem.* Kweichu. Provinzhauptstadt, S China
**Guizhou** 129 B 6 *var.* Kuei-chou, Kweichow, Qian. Provinz, S China
**Gujarāt** 134 C 4 *var.* Gujerat. Bundesstaat, W Indien
**Gujerat** *siehe* Gujarāt
**Gujrānwāla** 134 D 2 NO Pakistan
**Gujrāt** 134 C 2 O Pakistan
**Gulbarga** 132 C 1 Z Indien
**Gulbene** 106 D 3 *Dtsch.* Alt-Schwanenburg. NO Lettland
**Gulistan** *siehe* Guliston
**Guliston** 123 E 2 *Russ.* Gulistan. O Usbekistan
**Gulkana** 36 D 3 Alaska, NW USA
**Gulu** 73 B 6 N Uganda
**Gulyantsi** 104 C 1 NW Bulgarien
**Guma** *siehe* Pishan
**Gumbinnen** *siehe* Gusev
**Gümüşhane** 117 E 3 *var.* Gumushkhane, Gümüşane. NO Türkei
**Güney Doğu Toroslar** 117 E 4 Gebirge, SO Türkei
**Gunnedah** 149 D 6 New South Wales, SO Australien
**Gunnison** 44 C 5 Colorado, Z USA
**Gurbantünggüt Shamo** 126 C 2 Wüste, NW China
**Guri, Embalse de** 59 E 2 Stausee, O Venezuela
**Gurktaler Alpen** 95 D 7 Gebirge, S Österreich
**Gürün** 116 D 3 Z Türkei
**Gur'yev** *siehe* Atyraū
**Gusau** 75 G 4 N Nigeria
**Gusev** 106 B 4 *Dtsch.* Gumbinnen. W Russische Föderation
**Gushgy** 122 D 4 *ehem.* Kushka. S Turkmenistan
**Gustavus** 36 D 4 Alaska, NW USA
**Güstrow** 94 C 3 NO Deutschland
**Gute Hoffnung, Kap der** 78 C 5 *Eng.* Cape of Good Hope, *Afr.* Kaap die Goeie Hoop; *var.* Kaap de Goede Hoop. Landspitze, SW Südafrika
**Gütersloh** 94 B 4 W Deutschland
**Guthrie** 49 G 1 Oklahoma, Z USA
**Gutland** 87 D 8 Region, Luxemburg
**Guttstadt** *siehe* Dobre Miasto
**Guwāhāti** 135 G 3 *ehem.* Gauhāti. NO Indien

---

**Guyana**
59 F 3 Cooperative Republic of Guyana (Kooperative Republik Guyana), *ehem.* British Guiana. N Südamerika

**UN-Name:** Cooperative Republic of Guyana **Formation:** 1966 **Hauptstadt:** Georgetown **Bevölkerung:** 800 000 **Fläche:** 214 970 $km^2$ **Sprachen:** Englisch*, Englisch-Kreolisch, Hindi, Tamil **Religionen:** Christen 57%, Hindus 33%, Muslime 9%, andere 1% **Volksgruppen:** Südasiaten 51%, Schwarze, Mischlinge 43%, andere 6% **Regierung:** Mehrparteienrepublik **Währung:** Guyana-$ =100 Cents

---

**Guyane Française** *siehe* Französisch-Guyana
**Guymon** 49 E 1 Oklahoma, Z USA
**Gvardeysk** 106 A 4 *Dtsch.* Tapaiu. W Russische Föderation
**Gwādar** 134 A 3 *var.* Gwadur. SW Pakistan
**Gwadur** *siehe* Gwādar
**Gwalior** 134 D 3 Z Indien
**Gwanda** 78 D 3 SW Zimbabwe
**Gwy** *siehe* Wye
**Gyangzê** 126 C 5 W China
**Gyaring Hu** 126 C 5 See, Z China
**Gympie** 149 E 5 Queensland, O Australien
**Gyomaendrőd** 99 D 7 SO Ungarn
**Gyöngyös** 99 D 6 NO Ungarn
**Győr** 99 C 6 *Dtsch.* Raab; *Lat.* Arrabona. NW Ungarn
**Gýtheio** 105 B 6 *ehem.* Yíthion. S Griechenland
**Gyumri** 117 F 2 *var.* Giumri, *Russ.* Kumayri; *ehem.* Leninakan, Aleksandropol'. W Armenien
**Gyzylarbat** 122 C 2 *ehem.* Kizyl-Arvat. W Turkmenistan

# H

**Haabai** *siehe* Ha'apai Group
**Haacht** 87 C 6 Z Belgien
**Haaksbergen** 86 E 3 O Niederlande
**Ha'apai Group** 145 F 5 *var.* Haabai. Inselgruppe, Z Tonga
**Haapsalu** 106 D 2 *Dtsch.* Hapsal. W Estland
**Haarlem** 86 C 3 *ehem.* Harlem. W Niederlande
**Haast** 151 B 6 South Island, SW Neuseeland
**Habomai-Inseln** 130 E 2 Inselgruppe, Kuril'skiye Ostrova, SO Russische Föderation
**Hachijō-jima** 131 E 6 *var.* Hatizyô Zima. Insel, Izu-shotō, O Japan
**Hachinohe** 130 D 3 Honshū, Z Japan
**Hadejia** 75 G 4 N Nigeria
**Hadejia** 75 G 4 Fluß, N Nigeria
**Hadera** 119 A 6 Z Israel
**Hadhdhunmati Atoll** 132 A 5 *var.* Haddummati Atoll, Laamu Atoll. Insel, S Malediven
**Hadhramaut** *siehe* Ḥaḍramawt
**Ha Đông** 136 D 3 *var.* Hadong. N Vietnam
**Hadong** *siehe* Ha Đông
**Ḥaḍramawt** 121 C 6 *Eng.* Hadhra maut. Gebirge, S Jemen
**Hafren** *siehe* Severn
**Hagar Nish Plateau** 72 C 3 Gebirge, N Eritrea
**Hagerstown** 41 E 4 Maryland, NO USA
**Ha Giang** 136 D 3 NW Vietnam
**Hagondange** 90 D 3 NO Frankreich
**Haguenau** 90 E 3 *Dtsch.* Hagenau. NO Frankreich
**Haicheng** 128 D 3 NO China
**Haidarabad** *siehe* Hyderābād
**Haifa** *siehe* Hefa
**Haikang** 129 C 7 *var.* Leizhou. S China
**Haikou** 129 C 7 *var.* Hai-k'ou, Hoihow, *Fr.* Hoï-Hao. Hainan Dao, S China
**Ḥā'il** 120 B 4 NW Saudi-Arabien
**Hailar** 127 F 1 *var.* Hai-la-erh; *ehem.* Hulun. N China
**Hailuoto** 84 D 4 *Schwe.* Karlö. Insel, W Finnland
**Hainan** 129 B 7 *var.* Qiong. Provinz, S China
**Hainan Dao** 129 C 7 Insel, S China
**Haines** 36 D 4 Alaska, NW USA
**Hainichen** 94 D 4 O Deutschland
**Hai Phong** 136 E 3 *var.* Haifong, Haiphong. N Vietnam

---

**Haiti**
54 D 3 République d'Haiti, Repiblik Dayti (Republik Haiti). N Haiti

**UN-Name:** Republic of Haiti **Formation:** 1804 **Hauptstadt:** Port-au-Prince **Bevölkerung:** 7,2 Mio. **Fläche:** 27 750 $km^2$ **Sprachen:** Französisch*, Französisch-Kreolisch, Englisch **Religionen:** Römisch-Katholische 80%, Protestanten 16%, Voodoo-Kulte 4% **Volksgruppen:** Schwarze 95%, Afro-Europäer 5% **Regierung:** Mehrparteienrepublik **Währung:** Gourde = 100 Centimes

---

**Hajdúhadház** 99 E 6 O Ungarn
**Hakodate** 130 D 3 Hokkaidō, NO Japan
**Hakosberge** 78 B 4 Gebirge, Z Namibia
**Ha Kwai Chung** 128 A 1 Hong Kong
**Hal** *siehe* Halle
**Ḥalab** 118 B 2 *Eng.* Aleppo, *Fr.* Alep; *ant.* Beroea. NW Syrien
**Ḥalānīyāt, Juzur al** 121 D 6 *var.* Jazá'ir Bin Ghalfán, *Eng.* Kuria Muria Islands. Inselgruppe, S Oman
**Halberstadt** 94 C 4 Z Deutschland
**Halden** 85 B 6 *ehem.* Fredrikshald. S Norwegen
**Halfmoon Bay** 151 A 8 *var.* Oban. South Island, SW Neuseeland
**Halifax** 39 F 4 Nova Scotia, SO Kanada
**Halifax Bay** 148 D 3 Bucht, W Pazifischer Ozean
**Halle** 94 C 4 *var.* Halle an der Saale. Z Deutschland
**Halle** 87 B 6 *Fr.* Hal. Z Belgien
**Halle-Neustadt** 94 C 4 Z Deutschland
**Halley** 154 B 2 Forschungsstation, Antarktis
**Hall Islands** 144 B 1 Inselgruppe, Z Mikronesien
**Halls Creek** 146 D 3 Western Australia, NW Australien
**Halmahera** 139 F 3 *ehem.* Djailolo, Gilolo, Jailolo. Insel, O Indonesien
**Halmahera, Laut** 139 F 4 Meer, W Pazifischer Ozean
**Halmstad** 85 B 7 S Schweden
**Hälsingborg** *siehe* Helsingborg

**Halys** *siehe* Kızılırmak
**Hamada** 131 B 6 Honshū, SW Japan
**Hamadān** 120 C 3 *ant.* Ecbatana. W Iran
**Ḩamāh** 118 B 3 *var.* Hama; *ant.* Epiphania, *Bibl.* Hamath. W Syrien
**Hamamatsu** 131 D 6 *var.* Hamamatu. Honshū, S Japan
**Hamamatu** *siehe* Hamamatsu
**Hamar** 85 B 5 *ehem.* Storhammer. S Norwegen
**Hamburg** 94 B 3 N Deutschland
**Ḩamḑ, Wādī al** 120 A 4 saison. Wasserlauf, W Saudi-Arabien
**Hämeenlinna** 85 D 5 *Schwe.* Tavastehus. SW Finnland
**Hamersley Range** 146 B 4 Gebirge, Western Australia, W Australien
**Hamhŭng** 128 E 3 Z Nord-Korea
**Hami** 126 C 3 *var.* Ha-mi, *Uigh.* Kumul, Qomul. NW China
**Hamilton** 88 C 4 S Scotland, Großbritannien
**Hamilton** 42 A 5 Hauptstadt eines abhängigen Territoriums, Z Bermuda
**Hamilton** 150 D 3 North Island, N Neuseeland
**Hamilton** 38 D 5 Ontario, S Kanada
**Hamm** 94 B 4 *var.* Hamm in Westfalen. W Deutschland
**Ḩammāmāt, Khalīj al** *siehe* Hammamet, Golfe de
**Ḩammār, Hawr al** 120 C 3 See, SO Irak
**Hamm in Westfalen** *siehe* Hamm
**Hampden** 151 B 7 South Island, SW Neuseeland
**Hampton** 41 F 5 Virginia, NO USA
**Hamrun** 102 B 5 Z Malta
**Handan** 128 C 4 *var.* Han-tan. NO China
**HaNegev** 119 A 7 *Eng.* Negev. Wüste, S Israel
**Hanford** 47 C 7 California, W USA
**Hangayn Nuruu** 126 D 2 Gebirge, W Mongolei
**Hangö** *siehe* Hanko
**Hangzhou** 129 D 5 *var.* Hang-chou, Hangchow. Provinzhauptstadt, O China
**Hanhöhiy Uul** 126 C 2 Gebirge, NW Mongolei
**Hanko** 85 D 6 *Schwe.* Hangö. SW Finnland
**Hanmer Springs** 151 C 5 South Island, Z Neuseeland
**Hanna** 37 E 5 Alberta, SW Kanada
**Hannibal** 45 G 4 Missouri, Z USA
**Hannover** 94 B 3 *Eng.* Hanover. NW Deutschland
**Hanöbukten** 85 B 7 Bucht, SW Ostsee
**Ha Nôi** 136 D 3 *var.* Ha Noi, Ha noi, *Eng.* Hanoi, *Fr.* Ha noï. Staatshauptstadt, N Vietnam
**Hanover** *siehe* Hannover
**Han-tan** *siehe* Handan
**Hantsavichy** 107 B 6 *Pol.* Hancewicze, *Russ.* Gantsevichi. SW Weißrußland
**Hanzhong** 129 B 5 Z China
**Hāora** 135 G 4 *ehem.* Howrah. NO Indien
**Haparanda** 84 D 3 N Schweden
**Hapsal** *siehe* Haapsalu
**Haradok** 107 E 5 *Russ.* Gorodok. N Weißrußland
**Haradzyets** 107 B 6 *Russ.* Gorodets. SW Weißrußland
**Haramachi** 131 D 5 Honshū, O Japan
**Harany** 107 D 5 *Russ.* Gorany. N Weißrußland
**Harare** 78 D 3 *ehem.* Salisbury. Staatshauptstadt, NO Zimbabwe
**Harbavichy** 107 E 6 *Russ.* Gorbovichi. O Weißrußland
**Harbel** 74 C 5 W Liberia
**Harbin** 128 E 2 *var.* Haerbin, Ha-erh-pin, Kharbin; *ehem.* Haerhpin, Pinkiang, Pingkiang. Provinzhauptstadt, NO China
**Hardanger-fjorden** 85 A 5 Fjord, O Norwegisches Meer
**Hardangervidda** 85 A 6 Gebirge, S Norwegen
**Hardenberg** 86 E 3 O Niederlande
**Hardy** 42 B 1 Arkansas, Z USA
**Harelbeke** 87 A 6 *var.* Harlebeke. W Belgien
**Harem** *siehe* Ḩārim
**Haren** 86 E 2 NO Niederlande
**Hārer** 73 D 5 O Äthiopien
**Hargeisa** *siehe* Hargeysa
**Hargeysa** 73 D 5 *var.* Hargeisa. NW Somalia
**Hari, Batang** 138 B 4 *ehem.* Djambi. Fluß, Sumatera, W Indonesien
**Hariana** *siehe* Haryāna
**Ḩārim** 118 B 2 *var.* Harem. W Syrien
**Harima-nada** 131 B 6 Meer, NW Pazifischer Ozean
**Harīrūd** 123 E 4 Fluß, Z Asien
**Harlan** 45 F 3 Iowa, Z USA
**Harlebeke** *siehe* Harelbeke
**Harlem** *siehe* Haarlem
**Harlingen** 49 G 5 Texas, S USA
**Harlingen** 86 D 2 *Fries.* Harns. N Niederlande
**Harlow** 89 E 6 SO England, Großbritannien
**Harmanli** *siehe* Kharmanli
**Harney Lake** 46 C 4 See, Oregon, NW USA
**Härnösand** 85 C 5 *var.* Hernösand. Z Schweden
**Harns** *siehe* Harlingen
**Har Nuur** 126 C 2 See, NW Mongolei
**Harper** 74 D 5 *var.* Cape Palmas. NO Liberia
**Ḩarrat Rahaţ** 121 B 5 Lavastrom, W Saudi-Arabien
**Harris** 88 B 3 Region, NW Scotland, Großbritannien
**Harrisburg** 41 E 4 Bundesstaatshauptstadt, Pennsylvania, NO USA
**Harrison** 42 B 1 Arkansas, Z USA
**Harrison, Cape** 39 F 2 Landspitze, Newfoundland and Labrador, O Kanada
**Harrisonburg** 41 E 5 Virginia, NO USA
**Harris-Rücken** *siehe* Lomonosov-Rücken
**Harrogate** 89 D 5 N England, Großbritannien
**Hârşova** 108 D 5 *ehem.* Hîrşova. SO Rumänien
**Harstad** 84 C 2 N Norwegen
**Hartford** 41 G 3 Bundesstaatshauptstadt, Connecticut, NO USA
**Hartlepool** 89 D 5 N England, Großbritannien
**Har Us Nuur** 126 C 2 See, NW Mongolei
**Harwich** 89 E 6 O England, Großbritannien
**Haryāna** 134 D 2 *var.* Hariana. Bundesstaat, N Indien
**Haskovo** *siehe* Khaskovo
**Hasselt** 87 D 6 NO Belgien
**Hastings** 89 E 7 SO England, Großbritannien
**Hastings** 55 G 2 SW Barbados
**Hastings** 150 E 4 North Island, NO Neuseeland
**Hastings** 45 E 4 Nebraska, Z USA
**Hatay** *siehe* Antakya
**Haţeg** 108 B 4 *Dtsch.* Wallenthal, *Ung.* Hátszeg; *ehem. Dtsch.* Hatzeg, Hötzing. SW Rumänien
**Hattem** 86 D 3 O Niederlande
**Hatteras, Cape** 43 G 1 Landspitze, North Carolina, SO USA
**Hattiesburg** 42 C 3 Mississippi, S USA
**Hat Yai** 137 C 7 *var.* Ban Hat Yai. S Thailand
**Haugesund** 85 A 6 S Norwegen
**Hau Hoi Wan** 128 A 1 Bucht, Hong Kong
**Haukeligrend** 85 A 6 S Norwegen
**Haukivesi** 85 E 5 See, SO Finnland
**Hauraki Gulf** 150 D 2 Golf, S Pazifischer Ozean
**Haut Atlas** 70 C 3 *Dtsch.* Hoher Atlas. Gebirge, Z Marokko
**Hautes Fagnes** 87 D 6 *Dtsch.* Hohes Venn. Gebirge, O Belgien
**Hauts Plateaux** 70 D 2 *var.* Hauts-Plateaux. Plateau, Algerien/Marokko
**Hauzenberg** 95 D 6 SO Deutschland
**Havanna** *siehe* La Habana
**Havant** 89 D 7 S England, Großbritannien
**Havelock** 43 F 1 North Carolina, SO USA
**Havelock North** 150 E 4 North Island, NO Neuseeland
**Haverfordwest** 89 B 6 SW Wales, Großbritannien
**Havířov** 99 C 5 O Tschechische Republik
**Havre** 44 C 1 Montana, Z USA
**Havre-St-Pierre** 39 F 3 Québec, O Kanada
**Havza** 116 D 2 N Türkei
**Hawaii** 47 A 8 *off.* State of Hawaii; *auch genannt:* Aloha State, Paradise of the Pacific. Bundesstaat, W USA
**Hawaii** 47 B 8 *Haw.* Hawai'i. Insel, W USA
**Hawaiianischer Rücken** 152 D 2 untermeer. Formation, N Pazifischer Ozean
**Hawaii-Inseln** 152 D 2 *Eng.* Hawaiian Islands; *ehem.* Sandwich Islands. Inselgruppe, Z Pazifischer Ozean
**Hawea, Lake** 151 B 6 See, South Island, SW Neuseeland
**Hawera** 150 D 4 North Island, Z Neuseeland
**Hawick** 88 D 4 S Scotland, Großbritannien
**Hawke Bay** 150 E 4 Bucht, North Island, NO Neuseeland
**Hawke's Bay** 150 E 4 Region, North Island, NO Neuseeland
**Hay** 149 C 6 New South Wales, SO Australien
**Hay River** 37 E 4 Northwest Territories, W Kanada
**Hays** 45 E 5 Kansas, Z USA
**Haysyn** 108 D 3 *Russ.* Gaysin. Z Ukraine
**Heard & McDonald Islands** 141 C 7 externes Territorium Australiens, S Indischer Ozean
**Hearst** 38 C 4 Ontario, S Kanada
**Hebei** 128 C 4 *var.* Hopeh, Hopei, Ji; *ehem.* Chihli. Provinz, NO China
**Hebriden** *siehe* **Outer Hebrides**
**Hebron** 39 F 1 Newfoundland and Labrador, NO Kanada
**Hebron** 119 E 7 *var.* Al Khalīl, El Khalil, *Heb.* Hevron; *ant.* Kiriath-Arba. S West Bank (Westjordanland)
**Heemskerk** 86 C 3 W Niederlande
**Heerde** 86 D 3 O Niederlande
**Heerenveen** 86 D 2 *Fries.* It Hearrenfean. N Niederlande
**Heerhugowaard** 86 C 2 NW Niederlande
**Heerlen** 87 D 6 SO Niederlande
**Ḥefa** 119 A 5 *var.* Haifa; *hist.* Caiffa, Caiphas, *ant.* Sycaminum. N Israel
**Ḥefa, Mifraẕ** 119 A 5 *var.* Bay of Haifa. Bucht, O Mittelmeer
**Hefei** 129 D 5 *var.* Hofei; *hist.* Luchow. O China
**Heide** 94 B 2 N Deutschland
**Heidelberg** 95 B 5 SW Deutschland
**Heidenheim** *siehe* Heidenheim an der Brenz
**Heidenheim an der Brenz** 95 B 6 *var.* Heidenheim. S Deutschland
**Heilbronn** 95 B 6 SW Deutschland
**Heiligenbeil** *siehe* Mamonovo
**Heilong Jiang** 128 D 1 *Russ.* Amur. Fluß, China/Russische Föderation
**Heilongjiang** 128 D 2 *var.* Hei, Hei-lung-chiang, Heilungkiang. Provinz, NO China
**Heiloo** 86 C 3 NW Niederlande
**Heilsberg** *siehe* Lidzbark Warmiński
**Heimdal** 84 B 4 S Norwegen
**Helan Shan** 127 E 3 Gebirge, N China
**Helena** 44 B 2 Bundesstaatshauptstadt, Montana, NW USA
**Helensville** 150 D 2 North Island, N Neuseeland
**Helgoländer Bucht** 94 A 2 Bucht, SO Nordsee
**Hellevoetsluis** 86 B 4 SW Niederlande
**Hellín** 93 E 4 Z Spanien
**Helmand, Daryā-ye** 122 D 5 *var.* Hīrmand Rūd-e. Fluß, Afghanistan/Iran
**Helmond** 87 D 5 S Niederlande
**Helsingborg** 85 B 7 *ehem.* Hälsingborg. S Schweden
**Helsingfors** *siehe* Helsinki
**Helsinki** 85 D 5 *Schwe.* Helsingfors. Staatshauptstadt, S Finnland
**Henan** 129 C 5 *var.* Honan, Yu. Provinz, Z China
**Henderson** 43 F 1 North Carolina, SO USA
**Henderson** 49 H 3 Texas, S USA
**Henderson** 40 B 5 Kentucky, O USA
**Henderson** 47 D 7 Nevada, W USA
**Hendersonville** 43 E 1 North Carolina, SO USA
**Hendū Kosh** *siehe* Hindukush
**Hengduan Shan** 126 D 5 Gebirge, SW China
**Hengelo** 86 E 3 O Niederlande
**Hengyang** 129 C 6 *var.* Hengnan, Heng-yang; *ehem.* Hengchow. S China
**Heniches'k** 109 F 4 *Russ.* Genichesk. S Ukraine
**Hennebont** 90 A 3 NW Frankreich
**Hentiesbaai** 78 B 3 W Namibia
**Henzada** 136 B 4 SW Myanmar

**Herald Cays** 148 D 3 Insel, O Australien
**Herāt** 122 D 4 *var.* Herat; *ant.* Aria. W Afghanistan
**Herchmer** 37 G 4 Manitoba, Z Kanada
**Heredia** 53 E 4 Z Costa Rica
**Hereford** 49 E 2 Texas, S USA
**Herford** 94 B 4 NW Deutschland
**Héristal** *siehe* Herstal
**Herk-de-Stad** 87 C 6 NO Belgien
**Hermansverk** 85 A 5 S Norwegen
**Hermiston** 46 C 2 Oregon, NW USA
**Hermon** 119 B 5 *Ar.* Jabal ash Shaykh. Berg, SW Syrien
**Hermosillo** 50 B 2 NW Mexiko
**Hernösand** *siehe* Härnösand
**Herrera del Duque** 92 D 3 W Spanien
**Herrick** 149 C 8 Tasmania, SO Australien
**Herselt** 87 C 5 Z Belgien
**Herstal** 87 D 6 *Fr.* Héristal. O Belgien
**Hervey Bay** 148 E 4 Bucht, SO Korallen-See
**Herzliyya** 119 A 6 *var.* Hertseliya, Herzeliyya. Z Israel
**Hessen** 95 B 5 Region, Z Deutschland
**Heydekrug** *siehe* Šilutė
**Hialeah** 43 F 5 Florida, SO USA
**Hibbing** 45 F 1 Minnesota, N USA
**Hidalgo del Parral** 50 C 2 *var.* Parral. N Mexiko
**Hida-sanmyaku** 131 C 5 Gebirge, Honshū, S Japan
**Hierro** 70 A 3 *var.* Ferro. Insel, Islas Canarias, SW Spanien
**High Point** 43 F 1 North Carolina, SO USA
**Hiiumaa** 106 C 2 *Dtsch.* Dagden, *Schwe.* Dagö. Insel, W Estland
**Hikurangi** 150 D 2 North Island, N Neuseeland
**Hildesheim** 94 B 4 N Deutschland
**Hilla** *siehe* Al Ḩillah
**Hillaby, Mount** 55 G 1 Berg, N Barbados
**Hill Bank** 52 C 1 N Belize
**Hillegom** 86 C 3 W Niederlande
**Hilo** 47 B 8 Hawaii, W USA
**Hilton Head Island** 43 E 2 South Carolina, SO USA
**Hilversum** 86 C 3 Z Niederlande
**Himalaya** 124 C 2 *Chin.* Himalaya Shan. Gebirge, S Asien
**Himeji** 131 C 6 *var.* Himezi. Honshū, SW Japan
**Himezi** *siehe* Himeji
**Ḩimş** 118 B 4 *var.* Homs; *ant.* Emesa. Z Syrien
**Hîncești** 108 D 4 *var.* Hâncești; *ehem.* Kotovsk. Z Moldawien
**Hinchinbrook Island** 148 D 3 Insel, Queensland, NO Australien
**Hinds** 151 C 6 South Island, SW Neuseeland
**Hindukush** 123 F 4 *Per.* Hendū Kosh. Gebirge, Afghanistan/ Pakistan
**Hinesville** 43 E 3 Georgia, SO USA
**Hinson Bay** 42 A 5 Bucht, W Atlantischer Ozean
**Hirfanlı Barajı** 116 C 3 See, Türkei
**Hīrmand Rūd-e** *siehe* Helmand, Daryā-ye
**Hirosaki** 130 D 3 Honshū, Z Japan
**Hiroshima** 131 B 7 *var.* Hirosima. Honshū, SW Japan
**Hirosima** *siehe* Hiroshima
**Hirson** 90 D 3 N Frankreich
**Hîrşova** *siehe* Hârşova
**Hitachi** 131 D 5 *var.* Hitati. Honshū, S Japan
**Hitati** *siehe* Hitachi
**Hitra** 84 A 4 *ehem.* Hitteren. Insel, S Norwegen
**Hitteren** *siehe* Hitra
**Hjälmaren** 85 C 6 *Dtsch.* Hjälmar-See. See, Z Schweden
**Hjälmar-See** *siehe* Hjälmaren
**Hjørring** 85 B 7 N Dänemark
**Hkakabo Razi** 136 B 1 Berg, Myanmar/China
**Hlobyne** 109 F 2 *Russ.* Globino. NO Ukraine
**Hlukhiv** 109 F 1 *Russ.* Glukhov. NO Ukraine
**Hlybokaye** 107 D 5 *Russ.* Glubokoye, N Weißrußland
**Hoa Binh** 136 D 3 N Vietnam
**Hoang Liên Son** 136 D 3 Gebirge, N Vietnam
**Hobart** 149 C 8 *ehem.* Hobart Town, Hobarton. Bundesstaatshauptstadt, Tasmania, SO Australien
**Hobbs** 49 E 3 New Mexico, SW USA
**Hobro** 85 A 7 N Dänemark
**Hô Chí Minh, Thanh Pho** 137 E 6 *var.* Ho Chi Minh City, *ehem.* Saigon, Sai Gon. S Vietnam
**Hodeida** *siehe* Al Ḩudaydah
**Hódmezővásárhely** 99 D 7 SO Ungarn
**Hodonín** 99 B 6 *Dtsch.* Göding. SO Tschechische Republik
**Hof** 95 C 5 SO Deutschland
**Hōfu** 131 B 7 Honshū, SW Japan
**Hofuf** *siehe* Al Hufūf
**Hohenems** 95 B 7 W Österreich
**Hohenstadt** *siehe* Zábřeh
**Hoher Atlas** *siehe* Haut Atlas
**Hohes Venn** *siehe* Hautes Fagnes
**Hohe Tauern** 95 C 7 Gebirge, W Österreich
**Hohhot** 127 F 3 *var.* Huhehot, Huhohaot'e, *Mong.* Kukukhoto; *ehem.* Kweisui, Kwesui. N China
**Hôi An** 137 E 5 *ehem.* Faifo. Z Vietnam
**Hokianga Harbour** 150 C 2 Hafen, North Island, N Neuseeland
**Hokitika** 151 B 5 South Island, SW Neuseeland
**Hokkaidō** 130 C 2 Insel, Verwaltungseinheit, NO Japan
**Hola Prystan'** 109 E 4 *Russ.* Golaya Pristan. S Ukraine
**Holbrook** 48 B 2 Arizona, SW USA
**Holetown** 55 G 1 *ehem.* Jamestown. W Barbados
**Holguín** 54 C 2 SO Kuba
**Hollabrunn** 95 E 6 NO Österreich
**Holland** 40 C 3 Michigan, N USA
**Holländisch-Westindien** *siehe* Niederländische Antillen
**Hollywood** 43 F 5 Florida, SO USA
**Holman** 37 E 3 Victoria Island, Kanada
**Holmes Reef** 148 D 3 Riff, W Korallen-See
**Holmsund** 84 D 4 N Schweden
**Holon** 119 A 6 Z Israel
**Holovanivs'k** 109 E 3 *Russ.* Golovanevsk. Z Ukraine
**Holstebro** 85 A 7 W Dänemark
**Holyhead** 89 C 6 *Wal.* Caer Gybi. NW Wales, Großbritannien
**Holyoke** 41 G 3 Massachusetts, NO USA
**Hombori Tondo** 75 E 3 Berg, O Mali
**Homestead** 43 F 5 Florida, SO USA
**Homr, Dar el** 72 B 4 Region, Z Sudan
**Homyel'** 107 D 7 *Russ.* Gomel'. SO Weißrußland
**Hondo** 49 F 4 Texas, S USA

---

**Honduras**
52 C 2 República de Honduras (Republik Honduras). N Mittelamerika

**UN-Name:** Republic of Honduras **Formation:** 1821 **Hauptstadt:** Tegucigalpa **Bevölkerung:** 5,76 Mio. **Fläche:** 112 090 km² **Sprachen:** Spanisch*, Englisch-Kreolisch, Garifuna, indian. Sprachen **Religionen:** Römisch-Katholische 97%, andere (inkl. Bahai) 3% **Volksgruppen:** Mestizen 90%, Indianer 7%, Garifuna (Schwarze) 2%, Weiße 1% **Regierung:** Mehrparteienrepublik **Währung:** Lempira = 100 Centavos

---

**Honduras, Golfo de** 52 C 2 *Eng.* Golf of Honduras. Golf, W Karibisches Meer
**Hønefoss** 85 B 6 S Norwegen
**Hông, Sông** 136 D 3 *Chin.* Yuan Jiang, *Eng.* Red River, *Dtsch.* Roter Fluß. Fluß, Vietnam/China
**Hông Gai** 136 E 3 *var.* Hon Gai, Hongay. N Vietnam
**Hong Kong** 129 C 6 *Chin.* Xianggang, *Dtsch.* Hongkong. Spezielles Verwaltungsgebiet Chinas, S China
**Hong Kong Island** 128 B 2 Insel, Hong Kong
**Honiara** 144 C 3 Staatshauptstadt, Z Salomon-Inseln
**Honjō** 130 D 4 *var.* Honzyô. Honshū, Z Japan
**Honolulu** 47 A 8 Bundesstaatshauptstadt, Hawaii, W USA
**Honshū** 131 E 5 *var.* Hondo, Honsyû. Insel, Japan
**Honzyô** *siehe* Honjō
**Hood Point** 147 B 7 Landspitze, Western Australia, W Australien
**Hoogeveen** 86 E 2 NO Niederlande
**Hoogezand-Sappemeer** 86 E 2 NO Niederlande
**Hoorn** 86 C 2 NW Niederlande
**Hoorn, Kap** *siehe* Hornos, Cabo de
**Hopa** 117 F 2 NO Türkei
**Hope** 36 C 3 Alaska, NW USA
**Hopedale** 39 F 2 Newfoundland and Labrador, NO Kanada
**Hopewell** 41 E 5 Virginia, NO USA
**Hopkinsville** 40 B 5 Kentucky, O USA
**Horasan** 117 F 3 NO Türkei
**Horki** 107 E 6 *Russ.* Gorki. O Weißrußland
**Horlivka** 109 G 3 *Rum.* Adâncata, *Russ.* Gorlovka. O Ukraine
**Hormuz, Straße von** 120 D 4 *Per.* Tangeh-ye Hormoz. Meerenge, Arabisches Meer/Persischer Golf
**Hornepayne** 38 C 4 Ontario, S Kanada
**Hornos, Cabo de** 65 C 8 *Dtsch.* Kap Hoorn. Landspitze, S Chile
**Horn von Afrika** 140 B 3 Landspitze, NO Somalia
**Horodnya** 109 E 1 *Russ.* Gorodnya. NO Ukraine
**Horodok** 108 B 2 *Pol.* Gródek Jagiello´nski, *Russ.* Gorodok, Gorodok Yagellonski. NW Ukraine
**Horodyshche** 109 E 2 *Russ.* Gorodishche. Z Ukraine
**Horoshiri-dake** 130 D 2 *var.* Horosiri Dake. Berg, Hokkaidō, NO Japan
**Horosiri Dake** *siehe* Horoshiri-dake
**Horsburgh Atoll** 132 B 4 Insel, N Malediven
**Horseshoe Bay** 42 A 5 Bucht, W Atlantischer Ozean
**Horsham** 149 B 7 Victoria, SO Australien
**Horst** 87 D 5 SO Niederlande
**Horten** 85 B 6 S Norwegen
**Hospitalet** *siehe* L'Hospitalet de Llobregat
**Hotan** 126 B 4 *var.* Khotan, *Chin.* Ho-t'ien. NW China
**Hoting** 84 C 4 Z Schweden
**Hot Springs** 42 B 1 Arkansas, Z USA
**Houeillès** 91 B 6 Frankreich
**Houghton Lake** 40 C 2 See, Michigan, N USA
**Houston** 49 H 4 Texas, S USA
**Hovd** 126 C 2 *var.* Khovd. W Mongolei
**Hove** 89 D 7 S England, Großbritannien
**Hoverla, Hora** 108 B 3 *Russ.* Gora Goverla. Berg, W Ukraine
**Hovsgol, Lake** *siehe* Hövsgöl Nuur
**Hövsgöl Nuur** 126 D 1 *var.* Lake Hovsgol. See, N Mongolei
**Howe, Cape** 149 D 7 Landspitze, SO Australien
**Howrah** *siehe* Hāora
**Hoy** 88 C 2 Insel, N Scotland, Großbritannien
**Hoyerswerda** 94 D 4 O Deutschland
**Hradec Králové** 99 B 5 *Dtsch.* Königgrätz. NO Tschechische Republik
**Hrandzichy** 107 B 5 *Russ.* Grandichi. W Weißrußland
**Hranice** 99 C 5 *Dtsch.* Mährisch-Weisskirchen. O Tschechische Republik
**Hrasnica** 100 C 4 SO Bosnien-Herzegowina
**Hrebinka** 109 E 2 *Russ.* Grebenka. NO Ukraine
**Hrodna** 107 B 5 *Pol.* Grodno. W Weißrußland
**Huacho** 60 C 4 W Peru
**Hua Hin** *siehe* Ban Hua Hin
**Huaihua** 129 C 6 Z China
**Huailai** 128 C 3 NO China
**Huainan** 129 D 5 *var.* Huai-nan, Hwainan. O China
**Huajuapan** 51 E 5 *var.* Huajuapan de León. SO Mexiko
**Huajuapan de León** *siehe* Huajuapan
**Hualapai Mountains** 48 A 2 Gebirge, Arizona, SW USA
**Huallaga** 60 C 2 Fluß, N Peru
**Huambo** 78 B 2 *Port.* Nova Lisboa. Z Angola
**Huancavelica** 60 D 4 SW Peru
**Huancayo** 60 D 4 Z Peru
**Huang He** 128 C 4 *Eng.* Yellow River, *Dtsch.* Gelber Fluß. Fluß, Z China
**Huangshi** 129 C 5 *var.* Huang-shih, Hwangshih. O China
**Huanta** 60 D 4 Z Peru
**Huánuco** 60 C 3 Z Peru
**Huanuni** 61 F 4 W Bolivien
**Huaral** 60 C 4 W Peru
**Huarás** *siehe* Huaraz

**Huaraz** 60 C 3 *var.* Huarás. W Peru
**Huarmey** 60 C 3 W Peru
**Huatabampo** 50 B 2 NW Mexiko
**Hubei** 129 C 5 *var.* E, Hupei. Provinz, Z China
**Hubli** 132 B 2 SW Indien
**Huddersfield** 89 D 5 N England, Großbritannien
**Hudiksvall** 85 C 5 Z Schweden
**Hudson Bay** 38 C 1 Bucht, NW Atlantischer Ozean
**Hudson, Détroit d'** *siehe* Hudson Strait
**Hudson Strait** 38 D 1 *Fr.* Détroit d'Hudson. Meerenge, Atlantischer Ozean/Hudson Bay
**Huê** 136 E 4 Z Vietnam
**Huehuetenango** 52 A 2 W Guatemala
**Huelva** 92 C 5 *ant.* Onuba. SW Spanien
**Huesca** 93 F 2 *ant.* Osca. NO Spanien
**Huéscar** 93 E 4 S Spanien
**Hughenden** 148 C 3 NO Australien
**Hugo** 49 G 2 Oklahoma, Z USA
**Huíla Plateau** 78 B 2 Plateau, S Angola
**Huixtla** 51 G 5 SO Mexiko
**Hukui** *siehe* Fukui
**Hukusima** *siehe* Fukushima
**Hull** 38 D 4 Québec, SO Kanada
**Hull** *siehe* Kingston upon Hull
**Hull Island** *siehe* Orona
**Hulst** 87 B 5 SW Niederlande
**Hulun Nur** 127 F 1 *var.* Hu-lun Ch'ih; *Eng.* Lake Dalai. See, NO China
**Humaitá** 62 D 2 N Brasilien
**Humboldt** 42 C 1 Tennessee, S USA
**Humboldt River** 47 C 5 Fluß, Nevada, W USA
**Humpolec** 99 B 5 *Dtsch.* Gumpolds, Humpoletz. Z Tschechische Republik
**Hunan** 129 C 5 *var.* Xiang. Provinz, S China
**Hunedoara** 108 B 4 *Dtsch.* Eisenmarkt, *Ung.* Vajdahunyad. SW Rumänien
**Hünfeld** 95 B 5 Z Deutschland
**Hunjiang** 128 E 3 NO China
**Hunter Island** 149 B 8 Insel, Tasmania, NW Australien
**Huntington** 40 D 5 West Virginia, NO USA
**Huntington Beach** 47 C 8 California, W USA
**Huntly** 150 D 3 North Island, N Neuseeland
**Huntsville** 42 D 1 Alabama, S USA
**Huntsville** 38 D 5 Ontario, S Kanada
**Huntsville** 49 G 3 Texas, S USA
**Huolin Gol He** 127 F 2 NO China
**Hurghada** 72 C 2 *var.* Al Ghurdaqah, Ghurdaqah. O Ägypten
**Huri Hills** 73 C 5 Gebirge, NW Kenia
**Huron** 45 E 3 South Dakota, N USA
**Huron, Lake** 40 D 2 See, Kanada/USA
**Hurukawa** *siehe* Furukawa
**Húsavík** 83 E 4 NO Island
**Husum** 94 B 2 N Deutschland
**Hutchinson** 45 E 5 Kansas, Z USA
**Huy** 87 C 6 *Nied.* Hoei, Hoey. O Belgien
**Hvannadalshnúkur** 83 E 5 Berg, S Island
**Hvar** 100 B 4 *It.* Lesina; *ant.* Pharus. Insel, S Kroatien
**Hwange** 78 D 3 *ehem.* Wankie. W Zimbabwe
**Hyargas Nuur** 126 D 2 See, W Mongolei
**Hyderābād** 134 D 5 *var.* Haidarabad. Z Indien
**Hyderābād** 134 B 3 *var.* Haidarabad. SO Pakistan
**Hydra** *siehe* Ýdra
**Hyères** 91 D 6 SO Frankreich
**Hyères, Îles d'** 91 D 6 Inselgruppe, S Frankreich
**Hyvinge** *siehe* Hyvinkää
**Hyvinkää** 85 D 5 *Schwe.* Hyvinge. S Finnland

# I

**Ialomiţa** 108 C 5 Fluß, SO Rumänien
**Iaşi** 108 D 4 *Dtsch.* Jassy. NO Rumänien
**Ibadan** 75 F 5 SW Nigeria
**Ibagué** 58 B 3 Z Kolumbien
**Ibar** 100 D 4 *Alb.* Ibër. Fluß, Z Jugoslawien
**Ibarra** 60 B 1 *var.* San Miguel de Ibarra. N Ecuador
**Ibër** *siehe* Ibar
**Iberische Halbinsel** 68 B 2 Region, Portugal/Spanien
**Iberische Kordillere** *siehe* Sistema Ibérico
**Iberisches Becken** 66 C 3 untermeer. Formation, O Atlantischer Ozean
**Iberische Tiefsee-Ebene** 80 B 4 untermeer. Formation, O Atlantischer Ozean
**Ibiza** *siehe* Eivissa
**Ibusuki** 130 B 2 Kyūshū, SW Japan
**Ica** 60 D 4 SW Peru
**Içá** *siehe* Putumayo
**İçel** *siehe* Mersin
**Iculisma** *siehe* Angoulême
**Idabel** 49 H 2 Oklahoma, Z USA
**Idaho** 46 D 3 *off.* State of Idaho; *auch genannt:* Gem State, Gem of the Mountains. Bundesstaat, NW USA
**Idaho Falls** 46 E 3 Idaho, NW USA
**Idensalmi** *siehe* Iisalmi
**Idfu** 72 B 2 *var.* Edfu. SO Ägypten
**Idlib** 118 B 3 NW Syrien
**Idre** 85 B 5 Z Schweden
**Iecava** 106 C 3 S Lettland
**Ieper** 87 A 6 *Fr.* Ypres. W Belgien
**Ierápetra** 105 D 8 Kríti, SO Griechenland
**Ierisós** *siehe* Ierissós
**Ierissós** 104 C 4 *var.* Ierisós. N Griechenland
**Iferouâne** 75 G 2 N Niger
**Ifôghas, Adrar des** 75 F 2 *var.* Adrar des Iforas. Gebirge, NO Mali
**Iforas, Adrar des** *siehe* Adrar des Ifôghas
**Igarka** 114 D 3 N Russische Föderation
**Iglesias** 97 A 5 W Italien
**Igloolik** 37 G 3 Northwest Territories, N Kanada
**Ignace** 38 B 4 Ontario, S Kanada
**Igoumenítsa** 104 A 4 W Griechenland
**Iguala** 51 E 5 *var.* Iguala de la Independencia. S Mexiko
**Iguala de la Independencia** *siehe* Iguala
**Ihavandiffulu Atoll** *siehe* Ihavandippolhu Atoll
**Ihavandippolhu Atoll** 132 B 4 *var.* Ihavandiffulu Atoll. Insel, N Malediven
**Ihosy** 79 F 4 S Madagaskar
**Iisalmi** 84 E 4 *var.* Idensalmi. Z Finnland
**Ijâfene** 74 D 2 Wüste, Mauretanien
**Ijevan** 117 G 2 *Russ.* Dilizhan. NO Armenien
**IJssel** 86 D 3 *var.* Yssel. Fluß, Deutschland/Niederlande
**IJsselmeer** 86 C 2 *ehem.* Zuider Zee. See, N Niederlande
**IJsselmuiden** 86 D 3 O Niederlande
**Ijzer** 87 A 6 Fluß, W Belgien
**Ikaría** 105 D 6 *ehem.* Kariot, Nicaria, Nikaria; *ant.* Icaria. Insel, SO Griechenland
**Iki** 131 A 7 Insel, Japan
**Ilagan** 139 E 1 Luzon, N Philippinen
**Iława** 98 D 3 *Dtsch.* Deutsch-Eylau. N Polen
**Ilebo** 77 C 6 *ehem.* Port-Francqui. W Dem. Rep. Kongo
**Île-de-France** 90 C 3 Region, N Frankreich
**Îles Centrales** 79 H 1 *Eng.* Inner Islands, Central Group. Inselgruppe, Seychellen
**Ilfracombe** 89 C 7 SW England, Großbritannien
**Ilgaz** 116 C 2 Türkei
**Ilhas Desertas** 70 A 2 Inselgruppe, Madeira, O Atlantischer Ozean
**Ílhavo** 92 B 3 W Portugal
**Iliamna Lake** 36 C 3 See, Alaska, NW USA
**Il'ichevsk** *siehe* Illichivs'k
**Iligan** 139 F 2 *off.* Iligan City. Mindanao, S Philippinen
**Iligan City** *siehe* Iligan
**Illapel** 64 B 4 Z Chile
**Illichivs'k** 109 E 4 *Russ.* Il'ichevsk. SW Ukraine
**Illinois** 40 B 4 *off.* State of Illinois; *auch genannt:* Prairie State, Sucker State. Bundesstaat, Z USA
**Illinois River** 40 B 4 Fluß, Illinois, N USA
**Illuro** *siehe* Mataró
**Ilo** 61 E 4 SW Peru
**Iloilo** 139 E 2 *off.* Iloilo City. Panay Island, Z Philippinen
**Iloilo City** *siehe* Iloilo
**Ilorin** 75 F 4 W Nigeria
**Iluh** *siehe* Batman
**Ilulissat** 82 C 3 *Dän.* Jakobshavn. W Grönland
**Il'yaly** 122 C 2 *var.* Yylanly. N Turkmenistan
**Imatra** 85 E 5 SO Finnland
**Imishli** *siehe* İmişli
**İmişli** 117 H 3 *Russ.* Imishli. Z Aserbaidschan
**Imola** 96 C 3 N Italien
**Imperator-Rücken** 152 C 1 untermeer. Formation, NW Pazifischer Ozean
**Imperatriz** 63 F 2 NO Brasilien
**Imperia** 96 A 3 NW Italien
**Impfondo** 77 C 5 NO Rep. Kongo
**Imphāl** 135 H 3 NO Indien
**Inagua Islands** *siehe* Great Inagua/Little Inagua
**I-n-Amenas** 71 E 3 *var.* In Aménas, In Amnas. O Algerien
**Inarijärvi** 84 D 2 *Lapp.* Aanaarjävri, *Schwe.* Enareträsk. See, N Finnland
**Inawashiro-ko** 131 D 5 *var.* Inawasiro Ko. See, Honshū, Z Japan
**Inawasiro Ko** *siehe* Inawashiro-ko
**İncesu** 116 D 3 Z Türkei
**Inch'ŏn** 128 E 4 *off.* Inch'ŏn-kwangyŏksi, *Jap.* Jinsen; *ehem.* Chemulpo. NW Süd-Korea
**Independence** 45 F 4 Missouri, Z USA
**Independence Fjord** 83 E 1 Fjord, W Wandell Sea
**Independence Island** *siehe* Malden Island
**Independence Mountains** 46 D 4 Gebirge, Nevada, W USA

**Indien**
124 B 3 Bhāratīya Ganarājya, Republic of India (Republik Indien), *var.* Indian Union, Union of India, *Hind.* Bhārat. S Asien

**UN-Name:** Republic of India
**Formation:** 1947 **Hauptstadt:** New Delhi **Bevölkerung:** 935,7 Mio. **Fläche:** 3 287 590 km² **Sprachen:** Hindi*, Englisch* sowie 13 regionale Sprachen (Urdu, Bengali, Tamil etc.) **Religionen:** Hindus 83%, Muslime 11%, Christen 2%, Sikhs 2%, andere 2% **Volksgruppen:** Indo-Arier 72%, Draviden 25%, Mongolide und andere 3% **Regierung:** Mehrparteienrepublik **Währung:** Rupie = 100 Paisa

**Indiana** 40 B 4 *off.* State of Indiana; *auch genannt:* Hoosier State. Bundesstaat, Z USA
**Indianapolis** 40 C 4 Hauptstadt eines Bundesstaats, Indiana, N USA
**Indian Church** 52 C 1 N Belize
**Indianola** 45 F 4 Iowa, Z USA
**Indigirka** 115 G 2 Fluß, NO Russische Föderation
**Indija** 100 D 3 *var.* Indjija, *Ung.* India. N Jugoslawien
**Indio** 47 D 8 California, W USA
**Indischer Ozean** 141 C 5 *var.* Indik. Ozean
**Indomed-Bruchzone** 141 A 6 untermeer. Formation, SW Indischer Ozean

**Indonesien**
138 C 4 *Ind.* Republik Indonesia (Republik Indonesien); *ehem.* Niederländisch Ostindien, United States of Indonesia. SO Asien

**UN-Name:** Republic of Indonesia
**Formation:** 1949 **Hauptstadt:** Jakarta **Bevölkerung:** 197,6 Mio. **Fläche:** 1 904 570 km² **Sprachen:** Bahasa Indonesia*, ca. 250 malaio-polynesische Dialekte und Papua-Sprachen **Religionen:** Muslime 87%, Christen 10%, Hindus 2%, Buddhisten 1% **Volksgruppen:** Javaner 45%, Sundanesen 14%, Maduresen 8%, andere 33% **Regierung:** Mehrparteienrepublik **Währung:** Rupiah = 100 Sen

**Indonesisch-Borneo** *siehe* Kalimantan
**Indore** 134 D 4 Z Indien
**Indreville** *siehe* Châteauroux
**Indus** 134 C 2 *Chin.* Yindu He; *ehem.* Yin-tu Ho. Fluß, S Asien
**Indus-Delta** 134 B 4 Delta, S Pakistan
**Indus-Schwemmkegel** 140 B 3 Untermeer. Formation, N Indischer Ozean

**İnebolu** 116 C 2 N Türkei
**Ineu** 108 A 4 *Ung.* Borosjenő; *ehem.* Inău. W Rumänien
**Infiernillo, Presa del** 51 E 4 Stausee, S Mexiko
**Inglefield Land** 82 D 1 Region, NW Grönland
**Ingolstadt** 95 C 6 S Deutschland
**Ingulets** *siehe* Inhulets'
**Inguri** *siehe* Enguri
**Inhambane** 79 E 4 SO Moçambique
**Inhulets'** 109 F 3 *Russ.* Ingulets. O Ukraine
**Inis** *siehe* Ennis
**Inn** 95 C 6 Fluß, Z Europa
**Innere Mongolei** *siehe* Nei Mongol Zizhiqu
**Inner Hebrides** 88 B 4 Inselgruppe, W Scotland, Großbritannien
**Innisfail** 148 D 3 Queensland, NO Australien
**Innsbruch** *siehe* Innsbruck
**Innsbruck** 95 C 7 *var.* Innsbruch. W Österreich
**Inowrocław** 98 C 3 *Dtsch.* Hohensalza; *ehem.* Inowrazlaw. Z Polen
**I-n-Salah** 70 D 3 *var.* In Salah. Z Algerien
**In Salah** *siehe* I-n-Salah
**Insterburg** *siehe* Chernyakhovsk
**Inta** 110 E 3 NW Russische Föderation
**Interamna** *siehe* Teramo
**Interamna Nahars** *siehe* Terni
**International Falls** 45 F 1 Minnesota, N USA
**Inukjuak** 38 D 2 *var.* Inoucdjouac; *ehem.* Port Harrison. Québec, NO Kanada
**Inuuvik** *siehe* Inuvik
**Inuvik** 37 E 3 *var.* Inuuvik. Northwest Territories, NW Kanada
**Invercargill** 151 A 7 South Island, SW Neuseeland
**Inverell** 149 D 6 New South Wales, SO Australien
**Inverness** 88 C 3 N Scotland, Großbritannien
**Investigator-Rücken** 140 D 4 untermeer. Formation, O Indischer Ozean
**Investigator Strait** 149 B 7 Meerenge, SO Australien
**Inyangani** 78 D 3 Berg, NO Zimbabwe
**Ioánnina** 104 A 4 *var.* Janina, Yannina. W Griechenland
**Iola** 45 F 5 Kansas, Z USA
**Iónioi Nísoi** 105 A 5 *Dtsch.* Ionische Inseln. Inselgruppe, W Griechenland
**Ionische Inseln** *siehe* Iónioi Nísoi
**Ionisches Becken** 80 D 5 untermeer. Formation, Z Mittelmeer
**Ionisches Meer** 103 E 3 *Griech.* Iónio Pélagos, *It.* Mar Ionio. Meer, Z Mittelmeer
**Íos** 105 D 7 Íos, SO Griechenland
**Íos** 105 D 7 *var.* Nio. Insel, Kykládes, SO Griechenland
**Iowa** 45 F 3 *off.* State of Iowa; *auch genannt:* Hawkeye State. Bundesstaat, Z USA
**Iowa City** 45 G 3 Iowa, Z USA
**Iowa Falls** 45 G 3 Iowa, Z USA
**Ipel'** 99 D 6 *var.* Ipoly, *Dtsch.* Eipel. Fluß, Ungarn/Slowakei
**Ipiales** 58 A 4 SW Kolumbien
**Ipirá** 63 G 3 O Brasilien
**Ipoh** 138 B 3 W Malaysia
**Ippy** 76 C 4 Z Zentralafrikanische Republik
**Ipswich** 89 E 6 *hist.* Gipeswic. O England, Großbritannien
**Ipswich** 149 E 5 Queensland, O Australien
**Iqaluit** 37 H 3 *ehem.* Frobisher Bay. Baffin Island, NO Kanada
**Iquique** 64 B 1 N Chile
**Iquitos** 60 C 1 N Peru

---

**Irak**
120 B 3 al-Jumhūriyya al-'Irāqiyya (Republik Irak). SW Asien

**UN-Name:** Republic of Iraq **Formation:** 1932 **Hauptstadt:** Baghdad **Bevölkerung:** 20,4 Mio. **Fläche:** 438 320 km² **Sprachen:** Arabisch*, kurdische Sprachen, Türkisch, Farsi (Persisch) **Religionen:** Shi'a-Muslime 63%, Sunna-Muslime 34%, andere 3% **Volksgruppen:** Araber 79%, Kurden 16%, Perser 3%, Türken 2% **Regierung:** Ein-Parteien-System **Währung:** Dinar = 1000 Fils

---

**Irákleio** 105 D 8 *var.* Iráklion, *It.* Candia; *ant.* Herakleion. Kríti, SO Griechenland

---

**Iran**
120 C 3 Jomhūrī-ye Eslāmī-ye Irān (Islamische Republik Iran), *ehem.* Persien. SW Asien

**UN-Name:** Islamic Republic of Iran **Formation:** 1906 **Hauptstadt:** Tehrān (Teheran) **Bevölkerung:** 67,3 Mio. **Fläche:** 1 648 000 km² **Sprachen:** Farsi (Persisch)*, Aserbaidschanisch, Gilaki, Masanderani, Kurdisch, Beluchi **Religionen:** Shi'a-Muslime 95%, Sunna-Muslime 4%, andere 1% **Volksgruppen:** Perser 52%, Aserbaidschaner 24%, Kurden 9%, andere 15% **Regierung:** Islamische Präsidialrepublik **Währung:** Rial = 100 Dinar

---

**Iranisches Plateau** 120 D 3 Plateau, Z Iran
**Irapuato** 51 E 4 Z Mexiko
**Irbid** 119 B 5 NW Jordanien

---

**Irland**
89 B 5 Republic of Ireland (Republik Irland). *Ir.* Éire. NW Europa

**UN-Name:** Republic of Ireland **Formation:** 1921 **Hauptstadt:** Baile Atha Cliath (Dublin) **Bevölkerung:** 3,6 Mio. **Fläche:** 70 280 km² **Sprachen:** Englisch*, Irisch-Gälisch* **Religionen:** Katholiken 93%, Anglikaner (Church of Ireland) 3%, Presbyterianer 1%, andere 3% **Volksgruppen:** Iren 95%, andere 5% **Regierung:** Mehrparteienrepublik **Währung:** Ir. Pfund = 100 Pence

---

**Irian Jaya** 139 H 4 Region, O Indonesien
**Iringa** 73 C 7 Z Tansania
**Iriomote-jima** 130 A 4 Insel, Sakishima-shotō, SW Japan
**Iriona** 52 D 2 NO Honduras
**Irish Sea** 89 C 5 *Ir.* Muir Éireann. Meer, NO Atlantischer Ozean
**Irkutsk** 115 E 4 Z Russische Föderation
**Iroise** 90 A 3 Meer, NW Frankreich
**Irrawaddy** 136 B 2 *var.* Ayeyarwady. Fluß, Z Myanmar
**Irrawaddy-Delta** 137 A 5 Delta, SW Myanmar
**Irtysh** 114 C 3 *var.* Irtish, *Kas.* Ertis. Fluß, Z Asien
**Irún** 93 E 1 N Spanien
**Irving** 49 G 2 Texas, S USA
**Isabela, Isla** 60 A 5 *var.* Albemarle Island. Insel, W Ecuador
**Isaccea** 108 D 5 O Rumänien
**Isachsen** 37 F 1 Ellef Ringnes Island, Kanada
**Isbarta** *siehe* Isparta
**Isca Damnoniorum** *siehe* Exeter
**Ischia, Isola d'** 97 C 5 Insel, S Italien
**Ise** 131 C 6 Honshū, SW Japan
**Iseghem** *siehe* Izegem
**Isère** 91 D 5 Fluß, O Frankreich
**Isernia** 97 D 5 *var.* Æsernia. S Italien
**Ise-wan** 131 C 6 Bucht, NW Pazifischer Ozean
**Isfahan** *siehe* Eşfahān
**İşfendiyar Dağları** *siehe* Küre Dağları
**Isherton** 59 F 4 S Guyana
**Ishigaki-jima** 130 A 4 *var.* Isigaki Zima. Insel, Sakishima-shotō, SW Japan
**Ishikari-wan** 130 C 2 Bucht, NO Japanisches Meer
**Ishim** 114 C 4 Z Russische Föderation
**Ishim** 114 C 4 *Kas.* Esil. Fluß, Kasachstan/Russische Föderation
**Ishimbay** 111 D 6 W Russische Föderation
**Ishinomaki** 130 D 4 *var.* Isinomaki. Honshū, Z Japan
**Ishkashim** *siehe* Ishkoshim
**Ishkoshim** 123 F 3 *Russ.* Ishkashim. S Tadschikistan
**Isinomaki** *siehe* Ishinomaki
**Isiro** 77 E 5 NO Dem. Rep. Kongo
**Iskăr** *siehe* Iskŭr
**İskenderun** 116 D 4 *Fr.* Alexandrette. S Türkei
**İskenderun Körfezi** 103 H 3 *Dtsch.* Golf von Iskenderun. O Mittelmeer
**Iskŭr** 104 C 2 *var.* Iskăr. Fluß, NW Bulgarien
**Iskŭr, Yazovir** 104 C 2 *ehem.* Stalin, Yazovir. Stausee, W Bulgarien
**Isla Cristina** 92 C 5 S Spanien
**Isla de León** *siehe* San Fernando
**Islāmābād** 134 C 1 Staatshauptstadt, NO Pakistan
**Islamabad** *siehe* Eslāmābād

---

**Island**
83 E 4 Lýðveldið Ísland (Republik Island), *Dän.* Island, *Isl.* Ísland. NW Europa

**UN-Name:** Republic of Iceland **Formation:** 1944 **Hauptstadt:** Reykjavík **Bevölkerung:** 300 000 **Fläche:** 103 000 km² **Sprachen:** Isländisch*, Englisch **Religionen:** Evangelisch-Lutherische 96%, andere Christen 3%, andere 1% **Volksgruppen:** Isländer (norwegisch-keltischer Abstammung) 98%, andere 2% **Regierung:** Mehrparteienrepublik **Währung:** Krona = 100 Aurar

---

**Island-Becken** 66 C 2 untermeer. Formation, N Atlantischer Ozean
**Island Lagoon** 149 B 6 See, South Australia, S Australien
**Island-Plateau** 155 F 5 Untermeer. Formation, Atlantischer Ozean
**Islay** 88 B 4 Insel, SW Scotland, Großbritannien
**Isle** 91 B 5 Fluß, W Frankreich
**Ismailia** *siehe* Ismâ'ilîya
**Ismâ'ilîya** 72 B 1 *var.* Ismailia. N Ägypten
**Isna** 72 B 2 *var.* Esna. SO Ägypten
**Isoka** 78 D 1 NO Sambia
**İsparta** 116 B 4 *ehem.* Isbarta. SW Türkei
**İspir** 117 E 3 NO Türkei

---

**Israel**
119 A 7 Medinat Yisra'el (Staat Israel). SW Asien

**UN-Name:** State of Israel **Formation:** 1948 **Hauptstadt:** Jerusalem **Bevölkerung:** 5,6 Mio. **Fläche:** 20 700 km² **Sprachen:** Hebräisch* (Iwrith), Arabisch, Jiddisch, Englisch als Bildungssprache **Religionen:** Juden 83%, Muslime 13%, Christen 2%, andere 2% **Volksgruppen:** Juden 83%, Araber 17% **Regierung:** Mehrparteienrepublik **Währung:** (New) Shekel = 100 Agorat

---

**Issoire** 91 C 5 Z Frankreich
**İstanbul** 116 B 2 *Bul.* Tsarigrad, *Dtsch.* Istanbul; *ehem.* Konstantinopel, *ant.* Byzantium. NW Türkei
**Istanbul** *siehe* İstanbul
**İstanbul Boğazı** 116 B 2 *var.* Karadeniz Boğazı, *Dtsch.* Bosporus, *ant.* Bosporus Thracius. Meerenge, Marmara-Meer/Schwarzes Meer
**Istra** 100 A 2 *Dtsch.* Istrien, *It.* Istria. Region, NW Kroatien
**Istria** *siehe* Istra
**Istrien** *siehe* Istra
**Itabuna** 63 G 3 O Brasilien
**Itagüí** 58 B 3 W Kolumbien
**Itaituba** 63 E 2 NO Brasilien

---

**Italien**
96 C 3 Repubblica Italiana (Italienische Republik), *It.* Italia. S Europa

**UN-Name:** Italian Republic **Formation:** 1871 **Hauptstadt:** Rom **Bevölkerung:** 57,2 Mio. **Fläche:** 301 270 km² **Sprachen:** Italienisch*, Deutsch, Französisch, Rätoromanisch, Sardisch, Ladinisch, Friaulisch, Slowenisch **Religionen:** Römisch-Katholische 99%, andere 1% **Volksgruppen:** Italiener 98%, andere 2% **Regierung:** Mehrparteienrepublik **Währung:** Lira = 100 Centesimi

---

**It Amelân** *siehe* Ameland
**Iténez, Río** *siehe* Guaporé
**Ithaca** 41 F 3 New York, NO USA
**It Hearrenfean** *siehe* Heerenveen
**Itoigawa** 131 C 5 Honshū, Z Japan
**Ittoqqortoormiit** 83 E 4 *var.* Itseqqortoormiit, *Dän.* Scoresbysund, *Eng.* Scoresby Sound. SO Grönland
**Iturup, Ostrov** 115 H 4 Insel, Kuril'skiye Ostrova, SO Russische Föderation
**Itzehoe** 94 B 2 N Deutschland
**Ivalo** 84 D 2 *Lapp.* Avvil, Avveel. N Finnland
**Ivanava** 107 B 7 *var.* Janów Poleski, *Pol.* Janów, *Russ.* Ivanovo. SW Weißrußland

**Ivangrad** 101 D 5 *var.* Berane
Z Jugoslawien
**Ivanhoe** 149 C 6 New South Wales,
SO Australien
**Ivano-Frankivs'k** 108 C 2
*Dtsch.* Stanislau, *Pol.* Stanisſawów,
*Russ.* Ivano-Frankovsk;
*ehem.* Stanislav. W Ukraine
**Ivanovo** 111 C 5 W Russische
Föderation
**Ivatsevichy** 107 B 6 *Pol.*
Iwacewicze, *Russ.* Ivantsevichi,
Ivatsevichi. SW Weißrußland
**Ivigtut** *siehe* Ivittuut
**Ivittuut** 82 B 4 *var.* Ivigtut.
SW Grönland
**Ivujivik** 38 D 1 Québec,
NO Kanada
**Iwaki** 131 D 5 Honshū, N Japan
**Iwakuni** 131 B 7 Honshū, SW Japan
**Iwanai** 130 C 2 Hokkaidō,
NO Japan
**Iwate** 130 D 4 Honshū, N Japan
**Ixtapa** 51 E 5 S Mexiko
**Ixtepec** 51 F 5 SO Mexiko
**Iyo-nada** 131 B 7 Meer, NW
Pazifischer Ozean
**Izabal, Lago de** 52 B 2 *ehem.* Golfo
Dulce. See, O Guatemala
**Izberbash** 111 B 8 SW Russische
Föderation
**Izegem** 87 A 6 *ehem.* Iseghem.
W Belgien
**Izhevsk** 111 D 5 *ehem.* Ustinov.
NW Russische Föderation
**Izmail** *siehe* Izmayil
**Izmayil** 108 D 4 *Russ.* Izmail.
SW Ukraine
**İzmir** 116 A 3 *ehem.* Smyrna.
W Türkei
**İzmit** 116 B 3 *off.* Kocaeli,
*ehem.* Ismid; *ant.* Astacus,
Nikomedia. NW Türkei
**İznik Gölü** 116 B 3 See, NW Türkei
**Izúcar de Matamoros**
*siehe* Matamoros
**Izu-hantō** 131 D 6 Halbinsel,
Honshū, S Japan
**Izu-shotō** 131 D 6 Inselgruppe,
Japan
**Izvor** 104 B 2 W Bulgarien
**Izyaslav** 108 C 2 W Ukraine
**Izyum** 109 G 2 O Ukraine

## J

**Jabal ash Shifā** 120 A 4 Wüste,
NW Saudi-Arabien
**Jabalpur** 135 E 4 *ehem.* Jubbulpore.
Z Indien
**Jabbūl, Sabkhat al** 118 C 2
Salzebene, NW Syrien
**Jablah** 118 B 3 *var.* Jeble, *Fr.* Djéblé.
W Syrien
**Jaca** 93 F 1 NO Spanien
**Jacaltenango** 52 A 2 W Guatemala
**Jackson** 42 B 2 Mississippi, S USA
**Jackson** 42 C 1 Alabama, S USA
**Jackson** 42 C 3 Tennessee, S USA
**Jackson** 45 H 5 Missouri, Z USA
**Jackson Head** 151 A 6 Landspitze,
South Island, SW Neuseeland
**Jacksonville** 43 E 3 Florida,
SO USA
**Jacksonville** 43 F 1 North Carolina,
SO USA
**Jacksonville** 42 B 1 Arkansas,
SO USA
**Jacksonville** 49 H 3 Texas, S USA
**Jacksonville** 40 B 4 Illinois, N USA
**Jacksonville Beach** 43 E 3 Florida,
SO USA
**Jacmel** 54 D 3 *var.* Jaquemel. S Haiti
**Jacob** *siehe* Nkayi
**Jacobābād** 134 B 3 SO Pakistan
**Jadodina** *siehe* Svetozarevo
**Jadotville** *siehe* Likasi
**Jādū** 71 F 2 NW Libyen
**Jaén** 92 D 4 SW Spanien
**Jaén** 60 B 3 N Peru
**Jaffna** 132 D 3 Sri Lanka
**Jagdalpur** 135 E 5 Z Indien
**Jaipur** 134 D 3 *ehem.* Jeypore.
Bundesstaatshauptstadt, N Indien
**Jajce** 100 B 3 W Bosnien-
Herzegowina
**Jakarta** 138 C 5 *Nied.* Batavia;
*ehem.* Djakarta. Staatshauptstadt,
Jawa, Z Indonesien
**Jakobshavn** *siehe* Ilulissat
**Jakobstad** 84 D 4 *Fin.* Pietarsaari.
W Finnland
**Jakobstadt** *siehe* Jēkabpils
**Jalālābād** 123 F 4 *var.* Jalalabad,
Jelalabad. O Afghanistan
**Jalal-Abad** 123 F 2 *Russ.* Dzhalal-
Abad. W Kirgisistan
**Jalandhar** 134 D 2 *ehem.* Jullundur.
N Indien
**Jalapa** 52 D 3 NW Nicaragua
**Jalpa** 50 D 4 Z Mexiko
**Jaluit Atoll** 144 D 2 *var.* Jalwoj.
Insel, S Marshall-Inseln
**Jālwōj** *siehe* Jaluit Atoll
**Jamaame** 73 D 6 *It.* Giamame; *ehem.*
Margherita. S Somalia

---

**Jamaica**
54 A 4 Republik im Common-
wealth, N Karibisches Meer

**UN-Name:** Jamaica **Formation:** 1962
**Hauptstadt:** Kingston **Bevölkerung:**
2,5 Mio. **Fläche:** 10 990 km² **Spra-
chen:** Englisch*, Englisch-Kreolisch,
andere **Religionen:** Christen 60%,
andere (v. a. Rastafari, Bahai) 40%
**Volksgruppen:** Schwarze 75%,
Mulatten 15%, Südasiaten (v. a.
Inder) 5%, andere 5% **Regierung:**
Parlamentarische Monarchie
**Währung:** Jam.-$ = 100 Cents

---

**Jamaica Channel** 54 D 3 Meerenge,
N Karibisches Meer
**Jamālpur** 135 G 3 N Bangladesch
**Jambi** 138 B 4 *var.* Telanaipura;
*ehem.* Djambi. Sumatera,
W Indonesien
**Jamdena** *siehe* Yamdena, Pulau
**James Bay** 38 C 3 Bucht, S Hudson
Bay
**James River** 45 E 3 Fluß, N USA
**Jamestown** 41 E 3 New York,
NO USA
**Jamestown** 45 E 2 North Dakota, N
USA
**Jamestown** *siehe* Holetown
**Jammerbugten** 85 A 7 Bucht, O
Nordsee
**Jammu** 134 D 2 *ehem.* Jummoo.
Bundesstaatshauptstadt,
NW Indien
**Jammu & Kashmīr** 134 D 1
*var.* Jammu-Kashmir, Kashmir.
Bundesstaat, NW Indien
**Jāmnagar** 134 C 4 *ehem.* Navanagar.
W Indien
**Jamshedpur** 135 F 4 NO Indien
**Janak** 122 C 2 *Russ.* Dzhanak.
Region, W Turkmenistan
**Janaúba** 63 F 3 SO Brasilien
**Janesville** 40 B 3 Wisconsin, N USA
**Jangtsekiang** *siehe* Chang Jiang
**Janischken** *siehe* Joniškis
**Jankovac** *siehe* Jánoshalma
**Jan Mayen** 83 F 4 Außenbesitzung
der norwegischen Krone,
N Norwegische See
**Jánoshalma** 99 D 7 *SKr.* Jankovac.
S Ungarn

---

**Japan**
130 C 4 Nihon-Koku (Kaiserreich
Japan), *var.* Nippon, *Jap.* Nihon.
O Asien

**UN-Name:** Japan **Formation:** 1868
**Hauptstadt:** Tōkyō **Bevölkerung:**
125 Mio. **Fläche:** 377 800 km²
**Sprachen:** Japanisch*, Koreanisch,
Chinesisch **Religionen:** Shintō-
Buddhisten 76%, andere Buddhisten
16%, andere 8% **Volksgruppen:**
Japaner 99,4%, andere (inkl. Ainu-
Ureinwohner) 0,6% **Regierung:**
Konstitutionelle Monarchie
**Währung:** Yen = 100 Sen

---

**Japan-Graben** 152 B 2 untermeer.
Formation, NW Pazifischer Ozean
**Japanisches Meer** 130 B 4
*Russ.* Yapanskoye More.
Meer, SW Pazifischer Ozean
**Japen** *siehe* Yapen, Pulau
**Japiim** 62 C 2 *var.* Máncio Lima.
W Brasilien
**Japurá, Rio** 62 C 1 *var.* Río Caquetá,
Yapurá. Fluß,
Brasilien/Kolumbien
**Jaqué** 53 G 5 SO Panama
**Jaquemel** *siehe* Jacmel
**Jarābulus** 118 C 2 *var.* Jarablos,
Jerablus, *Fr.* Djérablous. N Syrien
**Jaransk** *siehe* Yaransk
**Jardines de la Reina, Archipiélago
de los** 54 B 2 Inselgruppe,
Z Kuba
**Jarega** *siehe* Yarega
**Jarīd, Shaṭṭ al** *siehe* Jerid, Chott el
**Jarocin** 98 C 4 Z Polen
**Jaroslavl** *siehe* Yaroslavl'
**Jarosław** 99 E 5 *Dtsch.* Jaroslau,
*Russ.* Yaroslav. SO Polen
**Jarqŭrghon** 123 E 3 *Russ.*
Dzharkurgan. S Usbekistan
**Jarvis Island** 145 F 2
US-Unincorporated Territory,
Z Pazifischer Ozean
**Jasło** 99 D 5 SO Polen
**Jasper** 42 C 2 Alabama, S USA
**Jassy** *siehe* Iași
**Jastrzębie-Zdrój** 99 C 5
*var.* Jastrzebie Zdrój, Jastrzebie-
Zdrój. S Polen
**Jataí** 63 E 3 Z Brasilien
**Jauf** *siehe* Al Jawf
**Jaunpiebalga** 106 D 3 NO Lettland
**Jaunpur** 135 E 3 N Indien
**Java** *siehe* Jawa
**Javari** 60 D 2 *var.* Yavarí. Fluß,
Brasilien/Peru
**Javari** *siehe* Yavarí
**Java-Graben** 141 E 5 untermeer.
Formation, O Indischer Ozean
**Java-See** *siehe* Jawa, Laut
**Jawa** 138 C 5 *Eng.* Java; *ehem.*
Djawa. Insel, Z Indonesien
**Jawa, Laut** 138 D 4
*Dtsch.* Java-See. Meer, W
Pazifischer Ozean
**Jawhar** 73 D 6 *var.* Jowhar,
*It.* Giohar. S Somalia
**Jaya, Puncak** 139 G 4 *ehem.* Puntjak
Carstensz, Puntjak Sukarno.
Berg, Irian Jaya, O Indonesien
**Jayapura** 139 H 4 *var.* Djajapura,
*Nied.* Hollandia; *ehem.* Kotabaru,
Sukarnapura. Irian Jaya,
O Indonesien
**Jaz Murian, Hamun-e** 120 E 4
See, SO Iran
**Jebba** 75 F 4 W Nigeria
**Jebel, Bahr el** 72 B 4 *var.* Al Baḩr
al Abyaḑ, An Nīl al Abyaḑ,
*Dtsch.* Weißer Nil. Fluß, SO Sudan
**Jędrzejów** 98 D 4 *Dtsch.*
Endersdorf. S Polen
**Jefferson City** 45 G 5 Bundesstaats-
hauptstadt, Missouri, Z USA
**Jega** 75 F 4 NW Nigeria
**Jehol** *siehe* Chengde
**Jēkabpils** 106 D 4 *Dtsch.* Jakobstadt.
S Lettland
**Jelenia Góra** 98 B 4 *Dtsch.* Hirsch-
berg, Hirschberg im Riesen-
gebirge, Hirschberg in Schlesien.
SW Polen
**Jelgava** 106 C 3 *Dtsch.* Mitau. Z
Lettland
**Jemappes** 87 B 7 S Belgien
**Jember** 138 D 5 *ehem.* Djember.
Jawa, Z Indonesien

---

**Jemen**
121 C 7 *Ar.* Al Jumhūriyah al
Yamanīyah (Republik Jemen),
Al Yaman. SW Asien

**UN-Name:** Republic of Yemen
**Formation:** 1990 **Hauptstadt:** Sanaa
**Bevölkerung:** 14,5 Mio. **Fläche:**
527 970 km² **Sprachen:** Arabisch*,
Hindi, Tamil, Urdu **Religionen:**
Sunna-Muslime 55%, Shi'a-Muslime
42%, andere 3% **Volksgruppen:**
Araber 95%, Afro-Araber 3%,
Südasiaten, Afrikaner, Europäer 2%
**Regierung:** Mehrparteienrepublik
**Währung:** Rial (Nordjemen), Dinar
(Südjemen) – beide sind legale
Währungen

---

**Jena** 94 C 4 Z Deutschland
**Jenīn** 119 E 6 N Israel
**Jenisey** *siehe* Yenisey
**Jequitinhonha** 56 E 4 Fluß,
O Brasilien
**Jerada** 70 D 2 NO Marokko
**Jerba, Île de** 71 F 2 *var.* Djerba,
Jazīrat Jarbah. Insel, O Tunesien
**Jérémie** 54 D 3 SW Haiti
**Jerez de la Frontera** 92 C 5
*ehem.* Xeres. SW Spanien
**Jerez de los Caballeros** 92 C 4
W Spanien
**Jericho** 119 E 7 *Ar.* Arīḩā, *Heb.* Yeri-
ḩo. O West Bank (Westjordanland)
**Jerid, Chott el** 71 E 2 *var.* Shaṭṭ al
Jarīd, *Dtsch.* Schott el-Djerid.
Salzsee, W Tunesien
**Jersey** 89 D 8 Insel, S Channel
Islands, Großbritannien
**Jersey City** 41 F 4 New Jersey,
NO USA
**Jerusalem** *siehe* Yerushalayim
**Jesenice** 95 D 7 *Dtsch.* Assling.
NW Slowenien
**Jesselton** *siehe* Kota Kinabalu
**Jessore** 135 G 4 W Bangladesch
**Jesús María** 64 C 3 Z Argentinien
**Jeypore** *siehe* Jaipur
**Jhānsi** 134 D 3 N Indien
**Jhelum** 134 C 2 NO Pakistan
**Jiangmen** 129 C 6 SO China
**Jiangsu** 128 D 4 *var.* Chiang-su,
Kiangsu, Su. Provinz, O China
**Jiangxi** 129 C 5 *var.* Chiang-hsi,
Gan, Kiangsi. Provinz, SO China

**Jiaxing** 129 D 5 O China
**Jibuti** *siehe* Djibouti, Dschibuti
**Jiddah** 121 A 5 *Dtsch.* Djidda. W Saudi-Arabien
**Jiftlik Post** 119 E 7 O West Bank (Westjordanland)
**Jihlava** 99 B 5 *Dtsch.* Iglau, *Pol.* Iglawa. S Tschechische Republik
**Jilf al Kabīr, Haḍabat al** *siehe* Gilf Kebir Plateau
**Jilib** 73 D 6 *It.* Gelib. S Somalia
**Jilin** 128 E 3 *var.* Chi-lin, Girin, Kirin; *ehem.* Yunki, Yungki. NO China
**Jilin** 128 E 3 *var.* Chi-lin, Girin, Kirin, Ji. Provinz, NO China
**Jill, Kediet ej** 74 C 2 *var.* Kédia d'Idjil, Kediet Ijill. Berg, NW Mauretanien
**Jīma** 73 C 5 *var.* Jimma, *It.* Gimma. SW Äthiopien
**Jimbolia** 108 A 4 *Dtsch.* Hatzfeld, *Ung.* Zsombolya. W Rumänien
**Jiménez** 50 D 2 N Mexiko
**Jimsar** 126 C 3 W China
**Jinan** 128 D 4 *var.* Chinan, Chi-nan, Tsinan. Provinzhauptstadt, O China
**Jingdezhen** 129 D 5 O China
**Jinghong** 129 A 6 S China
**Jinhua** 129 D 5 O China
**Jining** 127 F 3 NW China
**Jinja** 73 C 6 S Uganda
**Jinotega** 52 D 3 NW Nicaragua
**Jinotepe** 52 D 3 SW Nicaragua
**Jinsha** 129 A 5 Fluß, SW China
**Jinzhou** 128 D 3 *var.* Chin-chou, Chinchow; *ehem.* Chinhsien. NO China
**Ji-Paraná** 62 D 3 W Brasilien
**Jisr ash Shughūr** 118 B 3 *Fr.* Djisr el Choghour. NW Syrien
**Jiu** 108 B 5 *Dtsch.* Schil, Schyl, *Ung.* Zsil, Zsily. Fluß, S Rumänien
**Jiujiang** 129 D 5 O China
**Jiulong** *siehe* Kowloon
**Jīzān** 121 B 6 *var.* Qīzān. SW Saudi-Arabien
**Jizl, Wādī al** 120 A 4 saison. Wasserlauf, W Saudi-Arabien
**Jizzakh** 123 E 2 *Russ.* Dzhizak. Z Usbekistan
**João Pessoa** 63 G 2 *ehem.* Paraíba. Bundesstaatshauptstadt, O Brasilien
**Joazeiro** *siehe* Juazeiro
**Jodhpur** 134 C 3 NW Indien
**Joensuu** 84 E 4 SO Finnland
**Jōetsu** 131 C 5 *var.* Zyôetu. Honshū, Z Japan
**Johannesburg** 78 D 4 *var.* Egoli, Erautini, Gauteng, *Abkg.* Jo'burg. NO Südafrika
**Johannisburg** *siehe* Pisz
**John Day River** 46 B 3 Fluß, Oregon, NW USA
**John H.Kerr Reservoir** 43 F 1 *var.* Buggs Island Lake, Kerr Lake. Stausee, SO USA
**Johnson City** 41 F 3 New York, NO USA
**Johor Bahru** 138 B 3 *var.* Johor Baharu, Johore Bahru. W Malaysia
**Johore Strait** 138 A 1 *Mal.* Selat Johor. Meerenge, N Singapur
**Joinvile** *siehe* Joinville
**Joinville** 63 F 5 *var.* Joinvile. S Brasilien
**Jojutla** 51 E 4 *var.* Jojutla de Juárez. S Mexiko
**Jojutla de Juárez** *siehe* Jojutla
**Jokkmokk** 84 C 3 N Schweden
**Joliet** 40 B 3 Illinois, N USA
**Jonava** 106 B 4 *Dtsch.* Janow, *Pol.* Janów. Z Litauen
**Jonesboro** 42 B 1 Louisiana, S USA
**Joniškis** 106 C 4 *Dtsch.* Janischken. N Litauen
**Jönköping** 85 B 7 S Schweden
**Jonquière** 39 E 4 Québec, SO Kanada
**Joplin** 45 F 5 Missouri, Z USA

**Jordanien**
119 B 6 *Ar.* al-Mamlaka al-Urdunnīyya al-Hashimīyyah (Haschemitisches Königreich Jordanien), al Urdūnn; *ehem.* Transjordanien,. SW Asien

**UN-Name:** Hashemite Kingdom of Jordan **Formation:** 1949 **Hauptstadt:** Ammān **Bevölkerung:** 4,4 Mio. **Fläche:** 89 210 km² **Sprachen:** Arabisch*, Armenisch **Religionen:** Muslime 95%, Christen 5% **Volksgruppen:** Araber 98%, (Palästinenser 49%), Armenier 1%, kaukasische Völker 1% **Regierung:** Parlamentarische Monarchie **Währung:** Dinar = 1000 Fils

**Jorhāt** 135 H 3 NO Indien
**Jos** 75 G 4 Z Nigeria
**Joseph Bonaparte Gulf** 146 D 2 Golf, S Timor-See
**Jos Plateau** 75 G 4 Plateau, Z Nigeria
**Jotunheimen** 85 A 5 Gebirge, S Norwegen
**Joûnié** 118 A 4 *var.* Juniyah. W Libanon
**Joure** 86 D 2 *Fries.* De Jouwer. N Niederlande
**Joutseno** 85 E 5 SO Finnland
**J. Storm Thurmond Reservoir** *siehe* Clark Hill Lake
**Juan Aldama** 50 D 3 Z Mexiko
**Juan de Fuca, Strait of** 46 A 1 Meerenge, Kanada/USA
**Juan Fernández, Islas** 153 G 4 *Eng.* Juan Fernandez Islands. Inselgruppe, SO Pazifischer Ozean
**Juazeiro** 63 G 2 *ehem.* Joazeiro. O Brasilien
**Juazeiro do Norte** 63 G 2 O Brasilien
**Juba** 73 B 5 *var.* Jūbā. S Sudan
**Jūbā** *siehe* Juba
**Jubbulpore** *siehe* Jabalpur
**Jucar** *siehe* Júcar
**Júcar** 93 E 3 *var.* Jucar. Fluß, Z Spanien
**Juchitán** 51 F 5 *var.* Juchitán de Zaragosa. SO Mexiko
**Juchitán de Zaragosa** *siehe* Juchitán
**Judayyidat Hāmir** 120 B 3 S Irak
**Judenburg** 95 D 7 Z Österreich

**Jugoslawien**
100 D 4 *SKr.* Savezna Republika Jugoslavija (Bundesrepublik Jugoslawien), Jugoslavija. SO Europa. Siehe auch Serbien, Montenegro

**UN-Name:** Federal Republic of Yugoslavia **Formation:** 1992 **Hauptstadt:** Belgrad **Bevölkerung:** 10,8 Mio. **Fläche:** 102 173 km² **Sprachen:** Serbisch*, Kroatisch*, Albanisch **Religionen:** Römisch-Katholische, Serbisch-Orthodoxe 65%, Muslime 19%, andere 16% **Volksgruppen:** Serben 63%, Albaner 14%, Montenegriner 6%, andere 17% **Regierung:** Mehrparteienrepublik **Währung:** Dinar = 100 Para

**Juigalpa** 52 D 3 S Nicaragua
**Juiz de Fora** 63 F 4 SO Brasilien
**Jujuy** *siehe* San Salvador de Jujuy
**Juliaca** 61 E 4 SO Peru
**Juliana Top** 59 G 3 Berg, Z Suriname
**Julianehåb** *siehe* Qaqortoq
**Julijske Alpe** 95 D 7 *Dtsch.* Julische Alpen. Gebirge, Italien/Slowenien
**Juliomagus** *siehe* Angers
**Julische Alpen** *siehe* Julijske Alpe
**Jullundur** *siehe* Jalandhar
**Jumboo** 73 D 6 S Somalia
**Jumilla** 93 F 4 SO Spanien
**Jummoo** *siehe* Jammu
**Jumna** *siehe* Yamuna
**Jumporn** *siehe* Chumphon
**Junction City** 45 F 4 Kansas, Z USA
**Juneau** 36 D 4 Bundesstaatshauptstadt, Alaska, NW USA
**Jungferninseln** *siehe* Virgin Islands und British Virgin Islands
**Jungfrau** 95 A 7 Berg, S Schweiz
**Junín** 64 C 4 O Argentinien
**Junīyah** *siehe* Joûnié
**Jura** 88 B 4 Insel, SW Scotland, Großbritannien
**Jura** 95 A 7 Gebirge, Frankreich/Schweiz
**Jurbarkas** 106 B 4 *Dtsch.* Georgenburg, Jurburg. W Litauen
**Jūrmala** 106 C 3 Z Lettland
**Juruá** 62 C 2 *var.* Río Yuruá. Fluß, Brasilien/Peru
**Jutiapa** 52 B 2 S Guatemala
**Juticalpa** 52 D 2 Z Honduras
**Jütland** *siehe* Jylland
**Juvavum** *siehe* Salzburg
**Juventud, Isla de la** 54 A 2 *var.* Isla de Pinos, *Eng.* Isle of Youth; *ehem.* The Isle of the Pines. Insel, W Kuba
**Jwaneng** 78 C 4 SO Botswana
**Jylland** 85 A 7 *Dtsch.* Jütland, *Eng.* Jutland. Halbinsel, W Dänemark
**Jyrgalan** 123 H 2 *Russ.* Dzhergalan. NO Kirgisistan
**Jyväskylä** 85 D 5 Z Finnland

# K

**K2** 134 D 1 *Chin.* Qogir Feng, *ehem. Eng.* Mount Godwin Austen. Berg, China/Pakistan
**Kaafu Atoll** *siehe* Male' Atoll
**Kaaimanston** 59 G 3 N Suriname
**Kaakhka** 122 C 3 *var.* Kaka. S Turkmenistan
**Kaamanen** 84 D 2 *Lapp.* Gámas. N Finnland
**Kaambooni** 73 D 6 S Somalia
**Kaaresuvanto** 84 D 2 *Lapp.* Gárassavon. N Finnland
**Kabale** 73 B 6 SW Uganda
**Kabinda** 77 D 7 SO Dem. Rep. Kongo
**Kabinda** *siehe* Cabinda
**Kābul** 123 E 4 *var.* Kabul, *Per.* Kābol. Staatshauptstadt, O Afghanistan
**Kābul, Daryā-ye** 123 F 4 *var.* Kabul. Fluß, Afghanistan/Pakistan
**Kabwe** 78 D 2 Z Sambia
**Kachchh, Golf von** 134 B 4 Golf, N Arabisches Meer
**Kachchh, Rann of** 134 B 4 *var.* Rann of Cutch, Rann of Kutch. Feuchtgebiet, Indien/Pakistan
**Kadan Kyun** 137 B 6 *ehem.* King Island. Insel, S Myanmar
**Kadavu** 145 E 4 *ehem.* Kandavu. Insel, S Fidschi
**Kadoma** 78 D 3 *ehem.* Gatooma. Z Zimbabwe
**Kadugli** 72 B 4 S Sudan
**Kaduna** 75 G 4 Z Nigeria
**Kadzhi-Say** *siehe* Kajisay
**Kaédi** 74 C 3 S Mauretanien
**Kāfar Jar Ghar** 123 E 5 Gebirge, Z Afghanistan
**Kafue** 78 C 2 Fluß, Z Sambia
**Kafue** 78 D 2 SO Sambia
**Kaga Bandoro** 76 C 4 *ehem.* Fort-Crampel. Z Zentralafrikanische Republik
**Kagan** *siehe* Kogon
**Kâgithane** 116 B 2 Türkei
**Kagoshima** 131 A 8 *var.* Kagosima. Kyūshū, SW Japan
**Kagoshima-wan** 131 A 8 Bucht, NW Pazifischer Ozean
**Kagosima** *siehe* Kagoshima
**Kagul** *siehe* Cahul
**Kahramanmaraş** 116 D 4 *var.* Kahraman Maraş, Maraş. S Türkei
**Kai, Kepulauan** 139 G 4 *ehem.* Kei Islands. Inselgruppe, Maluka, O Indonesien
**Kaiapoi** 151 C 6 South Island, Z Neuseeland
**Kaifeng** 128 C 4 Z China
**Kaikohe** 150 C 2 North Island, N Neuseeland
**Kaikoura** 151 C 5 South Island, Z Neuseeland
**Kaikoura Peninsula** 151 C 5 Halbinsel, South Island, Z Neuseeland
**Kainji Lake** *siehe* Kainji Reservoir
**Kainji Reservoir** 75 F 4 *var.* Kainji Lake. Stausee, W Nigeria
**Kaipara Harbour** 150 C 2 Hafen, North Island, N Neuseeland
**Kairo** *siehe* Al Qāhirah
**Kairouan** 71 E 2 *var.* Al Qayrawān. O Tunesien
**Kaiserslautern** 95 A 5 SW Deutschland
**Kaišiadorys** 107 B 5 S Litauen
**Kaitaia** 150 C 2 North Island, N Neuseeland
**Kajaani** 84 E 4 *Schwe.* Kajana. Z Finnland
**Kajan** *siehe* Kayan, Sungai
**Kajana** *siehe* Kajaani
**Kajisay** 123 G 2 *Russ.* Kadzhi-Say. NO Kirgisistan
**Kaka** *siehe* Kaakhka
**Kake** 36 D 4 Alaska, NW USA
**Kakhovka** 109 F 4 S Ukraine
**Kakhovs'ka Vodoskhovyshche** 109 F 4 *Russ.* Kakhovskoye Vodokhranilishche. Stausee, SO Ukraine
**Kakhovskoye Vodokhranilishche** *siehe* Kakhovs'ka Vodoskhovyshche
**Kākināda** 132 D 1 *ehem.* Cocanada. O Indien
**Ka-Krem** *siehe* Malyy Yenisey
**Kakshaltau, Khrebet** *siehe* Kokshaal-Too
**Kaktovik** 36 D 2 Alaska, NW USA

**Kalach** 111 B 6 W Russische Föderation
**Kalach-na-Donu** 111 B 6 SW Russische Föderation
**Kalahari** 78 C 4 Wüste, S Afrika
**Kalaikhum** *siehe* Qal'aikhum
**Kalámai** *siehe* Kalámata
**Kalamariá** 104 C 4 N Griechenland
**Kalámata** 105 B 6 *ehem.* Kalámai. S Griechenland
**Kalamazoo** 40 C 3 Michigan, N USA
**Kalambaka** *siehe* Kalampáka
**Kálamos** 105 C 5 Z Griechenland
**Kalampáka** 104 B 4 Z Griechenland
**Kalanchak** 109 F 4 S Ukraine
**Kalasin** 136 D 4 *var.* Muang Kalasin. NO Thailand
**Kalāt** 134 B 2 *var.* Kelat, Khelat. SW Pakistan
**Kalāt** 123 E 5 *Per.* Qalāt. S Afghanistan
**Kalbarri** 147 A 5 Western Australia, W Australien
**Kalecik** 116 C 3 N Türkei
**Kalemie** 77 E 7 *ehem.* Albertville. SO Dem. Rep. Kongo
**Kalgoorlie** 147 C 6 SW Australien
**Kalifornien** *siehe* California
**Kalifornien, Golf von** *siehe* California, Golfo de
**Kalima** 77 D 6 O Dem. Rep. Kongo
**Kalimantan** 138 D 4 Region, Z Indonesien
**Kalinin** *siehe* Tver'
**Kaliningrad** 106 A 4 *Dtsch.* Königsberg. Russische Föderation
**Kaliningrad** 106 A 4 Exklave, W Russische Föderation
**Kalinkavichy** 107 C 7 *Russ.* Kalinkovichi. SO Weißrußland
**Kalinkovichi** *siehe* Kalinkavichy
**Kalispell** 44 B 1 Montana, NW USA
**Kalisz** 98 C 4 *Dtsch.* Kalisch, *Russ.* Kalish; *ant.* Calisia. Z Polen
**Kalix** 84 D 4 N Schweden
**Kalixälven** 84 D 3 Fluß, N Schweden
**Kalkutta** *siehe* Calcutta
**Kallaste** 106 E 3 *Dtsch.* Krasnogor. SO Estland
**Kallavesi** 85 E 5 See, SO Finnland
**Kalloní** 105 D 5 Lésvos, O Griechenland
**Kalmar** 85 C 7 *var.* Calmar. S Schweden
**Kalmthout** 87 C 5 N Belgien
**Kalpáki** 104 A 4 W Griechenland
**Kalpeni Island** 132 B 3 Insel, Lakshadweep, SW Indien
**Kaltdorf** *siehe* Pruszków
**Kaluga** 111 B 5 W Russische Föderation
**Kalush** 108 C 2 *Pol.* Kałusz. W Ukraine
**Kałusz** *siehe* Kalush
**Kalutara** 132 D 4 Sri Lanka
**Kalvarija** 107 B 5 *Pol.* Kalwaria. S Litauen
**Kalwaria** *siehe* Kalvarija
**Kalyān** 134 C 5 W Indien
**Kálymnos** 105 D 6 Insel, W Griechenland
**Kama** 110 D 4 Fluß, Russische Föderation
**Kamarang** 59 F 3 W Guyana

**Kambodscha**
137 D 5 Preah Réachéanachakr Kampuchéa (Königreich Kambodscha), *var.* Roat Kampuchea; *ehem.* Volksdemokratie Kampuchea. SO Asien

**UN-Name:** State of Cambodia **Formation:** 1953 **Hauptstadt:** Phnom Penh **Bevölkerung:** 10 Mio. **Fläche:** 181 040 km² **Sprachen:** Khmer*, Französisch, Chinesisch, Vietnamesisch **Religionen:** Buddhisten 88%, Muslime 2%, andere 10% **Volksgruppen:** Khmer 94%, Chinesen 4%, andere 2% **Regierung:** Parlamentarische Monarchie **Währung:** Riel = 100 Sen

**Kamchatka, Poluostrov** 115 H 2 Halbinsel, NO Russische Föderation
**Kamchatka-Halbinsel** *siehe* Kamchatka, Poluostrov
**Kamchiya** 104 D 2 Fluß, O Bulgarien
**Kamenets-Podol'skiy** *siehe* Kam"yanets'-Podil's'kyy
**Kamenka Dneprovskaya** *siehe* Kam"yanka-Dniprovs'ka
**Kamensk-Shakhtinskiy** 111 B 6 SW Russische Föderation

**Kamerun**
76 B 4 *Fr.* République du Cameroun (Republik Kamerun). Z Afrika

**UN-Name:** Republic of Cameroon **Formation:** 1961 **Hauptstadt:** Yaoundé **Bevölkerung:** 12,5 Mio. **Fläche:** 475 440 km² **Sprachen:** Englisch*, Französisch*, Fang, Bulu, Yaundé, Duala **Religionen:** Naturreligionen 51%, Christen 33%, Muslime 16% **Volksgruppen:** Bamileke, Manum 20%, Fang 19%, andere 61% **Regierung:** Mehrparteienrepublik **Währung:** CFA-Franc = 100 Centimes

**Kamina** 77 D 7 S Dem. Rep. Kongo
**Kamloops** 37 E 5 British Columbia, SW Kanada
**Kampala** 73 B 6 Staatshauptstadt, S Uganda
**Kampar** 138 B 3 W Malaysia
**Kâmpóng Cham** 137 D 6 *ehem.* Kompong Cham. S Kambodscha
**Kâmpóng Chhnâng** 137 D 6 *ehem.* Kompong. Z Kambodscha
**Kâmpóng Saôm** 137 D 6 *ehem.* Kompong Som, Sihanoukville. SW Kambodscha
**Kâmpóng Spoe** 137 D 6 *ehem.* Kompong Speu. S Kambodscha
**Kâmpóng Thum** 137 D 6 *ehem.* Kompong Thom. Z Kambodscha
**Kâmpôt** 137 D 6 S Kambodscha
**Kam"yanets'-Podil's'kyy** 108 C 3 *Russ.* Kamenets-Podol'skiy. W Ukraine
**Kam"yanka-Dniprovs'ka** 109 F 3 *Russ.* Kamenka Dneprovskaya. SO Ukraine
**Kamyshin** 111 C 6 SW Russische Föderation

**Kanada**
34 C 4 *Engl.* Canada, Republik im Commonwealth. N Nordamerika

**UN-Name:** Canada **Formation:** 1949 **Hauptstadt:** Ottawa **Bevölkerung:** 29,5 Mio. **Fläche:** 9 976 140 km² **Sprachen:** Englisch*, Französisch* Chinesisch, Italienisch, Deutsch, Inuit **Religionen:** Römisch-Katholische 46%, Protestanten 30%, andere 24% **Volksgruppen:** britischer Herkunft 40%, französischer Herkunft 27%, andere 33% **Regierung:** Parlamentarische Demokratie **Währung:** Can.-$ = 100 Cents

**Kanada-Becken** 155 F 2 untermeer. Formation, Arktis
**Kanalinseln** *siehe* Channel Islands
**Kanal-Tunnel** 90 C 2 Frankreich/Großbritannien
**Kananga** 77 D 7 *ehem.* Luluabourg. S Dem. Rep. Kongo
**Kanaren-Becken** 66 C 3 *var.* Kanarisches Becken, Monaco-Becken. Untermeer. Formation, O Atlantischer Ozean
**Kanarische Inseln** *siehe* Canarias, Islas
**Kanash** 111 C 5 W Russische Föderation
**Kanazawa** 131 C 5 Honshū, SW Japan
**Kānchīpuram** 132 C 2 *ehem.* Conjeeveram. SO Indien
**Kandahār** 123 E 5 *var.* Qandahār. S Afghanistan
**Kandalaksha** 110 C 2 *var.* Kandalaka, *Fin.* Kantalahti. NW Russische Föderation
**Kandangan** 138 D 4 Kalimantan, Z Indonesien
**Kandau** *siehe* Kandava
**Kandava** 106 C 3 *Dtsch.* Kandau. W Lettland
**Kandavu** *siehe* Kadavu
**Kandy** 132 D 3 Sri Lanka
**Kane-Bruchzone** 66 B 4 untermeer. Formation, NW Atlantischer Ozean
**Kaneohe** 47 A 8 *Haw.* Kāne'ohe. Hawaii, W USA
**Kāne'ohe** *siehe* Kaneohe
**Kanestron, Akra** *siehe* Palioúri, Ákra
**Kanëv** *siehe* Kaniv
**Kanevskoye Vodokhranilishche** *siehe* Kanivs'ke Vodoskhovyshche
**Kangaatsiaq** 82 C 3 *var.* Kangatsiak, Kangâtsiaq. W Grönland
**Kangān** 120 D 4 S Iran
**Kangaroo Island** 149 A 7 Insel, S Australien
**Kangerluarsoruseq** *siehe* Færingehavn
**Kangerlussuaq** 82 C 3 *Dän.* Søndre Strømfjord. SW Grönland
**Kangertittivaq** 83 E 4 *Dän.* Scoresby Sund. Bucht, N Atlantischer Ozean
**Kaniv** 109 E 2 *Russ.* Kanëv. Z Ukraine
**Kanivs'ke Vodoskhovyshche** 109 E 2 *Russ.* Kanevskoye Vodokhranilishche. Stausee, Z Ukraine
**Kanjiža** 100 D 2 *Dtsch.* Altkanischa, *Ung.* Magyarkanizsa, Ókanizsa; *ehem.* Stara Kanjiža. N Jugoslawien
**Kankaanpää** 85 D 5 SW Finnland
**Kankakee** 40 B 4 Illinois, N USA
**Kankan** 74 D 4 O Guinea
**Kano** 75 G 4 N Nigeria
**Kānpur** 135 E 3 *Eng.* Cawnpore. N Indien
**Kansas** 45 E 5 *off.* State of Kansas; *auch genannt:* Jayhawker State, Sunflower State. Bundesstaat, Z USA
**Kansas City** 45 F 4 Kansas, Z USA
**Kansas City** 45 F 4 Missouri, Z USA
**Kansas River** 45 F 5 River, Kansas, Z USA
**Kansk** 115 E 4 S Russische Föderation
**Kántanos** 105 C 8 Kriti, SO Griechenland
**Kantemirovka** 111 B 6 W Russische Föderation
**Kantipur** *siehe* Kathmandu
**Kanton** 145 F 3 *var.* Abariringa, Canton Island; *ehem.* Mary Island. Insel, Z Kiribati
**Kanton** *siehe* Guangzhou
**Kanye** 78 C 4 SO Botswana
**Kaohsiung** 129 D 6 *var.* Gaoxiong, *Jap.* Takao, Takow. SW Taiwan
**Kaolack** 74 B 3 *var.* Kaolak. W Senegal
**Kaolak** *siehe* Kaolack
**Kaoma** 78 C 2 W Sambia
**Kap-Becken** 67 D 6 untermeer. Formation, SW Atlantischer Ozean
**Kapelle** 87 B 5 SW Niederlande
**Kapellen** 87 C 5 N Belgien
**Kapka, Massif du** 76 D 2 Gebirge, O Tschad
**Kapoeas** *siehe* Kapuas, Sungai
**Kaposvár** 99 C 7 SW Ungarn
**Kappeln** 94 B 2 N Deutschland
**Kapstadt** *siehe* Cape Town
**Kaptsevichy** 107 C 7 *Russ.* Koptsevichi. SO Weißrußland
**Kapuas, Sungai** 138 C 4 *ehem.* Kapoeas. Fluß, Kalimantan, Z Indonesien
**Kapuskasing** 38 C 4 Ontario, S Kanada

**Kap Verde**
74 A 2 República de Cabo Verde (Republik Kap Verde), *Port.* Ilhas do Cabo Verde, *dt.* Kapverden. W Afrika

**UN-Name:** Republic of Cape Verde **Formation:** 1975 **Hauptstadt:** Praia **Bevölkerung:** 400 000 **Fläche:** 4030 km² **Sprachen:** Portugiesisch*, Kreolisch **Religionen:** Römisch-Katholische 98%, Protestanten 2% **Volksgruppen:** Kreolen (Mestizen) 71%, Schwarze 28%, Weiße 1% **Regierung:** Mehrparteienrepublik **Währung:** Escudo = 100 Centavos

**Kapverden-Becken** 66 C 4 untermeer. Formation, SW Atlantischer Ozean
**Kapverden-Tiefsee-Ebene** 66 C 4 untermeer. Formation, O Atlantischer Ozean
**Kapyl'** 107 C 6 *Russ.* Kopyl'. Z Weißrußland
**Kara-Balta** 123 F 2 N Kirgisistan
**Karabil', Vozvyshennost'** 122 D 3 Hochland, S Turkmenistan
**Kara-Bogaz-Gol, Proliv** *siehe* Garabogazköl Bogazy
**Kara-Bogaz-Gol, Zaliv** *siehe* Garabogazköl Aylagy
**Karabük** 116 C 2 N Türkei
**Karachev** 111 B 5 W Russische Föderation
**Karāchi** 134 B 3 Provinzhauptstadt, SO Pakistan
**Karácsonkő** *siehe* Piţra-Neamt
**Karaganda** *siehe* Qaraghandy
**Karaginskiy, Ostrov** 115 H 2 Insel, O Russische Föderation
**Karaginskiy Zaliv** 115 H 2 Bucht, W Bering-Meer
**Karaj** 120 C 3 N Iran
**Kara-Kala** *siehe* Garrygala
**Karakax** *siehe* Moyu
**Karakol** 123 G 2 *var.* Karakolka. NO Kirgisistan
**Karakol** 123 G 2 *ehem.* Przheval'sk. NO Kirgisistan

**Karakolka** *siehe* Karakol
**Karakorum** 134 D 1 *Engl.* Karakoram Range. Gebirge, Indien/Pakistan
**Karaköse** 117 F 3 Türkei
**Karakul'** *siehe* Qarokŭl
**Karakum** *siehe* Garagum
**Karakumsky Kanal** *siehe* Garagum Kanaly
**Karaman** 116 C 4 S Türkei
**Karamay** 126 B 2 *var.* Karamai, Kelamayi, *Chin.* K'o-la-ma-i. NW China
**Karamea Bight** 151 C 5 Bucht, South Island, O Tasman-See
**Karapelit** 104 E 1 *Rum.* Stejarul. NO Bulgarien
**Kara-Say** 123 G 2 NO Kirgisistan
**Karasburg** 78 B 4 S Namibia
**Kara-See** *siehe* Karskoye More
**Karatau** *siehe* Qarataū
**Karavanke** *siehe* Karawanken
**Karavás** 105 B 7 Kýthira, S Griechenland
**Karbalā'** 120 B 3 *var.* Kerbala, Kerbela. S Irak
**Kardhítsa** *siehe* Kardítsa
**Kardítsa** 105 B 5 *var.* Kardhítsa. Z Griechenland
**Kärdla** 106 C 2 *Dtsch.* Kertel. Hiiumaa, W Estland
**Kargı** 116 C 2 N Türkei
**Kargilik** *siehe* Yecheng
**Kariba** 78 D 2 N Zimbabwe
**Kariba, Lake** 78 D 3 Stausee, Sambia/Zimbabwe
**Karibib** 78 B 3 Z Namibia
**Karibisches Meer** 66 B 4 Meer, W Atlantischer Ozean
**Karies** *siehe* Karyés
**Karigasniemi** 84 D 2 *Lapp.* Garegegasnjárga. N Finnland
**Karimata, Selat** 138 C 4 Meerenge, Java-See/Südchinesisches Meer
**Karīmnagar** 135 E 5 Z Indien
**Karin** 72 D 4 N Somalia
**Karisches Meer** *siehe* Karskoye More
**Káristos** *siehe* Kárystos
**Karkinits'ka Zatoka** 109 F 4 *Russ.* Karkinitskiy Zaliv. Golf, N Schwarzes Meer
**Karkinitskiy Zaliv** *siehe* Karkinits'ka Zatoka
**Karl-Marx-Stadt** *siehe* Chemnitz
**Karlö** *siehe* Hailuoto
**Karlovac** 100 B 2 *Dtsch.* Karlstadt, *Ung.* Károlyváros. Z Kroatien
**Karlovy Vary** 99 A 5 *Dtsch.* Karlsbad; *ehem. Eng.* Carlsbad. W Tschechische Republik
**Karlskrona** 85 C 7 S Schweden
**Karlsruhe** 95 B 6 *var.* Carlsruhe. SW Deutschland
**Karlstad** 85 B 6 Z Schweden
**Karnāl** 134 D 2 N Indien
**Karnātaka** 132 C 1 *var.* Kanara; *ehem.* Maisur, Mysore. Bundesstaat, W Indien
**Karnobat** 104 E 2 O Bulgarien
**Karnul** *siehe* Kurnool
**Karpaten** 81 E 4 *Tsch./Pol.* Karpaty, *Rum.* Carpaţii. Gebirge, O Europa, siehe auch Carpatii
**Kárpathos** 105 E 7 *var.* Pigádia. Kárpathos, SO Griechenland
**Kárpathos** 105 E 7 *It.* Scarpanto; *ant.* Carpathos, Carpathus. Insel, Dodekánisos, SO Griechenland
**Karpenísi** 105 B 5 *ehem.* Karpenísion. Z Griechenland
**Karpenísion** *siehe* Karpenísi
**Kars** 117 F 3 *var.* Qars. NO Türkei
**Kārsava** 106 D 4 *Dtsch.* Karsau; *ehem. Russ.* Korsovka. O Lettland
**Karskoye More** 114 D 2 *Dtsch.* Kara-See, *var.* Karisches Meer. Meer, Arktis
**Kārūn** 120 C 3 *var.* Rúd-e Kárún. Fluß, SW Iran
**Kārūn, Rūd-e** *siehe* Kārūn
**Karyés** 104 C 4 *var.* Karies. N Griechenland
**Kárystos** 105 C 6 *var.* Káristos. Évvoia, Z Griechenland
**Kaş** 116 B 5 SW Türkei
**Kasachische Schwelle** 114 C 5 *var.* Kasachisches Hochland, *Russ.* Kazakhskiy Melkosopochnik. Z Asien
**Kasachische Steppe** *siehe* Saryarqa

**Kasachstan**
114 B 4 *Kas.* Qazaqstan Respublikasy (Republik Kasachstan), *var.* Qazaqstan, Kazakstan; *ehem.* Kasachische Sozialistische Sowjetrepublik, *Russ.* Kazakhskaya SSR. Z Asien

**UN-Name:** Republic of Kazakhstan
**Formation:** 1991 **Hauptstadt:** Almaty (Alma-Ata), offiziell: Aqmola **Bevölkerung:** 17,2 Mio. **Fläche:** 2 717 000 km² **Sprachen:** Kasachisch*, Russisch, Deutsch **Religionen:** Muslime 47%, andere 53% (v. a. Russisch-Orthodoxe und Lutheraner) **Volksgruppen:** Kasachen 40%, Russen 38%, Ukrainer 6%, Deutsche 4%, andere 12% **Regierung:** Mehrparteienrepublik **Währung:** Tenge = 100 Tein

**Kasai** 77 C 6 *var.* Cassai, Kassai. Fluß, Angola/Dem. Rep. Kongo
**Kasaji** 77 D 7 S Dem. Rep. Kongo
**Kasama** 78 D 1 N Sambia
**Kasan** *siehe* Koson
**Kasane** 78 C 3 NO Botswana
**Kāsaragod** 132 B 2 SW Indien
**Kāshān** 120 C 3 Z Iran
**Kashi** 126 A 3 *Chin.* Kaxgar, K'o-shih, *Uigh.* Kashgar. NW China
**Kashmīr** 134 D 1 Region, N Indien
**Kaskaskia River** 40 B 5 Fluß, Illinois, N USA
**Kasongo** 77 D 6 O Dem. Rep. Kongo
**Kásos** 105 E 7 Insel, S Griechenland
**Kaspisches Meer** 114 A 4 *As.* Xäzär Dänizi, *Kas.* Kaspiy Tengizi, *Per.* Daryā-ye Khazar, Baḩr-e Khazar, *Russ.* Kaspiyskoye More. Binnenmeer, Asien/Europa
**Kaspiysk** 111 B 8 SW Russische Föderation
**Kassala** 72 C 4 O Sudan
**Kassel** 94 B 4 *ehem.* Cassel. Z Deutschland
**Kasserine** 71 E 2 *var.* Al Qaşrayn. W Tunesien
**Kastamonu** 116 C 2 *var.* Castamoni, Kastamuni. N Türkei
**Kastaneá** 104 B 4 N Griechenland
**Kastélli** 105 C 7 Kríti, SO Griechenland
**Kastoría** 104 B 4 N Griechenland
**Kástro** 105 C 6 Sífnos, SO Griechenland
**Kastsyukovichy** 107 E 7 *Russ.* Kostyukovichi. O Weißrußland
**Kastsyukowka** 107 D 7 *Russ.* Kostyukovka. SO Weißrußland
**Kasulu** 73 B 7 W Tansania
**Kasumiga-ura** 131 D 5 See, Honshū, S Japan
**Katalla** 36 C 3 Alaska, NW USA
**Katana** *siehe* Qaţanā
**Katanning** 147 B 7 Western Australia, W Australien
**Katchall Island** 133 F 3 Insel, SW Indien
**Kateríni** 104 B 4 N Griechenland
**Katha** 136 B 2 N Myanmar
**Katherina, Gebel** 72 C 2 *var.* Jabal Katrínah, *Eng.* Mount Catherine. Berg, NO Ägypten
**Katherine** 148 A 2 Northern Territory, N Australien
**Kathmandu** 135 F 3 *ehem.* Kantipur. Staatshauptstadt, Nepal
**Katikati** 150 D 3 North Island, NO Neuseeland
**Katima Mulilo** 78 C 3 NO Namibia
**Katiola** 74 D 4 Z Elfenbeinküste
**Káto Achaía** 105 B 6 *var.* Káto Akhaía. S Griechenland
**Kat O Chau** 128 B 1 Insel, Hong Kong
**Katoúna** 105 B 5 Z Griechenland
**Katowice** 99 C 5 *Dtsch.* Kattowitz. S Polen
**Katsina** 75 G 4 N Nigeria
**Kattakurgan** *siehe* Kattaqŭrghon
**Kattaqŭrghon** 123 E 2 *Russ.* Kattakurgan. Z Usbekistan
**Kattavía** 105 E 7 Ródos, SO Griechenland
**Kattegat** 85 B 7 *Dän.* Kattegatt. Meerenge, O Nordsee
**Kattegatt** *siehe* Kattegat
**Kattowitz** *siehe* Katowice
**Kauai** 47 A 7 *Haw.* Kaua'i. Insel, Hawaii, W USA
**Kaua'i** *siehe* Kauai
**Kaufbeuren** 95 C 6 S Deutschland
**Kaukasus** 117 F 1 *Russ.* Kavkaz. *As.* Ba Qafqaz, *Geor.* Kavkas. Gebirge, Georgien/Russische Föderation
**Kaunas** 106 B 4 *Dtsch.* Kauen, *Pol.* Kowno; *ehem. Russ.* Kovno. Z Litauen
**Kauno Marios** 106 B 4 Stausee, S Litauen
**Kau-Ye Kyun** 137 B 6 *var.* Sir Charles Forbes Island. Insel, S Myanmar
**Kavadar** *siehe* Kavadarci
**Kavadarci** 101 E 6 *Türk.* Kavadar. Z Mazedonien
**Kavajë** 101 C 6 *It.* Cavaia, Kavaja. W Albanien
**Kavakli** *siehe* Topolovgrad
**KaváIa** 104 C 3 *ehem.* Kaválla. NO Griechenland
**Kāvali** 132 D 2 O Indien
**Kavála** *siehe* Kavála
**Kavaratti Island** 132 B 3 Insel, Lakshadweep, SW Indien
**Kavarna** 104 E 2 NO Bulgarien
**Kavīr, Dasht-e** 120 D 3 *var.* Dasht-e-Kavir. Salzsee, N Iran
**Kavkaz** *siehe* Kaukasus
**Kawagoe** 131 D 5 Honshū, S Japan
**Kawasaki** 131 D 5 Honshū, S Japan
**Kawerau** 150 E 3 North Island, NO Neuseeland
**Kaya** 75 E 4 Z Burkina Faso
**Kayan** 136 B 4 S Myanmar
**Kayan** 138 D 3 *ehem.* Kajan. Fluß, Kalimantan, Z Indonesien
**Kayes** 74 C 3 W Mali
**Kayseri** 116 D 3 *ehem.* Kaisaria; *ant.* Caesarea Mazaca, Mazaca. Z Türkei
**Kazach'ye** 115 F 2 N Russische Föderation
**Kazan'** 111 D 5 W Russische Föderation
**Kazan'** 111 D 5 internationaler Flughafen, W Russische Föderation
**Kazandzhik** *siehe* Gazanjyk
**Kazanlŭk** 104 D 2 *var.* Kazanlăk; *ehem.* Kazanlik. Z Bulgarien
**Kazatin** *siehe* Kozyatyn
**Kazbek** *siehe* Mqinvartsveri
**Kāzerūn** 120 D 4 S Iran
**Kazi Magomed** *siehe* Qazimämmäd
**Kazvin** *siehe* Qazvīn
**Kéa** 105 C 6 Kéa, SO Griechenland
**Kéa** 105 C 6 *ehem.* Kéos, *ant.* Ceos. Insel, Kykládes, SO Griechenland
**Kearney** 45 E 4 Nebraska, Z USA
**Keban** 117 E 3 Türkei
**Keban Barajı** 117 E 3 See, Z Türkei
**Kebkabiya** 72 A 4 W Sudan
**Kebnekaise** 84 C 3 Berg, N Schweden
**Kecskemét** 99 D 7 Z Ungarn
**Kediri** 138 D 5 Jawa, Z Indonesien
**Keetmanshoop** 78 B 4 S Namibia
**Keewatin** 38 A 3 Ontario, S Kanada
**Kefallinía** 105 A 5 *var.* Kefallonia. Insel, Iónioi Nísoi, W Griechenland
**Kefallonia** *siehe* Kefallinía
**Kefar Tappuah** 119 E 7 Z West Bank (Westjordanland)
**Kegel** *siehe* Keila
**Kehl** 95 A 6 SW Deutschland
**Kei Islands** *siehe* Kai, Kepulauan
**Keila** 106 D 2 *Dtsch.* Kegel. NW Estland
**Keïta** 75 F 3 Z Niger
**Keitele** 84 D 4 See, Z Finnland
**Keith** 149 B 7 South Australia, S Australien
**Keizer** 46 B 3 Oregon, NW USA
**Këk-Art** 123 G 2 *ehem.* Alaykel', Alay-Kuu. SW Kirgisistan
**Kékes** 99 D 6 Berg, N Ungarn
**Kelang** 138 B 3 *var.* Kelang; *ehem.* Port Swettenham. W Malaysia
**Kelifskiy Uzboy** 122 D 3 Feuchtgebiet, O Turkmenistan
**Kelmė** 106 B 4 Z Litauen
**Kélo** 76 B 4 SW Tschad
**Kelowna** 37 E 5 British Columbia, SW Kanada
**Kelso** 46 B 2 Washington, NW USA
**Keltsy** *siehe* Kielce
**Keluang** 138 B 3 *var.* Kluang. W Malaysia
**Kem'** 110 B 3 NW Russische Föderation
**Kemah** 117 E 3 O Türkei
**Kemerovo** 114 D 4 *ehem.* Shcheglovsk. Z Russische Föderation
**Kemi** 84 D 3 NW Finnland
**Kemijärvi** 84 D 3 *Schwe.* Kemiträsk. N Finnland
**Kemijoki** 84 D 3 Fluß, NW Finnland
**Kemin** 123 G 2 *ehem.* Bystrovka, N Kirgisistan
**Kemiö** *siehe* Kimito
**Kemiträsk** *siehe* Kemijärvi
**Kemmuna** 102 A 5 *var.* Comino. Insel, Malta
**Kempele** 84 D 4 Z Finnland
**Kempten** 95 C 7 S Deutschland
**Kempton** 149 C 8 Tasmania, SO Australien
**Kendal** 89 C 5 NW England, Großbritannien
**Kendall** 43 F 5 Florida, SO USA

**Kendari** 139 E 4 Sulawesi, Z Indonesien
**Kenedy** 49 G 4 Texas, S USA
**Kenema** 74 C 4 SO Sierra Leone
**Këneurgench** *siehe* Köneürgench
**Kenge** 77 C 6 SW Dem. Rep. Kongo
**Keng Tung** 136 C 3 *var.* Kentung. SO Myanmar

**Kenia**
73 C 6 Jamhuriya ya Kenya (Republik Kenia). NO Afrika

**UN-Name:** Republic of Kenya **Formation:** 1963 **Hauptstadt:** Nairobi **Bevölkerung:** 26,1 Mio. **Fläche:** 580 370 km² **Sprachen:** Kisuaheli*, Englisch, Kikuyu, Luo, Kamba **Religionen:** Christen 66%, Naturreligionen 26%, andere 8% **Volksgruppen:** Kikuyu 21%, Luhya 14%, Kamba 11%, andere 54% **Regierung:** Mehrparteienrepublik **Währung:** Shilling = 100 Cents

**Kénitra** 70 C 2 *ehem.* Port-Lyautey. NW Marokko
**Kennebec River** 41 G 2 Fluß, Maine, NO USA
**Kenner** 42 B 3 Louisiana, S USA
**Kennett** 45 H 5 Missouri, Z USA
**Kennewick** 46 C 2 Washington, NW USA
**Kenora** 38 A 3 Ontario, S Kanada
**Kenosha** 40 B 3 Wisconsin, N USA
**Kent** 46 B 2 Washington, NW USA
**Kentau** 114 B 5 S Kasachstan
**Kentucky** 40 C 5 *off.* Commonwealth of Kentucky; *auch genannt:* Bluegrass State. Bundesstaat, Z USA
**Kentucky Lake** 40 B 5 Stausee, O USA
**Kentung** *siehe* Keng Tung
**Kenya, Mount** *siehe* Kirinyaga
**Keokuk** 45 G 4 Iowa, Z USA
**Kępno** 98 C 4 Z Polen
**Kerala** 132 C 2 Bundesstaat, S Indien
**Keratea** *siehe* Keratéa
**Keratéa** 105 C 6 *var.* Keratea. Z Griechenland
**Kerch** 109 G 5 *Russ.* Kerch'. SO Ukraine
**Kerchens'ka Protska** 109 G 4 *Dtsch.* Kerch-Straße, *Eng.* Kerch Strait, Enikale Strait, *Russ.* Kerchenskiy Proliv, *ant.* Bosporus Cimmerius. Meerenge, Asowsches Meer/Schwarzes Meer
**Keremitlik** *siehe* Lyulyakovo
**Kerguelen** 141 C 7 Insel, Terres Australes & Antarctiques Françaises
**Kerguelen-Plateau** 141 C 7 untermeer. Formation, S Indischer Ozean
**Kerí** 105 A 6 Zákynthos, W Griechenland
**Kerikeri** 150 D 2 North Island, N Neuseeland
**Kerki** 123 E 3 O Turkmenistan
**Kerkrade** 87 D 6 SO Niederlande
**Kérkyra** 104 A 4 *var.* Kérkira, *Dtsch.* Korfu, *Eng.* Corfu. Insel, Iónioi Nísoi, W Griechenland
**Kérkyra** 104 A 4 *var.* Kérkira, *Dtsch.* Korfu, *Eng.* Corfu. Kérkyra, W Griechenland
**Kermadec-Graben** 152 D 4 untermeer. Formation, S Pazifischer Ozean
**Kermadec Islands** 152 C 4 Inselgruppe, NO Neuseeland
**Kermān** 120 D 4 *var.* Kirman; *ant.* Carmana. Z Iran
**Kerrville** 49 F 4 Texas, S USA
**Kertel** *siehe* Kärdla
**Kerulen** 127 E 2 *Chin.* Herlen He, *Mong.* Herlen Gol. Fluß, China/Mongolei
**Kerýneia** *siehe* Girne
**Kesennuma** 130 D 4 Honshū, Z Japan
**Keszthely** 99 C 7 SW Ungarn
**Ketchikan** 36 D 4 Alaska, NW USA
**Kettering** 89 D 6 Z England, Großbritannien
**Kettering** 40 C 4 Ohio, N USA
**Keupriya** *siehe* Primorsko
**Keuruu** 85 D 5 Z Finnland
**Keweenaw Peninsula** 40 B 1 Landspitze, Michigan, N USA
**Key Largo** 54 B 2 Insel, W Kuba
**Key West** 43 E 5 Florida, SO USA
**Khabarovsk** 115 G 4 SO Russische Föderation
**Khachmas** *siehe* Xaçmaz
**Khairpur** 134 B 3 SO Pakistan
**Khalīj Surt** 103 E 4 *Dtsch.* Große Syrte, *Eng.* Gulf of Sidra, Gulf of Sirti, Sidra. Golf, S Mittelmeer
**Khambhāt, Golf von** 134 C 4 Golf, NO Arabisches Meer
**Khānābād** 123 E 3 NO Afghanistan
**Khān al Baghdādī** *siehe* Al Baghdādī
**Khandwa** 134 D 4 Z Indien
**Khanh Hung** *siehe* Soc Trăng
**Khanka-See** 125 E 1 *Russ.* Ozero Khanka, *Chin.* Xingkai Hu, *var.* Hsing-K'ai Hu, *Dtsch.* Khanka-See. See, China/Russische Föderation
**Khanty-Mansiysk** 114 C 3 *ehem.* Ostyako-Voguls'k. Z Russische Föderation
**Khan Yunus** 119 A 7 S Israel
**Khanzi** *siehe* Ghanzi
**Kharagpur** 135 F 4 NO Indien
**Kharkiv** 109 G 2 *Russ.* Khar'kov. NO Ukraine
**Khar'kov** *siehe* Kharkiv
**Kharmanli** 104 D 3 *var.* Harmanli. S Bulgarien
**Kharovsk** 110 C 4 *var.* Charovsk, Harovsk. NW Russische Föderation
**Khartoum** 72 B 4 *var.* El Khartûm, Khartum. Staatshauptstadt, Z Sudan
**Khasavyurt** 111 B 8 SW Russische Föderation
**Khashm el Girba** 72 C 4 O Sudan
**Khaskovo** 104 D 3 *var.* Haskovo. S Bulgarien
**Khaybar, Kowtal-e** *siehe* Khyber Pass
**Khaydarkan** 123 F 2 *var.* Khaydarken. SW Kirgisistan
**Khaydarken** *siehe* Khaydarkan
**Kherson** 109 E 4 *var.* Cherson. S Ukraine
**Kheta** 115 E 2 Fluß, N Russische Föderation
**Khíos** *siehe* Chíos
**Khiva** *siehe* Khiwa
**Khiwa** 122 D 2 *Russ.* Khiva. W Usbekistan
**Khmel 'nyts'kyy** 108 C 2 *Russ.* Khmel'nitskiy; *ehem.* Proskurov. W Ukraine
**Khodasy** 107 E 7 *Russ.* Khodosy. O Weißrußland
**Khodoriv** 108 C 2 *Pol.* Chodorów, *Russ.* Khodorov. NW Ukraine
**Khodosy** *siehe* Khodasy
**Kholm** 123 E 3 *var.* Tashqurghan, *Pash.* Khulm. N Afghanistan
**Kholm** *siehe* Chełm
**Khong Sedone** *siehe* Muang Khôngxédôn
**Khon Kaen** 136 D 4 *var.* Muang Khon Kaen. N Thailand
**Khor** 115 G 4 SO Russische Föderation
**Khorugh** 123 F 3 *var.* Horog, *Russ.* Khorog. S Tadschikistan
**Kho Sawai Plateau** *siehe* Korat-Plateau
**Khosf** 120 E 3 O Iran
**Khouribga** 70 C 2 Z Marokko
**Khovd** *siehe* Hovd
**Khowst** 123 F 4 O Afghanistan
**Khoyniki** 107 D 8 SO Weißrußland
**Khudzhand** *siehe* Khŭjand
**Khŭjand** 123 F 2 *var.* Kŭjand, Kojend, *Russ.* Khudzhand, *var.* Khodzhent; *ehem.* Leninabad, *Tadsch.* Leninobod. N Tadschikistan
**Khulna** 135 G 4 SW Bangladesch
**Khust** 108 B 3 *var.* Husté, *Tsch.* Chust, *Ung.* Huszt. W Ukraine
**Khvalynsk** 111 C 6 W Russische Föderation
**Khvoy** 120 C 2 *var.* Khoi, Khoy. NW Iran
**Khyber Pass** 123 F 4 *var.* Kowtal-e Khaybar. Paß, Afghanistan/Pakistan
**Kiáto** 105 B 6 *ehem.* Kiáton. S Griechenland
**Kiáton** *siehe* Kiáto
**Kibangou** 77 B 6 SW Rep. Kongo
**Kibombo** 77 D 6 O Dem. Rep. Kongo
**Kıbrıs** *siehe* Zypern
**Kičevo** 101 D 6 SW Mazedonien
**Kidderminster** 89 C 6 W England, Großbritannien
**Kiel** 94 B 2 N Deutschland
**Kielce** 98 D 4 *Russ.* Keltsy. SO Polen
**Kieler Bucht** 94 C 2 Bucht, W Ostsee
**Kiev** *siehe* Kyyiv
**Kiffa** 74 C 3 S Mauretanien
**Kigali** 73 B 6 Staatshauptstadt, Z Ruanda
**Kigoma** 73 B 7 W Tansania
**Kihnu** 106 C 2 *var.* Kihnu Saar, *Dtsch.* Kühnö. Insel, SW Estland
**Kihti** *siehe* Skiftet
**Kii-suidō** 131 C 7 Meerenge, NW Pazifischer Ozean
**Kikinda** 100 D 3 *Dtsch.* Grosskikinda, *Ung.* Nagykikinda; *ehem.* Velika Kikinda. NO Jugoslawien
**Kikwit** 77 C 6 W Dem. Rep. Kongo
**Kili** 144 D 2 Island, S Marshall-Inseln
**Kilien Mountains** *siehe* Qilian Shan
**Kilimanjaro** 73 C 7 *var.* Vhuru Peak. Berg, NO Tansania
**Kilingi-Nõmme** 106 D 3 *Dtsch.* Kurkund. SW Estland
**Kilis** 116 D 4 S Türkei
**Kiliya** 108 D 4 *Rum.* Chilia-Nouă. SW Ukraine
**Kilkenny** 89 B 6 *Ir.* Cill Chainnigh. S Rep. Irland
**Kilkís** 104 B 3 N Griechenland
**Killarney** 89 A 6 *Ir.* Cill Airne. SW Rep. Irland
**Killeen** 49 G 3 Texas, S USA
**Kilmarnock** 88 C 4 SW Scotland, Großbritannien
**Kimberley** 78 C 4 Z Südafrika
**Kimberley Plateau** 146 D 3 Plateau, Western Australia, NW Australien
**Kimch'aek** 128 E 3 *ehem.* Sŏngjin. O Nord-Korea
**Kími** *siehe* Kými
**Kimito** 85 D 6 *Schwe.* Kemiö. Insel, SW Finnland
**Kimovsk** 111 B 5 W Russische Föderation
**Kindersley** 37 F 5 Saskatchewan, S Kanada
**Kindia** 74 C 4 SW Guinea
**Kindley Field Airport** 42 B 5 internationaler Flughafen, O Bermuda
**Kindu** 77 D 6 *ehem.* Kindu-Port-Empain. Z Dem. Rep. Kongo
**Kindu-Port-Empain** *siehe* Kindu
**Kineshma** 111 C 5 *var.* Kinešma. W Russische Föderation
**Kinešma** *siehe* Kineshma
**King Charles Islands** *siehe* Kong Karls Land
**King Christian IX Land** *siehe* Kong Christian IXs Land
**King Christian X Land** *siehe* Kong Christian Xs Land
**King Frederick VI Coast** *siehe* Kong Frederik VIs Kyst
**King Frederick VIII Land** *siehe* Kong Frederik VIIIs Land
**King Frederick IX Land** *siehe* Kong Frederik IXs Land
**King George Island** *siehe* King George Land
**King I** *siehe* Kadan Kyun
**King Island** 149 B 8 Insel, Tasmania, SO Australien
**Kingman** 48 A 2 Arizona, SW USA
**Kingman Reef** 145 G 2 Riff, NO Australien
**King's Lynn** 89 E 6 *var.* Bishop's Lynn, Kings Lynn, Lynn, Lynn Regis. O England, Großbritannien
**King Sound** 146 C 3 Bucht, Indischer Ozean/Timor-See
**Kingsport** 43 E 1 Tennessee, S USA
**Kingston** 54 B 5 Staatshauptstadt, SO Jamaica
**Kingston** 38 D 5 Ontario, SO Kanada
**Kingston** 41 F 3 New York, NO USA
**Kingston upon Hull** 89 E 5 *var.* Hull. NO England, Großbritannien
**Kingstown** 55 H 4 Staatshauptstadt, St. Vincent & Die Grenadinen
**Kingsville** 49 G 5 Texas, S USA
**King William Island** 37 F 3 Insel, N Kanada
**Kinneret, Yam** 119 B 5 *Dtsch.* See Genezareth, *Eng.* Lake Tiberias, Chinnereth, Sea of Galilee, *Ar.* Bahrat Tabariya. See, N Israel
**Kinrooi** 87 D 5 NO Belgien
**Kinshasa** 77 B 6 *ehem.* Léopoldville. Staatshauptstadt, W Dem. Rep. Kongo
**Kinston** 43 F 1 North Carolina, SO USA
**Kintyre** 88 B 4 Halbinsel, NO Scotland, Großbritannien
**Kinyeti** 73 B 5 Berg, S Sudan
**Kiparissía** *siehe* Kyparissía
**Kipili** 73 B 7 W Tansania
**Kipushi** 77 E 8 SO Dem. Rep. Kongo

**Kirgisen-Gebirge** 114 C 5 *Russ.* Kirgizskiy Khrebet; *ehem. Eng.* Alexander Range. Gebirge, Kasachstan/Kirgisistan

**Kirgisistan**
123 F 2 Kyrgyz Respublikasy (Kirgisische Republik), *Eng.* Kyrgyzstan, *var.* Kirghizia, *var. Dtsch.* Kirgisien; *ehem.* Kirgisische Sozialistische Sowjetrepublik, *Russ.* Kirgizskaya SSR. Z Asien

**UN-Name:** Kyrgyz Republic **Formation:** 1991 **Hauptstadt:** Bishkek **Bevölkerung:** 4,7 Mio. **Fläche:** 198 500 km² **Sprachen:** Kirgisisch*, Russisch, Usbekisch **Religionen:** Muslime 65%, andere (v. a. Russisch-Orthodoxe) 35% **Volksgruppen:** Kirgisen 52%, Russen 21%, Usbeken 13%, andere (v. a. Kasachen und Tadschiken) 14% **Regierung:** Mehrparteienrepublik **Währung:** Som = 100 Teen

**Kiriath-Arba** *siehe* Hebron

**Kiribati**
145 F 2 Republic of Kiribati (Republik Kiribati), Z Pazifischer Ozean

**UN-Name:** Republic of Kiribati **Formation:** 1979 **Hauptstadt:** Bairiki **Bevölkerung:** 77 000 **Fläche:** 710 km² **Sprachen:** Englisch*, Kiribati **Religionen:** Römisch-Katholische 53%, Protestanten 40%, andere Christen 4%, andere 3% **Volksgruppen:** I-Kiribati (Mikronesier) 98%, andere 2% **Regierung:** Mehrparteienrepublik **Währung:** Austral.-$ = 100 Cents

**Kırıkkale** 116 C 3 Z Türkei
**Kırıkhan** 116 D 4 S Türkei
**Kirinyaga** 73 C 6 *ehem.* Mount Kenya. Vulkan, Z Kenia
**Kirishi** 110 B 4 *var.* Kirisi. NW Russische Föderation
**Kirisi** *siehe* Kirishi
**Kiritimati** 145 G 2 *ehem.* Christmas Island. Insel, O Kiribati
**Kiriwina Islands** 144 C 3 *var.* Trobriand Islands. Inselgruppe, S Papua-Neuguinea
**Kirkenes** 84 E 2 *var.* Kirkkoniemi. N Norwegen
**Kirk-Kilissa** *siehe* Kırklareli
**Kirkkoniemi** *siehe* Kirkenes
**Kirkland Lake** 38 D 4 Ontario, S Kanada
**Kırklareli** 116 A 2 *ehem.* Kirk-Kilissa. NW Türkei
**Kirkpatrick, Mount** 154 C 3 Berg, Antarktis
**Kirksville** 45 G 4 Missouri, Z USA
**Kirkūk** 120 B 3 *var.* Karkūk, Kerkuk. N Irak
**Kirkwall** 88 C 2 NO Scotland, Großbritannien
**Kirkwood** 45 G 5 Missouri, Z USA
**Kirov** 110 C 4 *ehem.* Vyatka. NW Russische Föderation
**Kirovakan** *siehe* Vanadzor
**Kirovo-Cepeck** *siehe* Kirovo-Chepetsk
**Kirovo-Chepetsk** 111 D 5 *var.* Kirovo-Čepeck. NW Russische Föderation
**Kirovohrad** 109 E 3 *Russ.* Kirovograd; *ehem.* Kirovo, Yelizavetgrad, Zinov'yevsk. Z Ukraine
**Kirsanov** 111 B 6 W Russische Föderation
**Kīrthar Range** 134 B 3 Gebirge, S Pakistan
**Kiruna** 84 C 3 N Schweden
**Kisalföld** 99 C 6 *Dtsch.* Kleines Ungarisches Tiefland, *Slwk.* Podunajská Rovina. Ebene, Ungarn/Slowakei
**Kisangani** 77 D 5 *ehem.* Stanleyville. NO Dem. Rep. Kongo
**Kishinev** *siehe* Chişinău
**Kiskörei-víztároló** 99 D 6 Stausee, O Ungarn
**Kiskunfélegyháza** 99 D 7 *var.* Félegyháza. Z Ungarn
**Kislovodsk** 111 B 7 SW Russische Föderation
**Kismaayo** 73 D 6 *var.* Chisimayu, Kismayu, *It.* Chisimaio. S Somalia
**Kissidougou** 74 C 4 S Guinea
**Kissimmee** 43 E 4 Florida, SO USA
**Kistna** *siehe* Krishna
**Kisumu** 73 C 6 *ehem.* Port Florence. W Kenia
**Kisvárda** 99 E 6 *Dtsch.* Kleinwardein. O Ungarn
**Kita** 74 D 3 W Mali
**Kitab** *siehe* Kitob
**Kitakyūshū** 131 A 7 *var.* Kitakyûsyû. Kyūshū, SW Japan
**Kitakyûsyû** *siehe* Kitakyūshū
**Kitami** 130 D 2 Hokkaidō, NO Japan
**Kitchener** 38 C 5 Ontario, S Kanada
**Kitimat** 36 D 5 British Columbia, SW Kanada
**Kitinen** 84 D 3 Fluß, N Finnland
**Kitob** 123 E 3 *Russ.* Kitab. S Usbekistan
**Kitwe** 78 D 2 *var.* Kitwe-Nkana. Z Sambia
**Kitwe-Nkana** *siehe* Kitwe
**Kitzbühler Alpen** 95 D 7 Gebirge, W Österreich
**Kivalina** 36 C 2 Alaska, NW USA
**Kivalo** 84 D 3 Gebirgszug, Z Finnland
**Kivertsi** 108 C 1 *Pol.* Kiwerce, *Russ.* Kivertsy. NW Ukraine
**Kivu, Lac** 77 E 6 *Engl.* Kivu Lake. See, Ruanda/Dem. Rep. Kongo
**Kivu, Lake** *siehe* Kivu, Lac
**Kiyevskoye Vodokhranilishche** *siehe* Kyyivs'ke Vodoskhovyshche
**Kizel** 111 D 5 NW Russische Föderation
**Kızılırmak** 116 C 3 *ant.* Halys. Fluß, Z Türkei
**Kizilyurt** 111 B 8 SW Russische Föderation
**Kizyl-Arvat** *siehe* Gyzylarbat
**Kjølen** *siehe* Kölen
**Kladno** 99 A 5 NW Tschechische Republik
**Klagenfurt** 95 D 7 *Slwn.* Celovec. S Österreich
**Klaipėda** 106 B 3 *Dtsch.* Memel. NW Litauen
**Klamath Falls** 46 B 4 Oregon, NW USA
**Klamath Mountains** 46 B 4 Gebirge, W USA
**Klarälven** 85 B 6 Fluß, Norwegen/Schweden
**Klatovy** 99 A 5 *Dtsch.* Klattau. SW Tschechische Republik
**Klattau** *siehe* Klatovy
**Klazienaveen** 86 E 2 NO Niederlande
**Kleine Antarktis** 154 B 3 *var.* West-Antarktis. Region, Antarktis
**Kleine Antillen** 55 E 5 Inselgruppe, SO Karibisches Meer
**Kleine Sunda-Inseln** *siehe* Nusa Tenggara
**Kleiner Kaukasus** 117 F 2 *Russ.* Malyy Kavkaz. Gebirge, SW Asien
**Kleiner Khingan** *siehe* Xiao Hinggan Ling
**Kleiner St. Bernard-Paß** *siehe* Piccolo San Bernardo, Colle de
**Kleinwardein** *siehe* Kisvárda
**Kleisoúra** 105 A 5 W Griechenland
**Klerksdorp** 78 D 4 N Südafrika
**Klimavichy** 107 E 7 *Russ.* Klimovichi. O Weißrußland
**Klimovichi** *siehe* Klimavichy
**Klintsy** 111 A 5 W Russische Föderation
**Klisura** 104 C 2 Z Bulgarien
**Ključ** 100 B 3 NW Bosnien-Herzegowina
**Kłobuck** 98 C 4 S Polen
**Klondike** 36 D 3 Fluß, Yukon Territory, W Kanada
**Kluang** *siehe* Keluang
**Kluczbork** 98 C 4 *Dtsch.* Kreuzburg, Kreuzburg in Oberschlesien. SW Polen
**Knin** 100 B 4 S Kroatien
**Knjaževac** 100 E 4 O Jugoslawien
**Knokke-Heist** 87 A 5 NW Belgien
**Knoxville** 42 D 1 Tennessee, S USA
**Knud Rasmussen Land** 82 D 1 Region, N Grönland
**Kōbe** 131 C 6 Honshū, SW Japan
**København** 85 B 7 *Dtsch.* Kopenhagen; *ant.* Hafnia. Staatshauptstadt, O Dänemark
**Kobenni** 74 D 3 S Mauretanien
**Koblenz** 95 A 5 *Fr.* Coblence; *ehem.* Coblenz, *ant.* Confluentes. W Deutschland
**Kobryn** 107 A 6 *Pol.* Kobryn, *Russ.* Kobrin. SW Weißrußland
**K'obulet'i** 117 F 2 W Georgien
**Kocaeli** *siehe* İzmit
**Kočani** 101 E 6 NO Mazedonien
**Kočevje** 95 E 8 *Dtsch.* Gottschee. S Slowenien
**Koch Bihār** 135 G 3 NO Indien
**Kōchi** 131 B 7 *var.* Kôti. Shikoku, SW Japan
**Kochi** *siehe* Cochin
**Kochiu** *siehe* Gejiu
**Kodiak** 36 C 3 Kodiak Island, Alaska, USA
**Kodiak Island** 36 C 3 Insel, Alaska, NW USA
**Koedoes** *siehe* Kudus
**Koepang** *siehe* Kupang
**Kofa Mountains** 48 A 2 Gebirge, Arizona, SW USA
**Kōfu** 131 D 5 *var.* Kôhu. Honshū, S Japan
**Kogon** 122 D 2 *Russ.* Kagan. Z Usbekistan
**Kohīma** 135 H 3 *var.* Kohima. NO Indien
**Kohima** *siehe* Kohīma
**Kohtla-Järve** 106 E 2 NO Estland
**Kokkola** 84 D 4 *Schwe.* Karleby; *ehem. Schwe.* Gamlakarleby. W Finnland
**Kokrines** 36 C 3 Alaska, NW USA
**Kokshaal-Too** 123 G 2 *Russ.* Khrebet Kakshaltau. Gebirge, China/Kirgisistan
**Kökshetaū** 114 C 4 *Eng.* Kokshetau; *Russ.* Kokchetav. N Kasachstan
**Koksijde** 87 A 5 W Belgien
**Kokstad** 78 D 5 O Südafrika
**Kola-Halbinsel** *siehe* Kol'skiy Poluostrov
**Kolaka** 139 E 4 Sulawesi, Z Indonesien
**Kolari** 84 D 3 NW Finnland
**Kolárovo** 99 C 6 *Dtsch.* Gutta, *Ung.* Gúta; *ehem.* Guta. SW Slowakei
**Kolberg** *siehe* Kołobrzeg
**Kolda** 74 B 3 S Senegal
**Kolding** 85 A 7 Z Dänemark
**Kōle** *siehe* Kili Island
**Kolguyev, Ostrov** 110 D 2 Insel, NW Russische Föderation
**Kolhāpur** 132 B 1 SW Indien
**Kolhumadulu Atoll** 132 B 5 *var.* Kolumadulu Atoll, Thaa Atoll. Insel, S Malediven
**Kolín** 99 B 5 *Dtsch.* Kolin. Z Tschechische Republik
**Kolka** 106 C 2 NW Lettland
**Kolkasrags** 106 C 2 *ehem. Eng.* Cape Domesnes. Landspitze, NW Lettland
**Kolmar** *siehe* Colmar
**Köln** 94 A 4 *Eng./Fr.* Cologne; *ehem.* Cöln, *ant.* Colonia Agrippina, Oppidum Ubiorum. W Deutschland
**Koło** 98 C 3 Z Polen
**Kołobrzeg** 98 B 2 *Dtsch.* Kolberg. NW Polen
**Kolokani** 74 D 3 W Mali
**Kolomea** *siehe* Kolomyya
**Kolomna** 111 B 5 W Russische Föderation
**Kolomyya** 108 B 3 *Dtsch.* Kolomea. W Ukraine
**Kolpa** 100 A 2 *Dtsch.* Kulpa, *SKr.* Kupa. Fluß, Kroatien/Slowenien
**Kolpino** 110 B 4 NW Russische Föderation
**Kol'skiy Poluostrov** 110 C 2 *Dtsch.* Kola-Halbinsel. Halbinsel, NW Russische Föderation
**Kolumbianisches Becken** 66 A 4 untermeer. Formation, W Atlantischer Ozean

**Kolumbien**
58 B 3 *Sp.* República de Colombia (Republik Kolumbien). N Südamerika

**UN-Name:** Republic of Colombia **Formation:** 1903 **Hauptstadt:** Bogotá **Bevölkerung:** 35,1 Mio. **Fläche:** 1 138 910 km² **Sprachen:** Spanisch*, indian. Sprachen, Englisch-Kreolisch **Religionen:** Römisch-Katholische 95%, andere 5% **Volksgruppen:** Mestizen 58%, Weiße 20%, Mischlinge 14%, andere 8% **Regierung:** Mehrparteienrepublik **Währung:** Peso = 100 Centavos

**Kolwezi** 77 D 7 S Dem. Rep. Kongo
**Kolyma** 115 G 2 Fluß, NO Russische Föderation
**Kolymskoye Nagor'ye** 115 G 2 *var.* Khrebet Kolymskiy. Gebirge, NO Russische Föderation
**Komatsu** 131 C 5 *var.* Komatu. Honshū, SW Japan
**Komatu** *siehe* Komatsu
**Kommunizma Pik** *siehe* Garmo, Qullai
**Komoé** 75 E 4 *var.* Komoé Fleuve. Fluß, O Elfenbeinküste
**Komoé Fleuve** *siehe* Komoé

**Komoren**
79 F 2 *Fr.* République fédérale islamique des Comores (Islamische Bundesrepublik Komoren), Indischer Ozean

**UN-Name:** Federal Islamic Republic of the Comoros **Formation:** 1975 **Hauptstadt:** Moroni **Bevölkerung:** 600 000 **Fläche:** 2 230 km² **Sprachen:** Arabisch*, Französisch*, Komorisch **Religionen:** Muslime 86%, Römisch-Katholische 14% **Volksgruppen:** Komorer 96%, Makua 2%, andere 2% **Regierung:** Islamische Republik **Währung:** Komoren-Franc (FC) = 100 Centimes

**Komotau** *siehe* Chomutov
**Komotiní** 104 D 3 *var.* Gümüljina, *Türk.* Gümülcine. NO Griechenland
**Kompong** *siehe* Kâmpóng Chhnăng
**Kompong Cham** *siehe* Kâmpóng Cham
**Kompong Speu** *siehe* Kâmpóng Spoe
**Kompong Thom** *siehe* Kâmpóng Thum
**Komrat** *siehe* Comrat
**Komsomolets, Ostrov** 115 E 1 Insel, Severnaya Zemlya, N Russische Föderation
**Komsomol'sk-na-Amure** 115 G 4 SO Russische Föderation
**Kondolovo** 104 E 3 SO Bulgarien
**Kondopoga** 110 B 3 NW Russische Föderation
**Köneürgench** 122 C 2 *Russ.* Këneurgench; *ehem.* Kunya-Urgench. N Turkmenistan
**Kong Christian IXs Land** 82 D 4 *Eng.* King Christian IX Land. Region, SO Grönland
**Kong Christian Xs Land** 83 E 3 *Eng.* King Christian X Land. Region, O Grönland
**Kong Frederik IXs Land** 82 C 3 *Eng.* King Frederick IX Land. Region, SW Grönland
**Kong Frederik VIIIs Land** 83 E 2 *Eng.* King Frederick VIII Land. Region, NO Grönland
**Kong Frederik VIs Kyst** 82 C 4 *Eng.* King Frederick VI Coast. Region, SO Grönland
**Kong Karls Land** 83 G 2 *Eng.* King Charles Islands. Inselgruppe, SO Svalbard
**Kongo** *siehe* Congo
**Kongo-Becken** 77 C 6 Becken, W Dem. Rep. Kongo

**Kongo, Demokratische Republik**
77 D 6 *Fr.* République démocratique du Congo, *ehem.* Belgisch-Kongo, Kongo (Kinshasa), Zaire. Z Afrika

**UN-Name:** Democratic Republic of Kongo **Formation:** 1997 **Hauptstadt:** Kinshasa **Bevölkerung:** 43,9 Mio. **Fläche:** 2 345 410 km² **Sprachen:** Französisch*, Kisuaheli, Tshiluba, Lingala **Religionen:** Christen 70%, Naturreligionen 20%, Muslime 10% **Volksgruppen:** Bantu 80%, Sudan-Gruppen 18%, andere 2% **Regierung:** im Transitionsprozeß **Währung:** Franc Congolaise = 100 Makuta

**Kongor** 73 B 5 SO Sudan

**Kongo, Republik**
77 B 5 République du Congo (Republik Kongo), *ehem. Fr.* Moyen-Congo, *Eng.* Middle Congo. Z Afrika

**UN-Name:** The Republic of the Congo **Formation:** 1960 **Hauptstadt:** Brazzaville **Bevölkerung:** 2,6 Mio. **Fläche:** 342 000 km² **Sprachen:** Französisch*, Kikongo, Téké, Lingala **Religionen:** Römisch-Katholische 50%, Naturreligionen 48%, andere 2% **Volksgruppen:** Bakongo 48%, Téké 17%, Mboshi 17%, andere 18% **Regierung:** Mehrparteienrepublik **Währung:** CFA-Franc = 100 Centimes

**Kongsberg** 85 B 6 S Norwegen
**Königgrätz** *siehe* Hradec Králové
**Königsberg** *siehe* Kaliningrad
**Konin** 98 C 3 *Dtsch.* Kuhnau. Z Polen
**Konispol** 101 C 7 *var.* Konispoli. S Albanien
**Konispoli** *siehe* Konispol
**Kónitsa** 104 A 4 W Griechenland
**Konjic** 100 C 4 S Bosnien-Herzegowina
**Konoša** *siehe* Konosha
**Konosha** 110 C 4 *var.* Konoša. NW Russische Föderation
**Konotop** 109 F 1 NO Ukraine
**Konstantinopel** *siehe* İstanbul
**Konstantinovka** *siehe* Kostyantynivka
**Konstanz** 95 B 7 *var.* Constanz, *Eng.* Constance; *hist.* Kostnitz, *ant.* Constantia. S Deutschland
**Konstanzer See** *siehe* Bodensee
**Konya** 116 C 4 *ehem.* Konieh; *ant.* Iconium. Z Türkei
**Kôohu** *siehe* Kōfu
**Kopaonik** 101 D 5 Gebirge, Z Jugoslawien
**Kopenhagen** *siehe* København
**Koper** 95 D 8 *It.* Capodistria, *ehem.* Kopar. SW Slowenien
**Kopetdāg Gershi** 122 C 3 *Russ.* Khrebet Kopetdag, *Pers.* Koppeh Dāgh. Gebirge, Iran/Turkmenistan
**Koprivnica** 100 C 2 *Dtsch.* Kopreinitz, *Ung.* Kaproncza. N Kroatien
**Köprülü** *siehe* Veles
**Koptsevichi** *siehe* Kaptsevichy
**Kopyl'** *siehe* Kapyl'
**Korallen-See** 144 B 4 Meer, W Pazifischer Ozean
**Korat Plateau** 136 D 4 Plateau, NO Thailand
**Korba** 135 E 4 N Indien
**Korçë** 101 D 7 *var.* Korça, *Griech.* Korytsa, *It.* Corriza; *ehem.* Koritsa. SO Albanien
**Korčula** 100 B 4 *It.* Curzola; *ant.* Corcyra Nigra. Insel, S Kroatien
**Korea-Bai** 127 G 3 Golf, N Gelbes Meer
**Korea-Straße** 131 A 7 *Jap.* Chōsen-kaikyō, *Kor.* Taehan-haehyŏp. Meerenge, Ostchinesisches Meer/Japanisches Meer
**Korfu** *siehe* Kérkyra
**Korhogo** 74 D 4 N Elfenbeinküste
**Korinthiakós Kólpos** 105 B 5 *Dtsch.* Golf von Korinth; *ant.* Corinthiacus Sinus. Golf, O Ionisches Meer
**Kórinthos** 105 B 6 *Dtsch.* Korinth, *Eng.* Corinth; *ant.* Corinthus. S Griechenland

**Kōriyama** 131 D 5 Honshū, Z Japan
**Korjazma** *siehe* Koryazhma
**Korla** 126 B 3 *Chin.* K'u-erh-lo. NW China
**Körmend** 99 B 7 W Ungarn
**Kornküste** 74 C 5 Küstenregion, S Liberia
**Koróni** 105 B 6 S Griechenland
**Koror** 144 A 2 Staatshauptstadt, Babelthuap, Palau
**Korosten'** 108 D 1 NW Ukraine
**Koro Toro** 76 C 2 N Tschad
**Korsika** *siehe* Corse
**Kortrijk** 87 A 6 *Fr.* Courtrai. W Belgien
**Koryakskoye Nagor'ye** 115 H 2 *var.* Koryakskiy Khrebet, *Dtsch.* Koryaken-Gebirge. Gebirge, NO Russische Föderation
**Koryazhma** 110 C 4 *var.* Korjazma. NW Russische Föderation
**Kós** 105 E 6 Kós, SO Griechenland
**Kós** 105 E 6 *It.* Coo; *ant.* Cos. Insel, Dodekánisos, SO Griechenland
**Kō-saki** 131 A 7 Landspitze, Tsushima, SW Japan
**Kościerzyna** 98 C 2 NW Polen
**Kosciusko, Mount** 149 C 7 Berg, New South Wales, SO Australien
**Koshikijima-rettō** 131 A 8 *var.* Kosikizima Rettô. Inselgruppe, Japan
**Košice** 99 D 6 *Dtsch.* Kaschau, *Ung.* Kassa. O Slowakei
**Kosikizima Rettô** *siehe* Koshikijima-rettō
**Köslin** *siehe* Koszalin
**Koson** 123 E 3 *Russ.* Kasan. S Usbekistan
**Kosovo** 101 E 5 *ehem.* Autonome Provinz Kosovo & Metohija. Region, S Jugoslawien
**Kosovo Polje** 101 D 5 S Jugoslawien
**Kosovska Mitrovica** 101 D 5 *Alb.* Mitrovicë; *ehem.* Mitrovica, Titova Mitrovica. S Jugoslawien
**Kosrae** 144 D 2 *ehem.* Kusaie. Insel, O Mikronesien
**Kostenets** 104 C 2 *var.* Kostenec; *ehem.* Georgi Dimitrov. W Bulgarien
**Kostroma** 110 C 4 NW Russische Föderation
**Kostyantynivka** 109 G 3 *Russ.* Konstantinovka. SO Ukraine
**Kostyukovichi** *siehe* Kastsyukovichy
**Kostyukovka** *siehe* Kastsyukowka
**Koszalin** 98 B 2 *Dtsch.* Köslin. NW Polen
**Kota** 134 D 3 *ehem.* Kotah. N Indien
**Kota Bharu** 138 B 3 *var.* Kota Baharu, Kota Bahru. W Malaysia
**Kotaboemi** *siehe* Kotabumi
**Kotabumi** 138 B 4 *ehem.* Kotaboemi. W Indonesien
**Kotah** *siehe* Kota
**Kota Kinabalu** 138 D 3 *ehem.* Jesselton. Borneo, O Malaysia
**Kota Kota** *siehe* Nkhotakota
**Kotelnič** *siehe* Kotel'nich
**Kotel'nich** 114 B 3 *var.* Kotelnič. NW Russische Föderation
**Kotel'nyy, Ostrov** 115 F 2 Insel, Novosibirskiye Ostrova, N Russische Föderation
**Kotka** 85 E 5 S Finnland
**Kotlas** 110 C 4 NW Russische Föderation
**Kotonu** *siehe* Cotonou
**Kotor** 101 C 5 *It.* Cattaro. SW Jugoslawien

**Kotovs'k** 108 D 3 *Russ.* Kotovsk. SW Ukraine
**Kotovsk** *siehe* Kotovs'k
**Kottbus** *siehe* Cottbus
**Kotto** 76 D 4 Fluß, Zentralafrikanische Republik/Dem. Rep. Kongo
**Kotuy** 115 E 2 Fluß, N Russische Föderation
**Koudougou** 75 E 4 Z Burkina Faso
**Koulamoutou** 77 B 6 Z Gabun
**Koulikoro** 74 D 4 SW Mali
**Koumra** 76 C 4 S Tschad
**Kourou** 59 H 3 N Franz. Guyana
**Kousséri** 76 B 3 *ehem.* Fort-Foureau. NO Kamerun
**Kouvola** 85 E 5 S Finnland
**Kovel'** 108 C 1 *Pol.* Kowel. NW Ukraine
**Kowel** *siehe* Kovel'
**Kowloon** 128 A 1 *Chin.* Jiulong. Hong Kong
**Kozáni** 104 B 4 N Griechenland
**Kozara** 100 B 3 Gebirge, NW Bosnien-Herzegowina
**Kozhikode** *siehe* Calicut
**Koz'modem'yansk** 111 C 5 W Russische Föderation
**Kōzu-shima** 131 D 6 Insel, Izu-shotō, O Japan
**Kozyatyn** 108 D 2 *Russ.* Kazatin. Z Ukraine
**Kpalimé** 75 E 5 *var.* Palimé. SW Togo
**Kra, Isthmus of** 137 B 6 Landenge, Malaysia/Thailand
**Krâchéh** 137 D 6 *ehem.* Kratie. O Kambodscha
**Kragujevac** 100 D 4 Z Jugoslawien
**Krainburg** *siehe* Kranj
**Krakatau** 124 D 5 Vulkan, Indonesien
**Krakau** *siehe* Kraków
**Kraków** 99 D 5 *Dtsch.* Krakau, *Eng.* Cracow; *ant.* Cracovia. S Polen
**Krâlănh** 137 D 5 NW Kambodscha
**Kraljevo** 100 D 4 *ehem.* Rankovićevo. Z Jugoslawien
**Kramators'k** 109 G 3 *Russ.* Kramatorsk. SO Ukraine
**Kramatorsk** *siehe* Kramators'k
**Kramfors** 85 C 5 Z Schweden
**Kranéa** 104 B 4 N Griechenland
**Kranj** 95 D 7 *Dtsch.* Krainburg. NW Slowenien
**Krāslava** 106 D 4 SO Lettland
**Krasnaye** 107 C 5 *Russ.* Krasnoye. Z Weißrußland
**Krasnoarmeysk** 111 C 6 W Russische Föderation
**Krasnodar** 111 A 7 *ehem.* Yekaterinodar. SW Russische Föderation
**Krasnodon** 109 H 3 O Ukraine
**Krasnogor** *siehe* Kallaste
**Krasnogvardeyskoye** *siehe* Krasnohvardiys'ke
**Krasnohvardiys'ke** 109 F 4 *Russ.* Krasnogvardeyskoye. S Ukraine
**Krasnokamsk** 111 D 5 W Russische Föderation
**Krasnoperekops'k** 109 F 4 *Russ.* Krasnoperekopsk. S Ukraine
**Krasnoperekopsk** *siehe* Krasnoperekops'k
**Krasnostav** *siehe* Krasnystaw
**Krasnovodsk** *siehe* Türkmenbashi
**Krasnovodskiy Zaliv** *siehe* Türkmenbashi Aylagy
**Krasnoyarsk** 114 D 4 Z Russische Föderation

**Krasnoye** *siehe* Krasnaye

**Krasnozatonskiy** 110 D 4 *var.* Krasnozatonski, Krasnozatonskij. NW Russische Föderation

**Krasnystaw** 98 E 4 *Russ.* Krasnostav. SO Polen

**Krasnyy Luch** 109 H 3 *ehem.* Krindachevka. O Ukraine

**Krassóvár** *siehe* Caraşova

**Kratie** *siehe* Krâchéh

**Krâvanh, Chuôr Phnum** 137 D 6 *Eng.* Cardamom Mountains, *Fr.* Chaîne des Cardamomes. Gebirge, SW Kambodscha

**Krefeld** 94 A 4 W Deutschland

**Kremenchug** *siehe* Kremenchuk

**Kremenchuk** 109 F 3 *Russ.* Kremenchug. Z Ukraine

**Kremenchuts'ke Vodoskhovyshche** 109 F 2 *Russ.* Kremenchugskoye Vodokhranilishche. Stausee, Z Ukraine

**Kremenets'** 108 C 2 *Pol.* Krzemieniec, *Russ.* Kremenets. W Ukraine

**Kremennaya** *siehe* Kreminna

**Kreminna** 109 H 2 *Russ.* Kremennaya. O Ukraine

**Kresena** *siehe* Kresna

**Kresna** 104 C 3 *var.* Kresena. SW Bulgarien

**Kreta** *siehe* Kríti

**Kretinga** 106 B 3 *Dtsch.* Krottingen. NW Litauen

**Kretisches Meer** 103 F 3 *Gr.* Kritikó Pélagos. Meer, O Mittelmeer

**Kreuz** *siehe* Risti

**Krichëv** *siehe* Krychaw

**Krim** *siehe* Krym

**Krindachevka** *siehe* Krasnyy Luch

**Krishna** 132 C 1 *ehem.* Kistna. Fluß, Z Indien

**Krishnagiri** 132 C 2 SO Indien

**Kristiansand** 85 A 6 *var.* Christiansand. S Norwegen

**Kristianstad** 85 B 7 S Schweden

**Kristiansund** 84 A 4 *var.* Christiansund. S Norwegen

**Kríti** 105 D 8 *Dtsch.* Kreta, *Eng.* Crete. Insel, SO Griechenland

**Krivoy Rog** *siehe* Kryvyy Rih

**Krivyje Ozero** *siehe* Kryve Ozero

**Križevci** 100 B 2 *Dtsch.* Kreuz, *Ung.* Kőrös. NO Kroatien

**Krk** 100 A 2 *It.* Veglia; *ant.* Curieta. Insel, NW Kroatien

**Kroatien**
100 B 2 *SKr.* Republika Hrvatska (Republik Kroatien). SO Europa

**UN-Name:** Republic of Croatia **Formation:** 1991 **Hauptstadt:** Zagreb **Bevölkerung:** 4,9 Mio. **Fläche:** 56 540 km² **Sprachen:** Kroatisch*, Serbisch **Religionen:** Römisch-Katholische 77%, Serbisch-Orthodoxe 11%, Protestanten 1%, Muslime 1%, andere 10% **Volksgruppen:** Kroaten 80%, Serben 12%, Ungarn, Slowenen, andere 8% **Regierung:** Mehrparteienrepublik **Währung:** Kuna = 100 Lipa

**Krolevets'** 109 F 1 *Russ.* Krolevets. NO Ukraine

**Krolevets** *siehe* Krolevets'

**Kronach** 95 C 5 O Deutschland

**Kronshtadt** 110 B 4 *var.* Kronštadt NW Russische Föderation

**Kronštadt** *siehe* Kronshtadt

**Kroonstad** 78 D 4 Z Südafrika

**Kropotkin** 111 B 7 SW Russische Föderation

**Krosno** 99 E 5 *Dtsch.* Krossen. SO Polen

**Krosno Odrzańskie** 98 B 3 *Dtsch.* Crossen, Kreisstadt. W Polen

**Krossen** *siehe* Krosno

**Krottingen** *siehe* Kretinga

**Krško** 95 E 8 *Dtsch.* Gurkfeld; *ehem.* Videm-Krško. O Slowenien

**Krugloye** *siehe* Kruhlaye

**Kruhlaye** 107 D 6 *Russ.* Krugloye. O Weißrußland

**Krujë** 101 D 6 *var.* Kruja, *It.* Croia. Z Albanien

**Krung Thep** 137 C 5 *var.* Krung Thep Mahanakhon, *Eng.* Bangkok. Staatshauptstadt, Z Thailand

**Krung Thep, Ao** 137 C 5 Bucht, Südchinesisches Meer/Pazifischer Ozean

**Krupki** 107 D 6 Z Weißrußland

**Kruševac** 100 D 4 Z Jugoslawien

**Krychaw** 107 E 7 *Russ.* Krichëv. O Weißrußland

**Krym** 109 F 5 *Dtsch.* Krim. Region, Ukraine

**Kryms'ki Hory** 109 F 5 Gebirge, S Ukraine

**Kryve Ozero** 109 E 3 *Russ.* Krivyje Ozero. SW Ukraine

**Kryvyy Rih** 109 F 3 *Russ.* Krivoy Rog. SO Ukraine

**Ksar-el-Kebir** 70 C 2 *var.* Alcázar, Ksar al Kabir, Ksar el Kebir, Ksar-el-Kébir, *Ar.* Al-Kasr al-Kebir, Al-Qsar al-Kbir, *Sp.* Alcazarquivir. NW Marokko

**Kstovo** 111 C 5 W Russische Föderation

**Kuala Dungun** *siehe* Dungun

**Kuala Lumpur** 138 B 3 Staatshauptstadt, W Malaysia

**Kuala Terengganu** 138 B 3 *var.* Kuala Trengganu. W Malaysia

**Kuala Trengganu** *siehe* Kuala Terengganu

**Kualatungkai** 138 B 4 W Indonesien

**Kuantan** 138 B 3 W Malaysia

**Kuba**
54 B 2 República de Cuba (Republik Kuba), N Karibisches Meer

**UN-Name:** Republic of Cuba **Formation:** 1902 **Hauptstadt:** La Habana (Havanna) **Bevölkerung:** 10,9 Mio. **Fläche:** 110 860 km² **Sprachen:** Spanisch*, Englisch, Französisch **Religionen:** Römisch-Katholische 85%, andere 15% **Volksgruppen:** Weiße 66%, Afro-Europäer 22%, andere 12% **Regierung:** Sozialistische Republik **Währung:** Peso = 100 Centavos

**Kuba** *siehe* Quba

**Kuching** 138 C 3 *ehem.* Sarawak. Borneo, O Malaysia

**Kuçovë** 101 C 6 *var.* Kuçova; *ehem.* Qyteti Stalin. Z Albanien

**Kudus** 138 C 5 *ehem.* Koedoes. Jawa, Z Indonesien

**K'u-erh-lo** *siehe* Korla

**Kufra Oasis** *siehe* Al Kufrah

**Kuhmo** 84 E 4 O Finnland

**Kuhnau** *siehe* Konin

**Kuito** 78 B 2 *Port.* Silva Porto. Z Angola

**Kŭjand** *siehe* Khŭjand

**Kuji** 130 D 3 *var.* Kuzi. Japan

**Kula Kangri** 135 G 3 Berg, Bhutan/China

**Kuldīga** 106 B 3 *Dtsch.* Goldingen. W Lettland

**Kullorsuaq** 82 C 2 *var.* Kuvdlorssuak, Kuvdlorssuaq. NW Grönland

**Kŭlob** 123 F 3 *Russ.* Kulyab. SW Tadschikistan

**Kulu** 116 C 3 W Türkei

**Kulunda-Steppe** *siehe* Kulundinskaya Step'

**Kulundinskaya Step'** 114 D 4 *Dtsch.* Kunlunda-Steppe. Region, S Russische Föderation

**Kulyab** *siehe* Kŭlob

**Kuma** 111 B 7 Fluß, SW Russische Föderation

**Kumaka** 59 F 3 SO Guyana

**Kumamoto** 131 A 7 Kyūshū, SW Japan

**Kumanova** *siehe* Kumanovo

**Kumanovo** 101 E 5 *Türk.* Kumanova. N Mazedonien

**Kumasi** 75 E 5 *ehem.* Coomassie. Z Ghana

**Kumba** 77 A 5 W Kamerun

**Kumertau** 111 D 6 W Russische Föderation

**Kumillā** *siehe* Comilla

**Kumo** 75 G 4 O Nigeria

**Kumon Range** 136 B 2 Gebirge, N Myanmar

**Kunashir, Ostrov** 130 E 1 *var.* Kunashiri. Insel, Kurilen, SO Russische Föderation

**Kunda** 106 E 2 NO Estland

**Kunduz** 123 E 3 *var.* Kondoz, Kundūz, Qondūz, *Per.* Kondūz. NO Afghanistan

**Kunene** *siehe* Cunene

**Kungsbacka** 85 B 7 S Schweden

**Kungur** 111 D 5 NW Russische Föderation

**Kunlun Shan** 126 B 4 *var.* Kunlun Mountains. Gebirge, China/Indien

**Kunming** 129 B 6 *var.* K'un-ming; *ehem.* Yunnan. Provinzhauptstadt, SW China

**Kununurra** 146 D 3 Western Australia, N Australien

**Kuopio** 84 E 4 Z Finnland

**Kupang** 139 E 5 *ehem.* Koepang. Timor, Z Indonesien

**Kup"yans'k** 109 G 2 *Russ.* Kupyansk. O Ukraine

**Kupyansk** *siehe* Kup"yans'k

**Kür** 117 G 2 *Geor.* Mtkvari, *Türk.* Kura Nehri. Fluß, SW Asien

**Kura** *siehe* Kür

**Kurashiki** 131 B 6 *var.* Kurasiki. Honshū, SW Japan

**Kurasiki** *siehe* Kurashiki

**Kŭrdzhali** 104 D 3 *var.* Kărdžali, Kirdzhali. S Bulgarien

**Kure** 131 B 7 Honshū, SW Japan

**Küre** 116 C 2 Türkei

**Küre Dağları** 116 C 2 *var.* Köroğlu Dağları, İşfendiyar Dağları. Gebirge, N Türkei

**Kuressaare** 106 C 2 *Dtsch.* Arensburg; *ehem.* Kingissepp. Saaremaa, W Estland

**Kureyka** 115 E 3 Fluß, Z Russische Föderation

**Kurgan-Tyube** *siehe* Qŭrghonteppa

**Kuria Muria Bay** *siehe* Ḩalānīyāt, Khalīj al

**Kurilen-Kamchatka-Depression** *siehe* Kurilen-Graben

**Kurilen** *siehe* Kuril'skiye Ostrova

**Kurilen-Graben** 152 C 1 untermeer. Formation, NW Pazifischer Ozean

**Kuril'sk** 115 H 4 Kuril'skiye Ostrova, SO Russische Föderation

**Kuril'skiye Ostrova** 115 H 4 *Dtsch.* Kurilen, *Eng.* Kurile Islands. Inselgruppe, O Russische Föderation

**Kurisches Haff** *siehe* Kuršskiy Zaliv

**Kurkund** *siehe* Kilingi-Nõmme

**Kurland** *siehe* Kurzeme

**Kurnool** 132 C 1 *var.* Karnul. S Indien

**Kursk** 111 B 6 W Russische Föderation

**Kuršskiy Zaliv** 106 A 4 *var.* Kuršskaya Kosa, *Dtsch.* Kurisches Haff. SO Ostsee

**Kuršumlija** 101 D 5 SO Jugoslawien

**Kuruktag** 126 C 3 Gebirge, NW China

**Kurume** 131 A 7 Kyūshū, SW Japan

**Kurupukari** 59 F 3 Z Guyana

**Kurzeme** 106 B 3 *Dtsch.* Kurland, *Eng.* Courland. Region, W Lettland

**Kusaie** *siehe* Kosrae

**Kushiro** 130 D 2 *var.* Kusiro. Hokkaidō, NO Japan

**Kushka** *siehe* Gushgy

**Kusiro** *siehe* Kushiro

**Kuskokwim Mountains** 36 C 3 Gebirge, Alaska, NW USA

**Kustanay** *siehe* Qostanay

**Kütahya** 116 B 3 *ehem.* Kutaia. W Türkei

**Kutaia** *siehe* Kütahya

**K'ut'aisi** 117 F 2 W Georgien

**Kutina** 100 B 3 NO Kroatien

**Kutno** 98 D 3 Z Polen

**Kuujjuaq** 39 E 2 *ehem.* Fort-Chimo. Québec, O Kanada

**Kuujjuarapik** 38 D 2 Québec, Z Kanada

**Kuusamo** 84 E 3 O Finnland

**Kuwait**
120 C 4 *Ar.* Dawlāt al Kuwayt (Staat Kuwait). SW Asien

**UN-Name:** State of Kuwait **Formation:** 1961 **Hauptstadt:** Kuwait **Bevölkerung:** 1,6 Mio. **Fläche:** 17 820 km² **Sprachen:** Arabisch*, Englisch **Religionen:** Muslime 92%, Christen 6%, andere 2% **Volksgruppen:** Araber 85%, Südasiaten 9%, Perser 4%, andere 2% **Regierung:** Konstitutionelle Monarchie (Emirat) **Währung:** Dinar = 1000 Fils

**Kuwajleen** *siehe* Kwajalein Atoll

**Kuwayt** 120 C 3 O Irak

**Kuybyshev** *siehe* Samara

**Kuybyshevskoye Vodokhranilishche** 111 C 5 *var.* Kuibyshev, *Eng.* Kuybyshev Reservoir. Stausee, W Russische Föderation

**Kuytun** 126 B 3 NW China

**Kuytun** 126 B 2 NW China

**Kuzi** *siehe* Kuji

**Kuznetsk** 111 C 6 W Russische Föderation

**Kvaløya** 84 C 2 Insel, N Norwegen

**Kvarnbergs-vattnet** 84 B 4 *var.* Frostviken. See, N Schweden

**Kvarner** 100 A 3 *var.* Carnaro, *It.* Quarnero. Golf, Adriatisches Meer/Mittelmeer

**Kvitøya** 83 G 1 Insel, NO Svalbard

**Kwai Chung** 128 A 1 Hong Kong

**Kwajalein Atoll** 144 D 1 *var.* Kuwajleen. Insel, Z Marshall-Inseln
**Kwando** *siehe* Cuando
**Kwando** 78 C 2 *var.* Cuando. Fluß, S Afrika
**Kwangju** 128 E 4 *off.* Kwangju-kwangyŏksi, *var.* Kwangchu, *Jap.* Kōshū. SW Süd-Korea
**Kwango** 77 C 7 *Port.* Cuango. Fluß, Angola/Dem. Rep. Kongo
**Kwango** *siehe* Cuango
**Kwanza** *siehe* Cuanza
**Kwekwe** 78 D 3 *ehem.* Que Que. Z Zimbabwe
**Kwidzyń** 98 C 2 *Dtsch.* Marienwerder. N Polen
**Kwigillingok** 36 B 3 Alaska, NW USA
**Kwilu** 78 B 1 Fluß, W Dem. Rep. Kongo
**Kwito** *siehe* Cuito
**Kwun Tong** 128 B 1 Hong Kong
**Kyabé** 76 C 4 S Tschad
**Kyaikkami** 137 B 5 *ehem.* Amherst. SO Myanmar
**Kyaiklat** 136 B 4 S Myanmar
**Kyaikto** 136 B 4 S Myanmar
**Kyakhta** 115 E 5 S Russische Föderation
**Kyaukse** 136 B 3 Z Myanmar
**Kyjov** 99 C 5 *Dtsch.* Gaya. SO Tschechische Republik
**Kykladen** *siehe* Kykládes
**Kykládes** 105 D 6 *var.* Kikládhes, *Dtsch.* Kykladen. Inselgruppe, SO Griechenland
**Kými** 105 C 5 *ehem.* Kími. Évvoia, Z Griechenland
**Kyōto** 131 C 6 Honshū, SW Japan
**Kyparissía** 105 B 6 *var.* Kiparissía. S Griechenland
**Kyrá Panagía** 105 C 5 Insel, Vóreioi Sporádes, O Griechenland
**Kypros** *siehe* Zypern
**Kyrenia** *siehe* Girne
**Kýthira** 105 B 7 *var.* Kíthira, *It.* Cerigo; *Lat.* Cythera. Kýthira, S Griechenland
**Kýthira** 105 C 7 *var.* Kíthira, *It.* Cerigo; *Lat.* Cythera. Insel, S Griechenland
**Kýthnos** 105 C 6 Kýthnos, SO Griechenland
**Kýthnos** 105 C 6 *var.* Kíthnos, Thermiá, *It.* Termia; *ant.* Cythnos. Insel, Kykládes, SO Griechenland
**Kythréa** *siehe* Değirmenlik
**Kyūshū** 131 B 8 *var.* Kyûsyû. Insel, Japan
**Kyūshū-Palau-Rücken** 125 F 2/3 untermeer. Formation, Japan
**Kyustendil** 104 B 2 *var.* Kjustendil; *ant.* Pautalia. W Bulgarien
**Kyûsyû-Palau-Rücken** *siehe* Kyūshū-Palau-Rücken
**Kyyiv** 109 E 2 *Eng./Dtsch.* Kiev, *Russ.* Kiyev. Staatshauptstadt, N Ukraine
**Kyyivs'ke Vodoskhovyshche** 109 E 1 *Russ.* Kiyevskoye Vodokhranilishche. Stausee, N Ukraine
**Kyzil-Kiya** *siehe* Kyzyl-Kyya
**Kyzyl Kum** *siehe* Qyzylkum
**Kyzyl-Kyya** 123 F 2 *Russ.* Kyzyl-Kiya. SW Kirgisistan
**Kyzylrabot** *siehe* Qizilrabot
**Kyzyl-Suu** 123 G 2 *ehem.* Pokrovka. NO Kirgisistan
**Kyûsyû** *siehe* Kyūshū
**Kyzyl-Orda** *siehe* Qyzylorda

# L

**Laaland** *siehe* Lolland
**La Algaba** 92 C 4 S Spanien
**Laarne** 87 B 5 NW Belgien
**La Asunción** 59 E 1 NO Venezuela
**Laâyoune** 70 A 3 *var.* Aaiún. Staatshauptstadt, NW West-Sahara
**La Baie** 39 E 4 Québec, SO Kanada
**la Baule-Escoublac** 90 A 4 NW Frankreich
**Labe** *siehe* Elbe
**Labé** 74 C 4 NW Guinea
**La Blanquilla** *siehe* Blanquilla, Isla
**Laborca** *siehe* Laborec
**Laborec** 99 E 5 *Ung.* Laborca. Fluß, O Slowakei
**Labrador** 39 F 2 Region, Newfoundland and Labrador, SW Kanada
**Labrador-Becken** 66 B 2 untermeer. Formation, NW Atlantischer Ozean
**Labrador-See** 39 G 1 Meer, NW Atlantischer Ozean
**Labutta** 137 A 5 SW Myanmar
**Laç** 101 C 6 *var.* Laci. Z Albanien
**La Calera** 64 B 4 Z Chile
**La Carolina** 92 D 4 S Spanien
**Laccadive Islands** 132 A 3 Inselgruppe, SW Indien
**La Ceiba** 52 D 2 N Honduras
**Lacepede Bay** 149 B 7 Bucht, O Indischer Ozean
**Lacey** 46 B 2 Washington, NW USA
**Lachanás** 104 C 3 N Griechenland
**La Chaux-de-Fonds** 95 A 7 W Schweiz
**Lachlan** 149 C 6 Fluß, SO Australien
**Laci** *siehe* Laç
**la Ciotat** 91 D 6 *ant.* Citharista. SO Frankreich
**Lacobriga** *siehe* Lagos
**La Concepción** 53 E 5 *var.* Concepción. W Panama
**La Concepción** 58 C 1 NW Venezuela
**Laconia** 41 G 2 New Hampshire, NO USA
**La Croix Maingot** 55 F 1 NW St. Lucia
**La Cruz** 52 D 4 NW Costa Rica
**Ladoga-See** *siehe* Ladozhskoye Ozero
**Ladozhskoye Ozero** 110 B 3 *var.* Laa Tokka, *Dtsch.* Ladoga-See, *Fin.* Laatokka. See, NW Russische Föderation
**Lae** 144 B 3 New Guinea, W Papua-Neuguinea
**La Esperanza** 52 C 2 SW Honduras
**Lafayette** 42 B 3 Louisiana, S USA
**Lafayette** 40 C 4 Indiana, N USA
**La Fé** 54 A 2 W Kuba
**Lafia** 75 G 4 Z Nigeria
**la Flèche** 90 B 4 NW Frankreich
**Laghouat** 70 D 2 N Algerien
**Lagos** 92 B 5 *ant.* Lacobriga. S Portugal
**Lagos** 75 F 5 SW Nigeria
**Lagos de Moreno** 50 D 4 SW Mexiko
**Lagouira** 70 A 4 *var.* Guergueرat. SW West-Sahara
**La Grande** 46 C 3 Oregon, NW USA
**La Grange** 42 D 2 Georgia, SO USA
**Lagunas** 64 B 1 N Chile
**Lagunillas** 61 G 4 SO Bolivien
**La Habana** 54 B 2 *Eng.* Havana, *Dtsch.* Havanna. Staatshauptstadt, W Kuba
**Lahat** 138 B 4 Sumatera, W Indonesien
**Laholm** 85 B 7 S Schweden
**Lahore** 134 D 2 Provinzhauptstadt, NO Pakistan
**Lahr** 95 A 6 S Deutschland
**Lahti** 85 E 5 *Schwe.* Lahtis. S Finnland
**Lahtis** *siehe* Lahti
**Laï** 76 B 4 *ehem.* Behagle, De Behagle. S Tschad
**Lai Châu** 136 D 3 NW Vietnam
**Laila** *siehe* Laylá
**La Junta** 44 D 5 Colorado, Z USA
**Lake Charles** 42 A 3 Louisiana, S USA
**Lake City** 43 E 3 South Carolina, SO USA
**Lake District** 89 C 5 Region, NW England, Großbritannien
**Lake Havasu City** 48 A 2 Arizona, SW USA
**Lake Jackson** 49 H 4 Texas, S USA
**Lakeland** 43 E 4 Florida, SO USA
**Lakes Entrance** 149 D 7 Bucht, W Tasman-See
**Lakeside** 47 D 8 California, W USA
**Lakewood** 44 C 4 Colorado, Z USA
**Lake Worth** 43 F 5 Florida, SO USA
**Lakhnau** *siehe* Lucknow
**Lakkadiven** *siehe* Laccadive Islands und Lakshadweep
**Lakonikós Kólpos** 105 B 7 *Dtsch.* Lakonischer Golf. Golf, Z Mittelmeer
**Lakselv** 84 D 2 N Norwegen
**Lakshadweep** 132 A 3 *ehem.* The Laccadive, Minicoy and Amindivi Islands. Unionsstaat, SW Indien
**Lala** 139 E 2 SW Philippinen
**La Laguna** 70 A 3 Tenerife, SW Spanien
**La Libertad** 52 B 1 N Guatemala
**La Libertad** 60 A 2 W Ecuador
**La Ligua** 64 B 4 Z Chile
**Lalín** 92 C 1 NW Spanien
**Lalitpur** 135 F 3 Nepal
**La Louvière** 87 B 6 S Belgien
**La Maçana** *siehe* La Massana
**La Maddalena** 96 A 4 W Italien
**Lamar** 44 D 5 Iowa, Z USA
**La Massana** 91 A 8 *var.* la Maçana. W Andorra
**Lambaré** 64 D 2 S Paraguay
**Lambaréné** 77 A 6 W Gabun
**Lamego** 92 C 2 N Portugal
**Lamesa** 49 E 3 Texas, S USA
**Lamezia** 97 D 6 SO Italien
**Lamía** 105 B 5 Z Griechenland
**Lamma Island** 128 A 2 *Kant.* Pok Liu Chau. Insel, Hong Kong
**Lamon Bay** 139 E 1 Bucht, SW Philippinen-See
**Lamoni** 45 F 4 Wyoming, Z USA
**La Mosquitia** *siehe* Miskitos, Costa de
**Lampang** 136 C 4 *var.* Muang Lampang. NW Thailand
**Lámpeia** 105 B 6 S Griechenland
**Lanbi Kyun** 137 B 6 *ehem.* Sullivan Island. Insel, S Myanmar
**Lancang Jiang** *siehe* Mekong
**Lancaster** 89 C 5 NW England, Großbritannien
**Lancaster** 40 D 4 Ohio, N USA
**Lancaster** 47 C 7 California, W USA
**Lancaster Sound** 37 F 2 Meerenge, Arktis/Baffin Bay
**Landen** 87 C 6 Z Belgien
**Lander** 44 C 3 Wyoming, Z USA
**Landerneau** 90 A 3 NW Frankreich
**Landes** 91 B 5 Region, SW Frankreich
**Landsberg am Lech** 95 C 6 S Deutschland
**Land's End** 89 B 8 Landspitze, SW England, Großbritannien
**Landshut** 95 C 6 SO Deutschland
**Langar** 123 E 2 *Russ.* Lyangar. Z Usbekistan
**Langfang** 128 D 4 NO China
**Langres** 90 D 4 N Frankreich
**Lang Sơn** 136 D 3 *var.* Langson. N Vietnam
**Langson** *siehe* Lang Sơn
**Lang Suan** 137 C 6 Thailand
**Languedoc** 91 C 6 Region, S Frankreich
**Länkäran** 117 H 3 *Russ.* Lenkoran'. S Aserbaidschan
**Lansing** 40 C 3 Bundesstaatshauptstadt, Michigan, N USA
**Lanta, Ko** 137 B 7 Insel, S Thailand
**Lantau Island** 128 A 2 *Kant.* Tai Yue Shan. Insel, Hong Kong
**Lantau Peak** 128 A 1 *Kant.* Fung Wong Shan. Berg, Lantau Island, Hong Kong
**Lantung, Golf von** *siehe* Liaodong Wan
**Lanzarote** 70 B 3 Insel, Islas Canarias, SW Spanien
**Lanzhou** 128 B 4 *var.* Lan-chou, Lanchow, Lan-chow; *ehem.* Kaolan. Provinzhauptstadt, Z China
**Lao Cai** 136 D 3 NW Vietnam
**Laoet** *siehe* Laut, Pulau
**Laoha He** 127 F 2 Fluß, NO China
**Laon** 90 D 3 *var.* la Laon; *ant.* Laudunum. N Frankreich
**La Orchila, Isla** 58 D 1 Insel, N Venezuela
**La Oroya** 60 C 3 Z Peru

---

**Laos**
136 C 4 *Lao.* Sathalanalat Paxathipatai Paxaxôn Lao (Demokratische Volksrepublik Laos). SO Asien

**UN-Name:** Lao People's Democratic Republic **Formation:** 1953
**Hauptstadt:** Vientiane **Bevölkerung:** 4,7 Mio. **Fläche:** 236 800 km²
**Sprachen:** Lao*, Französisch, Miao, Yao **Religionen:** Buddhisten 85%, Christen 2%, andere 13%
**Volksgruppen:** Lao Loum (Tal-Lao) 56%, Lao Theung (Berg-Lao) 34%, Lao Soung 10% **Regierung:** Ein-Parteien-System
**Währung:** Kip = 100 Cents

---

**La Palma** 53 G 5 SO Panama
**La Palma** 70 A 3 Insel, Islas Canarias, SW Spanien
**La Paz** 50 B 3 NW Mexiko
**La Paz** 61 F 4 *var.* La Paz de Ayacucho. Staatshauptstadt, W Bolivien
**La Paz, Bahía de** 50 B 3 Bucht, Golfo de California/Pazifischer Ozean
**La Paz de Ayacucho** *siehe* La Paz
**La Perouse-Straße** 130 C 1 *Jap.* Sōya-kaikyō, *Russ.* Proliv Laperuza. Meerenge, Japanisches Meer/Okhotskisches Meer
**Lápithos** *siehe* Lapta
**La Plata** 64 D 4 O Argentinien

**Lappeenranta** 85 E 5 *Schwe.* Villmanstrand. SO Finnland
**Lappland** 84 D 2 *Fin.* Lappi, *Schwe.* Lappland. Region, N Europa
**Lappo** *siehe* Lapua
**Laptev-See** *siehe* Laptevykh, More
**Laptevykh, More** 115 F 2 *Dtsch.* Laptev-See. Meer, Arktis
**Lapua** 85 D 5 *Schwe.* Lappo. W Finnland
**La Puebla** *siehe* Sa Pobla
**Lapurdum** *siehe* Bayonne
**Łapy** 98 E 3 O Polen
**La Quiaca** 64 C 2 N Argentinien
**L'Aquila** 96 C 4 *var.* Aquila, Aquila degli Abruzzi. Z Italien
**Laracha** 92 B 1 NW Spanien
**Larache** 70 C 2 *var.* al Araïch, El Araïch, *Ar.* Al-Araish; *ehem.* El Araïche, *ant.* Lixus. NW Marokko
**Laramie** 44 C 4 Wyoming, Z USA
**Laramie Mountains** 44 C 3 Gebirge, Z USA
**Laredo** 93 E 1 N Spanien
**Laredo** 49 F 5 Texas, S USA
**La Réunion** *siehe* Réunion
**Largo** 43 E 4 Florida, SO USA
**Lárnaka** 102 C 5 SO Zypern
**La Rioja** 93 E 2 Region, N Spanien
**La Rioja** 64 C 3 NW Argentinien
**Lárisa** 104 B 4 *var.* Larissa. Z Griechenland
**Larissa** *siehe* Lárisa
**Lārkāna** 134 B 3 *var.* Larkhana. SO Pakistan
**Larkhana** *siehe* Lārkāna
**la Rochelle** 90 A 4 *ant.* Rupella. W Frankreich
**la Roche-sur-Yon** 90 A 4 *ehem.* Bourbon Vendée, Napoléon-Vendée. NW Frankreich
**La Roda** 93 E 3 Z Spanien
**La Romana** 55 E 3 O Dominikan. Republik
**La Sarre** 38 D 4 Québec, SO Kanada
**Las Cabezas de San Juan** 92 C 5 S Spanien
**Las Cruces** 48 D 3 New Mexico, SW USA
**La Serena** 64 B 3 N Chile
**La Seu d'Urgel** 93 F 2 *var.* La See d'Urgell, Seo de Urgel. NO Spanien
**la Seyne-sur-Mer** 91 D 6 SO Frankreich
**Lashio** 136 B 3 NO Myanmar
**Lashkar Gāh** 122 D 5 *var.* Lashkar Gah, Lash-Kar-Gar'. S Afghanistan
**La Sila** 97 E 6 Gebirge, SW Italien
**La Sirena** 52 D 3 O Nicaragua
**Łask** 98 C 4 Z Polen
**Las Lomitas** 64 D 2 N Argentinien
**La Solana** 93 E 4 Z Spanien
**Las Palmas** 70 A 3 *var.* Las Palmas de Gran Canaria. Gran Canaria, SW Spanien
**Las Petas** 61 H 3 NO Bolivien
**La Spezia** 96 B 3 NW Italien
**Las Piedras** 61 E 3 O Peru
**Las Tablas** 53 G 5 S Panama
**Las Tunas** 54 C 2 *var.* Victoria de las Tunas. O Kuba
**Las Vegas** 47 D 7 Nevada, W USA
**Las Yaras** 61 E 4 S Peru
**Latacunga** 60 B 1 Z Ecuador
**la Teste** 91 A 5 SW Frankreich
**Latgale** 106 D 4 *Eng.* Latgallia. Region, SO Lettland
**Latgallia** *siehe* Latgale
**Latina** 97 C 5 *ehem.* Littoria. Z Italien
**La Tortuga, Isla** 59 E 1 *var.* Isla Tortuga. Insel, N Venezuela
**La Tuque** 39 E 4 Québec, SO Kanada
**Lau Group** 145 E 4 Inselgruppe, O Fidschi
**Launceston** 149 C 8 Tasmania, SO Australien
**La Unión** 93 F 4 SO Spanien
**La Unión** 65 B 5 Z Chile
**La Unión** 52 C 2 Z Honduras
**La Unión** 60 C 3 Z Peru
**Laurel** 42 C 3 Mississippi, S USA
**Laurel** 44 C 2 Montana, NW USA
**Laurentian Highlands** 39 E 3 *var.* Laurentian Mountains, *Fr.* Les Laurentides. Plateau, Kanada/USA
**Lauria** 97 D 6 S Italien
**Laurinburg** 43 F 1 North Carolina, SO USA
**Lauru** *siehe* Choiseul
**Lausanne** 95 A 7 *It.* Losanna SW Schweiz
**Laut, Pulau** 138 D 4 *ehem.* Laoet. Insel, Z Indonesien
**Laval** 90 B 3 NW Frankreich
**Laval** 38 D 4 Québec, SO Kanada
**La Valette** *siehe* Valletta
**La Vega** 55 E 3 *var.* Concepción de la Vega. Z Dominikan. Republik
**La Vila Jojosa** *siehe* Villajoyosa
**Lávrio** 105 C 6 *ehem.* Lávrion. Z Griechenland
**Lávrion** *siehe* Lávrio
**Lawrence** 41 G 3 Massachusetts, NO USA
**Lawrenceburg** 42 C 1 Tennessee, S USA
**Lawton** 49 F 2 Oklahoma, Z USA
**Laylá** 121 C 5 *var.* Laila. Z Saudi-Arabien
**Lazarev-See** 154 B 1 Meer, S Atlantischer Ozean
**Lázaro Cárdenas** 50 D 5 SW Mexiko
**Læsø** 85 B 7 Insel, N Dänemark
**League City** 49 H 4 Texas, S USA
**Leal** *siehe* Lihula
**Leamhcán** *siehe* Lucan
**Leamington** 38 C 5 Ontario, S Kanada
**Lebak** 139 E 3 Mindanao, S Philippinen
**Lebanon** 42 D 1 Tennessee, S USA
**Lebanon** 41 G 2 Kentucky, NO USA
**Lebanon** 46 B 3 Oregon, NW USA
**Lebanon** 45 G 5 Missouri, Z USA
**Lebap** 122 D 2 NO Turkmenistan
**Lebedin** *siehe* Lebedyn
**Lebedyn** 109 F 2 *Russ.* Lebedin. NO Ukraine
**Lebel-sur-Quévillon** 38 D 4 Québec, SO Kanada
**Lębork** 98 C 2 *var.* Lębórk, *Dtsch.* Lauenburg, Lauenburg in Pommern. NW Polen
**Lebrija** 92 C 5 S Spanien
**Lebu** 65 A 5 Z Chile
**le Cannet** 91 D 6 SO Frankreich
**Le Cap** *siehe* Cap-Haïtien
**Lecce** 97 E 6 SO Italien
**Lechainá** 105 B 6 *var.* Lekhainá. S Griechenland
**Ledo Salinarius** *siehe* Lons-le-Saunier
**Leduc** 37 E 5 Alberta, SW Kanada
**Leech Lake** 45 F 2 See, Minnesota, N USA
**Leeds** 89 D 5 N England, Großbritannien
**Leek** 86 E 2 NO Niederlande
**Leer** 94 A 3 NW Deutschland
**Leeres Viertel** *siehe* Rub' al Khālī
**Leesburg** 43 E 4 Florida, SO USA
**Leeuwarden** 86 D 1 *Fries.* Ljouwert. N Niederlande
**Leeuwin, Cape** 142 A 5 Landspitze, Western Australia, SW Australien
**Leeward Islands** 55 G 3 *var.* Society Islands. Inselgruppe, O Karibisches Meer
**Leeward Islands** *siehe* Sotavento, Ilhas de
**Lefkáda** 105 A 5 *ehem.* Levkás. Lefkáda, W Griechenland
**Lefkáda** 105 A 5 *It.* Santa Maura; *ehem.* Levkás, *ant.* Leucas. Insel, Iónioi Nísoi, W Griechenland
**Lefká Óri** 105 C 7 Gebirge, Kríti, SO Griechenland
**Lefkímmi** 105 A 5 *var.* Levkímmi. Kérkyra, W Griechenland
**Lefkosía** *siehe* Nikosia
**Legaspi** 139 E 2 *off.* Legaspi City. Luzon, N Philippinen
**Legaspi City** *siehe* Legaspi
**Leghorn** *siehe* Livorno
**Legnica** 98 B 4 *Dtsch.* Liegnitz. W Polen
**le Havre** 90 B 3 *Eng.* Havre; *ehem.* le Havre-de-Grâce. N Frankreich
**Lehčevo** *siehe* Lekhchevo
**Leicester** 89 D 6 *Lat.* Batae Coritanorum. Z England, Großbritannien
**Leichhardt Range** 148 D 4 Gebirge, Queensland, NO Australien
**Leiden** 86 C 3 *ehem.* Leyden, *ant.* Lugdunum Batavorum. W Niederlande
**Leie** 87 B 6 *Fr.* Lys. Fluß, Belgien/Frankreich
**Leigh Creek** 149 B 6 South Australia, S Australien
**Leinster** 89 B 6 Region, O Rep. Irland
**Leipsoi** 105 E 6 Insel, Dodekánisos, SO Griechenland
**Leipzig** 94 C 4 *Pol.* Lipsk; *hist. Eng.* Leipsic, *ant.* Lipsia. O Deutschland
**Leiria** 92 B 3 *ant.* Collipo. W Portugal
**Leirvik** 85 A 6 S Norwegen
**Leizhou** *siehe* Haikang
**Lek** 86 C 4 Fluß, SW Niederlande
**Lekhchevo** 104 C 2 *var.* Lehčevo. NW Bulgarien
**Leksand** 85 C 5 Z Schweden
**Lel'chitsy** *siehe* Lyel'chytsy
**Lelystad** 86 D 3 Z Niederlande
**Léman, Lac** 95 A 7 *var.* Lac de Genève, *Dtsch.* Genfer See. See, Frankreich/Schweiz
**le Mans** 90 B 3 NW Frankreich
**le Maroni Fleuve** *siehe* Marowijne Rivier
**Lemnos** *siehe* Límnos
**Lena** 115 F 3 Fluß, O Russische Föderation
**Lengshuitan** 129 C 6 O China
**Lenine** 109 G 5 *Russ.* Lenino. S Ukraine
**Leningrad** *siehe* Sankt Peterburg
**Leningradskaya** 154 C 4 Forschungsstation, Antarktis
**Lenino** *siehe* Lenine
**Lenīngor** 114 D 5 *Russ.* Leninogorsk. O Kasachstan
**Leninogorsk** *siehe* Lenīngor
**Leninpol'** 123 F 2 NW Kirgisistan
**Lenkoran'** *siehe* Lenkeran
**Lenti** 99 B 7 SW Ungarn
**Lentia** *siehe* Linz
**Lenya** 137 B 6 S Myanmar
**Leoben** 95 E 7 Z Österreich
**León** 92 D 1 NW Spanien
**León** 51 E 4 *var.* León de los Aldamas. Z Mexiko
**León** 52 C 3 NW Nicaragua
**León de los Aldamas** *siehe* León
**Leonídi** 105 B 6 S Griechenland
**Léopold II, Lac** *siehe* Mai-Ndombe, Lac
**Léopoldville** *siehe* Kinshasa
**Lepe** 92 C 4 S Spanien
**Lepel'** *siehe* Lyepyel'
**le Portel** 90 C 2 N Frankreich
**le Puy** 91 C 5 *ehem.* le Puy-en-Velay, *hist.* Anicium, Podium Anicensis. Z Frankreich
**Léré** 76 B 4 SW Tschad
**Lérida** *siehe* Lleida
**Lerma** 92 D 2 N Spanien
**Léros** 105 D 6 Insel, Dodekánisos, SO Griechenland
**Lerwick** 88 D 1 NO Scotland, Großbritannien
**Lesbos** *siehe* Lésvos
**Les Cayes** 54 D 3 *var.* Cayes. SW Haiti
**Les Gonaïves** *siehe* Gonaïves
**Leshan** 129 B 5 Z China
**les Herbiers** 90 B 4 NW Frankreich
**Leskovac** 101 E 5 SO Jugoslawien

**Lesotho**
78 D 4 *Ses.* Mmuso wa Lesotho, Kingdom of Lesotho (Königreich Lesotho), *ehem.* Basutoland. S Afrika

**UN-Name:** Kingdom of Lesotho **Formation:** 1966 **Hauptstadt:** Maseru **Bevölkerung:** 1,9 Mio. **Fläche:** 30 350 km² **Sprachen:** Englisch*, Sesotho*, Zulu **Religionen:** Christen 93%, andere (Naturreligionen, Muslime) 7% **Volksgruppen:** Basotho 99%, andere 1% **Regierung:** Konstitutionelle Monarchie **Währung:** Loti = 100 Lisente

**les Sables-d'Olonne** 90 A 4 NW Frankreich
**Lesser Khingan Range** *siehe* Xiao Hinggan Ling
**Lesser Sunda Islands** *siehe* Nusa Tenggara
**Lésvos** 105 D 5 *ant.* Lesbos. Insel, O Griechenland
**Leszno** 98 B 4 *Dtsch.* Lissa. W Polen
**Lethbridge** 37 E 5 Alberta, SW Kanada
**Lethem** 59 F 3 S Guyana
**Leti, Kepulauan** 139 F 5 Inselgruppe, O Indonesien
**Leticia** 58 C 3 S Kolumbien
**Letpadan** 136 B 4 SW Myanmar
**Letsôk-aw Kyun** 137 B 6 *var.* Letsutan Island; *ehem.* Domel Island. Insel, S Myanmar

**Lettland**
106 C 3 *Lett.* Latvijas Republika (Republik Lettland), *ehem.* Lettische Sozialistische Sowjetrepublik. NO Europa

**UN-Name:** Republic of Latvia **Formation:** 1991 **Hauptstadt:** Riga **Bevölkerung:** 2,6 Mio. **Fläche:** 64 589 km² **Sprachen:** Lettisch*,

Russisch **Religionen:** Evangelisch-Lutherische 55%, Römisch-Katholische 24%, Russisch-Orthodoxe 9% **Volksgruppen:** Letten 52%, Russen 34%, Weißrussen 5%, andere 9% **Regierung:** Mehrparteienrepublik **Währung:** Lats = 100 Santimi

---

**Leuven** 87 C 6 *Fr.* Louvain, *Dtsch.* Löwen. Z Belgien
**Leuze** *siehe* Leuze-en-Hainaut
**Leuze-en-Hainaut** 87 B 6 *var.* Leuze. SW Belgien
**Levanger** 84 B 4 Z Norwegen
**Levelland** 49 E 2 Texas, S USA
**Lévêque, Cape** 146 C 3 Landspitze, Western Australia, W Australien
**Leverkusen** 94 A 4 W Deutschland
**Levice** 99 C 6 *var.* Lewentz, *Dtsch.* Lewenz, *Ung.* Léva. SW Slowakei
**Levin** 150 D 4 North Island, Z Neuseeland
**Levkás** *siehe* Lefkáda
**Levkímmi** *siehe* Lefkímmi
**Lewis, Isle of** 88 B 3 Insel, NW Scotland, Großbritannien
**Lewis Range** 44 B 1 Gebirge, NW USA
**Lewis Smith Lake** 42 C 2 Stausee, Alabama, S USA
**Lewiston** 41 G 2 Maine, NO USA
**Lewiston** 46 C 2 Idaho, NW USA
**Lewistown** 44 C 1 Montana, NW USA
**Lexington** 40 C 5 Kentucky, O USA
**Lexington** 45 E 4 Nebraska, Z USA
**Leyte** 139 F 2 Insel, Visayan Islands, Z Philippinen
**Leżajsk** 99 E 5 SO Polen
**Lezhë** 101 C 6 *var.* Lezha; *ehem.* Lesh, Leshi. NW Albanien
**Lhasa** 126 C 5 *var.* La-sa, Lassa. W China
**Lhazê** 126 C 5 SW China
**L'Hospitalet de Llobregat** 93 G 2 *var.* Hospitalet. NO Spanien
**Liancourt Rocks** 131 A 5 Inselgruppe, Japan/Süd-Korea
**Lianyungang** 128 D 4 *var.* Xinpu. O China
**Liaoning** 128 D 3 *var.* Liao, Shengking; *hist.* Fengtien, Shenking. Provinz, NO China
**Liao-yang** *siehe* Liaoyang
**Liaoyuan** 128 E 3 *var.* Shuang-liao, *Jap.* Chengchiatun. NO China
**Liard** *siehe* Fort Liard
**Liban, Jebel** 118 B 4 *var.* Jabal al Gharbt, *Ar.* Jabal Lubnán, *Eng.* Mount Lebanon, *Dtsch.* Libanon-Gebirge. Gebirge, Z Libanon

---

**Libanon**
118 A 4 al-Jumhūriyya al-Lubnāniyya (Republik Libanon), *Ar.* Al Lubnān, *Fr.* Liban. SW Asien

**UN-Name:** Republic of Lebanon **Formation:** 1944 **Hauptstadt:** Beirut **Bevölkerung:** 3,9 Mio. **Fläche:** 10 400 km² **Sprachen:** Arabisch*, Französisch, Armenisch, Assyrisch **Religionen:** Muslime (meist Shi'a) 57%, Christen (zumeist Maroniten) 43% **Volksgruppen:** Araber 93% (Libanesen 83%, Palästinenser 10%), andere 7% **Regierung:** Mehrparteienrepublik **Währung:** Pfund = 100 Piaster

---

**Libanon-Gebirge** *siehe* Liban, Jebel
**Libau** *siehe* Liepāja
**Libby** 44 A 1 Montana, NW USA
**Liberal** 45 E 5 Kansas, Z USA
**Liberec** 98 B 4 *Dtsch.* Reichenberg. N Tschechische Republik

---

**Liberia**
75 D 5 Republic of Liberia (Republik Liberia). W Afrika

**UN-Name:** Republic of Liberia **Formation:** 1847 **Hauptstadt:** Monrovia **Bevölkerung:** 2,9 Mio. **Fläche:** 111 370 km² **Sprachen:** Englisch*, Kpelle, Bassa, Vai, Kru, Grebo, Kissi, Golla **Religionen:** Naturreligionen 70%, Muslime 20%, Christen 10% **Volksgruppen:** Kpelle 20%, Bassa 14%, Amerika-Liberianer 5%, andere (14 weitere Hauptethnien) 61% **Regierung:** Präsidialrepublik (Bürgerkrieg) **Währung:** Liber.-$ = 100 Cents

---

**Liberia** 52 D 4 NW Costa Rica
**Libourne** 91 B 5 SW Frankreich
**Libreville** 77 A 5 Staatshauptstadt, NW Gabun

---

**Libyen**
71 F 3 *Ar.* al-Jamāhīrīyah al-'Arabīyah al Lībīyah ash-Sha'bīyah al-Ishtirākīyah (Große Sozialistische Libysch-Arabische Volks-Jamahiria), *ehem.* Libysche Arabische Republik. N Afrika

**UN-Name:** The Great Socialist People's Libyan Arab Jamahiriya **Gründung:** 1951 **Hauptstadt:** Tarābulus (Tripoli) **Bevölkerung:** 5,5 Mio. **Fläche:** 1 759 540 km² **Sprachen:** Arabisch*, Tuareg **Religionen:** Muslime 97%, andere 3% **Volksgruppen:** Araber, Berber 97%, andere 3% **Regierung:** Sozialistische *jamahiriya* (Staat der Massen) **Währung:** Dinar = 1000 Dirham

---

**Libysches Plateau** *siehe* Ad Diffah
**Libysche Wüste** *siehe* Aş Şahrā'al Lībīyah
**Lichtenfels** 95 C 5 SO Deutschland
**Lichtenvoorde** 86 E 4 O Niederlande
**Lichuan** 129 C 5 Z China
**Lida** 107 B 5 W Weißrußland
**Lidköping** 85 B 6 S Schweden
**Lidoríki** 105 B 5 *ehem.* Lidhorikíon, Lidokhorikion. Z Griechenland
**Lidzbark Warmiński** 98 D 2 *Dtsch.* Heilsberg. N Polen

---

**Liechtenstein**
94 D 1 Fürstentum Liechtenstein. Z Europa

**UN-Name:** Principality of Liechtenstein **Formation:** 1719 **Hauptstadt:** Vaduz **Bevölkerung:** 30 000 **Fläche:** 160 km² **Sprachen:** Deutsch*, Alemannisch, Italienisch **Religionen:** Katholiken 87%, Protestanten 8%, andere 5% **Volksgruppen:** Liechtensteiner 63%, Schweizer 15%, Deutsche 9%, andere 13% **Regierung:** Konstitutionelle Monarchie **Währung:** Schweizer Franken = 100 Rappen

---

**Liège** 87 D 6 *Nied.* Luik, *Dtsch.* Lüttich. O Belgien
**Lienz** 95 D 7 W Österreich
**Liepāja** 106 B 3 *Dtsch.* Libau. W Lettland
**Lievenhof** *siehe* Līvāni
**Liezen** 95 D 7 Z Österreich
**Liffey** 89 B 6 Fluß, O Rep. Irland
**Lifou** 144 D 5 Insel, O Neukaledonien
**Liger** *siehe* Loire
**Ligure, Appennino** 96 A 2 *Dtsch.* Ligurische Alpen. Gebirge, NW Italien
**Ligurische Alpen** *siehe* Ligure, Appennino
**Ligurisches Meer** 102 D 2 *Fr.* Mer Ligurienne, *It.* Mar Ligure. Meer, N Mittelmeer
**Lihou Reef & Cays** 148 E 3 Riff, Z Korallen-See
**Lihue** 47 A 8 *Haw.* Līhu'e. Hawaii, W USA
**Līhu'e** *siehe* Lihue
**Lihula** 106 D 2 *Dtsch.* Leal. W Estland
**Likasi** 77 D 8 *ehem.* Jadotville. SO Dem. Rep. Kongo
**Liknes** 85 A 6 S Norwegen
**Lille** 90 C 2 *var.* l'Isle, *Nied.* Rijssel, *Fläm.* Ryssel; *ehem.* Lisle, *ant.* Insula. N Frankreich
**Lillehammer** 85 B 5 S Norwegen
**Lillestrøm** 85 B 6 S Norwegen
**Lilongwe** 79 E 2 Staatshauptstadt, W Malawi
**Lilybaeum** *siehe* Marsala
**Lima** 60 C 4 Staatshauptstadt, W Peru
**Limanowa** 99 D 5 S Polen
**Limassol** *siehe* Lemesós
**Lim Chu Kang** 138 A 1 NW Singapur
**Limerick** 89 A 6 *Ir.* Luimneach. SW Rep. Irland
**Limín Vathéos** *siehe* Sámos
**Límnos** 104 D 4 *ant.* Lemnos. Insel, O Griechenland
**Limoges** 91 C 5 *ant.* Augustoritum Lemovicensium, Lemovices. Z Frankreich
**Limón** 53 E 4 *var.* Puerto Limón. O Costa Rica
**Limón** 52 D 2 NO Honduras
**Limousin** 91 C 5 Region, Z Frankreich
**Limoux** 91 C 6 S Frankreich
**Limpopo** 78 D 3 *var.* Crocodile. Fluß, S Afrika
**Linares** 92 D 4 S Spanien
**Linares** 64 B 4 Z Chile
**Linares** 51 E 3 NO Mexiko
**Linchuan** 129 D 5 O China
**Lincoln** 89 D 6 *ant.* Lindum, Lindum Colonia. O England, Großbritannien
**Lincoln** 45 F 4 Bundesstaatshauptstadt, Nebraska, Z USA
**Lincoln-See** 83 E 1 Meer, Arktis
**Linden** 59 G 3 O Guyana
**Líndhos** *siehe* Líndos
**Lindi** 73 D 8 SO Tansania
**Líndos** 105 E 7 *var.* Líndhos. Ródos, SO Griechenland
**Line Islands** 145 H 3 Inselgruppe, O Kiribati
**Lingen** 94 A 3 *var.* Lingen an der Ems. NW Deutschland
**Lingen an der Ems** *siehe* Lingen
**Lingga, Kepulauan** 138 B 4 Inselgruppe, W Indonesien
**Linköping** 85 C 6 S Schweden
**Linz** 95 D 6 *ant.* Lentia. N Österreich
**Lion, Golfe du** 91 C 7 *Dtsch. ehem.* Löwengolf, *Eng.* Gulf of Lions; *ant.* Sinus Gallicus. Bucht, NW Mittelmeer
**Liozno** *siehe* Lyozna
**Lipari, Isola** 97 D 7 Insel, S Italien
**Lipetsk** 111 B 5 W Russische Föderation
**Lipova** 108 A 4 *Ung.* Lippa. W Rumänien
**Lipovets** *siehe* Lypovets'
**Lippa** *siehe* Lipova
**Lippstadt** 94 B 4 W Deutschland
**Lira** 73 B 6 N Uganda
**Lisala** 77 C 5 N Dem. Rep. Kongo
**Lisboa** 92 B 4 *Dtsch.* Lissabon; *ant.* Felicitas Julia, Olisipo. Staatshauptstadt, W Portugal
**Lisichansk** *siehe* Lysychans'k
**Lisieux** 90 B 3 *ant.* Noviomagus. N Frankreich
**Liski** 111 B 6 *ehem.* Georgiu-Dezh. W Russische Föderation
**Lismore** 149 E 5 New South Wales, SO Australien
**Lissa** *siehe* Leszno
**Lissabon** *siehe* Lisboa
**Lisse** 86 C 3 W Niederlande
**Litang** 129 A 5 Z China
**Lītani, Nahr el** 119 B 5 *var.* Nahr al Litani. Fluß, Z Libanon

---

**Litauen**
106 B 4 *Lit.* Lietuva, *Pol.* Litwa, *Russ.* Litva; *ehem.* Litauische Sozialistische Sowjetrepublik, *Russ.* Litovskaya SSR. Republik. NO Europa

**UN-Name:** Republic of Lithuania **Gründung:** 1991 **Hauptstadt:** Vilnius (Wilna) **Bevölkerung:** 3,8 Mio. **Fläche:** 65 200 km² **Sprachen:** Litauisch*, Russisch **Religionen:** Römisch-Katholische 87%, Russisch-Orthodoxe 10%, andere 3% **Volksgruppen:** Litauer 80%, Russen 9%, Polen 8%, andere 3% **Staatsform:** Mehrparteienrepublik **Währung:** Litas = 100 Centas

---

**Lithgow** 149 D 6 New South Wales, SO Australien
**Litóchoro** 104 B 4 *var.* Litókhoron. N Griechenland
**Little Andaman** 133 F 2 Insel, SW Indien
**Little Barrier Island** 150 D 2 Insel, North Island, N Neuseeland
**Little Bay** 93 H 5 Bucht, NO Atlantischer Ozean
**Little Cayman** 54 B 3 Insel, Cayman Islands
**Little Falls** 45 F 2 Minnesota, N USA
**Littlefield** 49 E 2 Texas, S USA
**Little Fort** 37 E 5 British Columbia, SW Kanada
**Little Inagua** 54 D 2 *var.* Inagua Islands. Insel, Bahamas
**Little Minch, The** 88 B 3 Meerenge, NO Atlantischer Ozean
**Little Missouri River** 44 D 2 Fluß, NW USA
**Little Nicobar** 133 G 3 Insel, SW Indien
**Little Rock** 42 B 1 Bundesstaatshauptstadt, Arkansas, Z USA
**Little Sound** 42 A 5 Bucht, W Atlantischer Ozean
**Littleton** 44 C 4 Colorado, Z USA
**Littoria** *siehe* Latina
**Liuzhou** 129 C 6 *var.* Liu-chou, Liuchow. S China
**Livanátai** *siehe* Livanátes
**Livanátes** 105 C 5 *ehem.* Livanátai. Z Griechenland

**Līvāni** 106 D 4 *Dtsch.* Lievenhof. SO Lettland
**Liverpool** 89 C 5 NW England, Großbritannien
**Liverpool** 39 F 5 Nova Scotia, SO Kanada
**Livingston** 44 B 2 Montana, NW USA
**Livingston, Lake** 49 H 3 Stausee, Texas, S USA
**Livingstone** 78 C 3 *var.* Maramba. S Sambia
**Livingstone Mountains** 151 A 7 Gebirge, South Island, SW Neuseeland
**Livno** 100 B 4 SW Bosnien-Herzegowina
**Livojoki** 84 D 4 Fluß, Z Finnland
**Livonia** 40 D 3 Michigan, N USA
**Livonia** *siehe* Vidzeme
**Livorno** 96 B 3 *Eng.* Leghorn. Z Italien
**Lixian Jiang** 129 A 6 *Viet.* Sông Đa, *Dtsch.* Schwarzer Fluß, *Fr.* Rivière Noire, *Eng.* Black River. Fluß, China/Vietnam, siehe auch Đa, Sông
**Lixoúri** 105 A 5 *ehem.* Lixoúrion. Iónioi Nísoi, W Griechenland
**Lixoúrion** *siehe* Lixoúri
**Ljouwert** *siehe* Leeuwarden
**Ljubljana** 95 D 8 *Dtsch.* Laibach, *It.* Lubiana; *ant.* Aemona, Emona. Staatshauptstadt, Z Slowenien
**Ljungby** 85 B 7 S Schweden
**Ljusdal** 85 C 5 Z Schweden
**Ljusnan** 85 C 5 Fluß, Z Schweden
**Llallagua** 61 F 4 SW Bolivien
**Llanelli** 89 C 7 *ehem.* Llanelly. S Wales, Großbritannien
**Llanelly** *siehe* Llanelli
**Llanes** 92 D 1 N Spanien
**Llanos** 58 D 2 Region, Kolumbien/Venezuela
**Lleida** 93 F 2 *var.* Lérida; *ant.* Ilerda. NO Spanien
**Lluchmayor** *siehe* Llucmajor
**Llucmajor** 93 G 3 *var.* Lluchmayor. O Spanien
**Lobatse** 78 C 4 *var.* Lobatsi. SO Botswana
**Lobatsi** *siehe* Lobatse
**Löbau** 94 D 4 O Deutschland
**Lobito** 78 B 2 W Angola
**Lobositz** *siehe* Lovosice
**Loburi** *siehe* Lop Buri
**Lochem** 86 E 3 O Niederlande
**Loch Garman** *siehe* Wexford
**Lockport** 41 E 3 New York, NO USA
**Lodeynoye Pole** 110 B 4 *var.* Lodejnoje Pole, Lodeinoje Polje. NW Russische Föderation
**Lodi** 47 B 6 California, W USA
**Lodja** 77 D 6 Z Dem. Rep. Kongo
**Lodz** *siehe* Łódź
**Łódź** 98 D 4 *Russ.* Lodz. Z Polen
**Loei** 136 C 4 *var.* Loey, Muang Loei. N Thailand
**Lofoten** 84 B 3 *var.* Lofoten Islands. Inselgruppe, Z Norwegen
**Lofoten Islands** *siehe* Lofoten
**Logan** 44 B 3 Utah, W USA
**Logan, Mount** 36 D 3 Berg, Yukon Territory, W Kanada
**Logansport** 40 C 4 Indiana, N USA
**Logroño** 93 E 2 *ant.* Vareia, *Lat.* Juliobriga. N Spanien
**Loiblpaß** 95 D 7 *Slwn.* Ljubelj. Paß, Österreich/Slowenien
**Loi-Kaw** 136 B 4 O Myanmar
**Loire** 90 B 4 *ant.* Liger. Fluß, Z Frankreich
**Loita Hills** 73 C 6 Mittelgebirge, SW Kenia
**Loja** 60 B 2 S Ecuador
**Lokitaung** 73 C 5 NW Kenia
**Lokoja** 75 G 5 Z Nigeria
**Loksa** 106 E 2 *Dtsch.* Loxa. NW Estland
**Lolland** 85 A 8 *ehem.* Laaland. Insel, S Dänemark
**Lom** 75 H 5 Fluß, Kamerun/Zentralafrikanische Republik
**Lom** 104 C 1 *ehem.* Lom-Palanka. NW Bulgarien
**Loma Mansa** *siehe* Bintimani
**Lomami** 77 D 6 Fluß, Z Dem. Rep. Kongo
**Lomas de Zamora** 64 D 4 O Argentinien
**Lombok, Pulau** 138 D 5 Insel, Z Indonesien
**Lomé** 75 F 5 Staatshauptstadt, S Togo
**Lommel** 87 D 5 N Belgien
**Lomond, Loch** 88 C 4 See, W Scotland, Großbritannien
**Lomonosov-Rücken** 155 F 3 *var.* Harris-Rücken, *Russ.* Khrebet Lomonsova. Untermeer. Formation, Arktis
**Lomonsova, Khrebet** *siehe* Lomonosov-Rücken
**Lom-Palanka** *siehe* Lom
**Lompoc** 47 B 7 California, W USA
**Lom Sak** 136 C 4 *var.* Muang Lom Sak. N Thailand
**Łomża** 98 D 3 *Russ.* Lomzha. NO Polen
**Lomzha** *siehe* Łomża
**Loncoche** 65 B 5 Z Chile
**London** 89 E 7 *ant.* Augusta, *Lat.* Londinium. Staatshauptstadt, SO England, Großbritannien
**London** 38 C 5 Ontario, S Kanada
**Londonderry** 88 A 4 *var.* Derry, *Ir.* Doire. N Northern Ireland, Großbritannien
**Londonderry, Cape** 146 C 2 Landspitze, Western Australia, W Australien
**Londrina** 63 E 4 S Brasilien
**Longa, Proliv** 115 G 1 Meerenge, Chukchi-See/Ostsibirische See
**Long Bay** 43 F 2 Bucht, NW Atlantischer Ozean
**Long Beach** 47 C 8 California, W USA
**Longford** 89 B 5 *Ir.* An Longfort. Z Rep. Irland
**Long Island** 54 D 2 Insel, Bahamas
**Long Island** 148 D 4 Insel, Queensland, O Australien
**Long Island** 41 G 4 Insel, New York, NO USA
**Long Island Sound** 41 G 3 Sund, W Atlantischer Ozean
**Longlac** 38 C 4 Ontario, S Kanada
**Longmont** 44 C 4 Colorado, Z USA
**Longreach** 148 C 4 Queensland, O Australien
**Longview** 49 H 3 Texas, S USA
**Longview** 46 B 2 Washington, NW USA
**Long Xuyên** 137 D 6 *var.* Longxuyen. SW Vietnam
**Longxuyen** *siehe* Long Xuyên
**Longyan** 129 D 6 SO China
**Longyearbyen** 83 G 2 Hauptstadt eines abhängigen Territoriums, W Svalbard
**Lons-le-Saunier** 90 D 4 *ant.* Ledo Salinarius. O Frankreich
**Lop Buri** 137 C 5 *var.* Loburi. Z Thailand
**Lop Nur** 126 C 3 *var.* Lob Nor, Lop Nor, Lo-pu Po. See, NW China
**Loppersum** 86 E 1 NO Niederlande
**Lorain** 40 D 3 Ohio, N USA
**Lorca** 93 E 4 *Ar.* Lurka; *ant.* Eliocroca, *Lat.* Illur co. S Spanien
**Lord Howe Island** 142 C 4 Insel, O Australien
**Lord Howe-Schwelle** 152 C 4 untermeer. Formation, SW Pazifischer Ozean
**Loreto** 50 B 3 W Mexiko
**Lorient** 90 A 4 *ehem.* l'Orient. NW Frankreich
**l'Orient** *siehe* Lorient
**Lorn, Firth of** 88 B 4 Bucht, NO Atlantischer Ozean
**Lörrach** 95 A 7 S Deutschland
**Lorraine** 90 D 3 *Dtsch.* Lothringen. Region, NO Frankreich
**Los Alamos** 48 D 1 New Mexico, SW USA
**Los Amates** 52 B 2 O Guatemala
**Los Angeles** 47 C 8 California, W USA
**Los Ángeles** 65 B 5 Z Chile
**Losanna** *siehe* Lausanne
**Los Banos** 47 B 6 California, W USA
**Lošinj** 100 A 3 *Dtsch.* Lussin, *It.* Lussino. Insel, W Kroatien
**Loslau** *siehe* Wodzisław Śląski
**Los Mochis** 50 C 3 Z Mexiko
**Los Roques, Islas** 58 D 1 Inselgruppe, N Venezuela
**Los Testigos** 59 E 1 Insel, NO Venezuela
**Lost River Range** 46 D 3 Gebirge, Idaho, NW USA
**Lot** 91 B 5 Region, SW Frankreich
**Lot** 91 B 5 Fluß, S Frankreich
**Lotagipi Swamp** 73 C 5 Feuchtgebiet, Kenia/Sudan
**Lothringen** *siehe* Lorraine
**Loualaba** *siehe* Lualaba
**Louangnamtha** 136 C 3 *var.* Luong Nam Tha. N Laos
**Louangphabang** 136 C 3 *var.* Louangphrabang, Luang Prabang. Z Laos
**Loubomo** *siehe* Dolisie
**Loudéac** 90 A 3 NW Frankreich
**Loudi** 129 C 6 O China
**Louga** 74 B 3 NW Senegal
**Louisiade Archipelago** 144 C 4 Inselgruppe, SO Papua-Neuguinea
**Louisiana** 42 A 2 *off.* State of Louisiana; *auch genannt:* Creole State, Pelican State. Bundesstaat, S USA
**Louisville** 40 C 5 Kentucky, O USA
**Louisville-Rücken** 152 D 4 untermeer. Formation, SW Pazifischer Ozean
**Lourdes** 91 B 6 S Frankreich
**Lourenço Marques** *siehe* Maputo
**Louth** 89 E 5 O England, Großbritannien
**Loutrá** 104 C 4 N Griechenland
**Louvain-la Neuve** 87 C 6 Z Belgien
**Louviers** 90 C 3 N Frankreich
**Loveč** *siehe* Lovech
**Lovech** 104 C 2 *var.* Loveč. NW Bulgarien
**Loveland** 44 C 4 Colorado, Z USA
**Lovosice** 98 A 4 *Dtsch.* Lobositz. NW Tschechische Republik
**Lóvua** 78 C 1 NO Angola
**Lowell** 41 G 3 Massachusetts, NO USA
**Löwen** *siehe* Leuven
**Lower California** *siehe* Baja California
**Lower Hutt** 151 D 5 North Island, Z Neuseeland
**Lower Lough Erne** 89 A 5 See, SW Northern Ireland, Großbritannien
**Lower Red Lake** 45 F 1 Lake, Minnesota, USA
**Lowestoft** 89 E 6 O England, Großbritannien
**Loxa** *siehe* Loksa
**Loyauté, Îles** 144 D 5 Inselgruppe, S Neukaledonien
**Loyev** *siehe* Loyew
**Loyew** 107 D 8 *Russ.* Loyev. SO Weißrußland
**Loznica** 100 D 3 W Jugoslawien
**Lualaba** 77 D 7 *Fr.* Loualaba. Fluß, SO Dem. Rep. Kongo
**Luanda** 78 A 1 *var.* Loanda, Paulo de Loanda, *Port.* São. Staatshauptstadt, NW Angola
**Luang, Thale** 137 C 7 Lagune, Südchinesisches Meer/Pazifischer Ozean
**Luanshya** 78 D 2 Z Sambia
**Luarca** 92 C 1 N Spanien
**Lubaczów** 99 E 5 *var.* Lúbaczów. SO Polen
**Lubań** 98 B 4 SW Polen
**Lubānas Ezers** *siehe* Lubāns
**Lubango** 78 B 2 *Port.* Sá da Bandeira. SW Angola
**Lubāns** 106 D 4 *var.* Lubānas Ezers. See, O Lettland
**Lubao** 77 D 6 Z Dem. Rep. Kongo
**Lübben** 94 D 4 O Deutschland
**Lübbenau** 94 D 4 O Deutschland
**Lubbock** 49 E 2 Texas, S USA
**Lübeck** 94 C 2 N Deutschland
**Lubelska, Wyżyna** 98 E 4 Plateau, SO Polen
**Lüben** *siehe* Lubin
**Lubin** 98 B 4 *Dtsch.* Lüben. W Polen
**Lublin** 98 E 4 *Russ.* Lyublin. O Polen
**Lubliniec** 98 C 4 S Polen
**Lubny** 109 F 2 NO Ukraine
**Lubsko** 98 B 4 *Dtsch.* Sommerfeld. W Polen
**Lubumbashi** 77 E 8 *ehem.* Élisabethville. SO Dem. Rep. Kongo
**Lubutu** 77 D 6 O Dem. Rep. Kongo
**Luca** 61 F 5 SW Bolivien
**Luca** *siehe* Lucca
**Lucan** 89 B 5 *Ir.* Leamhcán. O Rep. Irland
**Lucano, Appennino** 97 D 6 *Dtsch.* Lukanisches Gebirge. Gebirge, S Italien
**Lucapa** 78 C 1 *var.* Lukapa. NO Angola
**Lucca** 96 B 3 *ant.* Luca. Z Italien
**Lucea** 54 A 4 W Jamaica
**Lucedale** 42 C 3 Mississippi, S USA
**Lucena** 92 D 4 S Spanien
**Lucena** 139 E 1 *off.* Lucena City. Luzon, N Philippinen
**Lucena City** *siehe* Lucena
**Lučenec** 99 D 6 *Dtsch.* Losontz, *Ung.* Losonc. S Slowakei
**Lucknow** 135 E 3 *var.* Lakhnau. Bundesstaatshauptstadt, N Indien
**Lüderitz** 78 B 4 *ehem.* Angra Pequena. SW Namibia
**Ludhiāna** 134 D 2 N Indien
**Ludsan** *siehe* Ludza

**Luduș** 108 B 4 *Dtsch.* Ludasch, *Ung.* Marosludas. Z Rumänien
**Ludvika** 85 C 6 Z Schweden
**Ludwigsburg** 95 B 6 SW Deutschland
**Ludwigsfelde** 94 D 4 NO Deutschland
**Ludwigshafen** 95 B 5 W Deutschland
**Ludwigslust** 94 C 3 N Deutschland
**Ludza** 106 D 4 *Dtsch.* Ludsan. O Lettland
**Luebo** 77 C 6 SW Dem. Rep. Kongo
**Luena** 78 C 2 *var.* Lwena, *Port.* Luso. O Angola
**Lufira** 77 E 7 Fluß, SO Dem. Rep. Kongo
**Lufkin** 49 H 3 Texas, S USA
**Luga** 110 A 4 NW Russische Föderation
**Lugenda, Rio** 79 E 2 Fluß, N Moçambique
**Lugh Ganana** *siehe* Luuq
**Lugo** 92 C 1 *ant.* Lugus Augusti. NW Spanien
**Lugoj** 108 A 4 *Dtsch.* Lugosch, *Ung.* Lugos. W Rumänien
**Lugus Augusti** *siehe* Lugo
**Luhans'k** 109 H 3 *Russ.* Lugansk; *ehem.* Voroshilovgrad. O Ukraine
**Luimneach** *siehe* Limerick
**Lukanisches Gebirge** *siehe* Lucano, Appennino
**Lukapa** *siehe* Lucapa
**Lukenie** 77 D 6 Fluß, Z Dem. Rep. Kongo
**Lukovit** 104 C 2 NW Bulgarien
**Łuków** 98 E 4 *Dtsch.* Bogendorf. O Polen
**Lukuga** 77 E 7 Fluß, SO Dem. Rep. Kongo
**Luleå** 84 D 4 N Schweden
**Luleälven** 84 C 3 Fluß, N Schweden
**Lulonga** 77 C 5 Fluß, NW Dem. Rep. Kongo
**Luluabourg** *siehe* Kananga
**Lumberton** 43 F 1 North Carolina, SO USA
**Lumbo** 79 F 2 NO Moçambique
**Lumi i Vjosës** 104 A 4 *var.* Vijosa, Vijosë, *Griech.* Aóos. Fluß, Albanien/Griechenland
**Lumsden** 151 A 7 South Island, SW Neuseeland
**Lund** 85 B 7 S Schweden
**Lüneburg** 94 B 3 N Deutschland
**Lungué-Bungo** *siehe* Lungwebungu
**Lungwebungu** 78 C 2 *var.* Lungué-Bungo. Fluß, Angola/Sambia
**Luninyets** 107 B 7 *Pol.* Łuniniec, *Russ.* Luninets. SW Weißrußland
**Lunteren** 86 D 4 Z Niederlande
**Luong Nam Tha** *siehe* Louangnamtha
**Luoyang** 128 C 4 *var.* Honan, Lo-yang. Z China
**Lupatia** *siehe* Altamura
**Luqa** 102 B 5 Z Malta
**Lúrio** 79 F 2 NO Moçambique
**Lúrio, Rio** 79 E 2 Fluß, NO Moçambique
**Lusaka** 78 D 2 Staatshauptstadt, SO Sambia
**Lushnja** *siehe* Lushnjë
**Lushnjë** 101 C 6 *var.* Lushnja. Z Albanien
**Lūt, Dasht-e** 120 D 3 *var.* Kavīr-e Lūt. Wüste, O Iran
**Lūt, Kavīr-e** *siehe* Lūt, Dasht-e
**Luton** 89 D 6 S England, Großbritannien
**Łutselk'e** 37 F 4 *ehem.* Snowdrift. Northwest Territories, Z Kanada
**Luts'k** 108 C 1 *Pol.* Łuck, *Russ.* Lutsk. NW Ukraine
**Lüttich** *siehe* Liège
**Lutzow-Holm Bay** 154 C 2 *var.* Lützow Holmbukta. Bucht, Atlantischer Ozean/Indischer Ozean
**Lützow Holmbukta** *siehe* Lutzow-Holm Bay
**Luuq** 73 D 6 *It.* Lugh Ganana. SW Somalia
**Luvua** 77 E 7 Fluß, SO Dem. Rep. Kongo
**Luxembourg** 87 D 8 Staatshauptstadt, Luxemburg

**Luxemburg**
87 D 8 Grand-Duché de Luxembourg, Groussherzogtum Lëtzebuerg (Großherzogtum Luxemburg). W Europa

**UN-Name:** Grand Duchy of Luxembourg **Formation:** 1867
**Hauptstadt:** Luxembourg
**Bevölkerung:** 400 000 **Fläche:** 2586 $km^2$ **Sprachen:** Lëtzebuergesch*, Französisch, Deutsch, Portugiesisch, Italienisch
**Religionen:** Römisch-Katholische 97%, andere 3% **Volksgruppen:** Luxemburger 72%, Portugiesen 9%, Belgier 5%, andere 14%
**Regierung:** Konstitutionelle Monarchie **Währung:** Belg. Franc = 100 Centimes

**Luxor** 72 B 2 *Ar.* Al Uqșur. O Ägypten
**Luza** 110 C 4 NW Russische Föderation
**Luzern** 95 B 7 *Fr.* Lucerne, *It.* Lucerna. Z Schweiz
**Luzon** 139 E 1 Insel, N Philippinen
**Luzon-Straße** 139 E 1 Meerenge, W Pazifischer Ozean
**L'viv** 108 B 2 *Dtsch.* Lemberg, *Pol.* Lwów, *Russ.* L'vov. W Ukraine
**Lyakhavichy** 107 D 6 *Russ.* Lyakhovichi. SW Weißrußland
**Lyakhovichi** *siehe* Lyakhavichy
**Lyallpur** *siehe* Faisalābād
**Lyangar** *siehe* Langar
**Lyck** *siehe* Ełk
**Lycksele** 84 C 4 N Schweden
**Lyel'chytsy** 107 C 7 *Russ.* Lel'chitsy. SO Weißrußland
**Lyepyel'** 107 D 5 *Russ.* Lepel'. N Weißrußland
**Lyme Bay** 89 D 7 Bucht, Atlantischer Ozean/Ärmelkanal
**Lynchburg** 41 E 5 Virginia, NO USA
**Lynn** 41 G 3 Massachusetts, NO USA
**Lyon** 91 D 5 *Eng.* Lyons; *ant.* Lugdunum. O Frankreich
**Lyozna** 107 E 6 *Russ.* Liozno. NO Weißrußland
**Lypovets'** 108 D 2 *Russ.* Lipovets. Z Ukraine
**Lys** *siehe* Leie
**Lysychans'k** 109 H 3 *Russ.* Lisichansk. O Ukraine
**Lyttelton** 151 C 6 South Island, Z Neuseeland
**Lyublin** *siehe* Lublin
**Lyubotin** *siehe* Lyubotyn
**Lyubotyn** 109 G 2 *Russ.* Lyubotin. O Ukraine
**Lyulyakovo** 104 E 2 *ehem.* Keremitlik. O Bulgarien
**Lyusina** 107 C 6 *Russ.* Lyusino. SW Weißrußland
**Lyusino** *siehe* Lyusina

# M

**Ma'ān** 119 B 7 SW Jordanien
**Mäander** *siehe* Büyükmenderes
**Maardu** 106 D 2 *Dtsch.* Maart. NW Estland
**Maarmorilik** 82 C 3 *var.* Mârmorilik. W Grönland
**Ma'arrat an Nu'mān** 118 B 3 *var.* Ma'aret-en-Nu'man, *Fr.* Maarret enn Naamâne. NW Syrien
**Maart** *siehe* Maardu
**Maas** 86 D 4 *Fr.* Meuse. Fluß, W Europa
**Maaseik** 87 D 5 *ehem.* Maeseyck. NO Belgien
**Maastricht** 87 D 6 *var.* Maestricht; *ant.* Traieclum ad Mosam, Traiectum Tungorum. SO Niederlande
**Macao** 129 C 6 *var.* Macau, *Chin.* Aomen, *Port.* Maçāo. Bis 1999 portugiesisches Territorium, dann spezielles Verwaltungsgebiet Chinas, O Asien
**Macará** 60 B 2 S Ecuador
**Macarsca** *siehe* Makarska
**Macău** *siehe* Makó
**MacCluer Gulf** *siehe* Berau, Teluk
**Macdonnell Ranges** 142 A 4 Gebirge, Northern Territory, Z Australien
**Maceió** 63 G 3 Bundesstaatshauptstadt, O Brasilien
**Macfarlane, Lake** 149 B 6 *var.* Lake Mcfarlane. See, South Australia, S Australien
**Machachi** 60 B 1 Z Ecuador
**Machakos** 73 C 6 S Kenia
**Machala** 60 B 2 SW Ecuador
**Machanga** 79 E 3 O Moçambique
**Machattie, Lake** 148 B 4 See, Z Australien
**Machilīpatnam** 132 D 1 *var.* Bandar, Masulipatnam. O Indien
**Machiques** 58 C 2 NW Venezuela
**Măcin** 108 D 5 SO Rumänien
**Mackay** 148 D 4 Queensland, NO Australien
**Mackay, Lake** 146 D 4 Salzsee, Z Australien
**Mackenzie** 37 E 3 Fluß, Northwest Territories, NW Kanada
**Mackenzie Bay** 154 D 3 Bucht, Z Indischer Ozean
**Mackenzie Mountains** 36 D 3 Gebirge, Northwest Territories, NW Kanada
**Macleod, Lake** 146 A 4 See, W Australien
**Macomb** 40 A 4 Illinois, N USA
**Macomer** 97 A 5 W Italien
**Macon** 42 D 2 Georgia, SO USA
**Macon** 45 G 4 Missouri, Z USA
**Mâcon** 91 D 5 *ant.* Matisco, Matisco Ædourum. Z Frankreich
**Macquarie-Rücken** 154 C 5 untermeer. Formation, SW Pazifischer Ozean
**Macuspana** 51 G 4 SO Mexiko
**Ma'dabā** 119 B 6 *var.* Mādabā, Madeba; *ant.* Medeba. NW Jordanien

**Madagaskar**
79 F 3 Repoblikan'i Madagasikara (Republik Madagaskar); *ehem.* Malegassische Republik. O Afrika

**UN-Name:** Democratic Republic of Madagascar **Formation:** 1960
**Hauptstadt:** Antananarivo
**Bevölkerung:** 13,3 Mio. **Fläche:** 587 040 $km^2$ **Sprachen:** Malagasisch*, Französisch*, Howa
**Religionen:** Naturreligionen 52%, Christen 41%, Muslime 7%
**Volksgruppen:** Merina 26%, Betsimisaraka 15%, Betsileo 12%, andere (Inder, Chinesen, Franzosen, Komorer) 47% **Regierung:** Mehrparteienrepublik **Währung:** Franc = 100 Centimes

**Madagaskar-Becken** 141 B 5 untermeer. Formation, W Indischer Ozean
**Madagaskar-Plateau** 141 A 6 *var.* Madagaskar-Rücken, Madagaskar-Schwelle. Untermeer. Formation, W Indischer Ozean
**Madang** 144 B 3 New Guinea, N Papua-Neuguinea
**Madanīy'ın** *siehe* Médenine
**Made** 86 C 4 S Niederlande
**Madeira** 62 D 2 *var.* Río Madera. Fluß, Bolivien/Brasilien
**Madeira** 70 A 2 aut. Region Portugals, O Atlantischer Ozean
**Madeira** 70 A 2 *var.* Ilha de Madeira. Insel, O Atlantischer Ozean
**Madeira, Ilha de** *siehe* Madeira
**Madeleine, Îles de la** 39 F 4 *Eng.* Magdalen Islands. Inselgruppe, Québec, O Kanada
**Madera** 47 C 6 California, W USA
**Madera, Río** *siehe* Madeira
**Madhya Pradesh** 135 E 4 *ehem.* Central Provinces and Berar. Bundesstaat, Z Indien
**Madīnat al Abyār** *siehe* Al Abyār
**Madīnat ath Thawrah** 118 C 2 *var.* Ath Thawrah. N Syrien
**Madioen** *siehe* Madiun
**Madison** 40 B 3 Bundesstaatshauptstadt, Wisconsin, N USA
**Madison** 45 F 3 South Dakota, N USA
**Madiun** 138 D 5 *ehem.* Madioen. Jawa, Z Indonesien
**Madoera** *siehe* Madura, Pulau
**Madona** 106 D 4 *Dtsch.* Modohn. O Lettland
**Madras** 132 D 2 S Indien
**Madras** *siehe* Tamil Nādu
**Madre, Laguna** 49 G 5 See, Texas, S USA
**Madre, Laguna** 51 F 3 Lagune, NW Golf von Mexiko
**Madre de Dios** 61 E 3 Fluß, Bolivien/Peru
**Madre del Sur, Sierra** 51 E 5 Gebirge, S Mexiko
**Madre Occidental, Sierra** 50 C 2 *var.* Western Sierra Madre. Gebirge, Z Mexiko
**Madre Oriental, Sierra** 51 E 3 *var.* Eastern Sierra Madre. Gebirge, Z Mexiko
**Madrid** 92 D 3 Staatshauptstadt, Z Spanien
**Madura** 138 D 5 *ehem.* Madoera. Insel, Z Indonesien
**Madurai** 132 C 3 *ehem.* Madura, Mathurai. S Indien
**Maebashi** 131 D 5 *var.* Maebasi, Mayebashi. Honshū, S Japan
**Mae Nam Nan** 136 C 4 Fluß, S Thailand
**Mae Nam Yom** 136 C 4 Fluß, S Thailand

**Maeseyck** *siehe* Maaseik
**Maewo** 144 D 4 *ehem.* Aurora. Insel, Z Vanuatu
**Mafraq** *siehe* Al Mafraq
**Magadan** 115 G 3 NO Russische Föderation
**Magallanes** *siehe* Punta Arenas
**Magallanes, Estrecho de** 65 C 8 *Dtsch.* Magellan-Straße. Meerenge, Atlantischer Ozean/ Pazifischer Ozean
**Magangué** 58 B 2 N Kolumbien
**Magdalena** 50 B 2 NW Mexiko
**Magdalena** 61 F 3 N Bolivien
**Magdalena, Isla** 50 B 3 Insel, W Mexiko
**Magdalen Islands** *siehe* Madeleine, Îles de la
**Magdeburg** 94 C 4 Z Deutschland
**Magdelena** 58 B 2 Fluß, Z Kolumbien
**Magelang** 138 C 5 Jawa, Z Indonesien
**Magellan-Straße** *siehe* Magallanes, Estrecho de
**Magerøy** *siehe* Magerøya
**Magerøya** 84 D 1 *var.* Magerøy. Insel, N Norwegen
**Maggiore, Lago** 96 B 1 See, Italien/Schweiz
**Maglaj** 100 C 3 N Bosnien-Herzegowina
**Maglie** 97 E 6 SO Italien
**Magna** 44 B 4 Utah, W USA
**Magnitogorsk** 114 B 4 Z Russische Föderation
**Mağosa** *siehe* Gazimağusa
**Magta' Laḩjar** 74 C 3 *var.* Magta' Lahjar, Magtá Lahjar, Magta Lahjar. SW Mauretanien
**Magway** *siehe* Magwe
**Magwe** 136 A 3 *var.* Magway. W Myanmar
**Mahajanga** 79 G 3 *var.* Majunga. N Madagaskar
**Mahakam,** 138 D 4 *var.* Koetai, Kutai. Fluß, Kalimantan, Z Indonesien
**Mahalapye** 78 D 3 *var.* Mahalatswe. SO Botswana
**Mahalatswe** *siehe* Mahalapye
**Mahān** 120 D 4 O Iran
**Mahārāshtra** 134 D 5 Bundesstaat, W Indien
**Mahé** 79 H 1 Insel, NO Seychellen
**Mahia Peninsula** 150 E 4 Halbinsel, North Island, O Neuseeland
**Mahilyow** 107 E 6 *Russ.* Mogilëv. O Weißrußland
**Mahmūd-e 'Erāqī** *siehe* Maḩmūd-e Rāqī
**Maḩmūd-e Rāqī** 123 E 4 *var.* Mahmūd-e 'Erāqī. NO Afghanistan
**Mahón** 93 H 3 *Kat.* Maó, *Eng.* Port Mahon; *ant.* Portus Magonis. O Spanien
**Mähren** *siehe* Morava
**Mährisch-Weisskirchen** *siehe* Hranice
**Maicao** 58 C 1 N Kolumbien
**Maidstone** 89 E 7 SO England, Großbritannien
**Maiduguri** 75 H 4 NO Nigeria
**Mailand** *siehe* Milano
**Main** 95 B 5 Fluß, Z Deutschland
**Mai-Ndombe, Lac** 77 C 6 *ehem.* Lac Léopold II. See, W Dem. Rep. Kongo
**Maine** 90 B 3 Region, NW Frankreich
**Maine** 41 G 2 *off.* State of Maine; *auch genannt:* Lumber State, Pine Tree State. Bundesstaat, NO USA
**Maine, Gulf of** 41 H 2 Golf, NW Atlantischer Ozean
**Mainland** 88 D 2 Insel, NO Scotland, Großbritannien
**Mainland** 88 D 1 Insel, NO Scotland, Großbritannien
**Mainz** 95 B 5 SW Deutschland
**Maio** 74 A 3 *var.* Mayo. Insel, Kap Verde
**Maisur** *siehe* Mysore
**Maitland** 149 D 6 New South Wales, SO Australien
**Maíz, Islas del** 53 E 3 *var.* Corn Islands. Inselgruppe, SO Nicaragua
**Maizhokunggar X** 126 C 5 W China
**Majunga** *siehe* Mahajanga
**Majuro** 142 D 2 *var.* D-U-D Municipality. Staatshauptstadt, S Marshall-Inseln
**Majuro** 144 D 2 Insel, SO Marshall-Inseln
**Makale** *siehe* Mek'elē
**Makarikari Pans** *siehe* Makgadikgadi
**Makarov-Becken** 155 G 3 untermeer. Formation, Arktis
**Makarska** 100 B 4 *It.* Macarsca. SO Kroatien
**Makasar, Selat** 138 D 4 *Eng.* Makassar Strait, *Dtsch.* Makassar-Straße. Meerenge, Sulawesi-See/Java-See
**Makassar-Straße** *siehe* Makasar, Selat
**Makeni** 74 C 4 Z Sierra Leone
**Makgadikgadi** 78 C 3 *var.* Makarikari Pans. Salzsee, NO Botswana
**Makhachkala** 111 B 8 *ehem.* Petrovsk-Port. SW Russische Föderation
**Makin Atoll** 144 D 2 *ehem.* Pitt Island. Insel, W Kiribati
**Makira** *siehe* San Cristobal
**Makiyivka** 109 G 3 *Russ.* Makeyevka; *ehem.* Dmitriyevsk. O Ukraine
**Makkah** 121 A 5 *Eng.* Mecca, *Dtsch.* Mekka. W Saudi-Arabien
**Makkovik** 39 F 2 Newfoundland and Labrador, NO Kanada
**Makó** 99 D 7 *Rum.* Macău. SO Ungarn
**Makoua** 77 B 5 Z Rep. Kongo
**Makran-Küste** 120 E 4 Region, SO Iran
**Makrany** 107 A 6 *Russ.* Mokrany. SW Weißrußland
**Mākū** 120 B 2 NW Iran
**Makurdi** 75 G 5 Z Nigeria
**Mala** *siehe* Malaita
**Malabār-Küste** 132 B 3 Region, SW Indien
**Malabo** 77 A 5 *ehem.* Santa Isabel. Staatshauptstadt, NW Äquat. Guinea
**Malaca** *siehe* Málaga
**Malacca** *siehe* Melaka
**Malacca, Straße von** 138 A 3 Meerenge, Indischer Ozean/Pazifischer Ozean
**Malacka** *siehe* Malacky
**Malacky** 99 C 6 *Ung.* Malacka. W Slowakei
**Maladzyechna** 107 C 5 *Pol.* Molodeczno, *Russ.* Molodechno. Z Weißrußland
**Málaga** 92 D 5 *ant.* Malaca. S Spanien
**Malagarasi** 73 B 7 Fluß, SW Tansania
**Malaiische Halbinsel** 124 D 4 *Eng.* Malay Peninsula. SO Asien
**Malaita** 144 C 3 *var.* Mala. Insel, N Salomon-Inseln
**Malakal** 73 B 5 S Sudan
**Malambo** 58 B 1 N Kolumbien
**Malang** 138 D 5 Jawa, Z Indonesien
**Malange** *siehe* Malanje
**Malanje** 78 B 1 *var.* Malange. NW Angola
**Mälaren** 85 C 6 See, Z Schweden
**Malatya** 117 E 4 *ant.* Melitene. SO Türkei
**Mala Vyska** 109 E 3 *Russ.* Malaya Viska. S Ukraine

**Malawi**
79 E 1 Mfuko la Malawi, Republic of Malawi (Republik Malawi), *ehem.* Nyasaland, Protektorat Nyasaland. S Afrika

**UN-Name:** Republic of Malawi **Formation:** 1964 **Hauptstadt:** Lilongwe **Bevölkerung:** 10,8 Mio. **Fläche:** 118 480 km² **Sprachen:** Englisch*, Chichewa, Lomwe, Yao **Religionen:** Christen 66%, Natur-religionen 18%, andere (v. a. Muslime und Bahai) 16% **Volksgruppen:** Maravi 55%, Lomwe 17%, Yao 13%, andere 15% **Regierung:** Mehrparteienrepublik **Währung:** Kwacha = 100 Tambala

**Malaya Viska** *siehe* Mala Vyska

**Malaysia**
138 B 3 Persekutuan Tanah Malaysia, Federation of Malaysia (Wahlmonarchie im Commonwealth); *ehem.* The separate territories of Federation of Malaya, Sarawak, Sabah (North Borneo) and Singapore. SO Asien

**UN-Name:** Malaysia **Formation:** 1965 **Hauptstadt:** Kuala Lumpur **Bevölkerung:** 19,5 Mio. **Fläche:** 329 750 km² **Sprachen:** Malaiisch*, Chinesisch, Tamil, Englisch als Verkehrssprache **Religionen:** Muslime 53%, Buddhisten, Konfuzianer 30%, andere 17% **Volksgruppen:** Malaien und Austronesier 60%, Chinesen 30%, Inder 8%, andere 2% **Regierung:** Föderale konstitutionelle Monarchie **Währung:** Ringgit = 100 Cents

**Malbork** 98 C 2 *Dtsch.* Marienburg, Marienburg in Westpreußen. N Polen
**Malchin** 94 C 3 N Deutschland
**Malden** 45 H 5 Missouri, Z USA
**Malden Island** 145 G 3 *ehem.* Independence Island. Insel, O Kiribati
**Male'** 132 B 4 Staatshauptstadt, Z Malediven
**Male' Atoll** 132 B 4 *var.* Kaafu Atoll. Insel, Z Malediven

**Malediven**
132 A 4 Divehi Rājjē ge Jumhūriyyā (Republik Malediven), Indischer Ozean

**UN-Name:** Republic of Maldives **Formation:** 1965 **Hauptstadt:** Male' **Bevölkerung:** 246 000 **Fläche:** 300 km² **Sprachen:** Dhivehi (Maldivisch)*, Sinhala, Tamil **Religionen:** Sunna-Muslime 100% **Volksgruppen:** Malediver 99%, andere 1% **Regierung:** Präsidialrepublik **Währung:** Rufiyaa - 100 Laari

**Malekula** 144 D 4 *var.* Malakula; *ehem.* Mallicolo. Insel, W Vanuatu
**Malesína** 105 C 5 O Griechenland
**Malheur Lake** 46 C 3 See, Oregon, NW USA
**Malheur River** 46 C 4 Fluß, Oregon, NW USA

**Mali**
75 E 2 République du Mali (Republik Mali); *ehem.* Sudanesische Republik, Französisch-Sudan. W Afrika

**UN-Name:** Republic of Mali **Formation:** 1960 **Hauptstadt:** Bamako **Bevölkerung:** 10,1 Mio. **Fläche:** 1 240 190 km² **Sprachen:** Französisch*, Bambara, Ful, Senufo, Soninké **Religionen:** Muslime 80%, Naturreligionen 18%, Christen 2% **Volksgruppen:** Bambara 31%, Fulbe 13%, Senufo 12%, andere 44% **Regierung:** Mehrparteienrepublik **Währung:** CFA-Franc = 100 Centimes

**Malik, Wadi al** *siehe* Milk, Wadi el
**Mali Kyun** 137 B 5 *var.* Tavoy Island. Insel, S Myanmar
**Malin** *siehe* Malyn
**Malindi** 73 D 7 SO Kenia
**Malko Tŭrnovo** 104 E 3 SO Bulgarien
**Mallaig** 88 C 3 W Scotland, Großbritannien
**Mallawi** 72 B 2 Z Ägypten
**Mallorca** 93 H 3 *Eng.* Majorca; *ant.* Baleares Major. Insel, O Spanien
**Malmberget** 84 C 3 N Schweden
**Malmédy** 87 D 7 O Belgien
**Malmö** 85 B 7 S Schweden
**Malmyž** *siehe* Malmyzh
**Maloelap** 144 D 1 *var.* Maoeap. Insel, O Marshall-Inseln
**Maḷoeḷap** *siehe* Maloelap Atoll
**Małopolska** 98 D 4 Plateau, S Polen
**Malozemel'skaja Tundra** *siehe* Malozemel'skaya Tundra
**Malozemel'skaya Tundra** 110 D 3 *var.* Malozemel'skaja Tundra. Region, NW Russische Föderation

**Malta**
102 A 5 Repubblika ta' Malta, Republic of Malta (Republik Malta), Mittelmeer

**UN-Name:** Republic of Malta **Formation:** 1964 **Hauptstadt:** Valletta **Bevölkerung:** 400 000 **Fläche:** 320 km² **Sprachen:** Maltesisch*, Englisch **Religionen:** Römisch-Katholische 98%, andere (meistens Anglikaner) 2% **Volksgruppen:** Malteser (arab., sizilian., span., italien., engl. Abstammung) 98%, andere 2% **Regierung:** Mehrparteienrepublik **Währung:** Lira = 100 Cents

**Malta** 97 C 8 Insel, S Europa
**Malta** 106 D 4 SO Lettland
**Malta** 44 C 1 Montana, NW USA
**Malta, Canale di** *siehe* Malta, Straße von
**Malta, Straße von** 97 C 8 *Engl.* Malta Channel, *It.* Canale di Malta. Meerenge, Z Mittelmeer
**Malta Channel** *siehe* Malta, Straße von
**Maluku** 139 F 4 *Eng.* Moluccas, *Nied.* Molukken; *ehem.* Spice

Islands, *Dtsch.* Gewürzinseln. Inselgruppe, O Indonesien
**Maluku, Laut** 139 F 4 *Eng.* Molucca Sea, *Dtsch.* Molukken-See. Meer, W Pazifischer Ozean
**Malung** 85 B 5 Z Schweden
**Malyn** 108 D 2 *Russ.* Malin. N Ukraine
**Malyy Kavkaz** *siehe* Kleiner Kaukasus
**Mamberamo, Sungai** 139 H 4 Fluß, Irian Jaya, O Indonesien
**Mamonovo** 106 A 4 *Dtsch.* Heiligenbeil. W Russische Föderation
**Mamoré** 61 F 3 Fluß, Bolivien/Brasilien
**Mamou** 74 C 4 W Guinea
**Mamoudzou** 79 F 2 Hauptstadt eines abhängigen Territoriums, Mayotte
**Mamuno** 78 C 3 W Botswana
**Man, Isle of** 89 C 5 unmittelbares Gebiet der britischen Krone, W England, Großbritannien
**Manacor** 93 H 3 O Spanien
**Manado** 139 F 3 *ehem.* Menado. Sulawesi, Z Indonesien
**Managua** 52 D 3 Staatshauptstadt, W Nicaragua
**Managua, Lago de** 52 C 3 *var.* Xolotlán. See, W Nicaragua
**Manahiki-Plateau** 152 D 3 untermeer. Formation, SW Pazifischer Ozean
**Manakara** 79 G 4 SO Madagaskar
**Manama** *siehe* Al Manāmah
**Mananjary** 79 G 3 SO Madagaskar
**Manáos** *siehe* Manaus
**Manapouri, Lake** 151 A 7 See, South Island, SW Neuseeland
**Manar** *siehe* Mannar
**Manas** 123 F 2 Berg, Kirgisistan/Usbekistan
**Manaus** 62 D 2 *ehem.* Manáos. Bundesstaatshauptstadt, NW Brasilien
**Manavgat** 116 B 4 SW Türkei
**Manbij** 118 C 2 *var.* Mambij, *Fr.* Membidj. N Syrien
**Manchester** 89 D 5 *Lat.* Mancunium. N England, Großbritannien
**Manchester** 41 G 3 New Hampshire, NO USA
**Man-chou-li** *siehe* Manzhouli
**Mandschurische Ebene** 128 D 2 Region, NO China
**Máncio Lima** *siehe* Japiim
**Máncora** 60 B 2 NO Peru
**Mancunium** *siehe* Manchester
**Mand** 120 D 4 *var.* Rūd-e Mand. Fluß, S Iran
**Mand, Rūd-e** *siehe* Mand
**Mandalay** 136 B 3 N Myanmar
**Mandan** 45 E 2 North Dakota, N USA
**Mandara Mountains** 75 H 4 Gebirge, O Nigeria
**Mandaue** 139 E 2 *off.* Mandaue City. Cebu, Z Philippinen
**Mandaue City** *siehe* Mandaue
**Mandeville** 54 B 5 Z Jamaica
**Mándra** 105 C 6 Z Griechenland
**Mandurah** 147 B 6 Western Australia, SW Australien
**Mandya** 132 C 2 Z Indien
**Manfredonia** 97 D 5 SO Italien
**Mangai** 77 C 6 W Dem. Rep. Kongo
**Mangaia** 145 G 5 Inselgruppe, S Cook Islands
**Mangalia** 108 D 5 *ant.* Callatis. SO Rumänien
**Mangalmé** 76 C 3 SO Tschad
**Mangalore** 132 B 2 W Indien
**Mangaung** *siehe* Bloemfontein
**Mangin Range** 136 B 2 Gebirge, Z Myanmar
**Mango** *siehe* Sansanné-Mango
**Mangoky** 79 F 3 Fluß, SW Madagaskar
**Manhattan** 45 F 4 Kansas, Z USA
**Manicouagan, Réservoir** 39 E 3 See, Québec, O Kanada
**Manihiki** 145 G 4 Insel, N Cook Islands
**Manihiki-Plateau** 152 D 3 untermeer. Formation, Z Pazifischer Ozean
**Maniitsoq** 82 C 3 *var.* Manîtsoq, *Dän.* Sukkertoppen. SW Grönland
**Manila** 139 E 1 *off.* City of Manila. Staatshauptstadt, Luzon, N Philippinen
**Manisa** 116 A 3 *var.* Manissa; *ehem.* Saruhan, *ant.* Magnesia ad Sipylos. W Türkei
**Manistee River** 40 C 2 Fluß, Michigan, N USA
**Manitoba** 37 F 5 Provinz, S Kanada
**Manitoulin Island** 38 C 5 Insel, Ontario, S Kanada
**Manitowoc** 40 B 2 Wisconsin, N USA
**Manizales** 58 B 3 W Kolumbien
**Manjimup** 147 B 7 Western Australia, SW Australien
**Mankato** 45 F 3 Minnesota, N USA
**Manlleu** 93 G 2 NO Spanien
**Manmād** 134 C 5 W Indien
**Mannar** 132 C 3 *var.* Manar. Sri Lanka
**Mannar, Golf von** 132 C 3 Golf, N Indischer Ozean
**Mannheim** 95 B 5 SW Deutschland
**Manono** 77 E 7 SO Dem. Rep. Kongo
**Manosque** 91 D 6 SO Frankreich
**Manra** 145 F 3 *ehem.* Sydney Island. Insel, Z Kiribati
**Mansa** 78 D 2 *ehem.* Fort Rosebery. N Sambia
**Mansel Island** 38 C 1 Insel, Northwest Territories, NO Kanada
**Mansfield** 40 D 4 Ohio, N USA
**Manta** 60 A 2 W Ecuador
**Manteca** 47 B 6 California, W USA
**Mantova** 96 B 2 *Dtsch./Eng.* Mantua, *Fr.* Mantoue. NW Italien
**Mantua** *siehe* Mantova
**Manuae** 145 G 5 Insel, S Cook Islands
**Manukau** *siehe* Manurewa
**Manurewa** 150 D 3 *var.* Manukau. North Island, N Neuseeland
**Manzanares** 93 E 4 Z Spanien
**Manzanillo** 54 C 3 O Kuba
**Manzanillo** 50 D 4 SW Mexiko
**Manzano Mountains** 48 D 2 Gebirge, New Mexico, SW USA
**Manzhouli** 127 F 1 *var.* Man-chou-li. N China
**Manzil** 119 B 7 W Jordanien
**Mao** 76 B 3 W Tschad
**Maoke, Pegunungan** 139 H 4 *Nied.* Sneeuw-gebergte, *Eng.* Snow Mountains. Gebirge, Irian Jaya, O Indonesien
**Maoming** 129 C 6 S China
**Maputo** 78 D 4 *ehem.* Lourenço Marques. Staatshauptstadt, S Moçambique
**Maputo, Baía de** 79 E 4 *var.* Baía de Lourenço Marques, *Eng.* Delagoa Bay. Bucht, W Indischer Ozean
**Marabá** 63 F 2 NO Brasilien
**Maracaibo** 58 C 1 NW Venezuela
**Maracaibo, Lago de** 58 C 2 *Eng.* Lake Maracaibo. Lagune, NW Venezuela
**Maracay** 58 D 1 N Venezuela
**Maradi** 75 G 3 S Niger
**Maragha** *siehe* Marāgheh
**Marāgheh** 120 C 2 *var.* Maragha. NW Iran
**Marajó, Baía de** 63 F 1 Bucht, W Atlantischer Ozean
**Marajó, Ilha de** 63 E 1 Insel, N Brasilien
**Maramba** *siehe* Livingstone
**Maranhão** 63 F 2 *off.* Estado do Maranhão. Bundesstaat, O Brasilien
**Maranhão, Estado do** *siehe* Maranhão
**Marañón** 60 C 2 Fluß, N Peru
**Mărăşeşti** 108 C 4 O Rumänien
**Marathon** 38 C 4 Ontario, S Kanada
**Marathón** *siehe* Marathónas
**Marathónas** 105 C 5 *ehem.* Marathón. Z Griechenland
**Marbella** 92 D 5 S Spanien
**Marble Bar** 146 B 4 Western Australia, W Australien
**Marburg** *siehe* Marburg an der Lahn
**Marburg** *siehe* Maribor
**Marburg an der Lahn** 94 B 4 W Deutschland
**March** *siehe* Morava
**Marche** 91 C 5 Region, Z Frankreich
**Marche-en-Famenne** 87 D 7 SO Belgien
**Marchena, Isla** 60 B 5 *var.* Bindloe Island. Insel, Galápagos-Inseln, O Pazifischer Ozean
**Marchfield** 55 H 2 SO Barbados
**Mar Chiquita, Laguna** 64 C 3 See, Z Argentinien
**Marcona** 60 D 4 SW Peru
**Marcounda** *siehe* Markounda
**Mardān** 134 C 1 N Pakistan
**Mar del Plata** 65 D 5 O Argentinien
**Mardin** 117 E 4 SO Türkei
**Maré** 144 D 5 Insel, O Neukaledonien
**Mareeba** 148 C 3 Queensland, NO Australien
**Marganets** *siehe* Marhanets'
**Margarita, Isla de** 59 E 1 Insel, N Venezuela
**Margate** 89 E 7 *ehem.* Mergate. SO England, Großbritannien
**Marghita** 108 B 3 *Ung.* Margitta. NW Rumänien
**Margitta** *siehe* Marghita
**Mārgow, Dasht-e** 122 D 5 Wüste, SW Afghanistan
**Marhanets'** 109 F 3 *Russ.* Marganets. O Ukraine
**María Cleofas, Isla** 50 C 4 Insel, Z Mexiko
**Maria Island** 149 C 8 Insel, Tasmania, SO Australien
**Maria Island** 148 B 2 Insel, Northern Territory, NO Australien
**María Madre, Isla** 50 C 4 Insel, Z Mexiko
**María Magdalena, Isla** 50 C 4 Insel, Z Mexiko
**Marianao** 54 B 2 NW Kuba
**Marianen-Graben** 152 B 2 *var.* Challenger Deep. Untermeer. Formation, W Pazifischer Ozean
**Mariánské Lázně** 99 A 5 *Dtsch.* Marienbad. W Tschechische Republik
**Marias River** 44 C 1 Fluß, Montana, NW USA
**Maribor** 95 E 7 *Dtsch.* Marburg. NO Slowenien
**Maridi** 73 B 5 SW Sudan
**Marie Byrd Land** 154 B 3 Region, Antarktis
**Marie Celeste-Bruchzone** 141 C 5 untermeer. Formation, Z Indischer Ozean
**Marie-Galante** 55 H 4 *var.* Ceyre to the Caribs. Insel, Guadeloupe
**Marienbad** *siehe* Mariánské Lázně
**Marienburg** *siehe* Alūksne
**Marienhausen** *siehe* Viļaka
**Mariental** 78 B 4 SW Namibia
**Marienwerder** *siehe* Kwidzyń
**Mariestad** 85 B 6 S Schweden
**Marília** 63 E 4 S Brasilien
**Marín** 92 B 2 NW Spanien
**Marina** 47 B 6 California, W USA
**Mar'ina Gorka** *siehe* Mar'ina Horka
**Mar'ina Horka** 107 C 6 *Russ.* Mar'ina Gorka. Z Weißrußland
**Maringá** 63 E 4 S Brasilien
**Marion** 40 C 4 Indiana, N USA
**Marion** 40 D 4 Ohio, N USA
**Marion** 45 G 3 Iowa, Z USA
**Marion, Lake** 43 E 2 Stausee, South Carolina, SO USA
**Marion Reef** 148 E 3 Riff, Z Korallen-See
**Mariscal Estigarribia** 64 D 2 NW Paraguay
**Marisule Estate** 55 F 1 N St. Lucia
**Maritsa** 104 D 3 *var.* Marica, *Griech.* Évros, *Türk.* Meriç, *ant.* Hebrus. Fluß, SO Europa
**Maritzburg** *siehe* Pietermaritzburg
**Mariupol'** 109 G 4 *ehem.* Zhdanov. SO Ukraine
**Marka** 73 D 6 *var.* Merca. S Somalia
**Markham, Mount** 154 C 4 Berg, Antarktis
**Markounda** 76 C 4 *var.* Marcounda. NW Zentralafrikanische Republik
**Marktredwitz** 95 C 5 O Deutschland
**Marla** 149 A 5 South Australia, S Australien
**Marmanda** *siehe* Marmande
**Marmande** 91 B 5 *ant.* Marmanda. SW Frankreich
**Marmara Denizi** 116 A 2 *Dtsch.* Marmara-Meer. Meer, NO Mittelmeer
**Marmara-Meer** *siehe* Marmara Denizi
**Marmaris** 116 A 4 SW Türkei
**Mârmorilik** *siehe* Maarmorilik
**Marne** 90 D 3 Fluß, N Frankreich
**Marne** 90 D 3 Region, N Frankreich
**Maro** 76 C 4 S Tschad
**Maroantsetra** 79 G 3 NO Madagaskar

---

**Marokko**
70 C 2 Al-Mamlaka al-Magribīyya (Königreich Marokko). NW Afrika

**UN-Name:** Kingdom of Morocco
**Formation:** 1956 **Hauptstadt:** Rabat
**Bevölkerung:** 27 Mio. **Fläche:** 698 670 km² **Sprachen:** Arabisch*, Berberisch, Französisch **Religionen:** Muslime 99%, andere 1%
**Volksgruppen:** Araber, Berber 99%, Europäer 1% **Regierung:** Konstitutionelle Monarchie
**Währung:** Dirham =100 Centimes

---

**Maromme** 90 C 3 N Frankreich

**Maroni** 59 H 3 *Nied.* Marowijne. Fluß, Franz. Guyana/Suriname
**Marotiri** 145 H 5 *var.* Îlots de Bass. Inselgruppe, SO Französisch-Polynesien
**Maroua** 76 B 3 N Kamerun
**Marowijne** 59 G 3 *var.* le Maroni Fleuve. Fluß, Franz. Guyana/Suriname
**Marqādah** 118 E 2 NO Syrien
**Marquesas-Bruchzone** 153 E 3 untermeer. Formation, O Pazifischer Ozean
**Marquesas Islands** *siehe* Marquises, Îles
**Marquesas Keys** 43 E 5 Insel, Florida, SO USA
**Marquette** 40 C 1 Michigan, N USA
**Marquises, Îles** 145 H 4 *Eng.* Marquesas Islands. Inselgruppe, N Französisch-Polynesien
**Marrakech** 70 C 2 *var.* Marakesh, *Dtsch.* Marrakesch; *ehem.* Morocco. W Marokko
**Marrakesch** *siehe* Marrakech
**Marrawah** 149 B 8 Tasmania, SO Australien
**Marree** 149 B 5 South Australia, S Australien
**Marsala** 97 B 7 *ant.* Lilybaeum. SW Italien
**Marsberg** 94 B 4 W Deutschland
**Marseille** 91 D 6 *Eng.* Marseilles; *ant.* Massilia. SO Frankreich
**Marshall** 49 H 3 Texas, S USA
**Marshall** 45 F 2 Minnesota, N USA

**Marshall-Inseln**
144 D 1 Republic of the Marshall Islands (Republik der Marshall-Inseln), Z Pazifischer Ozean

**UN-Name:** Republic of the Marshall Islands **Formation:** 1986 **Hauptstadt:** Majuro **Bevölkerung:** 52 000 **Fläche:** 181 km² **Sprachen:** Englisch*, mikronesische Sprachen **Religionen:** Protestanten 80%, Katholiken 15%, andere 5% **Volksgruppen:** Marshalleser 90%, andere Pazifikinsulaner 10% **Regierung:** Präsidialrepublik **Währung:** US-$ = 100 Cents

**Marsh Harbour** 54 C 1 Bahamas
**Marsh Island** 42 A 3 Insel, S USA
**Martaban** 136 B 4 *var.* Moktama. SO Myanmar
**Martigues** 91 D 6 SO Frankreich
**Martin** 99 C 5 *Dtsch.* Sankt Martin, *Ung.* Turócszentmárton; *ehem.* Svätý Martin, Turčianský. NW Slowakei
**Martinique** 55 G 4 Franz. Übersee-Dept., O Karibisches Meer
**Martinique Passage** 55 G 4 *var.* Dominica Channel, Martinique Channel. Meerenge, Atlantischer Ozean/Karibisches Meer
**Martinsville** 41 E 5 Virginia, NO USA
**Marton** 150 D 4 North Island, Z Neuseeland
**Martos** 92 D 4 S Spanien
**Marungu** 77 E 7 Gebirge, SO Dem. Rep. Kongo
**Mary** 122 D 3 *ehem.* Merv. S Turkmenistan
**Maryborough** 149 E 5 Queensland, O Australien
**Maryland** 41 F 5 *off.* State of Maryland; *auch genannt* America in Miniature, Cockade State, Free State, Old Line State. Bundesstaat, O USA
**Maryville** 42 D 1 Tennessee, S USA
**Maryville** 45 F 4 Missouri, Z USA
**Masai Steppe** 73 C 8 Grasland, NW Tansania
**Masaka** 73 B 6 SW Uganda
**Masasi** 73 C 8 SO Tansania
**Masaya** 52 D 3 W Nicaragua
**Mascarène, Îles** 79 H 4 Inselgruppe, W Madagaskar
**Mascarenen-Becken** 141 B 5 untermeer. Formation, W Indischer Ozean
**Mascarenen-Plateau** 140 B 4 untermeer. Formation, W Indischer Ozean
**Mascarenen-Tiefsee-Ebene** 141 B 5 untermeer. Formation, W Indischer Ozean
**Maseru** 78 D 4 Staatshauptstadt, Lesotho
**Mas-ha** 119 D 7 W West Bank (Westjordanland)
**Mashhad** 120 E 2 *var.* Meshed. NO Iran
**Maşīrah, Jazīrat** 121 E 5 *var.* Masīra. Insel, O Oman
**Maşīrah, Khalīj** 121 E 5 *Eng.* Gulf of Masira. Golf, O Oman
**Masindi** 73 B 6 W Uganda
**Masira, Gulf of** *siehe* Maşīrah, Khalīj
**Maskat** *siehe* Masqaţ
**Mason City** 45 G 3 Iowa, Z USA
**Masqaţ** 121 E 5 *var.* Maskat, *Eng.* Muscat, *Dtsch.* Muskat. Staatshauptstadt, NO Oman
**Massa** 96 B 3 Z Italien
**Massachusetts** 41 G 3 *off.* Commonwealth of Massachusetts; *auch genannt:* Bay State, Old Bay State, Old Colony State. Bundesstaat, NO USA
**Massawa** 72 C 4 *Amh.* Mits'iwa. O Eritrea
**Massenya** 76 B 3 SW Tschad
**Massif Central** 91 C 5 Plateau, Z Frankreich
**Mastanli** *siehe* Momchilgrad
**Masterton** 151 D 5 North Island, Z Neuseeland
**Masty** 107 B 5 *Russ.* Mosty. W Weißrußland
**Masuda** 131 B 6 Honshū, SW Japan
**Masuren** *siehe* Mazury
**Masvingo** 78 D 3 *ehem.* Victoria, Fort Victoria, Nyanda. SO Zimbabwe
**Maşyāf** 118 B 3 *Fr.* Misiaf. W Syrien
**Matadi** 77 B 7 W Dem. Rep. Kongo
**Matagalpa** 52 D 3 Z Nicaragua
**Matagorda Bay** 49 H 4 Bucht, Texas, S Golf von Mexiko
**Matale** 132 D 3 Sri Lanka
**Matam** 74 C 3 NO Senegal
**Matamata** 150 D 3 North Island, N Neuseeland
**Matamoros** 51 E 2 *var.* Izúcar de Matamoros. S Mexiko
**Matamoros** 50 D 3 NO Mexiko
**Matane** 39 E 4 Québec, SO Kanada
**Matanzas** 54 B 2 NW Kuba
**Matara** 132 D 4 Sri Lanka
**Mataró** 93 G 2 *ant.* Illuro. O Spanien
**Mataura** 151 B 7 South Island, SW Neuseeland
**Mata Uta** *siehe* Matā'utu
**Matā'utu** 145 E 4 *var.* Mata Uta. Hauptstadt eines abhängigen Territoriums, S Wallis & Futuna
**Matera** 97 E 5 S Italien
**Matías Romero** 51 G 5 SO Mexiko
**Mato Grosso** 63 E 3 *off.* Estado de Mato Grosso; *ehem.* Matto Grosso. Bundesstaat, W Brasilien
**Mato Grosso do Sul** 63 E 4 *off.* Estado de Mato Grosso do Sul. Bundesstaat, S Brasilien
**Mato Grosso do Sul, Estado de** *siehe* Mato Grosso do Sul
**Matosinhos** 92 B 2 *ehem.* Matozinhos. NW Portugal
**Matozinhos** *siehe* Matosinhos
**Matsue** 131 B 6 *var.* Matsuye, Matue. Honshū, SW Japan
**Matsumoto** 131 C 5 *var.* Matumoto. Honshū, S Japan
**Matsuyama** 131 B 7 *var.* Matuyama. Shikoku, SW Japan
**Matthews Ridge** 59 F 2 N Guyana
**Matthew Town** 54 D 2 Bahamas
**Matumoto** *siehe* Matsumoto
**Maturín** 59 E 2 NO Venezuela
**Matuyama** *siehe* Matsuyama
**Mau** 135 E 3 *var.* Maunāth Bhanjan. N Indien
**Maui** 47 B 8 Insel, Hawaii, W USA
**Maun** 78 C 3 Z Botswana
**Maunāth Bhanjan** *siehe* Mau
**Mauren** 94 E 1 NO Liechtenstein

**Mauretanien**
74 C 2 *Ar.* Al Jūmhūriyya al-Islamiyya al Mawrītāniyya (Islamische Republik Mauretanien), *var.* Mūrītānīyah, W Afrika

**UN-Name:** Islamic Republic of Mauritania **Formation:** 1960 **Hauptstadt:** Nouakchott **Bevölkerung:** 2,2 Mio. **Fläche:** 1 025 520 km² **Sprachen:** Französisch*, Hassaniyah-Arabisch, Wolof **Religionen:** Muslime 100% **Volksgruppen:** Mauren 80%, Wolof 7%, Tukulor 5%, andere 8% **Regierung:** Mehrparteienrepublik **Währung:** Ouguiya = 5 Khoum

**Mauritius**
79 H 3 Republic of Mauritius (Republik Mauritius), *Fr.* Maurice, O Afrika

**UN-Name:** Mauritius **Formation:** 1968 **Hauptstadt:** Port Louis **Bevölkerung:** 1,1 Mio. **Fläche:** 1860 km² **Sprachen:** Englisch*, Französisch-Kreolisch, Hindi, Urdu, Tamil **Religionen:** Hindus 52%, Römisch-Katholische 26%, Muslime 17%, andere 5% **Volksgruppen:** Kreolen 55%, Südasiaten 40%, Chinesen 3%, andere 2% **Regierung:** Mehrparteienrepublik **Währung:** Rupee = 100 Cents

**Mauritius-Rücken** 141 B 5 untermeer. Formation, W Indischer Ozean
**Mawson** 154 D 2 Forschungsstation, Antarktis
**Maya** 115 G 3 Fluß, O Russische Föderation
**Mayaguana** 54 D 2 Insel, SO Bahamas
**Mayaguana Passage** 54 D 2 Meerenge, N Karibisches Meer
**Mayagüez** 55 F 3 Puerto Rico
**Mayamey** 120 D 2 N Iran
**Maya Mountains** 52 B 1 *Sp.* Montañas Mayas. Gebirge, Belize/Guatemala
**Maych'ew** 72 D 4 *var.* Mai Chio, *It.* Mai Ceu. N Äthiopien
**Maydān Shahr** 123 E 4 O Afghanistan
**Mayence** *siehe* Mainz
**Mayfield** 151 C 6 South Island, SW Neuseeland
**Maykop** 111 B 7 SW Russische Föderation
**Maymyo** 136 B 3 N Myanmar
**Mayo** *siehe* Maio
**Mayor Pablo Lagerenza** *siehe* Capitán Pablo Lagerenza
**Mayotte** 79 F 2 Franz. Gebietskörperschaft, O Afrika
**May Pen** 54 B 5 Z Jamaica
**Mazabuka** 78 D 2 S Sambia
**Mazagan** *siehe* El-Jadida
**Mazar** *siehe* Al Mazār al Janūbī
**Mazār-e Sharīf** 123 E 3 *var.* Mazar-i-Sharif, Mazār-i Sharīf. N Afghanistan
**Mazatlán** 50 C 3 Z Mexiko

**Mazedonien**
101 D 6 Republika Makedonija (Republik Mazedonien), SO Europa

**UN-Name:** Former Yugoslav Republic of Macedonia **Formation:** 1991 **Hauptstadt:** Skopje **Bevölkerung:** 2 Mio. **Fläche:** 25 715 km² **Sprachen:** Mazedonisch, Albanisch, Türkisch, Serbisch, Kroatisch, **Religionen:** Christen 80%, Muslime 20% **Volksgruppen:** Mazedonier 67%, Albaner 20%, Türken 4%, andere 9% **Regierung:** Mehrparteienrepublik **Währung:** Denar = 100 Deni

**Mazirbe** 106 C 2 NW Lettland
**Mažlikiai** 106 B 3 NW Litauen
**Mazury** 98 D 3 *Dtsch.* Masuren. Region, NO Polen
**Mazyr** 107 C 7 *Russ.* Mozyr'. SO Weißrußland
**Mbabane** 78 D 4 Staatshauptstadt, Swaziland
**M'Baiki** *siehe* Mbaïki
**Mbaïki** 77 C 5 *var.* M'Baiki. SW Zentralafrikanische Republik
**Mbala** 78 D 1 *ehem.* Abercorn. NO Sambia
**Mbale** 73 C 6 O Uganda
**Mbandaka** 77 C 5 *ehem.* Coquilhatville. NW Dem. Rep. Kongo
**M'Banza Congo** 78 B 1 *var.* Mbanza Congo; *ehem.* São Salvador do Congo, São Salvador. NW Angola
**Mbanza-Ngungu** 77 B 6 W Dem. Rep. Kongo
**Mbarara** 73 B 6 SW Uganda
**Mbé** 76 B 4 N Kamerun
**Mbeya** 73 C 8 SW Tansania
**Mbomou** 77 C 5 *var.* Bomu, M'Bomu, Mbomu. Fluß, Zentralafrikanische Republik/Dem. Rep. Kongo
**Mbour** 74 B 3 W Senegal
**Mbuji-Mayi** 77 D 7 *ehem.* Bakwanga. S Dem. Rep. Kongo
**Mdina** 102 B 5 *var.* Citta Notabile, Citta Vecchia. S Malta
**McAdam** 39 F 4 New Brunswick, SO Kanada
**McAlester** 49 G 2 Oklahoma, Z USA
**McAllen** 49 G 5 Texas, S USA
**McClintock Channel** 37 F 2 Meerenge, Arktis
**McComb** 42 B 3 Mississippi, S USA
**McCook** 45 E 4 Nebraska, Z USA
**Mcfarlane, Lake** *siehe* Macfarlane, Lake
**McKean Island** 145 E 3 Insel, Z Kiribati
**McKinley, Mount** 36 C 3 *var.* Denali. Berg, Alaska, NW USA

**McKinley Park** 36 D 3 Alaska, NW USA
**McMinnville** 46 B 3 Oregon, NW USA
**McMurdo Base** 154 C 4 Forschungsstation, Antarktis
**McPherson** 45 F 5 Kansas, Z USA
**McPherson** *siehe* Fort McPherson
**Mead, Lake** 48 A 1 Stausee, W USA
**Meander River** 37 E 4 Alberta, W Kanada
**Mechelen** 87 C 5 *Fr.* Malines. Z Belgien
**Mecheria** 70 D 2 *var.* Mechriyya. NW Algerien
**Mechriyya** *siehe* Mecheria
**Mecklenburg** 94 C 3 Region, N Deutschland
**Mecklenburger Bucht** 94 C 2 Bucht, SW Ostsee
**Mecsek** 99 C 7 Gebirge, SW Ungarn
**Medan** 138 B 3 Sumatera, O Indonesien
**Medellín** 58 B 3 NW Kolumbien
**Médenine** 71 F 2 *var.* Madanīyīn. SO Tunesien
**Medeshamstede** *siehe* Peterborough
**Medford** 46 B 4 Oregon, NW USA
**Medgidia** 108 D 5 SO Rumänien
**Mediaş** 108 B 4 *Dtsch.* Mediasch, *Ung.* Medgyes. Z Rumänien
**Medicine Hat** 37 F 5 Alberta, SW Kanada
**Medina** *siehe* Al Madīnah
**Medinaceli** 93 E 2 N Spanien
**Medina del Campo** 92 C 2 N Spanien
**Mediolanum** *siehe* Saintes
**Méditerranée, Mer** *siehe* Mittelmeer
**Médoc** 91 B 5 Region, SW Frankreich
**Medvezh'yegorsk** 110 B 3 *var.* Medvežiegorsk, Medvezjegorsk. NW Russische Föderation
**Meekatharra** 147 B 5 Western Australia, W Australien
**Meemu Atoll** *siehe* Mulaku Atoll
**Meerssen** 87 D 6 *var.* Mersen. SO Niederlande
**Meerut** 134 D 2 N Indien
**Meğri** *siehe* Fethiye
**Mehrīz** 120 D 3 Z Iran
**Mehtarlām** 123 F 4 *var.* Mehtar Lām, Meterlam, Methariam, Metharlam. O Afghanistan
**Meiktila** 136 B 3 Z Myanmar
**Mejerda** 71 E 2 *var.* Oued Medjerda, Wādī Majardah. Fluß, Algerien/Tunesien
**Mejillones** 64 B 2 N Chile
**Mek'elē** 72 C 4 *var.* Makale. N Äthiopien
**Mékhé** 74 B 3 NW Senegal
**Mekka** *siehe* Makkah
**Mekong** 124 C 2 *Kam.* Mékôngk, *Chin.* Lancang Jiang, *var.* Lan-ts'ang Chiang, *Lao.* Mènam Khong, *Th.* Mae Nam Khong, *Tib.* Dza Chu, *Vtn.* Sông Tiên Giang. Fluß, O Asien
**Mekong-Delta** 137 E 7 Delta, S Vietnam
**Melaka** 138 B 3 *var.* Malacca. W Malaysia
**Melanesien** 144 D 3 Inselgruppe, SW Pazifischer Ozean
**Melanesisches Becken** 152 C 3 untermeer. Formation, W Pazifischer Ozean
**Melbourne** 43 E 4 Florida, SO USA
**Melbourne** 149 C 7 Bundesstaatshauptstadt, Victoria, SO Australien
**Melchor, Isla** 65 A 6 Insel, S Chile
**Melghir, Chott** 71 E 2 *var.* Chott Melrhir. Salzsee, O Algerien
**Melilla** 68 B 2 *ant.* Rusaddir, Russadir. N Marokko
**Melilla** 70 C 2 Spanische Exklave, N Marokko
**Melita** 37 F 5 Manitoba, S Kanada
**Melitene** *siehe* Malatya
**Melitopol'** 109 G 4 SO Ukraine
**Melle** 87 B 5 NW Belgien
**Mellerud** 85 B 6 S Schweden
**Mellzino Sur, Cerro** 65 B 7 Berg, S Chile
**Mellieha** 102 B 5 NW Malta
**Melo** 64 E 4 O Uruguay
**Melodunum** *siehe* Melun
**Melun** 90 C 3 *ant.* Melodunum. N Frankreich
**Melville, Cape** 148 C 2 Landspitze, Queensland, NO Australien
**Melville, Lake** 39 F 2 See, Newfoundland and Labrador, O Kanada
**Melville-Bruchzone** 141 B 6 untermeer. Formation, Z Indischer Ozean
**Melville Island** 37 F 2 Insel, NW Kanada
**Melville Island** 146 D 2 Insel, N Australien
**Melville Peninsula** 37 G 3 Halbinsel, Northwest Territories, NO Kanada
**Melville Sound** *siehe* Viscount Melville Sound
**Memel** *siehe* Klaipėda
**Memel** *siehe* Nemunas
**Memmingen** 95 B 6 S Deutschland
**Memphis** 42 C 1 Tennessee, S USA
**Menaam** *siehe* Menaldum
**Menado** *siehe* Manado
**Ménaka** 75 F 3 O Mali
**Menaldum** 86 D 1 *Fries.* Menaam. N Niederlande
**Mendaña-Bruchzone** 153 F 4 untermeer. Formation, O Pazifischer Ozean
**Mende** 91 C 6 *ant.* Mimatum. S Frankreich
**Mendeleyev-Rücken** 155 F 2 untermeer. Formation, Arktis
**Mendocino-Bruchzone** 152 D 2 untermeer. Formation, NO Pazifischer Ozean
**Mendoza** 64 B 4 W Argentinien
**Menemen** 116 A 3 W Türkei
**Menengiyn Tal** 127 F 2 Ebene, O Mongolei
**Menomonie** 40 A 2 Wisconsin, N USA
**Menongue** 78 B 2 *var.* Vila Serpa Pinto, *Port.* Serpa Pinto. Z Angola
**Menorca** 93 H 3 *Eng.* Minorca; *ant.* Balearis Minor. Insel, O Spanien
**Mentawai, Kepulauan** 138 B 4 Inselgruppe, W Indonesien
**Meppel** 86 D 2 NO Niederlande
**Meran** *siehe* Merano
**Merano** 96 C 1 *Dtsch.* Meran. N Italien
**Merca** *siehe* Marka
**Mercedes** 64 D 3 O Argentinien
**Mercedes** 64 D 4 W Uruguay
**Mercedes** 64 C 4 NO Argentinien
**Meredith, Lake** 49 E 1 Stausee, Texas, S USA
**Merefa** 109 G 2 O Ukraine
**Mergate** *siehe* Margate
**Mergui** 137 B 6 SO Myanmar
**Mergui Archipelago** 137 B 6 Inselgruppe, S Myanmar
**Meriç** *siehe* Maritsa
**Mérida** 92 C 4 *ant.* Augusta Emerita. W Spanien
**Mérida** 51 H 3 SW Mexiko
**Mérida** 58 C 2 W Venezuela
**Mérida, Cordillera de** 58 C 2 *var.* Sierra Nevada de Mérida. Gebirge, W Venezuela
**Meridian** 42 C 2 Mississippi, S USA
**Mérignac** 91 A 5 SW Frankreich
**Merín, Laguna** *siehe* Mirim, Lagoa
**Merkinė** 107 B 5 S Litauen
**Merkulovichi** *siehe* Myerkulavichy
**Merredin** 147 B 6 Western Australia, SW Australien
**Mersen** *siehe* Meerssen
**Mersey** 89 D 6 Fluß, NW England, Großbritannien
**Mersin** 116 C 4 *off.* İçel. S Türkei
**Mērsrags** 106 C 3 NW Lettland
**Meru** 73 C 6 Z Kenia
**Merv** *siehe* Mary
**Merzig** 95 A 5 SW Deutschland
**Mesa** 48 B 2 Arizona, SW USA
**Meseritz** *siehe* Międzyrzecz
**Meshed** *siehe* Mashhad
**Messalo, Rio** 79 E 2 *var.* Mualo. Fluß, NO Moçambique
**Messina** 97 D 7 *var.* Messana, Messene; *ant.* Zancle. SW Italien
**Messina** 78 D 3 NO Südafrika
**Messina, Straße von** *siehe* Messina, Stretto di
**Messina, Stretto di** 97 D 7 *Dtsch.* Straße von Messina. Meerenge, Z Mittelmeer
**Messíni** 105 B 6 S Griechenland
**Mestghanem** *siehe* Mostaganem
**Mestre** 96 C 2 NO Italien
**Meta** 58 C 3 Fluß, Kolumbien/Venezuela
**Metairie** 42 B 3 Louisiana USA
**Metan** 64 C 2 N Argentinien
**Metapán** 52 B 2 NW El Salvador
**Metković** 100 B 4 SO Kroatien
**Métsovo** 104 B 4 *ehem.* Métsovon. Z Griechenland
**Métsovon** *siehe* Métsovo
**Metz** 90 D 3 *ant.* Divodurum Mediomatricum, Mediomatrica, Metis. NO Frankreich
**Meuse** *siehe* Maas
**Mexcala, Río** *siehe* Balsas, Río
**Mexicali** 50 A 1 NW Mexiko
**Mexicana, Altiplanicie** 49 E 5 *Eng.* Mexican Plateau, Plateau of Mexico. Plateau, N Mexiko
**Mexico** 45 G 4 Missouri, Z USA
**México** 51 E 4 *var.* Ciudad de México, *Eng.* Mexico City. Staatshauptstadt, Z Mexiko
**México, Golfo de** *siehe* Mexiko, Golf von
**Mexico City** *siehe* México

---

**Mexiko**
50 C 3 Estados Unidos Mexicanos (Vereinigte Mexikanische Staaten), *var.* Méjico, México. S Nordamerika

**UN-Name:** United Mexican States
**Formation:** 1836 **Hauptstadt:** Mexico City **Bevölkerung:** 91,8 Mio.
**Fläche:** 1 958 200 km² **Sprachen:** Spanisch*, Maya-Sprachen
**Religionen:** Katholiken 89%, Protestanten 6%, andere 5%
**Volksgruppen:** Mestizen 55%, Indianer 30%, Weiße 6%, andere 9%
**Regierung:** Mehrparteienrepublik
**Währung:** Peso = 100 Centavos

---

**Mexiko, Golf von** 66 A 4 *Sp.* Golfo de México. Golf, W Atlantischer Ozean
**Mexiko-Becken** 35 C 6 *var.* Sigsbee Deep. Untermeer. Formation, N Golf von Mexiko
**Mezen'** 110 D 3 Fluß, NW Russische Föderation
**Mezőtúr** 99 D 7 O Ungarn
**Miahuatlán** 51 F 5 *var.* Miahuatlán de Porfirio Díaz. SO Mexiko
**Miahuatlán de Porfirio Díaz** *siehe* Miahuatlán
**Miami** 43 F 5 Florida, SO USA
**Miami** 49 G 1 Oklahoma, Z USA
**Miami Beach** 43 F 5 Florida, SO USA
**Mīāneh** 120 C 2 *var.* Miyáneh. NW Iran
**Mianyang** 129 B 5 Z China
**Miastko** 98 C 2 *Dtsch.* Rummelsburg in Pommern. NW Polen
**Michalovce** 99 E 6 *Dtsch.* Grossmichel, *Ung.* Nagymihály. O Slowakei
**Michigan** 40 C 2 *off.* State of Michigan; *auch genannt:* Great Lakes State, Lake State, Wolverine State. Bundesstaat, N USA
**Michigan, Lake** 40 C 3 See, N USA
**Michurinsk** 111 B 5 W Russische Föderation
**Micoud** 55 F 2 SO St. Lucia
**Middelburg** 87 B 5 SW Niederlande
**Middelharnis** 86 B 4 SW Niederlande
**Middelkerke** 87 A 5 W Belgien
**Middle Andaman** 133 G 2 Insel, SO Indien
**Middle Atlas** *siehe* Moyen Atlas
**Middlesboro** 40 C 5 Kentucky, O USA
**Middlesbrough** 89 D 5 N England, Großbritannien
**Middletown** 41 F 4 New Jersey, NO USA
**Middletown** 41 F 3 Connecticut, NO USA
**Midland** 38 D 5 Ontario, S Kanada
**Midland** 49 E 3 Texas, S USA
**Midland** 40 C 3 Michigan, N USA
**Miechów** 99 D 5 S Polen
**Międzyrzec Podlaski** 98 E 3 O Polen
**Międzyrzecz** 98 B 3 *Dtsch.* Meseritz. W Polen
**Mielec** 99 D 5 SO Polen
**Miercurea-Ciuc** 108 C 4 *Dtsch.* Szeklerburg, *Ung.* Csíkszereda. Z Rumänien
**Mieres** 92 D 1 NW Spanien
**Mī'ēso** 73 D 5 *var.* Meheso, Miesso. Z Äthiopien
**Miguel Asua** 50 D 3 *var.* Miguel Auza. Z Mexiko
**Miguel Auza** *siehe* Miguel Asua
**Mijdrecht** 86 C 3 Z Niederlande
**Mikashevichy** 107 C 7 *Pol.* Mikaszewicze, *Russ.* Mikashevichi. SW Weißrußland
**Mikhaylovka** 111 B 6 SW Russische Föderation
**Míkonos** *siehe* Mýkonos
**Mikre** 104 C 2 Z Bulgarien
**Mikronesien** 144 C 1 Inselgruppe, W Pazifischer Ozean

**Mikronesien**
144 B 1 Federated States of Micronesia (Föderierte Staaten von Mikronesien), W Pazifischer Ozean

**UN-Name:** Federated States of Micronesia **Formation:** 1979 **Hauptstadt:** Kolonia **Bevölkerung:** 107 000 **Fläche:** 2900 $km^2$ **Sprachen:** Englisch*, mikronesische und polynesische Sprachen **Religionen:** Katholiken 50%, Protestanten 48%, andere 2% **Volksgruppen:** Mikronesier 99%, andere 1% **Regierung:** Republik **Währung:** US-$ = 100 Cents

**Mikun'** 110 D 4 NW Russische Föderation
**Mikuni-sanmyaku** 131 D 5 Gebirge, Honshū, N Japan
**Mikura-jima** 131 D 6 Insel, Izu-shotō, O Japan
**Milagro** 60 B 2 SW Ecuador
**Milange** 79 E 2 NO Moçambique
**Milano** 96 B 2 *Dtsch.* Mailand; *ant.* Mediolanum. N Italien
**Milas** 116 A 4 SW Türkei
**Milashavichy** 107 C 7 *Russ.* Milashevichi. SO Weißrußland
**Milashevichi** *siehe* Milashavichy
**Mildura** 149 B 6 Victoria, SO Australien
**Mile** *siehe* Mili Atoll
**Miles** 149 D 5 Queensland, O Australien
**Miles City** 44 C 2 Montana, NW USA
**Milford** *siehe* Milford Haven
**Milford Haven** 89 B 7 *ehem.* Milford. SW Wales, Großbritannien
**Milford Sound** 151 A 7 South Island, SW Neuseeland
**Milḩ, Baḩr al** *siehe* Razāzah, Buḩayrat ar
**Mili Atoll** 144 D 2 *var.* Mile. Insel, SO Marshall-Inseln
**Milk, Wadi el** 72 B 4 *var.* Wadi al Malik. Fluß, Z Sudan
**Mil'kovo** 115 H 3 O Russische Föderation
**Milk River** 37 E 5 Alberta, SW Kanada
**Milk River** 44 C 1 Fluß, NW USA
**Milledgeville** 43 E 2 Georgia, SO USA
**Mille Lacs Lake** 45 F 2 See, Minnesota, N USA
**Millerovo** 111 B 6 SW Russische Föderation
**Millet** 55 F 1 Z St. Lucia
**Millicent** 149 B 7 South Australia, S Australien
**Millwood Lake** 42 A 2 Stausee, Arkansas, Z USA
**Milo** 74 D 4 Fluß, O Guinea
**Mílos** 105 C 6 Mílos, SO Griechenland
**Mílos** 105 C 7 Insel, Kykládes, SO Griechenland
**Milparinka** 149 C 5 New South Wales, SO Australien
**Milton** 151 B 7 South Island, SW Neuseeland
**Milton Keynes** 89 D 6 SO England, Großbritannien
**Milwaukee** 40 B 3 Wisconsin, N USA
**Mimatum** *siehe* Mende
**Mīnā' Sa'ūd** 120 C 4 *var.* Mīnā' Su'ūd. Kuwait
**Minas Gerais** 63 F 3 *off.* Estado de Minas Gerais. Bundesstaat, SO Brasilien
**Minas Gerais, Estado de** *siehe* Minas Gerais
**Minatitlán** 51 F 4 O Mexiko
**Minbu** 136 A 3 W Myanmar
**Minch, The** 88 B 3 *var.* North Minch. Meerenge, NO Atlantischer Ozean
**Mindanao** 139 F 2 Insel, S Philippinen
**Mindanao-See** *siehe* Bohol-See
**Mindelheim** 95 C 6 S Deutschland
**Mindelo** 74 A 2 *var.* Mindello; *ehem.* Porto Grande. Kap Verde
**Minden** 94 B 4 *ant.* Minthun. NW Deutschland
**Mindoro** 139 E 2 Insel, N Philippinen
**Mindoro Strait** 139 E 2 Meerenge, Südchinesisches Meer/Sulu-See
**Mineral Wells** 49 G 3 Texas, S USA
**Mingäçevir** 117 G 2 *Russ.* Mingechaur, Mingechevir. Z Aserbaidschan
**Mingan** 39 F 3 Québec, O Kanada
**Mingāora** 134 C 1 *var.* Mingora, Mongora. N Pakistan
**Mingenew** 147 B 6 W Australien
**Minho** 92 B 2 *Sp.* Miño. Fluß, Portugal/Spanien
**Minho** *siehe* Miño
**Minicoy Island** 132 A 3 Insel, Lakshadweep, SW Indien
**Minigwal, Lake** 147 C 6 See, Z Australien
**Minneapolis** 45 F 2 Minnesota, N USA
**Minnesota** 45 F 2 *off.* State of Minnesota; *auch genannt:* Gopher State, New England of the West, North Star State. Bundesstaat, N USA
**Miño** 92 B 2 *var.* Mino, Minius, *Port.* Minho. Fluß, Portugal/Spanien
**Minot** 44 D 1 North Dakota, N USA
**Minsk** 107 C 6 Staatshauptstadt, Z Weißrußland
**Minskaya Wzvyshsha** 107 C 6 Gebirge, O Weißrußland
**Minto, Lac** 38 D 2 See, Québec, Z Kanada
**Miranda de Ebro** 93 E 1 N Spanien
**Mirgorod** *siehe* Myrhorod
**Miri** 138 D 3 Borneo, O Malaysia
**Mirim, Lagoa** 63 E 5 *Sp.* Laguna Merín, *Eng.* Mirim Lagoon. Lagune, SW Atlantischer Ozean
**Mírina** *siehe* Mýrina
**Mīrjāveh** 120 E 4 SO Iran
**Mirnyy** 115 F 3 Z Russische Föderation
**Mirnyy** 154 D 3 Forschungsstation, Antarktis
**Mirs Bay** 128 B 1 Bucht, Hong Kong
**Mirtóo Pelagos** 105 C 6 *Dtsch.* Myrtoisches Meer; *ant.* Myrtoum Mare. Meer, SW Ägäisches Meer
**Misiaf** *siehe* Maşyāf
**Miskito Coast** *siehe* Miskitos, Costa de
**Miskitos, Cayos** 53 E 2 Inselgruppe, NO Nicaragua
**Miskitos, Costa de** 53 E 3 *var.* La Mosquitia, *Eng.* Miskito Coast, *var.* Mosquito Coast. Küstenregion, O Nicaragua
**Miskolc** 99 D 6 NO Ungarn
**Misool, Pulau** 139 G 4 Insel, O Indonesien
**Mişrātah** 71 F 2 *var.* Misurata. NW Libyen
**Mission** 49 G 5 Texas, S USA
**Mississippi** 42 B 2 *off.* State of Mississippi; *auch genannt:* Bayou State, Magnolia State. Bundesstaat, SO USA
**Mississippi River** 35 C 6 Fluß, Z USA
**Mississippi River Delta** 42 C 4 *var.* Missisippi Delta. Delta, Louisiana, S USA
**Missoula** 44 A 1 Montana, NW USA
**Missouri** 45 G 5 *off.* State of Missouri; *auch genannt:* Bullion State, Show Me State. Bundesstaat, Z USA
**Missouri City** 49 H 4 Texas, S USA
**Missouri River** 45 F 4 Fluß, N USA
**Mistassini, Lac** 38 D 3 See, Québec, SO Kanada
**Mistelbach an der Zaya** 95 E 6 NO Österreich
**Misti, Volcán** 61 E 4 Berg, S Peru
**Misurata** *siehe* Mişrātah
**Mitau** *siehe* Jelgava
**Mitchell** 148 C 2 Fluß, NO Australien
**Mitchell** 149 D 5 Queensland, O Australien
**Mitchell** 45 E 3 South Dakota, N USA
**Mi Tho** *siehe* My Tho
**Mito** 131 D 5 Honshū, S Japan
**Mittelamerikanischer Graben** 153 F 3 untermeer. Formation, O Pazifischer Ozean
**Mittelatlantischer Rücken** 67 C 5 *var.* Mittelatlantische Schwelle. Untermeer. Formation, Z Atlantischer Ozean
**Mittelindischer Rücken** 141 C 5 *Eng.* Central Indian Ridge. Untermeer. Formation, Z Indischer Ozean
**Mittelindisches Becken** 140 C 4 untermeer. Formation, Z Indischer Ozean
**Mittelmeer** 102 D 3 *var.* Mittelländisches Meer, *Eng.* Mediterranean Sea, *Fr.* Mer Méditerranée. Meer, Europa/Afrika
**Mittelpazifischer Rücken** 152 C 2 untermeer. Formation, NW Pazifischer Ozean
**Mittelrussische Höhen** 112 A 3 *Russ.* Srednerusskaya Vozvyshennost'. Gebirge, W Russische Föderation
**Mittelsibirisches Bergland** *siehe* Srednesibirskoye Ploskogor'ye
**Mitú** 58 C 4 SO Kolumbien
**Mitumba, Monts** 77 E 7 *var.* Chaîne des Mitumba, Mitumba Range. Gebirge, O Dem. Rep. Kongo
**Miyake-jima** 131 D 6 Insel, Sakishima-shotō, SW Japan
**Miyako** 130 D 4 Honshū, Z Japan
**Miyakonojō** 131 B 8 *var.* Miyakonzyô. Kyūshū, SW Japan
**Miyakonzyô** *siehe* Miyakonojō
**Miyāneh** *siehe* Mīāneh
**Miyazaki** 131 B 8 Kyūshū, SW Japan
**Mizija** 104 C 1 NW Bulgarien
**Mizil** 108 C 5 SO Rumänien
**Mizpe Ramon** 119 A 7 S Israel
**Mjøsa** 85 B 5 *var.* Mjøsen. See, S Norwegen
**Mjøsen** *siehe* Mjøsa
**Mladenovac** 100 D 4 Jugoslawien
**Mława** 98 D 3 Z Polen
**Mljet** 101 B 5 *It.* Meleda; *ant.* Melita. Insel, S Kroatien
**Mmabatho** 78 C 4 N Südafrika
**Moab** 44 B 5 Utah, W USA
**Moa Island** 148 C 1 Insel, Queensland, SW Australien
**Moanda** 77 B 6 *var.* Mouanda. SO Gabun
**Moba** 77 E 7 O Dem. Rep. Kongo
**Mobay** *siehe* Montego Bay
**Mobaye** 77 C 5 S Zentralafrikanische Republik
**Moberly** 45 G 4 Missouri, Z USA
**Mobile** 42 C 3 Alabama, S USA
**Mobile Bay** 42 C 3 Bucht, N Golf von Mexiko
**Moçambique** 79 F 2 NO Moçambique

**Moçambique**
79 E 3 República de Moçambique (Republik Moçambique), *var.* *Dtsch.* Mosambik, *ehem.* Volksrepublik Moçambique, Portugiesisch-Ostafrika, S Afrika

**UN-Name:** Republic of Mozambique **Formation:** 1975 **Hauptstadt:** Maputo **Bevölkerung:** 16,6 Mio. **Fläche:** 801 590 $km^2$ **Sprachen:** Portugiesisch*, Makua, Tsonga, Sena, Lomwe **Religionen:** Naturreligionen 60%, Christen 30%, Muslime 10% **Volksgruppen:** Makua-Lomwe 47%, Tsonga 23%, Malawi 12%, andere 18% **Regierung:** Mehrparteienrepublik **Währung:** Metical = 100 Centavos

**Moçambique-Becken** *siehe* Natal-Becken
**Moçambique-Kanal** 69 E 6 *Fr.* Canal de Mozambique, *Mal.* Lakandranon' i Mozambika, *Port.* Canal de Moçambique. Meerenge, W Indischer Ozean
**Moçambique-Plateau** 67 E 6 *var.* Moçambique-Schwelle. Untermeer. Formation, SW Indischer Ozean
**Mochudi** 78 C 4 SO Botswana
**Mocímboa da Praia** 79 F 2 *var.* Vila de Mocímboa da Praia. N Moçambique
**Môco** 78 B 2 *var.* Morro de Môco. Berg, W Angola
**Môco, Morro de** *siehe* Môco
**Mocoa** 58 A 4 SW Kolumbien
**Mocuba** 79 E 3 NO Moçambique
**Modena** 96 B 3 *ant.* Mutina. N Italien
**Modesto** 47 B 6 California, W USA
**Modica** 97 C 8 *ant.* Motyca. SW Italien
**Modohn** *siehe* Madona
**Modriča** 100 C 3 N Bosnien-Herzegowina
**Moe** 149 C 7 Victoria, SO Australien
**Möen** *siehe* Møn
**Moena** *siehe* Muna, Pulau
**Moerewa** 150 D 2 North Island, N Neuseeland
**Moero, Lac** 77 E 7 *Eng.* Lake Mweru. See, Dem. Rep. Kongo/Sambia, *siehe auch* Mweru, Lake
**Moeskroen** *siehe* Mouscron
**Mogadishu** *siehe* Muqdisho
**Mogador** *siehe* Essaouira
**Mogilëv** *siehe* Mahilyow
**Mogilev-Podol'skiy** *siehe* Mohyliv-Podil's'kyy
**Mogilno** 98 C 3 Z Polen

**Moguer** 92 C 4 S Spanien
**Mohammedia** 70 C 2 *ehem.* Fédala. NW Marokko
**Mohave, Lake** 47 D 7 See, W USA
**Mohawk Mountains** 48 A 3 Gebirge, Arizona, SW USA
**Mohéli** 79 F 2 Insel, Komoren
**Mohns-Rücken** 155 F 5 untermeer. Formation, Arktis
**Moho** 61 E 4 SW Peru
**Mohoro** 73 C 7 O Tansania
**Mohyliv-Podil's'kyy** 108 C 3 *Russ.* Mogilev-Podol'skiy. Z Ukraine
**Moi** 85 A 6 S Norwegen
**Moincêr** 126 B 5 SW China
**Moíres** 105 D 8 Kríti, SO Griechenland
**Mõisaküla** 106 D 3 *Dtsch.* Moiseküll. S Estland
**Moiseküll** *siehe* Mõisaküla
**Mo i Rana** 84 C 3 Z Norwegen
**Moissac** 91 B 6 S Frankreich
**Mojácar** 93 E 5 S Spanien
**Mojave Desert** 47 D 7 Ebene, California, W USA
**Mokrany** *siehe* Makrany
**Moktama** *siehe* Martaban
**Mol** 87 C 5 *ehem.* Moll. N Belgien
**Moldau** *siehe* Moldawien

---

**Moldawien**
108 D 3 Republika Moldova (Republik Moldau), *ehem.* Moldawische Sozialistische Sowjetrepublik, *Russ.* Moldavskaya SSR. O Europa

**UN-Name:** Republic of Moldova **Formation:** 1991 **Hauptstadt:** Chişinău **Bevölkerung:** 4,4 Mio. **Fläche:** 33 700 km² **Sprachen:** Moldawisch*, Russisch, Ukrainisch **Religionen:** Rumänisch-Orthodoxe 98%, Juden 2%, andere 1% **Volksgruppen:** Moldawier (Rumänen) 65%, Ukrainer 14%, Russen 13%, andere 8% **Regierung:** Mehrparteienrepublik **Währung:** Leu = 100 Bani

---

**Molde** 85 A 5 S Norwegen
**Moldotau, Khrebet** *siehe* Moldo-Too
**Moldo-Too** 123 G 2 *ehem.* Khrebet Moldotau. Gebirge, Z Kirgisistan
**Moldova** *siehe* Moldawien
**Moldova Nouă** 108 A 4 *Dtsch.* Neumoldowa, *Ung.* Újmoldova. W Rumänien
**Molfetta** 97 E 5 SO Italien
**Moline** 40 B 3 Illinois, N USA
**Moll** *siehe* Mol
**Mollendo** 61 E 4 S Peru
**Mölndal** 85 B 7 S Schweden
**Molochans'k** 108 C 3 *Russ.* Molochansk. SO Ukraine
**Molochansk** *siehe* Molochans'k
**Molodezhnaya** 154 D 2 Forschungsstation, Antarktis
**Molokai** 47 B 8 *Haw.* Moloka'i. Insel, Hawaii, W USA
**Moloka'i** *siehe* Molokai
**Molokai-Bruchzone** 153 E 2 untermeer. Formation, NO Pazifischer Ozean
**Molopo** 78 C 4 Fluß, Botswana/Südafrika
**Mólos** 105 B 5 Z Griechenland
**Molotov** *siehe* Perm'
**Molukken** *siehe* Maluka
**Molukken-See** *siehe* Maluku, Laut
**Mombasa** 73 D 7 SO Kenia
**Momchilgrad** 104 D 3 *ehem.* Mastanli. S Bulgarien
**Møn** 85 B 8 *ehem.* Möen. Insel, SO Dänemark
**Mona, Isla** 55 F 3 Insel, Puerto Rico
**Monaco** 91 B 7 *var.* Monaco-Ville; *ant.* Monoecus. Staatshauptstadt, Z Monaco

---

**Monaco**
91 B 7 Principauté de Monaco (Fürstentum Monaco). W Europa

**UN-Name:** Principality of Monaco **Formation:** 1861 **Hauptstadt:** Monaco-Ville **Bevölkerung:** 31 000 **Fläche:** 1,95 km² **Sprachen:** Französisch*, Italienisch, Monegassisch, Englisch **Religionen:** Römisch-Katholische 95%, andere 5% **Volksgruppen:** Franzosen 47%, Monegassen 17%, Italiener 16%, andere 20% **Regierung:** Konstitutionelle Monarchie **Währung:** Franz. Franc = 100 Centimes

---

**Monahans** 49 E 3 Texas, S USA
**Mona Passage** 55 F 3 Meerenge, N Karibisches Meer
**Monastir** 71 F 2 *var.* Al Munastīr. NO Tunesien
**Monastir** siehe Bitola
**Monbetsu** 130 D 2 *var.* Mombetsu, Monbetu. Hokkaidō, NO Japan
**Moncalieri** 96 A 2 NW Italien
**Mončegorsk** *siehe* Monchegorsk
**Monchegorsk** 110 C 2 *var.* Mončegorsk. NW Russische Föderation
**Monclova** 50 D 2 NO Mexiko
**Moncton** 39 F 4 New Brunswick, SO Kanada
**Mondovì** 96 A 2 NW Italien
**Mondsee** 95 D 6 See, N Österreich
**Monfalcone** 96 D 2 NO Italien
**Monforte** 92 C 1 NW Spanien
**Mongo** 76 C 3 Z Tschad

---

**Mongolei**
126 C 2 Monggol Ulus (Republik Mongolei). N Asien

**UN-Name:** Mongolia **Formation:** 1921 **Hauptstadt:** Ulaanbataar (Ulan Bator) **Bevölkerung:** 2,4 Mio. **Fläche:** 1 565 000 **Sprachen:** Khalkha-Mongolisch*, Türkisch, Russisch, Chinesisch **Religionen:** überwiegend tibetische Buddhisten, islamische Minderheit, **Volksgruppen:** Mongolen (davon 78% Khalkha [Ostmongolen]) 90%, Kasachen 4%, Chinesen 2%, andere 4% **Regierung:** Mehrparteienrepublik **Währung:** Tughrik = 100 Möngös

---

**Mongos, Chaîne des** *siehe* Bongo, Massif des
**Mongu** 78 C 2 W Sambia
**Monkey Bay** 79 E 2 SO Malawi
**Monkey River** *siehe* Monkey River Town
**Monkey River Town** 52 C 2 *var.* Monkey River. SO Belize
**Mono Lake** 47 C 6 See, California, W USA
**Monóvar** 93 F 4 O Spanien
**Monroe** 42 B 2 Louisiana, S USA
**Monroe** 43 E 1 North Carolina, SO USA
**Monrovia** 74 C 5 Staatshauptstadt, W Liberia
**Mons** 87 B 6 *Nied.* Bergen. S Belgien
**Monselice** 96 C 2 N Italien
**Montana** 44 B 1 *off.* State of Montana; *auch genannt:* Mountain State, Treasure State. Bundesstaat, NW USA
**Montana** 104 C 2 *ehem.* Ferdinand, Mikhaylovgrad. NW Bulgarien
**Montañas Mayas** *siehe* Maya Mountains
**Montargis** 90 C 4 Z Frankreich
**Montauban** 91 B 6 S Frankreich
**Montbéliard** 90 D 4 O Frankreich
**Mont Blanc** 80 C 4 *It.* Monte Bianco. Berg, Frankreich/Italien
**Montcalm, Lake** *siehe* Dogai Coring
**Mont Cenis, Col du** 91 E 5 Paß, O Frankreich
**Mont-de-Marsan** 91 A 6 SW Frankreich
**Monteagudo** 61 G 4 S Bolivien
**Monte Alegre** 63 E 2 N Brasilien
**Monte Bianco** *siehe* Mont Blanc
**Monte-Carlo** 91 C 8 *var.* Monte Carlo. NO Monaco
**Monte Carlo** *siehe* Monte-Carlo
**Monte Caseros** 64 D 3 O Argentinien
**Monte Cristi** 55 E 3 *var.* San Fernando de Monte Cristi. NW Dominikan. Republik
**Montegiardino** 96 E 2 San Marino
**Montego Bay** 54 A 4 *var.* Mobay. W Jamaica
**Montélimar** 91 C 6 *ant.* Acunum Acusio, Montilium Adhemari. O Frankreich
**Montemorelos** 51 E 3 NO Mexiko
**Montenegro** 101 C 5 *Serb.* Crna Gora. Teilrepublik Jugoslawiens, Jugoslawien. *Siehe auch* Jugoslawien
**Monte Patria** 64 B 3 N Chile
**Monterey** 47 B 6 California, W USA
**Monterey** *siehe* Monterrey
**Monterey Bay** 47 A 6 Bucht, O Pazifischer Ozean
**Montería** 58 B 2 NW Kolumbien
**Montero** 61 G 4 Z Bolivien
**Monterrey** 51 E 3 *var.* Monterey. NO Mexiko
**Montes Claros** 63 F 3 SO Brasilien
**Montevideo** 64 D 4 Staatshauptstadt, S Uruguay
**Montevideo** 45 F 2 Minnesota, N USA
**Montgenèvre, Col de** 91 E 5 Paß, Frankreich/Italien
**Montgomery** 42 D 2 Bundesstaatshauptstadt, Alabama, S USA
**Montgomery** *siehe* Sāhīwāl
**Monthey** 95 A 8 SW Schweiz
**Montluçon** 90 C 4 Z Frankreich
**Montmagny** 39 E 4 Québec, SO Kanada
**Monto** 148 D 4 Queensland, O Australien
**Montoro** 92 D 4 S Spanien
**Montpelier** 41 G 2 Bundesstaatshauptstadt, Vermont, NO USA
**Montpellier** 91 C 6 S Frankreich
**Montreal** *siehe* Montréal
**Montréal** 39 E 4 *Eng.* Montreal. Québec, SO Kanada
**Montrose** 88 D 3 O Scotland, Großbritannien
**Montrose** 44 C 5 Colorado, Z USA
**Montserrat** 55 G 3 *var.* Emerald Isle. Brit. abhängiges Territorium, O Karibisches Meer
**Monturaqui** 64 B 2 NO Chile
**Monywa** 136 B 3 NW Myanmar
**Monza** 96 B 2 N Italien
**Monze** 78 D 2 S Sambia
**Monzón** 93 F 2 NO Spanien
**Moora** 147 B 6 Western Australia, SW Australien
**Moore** 49 G 1 Oklahoma, Z USA
**Moore, Lake** 147 B 6 See, Western Australia, W Australien
**Moorhead** 45 F 2 North Dakota, N USA
**Moosehead Lake** 41 G 1 See, Maine, NO USA
**Moosonee** 38 C 3 Ontario, SO Kanada
**Mopti** 75 E 3 Z Mali
**Moqor** 123 E 4 SO Afghanistan
**Moquegua** 61 E 4 SO Peru
**Mora** 85 C 5 Z Schweden
**Morales** 52 C 2 O Guatemala
**Morant Bay** 54 B 5 O Jamaica
**Moratalla** 93 E 4 SO Spanien
**Moratuwa** 132 D 4 Sri Lanka
**Morava** 99 C 5 *var.* March. Fluß, Z Europa
**Morava** 99 B 5 *Dtsch.* Mähren, *Eng.* March. Region, O Tschechische Republik
**Morawhanna** 59 F 2 N Guyana
**Moray Firth** 88 C 3 Bucht, NW Nordsee
**Morea** *siehe* Pelopónnisos
**Moreau River** 44 D 2 Fluß, South Dakota, N USA
**Moree** 149 D 5 New South Wales, SO Australien
**Morelia** 51 E 4 S Mexiko
**Morena, Sierra** 92 C 4 Gebirge, SW Spanien
**Moreni** 108 C 5 S Rumänien
**Moreno** 61 E 2 N Bolivien
**Moreton Island** 149 E 5 Insel, Queensland, SO Australien
**Morgan City** 42 B 3 Louisiana, S USA
**Morghāb, Daryā-ye** 122 D 4 *var.* Murgap Deryasy, *Russ.* Murgab. Fluß, Afghanistan/Turkmenistan
**Morioka** 130 D 4 Honshū, Z Japan
**Morlaix** 90 A 3 NW Frankreich
**Mornington Island** 148 B 2 Insel, Queensland, NW Australien
**Mornington-Tiefsee-Ebene** 153 F 5 untermeer. Formation, SO Pazifischer Ozean
**Morococha** 60 C 4 W Peru
**Morogoro** 73 C 7 O Tansania
**Moro Gulf** 139 E 3 Golf, N Sulawesi-See
**Morón** 54 C 2 Z Kuba
**Morón** 64 D 4 O Argentinien
**Mörön** 126 D 2 N Mongolei
**Morondava** 79 F 3 W Madagaskar
**Moroni** 79 F 2 Staatshauptstadt, Komoren
**Morotai, Pulau** 139 F 3 Insel, O Indonesien
**Morrinsville** 150 D 3 North Island, N Neuseeland
**Morris** 45 F 2 Minnesota, N USA
**Morristown** 43 E 1 Tennessee, S USA
**Mors** 85 A 7 Insel, NW Dänemark
**Morvan** 90 D 4 Region, Z Frankreich
**Morwell** 149 C 7 Victoria, SO Australien
**Mosambik** *siehe* Moçambique
**Moscow** 46 D 2 Idaho, NW USA
**Mosel** 95 A 5 *Fr.* Moselle. Fluß, W Europa
**Mosgiel** 151 B 7 South Island, SW Neuseeland
**Moshi** 73 C 7 NO Tansania
**Mosjøen** 84 B 3 Z Norwegen
**Moskau** *siehe* Moskva

**Moskva** 111 B 5 *Dtsch.* Moskau. Staatshauptstadt, W Russische Föderation
**Moskva** 123 E 3 *Russ.* Moskovskiy; *ehem.* Chubek. SW Tadschikistan
**Mosonmagyaróvár** 99 C 6 *Dtsch.* Wieselburg-Ungarisch-Altenburg; *ehem.* Moson und Magyaróvár, *Dtsch.* Wieselburg und Ungarisch-Altenburg. NW Ungarn
**Mosquito Coast** *siehe* Miskitos, Costa de
**Mosquito Gulf** *siehe* Mosquitos, Golfo de los
**Mosquitos, Golfo de los** 53 F 5 *Eng.* Mosquito Gulf. Golf, S Karibisches Meer
**Moss** 85 B 6 S Norwegen
**Mosselbaai** 78 C 5 *var.* Mosselbai, *Eng.* Mossel Bay. SW Südafrika
**Mossendjo** 77 B 6 SW Rep. Kongo
**Mossoró** 63 G 2 NO Brasilien
**Most** 98 A 4 *Dtsch.* Brüx. NW Tschechische Republik
**Mostaganem** 70 D 2 *var.* Mestghanem. NW Algerien
**Mostar** 100 C 4 S Bosnien-Herzegowina
**Mosty** *siehe* Masty
**Mosul** *siehe* Al Mawşil
**Mota del Cuervo** 93 E 3 Z Spanien
**Motril** 92 D 5 S Spanien
**Motru** 108 B 5 SW Rumänien
**Motueka** 151 C 5 South Island, Z Neuseeland
**Motul** 51 H 3 *var.* Motul de Felipe Carrillo Puerto. SO Mexiko
**Motul de Felipe Carrillo Puerto** *siehe* Motul
**Motyca** *siehe* Modica
**Mouanda** *siehe* Moanda
**Mouila** 77 A 6 Z Gabun
**Mould Bay** 37 E 2 Prince Patrick Island, Kanada
**Moulins** 90 C 4 Z Frankreich
**Moulmein** 136 B 4 *var.* Maulmain, Mawlamyine. SO Myanmar
**Moultrie, Lake** 43 F 2 Stausee, South Carolina, SO USA
**Moundou** 76 B 4 SW Tschad
**Moŭng Roessei** 137 D 5 W Kambodscha
**Mount Cavenagh** 147 E 5 Z Australien
**Mount Cook** 151 B 6 South Island, SW Neuseeland
**Mount Desert Island** 41 H 2 Insel, Maine, NO USA
**Mount Friendship** 55 G 2 SW Barbados
**Mount Gambier** 149 B 7 South Australia, S Australien
**Mount Isa** 148 B 3 Queensland, Z Australien
**Mount Magnet** 147 B 5 Western Australia, W Australien
**Mount Pleasant** 40 C 3 Michigan, N USA
**Mount Pleasant** 45 G 4 Iowa, Z USA
**Mount Vernon** 40 B 5 Illinois, N USA
**Mount Vernon** 46 B 1 Washington, NW USA
**Mouscron** 87 A 6 *Nied.* Moeskroen. W Belgien
**Moussoro** 76 C 3 W Tschad
**Moyen Atlas** 70 C 2 *Dtsch.* Mittlerer Atlas. Gebirge, N Marokko
**Moyobamba** 60 C 2 NW Peru
**Moyu** 126 B 4 *var.* Karakax. NW China
**Moyynqum** 123 F 1 *Russ.* Muyunkum, Peski. Wüste, S Kasachstan
**Mozambique** *siehe* Moçambique
**Mozyr'** *siehe* Mazyr
**Mpama** 77 B 6 Fluß, Z Rep. Kongo
**Mpika** 78 D 2 NO Sambia
**Mqinvartsveri** 117 F 2 *Russ.* Kazbek. Berg, N Georgien
**Mrągowo** 98 D 2 *var.* Mragowo, *Dtsch.* Sensburg. NO Polen
**Msida** 102 B 5 N Malta
**M'Sila** 71 E 2 *var.* Msila. N Algerien
**Msila** *siehe* M'Sila
**Mtwara** 73 D 8 SO Tansania
**Mualo** *siehe* Messalo, Rio
**Muang Kalasin** *siehe* Kalasin
**Muang Khammouan** 136 D 4 *var.* Thakhek. S Laos
**Muang Khanthabuli** *siehe* Khanthabouli
**Muang Không** 137 D 5 S Laos
**Muang Khôngxédôn** 137 D 5 *var.* Khong Sedone. S Laos
**Muang Khon Kaen** *siehe* Khon Kaen
**Muang Lampang** *siehe* Lampang
**Muang Lom Sak** *siehe* Lom Sak
**Muang Namo** 136 C 3 N Laos
**Muang Nan** *siehe* Nan
**Muang Pakxan** 136 D 4 *var.* Pak Sane. Z Laos
**Muang Phalan** 136 D 4 *var.* Muang Phalane. S Laos
**Muang Phalane** *siehe* Muang Phalan
**Muang Phayao** *siehe* Phayao
**Muang Sing** 136 C 3 NW Laos
**Muang Xaignabouri** 136 C 4 *var.* Sayaboury. W Laos
**Muar** 138 B 3 *var.* Bandar Maharani. W Malaysia
**Muarabungo** 138 B 4 Sumatera, W Indonesien
**Muchinga Escarpment** 78 D 2 Gebirge, NO Sambia
**Mucojo** 79 F 2 N Moçambique
**Mudanjiang** 128 E 3 *var.* Mu-tan-chiang. NO China
**Mudon** 137 B 5 SO Myanmar
**Mufulira** 78 D 2 Z Sambia
**Mughla** *siehe* Muğla
**Muğla** 116 A 4 *ehem.* Mughla. SW Türkei
**Mūḩ, Sabkhat al** 118 C 3 See, Z Syrien
**Muir Éireann** *siehe* Irish Sea
**Muisne** 60 A 1 NW Ecuador
**Mukacheve** 108 B 3 *Tsch.* Mukačevo, *Ung.* Munkács, *Russ.* Mukachevo. W Ukraine
**Mukalla** *siehe* Al Mukallā
**Mula** 93 E 4 SO Spanien
**Mulaku Atoll** 132 B 4 *var.* Meemu Atoll. Insel, Z Malediven
**Muleshoe** 49 E 2 Texas, S USA
**Mulhacén** 93 E 5 Berg, S Spanien
**Mülhausen** *siehe* Mulhouse
**Mulhouse** 90 E 4 *Dtsch.* Mülhausen. NO Frankreich
**Mull, Isle of** 88 B 4 Insel, W Scotland, Großbritannien
**Müller-gerbergte** *siehe* Muller, Pegunungan
**Muller, Pegunungan** 138 D 4 *Nied.* Müller-gerbergte. Gebirge, Kalimantan, Indonesien
**Mullewa** 147 B 6 W Australien
**Müllheim** 95 A 6 SW Deutschland
**Mulongo** 77 D 7 SO Dem. Rep. Kongo
**Multān** 134 C 2 O Pakistan
**Mumbai** 134 C 5 *ehem.* Bombay. Bundesstaatshauptstadt, W Indien
**Mumbwa** 78 D 2 Z Sambia
**Muna, Pulau** 139 E 5 *ehem.* Moena. Insel, Z Indonesien
**Münchberg** 95 C 5 O Deutschland
**München** 95 C 6 *Eng.* Munich, *It.* Monaco. SO Deutschland
**Muncie** 40 C 4 Indiana, N USA
**Mu Nggava** *siehe* Rennell
**Munster** 89 A 6 Region, S Rep. Irland
**Münster** 94 A 4 NW Deutschland
**Muong Xiang Ngeun** 136 C 4 *var.* Xieng Ngeun. Z Laos
**Muonio** 84 D 3 N Finnland
**Muonionjoki** 84 D 3 *var.* Muoniojoki, *Schwe.* Muonioälv. Fluß, Finnland/Schweden
**Muqdisho** 73 D 6 *Eng.* Mogadishu, *It.* Mogadiscio. Staatshauptstadt, S Somalia
**Mur** 95 E 7 *SKr.* Mura. Fluß, Z Europa
**Mura** *siehe* Mur
**Muradiye** 117 F 3 O Türkei
**Murapara** *siehe* Murupara
**Murata** 96 E 2 San Marino
**Murchison** 147 B 5 Fluß, Western Australia, W Australien
**Murcia** 93 E 4 Region, SO Spanien
**Murcia** 93 F 4 SO Spanien
**Mureș** 108 A 4 *var.* Maros, Mureșul, *Dtsch.* Marosch, Mieresch. Fluß, Ungarn/Rumänien
**Murfreesboro** 42 D 1 Tennessee, S USA
**Murgab** *siehe* Murgap
**Murgab** *siehe* Murghob
**Murgap** 122 D 3 *Russ.* Murgab. S Turkmenistan
**Murgap Deryasy** 122 D 3 *Russ.* Murgab, *Pash.* Daryā-ye Morghāb. Fluß, Afghanistan/Turkmenistan
**Murghob** 123 G 3 *Russ.* Murgab. SO Tadschikistan
**Murgon** 149 D 5 Queensland, O Australien
**Müritz** 94 C 3 *var.* Müritzsee. See, NO Deutschland
**Müritzsee** *siehe* Müritz
**Murmansk** 110 C 2 NW Russische Föderation
**Murmashi** 110 C 2 *var.* Murmaši. NW Russische Föderation
**Murmaši** *siehe* Murmashi
**Murom** 111 B 5 W Russische Föderation
**Muroran** 130 D 3 Hokkaidō, NO Japan
**Muros** 92 B 1 NW Spanien
**Murray** 149 C 7 Fluß, SO Australien
**Murray, Lake** 43 E 2 Stausee, South Carolina, SO USA
**Murray Bridge** 149 B 7 South Australia, SO Australien
**Murray-Bruchzone** 153 E 2 untermeer. Formation, NO Pazifischer Ozean
**Murray-Rücken** 140 B 3 untermeer. Formation, N Indischer Ozean
**Murrumbidgee** 149 C 6 Fluß, SO Australien
**Murska Sobota** 95 E 7 *Dtsch.* Olsnitz. NO Slowenien
**Murupara** 150 E 3 *var.* Murapara. North Island, NO Neuseeland
**Murwāra** 135 E 4 N Indien
**Murwillumbah** 149 E 5 New South Wales, SO Australien
**Mürzzuschlag** 95 E 7 O Österreich
**Muş** 117 F 3 *var.* Mush. O Türkei
**Musala** 104 C 3 Berg, W Bulgarien
**Muscat** *siehe* Masqaţ
**Muscatine** 45 G 4 Iowa, Z USA
**Musgrave Ranges** 147 D 5 Gebirge, South Australia, S Australien
**Mush** *siehe* Muş
**Muskegon** 40 C 3 Michigan, N USA
**Muskogean** *siehe* Tallahassee
**Muskogee** 49 G 1 Oklahoma, Z USA
**Musoma** 73 C 6 N Tansania
**Mussau Island** 144 B 3 Insel, NO Papua-Neuguinea
**Mustafa-Pasha** *siehe* Svilengrad
**Musters, Lago** 65 B 6 See, S Argentinien
**Mut** 116 C 4 S Türkei
**Mu-tan-chiang** *siehe* Mudanjiang
**Mutare** 78 D 3 *var.* Mutari; *ehem.* Umtali. O Zimbabwe
**Mutina** *siehe* Modena
**Mutsu-wan** 130 D 3 Bucht, NW Pazifischer Ozean
**Muttonbird Islands** 151 A 8 Inselgruppe, South Island, SW Neuseeland
**Mu Us Shamo** 127 E 3 *Eng.* Ordos Desert. Wüste, N China
**Muy Muy** 52 D 3 Z Nicaragua
**Muynak** *siehe* Mŭynoq
**Mŭynoq** 122 C 1 *Russ.* Muynak. NW Usbekistan
**Muyunkum, Peski** *siehe* Moyynqum
**Mužlja** 100 D 3 *Ung.* Felsőmuzslya; *ehem.* Gornja Mužlja. NO Jugoslawien
**Mvolo** 73 B 5 Sudan
**Mwanza** 73 C 7 NW Tansania
**Mweka** 77 C 6 Z Dem. Rep. Kongo
**Mwene-Ditu** 77 D 7 S Dem. Rep. Kongo
**Mweru, Lake** 78 D 1 *Frz.* Lac Moero. See, Dem. Rep. Kongo/Sambia
**Myadzel** 107 C 5 *Pol.* Miadzioł Nowy, *Russ.* Myadel'. N Weißrußland
**Myanaung** 136 B 4 SW Myanmar

**Myanmar**
136 B 3 Pye Twangsu Myanmar Naigngan (Union Myanmar), *ehem.* Burma, *Dtsch.* Birma. SO Asien

**UN-Name:** Union of Myanmar **Gründung:** 1948 **Hauptstadt:** Yangon (Rangoon) **Bevölkerung:** 44,6 Mio. **Fläche:** 676 550 km² **Sprachen:** Birmanisch*, Karisch, Mon **Religionen:** Buddhisten 89%, Muslime 4%, andere 7% **Volksgruppen:** Birmanen 68%, Shan 9%, Karen 6%, Rakhine 4%, andere 13% **Staatsform:** Militärdiktatur **Währung:** Kyat = 100 Pyas

**Myaungmya** 136 A 4 SW Myanmar
**Myerkulavichy** 107 D 7 *Russ.* Merkulovichi. SO Weißrußland
**Myingyan** 136 B 3 Z Myanmar
**Myitkyina** 136 B 2 N Myanmar
**Mykolayiv** 109 E 4 *Russ.* Nikolayev. S Ukraine
**Mýkonos** 105 D 6 *var.* Míkonos. Insel, Kykládes, SO Griechenland
**Myrhorod** 109 F 2 *Russ.* Mirgorod. NO Ukraine
**Mýrina** 104 D 4 *var.* Mírina. Límnos, SO Griechenland
**Myrtle Beach** 43 F 2 South Carolina, SO USA
**Myrtoisches Meer** *siehe* Mirtóo Pelagos

**Mýrtos** 105 D 8 Kríti, SO Griechenland
**Myślibórz** 98 B 3 W Polen
**Mysore** 132 C 2 *var.* Maisur W Indien
**My Tho** 137 E 6 *var.* Mi Tho. S Vietnam
**Mytilíni** 105 D 5 *var.* Mitilíni; *ant.* Mytilene. Lésvos, O Griechenland
**Mytishchi** 111 B 5 W Russische Föderation
**Mzuzu** 79 E 2 N Malawi

# N

**Naberezhnyye Chelny** 111 D 5 *ehem.* Brezhnev. W Russische Föderation
**Nablus** 119 E 7 *var.* Nābulus, *Heb.* Shekhem; *ant.* Neapolis, *Bibl.* Shechem. N West Bank (Westjordanland)
**Nacala** 79 F 2 NO Moçambique
**Nacogdoches** 49 H 3 Texas, S USA
**Nadi** 145 E 4 *ehem.* Nandi. Viti Levu, W Fidschi
**Nadvirna** 108 B 3 *Pol.* Nadwóma, *Russ.* Nadvornaya. W Ukraine
**Nadvoicy** *siehe* Nadvoitsy
**Nadvoitsy** 110 B 3 *var.* Nadvoicy. NW Russische Föderation
**Nadym** 114 D 3 N Russische Föderation
**Nadym** 114 D 3 Fluß, Z Russische Föderation
**Náfpaktos** 105 B 5 *var.* Návpaktos. Z Griechenland
**Náfplio** 105 B 6 *ehem.* Návplion. S Griechenland
**Naga** 139 E 1 *off.* Naga City; *ehem.* Nueva Caceres. Luzon, N Philippinen
**Nagano** 131 D 5 Honshū, S Japan
**Nagaoka** 131 D 5 Honshū, Z Japan
**Nagasaki** 131 A 7 Kyūshū, SW Japan
**Nagato** 131 A 7 Honshū, SW Japan
**Nāgercoil** 132 C 3 SO Indien
**Nagornyy Karabakh** *siehe* Dağliq Qarabağ
**Nagoya** 131 C 6 Honshū, SW Japan
**Nāgpur** 134 D 4 Z Indien
**Nagqu** 126 C 5 *Chin.* Na-Ch'ii; *ehem.* Hei-ho. W China
**Nagykálló** 99 E 6 O Ungarn
**Nagykanizsa** 99 B 7 *Dtsch.* Grosskanizsa. SW Ungarn
**Nagykőrös** 99 D 7 Z Ungarn
**Nagysurány** *siehe* Šurany
**Nagyszalonta** *siehe* Salonta
**Nagytapolcsány** *siehe* Topoľčany
**Nahal Elisha** 119 E 7 O West Bank (Westjordanland)
**Nahariya** *siehe* Nahariyya
**Nahariyya** 119 A 5 *var.* Nahariya. N Israel
**Nahuel Huapi, Lago** 65 B 5 See, W Argentinien
**Nain** 39 F 2 Newfoundland and Labrador, NO Kanada
**Nā'īn** 120 D 3 Z Iran
**Nairobi** 73 C 6 Staatshauptstadt, S Kenia
**Najaf** *siehe* An Najaf
**Najin** 128 E 3 NO Nord-Korea
**Najrān** 121 B 6 *var.* Abā as Su'ūd. S Saudi-Arabien
**Nakamura** 131 B 7 Shikoku, SW Japan
**Nakatsugawa** 131 C 6 *var.* Nakatugawa. Honshū, SW Japan
**Nakatugawa** *siehe* Nakatsugawa
**Nakhichevan'** *siehe* Naxçıvan
**Nakhodka** 115 G 5 SO Russische Föderation
**Nakhon Pathom** 137 C 5 *var.* Nagara Pathom, Nakorn Pathom. Z Thailand
**Nakhon Ratchasima** 137 C 5 *var.* Khorat, Korat. O Thailand
**Nakhon Sawan** 137 C 5 *var.* Muang Nakhon Sawan, Nagara Svarga. W Thailand
**Nakhon Si Thammarat** 137 C 7 *var.* Nagara Sridharmaraj, Nakhon Sithamnaraj. S Thailand
**Nakina** 38 C 3 British Columbia, W Kanada
**Nakuru** 73 C 6 W Kenia
**Nalayh** 127 E 2 Z Mongolei
**Nal'chik** 111 B 8 SW Russische Föderation
**Nālūt** 71 F 2 NW Libyen
**Namangan** 123 F 2 O Usbekistan
**Nam Co** 126 C 5 See, W China
**Nam Định** 136 D 3 N Vietnam
**Namen** *siehe* Namur
**Namib** 78 B 3 *Eng.* Namib Desert. Wüste, W Namibia
**Namibe** 78 A 2 *Port.* Moçâmedes, Mossâmedes. SW Angola

**Namibia**
78 B 3 Republic of Namibia (Republik Namibia), *Afr.* Suidwes-Afrika, *ehem.* Deutsch-Südwest-Afrika, South-West Africa. S Afrika

**UN-Name:** Republic of Namibia **Formation:** 1990 **Hauptstadt:** Windhoek **Bevölkerung:** 1,5 Mio. **Fläche:** 824 290 **Sprachen:** Englisch*, Afrikaans, Ovambo, Kavamgo, Bergdama, Deutsch **Religionen:** Christen 90%, andere 10% **Volksgruppen:** Ovambo 50%, Kavango 9%, Herero 7%, Damara 7%, andere 27% (darunter 6,4% Weiße, teils deutscher Abstammung) **Regierung:** Mehrparteienrepublik **Währung:** Rand = 100 Cents

**Nam Ngum** 136 D 4 Fluß, Z Laos
**Namo** *siehe* Namu Atoll
**Nam Ou** 136 C 3 Fluß, N Laos
**Nampa** 46 D 3 Idaho, NW USA
**Nampula** 79 E 2 NO Moçambique
**Namrole** 139 F 4 O Indonesien
**Namsos** 84 B 4 Z Norwegen
**Namu** 36 D 5 British Columbia, SW Kanada
**Namu Atoll** 144 D 2 Insel, Z Marshall-Inseln
**Namur** 87 C 6 *Nied.* Namen. SO Belgien
**Nan** 136 C 4 *var.* Muang Nan. N Thailand
**Nanaimo** 36 D 5 Vancouver Island, Kanada
**Nanchang** 129 C 5 *var.* Nan-ch'ang, Nanch'ang-hsien. Provinzhauptstadt, SO China
**Nancy** 90 D 3 NO Frankreich
**Nandaime** 52 D 4 SW Nicaragua
**Nānded** 134 D 5 Z Indien
**Nandi** *siehe* Nadi
**Nandyāl** 132 C 2 O Indien
**Naniwa** *siehe* Ōsaka
**Nanjing** 129 D 5 *var.* Nan-ching, Nanking; *ehem.* Chian-ning, Chianning, Kiang-ning. Provinzhauptstadt, O China
**Nanning** 129 B 6 *var.* Nan-ning; *ehem.* Yung-ning. Hauptstadt einer aut. Region, S China
**Nanortalik** 82 C 5 S Grönland
**Nanping** 129 D 6 *var.* Nan-p'ing; *ehem.* Yenping. O China
**Nansei-shotō** 130 A 2 *var.* Ryūkyū-Inseln. Inselgruppe, Japan
**Nansei-Shotō-Graben** *siehe* Ryūkyū-Graben
**Nansen-Becken** 155 G 4 untermeer. Formation, Arktis
**Nansen Cordillera** 155 G 3 untermeer. Formation, Arktis
**Nansha Qundao** *siehe* Spratly Islands
**Nanterre** 90 C 3 N Frankreich
**Nantes** 90 A 4 *Bret.* Naoned; *ant.* Condivincum, Namnetes. NW Frankreich
**Nantucket Island** 41 G 3 Insel, Massachusetts, NO USA
**Nanumaga** 145 E 3 *var.* Nanumanga. Insel, NW Tuvalu
**Nanumanga** *siehe* Nanumaga
**Nanumea** 145 E 3 Insel, NW Tuvalu
**Nanyang** 129 C 5 *var.* Nan-yang. Z China
**Nan-yang** *siehe* Nanyang
**Napa** 47 B 6 California, W USA
**Napier** 150 E 4 North Island, N Neuseeland
**Naples** 43 E 5 Florida, SO USA
**Napo** 60 C 1 Fluß, Ecuador/Peru
**Napoli** 97 D 5 *Dtsch.* Neapel, *Eng.* Naples; *ant.* Neapolis. S Italien
**Naracoorte** 149 B 7 South Australia, S Australien
**Naradhivas** *siehe* Narathiwat
**Narathiwat** 137 C 7 *var.* Naradhivas. S Thailand
**Narbo Martius** *siehe* Narbonne
**Narbonne** 91 C 6 *ant.* Narbo Martius. S Frankreich
**Narborough Island** *siehe* Fernandina, Isla
**Nares Stræde** *siehe* Nares-Straße
**Nares-Straße** 82 D 1 *Dän.* Nares Stræde. Meerenge, S Lincoln-See
**Nares-Tiefsee-Ebene** 35 E 6 *var.* Nares Abyssal Plain. Untermeer. Formation, NW Atlantischer Ozean
**Narew** 98 E 3 Fluß, O Polen
**Narova** *siehe* Narva
**Narovlya** *siehe* Narowlya
**Narowlya** 107 C 8 *Russ.* Narovlya. SO Weißrußland
**Närpes** 85 D 5 *Fin.* Närpiö. W Finnland
**Närpiö** *siehe* Närpes
**Narrogin** 147 B 7 SW Australien
**Narsaq** 82 C 4 *var.* Narssaq. SW Grönland
**Narsaq Kujallea** 82 C 5 *Dän.* Frederiksdal. S Grönland
**Narssaq** *siehe* Narsaq
**Narva** 106 E 2 NO Estland
**Narva** 106 E 2 *ehem.* Narova. Fluß, Estland/Russische Föderation
**Narva-Bucht** 106 E 2 *Est.* Narva Laht, *Dtsch.* Narwa-Bucht. *Russ.* Narvskiy Zaliv. Bucht, O Ostsee
**Narva-Reservoir** 106 E 2 *Est.* Narva Veehoidla, *Russ.* Narvskoye Vodokhranilishche. Stausee, Estland/Russische Föderation
**Narvik** 84 C 3 Z Norwegen
**Nar'yan-Mar** 110 D 3 *var.* Narjan-Mar, Nar'jan-Mar; *ehem.* Dzerzhinskiy, Beloshchel'ye. NW Russische Föderation
**Naryn** 123 G 2 Z Kirgisistan
**Năsăud** 108 B 3 *Dtsch.* Nussdorf, *Ung.* Naszód. N Rumänien
**Nāshik** 134 C 5 *ehem.* Nāsik. W Indien
**Nashua** 41 G 3 New Hampshire, NO USA
**Nashville** 42 C 1 Bundesstaatshauptstadt, Tennessee, S USA
**Näsijärvi** 85 D 5 See, SW Finnland
**Nāsik** *siehe* Nāshik
**Nāṣir, Buḥairat** 68 D 3 *Dtsch.* Nasser-See, *Eng.* Lake Nasser. See, Ägypten/Sudan
**Nasiriya** *siehe* An Nāṣirīyah
**Nassau** 54 C 1 Staatshauptstadt, Bahamas
**Nasser-See** *siehe* Nāṣir, Buḥairat
**Nata** 78 C 3 NO Botswana
**Natal** 63 G 2 Bundesstaatshauptstadt, O Brasilien
**Natal-Rücken** 141 A 6 *var.* Moçambique-Becken. Untermeer. Formation, SW Indischer Ozean
**Natchitoches** 42 A 3 Louisiana, S USA
**National City** 47 C 8 California, W USA
**Natitingou** 75 F 4 NW Benin
**Natuna, Kepulauan** 138 C 3 Inselgruppe, W Indonesien
**Naturaliste-Plateau** 141 E 6 untermeer. Formation, O Indischer Ozean
**Naujamiestis** 106 C 4 Z Litauen
**Nauru** 144 D 2 Insel, W Pazifischer Ozean

**Nauru**
144 D 3 Republik Nauru, *var.* Naoero, *ehem.* Pleasant Island, *Dtsch.* Erfrischungsinsel, W Pazifischer Ozean

**UN-Name:** Republic of Nauru **Formation:** 1968 **Hauptstadt:** Keine offizielle Hauptstadt, Verwaltungssitz: Yaren **Bevölkerung:** 10 000 **Fläche:** 21,2 km² **Sprachen:** Nauruisch*, Englisch, Kiribati, Chinesisch, Tuvaluisch **Religionen:** Christen 95%, andere 5% **Volksgruppen:** Nauruer 58%, andere Pazifikinsulaner 26%, Chinesen 8%, Europäer 8% **Regierung:** Parlamentarische Demokratie **Währung:** Austral.-$ = 100 Cents

**Nauta** 60 C 2 N Peru
**Navahrudak** 107 C 6 *Pol.* Nowogródek, *Russ.* Novogrudok. W Weißrußland
**Navanagar** *siehe* Jāmnagar
**Navapolatsk** 107 D 5 *Russ.* Novopolotsk. N Weißrußland
**Navarra** 93 E 2 Region, N Spanien
**Navassa Island** 54 D 3 US-Unincorporated Territory, N Karibisches Meer
**Navoi** *siehe* Nawoiy
**Navojoa** 50 B 2 NW Mexiko
**Navolat** 50 C 3 *var.* Navolato. Z Mexiko
**Navolato** *siehe* Navolat
**Návpaktos** *siehe* Náfpaktos
**Návplion** *siehe* Náfplio
**Nawabashah** *siehe* Nawābshāh
**Nawābshāh** 134 B 3 *var.* Nawabashah. S Pakistan
**Nawoiy** 123 E 2 *Russ.* Navoi. Z Usbekistan
**Naxçıvan** 117 G 3 *Russ.* Nakhichevan'. SW Aserbaidschan

**Naxos** *siehe* Náxos
**Náxos** 105 D 6 *var.* Naxos. Náxos, SO Griechenland
**Náxos** 105 D 6 Insel, Kykládes, SO Griechenland
**Nayoro** 130 D 2 Hokkaidō, NO Japan
**Nazareth** *siehe* Nazerat
**Nazca** 60 D 4 S Peru
**Nazca-Rücken** 57 A 5 untermeer. Formation, O Pazifischer Ozean
**Naze** 130 B 3 Nansei-shotō, S Japan
**Nazerat** 119 A 5 *Ar.* En Nazira, *Dtsch.* Nazareth. N Israel
**Nazilli** 116 A 4 SW Türkei
**Nazrēt** 73 C 5 *var.* Adama, Hadama. Z Äthiopien
**N'Dalatando** 78 B 1 *var.* Salazar, *Port.* Vila Salazar. NW Angola
**Ndélé** 76 C 4 N Zentralafrikanische Republik
**Ndendé** 77 A 6 S Gabun
**Ndindi** 77 A 6 S Gabun
**Ndjamena** 76 B 3 *var.* N'Djamena, *ehem.* Fort-Lamy. Staatshauptstadt, W Tschad
**Ndjolé** 77 A 5 Z Gabun
**Ndola** 78 D 2 Z Sambia
**Neagh, Lough** 89 B 5 See, O Northern Ireland, Großbritannien
**Néa Moudanía** 104 C 4 *var.* Néa Moudhaniá. N Griechenland
**Néa Moudhaniá** *siehe* Néa Moudanía
**Neapel** *siehe* Napoli
**Neápoli** 104 B 4 *ehem.* Neápolis. N Griechenland
**Neápoli** 105 C 7 SO Griechenland
**Neápoli** 105 D 8 Kríti, SO Griechenland
**Neápolis** *siehe* Neápoli
**Néa Zíchni** 104 C 3 *var.* Néa Zíkhni; *ehem.* Néa Zíkhna. NO Griechenland
**Nebaj** 52 B 2 W Guatemala
**Nebitdag** 122 B 2 W Turkmenistan
**Neblina, Pico da** 62 D 1 Berg, NW Brasilien
**Nebraska** 44 D 4 *off.* State of Nebraska; *auch genannt:* Blackwater State, Cornhusker State, Tree Planters State. Bundesstaat, Z USA
**Nebraska City** 45 F 4 Nebraska, Z USA
**Neches River** 49 H 3 Fluß, Texas, S USA
**Neckar** 95 B 6 Fluß, SW Deutschland
**Necochea** 65 D 5 O Argentinien
**Necocli** 58 A 2 NW Kolumbien
**Nederland** 49 H 4 Texas, S USA
**Nederweert** 87 D 5 SO Niederlande
**Neede** 86 E 3 O Niederlande
**Neerpelt** 87 D 5 NO Belgien
**Neftekamsk** 111 D 5 W Russische Föderation
**Neftezavodsk** *siehe* Seydi
**Negēlē** 73 D 5 *var.* Negelli, *It.* Neghelli. S Äthiopien
**Negev** *siehe* HaNegev
**Negomane** 79 E 2 *var.* Negomano. N Moçambique
**Negomano** *siehe* Negomane
**Negombo** 132 C 3 Sri Lanka
**Negotin** 100 E 4 O Jugoslawien
**Negra, Punta** 60 A 3 Landspitze, NW Peru
**Negrești-Oaș** 108 B 3 *Ung.* Avasfelsőfalu; *ehem.* Negrești. NO Rumänien
**Negro, Río** 65 C 5 Fluß, Brasilien/Uruguay
**Negro, Río** 62 D 1 Fluß, N Argentinien
**Negros** 139 E 2 Insel, Visayan Islands, Z Philippinen
**Nehbandān** 120 E 3 O Iran
**Neijiang** 129 B 5 Z China
**Nei Mongol Zizhiqu** 127 F 3 *var.* Nei Mongol, *Dtsch.* Innere Mongolei; *ehem.* Nei Monggol Zizhiqu. Aut. Region, N China
**Neiva** 58 B 3 S Kolumbien
**Nellore** 132 D 2 O Indien
**Nelson** 151 C 5 South Island, Z Neuseeland
**Neman** 106 B 4 *Dtsch.* Ragnit. W Russische Föderation
**Neméa** 105 B 6 S Griechenland
**Nemetocenna** *siehe* Arras
**Nemours** 90 C 4 N Frankreich
**Nemunas** 106 B 4 *Bel.* Nyoman, *Dtsch.* Memel, *Lit.* Nemunas, *Pol.* Niemen. Fluß, NO Europa
**Nemuro** 130 E 2 Hokkaidō, NO Japan
**Neochóri** 105 B 5 Z Griechenland

**Nepal**
135 E 3 Nepāl Adhirājya (Königreich Nepal). S Asien

**UN-Name:** Kingdom of Nepal **Formation:** 1769 **Hauptstadt:** Kathmandu **Bevölkerung:** 21,4 Mio. **Fläche:** 140 800 km² **Sprachen:** Nepali*, Maithilli, Bhojpuri, **Religionen:** Hindus 90%, Buddhisten 5%, Muslime 3%, andere 2% **Volksgruppen:** Nepalesen 58%, Bihari 19%, Tamang 6%, andere 17% **Regierung:** Parlamentarische Monarchie **Währung:** Rupee = 100 Paisa

**Nepean** 38 D 5 Ontario, SO Kanada
**Nereta** 106 C 4 S Lettland
**Neretava** 100 C 4 Fluß, Bosnien-Herzegowina/Kroatien
**Neringa** 106 A 3 *Dtsch.* Nidden; *ehem.* Nida. SW Litauen
**Neris** 107 C 5 *Bel.* Viliya, *Pol.* Wilia; *ehem. Pol.* Wilja. Fluß, Weißrußland/Litauen
**Nerva** 92 C 4 S Spanien
**Neskaupstadhur** 83 E 5 O Island
**Ness, Loch** 88 C 3 See, N Scotland, Großbritannien
**Néstos** 104 C 3 *Bul.* Mesta, *Türk.* Kara Su. Fluß, Bulgarien/Griechenland
**Netanya** 119 A 6 *var.* Natanya, Nathanya. Z Israel
**Nettilling Lake** 82 A 2 See, N Kanada
**Netze** *siehe* Noteć
**Neu Amerika** *siehe* Puławy
**Neubrandenburg** 94 D 3 NO Deutschland
**Neubritannien** *siehe* New Britain
**Neuchâtel, Lac de** 95 A 7 *Dtsch.* Neuenburger See. See, W Schweiz
**Neuenburger See** *siehe* Neuchâtel, Lac de
**Neufchâteau** 87 D 8 SO Belgien
**Neufundland** *siehe* Newfoundland
**Neufundland-Becken** 66 B 3 untermeer. Formation, NW Atlantischer Ozean
**Neuguinea** *siehe* New Guinea
**Neukaledonien** *siehe* Nouvelle Calédonie
**Neukaledonien-Becken** 152 C 4 untermeer. Formation, W Pazifischer Ozean
**Neukuhren** *siehe* Pionerskiy
**Neumünster** 94 B 2 N Deutschland
**Neunkirchen** 95 A 5 SW Deutschland
**Neunkirchen** 95 E 6 *var.* Neunkirchen am Steinfeld. O Österreich
**Neunkirchen am Steinfeld** *siehe* Neunkirchen
**Neuquén** 65 B 5 SO Argentinien
**Neuruppin** 94 C 3 NO Deutschland
**Neu Sandec** *siehe* Nowy Sącz

**Neuseeland**
150 A 4 *Eng.* New Zealand, Republik im Commonwealth, SW Pazifischer Ozean

**UN-Name:** The Dominion of New Zealand **Formation:** 1947 **Hauptstadt:** Wellington **Bevölkerung:** 3,6 Mio. **Fläche:** 268 680 km² **Sprachen:** Englisch*, Maori **Religionen:** Protestanten 62%, Römisch-Katholische 18%, andere 20% **Volksgruppen:** Europäer 88%, Maori 9%, andere 3% **Regierung:** Konstitutionelle Monarchie **Währung:** NZ-$ = 100 Cents

**Neusibirische Inseln** *siehe* Novosibirskiye Ostrova
**Neusiedler See** 95 E 6 *Ung.* Fertő. See, Österreich/Ungarn
**Neustadt an der Weinstraße** 95 B 5 *ehem.* Neustadt an der Haardt; *hist.* Niewenstat, *ant.* Nova Civitas. SW Deutschland
**Neustettin** *siehe* Szczecinek
**Neustrelitz** 94 D 3 NO Deutschland
**Neu-Ulm** 95 B 6 S Deutschland
**Neuwied** 95 A 5 W Deutschland
**Neuzen** *siehe* Terneuzen
**Nevada** 47 C 5 *off.* State of Nevada; *auch genannt:* Battle Born State, Sagebrush State, Silver State. Bundesstaat, W USA
**Nevada, Sierra** 92 D 5 Gebirge, S Spanien
**Nevers** 90 C 4 *ant.* Noviodunum. Z Frankreich
**Nevinnomyssk** 111 B 7 SW Russische Föderation
**Nevşehir** 116 C 3 *ehem.* Nevshehr. Z Türkei
**Nevshehr** *siehe* Nevşehir
**Newala** 73 D 8 SO Tansania
**New Albany** 42 C 2 Mississippi, S USA
**New Albany** 40 C 5 Indiana, N USA
**New Amsterdam** 59 G 3 O Guyana
**Newark** 41 F 4 New Jersey, N USA
**Newark** 40 D 4 Ohio, NO USA
**New Bedford** 41 G 3 Massachusetts, NO USA
**Newberg** 46 B 3 Oregon, NW USA
**New Bern** 43 F 1 North Carolina, SO USA
**New Braunfels** 49 G 4 Texas, S USA
**Newbridge** 89 B 6 *Ir.* An Droichead Nua. Z Rep. Irland
**New Britain** 41 G 3 Connecticut, NO USA
**New Britain** 144 B 3 *Dtsch.* Neubritannien. Insel, O Papua-Neuguinea
**New Brunswick** 39 F 4 *Fr.* Nouveau-Brunswick. Provinz, SO Kanada
**Newcastle** 149 D 6 New South Wales, SO Australien
**Newcastle-upon-Tyne** 88 D 4 *var.* Newcastle; *hist.* Monkchester, *Lat.* Pons Aelii. N England, Großbritannien
**New Delhi** 134 D 3 Staatshauptstadt, N Indien
**Newfoundland** 39 G 3 *Fr.* Terre Neuve, *Dtsch.* Neufundland. Insel, Newfoundland and Labrador Kanada
**Newfoundland & Labrador** 39 F 2 Provinz, O Kanada
**New Georgia Islands** 144 C 3 Inselgruppe, NW Salomon-Inseln
**New Glasgow** 39 F 4 Nova Scotia, SO Kanada
**New Guinea** 144 A 3 *Dtsch.* Neuguinea, *Nied.* Nieuw Guinea, *Ind.* Irian. Insel, Indonesien/Papua-Neuguinea
**New Hampshire** 41 F 2 *off.* State of New Hampshire; *auch genannt:* Granite State. Bundesstaat, NO USA
**New Haven** 41 G 3 Connecticut, NO USA
**New Iberia** 42 B 3 Louisiana, S USA
**New Ireland** 144 C 3 Insel, NO Papua-Neuguinea
**New Jersey** 41 F 4 *off.* State of New Jersey; *auch genannt:* Garden State. Bundesstaat, O USA
**Newman** 146 B 4 Western Australia, W Australien
**Newmarket** 89 E 6 O England, Großbritannien
**New Mexico** 48 C 2 *off.* State of New Mexico; *auch genannt:* Land of Enchantment, Sunshine State. Bundesstaat, SW USA
**New Orleans** 42 B 3 Louisiana, S USA
**New Plymouth** 150 D 4 North Island, Z Neuseeland
**Newport** 89 D 7 S England, Großbritannien
**Newport** 89 D 7 SO Wales, Großbritannien
**Newport** 42 B 1 Arkansas, Z USA
**Newport** 40 C 4 Kentucky, O USA
**Newport** 41 G 2 Maine, NO USA
**Newport News** 41 F 5 Virginia, NO USA
**New Providence** 54 C 1 Insel, Bahamas
**Newquay** 89 B 7 SW England, Großbritannien
**Newry** 89 B 5 *Ir.* An tIúr. SO Northern Ireland, Großbritannien
**Newry** 146 D 3 N Australien
**New Sarum** *siehe* Salisbury
**New Smyrna Beach** 43 E 4 Florida, SO USA
**New South Wales** 149 C 6 Bundesstaat, SO Australien
**New Territories** 128 A 1 Region, Hong Kong
**Newton** 45 F 5 Iowa, Z USA
**Newton** 45 G 3 Kansas, Z USA
**Newtownabbey** 89 B 5 *Ir.* Baile na Mainistreach. O Northern Ireland, Großbritannien
**New Ulm** 45 F 3 Minnesota, N USA
**New York** 41 F 3 New York, NO USA
**New York** 41 E 3 Bundesstaat, NO USA
**Neyveli** 132 C 2 SO Indien
**Nezhin** *siehe* Nizhyn

**Ngabang** 138 C 4 Kalimantan, Z Indonesien
**Ngangzê Co** 126 B 5 See, W China
**N'Gaoundéré** *siehe* Ngaoundéré
**Ngaoundéré** 76 B 4 *var.* N'Gaoundéré. N Kamerun
**N'Giva** 78 B 3 *var.* Ondjiva, *Port.* Vila Pereira de Eça. S Angola
**Ngo** 77 B 6 SO Rep. Kongo
**Ngoko** 77 B 5 Fluß, Kamerun/Rep. Kongo
**Ngorongoro Crater** 69 D 5 Krater, N Tansania
**Ngourti** 75 H 3 O Niger
**N'Guigmi** *siehe* Nguigmi
**Nguigmi** 75 H 3 *var.* N'Guigmi. SO Niger
**Nguru** 75 G 4 NO Nigeria
**Nha Trang** 137 E 6 SO Vietnam
**Niagara Falls** 38 D 5 Ontario, S Kanada
**Niagara Falls** 41 E 3 New York, NO USA
**Niagara Falls** 35 D 5 Wasserfall, Kanada/USA
**Niamey** 75 F 3 Staatshauptstadt, SW Niger
**Niangay, Lac** 75 E 3 See, O Mali
**Nia-Nia** 77 D 5 NO Dem. Rep. Kongo
**Nias, Pulau** 138 A 3 Insel, W Indonesien
**Niassa, Lago** *siehe* Nyasa, Lake

---

**Nicaragua**
52 D 3 República de Nicaragua (Republik Nicaragua). Z Mittelamerika

**UN-Name:** Republic of Nicaragua **Formation:** 1838 **Hauptstadt:** Managua **Bevölkerung:** 4,3 Mio. **Fläche:** 130 000 km² **Sprachen:** Spanisch*, Englisch-Kreolisch, Miskito **Religionen:** Römisch-Katholische 95%, andere 5% **Volksgruppen:** Mestizen 69%, Weiße 17%, Schwarze 9%, Indianer 5% **Regierung:** Mehrparteienrepublik **Währung:** Córdoba = 100 Pence

---

**Nicaragua, Lago de** 52 D 4 *var.* Cocibolca, Gran Lago, *Eng.* Lake Nicaragua. See, S Nicaragua
**Nice** 91 D 6 *It.* Nizza; *ant.* Nicaea. SO Frankreich
**Nicholas II Land** *siehe* Severnaya Zemlya
**Nicholls Town** 54 C 1 Bahamas
**Nicholson Range** 147 B 5 Gebirge, W Australien
**Nicobar Islands** 133 F 3 *Dtsch.* Nicobaren. Inselgruppe, SO Indien
**Nicoya** 52 D 4 W Costa Rica
**Nicoya, Golfo de** 52 D 5 Golf, O Pazifischer Ozean
**Nicoya, Península de** 52 D 4 Halbinsel, NW Costa Rica
**Nidzica** 98 D 3 *Dtsch.* Niedenburg. N Polen
**Niedenburg** *siehe* Nidzica
**Niedere Tauern** 95 D 7 Gebirge, Z Österreich
**Niederkalifornien** *siehe* Baja California

---

**Niederlande**
86 C 3 Koninkrijk der Nederlanden (Königreich der Niederlande), *var.* Holland, Nederland, W Europa

**UN-Name:** Kingdom of the Netherlands **Formation:** 1815 **Hauptstadt:** Amsterdam, (Reg.-Sitz: Den Haag **Bevölkerung:** 15,4 Mio. **Fläche:** 37 330 km² **Sprachen:** Niederländisch*, Friesisch **Religionen:** Römisch-Katholische 36%, Protestanten 27%, andere 37% **Volksgruppen:** Niederländer 96% (davon ca. 23% Friesen), andere 4% **Regierung:** Konstitutionelle Monarchie **Währung:** Ndl. Gulden = 100 Cents

---

**Niederländische Antillen** 55 F 5 *ehem.* Holländisch Westindien. Aut. Region der Niederlande, S Karibisches Meer
**Nieuw Amsterdam** 59 G 3 NO Suriname
**Nieuw-Bergen** 86 D 4 SO Niederlande
**Nieuwegein** 86 C 4 Z Niederlande
**Nieuw Nickerie** 59 G 3 NW Suriname
**Niğde** 116 C 4 Z Türkei
**Niger** 75 F 4 Fluß, W Afrika

---

**Niger**
75 F 3 République du Niger (Republik Niger). W Afrika

**UN-Name:** Republic of Niger **Formation:** 1960 **Hauptstadt:** Niamey **Bevölkerung:** 8,8 Mio. **Fläche:** 1 267 000 km² **Sprachen:** Französisch*, Hausa, Djerma, Ful **Religionen:** Muslime 85%, Naturreligionen 14%, Christen 1% **Volksgruppen:** Hausa 56%, Djerma 22%, Fulbe 9%, andere 13% **Regierung:** Mehrparteienrepublik **Währung:** CFA-Franc = 100 Centimes

---

**Niger-Delta** 75 G 5 Delta, S Nigeria

---

**Nigeria**
75 F 4 Federal Republic of Nigeria (Bundesrepublik Nigeria), W Afrika

**UN-Name:** Federal Republic of Nigeria **Formation:** 1960 **Hauptstadt:** Abuja **Bevölkerung:** 119 Mio. **Fläche:** 923 770 km² **Sprachen:** Englisch*, Hausa, Yoruba, Ibo **Religionen:** Muslime 50%, Christen 40%, Naturreligionen 10% **Volksgruppen:** Hausa 21%, Yoruba 20%, Ibo 17%, Fulbe 9%, andere 33% **Regierung:** Militärregime **Währung:** Naira = 100 Kobo

---

**Niigata** 131 D 5 Honshū, Z Japan
**Niihama** 131 B 7 Japan
**Niihau** 47 A 7 Insel, Hawaii, W USA
**Nii-jima** 131 D 6 Insel, Izu-shotō, O Japan
**Nijkerk** 86 D 3 Z Niederlande
**Nijlen** 87 C 5 N Belgien
**Nijmegen** 86 D 4 *Dtsch.* Nimwegen; *ant.* Noviomagus. SO Niederlande
**Nikel'** 110 C 2 NW Russische Föderation
**Nikiniki** 139 E 5 Timor, S Indonesien
**Nikólaos, Áyios** *siehe* Ágios Nikólaos
**Nikolayev** *siehe* Mykolayiv
**Nikopol'** 109 F 3 SO Ukraine
**Nikšić** 101 C 5 SW Jugoslawien
**Nikosia** 103 H 3 *Eng.* Nicosia, *Griech.* Lefkosía, *Türk.* Lefkoşa. Z Zypern
**Nikumaroro** 145 F 3 *ehem.* Gardner Island, Kemins Island. Insel, Z Kiribati
**Nikunau** 145 E 3 *var.* Nukunau; *ehem.* Byron Island. Insel, W Kiribati
**Nil** 72 B 3 *Ar.* Nahr an Nīl. Fluß, NO Afrika
**Nīl, Nahr an** *siehe* Nil
**Nil-Delta** 72 B 1 Delta, N Ägypten
**Nimba, Mount** 74 D 4 Berg, W Afrika
**Nîmes** 91 C 6 *ant.* Nemausus, Nismes. S Frankreich
**Nīnawé** 117 F 5 N Irak
**Nine Degree Channel** 132 B 3 Meerenge, N Indischer Ozean
**Ninetyeast Ridge** *siehe* Bengalischer Rücken
**Ningbo** 129 D 5 *var.* Ning-po, Yin-hsien; *ehem.* Ninghsien. O China
**Ningxia Huizu Zizhiqu** 128 B 4 aut. Region, N China
**Nio** *siehe* Íos
**Niobrara River** 45 E 3 Fluß, Z USA
**Nioro** 74 D 3 *var.* Nioro du Sahel. W Mali
**Nioro du Sahel** *siehe* Nioro
**Niort** 90 B 4 W Frankreich
**Nipigon** 38 B 4 Ontario, S Kanada
**Nipigon, Lake** 38 B 3 See, Ontario, S Kanada
**Niš** 101 E 5 *Eng.* Nish, *Dtsch.* Nisch; *ant.* Naissus. SO Jugoslawien
**Nişab** 120 B 4 N Saudi-Arabien
**Nisibin** *siehe* Nusaybin
**Nisiros** *siehe* Nísyros
**Nisko** 98 E 4 SO Polen
**Nissan Islands** *siehe* Green Islands
**Nissum Bredning** 85 A 7 Bucht, O Nordsee
**Nísyros** 105 E 7 *var.* Nisiros. Insel, Dodekánisos, SO Griechenland
**Nitra** 99 C 6 *Dtsch.* Neutra, *Ung.* Nyitra. Fluß, Slowakei
**Nitra** 99 C 6 *Dtsch.* Neutra, *Ung.* Nyitra. SW Slowakei
**Niuatoputapu** 145 E 4 *var.* Niuatobutabu; *ehem.* Keppel Island. Insel, N Tonga
**Niue** 145 F 4 selbstverwaltetes Territorium, S Pazifischer Ozean
**Niulakita** 145 E 3 *var.* Nurakita. Insel, S Tuvalu
**Niutao** 145 E 3 Insel, NW Tuvalu
**Nivernais** 90 C 4 Region, Z Frankreich
**Nizāmābād** 134 D 5 Z Indien
**Nizhnegorskiy** *siehe* Nyzhn'ohirs'kyy
**Nizhnekamsk** 111 C 5 W Russische Föderation
**Nizhnevartovsk** 114 D 3 Z Russische Föderation
**Nizhniy Novgorod** 111 C 5 *ehem.* Gor'kiy. W Russische Föderation
**Nizhniy Odes** 110 D 4 *var.* Nižni Odes, Nižnij Odes. NW Russische Föderation
**Nizhnyaya Tunguska** 115 E 3 *Dtsch.* Untere Tunguska. Fluß, Z Russische Föderation
**Nizhyn** 109 E 1 *Russ.* Nezhin. NO Ukraine
**Nizza** *siehe* Nice
**Njombe** 73 C 8 S Tansania
**Nkayi** 77 B 6 *ehem.* Jacob. S Rep. Kongo
**Nkhotakota** 79 E 2 *var.* Kota Kota. Z Malawi
**N'Kongsamba** *siehe* Nkongsamba
**Nkongsamba** 76 A 4 *var.* N'Kongsamba. W Kamerun
**Nobeoka** 131 B 7 Kyūshū, SW Japan
**Noboribetsu** 130 D 3 *var.* Noboribetu. Hokkaidō, NO Japan
**Noboribetu** *siehe* Noboribetsu
**Nogales** 48 B 3 Arizona, SW USA
**Nogales** 50 B 1 NW Mexiko
**Nogal Valley** *siehe* Dooxo Nugaaleed
**Nokia** 85 D 5 SW Finnland
**Nokou** 76 B 3 SW Tschad
**Nola** 77 B 5 SW Zentralafrikanische Republik
**Nolinsk** 111 D 5 NW Russische Föderation
**Nong Chang** 137 C 5 W Thailand
**Nong Khai** 136 D 4 *var.* Mi Chai, Nongkaya. NO Thailand
**Nonouti** 145 E 2 *ehem.* Sydenham Island. Insel, W Kiribati
**Noord-Beveland** 86 A 4 *Dtsch.* Nordbeveland. Insel, SW Niederlande
**Noordoewer** 78 B 4 S Namibia
**Noordwijk aan Zee** 86 C 3 W Niederlande
**Nora** 85 C 6 Z Schweden
**Norak** 123 E 3 *Russ.* Nurek. W Tadschikistan
**Nord** 83 F 1 N Grönland
**Nordalbanische Alpen** 101 D 5 *var.* Albanische Alpen, *Alb.* Bjeshkët e Namuna, *SKr.* Prokletije. Gebirge, Albanien/Jugoslawien
**Nordamerika** 66 A 3 Kontinent
**Nordamerikanisches Becken** 66 B 3 untermeer. Formation, W Atlantischer Ozean
**Nordaustlandet** 83 G 1 Insel, NO Svalbard
**Nordaustralisches Becken** 152 A 3 *Fr.* Bassin Nord de l' Australie. Untermeer. Formation, O Indischer Ozean
**Nordbeveland** *siehe* Noord Beveland
**Norden** 94 A 3 NW Deutschland
**Norderstedt** 94 B 3 N Deutschland
**Nord-Fidschi-Becken** 152 C 3 untermeer. Formation, SW Pazifischer Ozean
**Nordfriesische Inseln** 94 B 2 Inselgruppe, N Deutschland
**Nordhausen** 94 C 4 Z Deutschland
**Nordhorn** 94 A 3 NW Deutschland
**Nordirland** *siehe* Northern Ireland
**Nordkapp** 84 D 1 *Dtsch.* Nordkap. Landspitze, N Norwegen

---

**Nord-Korea**
128 E 3 Chosŏn Minjujuŭi-inmin Konghuaguk (Demokratische Volksrepublik Korea). O Asien

**UN-Name:** Democratic People's Republic of Korea **Formation:** 1948 **Hauptstadt:** P'yŏngyang **Bevölkerung:** 23,1 Mio. **Fläche:** 120 540 km² **Sprachen:** Koreanisch*, Chinesisch **Religionen:** Naturreligionen 16%, Ch'ondogyo 14%, Buddhisten 2%, Atheisten 68% **Volksgruppen:** Koreaner 99%, andere 1% **Regierung:** Ein-Parteien-System **Währung:** Won = 100 Chon

---

**Nord-Ouest, Territoires du** *siehe* Northwest Territories
**Nordpol** 155 F 3 Pol, Arktis
**Nordsee** 66 D 2 *Dän.* Nordsøen, *Nied.* Noordzee, *Fr.* Mer du Nord, *Nor.* Nordsjøen, *Engl.* North Sea, *ant.* Mare Germanicum. Meer, NO Atlantischer Ozean

**Nordsibirisches Tiefland** 112 D 2 Ebene, N Russische Föderation
**Nordwestatlantischer Graben** 66 B 2 untermeer. Formation, NW Atlantischer Ozean
**Nordwestpazifisches Becken** 152 C 2 untermeer. Formation, NW Pazifischer Ozean
**Nordwind-Tiefsee-Ebene** 155 F 2 untermeer. Formation, Arktis
**Nordzypern, Türkische Republik** 116 C 5 nur von der Türkei anerkannte Republik, SW Asien
**Norfolk** 41 F 5 Virginia, NO USA
**Norfolk** 45 F 3 Nebraska, Z USA
**Norfolk-Rücken** 142 D 4 untermeer. Formation, W Pazifischer Ozean
**Noril'sk** 114 D 3 N Russische Föderation
**Normal** 40 B 4 Illinois, N USA
**Norman** 49 G 2 Oklahoma, Z USA
**Normandes, Iles** *siehe* Channel Islands, Großbritannien
**Normandie** 90 B 3 Region, N Frankreich
**Normanton** 148 C 3 Queensland, NO Australien
**Norquay** 37 F 5 Saskatchewan, S Kanada
**Norrköping** 85 C 6 S Schweden
**Norrtälje** 85 C 6 Z Schweden
**Norseman** 147 C 6 Western Australia, SW Australien
**Northallerton** 89 D 5 N England, Großbritannien
**Northam** 147 B 6 Western Australia, SW Australien
**Northampton** 89 D 6 Z England, Großbritannien
**Northampton** 147 A 6 W Australien
**North Andaman** 133 F 2 Insel, O Indien
**North Bay** 38 D 4 Ontario, S Kanada
**North Cape** 150 C 1 Landspitze, North Island, N Neuseeland
**North Cape** *siehe* Nordkapp
**North Carolina** 43 E 1 *off.* State of North Carolina; *auch genannt:* Old North State, Tar Heel State, Turpentine State. Bundesstaat, SO USA
**North Charleston** 43 F 2 South Carolina, SO USA
**North Dakota** 45 E 1 *off.* State of North Dakota; *auch genannt:* Flickertail State, Peace Garden State, Sioux State. Bundesstaat, N USA
**North Devon Island** *siehe* Devon Island
**Northeim** 94 B 4 Z Deutschland
**Northern Cook Islands** 145 G 4 Inselgruppe, N Cook Islands
**Northern Ireland** 88 B 4 *var.* The Six Counties. Nationalregion, Großbritannien
**Northern Mariana Islands** 144 C 1 US-Commonwealth-Territory, W Pazifischer Ozean
**Northern Territory** 148 A 3 Bundesstaat, N Australien
**Northfield** 45 G 2 Minnesota, N USA
**North Huvadhu Atoll** 132 B 5 *var.* Gaafu Alifu Atoll. Insel, S Malediven
**North Island** 150 B 2 Insel, North Island, N Neuseeland
**North Las Vegas** 47 D 7 Nevada, W USA
**North Little Rock** 42 B 1 Arkansas, Z USA
**North Minch** *siehe* Minch, The
**North Platte** 45 E 4 Nebraska, Z USA
**North Platte River** 44 D 4 Fluß, N USA
**North Saskatchewan** 37 F 5 Fluß, S Kanada
**North Scotia-Rücken** *siehe* South Georgia-Rücken
**North Taranaki Bight** 150 D 3 Bucht, O Tasman-See
**North Uist** 88 B 3 Insel, NW Scotland, Großbritannien
**North West Highlands** 88 C 3 Gebirge, NW Scotland, Großbritannien
**Northwest Providence** 54 C 1 Meerenge, N Karibisches Meer
**Northwest Territories** 37 E 3 *Fr.* Territoires du Nord-Ouest. Provinz, NW Kanada
**Norton Sound** 36 C 2 Bucht, N Bering-Meer

---

**Norwegen**
85 A 5 *Nor.* Kongeriket Norge (Königreich Norwegen). N Europa

**UN-Name:** Kingdom of Norway **Formation:** 1905 **Hauptstadt:** Oslo **Bevölkerung:** 4,3 Mio. **Fläche:** 323 900 km² **Sprachen:** Norwegisch (*Bokmal* und *Nynorsk*)*, Lappisch, Finnisch **Religionen:** Evangelisch-Lutherische 88%, andere Christen 12% **Volksgruppen:** Norweger 95%, Lappen (Samen) 1%, andere 4% **Regierung:** Konstitutionelle Monarchie **Währung:** Krone = 100 Øre

---

**Norwegisches Becken** 66 D 2 untermeer. Formation, NO Atlantischer Ozean
**Norwegische See** 66 D 2 *Nor.* Norske Havet, Norskehavet. Meer, NO Atlantischer Ozean
**Norwich** 89 E 6 O England, Großbritannien
**Noshiro** 130 D 4 *var.* Nosiro; *ehem.* Noshirominato. Honshū, Z Japan
**Nosivka** 109 E 1 *Russ.* Nosovka. NO Ukraine
**Nosovka** *siehe* Nosivka
**Noşratābād** 120 E 3 O Iran
**Nossob** 78 C 4 *var.* Nosop, Nossop. Fluß, Botswana/Namibia
**Noteć** 98 C 3 *Dtsch.* Netze. Fluß, NW Polen
**Nottingham** 89 D 6 Z England, Großbritannien
**Nouâdhibou** 74 B 2 *ehem.* Port-Étienne. W Mauretanien
**Nouakchott** 74 B 2 Staatshauptstadt, SW Mauretanien
**Nouméa** 144 D 5 Hauptstadt eines abhängigen Territoriums, S Neukaledonien
**Nouveau-Brunswick** *siehe* New Brunswick
**Nouvelle-Calédonie** 144 C 4 *var.* Kanaky, *Dtsch.* Neukaledonien, *Eng.* New Caledonia. Franz. Übersee-Territorium, S Pazifischer Ozean
**Nouvelle-Calédonie** 144 C 5 *var.* Grande-Terre. Insel, S Neukaledonien
**Nouvelle Écosse** *siehe* Nova Scotia
**Nova Freixo** *siehe* Cuamba
**Nova Gorica** 95 D 8 W Slowenien
**Nova Gradiška** 100 C 3 *Dtsch.* Neugradisk, *Ung.* Újgradiska. NO Kroatien
**Nova Iguaçu** 63 F 4 SO Brasilien
**Nova Kakhovka** 109 F 4 *Russ.* Novaya Kakhovka. SO Ukraine
**Nova Lisboa** *siehe* Huambo
**Novara** 96 A 2 *ant.* Novaria. NW Italien
**Novaria** *siehe* Novara
**Nova Scotia** 39 F 4 *Fr.* Nouvelle Écosse. Provinz, SO Kanada
**Nova Scotia** 35 E 5 Region, O Kanada
**Novaya Kakhovka** *siehe* Nova Kakhovka
**Novaya Sibir', Ostrov** 115 F 1 Insel, Novosibirskiye Ostrova, N Russische Föderation
**Novaya Zemlya** 110 D 1 Inselgruppe, N Russische Föderation
**Novgorod** 110 B 4 W Russische Föderation
**Novi Iskăr** *siehe* Novi Iskŭr
**Novi Iskŭr** 104 C 2 *var.* Novi Iskăr. W Bulgarien
**Noviodunum** *siehe* Nevers
**Noviomagus** *siehe* Lisieux
**Novi Pazar** 101 D 5 *Türk.* Yenipazar. Z Jugoslawien
**Novi Sad** 100 D 3 *Dtsch.* Neusatz, *Ung.* Újvidék. N Jugoslawien
**Novoaleksejevka** *siehe* Novoalekseyevka
**Novoazovs'k** 109 H 4 *Russ.* Novoazovsk. O Ukraine
**Novoazovsk** *siehe* Novoazovs'k
**Novocherkassk** 111 B 6 SW Russische Föderation
**Novodvinsk** 110 C 3 NW Russische Föderation
**Novograd-Volynskiy** *siehe* Novohrad-Volyns'kyy
**Novohrad-Volyns'kyy** 108 D 2 *Russ.* Novograd-Volynskiy. N Ukraine
**Novokazalinsk** *siehe* Zhangaqazaly
**Novokuznetsk** 114 D 4 *ehem.* Stalinsk. Z Russische Föderation
**Novolazarevskaya** 154 C 2 Forschungsstation, Antarktis
**Novo Mesto** 95 E 8 *Dtsch.* Rudolfswert; *ehem. Dtsch.* Neustadtl. SO Slowenien
**Novomoskovsk** 111 B 5 W Russische Föderation
**Novomoskovs'k** 109 F 3 *Russ.* Novomoskovsk. Z Ukraine
**Novomoskovsk** *siehe* Novomoskovs'k
**Novopolotsk** *siehe* Navapolatsk
**Novoradomsk** *siehe* Radomsko
**Novorossiysk** 111 A 7 SW Russische Föderation
**Novoshakhtinsk** 111 B 7 SW Russische Föderation
**Novosibirsk** 114 D 4 Z Russische Föderation
**Novosibirskiye Ostrova** 115 F 1 *Dtsch.* Neusibirische Inseln. Inselgruppe, N Russische Föderation
**Novosokol'niki** 110 A 4 W Russische Föderation
**Novotroitsk** 111 D 6 W Russische Föderation
**Novotroitskoye** *siehe* Novotroyits'ke
**Novotroyits'ke** 109 F 4 *Russ.* Novotroitskoye. S Ukraine
**Novovolyns'k** 108 C 1 *Russ.* Novovolynsk. NW Ukraine
**Novovolynsk** *siehe* Novovolyns'k
**Novy Dvor** 107 B 6 *Russ.* Novyy Dvor. W Weißrußland
**Novyy Bug** *siehe* Novyy Buh
**Novyy Buh** 109 E 3 *Russ.* Novyy Bug. S Ukraine
**Novyy Dvor** *siehe* Novy Dvor
**Novyy Uzen'** *siehe* Zhangaözen
**Nowogard** 98 B 3 *var.* Nowógard, *Dtsch.* Naugard. NW Polen
**Nowy Dwór Mazowiecki** 98 D 3 Z Polen
**Nowy Sącz** 99 D 5 *Dtsch.* Neu Sandec. S Polen
**Nowy Tomyśl** 98 B 3 *var.* Nowy Tomysl. W Polen
**Nowy Tomysl** *siehe* Nowy Tomyśl
**Noyon** 90 C 3 N Frankreich
**Nsanje** 79 E 3 S Malawi
**Nsawam** 75 E 5 SO Ghana
**Ntomba, Lac** 77 C 6 *var.* Lac Tumba. See, NW Dem. Rep. Kongo
**Nubische Wüste** 72 C 3 Wüste, NO Sudan
**Nu'eima** 119 E 7 O West Bank (Westjordanland)
**Nueva Gerona** 54 B 2 S Kuba
**Nueva Rosita** 50 D 2 NO Mexiko
**Nuevitas** 54 C 2 O Kuba
**Nuevo, Bajo** 53 F 1 Riff, NW Kolumbien
**Nuevo, Golfo** 65 C 6 Golf, SW Atlantischer Ozean
**Nuevo Casas Grandes** 50 C 1 N Mexiko
**Nuevo Laredo** 51 E 2 NO Mexiko
**Nûgâtsiaq** *siehe* Nuugaatsiaq
**Nui** 145 E 3 Insel, W Tuvalu
**Nu Jiang** 129 A 6 *var. Chin.* Nu Chiang, *Eng.* Salween, *Bir.* Thanwin Myit. Fluß, China/Myanmar
**Nuku' alofa** 145 E 5 Staatshauptstadt, Tongatapu, S Tonga
**Nukufetau** 145 E 3 Insel, Z Tuvalu
**Nukulaelae Atoll** 145 E 3 *var.* Nukulailai. Insel, O Tuvalu
**Nukulailai** *siehe* Nukulaelae Atoll
**Nukunonu Atoll** 145 F 3 Insel, Z Tokelau
**Nukus** 122 C 2 W Usbekistan
**Nullarbor** 147 E 6 South Australia, S Australien
**Nullarbor Plain** 147 D 6 Plateau, S Australien
**Nuneaton** 89 D 6 Z England, Großbritannien
**Nunivak Island** 36 B 2 Insel, Alaska, NW USA
**Nunspeet** 86 D 3 O Niederlande
**Nuoro** 97 A 5 W Italien
**Nuquí** 58 A 3 W Kolumbien
**Nurakita** *siehe* Niulakita
**Nurata** *siehe* Nurota
**Nurek** *siehe* Norak
**Nurlat** 111 C 6 W Russische Föderation
**Nurmes** 84 E 4 O Finnland
**Nürnberg** 95 C 5 S Deutschland
**Nurota** 123 E 2 *Russ.* Nurata. Z Usbekistan
**Nusa Tenggara** 139 E 5 *Eng.* Lesser Sunda Islands, *Dtsch.* Kleine Sunda-Inseln. Inselgruppe, Z Indonesien
**Nusaybin** 117 F 4 *var.* Nisibin. SO Türkei
**Nuşayrīyah, Jabal an** 118 B 3 Gebirge, W Syrien
**Nuugaatsiaq** 82 C 3 *var.* Nûgâtsiaq. W Grönland
**Nuuk** 82 B 4 *var.* Nûk, *Dän.* Godthåb, Godthaab. Hauptstadt eines abhängigen Territoriums, SW Grönland
**Nuussuaq** 82 C 2 *var.* Nûgssuaq, *Dän.* Kraulshavn. W Grönland

**Nyainqêntanglha Shan** 126 C 5 Gebirge, W China
**Nyala** 72 A 4 W Sudan
**Nyamapanda** 78 D 3 NO Zimbabwe
**Nyamlell** 73 B 5 SW Sudan
**Nyamtumbo** 73 C 8 S Tansania
**Nyandoma** 110 C 4 *var.* Njandoma, N'andoma. NW Russische Föderation
**Nyantakara** 73 B 7 NW Tansania
**Nyasa, Lake** 79 E 2 *var.* Lake Malawi, *Dtsch.* Nyasa-See, *Port.* Lago Niassa; *ehem.* Lago Nyassa. See, S Afrika
**Nyasa-See** *siehe* Nyasa, Lake
**Nyasvizh** 107 C 6 *Pol.* Nieśwież, *Russ.* Nesvizh. Z Weißrußland
**Nyaunglebin** 136 B 4 S Myanmar
**Nyeboe Land** 83 E 1 Region, NW Grönland
**Nyeri** 73 C 6 Z Kenia
**Nyima** 126 C 5 W China
**Nyíregyháza** 99 E 6 NO Ungarn
**Nykøbing** 85 B 8 SO Dänemark
**Nyköping** 85 C 6 S Schweden
**Nylstroom** 78 D 4 NO Südafrika
**Nyngan** 149 C 6 New South Wales, SO Australien
**Nyurba** 115 F 3 O Russische Föderation
**Nyzhn'ohirs'kyy** 109 F 5 *Russ.* Nizhnegorskiy. S Ukraine
**Nzega** 73 C 7 NW Tansania
**Nzérékoré** 74 C 5 SO Guinea

# O

**Oahu** 47 A 8 *Haw.* O'ahu. Insel, Hawaii, W USA
**O'ahu** *siehe* Oahu
**Oak Harbor** 46 B 1 Washington, NW USA
**Oakland** 47 B 6 California, W USA
**Oamaru** 151 B 7 South Island, SW Neuseeland
**Oaxaca** 51 F 5 *var.* Oaxaca de Juárez; *ehem.* Antequera. SO Mexiko
**Ob'** 114 C 3 Fluß, Z Russische Föderation
**Ob, Golf des** *siehe* Obskaya Guba
**Obal'** 107 D 5 *Russ.* Obol'. N Weißrußland
**Oban** 88 B 4 W Scotland, Großbritannien
**Oban** *siehe* Halfmoon Bay
**Obando** *siehe* Puerto Inírida
**Oban Hills** 75 G 5 Mittelgebirge, Kamerun/Nigeria
**Obdorsk** *siehe* Salekhard
**Obeliai** 106 C 4 NO Litauen
**Oberhollabrunn** *siehe* Tulln
**Obidovichi** *siehe* Abidavichy
**Obihiro** 130 D 2 Hokkaidō, NO Japan
**Obischer Golf** *siehe* Obskaya Guba
**Obo** 76 D 4 O Zentralafrikanische Republik
**Obock** 72 D 4 O Dschibuti
**Obol'** *siehe* Obal'
**Oborniki** 98 B 3 W Polen
**Obrovo** *siehe* Abrova
**Obskaya Guba** 114 D 2 *Dtsch.* Golf des Ob, *var.* Obischer Golf. Golf, S Kara-See
**Ocala** 43 E 4 Florida, SO USA
**Ocaña** 92 D 3 Z Spanien
**Ocaña** 58 B 2 N Kolumbien
**Ocean Falls** 36 D 5 British Columbia, SW Kanada
**Ocean Island** *siehe* Banaba
**Oceanside** 47 C 8 California, W USA
**Ochakiv** 109 E 4 *Russ.* Ochakov. S Ukraine
**Ochakov** *siehe* Ochakiv
**Ochamchira** *siehe* Och'amch'ire
**Och'amch'ire** 117 E 2 *Russ.* Ochamchira W Georgien
**Ocho Rios** 54 B 4 Z Jamaica
**Ocozocuautla** 51 G 5 SO Mexiko
**Ocú** 53 F 5 S Panama
**Ōdate** 130 D 3 Honshū, Z Japan
**Ödenburg** *siehe* Sopron
**Odenpäh** *siehe* Otepää
**Odense** 85 B 7 Z Dänemark
**Oder** 80 D 3 *Tsch./Pol.* Odra. Fluß, Z Europa
**Oderhaff** 94 D 3 *var.* Stettiner Haff, Zalew Szczeciúski. Bucht, S Ostsee
**Odesa** 109 E 4 *var.* Odessa. SW Ukraine
**Odessa** 49 E 3 Texas, S USA
**Odessa** *siehe* Odesa
**Odienné** 74 D 4 NW Elfenbeinküste
**Ôdôngk** 137 D 6 S Kambodscha
**Odoorn** 86 E 2 NO Niederlande
**Odra** *siehe* Oder
**Oeiras** 92 B 4 W Portugal
**Of** 117 E 2 NO Türkei
**Ofanto** 97 D 5 Fluß, S Italien
**Offenbach** 95 B 5 *var.* Offenbach am Main. W Deutschland
**Offenburg** 95 B 6 SW Deutschland
**Ōgaki** 131 C 6 Honshū, SW Japan
**Ogallala** 44 D 4 Nebraska, Z USA
**Ogbomosho** 75 F 4 W Nigeria
**Ogden** 44 B 4 Utah, W USA
**Ogulin** 100 B 3 NW Kroatien
**Ohio** 40 C 4 *off.* State of Ohio; *auch genannt:* Buckeye State. Bundesstaat, NO USA
**Ohio River** 40 D 4 Fluß, N USA
**Ohlau** *siehe* Oława
**Ohrid** 101 D 6 *Türk.* Ochrida, Ohri. SW Mazedonien
**Ohrid-See** 101 D 6 *Alb.* Liqeni i Ohrit, *Maz.* Ohridsko Ezero. See, Albanien/Mazedonien
**Ohura** 150 D 3 North Island, Z Neuseeland
**Oildale** 47 C 7 California, W USA
**Oirschot** 87 C 5 S Niederlande
**Oise** 90 C 3 Fluß, N Frankreich
**Oistins** 55 G 2 S Barbados
**Ōita** 131 B 7 Kyūshū, SW Japan
**Ojinaga** 50 D 2 N Mexiko
**Ojos del Salado, Nevado** 64 B 3 Berg, N Chile
**Okaihau** 150 C 2 North Island, N Neuseeland
**Okāra** 134 C 2 O Pakistan
**Okavango** 78 C 3 *var.* Cubango, Kavango, Kavengo, Kubango, Okavanggo. Fluß, S Afrika
**Okavango-Delta** 78 C 3 Feuchtgebiet, N Botswana
**Okayama** 131 B 6 Honshū, SW Japan
**Okazaki** 131 C 6 Honshū, Z Japan
**Okeechobee, Lake** 43 E 4 See, Florida, SO USA
**Okhotsk** 115 G 3 SO Russische Föderation
**Okhotskisches Meer** 152 C 1 *var.* OchotskischesMeer, See von Okhotsk. Meer, NW Pazifischer Ozean
**Okhtyrka** 109 F 2 *Russ.* Akhtyrka. NO Ukraine
**Okinawa** 130 A 3 Insel, Japan
**Okinawa-shotō** 130 A 3 Inselgruppe, Nansei-shotō, S Japan
**Oki-shotō** 131 B 6 *var.* Oki-guntō. Inselgruppe, W Japan
**Oklahoma** 49 G 2 *off.* State of Oklahoma; *auch genannt:* Sooner State. Bundesstaat, Z USA
**Oklahoma City** 49 G 1 Bundesstaatshauptstadt, Oklahoma, Z USA
**Okmulgee** 49 G 1 Oklahoma, Z USA
**Oktyabr'skiy** 111 D 6 W Russische Föderation
**Oktyabr'skoy Revolyutsii, Ostrov** 115 E 2 Insel, Severnaya Zemlya, N Russische Föderation
**Okulovka** *siehe* Uglovka
**Okushiri-tō** 130 C 3 *var.* Okusiri Tô. Insel, Japan
**Okusiri Tô** *siehe* Okushiri-tō
**Öland** 85 C 7 Insel, S Schweden
**Olavarría** 65 D 5 O Argentinien
**Oława** 98 C 4 *Dtsch.* Ohlau. SW Polen
**Olbia** 97 A 5 *ehem.* Terranova Pausania. W Italien
**Oldebroek** 86 D 3 O Niederlande
**Oldenburg** 94 C 2 N Deutschland
**Oldenburg** 94 B 3 N Deutschland
**Oldenzaal** 86 E 3 O Niederlande
**Old Harbour** 54 B 5 Z Jamaica
**Olean** 41 E 3 New York, NO USA
**Olëkminsk** 115 F 3 Z Russische Föderation
**Oleksandrivka** 109 E 3 *Russ.* Aleksandrovka. Z Ukraine
**Oleksandriya** 109 F 3 *Russ.* Aleksandriya. Z Ukraine
**Olenegorsk** 114 C 2 NW Russische Föderation
**Olenëk** 115 F 3 Fluß, Z Russische Föderation
**Olenyok** *siehe* Ust'-Olenëk
**Oléron, Île d'** 91 A 5 Insel, W Frankreich
**Olevs'k** 108 D 1 *Russ.* Olevsk. N Ukraine
**Olevsk** *siehe* Olevs'k
**Ölgiy** 126 C 2 W Mongolei
**Olhão** 92 B 5 S Portugal
**Olimpo** *siehe* Fuerte Olimpo
**Olita** *siehe* Alytus
**Oliva** 93 F 4 O Spanien
**Olivet** 90 C 4 Z Frankreich
**Olmaliq** 123 F 2 *Russ.* Almalyk. O Usbekistan
**Olomouc** 99 C 5 *Dtsch.* Olmütz, *Pol.* Ołomuniec. O Tschechische Republik
**Olonec** *siehe* Olonets
**Olonets** 110 B 3 *var.* Olonec. NW Russische Föderation
**Olovyannaya** 115 F 4 S Russische Föderation
**Olpe** 94 B 4 W Deutschland
**Olshanka** *siehe* Vil'shanka
**Olsnitz** *siehe* Murska Sobota
**Olsztyn** 98 D 2 *Dtsch.* Allenstein. N Polen
**Olt** 108 B 5 *var.* Oltul, *Dtsch.* Alt. Fluß, S Rumänien
**Oltenița** 108 C 5 S Rumänien
**Olvera** 92 C 5 S Spanien
**Ol'viopol'** *siehe* Pervomays'k
**Olympia** 46 B 2 Bundesstaatshauptstadt, Washington, NW USA
**Olympic Mountains** 46 B 2 Gebirge, Washington, NW USA
**Ólympos** 104 B 4 *var.* Ólimbos, *Dtsch.* Olymp, *Eng.* Mount Olympus. Berg, N Griechenland
**Omagh** 89 B 5 *Ir.* An Ómaigh. Z Northern Ireland, Großbritannien
**Omaha** 45 F 4 Nebraska, Z USA

**Oman**
121 D 6 *Ar.* Salṭanāt 'Umān (Sultanat Oman); *ehem.* Muskat und Oman. SW Asien

**UN-Name:** Sultanate of Oman **Formation:** 1650 **Hauptstadt:** Muscat (Masqat) **Bevölkerung:** 1,7 Mio. **Fläche:** 212 460 km² **Sprachen:** Arabisch*, Baluchi **Religionen:** Ibaditische Muslime 75%, andere Muslime 11%, Hindus 14% **Volksgruppen:** Araber 75%, Baluchi 15%, andere 10 % **Regierung:** Sultanat mit Konsultativrat **Währung:** Rial = 1000 Baiza

**Oman, Golf von** 120 E 4 *Ar.* Khalīj 'Umān. Golf, W Arabisches Meer
**Omboué** 77 A 6 W Gabun
**Omdurman** 72 B 4 *var.* Umm Durmān. Z Sudan
**Ometepe, Isla de** 52 D 4 Insel, S Nicaragua
**Ōmiya** 131 D 5 Honshū, SO Japan
**Ommen** 86 E 3 O Niederlande
**Omsk** 114 C 4 Z Russische Föderation
**Ōmuta** 131 A 7 Kyūshū, SW Japan
**Onda** 93 F 3 O Spanien
**Ondangua** *siehe* Ondangwa
**Ondangwa** 78 B 3 *var.* Ondangua. N Namibia
**Öndörhaan** 127 E 2 O Mongolei
**Onega** 110 C 3 NW Russische Föderation
**Onega** 110 C 4 Fluß, NW Russische Föderation
**Onega-See** *siehe* Onezhskoye Ozero
**Onex** 95 A 8 SW Schweiz
**Onezhskoye Ozero** 110 B 3 *Dtsch.* Onega-See. See, NW Russische Föderation
**Ongole** 132 D 2 O Indien
**Onitsha** 75 G 5 S Nigeria
**Onon** 127 E 2 Fluß, N Mongolei
**Onslow** 146 A 4 Western Australia, W Australien
**Onslow Bay** 43 G 2 Bucht, NW Atlantischer Ozean
**Ontario** 38 B 3 Provinz, S Kanada
**Ontario, Lake** 41 E 3 See, Kanada/USA
**Onteniente** *siehe* Ontinyent
**Ontinyent** 93 F 4 *var.* Onteniente. O Spanien
**Ontong-Java-Schwelle** 152 C 3 untermeer. Formation, W Pazifischer Ozean
**Onuba** *siehe* Huelva
**Oodeypore** *siehe* Udaipur
**Oostakker** 87 B 5 NW Belgien
**Oostburg** 87 B 5 SW Niederlande
**Oostende** 87 A 5 *Eng.* Ostend, *Dtsch./Fr.* Ostende. NW Belgien
**Oosterbeek** 86 D 4 SO Niederlande
**Oosterhout** 86 C 4 S Niederlande
**Opatija** 100 A 2 *It.* Abbazia. NW Kroatien
**Opava** 99 C 5 *Dtsch.* Troppau. O Tschechische Republik
**Opmeer** 86 C 2 NW Niederlande
**Opochka** 110 A 4 *var.* Opočka. W Russische Föderation
**Opočka** *siehe* Opochka

**Opole** 98 C 4 *Dtsch.* Oppeln. SW Polen
**Opotiki** 150 E 3 North Island, NO Neuseeland
**Oppeln** *siehe* Opole
**Oqtosh** 123 E 2 *Russ.* Aktash. Z Usbekistan
**Oradea** 108 A 3 *ehem.* Oradea Mare, *Dtsch.* Grosswardein, *Ung.* Nagyvárad. NW Rumänien
**Orahovac** 101 D 5 *Alb.* Rahovec. S Jugoslawien
**Oral** 114 B 3 *Russ.* Ural'sk. NW Kasachstan
**Oran** 70 D 2 *var.* Ouahran, Wahran. NW Algerien
**Orange** 91 D 6 *ant.* Arausio. SO Frankreich
**Orange** 49 H 4 Texas, S USA
**Orange** 149 D 6 New South Wales, SO Australien
**Orangeburg** 43 E 2 South Carolina, SO USA
**Orange Walk** 52 C 1 N Belize
**Oranienburg** 94 D 3 NO Deutschland
**Oranje** 78 B 4 *Afr.* Oranjerivier. Fluß, S Afrika
**Oranjemund** 78 B 4 *var.* Orangemund; *ehem.* Orange Mouth. SW Namibia
**Oranjerivier** *siehe* Oranje
**Oranje-Schwemmkegel** 67 D 6 untermeer. Formation, SW Indischer Ozean
**Oranjestad** 55 E 5 Hauptstadt eines abhängigen Territoriums, Aruba
**Orontes** *siehe* 'Asī, Nahr al und Asi Nehri
**Orany** *siehe* Varėna
**Orašje** 100 C 3 N Bosnien-Herzegowina
**Oraviţa** 108 A 4 *Dtsch.* Orawitsa, *Ung.* Oravicabanyá. W Rumänien
**Orbetello** 96 B 4 W Italien
**Orcadas** 154 A 2 Forschungsstation, Antarktis
**Orchard Homes** 44 B 1 Montana, NW USA
**Ord** 146 D 3 Fluß, N Australien
**Ordino** 91 A 8 NW Andorra
**Ordos Desert** *siehe* Mu Us Shamo
**Ordu** 116 D 2 *ant.* Cotyora. N Türkei
**Ordzhonikidze** 109 F 3 O Ukraine
**Orealla** 59 G 3 O Guyana
**Örebro** 85 C 6 Z Schweden
**Oregon** 40 D 3 Ohio, N USA
**Oregon** 46 B 3 *off.* State of Oregon; *auch genannt:* Beaver State, Sunset State, Valentine State, Webfoot State. Bundesstaat, NW USA
**Oregon City** 46 B 3 Oregon, NW USA
**Orekhov** *siehe* Orikhiv
**Orël** 111 B 5 W Russische Föderation
**Orem** 44 B 4 Utah, W USA
**Orenburg** 111 D 6 *ehem.* Chkalov. W Russische Föderation
**Orestiáda** 104 D 3 *ehem.* Orestiás NO Griechenland
**Orestiás** *siehe* Orestiáda
**Orhei** 108 D 3 *var.* Orheiu, *Russ.* Orgeyev. N Moldawien
**Orhon Gol** 127 E 2 Fluß, N Mongolei
**Oriental, Cordillera** 58 B 3 Gebirge, Z Kolumbien
**Oriental, Cordillera** 61 F 4 Gebirge, Z Bolivien
**Oriental, Cordillera** 60 D 3 Gebirge, Z Peru
**Orihuela** 93 F 4 O Spanien
**Orikhiv** 109 G 3 *Russ.* Orekhov. SO Ukraine
**Orillia** 38 D 5 Ontario, S Kanada
**Orinoco** 58 D 3 Fluß, Kolumbien/Venezuela
**Orissa** 135 F 5 Bundesstaat, NO Indien
**Orissaar** *siehe* Orissaare
**Orissaare** 106 C 2 *Dtsch.* Orissaar. Saaremaa, W Estland
**Oristano** 97 A 5 W Italien
**Orito** 58 A 4 SW Kolumbien
**Orkney Islands** 88 C 2 *var.* Orkneys, Orkney. Inselgruppe, NO Scotland, Großbritannien
**Orlando** 43 E 4 Florida, SO USA
**Orléanais** 90 C 4 Region, Z Frankreich
**Orléans** 90 C 4 *ant.* Aurelianum. Z Frankreich
**Orlya** 107 B 6 W Weißrußland
**Örnsköldsvik** 84 C 4 Z Schweden
**Oroluk Atoll** 144 C 2 Insel, Z Mikronesien
**Oromocto** 39 F 4 New Brunswick, SO Kanada
**Orona** 145 F 3 *ehem.* Hull Island. Insel, Z Kiribati
**Oropeza** *siehe* Cochabamba
**Oroqen Zizhiqi** 127 G 1 N China
**Orsha** 107 E 6 NO Weißrußland
**Orsk** 111 D 6 W Russische Föderation
**Orşova** 108 A 5 *Dtsch.* Orschowa, *Ung.* Orsova. W Rumänien
**Ortelsburg** *siehe* Szczytno
**Orthez** 91 B 6 SW Frankreich
**Ortona** 96 D 4 Z Italien
**Oruba** *siehe* Aruba
**Orūmīyeh, Daryācheh-ye** 120 B 2 *var.* Sha Hi, Urumi Yeh, *Eng.* Lake Urmia; *ehem.* Daryācheh-ye Reẕā'īyeh, *ant.* Matianus. See, NW Iran
**Oruro** 61 F 4 W Bolivien
**Osa, Península de** 53 E 5 Halbinsel, S Costa Rica
**Ōsaka** 131 C 6 *hist.* Naniwa. Honshū, SW Japan
**Osborn-Plateau** 141 D 5 untermeer. Formation, O Indischer Ozean
**Osca** *siehe* Huesca
**Osh** 123 F 2 SW Kirgisistan
**Oshawa** 38 D 5 Ontario, SO Kanada
**Oshikango** 78 B 3 N Namibia
**Ō-shima** 131 D 6 Insel, O Japan
**Oshmyany** *siehe* Ashmyany
**Osijek** 100 C 3 *Dtsch.* Esseg, *Ung.* Eszék; *ehem.* Osiek, Osjek. O Kroatien
**Oskaloosa** 45 G 4 Iowa, Z USA
**Oskarshamn** 85 C 7 S Schweden
**Öskemen** 114 D 5 *Russ.* Ust'-Kamenogorsk. O Kasachstan
**Oskil** *siehe* Oskol
**Oskol** 109 G 2 *Ukr.* Oskil. Fluß, Russische Föderation/Ukraine
**Oslo** 85 B 6 *ehem.* Christiania, Kristiania. Staatshauptstadt, S Norwegen
**Osmaniye** 116 D 4 S Türkei
**Osnabrück** 94 B 4 NW Deutschland
**Osogovski Planini** 104 B 3 *var.* Osogovske Planine. Gebirge, Bulgarien/Mazedonien
**Osorno** 65 B 5 Z Chile
**Osprey Reef** 148 D 2 Riff, NW Korallen-See
**Oss** 86 D 4 S Niederlande
**Ossa, Serra d'** 92 C 4 Gebirge, SO Portugal
**Ossabaw Island** 43 E 3 Insel, SO USA
**Ossetien (Süd-)** 117 F 2 Region, Z Georgien
**Ossora** 115 H 2 O Russische Föderation
**Ost-Antarktis** *siehe* Große Antarktis
**Ost-Australisches Becken** *siehe* Tasman-Becken
**Ostchinesisches Meer** 152 B 2 *Chin.* Dong Hai. Meer, NW Pazifischer Ozean
**Ostende** *siehe* Oostende
**Oster** 109 E 1 N Ukraine
**Oster-Bruchzone** 153 F 4 untermeer. Formation, O Pazifischer Ozean
**Osterinseln** 153 F 4 Insel, O Pazifischer Ozean
**Östermyra** *siehe* Seinäjoki

---

**Österreich**
95 D 7 Republik Österreich. Z Europa

**UN-Name:** Republic of Austria
**Formation:** 1920 **Hauptstadt:** Wien
**Bevölkerung:** 8,0 Mio. **Fläche:** 83 850 km² **Sprachen:** Deutsch, Kroatisch, Slowenisch, Ungarisch (Magyarisch) **Religionen:** Römisch-Katholische 85%, Protestanten 6%, andere 9% **Volksgruppen:** Deutsche 99%, andere (inkl. Ungarn, Slowenen, Kroaten) 1%
**Regierung:** Mehrparteienrepublik
**Währung:** Schilling = 100 Groschen

---

**Östersund** 84 C 4 Z Schweden
**Ostfriesische Inseln** 94 A 3 Inselgruppe, NW Deutschland
**Ostiglia** 96 C 2 N Italien
**Östliche Novaya Zemlya-Rinne** 155 H 4 untermeer. Formation, Arktis
**Östlicher Indiaman-Rücken** 141 D 5 untermeer. Formation, O Indischer Ozean
**Östliches Carolinenbecken** 152 B 3 untermeer. Formation, SW Pazifischer Ozean
**Ostpazifischer Rücken** 153 F 4 untermeer. Formation, O Pazifischer Ozean
**Ostrava** 99 C 5 O Tschechische Republik
**Ostróda** 98 D 2 *Dtsch.* Osterode, Osterode in Ostpreußen. N Polen
**Ostrołęka** 98 D 3 *Dtsch.* Wiesenhof, *Russ.* Ostrolenka. NO Polen
**Ostrov** 110 A 4 *Lett.* Austrava. W Russische Föderation
**Ostrowiec Świętokrzyski** 98 D 4 *var.* Ostrowiec, Ostrowiec Swiętokrzyski, *Russ.* Ostrovets. SO Polen
**Ostrów Mazowiecka** 98 D 3 *var.* Ostrów Mazowiecki. NO Polen
**Ostrów Mazowiecki** *siehe* Ostrów Mazowiecka
**Ostrów Wielkopolski** 98 C 4 *var.* Ostrów, *Dtsch.* Ostrowo. Z Polen
**Ostsee** 66 D 2 *Eng.* Baltic Sea, *Russ.* Baltiskoye More. Meer, N Europa
**Ostsibirische See** *siehe* Vostochno-Sibirskoye More
**Ostyako-Voguls'k** *siehe* Khanty-Mansiysk
**Osum** *siehe* Osumit, Lumi i
**Ōsumi-shotō** 131 A 8 Inselgruppe, Nansei-shotō, S Japan
**Osumit, Lumi i** 101 D 7 *var.* Osum. Fluß, SO Albanien
**Osuna** 92 D 5 S Spanien
**Oswego** 41 F 3 New York, NO USA
**Otago Peninsula** 151 B 7 Halbinsel, South Island, SW Neuseeland
**Otaki** 150 D 4 North Island, Z Neuseeland
**Otaru** 130 C 2 Hokkaidō, NO Japan
**Otavalo** 60 B 1 N Ecuador
**Otavi** 78 B 3 N Namibia
**Oțelu Roșu** 108 A 4 *Dtsch.* Ferdinandsberg, *Ung.* Nándorhgy. SW Rumänien
**Otepää** 106 D 3 *Dtsch.* Odenpäh. SO Estland
**Otira** 151 C 6 South Island, Z Neuseeland
**Otjiwarongo** 78 B 3 N Namibia
**Otorohanga** 150 D 3 North Island, N Neuseeland
**Otra** 85 A 6 Fluß, S Norwegen
**Otranto, Canale d'** *siehe* Otranto, Straße von
**Otranto, Straße von** 103 E 3 *It.* Canale d'Otranto. Meerenge, Adriatisches Meer/Ionisches Meer
**Otrokovice** 99 C 5 *Dtsch.* Otrokowitz. SO Tschechische Republik
**Otrokowitz** *siehe* Otrokovice
**Ōtsu** 131 C 6 *var.* Ôtu. Honshū, SW Japan
**Ottawa** 38 D 5 Staatshauptstadt, Ontario, SO Kanada
**Ottawa** 40 B 3 Illinois, N USA
**Ottawa** 45 F 5 Kansas, Z USA
**Ottawa Islands** 38 C 1 Inselgruppe, Northwest Territories, Z Kanada
**Ottignies** 87 C 6 Z Belgien
**Ottobrunn** 95 C 6 SO Deutschland
**Ottumwa** 45 G 4 Iowa, Z USA
**Otu** *siehe* Ōtsu
**Ouachita Mountains** 42 A 1 Gebirge, S USA
**Ouachita River** 42 B 2 Fluß, Arkansas, Z USA
**Ouâd Nâga** 74 B 2 SW Mauretanien
**Ouagadougou** 75 E 4 *var.* Wagadugu. Staatshauptstadt, Z Burkina Faso
**Ouahigouya** 75 E 3 NW Burkina Faso
**Oualata** *siehe* Oualâta
**Oualâta** 74 D 3 *var.* Oualata. SO Mauretanien
**Ouanary** 59 H 3 O Franz. Guyana
**Ouanda Djallé** 76 D 4 NO Zentralafrikanische Republik
**Ouarâne** 74 D 2 Region, Z Mauretanien
**Ouargla** 71 E 2 *var.* Wargla. NO Algerien
**Ouarzazate** 70 C 3 S Marokko
**Oubangui** *siehe* Ubangi
**Oudenaarde** 87 B 6 *Fr.* Audenarde. SW Belgien
**Ouessant, Île d'** 90 A 3 *Eng.* Ushant. Insel, NW Frankreich
**Ouésso** 77 B 5 NW Rep. Kongo
**Oujda** 70 D 2 *Ar.* Ujda, Oudjda. NO Marokko
**Oujeft** 74 C 2 Z Mauretanien
**Ouled Djellal** 71 E 2 *var.* Awled Djellal. N Algerien
**Oulu** 84 D 4 *Schwe.* Uleåborg. Z Finnland
**Oulujärvi** 84 D 4 *Schwe.* Uleträsk. See, Z Finnland
**Oulujoki** 84 D 4 *Schwe.* Uleälv. Fluß, Z Finnland
**Ounasjoki** 84 D 3 Fluß, N Finnland
**Ounianga Kébir** 76 C 2 N Tschad

**Oup** *siehe* Auob
**Oupeye** 87 D 6 O Belgien
**Our** 87 D 7 Fluß, W Europa
**Ourense** 92 C 2 *Kast.* Orense; *Lat.* Aurium. NW Spanien
**Ourique** 92 B 4 S Portugal
**Ourthe** 87 D 7 Fluß, O Belgien
**Ouse** 89 D 5 Fluß, N England, Großbritannien
**Outaouais** *siehe* Ottawa
**Outer Hebrides** 88 B 2 *var.* Western Isles, *Dtsch.* Äußere Hebriden. Inselgruppe, NW Scotland, Großbritannien
**Outes** 92 B 1 NW Spanien
**Outreau** 90 C 2 N Frankreich
**Ouvéa** 144 D 5 Insel, NO Neukaledonien
**Ouyen** 149 B 6 Victoria, SO Australien
**Ovalle** 64 B 3 N Chile
**Ovar** 92 B 2 W Portugal
**Overflakkee** 86 B 4 Insel, SW Niederlande
**Overijse** 87 C 6 Z Belgien
**Oviedo** 92 D 1 *ant.* Asturias. NW Spanien
**Ovilava** *siehe* Wels
**Ovruch** 108 D 1 N Ukraine
**Owando** 77 B 6 *ehem.* Fort-Rousset. Z Rep. Kongo
**Owase** 131 C 6 Honshū, SW Japan
**Owatonna** 45 F 3 Minnesota, N USA
**Owen, Mount** 151 C 5 Berg, South Island, Z Neuseeland
**Owen-Bruchzone** 140 B 4 untermeer. Formation, NW Indischer Ozean
**Owensboro** 40 B 5 Kentucky, O USA
**Owen Stanley Range** 144 B 3 Gebirge, S Papua-Neuguinea
**Owerri** 75 G 5 S Nigeria
**Owo** 75 F 5 SW Nigeria
**Owyhee River** 46 C 4 Fluß, NW USA
**Oxford** 89 D 6 *Lat.* Oxonia. S England, Großbritannien
**Oxford** 151 C 6 South Island, Z Neuseeland
**Oxford** 40 C 4 Ohio, N USA
**Oxkutzcab** 51 H 4 SO Mexiko
**Oxnard** 47 C 7 California, W USA
**Oxonia** *siehe* Oxford
**Oxus** *siehe* Amuderya
**Oyama** 131 D 5 Honshū, S Japan
**Oyem** 77 B 5 N Gabun
**Oyo** 75 F 5 W Nigeria
**Oyo** 77 B 6 Z Rep. Kongo
**Ozark** 42 D 3 Alabama, S USA
**Ozark Plateau** 45 G 5 Ebene, Missouri, Z USA
**Ozarks, Lake of the** 45 G 5 *Fr.* Lac des Bois. Stausee, Missouri, Z USA
**Ózd** 99 D 6 NO Ungarn
**Ozieri** 97 A 5 W Italien

# P

**Paamiut** 82 B 4 *var.* Pâmiut, *Dän.* Frederikshåb. SW Grönland
**Pa-an** 136 B 4 SO Myanmar
**Pābna** 135 G 4 W Bangladesch
**Pacaraima, Serra** 59 F 3 *var.* Pakaraima Mountains. Gebirge, N Südamerika
**Pachuca** 51 E 4 *var.* Pachuca de Soto. Z Mexiko
**Pachuca de Soto** *siehe* Pachuca
**Padang** 138 B 4 Sumatera, W Indonesien
**Paderborn** 94 B 4 NW Deutschland
**Padma** *siehe* Ganges
**Padova** 96 C 2 *Dtsch./Eng.* Padua; *ant.* Patavium. NO Italien
**Padre Island** 49 G 5 Insel, Texas, S USA
**Paducah** 40 B 5 Kentucky, O USA
**Paeroa** 150 D 3 North Island, N Neuseeland
**Páfos** 102 C 5 *ant.* Paphos. S Zypern
**Pag** 100 A 3 *It.* Pago. Insel, Z Kroatien
**Page** 48 B 1 Arizona, SW USA
**Pago** *siehe* Pag
**Pago Pago** 145 F 4 Hauptstadt eines abhängigen Territoriums, W American Samoa
**Pahiatua** 150 D 4 North Island, Z Neuseeland
**Paide** 106 D 2 *Dtsch.* Weissenstein. N Estland
**Paihia** 150 D 2 North Island, N Neuseeland
**Päijänne** 85 E 5 See, S Finnland
**Paine, Cerro** 65 B 7 Berg, S Chile
**Painted Desert** 48 B 1 Ebene, Arizona, SW USA
**Paisley** 88 C 4 W Scotland, Großbritannien
**País Valenciano** 93 F 3 Region, NO Spanien
**País Vasco** 93 E 1 Region, N Spanien
**Paita** 60 B 3 NW Peru
**Pakanbaru** *siehe* Pekanbaru

---

**Pakistan**
134 A 2 *Urd.* Islāmi Jamhūriya e Pākistān (Islamische Republik von Pakistan). S Asien

**UN-Name:** Islamic Republic of Pakistan **Formation:** 1947 **Hauptstadt:** Islamabad **Bevölkerung:** 128,1 Mio. **Fläche:** 796 100 km² **Sprachen:** Urdu*, Punjabi, Sindhi, Pashtu, Baluchi **Religionen:** Sunna-Muslime 77%, Shi'a-Muslime 20%, Hindus 2%, Christen 1% **Volksgruppen:** Punjabi 56%, Sindhi 13%, Pashtunen 8%, andere 23% **Regierung:** Mehrparteienrepublik **Währung:** Rupee = 100 Paisa

---

**Pakokku** 136 A 3 W Myanmar
**Pak Phanang** 137 C 7 *var.* Ban Pak Phanang. S Thailand
**Pakruojis** 106 C 4 N Litauen
**Paks** 99 C 7 S Ungarn
**Paksé** *siehe* Pakxé
**Pakxé** 137 D 5 *var.* Paksé. S Laos
**Palafrugell** 93 G 2 NO Spanien
**Palagruža** 101 B 5 *It.* Pelagosa. Insel, SW Kroatien
**Palaiá Epídavros** 105 C 6 S Griechenland
**Palamós** 93 G 2 NO Spanien
**Palamuse** 106 E 2 *Dtsch.* Sankt-Bartholomäi. O Estland
**Palanka** *siehe* Bačka Palanka
**Palapye** 78 D 3 SO Botswana
**Palatka** 43 E 3 Florida, SO USA

---

**Palau**
144 A 2 *var.* Belau. Republik, W Pazifischer Ozean

**UN-Name:** Republic of Palau **Formation:** 1994 **Hauptstadt:** Koror **Bevölkerung:** 16 000 **Fläche:** 497 km² **Sprachen:** Palauisch*, Englisch **Religionen:** Christen 70%, Naturreligionen 30% **Volksgruppen:** Palauer 99%, andere 1% **Regierung:** Mehrparteienrepublik **Währung:** US-$ = 100 Cents

---

**Palawan** 139 E 2 Insel, W Philippinen
**Palawan Passage** 139 E 2 Meerenge, SO Südchinesisches Meer
**Paldiski** 106 D 2 *ehem.* Baltiski, *Dtsch.* Baltischport; *ehem. Eng.* Baltic *Port.* NW Estland
**Palembang** 138 B 4 Sumatera, W Indonesien
**Palencia** 92 D 2 *ant.* Palantia, Pallantia. NW Spanien
**Palermo** 97 C 7 *Fr.* Palerme; *ant.* Panormus, Panhormus. SW Italien
**Palestine** 49 G 3 Texas, S USA
**Pāli** 134 C 3 N Indien
**Palimé** *siehe* Kpalimé
**Palioúri, Ákra** 104 C 4 *var.* Akra Kanestron. Landspitze, N Griechenland
**Palk-Straße** 132 D 3 Meerenge, N Indischer Ozean
**Palliser, Cape** 151 D 5 Landspitze, North Island, Z Neuseeland
**Palma** 93 G 3 *var.* Palma de Mallorca. O Spanien
**Palma del Río** 92 D 4 S Spanien
**Palma de Mallorca** *siehe* Palma
**Palmar Sur** 53 E 5 SO Costa Rica
**Palma Soriano** 54 C 3 O Kuba
**Palmdale** 47 C 7 California, W USA
**Palmer** 154 A 2 Forschungsstation, Antarktis
**Palmer Land** 154 A 3 Region, Antarktis
**Palmerston** 145 G 4 Insel, S Cook Islands
**Palmerston North** 150 D 4 North Island, Z Neuseeland
**Palmi** 97 D 7 SW Italien
**Palmira** 58 B 3 W Kolumbien
**Palm Springs** 47 D 8 California, W USA
**Palmyra Atoll** 145 G 2 US-Unincorporated Territory, Z Pazifischer Ozean
**Palo Alto** 47 B 6 California, W USA
**Paloe** *siehe* Denpasar
**Paloe** *siehe* Palu
**Palu** 139 E 4 *ehem.* Paloe. Sulawesi, Z Indonesien
**Pamiers** 91 B 6 S Frankreich
**Pamir** 123 F 3 *var.* Daryā-ye Pāmīr. Fluß, Afghanistan/Tadschikistan
**Pamir** 123 F 3 *Pash.* Daryā-ye Pāmīr, *Russ.* Pamir, *Tadsch.* Daryoi Pomir. Gebirge, Z Asien
**Pāmīr, Daryā-ye** *siehe* Pamir
**Pamlico Sound** 43 G 1 Bucht, NW Atlantischer Ozean
**Pampa** 49 F 1 Texas, S USA
**Pampa Aullagas, Lago** *siehe* Poopó, Lago
**Pampas** 64 C 4 Ebene, Z Argentinien
**Pamplona** 93 E 1 *Bask.* Iruñea; *ehem.* Pampeluna, *ant.* Pompaelo. N Spanien
**Pamplona** 58 C 2 N Kolumbien
**Panaji** 132 B 1 *var.* New Goa, Pangim, Panjim. Bundesstaatshauptstadt, W Indien

---

**Panama**
53 G 5 *Sp.* República de Panamá (Republik Panama), SO Mittelamerika

**UN-Name:** Republic of Panama **Formation:** 1903 **Hauptstadt:** Panama City **Bevölkerung:** 2,6 Mio. **Fläche:** 77 080 km² **Sprachen:** Spanisch*, Englisch-Kreolisch, indian. Sprachen **Religionen:** Römisch-Katholische 93%, andere 7% **Volksgruppen:** Mestizen 70%, Schwarze 14%, Weiße 10%, Indianer 6% **Regierung:** Mehrparteienrepublik **Währung:** Balboa = 100 Centesimos

---

**Panamá** 53 G 5 *var.* Ciudad de Panamá, *Eng.* Panama City. Staatshauptstadt, Z Panama
**Panamá, Bahía de** 53 G 5 Bucht, W Pazifischer Ozean
**Panamá, Golfo de** 53 G 5 *var.* Gulf of Panama. Golf, O Pazifischer Ozean
**Panama, Gulf of** *siehe* Panamá, Golfo de
**Panama, Isthmus von** *siehe* Panamá, Istmo de
**Panamá, Istmo de** 53 G 4 *Dtsch.* Isthmus von Panama *Eng.* Isthmus of Panama; *ehem.* Isthmus of Darien. Landenge, O Panama
**Panama-Becken** 56 A 2 untermeer. Formation, O Pazifischer Ozean
**Panama City** 42 D 3 Florida, SO USA
**Panama City** *siehe* Panamá
**Panama-Kanal** 53 F 4 Kanal, O Panama
**Panay Island** 139 E 2 Insel, Z Philippinen
**Pančevo** 100 D 3 *Dtsch.* Pantschowa, *Ung.* Pancsova. NO Jugoslawien
**Pandan, Selat** 138 A 2 Meerenge, Indischer Ozean/Pazifischer Ozean
**Panevėžys** 106 C 4 Z Litauen
**Pangkalpinang** 138 C 4 Bangka, W Indonesien
**Panlong Jiang** *siehe* Lô, Sông
**Panopolis** *siehe* Akhmîm
**Pánormos** 105 C 7 Kríti, SO Griechenland
**Pantanal** 63 E 4 *var.* Pantanalmato-Grossense. Feuchtgebiet, SW Brasilien
**Pantanalmato-Grossense** *siehe* Pantanal
**Pantelleria, Isola di** 97 B 7 Insel, SW Italien
**Pánuco** 51 E 3 O Mexiko
**Pao-shan** *siehe* Baoshan
**Papagayo, Golfo de** 52 D 4 Golf, O Pazifischer Ozean
**Papakura** 150 D 3 North Island, N Neuseeland
**Papantla** 51 F 4 *var.* Papantla de Olarte. O Mexiko
**Papantla de Olarte** *siehe* Papantla
**Papatoetoe** 150 D 3 North Island, N Neuseeland
**Papeete** 145 H 4 Hauptstadt eines abhängigen Territoriums, Tahiti, W Französisch-Polynesien
**Paphos** *siehe* Páfos
**Papilė** 106 B 3 NW Litauen
**Papillion** 45 F 4 Nebraska, Z USA
**Papua, Gulf of** 144 B 3 Golf, S Papua-Neuguinea

---

**Papua-Neuguinea**
144 B 2 Papua Níugini, *ehem.* Territory of Papua and New Guinea (australische

Kolonie). Republik im Commonwealth, W Pazifischer Ozean

**UN-Name:** The Independent State of Papua New Guinea **Formation:** 1975 **Hauptstadt:** Port Moresby **Bevölkerung:** 4,1 Mio. **Fläche:** 462 840 $km^2$ **Sprachen:** Pidgin-Englisch*, Motu*, ca. 750 Papua-Sprachen **Religionen:** Christen 66%, andere 34% **Volksgruppen:** Papua 85%, andere 15% **Regierung:** Parlamentarische Demokratie **Währung:** Kina = 100 Toea

**Papuk** 100 C 3 Gebirge, NO Kroatien
**Pará** 63 E 2 *off.* Estado do Pará. Bundesstaat, NO Brasilien
**Pará** *siehe* Belém
**Pará, Estado do** *siehe* Pará
**Paracas, Bahía de** 60 C 4 Bucht, O Pazifischer Ozean
**Paracel Islands** 138 D 1 umstrittenes Territorium, N Südchinesisches Meer
**Paraćin** 100 E 4 Z Jugoslawien
**Paragua** 59 E 3 Fluß, SO Venezuela

**Paraguay**
64 D 2 *Sp.* República del Paraguay (Republik von Paraguay). S Südamerika

**UN-Name:** Republic of Paraguay **Formation:** 1935 **Hauptstadt:** Asunción **Bevölkerung:** 4,5 Mio. **Fläche:** 406 750 $km^2$ **Sprachen:** Spanisch*, Guaraní **Religionen:** Römisch-Katholische 90%, andere 10% **Volksgruppen:** Mestizen 95%, Weiße 3%, Indianer 2% **Regierung:** Mehrparteienrepublik **Währung:** Guaraní = 100 Centimos

**Paraguay** 64 D 2 *Port.* Rio Paraguai. Fluß, S Südamerika
**Paraíba** 63 G 2 *off.* Estado da Paraíba; *ehem.* Parahiba, Parahyba. Bundesstaat, O Brasilien
**Paraíba** *siehe* João Pessoa
**Parakou** 75 F 4 Z Benin
**Paramaribo** 59 G 3 Staatshauptstadt, N Suriname
**Paramushir, Ostrov** 115 H 3 Insel, O Russische Föderation
**Paraná** 64 E 3 *var.* Alto Paraná. Fluß, S Südamerika
**Paraná** 64 D 4 O Argentinien
**Paraná** 63 E 4 *off.* Estado do Paraná. Bundesstaat, S Brasilien
**Paraná, Estado do** *siehe* Paraná
**Paranéstio** 104 C 3 NO Griechenland
**Paraparaumu** 151 D 5 North Island, Z Neuseeland
**Parchim** 94 C 3 N Deutschland
**Parczew** 98 E 4 O Polen
**Pardubice** 99 B 5 *Dtsch.* Pardubitz. Z Tschechische Republik
**Pardubitz** *siehe* Pardubice
**Parechcha** 107 B 5 *Pol.* Porzecze, *Russ.* Porech'ye. W Weißrußland
**Parecis, Chapada dos** 62 D 3 *var.* Serra dos Parecis. Gebirge, W Brasilien
**Parecis, Serra dos** *siehe* Parecis, Chapada dos
**Parenzo** *siehe* Poreč
**Parepare** 139 E 4 Sulawesi, Z Indonesien
**Párga** 105 A 5 W Griechenland
**Paria, Golfo de** 59 E 1 Golf, W Atlantischer Ozean
**Parika** 59 F 2 NO Guyana
**Paris** 90 C 3 *ant.* Lutetia, Lutetia Parisiorum, Parisii. Staatshauptstadt, N Frankreich
**Paris** 42 C 1 Tennessee, S USA
**Paris** 49 G 2 Texas, S USA
**Parkent** 123 F 2 O Usbekistan
**Parkersburg** 40 D 4 West Virginia, NO USA
**Parkes** 149 C 6 New South Wales, SO Australien
**Parkhar** *siehe* Farkhor
**Parma** 96 B 2 N Italien
**Parnahyba** *siehe* Parnaíba
**Parnaíba** 63 G 2 *var.* Parnahyba. O Brasilien
**Pärnu** 106 D 2 *Dtsch.* Pernau, *Lett.* Pērnava; *ehem. Russ.* Pernov. SW Estland
**Pärnu** 106 D 2 *var.* Parnu Jõgi, *Dtsch.* Pernau. Fluß, SW Estland
**Pärnu-Jaagupi** 106 D 2 *Dtsch.* Sankt-Jakobi. SW Estland
**Pärnu Laht** 106 D 2 *Dtsch.* Pernauer Bucht. Bucht, Ostsee/Bucht von Riga
**Páros** 105 D 6 Páros, SO Griechenland
**Páros** 105 D 6 Insel, Kykládes, SO Griechenland
**Parral** 64 B 4 Z Chile
**Parral** *siehe* Hidalgo del Parral
**Parramatta** 149 D 6 New South Wales, SO Australien
**Parras** 50 D 3 *var.* Parras de la Fuente. NO Mexiko
**Parras de la Fuente** *siehe* Parras
**Parsons** 45 F 5 Kansas, Z USA
**Pasadena** 49 H 4 Texas, S USA
**Pasadena** 47 C 7 California, W USA
**Paşcani** 108 C 3 *Ung.* Páskán. NO Rumänien
**Pasco** 46 C 2 Washington, NW USA
**Pasewalk** 94 D 3 NO Deutschland
**Pashkeni** *siehe* Bolyarovo
**Pasłęk** 98 D 2 *Dtsch.* Preußisch Holland. N Polen
**Pasinler** 117 F 3 NO Türkei
**Páskán** *siehe* Paşcani
**Pasni** 134 A 3 SW Pakistan
**Paso de Indios** 65 B 6 S Argentinien
**Paso de los Vientos** *siehe* Windward Passage
**Passarowitz** *siehe* Požarevac
**Passau** 95 D 6 SO Deutschland
**Passo Fundo** 63 E 5 S Brasilien
**Pastavy** 107 C 5 *Pol.* Postawy, *Russ.* Postavy. NW Weißrußland
**Pastaza** 60 B 2 Fluß, Ecuador/Peru
**Pasto** 58 A 4 SW Kolumbien
**Pasvalys** 106 C 4 N Litauen
**Patagonia** 65 B 7 Region, Argentinien/Chile
**Patani** *siehe* Pattani
**Patea** 150 D 4 North Island, Z Neuseeland
**Paterson** 41 F 4 New Jersey, NO USA
**Pathein** *siehe* Bassein
**Pátmos** 105 D 6 Insel, Dodekánisos, SO Griechenland
**Patna** 135 F 3 *var.* Azimabad. Bundesstaatshauptstadt, N Indien
**Patnos** 117 F 3 O Türkei
**Patos, Lagoa dos** 63 E 5 Lagune, SW Atlantischer Ozean
**Pátra** 105 B 5 *Eng.* Patras; *ehem.* Pátrai. S Griechenland
**Patras** *siehe* Pátra
**Pattani** 137 C 7 *var.* Patani. S Thailand
**Pattaya** 137 C 5 Z Thailand
**Patuca** 52 D 2 Fluß, O Honduras
**Pau** 91 B 6 SW Frankreich
**Paulatuk** 37 E 3 Northwest Territories, NW Kanada
**Paungde** 136 B 4 SW Myanmar
**Pavia** 96 B 2 *ant.* Ticinum. N Italien
**Pāvilosta** 106 B 3 W Lettland
**Pavlikeni** 104 D 2 N Bulgarien
**Pavlodar** 112 C 3 NO Kasachstan
**Pavlograd** *siehe* Pavlohrad
**Pavlohrad** 109 G 3 *Russ.* Pavlograd. O Ukraine
**Pavlovsk** 111 B 6 W Russische Föderation
**Pavlovskaya** 111 A 7 SW Russische Föderation
**Pawai, Pulau** 138 A 2 Insel, SW Singapur
**Pawn** 136 B 3 Fluß, Z Myanmar
**Pax Augusta** *siehe* Badajoz
**Paxoí** 105 A 5 *var.* Paxí. Insel, Iónioi Nísoi, W Griechenland
**Pax Julia** *siehe* Beja
**Payakumbuh** 138 B 4 Sumatera, W Indonesien
**Paynes Find** 147 B 6 W Australien
**Payo Obispo** *siehe* Chetumal
**Paysandú** 64 D 4 NW Uruguay
**Pazar** 117 E 2 NO Türkei
**Pazardzhik** 104 C 3 *var.* Pazardžik; *ehem.* Tatar Pazardzhik. SW Bulgarien
**Pazifisch-Antarktischer Rücken** 152 D 5 untermeer. Formation, S Pazifischer Ozean
**Pazifischer Ozean** 152 D 3 *var.* Pazifik, Stiller Ozean. Ozean
**Pearl Islands** *siehe* Perlas, Archipiélago de las
**Pearl Lagoon** *siehe* Perlas, Laguna de
**Pearl River** 42 B 3 Fluß, S USA
**Pearsall** 49 F 4 Texas, S USA
**Peary Land** 83 E 1 Region, Grönland
**Peć** 101 D 5 *Alb.* Pejë, *Türk.* Ipek. Z Jugoslawien
**Pechora** 110 E 3 *var.* Pečora. NW Russische Föderation
**Pechora** 110 D 3 *var.* Pečora. Fluß, NW Russische Föderation
**Pechorskoye More** 110 D 2 Meer, Arktis/Barents-Meer
**Pečora** *siehe* Pechora
**Pecos** 49 E 3 Texas, S USA
**Pecos Plains** 49 E 3 Ebene, Texas, S USA
**Pecos River** 49 E 3 Fluß, SW USA
**Pécs** 99 C 7 *Dtsch.* Fünfkirchen; *Lat.* Sopianae. SW Ungarn
**Pedra Lume** 74 A 3 Kap Verde
**Pedro Cays** 54 C 3 Inselgruppe, S Jamaica
**Pedro Juan Caballero** 64 D 2 O Paraguay
**Peer** 87 D 5 NO Belgien
**Pegasus Bay** 151 C 6 Bucht, S Pazifischer Ozean
**Pegu** 136 B 4 *var.* Bago. S Myanmar
**Pehuajó** 64 C 4 O Argentinien
**Peihai** *siehe* Beihai
**Peine** 94 B 4 Z Deutschland
**Peipsi Järv** 106 E 3 *Dtsch.* Peipus-See, *Russ.* Chudskoye Ozero. Estland/Russische Föderation
**Peipus-See** *siehe* Peipsi Järv
**Peiraías** 105 C 6 *ehem.* Piraiévs, *Dtsch.* Piräus. Z Griechenland
**Pekalongan** 138 C 5 Jawa, Z Indonesien
**Pekanbaru** 138 B 4 *var.* Pakanbaru. Sumatera, W Indonesien
**Pekin** 40 B 4 Illinois, N USA
**Peking** *siehe* Beijing
**Pelagie, Isole** 97 B 8 Inselgruppe, SW Italien
**Pelagosa** *siehe* Palagruža
**Pelly Bay** 37 F 3 Northwest Territories, N Kanada
**Peloponnes** *siehe* Pelopónnisos
**Pelopónnisos** 105 B 6 *Dtsch.* Peloponnes, *hist.* Morea, *ant.* Peloponnesus. Halbinsel, S Griechenland
**Pematangsiantar** 138 B 3 Sumatera, W Indonesien
**Pemba** 73 D 7 Insel, O Tansania
**Pemba** 79 F 2 *ehem.* Port Amelia, Porto Amélia. NO Moçambique
**Pembroke** 38 D 4 Ontario, SO Kanada
**Penang** *siehe* Pinang
**Penderma** *siehe* Bandırma
**Pendleton** 46 C 3 Oregon, NW USA
**Pend Oreille, Lake** 46 D 1 See, Idaho, NW USA
**Peng-pu** *siehe* Bengbu
**Peniche** 92 B 3 W Portugal
**Penn Hills** 41 E 4 Pennsylvania, NO USA
**Pennine Chain** *siehe* Pennines
**Pennines** 89 D 5 *var.* Pennine Chain. Gebirge, NW England, Großbritannien
**Penninische Alpen** *siehe* Walliser Alpen
**Pennsylvania** 41 E 4 *off.* Commonwealth of Pennsylvania; *auch genannt:* Keystone State. Bundesstaat, NO USA
**Penobscot River** 41 H 1 Fluß, Maine, NO USA
**Penong** 147 E 6 South Australia, S Australien
**Penonomé** 53 F 5 Z Panama
**Penrhyn** 145 G 3 Insel, N Cook Islands
**Penrhyn-Becken** 152 D 3 untermeer. Formation, Z Pazifischer Ozean
**Penrith** 89 D 5 NW England, Großbritannien
**Pensacola** 42 C 3 Florida, SO USA
**Pentecost** 144 D 4 *Fr.* Pentecôte. Insel, Z Vanuatu
**Pentecôte** *siehe* Pentecost
**Penza** 111 C 6 W Russische Föderation
**Penzance** 89 B 8 SW England, Großbritannien
**Peoria** 40 B 4 Illinois, N USA
**Perchtoldsdorf** 95 E 6 NO Österreich
**Percival Lakes** 146 C 4 See, Western Australia, NW Australien
**Pereira** 58 B 3 W Kolumbien
**Peremyshl** *siehe* Przemyśl
**Pergamino** 64 D 4 O Argentinien
**Périgueux** 91 B 5 *ant.* Vesuna. SW Frankreich
**Perito Moreno** 65 B 6 S Argentinien
**Perlas, Archipiélago de las** 53 G 5 *Eng.* Pearl Islands. Inselgruppe, SO Panama
**Perlas, Laguna de** 53 E 3 *var.* Pearl Lagoon. Lagune, W Karibisches Meer
**Perleberg** 94 C 3 N Deutschland
**Perlepe** *siehe* Prilep
**Perm'** 111 D 5 *ehem.* Molotov. NW Russische Föderation
**Pernambuco** 63 G 2 *off.* Estado de Pernambuco. Bundesstaat, O Brasilien

**Pernambuco** *siehe* Recife
**Pernambuco, Estado de** *siehe* Pernambuco
**Pernambuco-Tiefsee-Ebene** 67 C 5 *var.* Pernambuco Abyssal Plain. Untermeer. Formation, O Atlantischer Ozean
**Pernauer Bucht** *siehe* Pärnu Laht
**Pernik** 104 C 2 *ehem.* Dimitrovo. W Bulgarien
**Perote** 51 F 4 O Mexiko
**Perpignan** 91 C 7 S Frankreich
**Perryton** 49 F 1 Texas, S USA
**Perryville** 45 H 5 Missouri, Z USA
**Persischer Golf** 120 C 4 *Ar.* Khalīj al 'Arabī, *Per.* Khalīj-e Fars. Golf, W Arabisches Meer
**Perth** 88 C 4 O Scotland, Großbritannien
**Perth** 38 D 5 Ontario, SO Kanada
**Perth** 149 C 8 Tasmania, SO Australien
**Perth** 147 B 6 Bundesstaatshauptstadt, Western Australia, SW Australien
**Perth-Becken** 141 E 6 untermeer. Formation, SO Indischer Ozean
**Peru** *siehe* Beru

**Peru**
60 C 3 *Sp.* República del Peru, (Republik Peru). W Südamerika

**UN-Name:** Republic of Peru **Formation:** 1824 **Hauptstadt:** Lima **Bevölkerung:** 22,9 Mio. **Fläche:** 1 285 220 km² **Sprachen:** Spanisch*, Quechua, Aymará **Religionen:** Römisch-Katholische 95%, andere 5% **Volksgruppen:** Indianer 45%, Mestizen 37%, Weiße 15%, andere 3% **Regierung:** Mehrparteienrepublik **Währung:** Nuevo Sol = 100 Centimos

**Peru-Becken** 56 A 4 untermeer. Formation, O Pazifischer Ozean
**Peru-Chile-Graben** 56 A 4 untermeer. Formation, O Pazifischer Ozean
**Perugia** 96 C 4 *Fr.* Pérouse; *ant.* Perusia. Z Italien
**Péruwelz** 87 B 6 SW Belgien
**Pervomays'k** 109 E 3 *ehem.* Ol'viopol'. S Ukraine
**Pervyy Kuril'skiy Proliv** 115 H 3 Meerenge, Pazifischer Ozean/Okhotskisches Meer
**Pesaro** 96 C 3 *ant.* Pisaurum Z Italien
**Pescara** 96 D 4 *ant.* Aternum, Ostia Aterni. Z Italien
**Peshāwar** 134 C 1 N Pakistan
**Peshkopi** 101 D 6 *var.* Peshkopia, Peshkopija. NO Albanien
**Pessac** 91 B 5 SW Frankreich
**Pétange** 87 D 8 Luxemburg
**Petah Tiqwa** 119 A 6 *var.* Petach-Tikva, Peta' Tiqva. Z Israel
**Peterborough** 89 E 6 *ehem.* Medeshamstede. O England, Großbritannien
**Peterborough** 38 D 5 Ontario, SO Kanada
**Peterborough** 149 B 6 South Australia, S Australien
**Peterhead** 88 D 3 NO Scotland, Großbritannien
**Petersburg** 41 E 5 Virginia, NO USA
**Peters Mine** 59 F 3 *var.* Peter's Mine. N Guyana
**Petit St-Bernard, Col du** 96 A 2 *Dtsch.* Kleiner St. Bernard-Paß, *It.* Colle di Piccolo San Bernardo. Paß, Frankreich/Italien
**Peto** 51 H 4 SO Mexiko
**Petra** *siehe* Wādī Mūsá
**Petrich** 104 C 3 SW Bulgarien
**Petrikov** *siehe* Pyetrykaw
**Petrinja** 100 B 3 Z Kroatien
**Petropavl** *siehe* Petropavlovsk
**Petropavlovsk** 114 C 4 *Kas.* Petropavl. N Kasachstan
**Petropavlovsk-Kamchatskiy** 115 H 3 NO Russische Föderation
**Petroşani** 108 B 4 *var.* Petroşeni, *Dtsch.* Petroschen, *Ung.* Petrozsény. W Rumänien
**Petroskoi** *siehe* Petrozavodsk
**Petrovsk** 111 C 6 W Russische Föderation
**Petrovsk-Port** *siehe* Makhachkala
**Petrov Val** 111 C 6 SW Russische Föderation
**Petrozavodsk** 110 B 3 *Fin.* Petroskoi. NW Russische Föderation
**Pevek** 115 G 1 NO Russische Föderation
**Pezinok** 99 C 6 *Dtsch.* Bösing, *Ung.* Bazin. SW Slowakei
**Pforzheim** 95 B 6 SW Deutschland
**Pfungstadt** 95 B 5 W Deutschland
**Phangan, Ko** 137 C 6 Insel, S Thailand
**Phan Rang-Thap Cham** 137 E 6 *var.* Phan Rang, Phanrang, Phan Rang Thap Cham. SO Vietnam
**Phan Thiêt** 137 E 6 S Vietnam
**Phatthalung** 137 C 7 *var.* Padalung, Patalung. S Thailand
**Phayao** 136 C 4 *var.* Muang Phayao. N Thailand
**Phenix City** 42 D 2 Alabama, S USA
**Phetchaburi** 137 C 5 *var.* Bejraburi, Petchaburi, Phet Buri. Z Thailand
**Philadelphia** 41 F 4 Pennsylvania, NO USA
**Philippeville** *siehe* Skikda
**Philippinen** 152 A 3 Inselgruppe, W Pazifischer Ozean

**Philippinen**
139 F 1 *Pil.* Republica ñg Pilipinas (Republik der Philippinen). SO Asien

**UN-Name:** Republic of the Philippines **Formation:** 1946 **Hauptstadt:** Manila **Bevölkerung:** 66,5 Mio. **Fläche:** 300 000 km² **Sprachen:** Pilipino*, Englisch **Religionen:** Römisch-Katholische 83%, Protestanten 9%, Muslime 5%, andere 3% **Volksgruppen:** Filipinos 96%, Chinesen 2%, andere 2% **Regierung:** Mehrparteienrepublik **Währung:** Peso = 100 Centavos

**Philippinen-Becken** 152 B 2 untermeer. Formation, W Pazifischer Ozean
**Philippinen-Graben** 142 A 1 untermeer. Formation, W Pazifischer Ozean
**Philippinen-See** 152 B 3 Meer, W Pazifischer Ozean
**Phitsanulok** 136 C 4 *var.* Bisnulok, Muang Phitsanulok, Pitsanulok. N Thailand
**Phlórina** *siehe* Flórina
**Phnom Penh** *siehe* Phnum Penh
**Phnum Penh** 137 D 6 *var.* Phnom Penh. Staatshauptstadt, S Kambodscha
**Phoenix** 48 B 2 Bundesstaatshauptstadt, Arizona, SW USA
**Phoenix Islands** 145 F 3 Inselgruppe, Z Kiribati
**Phôngsali** 136 C 3 *var.* Phong Saly. N Laos
**Phong Saly** *siehe* Phôngsali
**Phrae** 136 C 4 *var.* Muang Phrae, Prae. N Thailand
**Phra Nakhon Si Ayutthaya** *siehe* Ayutthaya
**Phra Thong, Ko** 137 B 7 Insel, S Thailand
**Phuket** 137 B 7 *var.* Bhuket, Puket, *Mal.* Ujung Salang; *ehem.* Junkseylon, Salang. S Thailand
**Phuket, Ko** 137 B 7 Insel, S Thailand
**Phumĭ Kâmpóng Trâbêk** 137 D 5 Z Kambodscha
**Phumĭ Sâmraông** 137 D 5 NW Kambodscha
**Phu Vinh** *siehe* Tra Vinh
**Piacenza** 96 B 2 *Fr.* Paisance; *ant.* Placentia. N Italien
**Piatra-Neamț** 108 C 3 *Ung.* Karácsonkő. NO Rumänien
**Piauí** 63 F 2 *off.* Estado do Piauí; *ehem.* Piauhy. Bundesstaat, O Brasilien
**Picardie** 90 C 3 Region, N Frankreich
**Picayune** 42 C 3 Mississippi, S USA
**Piccolo San Bernardo, Colle di** *siehe* Petit St-Bernard, Col du
**Pichilemu** 64 B 4 Z Chile
**Pichincha** 60 B 1 NO Ecuador
**Pico** 92 A 5 *var.* Ilha do Pico. Insel, W Portugal
**Pico, Ilha do** *siehe* Pico
**Picos** 63 G 2 O Brasilien
**Picsi** 60 B 3 W Peru
**Picton** 151 C 5 South Island, Z Neuseeland
**Piedras Negras** 51 E 2 *var.* Ciudad Porfirio Díaz. NO Mexiko
**Pielinen** 84 E 4 *var.* Pielisjärvi. See, O Finnland
**Pielisjärvi** *siehe* Pielinen
**Pierre** 45 E 3 Bundesstaatshauptstadt, South Dakota, N USA
**Piešt'any** 99 C 6 *Dtsch.* Pistyan, *Ung.* Pöstyén. W Slowakei
**Pietarsaari** *siehe* Jakobstad
**Pietermaritzburg** 78 D 4 *var.* Maritzburg. O Südafrika
**Pietersburg** 78 D 4 NO Südafrika
**Pigádia** *siehe* Kárpathos
**Pihkva Järv** 106 E 3 *Dtsch.* Pskov-See, Pleskauer See, *Russ.* Pskovskoye Ozero. See, Estland/Russische Föderation
**Pijijiapán** 51 G 5 SO Mexiko
**Pikes Peak** 44 C 5 Berg, Colorado, Z USA
**Pikine** 74 B 3 *var.* Pikini Bougou. W Senegal
**Pikini Bougou** *siehe* Pikine
**Pikinni** *siehe* Bikini Atoll
**Piła** 98 C 3 *Dtsch.* Schneidemühl. NW Polen
**Pilar** 64 D 3 *var.* Villa del Pilar. S Paraguay
**Pilar** 63 G 3 W Brasilien
**Pilcomayo** 64 C 2 Fluß, Südamerika
**Pilos** *siehe* Pýlos
**Pilsen** *siehe* Plzeň
**Pinang, Pulau** 138 B 3 *var.* Penang, Pinang; *ehem.* Prince of Wales Island. Insel, W Malaysia
**Pinar del Río** 54 A 2 W Kuba
**Píndos Óros** 104 A 4 *var.* Píndos, *ehem.* Píndhos. Gebirge, Z Griechenland
**Pine Bluff** 42 B 2 Arkansas USA
**Pine Creek** 148 A 2 Northern Territory, N Australien
**Pine Dock** 37 G 5 Manitoba, S Kanada
**Pinega** 110 C 3 Fluß, NW Russische Föderation
**Pineiós** 104 B 4 *var.* Piniós; *ant.* Peneius. Fluß, Z Griechenland
**Pine Island Bay** 154 A 3 Bucht, S Pazifischer Ozean
**Pines, Lake O' the** 49 H 2 Stausee, Texas, S USA
**Ping, Mae Nam** 136 B 4 Fluß, NW Thailand
**Pingdingshan** 128 C 4 Z China
**Pingyang** 128 D 4 O China
**Pínnes, Ákra** 104 C 4 Landspitze, N Griechenland
**Pinotepa Nacional** 51 F 5 *var.* Santiago Pinotepa Nacional. SO Mexiko
**Pinsk** 107 B 7 *Pol.* Pińsk. SW Weißrußland
**Pińsk** *siehe* Pinsk
**Pinta, Isla** 60 A 5 *var.* Abingdon. Insel, Galápagos-Inseln, O Pazifischer Ozean
**Piombino** 96 B 3 Z Italien
**Pionerskiy** 106 A 4 *Dtsch.* Neukuhren. W Russische Föderation
**Piotrków Trybunalski** 98 D 4 *Dtsch.* Petrikau, *Russ.* Petrokov. Z Polen
**Piräus** *siehe* Peiraías
**Pírgos** *siehe* Pýrgos
**Piripiri** 63 G 2 O Brasilien
**Pirna** 94 D 4 O Deutschland
**Pirot** 101 E 5 O Jugoslawien
**Piryatin** *siehe* Pyryatyn
**Pisa** 96 B 3 *var.* Pisae. Z Italien
**Pisae** *siehe* Pisa
**Pisaurum** *siehe* Pesaro
**Pisco** 60 D 4 SW Peru
**Písek** 99 A 5 SW Tschechische Republik
**Pishan** 126 A 3 *var.* Guma. NW China
**Pistoia** 96 B 3 *ant.* Pistoria, Pistoriæ. Z Italien
**Pisz** 98 D 3 *Dtsch.* Johannisburg. NO Polen
**Pita** 74 C 4 NW Guinea
**Pitalito** 58 B 4 S Kolumbien
**Pitcairn Islands** 143 H 4 Brit. abhängiges Territorium, S Pazifischer Ozean
**Piteå** 84 D 4 N Schweden
**Pitești** 108 B 5 S Rumänien
**Pitt Island** *siehe* Makin
**Pittsburg** 45 F 5 Kansas, Z USA
**Pittsburgh** 41 E 4 Pennsylvania, NO USA
**Pittsfield** 41 F 3 New York, NO USA
**Pituffik** 82 C 1 *var.* Uummannaq; *ehem.* Dundas. NW Grönland
**Piura** 60 B 3 NW Peru
**Pivdennyy Buh** 109 E 3 *Russ.* Yuzhnyy Bug. Fluß, S Ukraine
**Pjöngjang** *siehe* P'yŏngyang
**Placetas** 54 B 2 Z Kuba
**Plainview** 49 E 2 Texas, S USA
**Planalto Central** 63 F 3 *Dtsch.* Brasilianisches Bergland. Gebirge, O Brasilien
**Planeta Rica** 58 B 2 NW Kolumbien
**Planken** 94 E 1 Z Liechtenstein

**Plano** 49 G 2 Texas, S USA
**Plasencia** 92 C 3 W Spanien
**Plata, Rio de la** 64 D 4 Ästuar, SW Atlantischer Ozean
**Platinum** 36 B 3 Alaska, NW USA
**Plattensee** *siehe* Balaton
**Platte River** 45 E 4 Fluß, Nebraska, Z USA
**Plattsburgh** 41 F 2 Vermont, NO USA
**Plauen** 95 C 5 *var.* Plauen im Vogtland. O Deutschland
**Plauen im Vogtland** *siehe* Plauen
**Pļaviņas** 106 D 4 *Dtsch.* Stockmannshof. S Lettland
**Plây Cu** 137 E 5 *var.* Pleiku. S Vietnam
**Pleiku** *siehe* Plây Cu
**Plenty, Bay of** 150 E 3 Bucht, SW Pazifischer Ozean
**Plérin** 90 A 3 NW Frankreich
**Pleseck** *siehe* Plesetsk
**Plesetsk** 110 C 3 *var.* Pleseck. NW Russische Föderation
**Pleshchenitsy** *siehe* Plyeshchanitsy
**Pleskauer See** *siehe* Pihkva Järv
**Pleszew** 98 C 4 Z Polen
**Pleven** 104 C 2 *ehem.* Plevna. N Bulgarien
**Plevna** *siehe* Pleven
**Pljevlja** 100 C 4 *ehem.* Plevlja, Plevlje. N Jugoslawien
**Ploče** 100 B 4 *It.* Plocce; *ehem.* Kardeljevo. SO Kroatien
**Płock** 98 D 3 *Dtsch.* Plozk. Z Polen
**Plöcken-Paß** 95 C 7 *It.* Passo di Monte Croce Carnico. Paß, SW Österreich
**Ploești** *siehe* Ploiești
**Ploiești** 108 C 5 *ehem.* Ploești. SO Rumänien
**Plomári** 105 D 5 *ehem.* Plomárion. Lésvos, O Griechenland
**Plomárion** *siehe* Plomári
**Plön** 94 C 2 N Deutschland
**Płońsk** 98 D 3 Z Polen
**Plovdiv** 104 C 3 *ehem.* Eumolpias, *ant.* Evmolpia, Philippopolis, *Lat.* Trimontium. Z Bulgarien
**Plozk** *siehe* Płock
**Plungė** 106 B 3 W Litauen
**Plyeshchanitsy** 107 D 6 *Russ.* Pleshchenitsy. N Weißrußland
**Plymouth** 89 C 7 SW England, Großbritannien
**Plymouth** 55 G 3 Hauptstadt eines abhängigen Territoriums, Montserrat
**Plzeň** 99 A 5 *Dtsch.* Pilsen, *Pol.* Pilzno. W Tschechische Republik
**Po** 96 A 2 Fluß, N Italien
**Po, Bocche del** *siehe* Po, Foci del
**Po, Foci del** 96 C 2 *var.* Bocche del Po. Fluß, N Italien
**Po-Ebene** 96 B 2 *It.* Valle del Po. Tal, N Italien
**Pobedy, Pik** 132 H 2 *var.* Pobeda Peak, *Chin.* Tomur Feng. Berg, China/Kirgisistan
**Pocatello** 46 E 4 Idaho, NW USA
**Pochinok** 111 A 5 W Russische Föderation
**Pocking** 95 D 6 SO Deutschland
**Poděbrady** 99 B 5 *Dtsch.* Podiebrad. Z Tschechische Republik
**Podgorica** 101 C 5 *ehem.* Titograd. Staatshauptstadt, SW Jugoslawien
**Podiebrad** *siehe* Poděbrady
**Podil's'ka Vysochyna** 108 D 3 *Russ.* Podol'skaya Vozvyshennost'. Gebirge, SW Ukraine
**Podol'sk** 111 B 5 W Russische Föderation
**Podol'skaya Vozvyshennost'** *siehe* Podil's'ka Vysochyna
**Podravska Slatina** 100 C 2 *Ung.* Szlatina; *ehem.* Slatina. NO Kroatien
**Podujevo** 101 D 5 Z Jugoslawien
**Pogradec** 101 D 6 *var.* Pogradeci. SO Albanien
**Pogradeci** *siehe* Pogradec
**Pohnpei** 144 C 2 *ehem.* Ponape Ascension Island. Insel, O Mikronesien
**Pohnpei** 144 C 2 Inselgruppe, O Mikronesien
**Poinsett, Cape** 154 D 4 Landspitze, Antarktis
**Point Au Fer Island** 42 B 4 Insel, S USA
**Point de Galle** *siehe* Galle
**Pointe-à-Pitre** 55 G 3 Guadeloupe
**Pointe-Noire** 77 A 6 S Rep. Kongo
**Point Lay** 36 C 2 Alaska, NW USA
**Poitiers** 90 B 4 *ehem.* Poictiers, *ant.* Limonum. W Frankreich
**Poitou** 90 B 4 Region, W Frankreich
**Pokhara** 135 F 3 Nepal
**Pok Liu Chau** *siehe* Lamma Island
**Pokrovka** *siehe* Kyzyl-Suu
**Pokrovs'ke** 109 G 3 *Russ.* Pokrovskoye. O Ukraine
**Pokrovskoye** *siehe* Pokrovs'ke
**Pola de Lena** 92 C 1 N Spanien
**Polatsk** 107 D 5 *Russ.* Polotsk. N Weißrußland
**Pol-e Khomrī** 123 E 4 *var.* Pul-i-Khumri. NO Afghanistan

---

**Polen**
98 C 4 *Pol.* Rzeczpospolita Polska (Polnische Republik ), Polska, *ehem.* Polnische Volksrepublik. Z Europa

**UN-Name:** Republic of Poland
**Formation:** 1945 **Hauptstadt:** Warschau **Bevölkerung:** 38,5 Mio.
**Fläche:** 312 680 km²
**Sprachen:** Polnisch*, Deutsch
**Religionen:** Römisch-Katholische 95%, andere Christen 5%
**Volksgruppen:** Polen 98%, andere 2% **Regierung:** Mehrparteien-republik
**Währung:** Zloty = 100 Groszy

---

**Polikraište** *siehe* Polikrayshte
**Polikrayshte** 104 D 2 *var.* Polikraište. N Bulgarien
**Pollença** 93 G 3 *var.* Pollensa. O Spanien
**Pollensa** *siehe* Pollença
**Pologi** *siehe* Polohy
**Polohy** 109 G 3 *Russ.* Pologi. SO Ukraine
**Polonne** 108 D 2 *Russ.* Polonnoye. NW Ukraine
**Polonnoye** *siehe* Polonne
**Polotsk** *siehe* Polatsk
**Polsko Kosovo** 104 D 2 N Bulgarien
**Poltava** 109 F 2 NO Ukraine
**Põlva** 106 E 3 *Dtsch.* Pölwe. SO Estland
**Pölwe** *siehe* Põlva
**Polyarnyy** 110 C 2 *var.* Pol'arnyj, Poljarny. NW Russische Föderation
**Polýkastro** 104 B 3 *ehem.* Polí-kastron. N Griechenland
**Polynesien** 145 G 3 Inselgruppe, SW Pazifischer Ozean
**Polynésie Française** 145 G 5 *Dtsch.* Französisch Polynesien. Französisches Übersee-Dept., S Pazifischer Ozean
**Pommern** 94 D 2 Region, Deutschland/Polen
**Pommersche Bucht** 94 D 2 *Pol.* Zatoka Pomorska. Bucht, S Ostsee
**Pomorska, Zatoka** 98 B 2 *Dtsch.* Pommersche Bucht. Bucht, S Ostsee
**Pompano Beach** 43 F 5 Florida, SO USA
**Ponape Ascension Island** *siehe* Pohnpei
**Ponca City** 49 G 1 Oklahoma, Z USA
**Ponce** 55 F 3 Puerto Rico
**Pondicherry** 132 D 2 *var.* Puduchcheri. SO Indien
**Ponferrada** 92 C 1 NW Spanien
**Poniatowa** 98 E 4 O Polen
**Pons Vetus** *siehe* Pontevedra
**Ponta Delgada** 92 A 5 W Portugal
**Ponta Grossa** 63 E 4 S Brasilien
**Pontarlier** 90 D 4 O Frankreich
**Pontchartrain, Lake** 42 C 3 See, Louisiana, USA
**Ponteareas** 92 B 2 NW Spanien
**Ponte da Barca** 92 B 2 N Portugal
**Pontevedra** 92 B 1 *ant.* Pons Vetus. NW Spanien
**Pontiac** 40 D 3 Michigan, N USA
**Pontianak** 138 C 4 Kalimantan, Z Indonesien
**Pontivy** 90 A 3 NW Frankreich
**Pontoise** 90 C 3 *ant.* Briva Isarae, Cergy-Pontoise, Pontisarae. N Frankreich
**Ponton** 37 F 5 Manitoba, Z Kanada
**Ponziane, Isole** 97 C 5 Insel, Z Italien
**Poole** 89 D 7 S England, Großbritannien
**Poona** *siehe* Pune
**Poopó, Lago** 61 F 4 *var.* Lago Pampa Aullagas. See, W Bolivien
**Popayán** 58 A 4 SW Kolumbien
**Poperinge** 87 A 6 W Belgien
**Poplar Bluff** 45 G 5 Missouri, Z USA
**Popocatépetl** 51 E 4 Vulkan, S Mexiko
**Poprad** 99 D 5 *Dtsch.* Popper, *Ung.* Poprád. Fluß, Polen/Slowakei
**Poprad** 99 D 5 *Dtsch.* Deutschendorf, *Ung.* Poprád. NO Slowakei
**Porbandar** 134 B 4 W Indien
**Porcupine-Tiefsee-Ebene** 80 B 3 untermeer. Formation, O Atlantik
**Pordenone** 96 C 2 *ant.* Portenau. NO Italien
**Poreč** 100 A 2 *It.* Parenzo. NW Kroatien
**Pori** 85 D 5 *Schwe.* Björneborg. SW Finnland
**Porirua** 151 D 5 North Island, Z Neuseeland
**Porkhov** 110 A 4 W Russische Föderation
**Porlamar** 59 E 1 NO Venezuela
**Póros** 105 C 6 S Griechenland
**Póros** 105 A 5 Kefallinía, W Griechenland
**Porsangen** 84 D 2 Fjord, NO Norwegen
**Porsgrunn** 85 B 6 S Norwegen
**Portachuelo** 61 G 4 Z Bolivien
**Portadown** 89 B 5 *Ir.* Port An Dúnáin. SO Northern Ireland, Großbritannien
**Portalegre** 92 C 3 *ant.* Ammaia, Amoea. O Portugal
**Port Alexander** 36 D 4 Alaska, NW USA
**Port Alfred** 78 D 5 S Südafrika
**Port An Dúnáin** *siehe* Portadown
**Port Angeles** 46 B 1 Washington, NW USA
**Port Antonio** 54 B 5 NO Jamaica
**Port Augusta** 149 B 6 South Australia, S Australien
**Port-au-Prince** 54 D 3 Staatshauptstadt, Z Haiti
**Port Blair** 133 F 2 SO Indien
**Port d'Envalira** 91 B 8 W Andorra
**Port Elizabeth** 78 C 5 S Südafrika
**Portenau** *siehe* Pordenone
**Porterville** 47 C 7 California, W USA
**Port-Étienne** *siehe* Nouâdhibou
**Port Florence** *siehe* Kisumu
**Port-Francqui** *siehe* Ilebo
**Port-Gentil** 77 A 6 W Gabun
**Port Harcourt** 75 G 5 S Nigeria
**Port Hardy** 36 D 5 Vancouver Island, SW Kanada
**Port Hedland** 146 B 4 Western Australia, W Australien
**Port Huron** 40 D 3 Michigan, N USA
**Portimão** 92 B 5 *var.* Vila Nova de Portimão. S Portugal
**Port Láirge** *siehe* Waterford
**Portland** 49 G 5 Texas, S USA
**Portland** 149 B 7 Victoria, SO Australien
**Portland** 41 G 2 Maine, NO USA
**Portland** 46 B 3 Oregon, NW USA
**Portland Bight** 54 B 5 Bucht, N Karibisches Meer
**Port Laoise** 89 B 6 *var.* Portlaoise, *Ir.* Portlaoighise; *ehem.* Maryborough. Z Rep. Irland
**Port Lavaca** 49 G 4 Texas, S USA
**Port Lincoln** 149 A 6 South Australia, S Australien
**Port Louis** 79 H 3 Staatshauptstadt, Mauritius
**Port-Lyautey** *siehe* Kénitra
**Port Macquarie** 149 E 6 New South Wales, SO Australien
**Portmore** 54 B 5 Z Jamaica
**Port Moresby** 144 B 3 Staatshauptstadt, New Guinea, SW Papua-Neuguinea
**Port Natal** *siehe* Durban
**Porto** 92 B 2 *Eng.* Oporto; *ant.* Portus Cale. NW Portugal
**Porto Alegre** 63 E 5 *var.* Pôrto Alegre. Bundesstaatshauptstadt, S Brasilien
**Porto Alegre** 76 E 2 S São Tomé & Príncipe
**Pôrto Alegre** *siehe* Porto Alegre
**Porto Alexandre** *siehe* Tombua
**Portobelo** 53 G 4 *var.* Porto Bello, Puerto Bello. N Panama
**Portoferraio** 96 B 4 W Italien
**Port-of-Spain** 55 H 5 Staatshauptstadt, Trinidad & Tobago
**Portogruaro** 96 C 2 NO Italien
**Porto-Novo** 75 F 5 Staatshauptstadt, S Benin
**Porto Santo** 70 A 2 *var.* Ilha do Porto Santo. Insel, Madeira, Portugal
**Porto Torres** 97 A 5 W Italien
**Porto Velho** 62 D 2 *var.* Velho. Bundesstaatshauptstadt, W Brasilien

**Portoviejo** 60 A 2 *var.* Puertoviejo. W Ecuador
**Port Phillip Bay** 149 C 7 Bucht, SW Tasman-See
**Port Pirie** 149 B 6 South Australia, S Australien
**Port Said** 72 B 1 *Ar.* Būr Sa'īd. N Ägypten
**Portsmouth** 89 D 7 S England, Großbritannien
**Portsmouth** 40 D 4 Ohio, N USA
**Portsmouth** 41 G 3 New Hampshire, NO USA
**Port Stanley** *siehe* Stanley
**Port Sudan** 72 C 3 NO Sudan
**Port Talbot** 89 C 7 S Wales, Großbritannien

**Portugal**
92 B 3 *Port.* Republica Portuguesa (Portugiesische Republik). W Europa

**UN-Name:** Republic of Portugal **Formation:** 1640 **Hauptstadt:** Lisboa (Lissabon) **Bevölkerung:** 9,9 Mio. **Fläche:** 92 390 km² **Sprachen:** Portugiesisch* **Religionen:** Römisch-Katholische 97%, Protestanten 1%, andere 2% **Volksgruppen:** Portugiesen 98%, Afrikaner 1%, andere 1% **Regierung:** Mehrparteienrepublik **Währung:** Escudo = 100 Centavos

**Port-Vila** 144 D 4 *var.* Vila. Staatshauptstadt, Éfaté, Z Vanuatu
**Porvenir** 65 B 8 S Chile
**Porvenir** 61 E 3 NW Bolivien
**Porvoo** 85 E 5 *Schwe.* Borgå. S Finnland
**Posen** *siehe* Poznán
**Posadas** 64 D 3 NO Argentinien
**Posterholt** 87 D 5 SO Niederlande
**Postojna** 95 D 8 *Dtsch.* Adelsberg, *It.* Postumia. SW Slowenien
**Potamós** 105 C 7 Andikithira, S Griechenland
**Potentia** *siehe* Potenza
**Potenza** 97 D 5 *ant.* Potentia. S Italien
**P'ot'i** 117 F 2 W Georgien
**Potiskum** 75 G 4 NO Nigeria
**Po Toi Island** 128 A 2 Insel, Hong Kong
**Potosí** 61 F 4 S Bolivien
**Potsdam** 94 D 3 NO Deutschland
**Potwar Plateau** 134 C 2 Plateau, NO Pakistan
**Poûthîsât** 137 D 6 *ehem.* Pursat. W Kambodscha
**Považská Bystrica** 99 C 5 *Dtsch.* Waagbistritz, *Ung.* Vágbeszterce. NW Slowakei
**Poverty Bay** 150 E 4 Bucht, SW Pazifischer Ozean
**Póvoa de Varzim** 92 B 2 NW Portugal
**Povorino** 111 B 6 W Russische Föderation
**Povungnituk** *siehe* Puvirnituq
**Poway** 47 C 8 California, W USA
**Powder River** 44 D 2 Fluß, Montana, NW USA
**Powell** 44 C 2 Wyoming, Z USA
**Powell, Lake** 44 B 5 See, Utah, W USA
**Požarevac** 100 E 4 *Dtsch.* Passarowitz. O Jugoslawien
**Poza Rica** 51 F 4 *var.* Poza Rica de Hidalgo. O Mexiko
**Poza Rica de Hidalgo** *siehe* Poza Rica
**Požega** 100 D 4 Z Jugoslawien
**Poznań** 98 B 3 *Dtsch.* Posen. W Polen
**Pozoblanco** 92 D 4 S Spanien
**Pozzallo** 97 C 8 SW Italien
**Prachatice** 99 A 5 *Dtsch.* Prachatitz. SW Tschechische Republik
**Prachatitz** *siehe* Prachatice
**Prag** *siehe* Praha
**Praha** 99 B 5 *Dtsch.* Prag, *Pol.* Praga, *Eng.* Prague. Staatshauptstadt, NW Tschechische Republik
**Praia** 74 A 3 Staatshauptstadt, Kap Verde
**Praslin** 55 F 1 O St. Lucia
**Prato** 96 B 3 Z Italien
**Pratt** 45 E 5 Kansas, Z USA
**Prattville** 42 D 2 Alabama, S USA
**Pravia** 92 C 1 N Spanien
**Preny** *siehe* Prienai
**Prenzlau** 94 D 3 NO Deutschland
**Prerau** *siehe* Přerov
**Přerov** 99 C 5 *Dtsch.* Prerau. O Tschechische Republik
**Preschau** *siehe* Prešov
**Prescott** 48 B 2 Arizona, SZ USA
**Preševo** 101 D 5 S Jugoslawien
**Presidente Epitácio** 63 E 4 S Brasilien
**Presidente Prudente** 57 D 5 S Brasilien
**Prešov** 99 D 5 *Dtsch.* Preschau, *var.* Eperies, *Ung.* Eperjes. NO Slowakei
**Prespa-See** 101 D 7 *var.* Limni Prespa, Prespansko Jezero, *Alb.* Liqen i Prespës, *Griech.* Límni Megáli Préspa, *Maz.* Prespansko Ezero. See, SO Europa
**Preston** 89 C 5 NW England, Großbritannien
**Prestwick** 88 C 4 SW Scotland, Großbritannien
**Pretoria** 78 D 4 *var.* Epitoli, Tshwane. Staatshauptstadt, NO Südafrika
**Preussisch Eylau** *siehe* Bagrationovsk
**Preussisch-Stargard** *siehe* Starogard Gdański
**Preußisch Holland** *siehe* Pasłęk
**Préveza** 105 A 5 W Griechenland
**Pribilof Islands** 36 A 3 Inselgruppe, Alaska, NW USA
**Priboj** 100 D 4 W Jugoslawien
**Price** 44 B 4 Utah, W USA
**Prichard** 42 C 3 Alabama, S USA
**Pridneprovskaya Vozvyshennost'** *siehe* Prydniprovs'ka Vysochnya
**Priekulė** 106 B 3 *Dtsch.* Prökuls. W Litauen
**Prienai** 107 B 5 *Pol.* Preny. S Litauen
**Prieska** 78 C 5 Z Südafrika
**Prijedor** 100 B 3 NW Bosnien-Herzegowina
**Prijepolje** 100 D 4 W Jugoslawien
**Prilep** 101 D 6 *Türk.* Perlepe. S Mazedonien
**Priluki** *siehe* Pryluky
**Primorsk** 106 A 4 *Dtsch.* Fischhausen. W Russische Föderation
**Primorsko** 104 E 2 *ehem.* Keupriya. SO Bulgarien
**Prince Albert** 37 F 5 Saskatchewan, S Kanada
**Prince-Édouard, Île-du** *siehe* Prince Edward Island
**Prince Edward Island** 39 F 4 *Fr.* Île-du Prince-Édouard. Provinz, SO Kanada
**Prince Edward Islands** 69 E 8 Inselgruppe, S Südafrika
**Prince George** 37 E 5 British Columbia, SW Kanada
**Prince of Wales Island** 37 F 2 Insel, NW Kanada
**Prince of Wales Island** 148 B 1 Insel, Queensland, N Australien
**Prince Patrick Island** 37 E 2 Insel, NW Kanada
**Prince Rupert** 36 D 4 British Columbia, SW Kanada
**Princess Charlotte Bay** 148 C 2 Bucht, W Korallen-See
**Princess Elizabeth Land** 154 D 3 Region, Antarktis
**Príncipe** 76 E 1 *var.* Príncipe Island, *Eng.* Prince's Island. Insel, N São Tomé & Príncipe
**Prinzapolka** 53 E 3 NO Nicaragua
**Pripjet** siehe Pripyats'
**Pripjet-Sümpfe** 107 B 7 Feuchtgebiet, Weißrußland/Ukraine
**Pripyats'** 107 C 7 *Dtsch.* Pripjet, *Ukr.* Prypyat'. Fluß, Weißrußland/Ukraine
**Prishtinë** *siehe* Priština
**Priština** 101 D 5 *Alb.* Prishtinë. Jugoslawien
**Privas** 91 C 5 O Frankreich
**Prizren** 101 D 5 *Alb.* Prizreni. S Jugoslawien
**Prizreni** *siehe* Prizren
**Probolinggo** 138 D 5 Jawa, Z Indonesien
**Probstberg** *siehe* Wyszków
**Progreso** 51 H 3 SO Mexiko
**Prökuls** *siehe* Priekulė
**Prokuplje** 101 E 5 Z Jugoslawien
**Prome** 136 B 4 *var.* Pyè. SW Myanmar
**Promyshlennyy** 110 E 3 *var.* Promšlennyj, Promyšlenny. NW Russische Föderation
**Prostějov** 99 C 5 *Dtsch.* Prossnitz, *Pol.* Prosciejów. SO Tschechische Republik
**Provence** 91 D 6 Region, SO Frankreich
**Providence** 41 G 3 Bundesstaatshauptstadt, Rhode Island, NO USA
**Providence** *siehe* Fort Providence
**Providencia, Isla de** 53 F 3 Insel, Kolumbien
**Provo** 44 B 4 Utah, W USA
**Provost** 37 E 5 Alberta, SW Kanada
**Prudhoe Bay** 36 D 2 Alaska, NW USA
**Pruszków** 98 D 3 *Dtsch.* Kaltdorf. Z Polen
**Prut** 108 D 4 *Dtsch.* Pruth. Fluß, O Europa
**Pruth** *siehe* Prut
**Prużana** *siehe* Pruzhany
**Pruzhany** 107 B 6 *Pol.* Pruzana. SW Weißrußland
**Prychornomors'ka Nyzovyna** 109 E 4 *Dtsch.* Schwarzmeertiefland. Region, S Ukraine
**Prydniprovs'ka Vysochyna** 109 G 3 *Russ.* Pridneprovskaya Vozvyshennost'. Gebirge, NW Ukraine
**Prydz Bay** 154 D 3 Bucht, S Indischer Ozean
**Pryluky** 109 E 2 *Russ.* Priluki. NO Ukraine
**Prymors'k** 109 G 4 *Russ.* Primorsk; *ehem.* Primorskoye. SO Ukraine
**Przemyśl** 99 E 5 *Russ.* Peremyshl. SO Polen
**Przheval'sk** *siehe* Karakol
**Psará** 105 D 5 Insel, O Griechenland
**Pskov** 110 A 4 *Dtsch.* Pleskau, *Lett.* Pleskava. W Russische Föderation
**Pskov-See** *siehe* Pihkva Järv
**Ptich'** *siehe* Ptsich
**Ptsich** 107 C 7 *Russ.* Ptich'. Fluß, SO Weißrußland
**Ptsich** 107 C 7 *Russ.* Ptich'. SO Weißrußland
**Ptuj** 95 E 7 *Dtsch.* Pettau; *ant.* Poetovio. NO Slowenien
**Pucallpa** 60 C 3 Z Peru
**Puck** 98 C 2 N Polen
**Pudasjärvi** 84 E 4 Z Finnland
**Puduchcheri** *siehe* Pondicherry
**Puebla** 51 F 4 *var.* Puebla de Zaragoza. S Mexiko
**Puebla de Zaragoza** *siehe* Puebla
**Pueblo** 44 D 5 Colorado, Z USA
**Puerto Acosta** 61 E 4 W Bolivien
**Puerto Aisén** 65 B 6 S Chile
**Puerto Arturo** 61 G 3 N Bolivien
**Puerto Ayacucho** 58 D 3 SW Venezuela
**Puerto Bahía Negra** 64 D 1 N Paraguay
**Puerto Baquerizo Moreno** 60 B 5 *var.* Baquerizo Moreno. Galápagos-Inseln, O Pazifischer Ozean
**Puerto Barrios** 52 C 2 O Guatemala
**Puerto Berrío** 58 B 2 Z Kolumbien
**Puerto Cabello** 58 D 1 N Venezuela
**Puerto Cabezas** 53 E 2 *var.* Bilwi. NO Nicaragua
**Puerto Carreño** 58 D 3 NO Kolumbien
**Puerto Casado** 64 D 2 Z Paraguay
**Puerto Cortés** 52 C 2 NW Honduras
**Puerto Cumarebo** 58 C 1 N Venezuela
**Puerto Deseado** 65 C 7 SO Argentinien
**Puerto Escondido** 51 F 5 W Mexiko
**Puerto Francisco de Orellana** 60 B 1 *var.* Coca. N Ecuador
**Puerto Inírida** 58 D 3 *var.* Obando. O Kolumbien
**Puerto La Cruz** 59 E 1 NO Venezuela
**Puerto Lempira** 53 E 2 O Honduras
**Puerto Limón** *siehe* Limón
**Puertollano** 92 D 4 SW Spanien
**Puerto López** 58 C 1 N Kolumbien
**Puerto Maldonado** 61 E 3 O Peru
**Puerto Montt** 65 B 5 Z Chile
**Puerto Natales** 65 B 7 S Chile
**Puerto Nuevo** 58 C 3 N Kolumbien
**Puerto Obaldía** 53 H 5 NO Panama
**Puerto Plata** 55 E 3 *var.* San Felipe de Puerto Plata. N Dominikan. Republik
**Puerto Portillo** 60 D 3 O Peru
**Puerto Princesa** 139 E 2 *off.* Puerto Princesa City. Palawan, W Philippinen
**Puerto Princesa City** *siehe* Puerto Princesa
**Puerto Príncipe** *siehe* Camagüey
**Puerto Rico** 55 F 3 *off.* Commonwealth of Puerto Rico; *ehem.* Porto Rico. US-Commonwealth-Territory, N Karibisches Meer
**Puerto Rico-Graben** 66 B 4 untermeer. Formation, W Atlantischer Ozean
**Puerto San José** *siehe* San José
**Puerto San Julián** 65 B 7 *var.* San Julián. SO Argentinien
**Puerto Suárez** 61 H 4 O Bolivien
**Puerto Supe** *siehe* Supe
**Puerto Vallarta** 50 D 4 SW Mexiko

**Puerto Varas** 65 B 5 Z Chile
**Puerto Viejo** 53 E 4 NO Costa Rica
**Puertoviejo** *siehe* Portoviejo
**Puerto Williams** 65 C 8 S Chile
**Puget Sound** 46 B 1 Bucht, O Pazifischer Ozean
**Pukaki, Lake** 151 B 6 See, South Island, SW Neuseeland
**Pukekohe** 150 D 3 North Island, N Neuseeland
**Pukhavichy** 107 D 6 *Russ.* Pukhovichi. Z Weißrußland
**Pukhovichi** *siehe* Pukhavichy
**Pula** 100 A 3 *It.* Pola; *ehem.* Pulj. NW Kroatien
**Puławy** 98 E 4 *Dtsch.* Neu Amerika. O Polen
**Pul-i-Khumri** *siehe* Pol-e Khomrī
**Pullman** 46 C 2 Washington, NW USA
**Pułtusk** 98 D 3 Z Polen
**Puná, Isla** 60 A 2 Insel, SW Ecuador
**Pune** 134 C 5 *ehem.* Poona. W Indien
**Punjab** 134 C 2 *ehem.* Western Punjab, West Punjab. Provinz, O Pakistan
**Puno** 61 E 4 SO Peru
**Punta Alta** 65 C 5 O Argentinien
**Punta Arenas** 65 B 8 *ehem.* Magallanes. S Chile
**Punta Gorda** 53 E 4 SO Nicaragua
**Punta Gorda** 52 C 2 SO Belize
**Puntarenas** 52 D 4 W Costa Rica
**Punto Fijo** 58 C 1 N Venezuela
**Pupuya, Nevado** 61 E 4 Berg, W Bolivien
**Puri** 135 F 5 *var.* Jagannath. O Indien
**Purmerend** 86 C 3 Z Niederlande
**Pursat** *siehe* Poŭthĭsăt
**Purus** 62 C 2 *var.* Río Purús. Fluß, Brasilien/Peru
**Purús, Río** *siehe* Purus
**Pusan** 128 E 4 *off.* Pusan-kwangyŏksi, *var.* Busan, *Jap.* Fusan. SO Süd-Korea
**Püspökladány** 99 D 6 O Ungarn
**Putorana, Plato** 115 E 3 *var.* Putorana. Gebirge, N Russische Föderation
**Puttalam** 132 C 3 Sri Lanka
**Puttgarden** 94 C 2 N Deutschland
**Putumayo** 58 B 5 *var.* Içá. Fluß, N Südamerika
**Putumayo, Río** *siehe* Putumayo
**Puurmani** 106 D 2 *Dtsch.* Talkhof. O Estland
**Puvirnituq** 38 D 1 *ehem.* Povungnituk. Québec, NO Kanada
**Puyallup** 46 B 2 Washington, NW USA
**Pyatigorsk** 111 B 7 SW Russische Föderation
**Pyatikhatki** *siehe* P"yatykhatky
**P"yatykhatky** 109 F 3 *Russ.* Pyatikhatki. Z Ukraine
**Pyè** *siehe* Prome
**Pyetrykaw** 107 C 7 *Russ.* Petrikov. SO Weißrußland
**Pyinmana** 136 B 4 Z Myanmar
**Pýlos** 105 B 6 S Griechenland
**P'yŏngyang** 128 D 4 *Dtsch.* Pjöngjang. Staatshauptstadt, SW Nord-Korea
**Pyramiden** 83 G 2 W Svalbard
**Pyramid Lake** 47 C 5 See, Nevada, W USA
**Pyrenäen** 93 F 1 *Sp.* Pirineos, *Fr.* Pyrénées; *ant.* Pyrenaei Montes. Gebirge, SW Europa
**Pýrgos** 105 B 6 *var.* Pírgos. S Griechenland
**Pyritz** *siehe* Pyrzyce
**Pyryatyn** 109 F 2 *Russ.* Piryatin. NO Ukraine
**Pyrzyce** 98 B 3 *Dtsch.* Pyritz. NW Polen
**Pyu** 136 B 4 S Myanmar
**Pyuntaza** 136 B 4 S Myanmar

# Q

**Qā' al Jafr** 119 C 7 See, S Jordanien
**Qaanaaq** 82 D 1 *var.* Qânâq, *Dän.* Thule. N Grönland
**Qabatiya** 119 E 6 N West Bank (Westjordanland)
**Qābis** *siehe* Gabès
**Qābis, Khalīj** *siehe* Gabès, Golfe de
**Qafşah** *siehe* Gafsa
**Qaidam Pendi** 126 C 4 Becken, Z China
**Qal'aikhum** 123 F 3 *Russ.* Kalaikhum. S Tadschikistan
**Qalāt** *siehe* Kalāt
**Qal 'at Bīshah** 121 B 5 SW Saudi-Arabien
**Qalqiliya** 119 D 7 *var.* Qalqiliya. W West Bank (Westjordanland)
**Qamdo** 126 D 5 S China
**Qandahār** *siehe* Kandahār
**Qanıx** *siehe* Alazani
**Qaqortoq** 82 C 5 *Dän.* Julianehåb. SW Grönland
**Qaraghandy** 114 C 4 *Russ.* Karaganda. Z Kasachstan
**Qarataū** 114 C 5 *Russ.* Karatau. S Kasachstan
**Qarokŭl** 123 F 3 *Russ.* Karakul'. O Tadschikistan
**Qars** *siehe* Kars
**Qarshi** 123 E 3 *Russ.* Karshi; *ehem.* Bek-Budi. S Usbekistan
**Qasigiannguit** 82 C 3 *var.* Qasigianguit, *Dän.* Christianshåb. W Grönland
**Qaţanā** 119 B 5 *var.* Katana. SW Syrien

---

**Qatar**
120 D 4 *Ar.* Dawlāt Qaţar (Staat Qatar). SW Asien

**UN-Name:** State of Qatar **Formation:** 1971 **Hauptstadt:** Doha **Bevölkerung:** 500 000 **Fläche:** 11 000 km² **Sprachen:** Arabisch*, Farsi (Persisch), Urdu, Hindi, Englisch **Religionen:** Sunna-Muslime 86%, Hindus 10%, Christen 4% **Volksgruppen:** Araber 40%, Südasiaten 35%, Perser 12%, andere 13% **Regierung:** Absolute Monarchie **Währung:** Riyal = 100 Dirham

---

**Qattara Depression** *siehe* Qaţţāra, Monkhafad el
**Qaţţāra, Monkhafad el** 72 B 1 *var.* Munkhafaḑ al Qaḑḑārah, *Eng.* Qattara Depression. Wüste, NW Ägypten
**Qazimämmäd** 117 H 3 *Russ.* Kazi Magomed. SO Aserbaidschan
**Qazris** *siehe* Cáceres
**Qazvīn** 120 C 2 *var.* Kazvin. NW Iran
**Qena** 72 B 2 *var.* Qinā; *ant.* Caene, Caenepolis. O Ägypten
**Qeqertarsuaq** 82 C 3 *var.* Qeqertarssuaq, *Dän.* Godhavn. W Grönland
**Qeqertarsuaq** 82 C 3 Insel, W Grönland
**Qeqertarsuatsiaat** 82 B 4 *Dän.* Fiskenæsset. S Grönland
**Qeshm** 120 D 4 *var.* Jazīreh-ye Qeshm, Qeshm Island. Insel, S Iran
**Qeẕi'ot** 119 A 7 S Israel
**Qilian Shan** 128 A 3 *var.* Kilien Mountains. Gebirge, N China
**Qimantag Shan** 126 C 4 Gebirge, Z China
**Qimusseriarsuaq** 82 C 2 *Dän.* Melville Bugt, *Eng.* Melville Bay. Bucht, E Baffin Bay
**Qingdao** 128 D 4 *var.* Ching-Tao, Ch'ing-tao, Tsingtao, Tsintao, *Dtsch.* Tsingtau. O China
**Qinghai** 126 D 4 *var.* Chinghai, Koko Nor, Qing, Tsinghai. Provinz, Z China
**Qinghai Hu** 126 D 4 *var.* Ch'ing Hai, Tsing Hai, *Mong.* Koko Nor. Lake, Z China
**Qinghai Nanshan** 126 D 4 Gebirge, N China
**Qinghai-Tibet-Plateau** *siehe* Qingzang Gaoyuan
**Qingzang Gaoyuan** 126 C 5 *Dtsch.* Qinghai-Tibet-Plateau. Plateau, S Asien
**Qinhuangdao** 128 D 3 NO China
**Qinzhou** 129 B 6 SO China
**Qiong** *siehe* Hainan
**Qiqihar** 125 E 1 *var.* Ch'i-ch'i-ha-erh,Tsitsihar; *ehem.* Lungkiang. NO China
**Qira** 126 B 4 NW China
**Qita Ghazzah** *siehe* Gaza-Streifen
**Qitai** 126 C 3 NW China
**Qitaihe** 128 E 2 NO China
**Qīzān** *siehe* Jīzān
**Qizilrabot** 123 G 3 *Russ.* Kyzylrabot. SO Tadschikistan
**Qolleh-ye Damāvand** 120 D 3 Berg, N Iran
**Qom** 120 C 3 *var.* Kum, Qum. N Iran
**Qondūz, Daryā-ye** 123 E 4 Fluß, NO Afghanistan
**Qormi** 102 B 5 Z Malta
**Qornet es Saouda** 118 B 4 Berg, NO Libanon
**Qorveh** 120 C 3 *var.* Qerveh, Qurveh. W Iran
**Qostanay** 114 C 4 *Russ.* Kustanay. N Kasachstan
**Quang Ngai** 137 E 5 *var.* Quangngai, Quang Nghia. O Vietnam
**Quanzhou** 129 C 6 S China
**Quanzhou** 129 D 6 *var.* Ch'uan-chou, Tsinkiang; *ehem.* Chin-chiang. SO China
**Quarles, Pegunungan** 139 E 4 Gebirge, Sulawesi, W Indonesien
**Quartu Sant' Elena** 97 A 6 W Italien
**Quba** 117 H 2 *Russ.* Kuba. N Aserbaidschan
**Qubba** *siehe* Ba'qūbah
**Queanbeyan** 149 D 7 New South Wales, SO Australien
**Quebec** *siehe* Québec
**Québec** 38 D 3 *var.* Quebec. Provinz, Québec, SO Kanada
**Queen Charlotte** 36 C 5 Queen Charlotte Islands, SW Kanada
**Queen Charlotte Islands** 36 D 5 *Fr.* Îles de la Reine-Charlotte. Inselgruppe, SW Kanada
**Queen Charlotte Sound** 36 D 5 Bucht, NO Pazifischer Ozean
**Queen Elizabeth Islands** 37 F 2 *Fr.* Îles de la Reine-Élisabeth. Inselgruppe, N Kanada
**Queen Maud Land** *siehe* Dronning Maud Land
**Queensland** 148 B 4 Bundesstaat, N Australien
**Queenstown** 151 B 7 South Island, SW Neuseeland
**Queenstown** 149 B 8 Tasmania, SO Australien
**Queenstown** 78 D 5 S Südafrika
**Queenstown** 138 A 1 S Singapur
**Quelimane** 79 E 3 *var.* Kilimane, Kilmain, Quilimane. NO Moçambique
**Quepos** 53 E 5 S Costa Rica
**Que Que** *siehe* Kwekwe
**Querétaro** 51 E 4 Z Mexiko
**Quesada** 53 E 4 *var.* Ciudad Quesada, San Carlos. N Costa Rica
**Quetta** 134 B 2 Provinzhauptstadt, SW Pakistan
**Quetzaltenango** *siehe* Quezaltenango
**Quezaltenango** 52 A 2 *var.* Quetzaltenango. W Guatemala
**Quezon** 139 F 2 *off.* Quezon City. Z Philippinen
**Quezon City** *siehe* Quezon
**Quibdó** 58 B 3 W Kolumbien
**Quilon** 132 C 3 *var.* Kolam, Kollam. SW Indien
**Quimper** 90 A 3 *ant.* Quimper Corentin. NW Frankreich
**Quimper Corentin** *siehe* Quimper
**Quimperlé** 90 A 3 NW Frankreich
**Quincy** 40 A 4 Illinois, N USA
**Quirós-Bruchzone** 153 F 4 untermeer. Formation, O Pazifischer Ozean
**Quissico** 79 E 4 S Moçambique
**Quito** 60 B 1 Staatshauptstadt, N Ecuador
**Qŭqon** 123 F 2 *var.* Khokand, *Russ.* Kokand. O Usbekistan
**Qŭrghonteppa** 123 E 3 *Russ.* Kurgan-Tyube. SW Tadschikistan
**Qurlurtuuq** *siehe* Coppermine
**Qûş** 72 B 2 *ant.* Apollinopolis Parva. O Ägypten
**Quy Nhơn** 137 E 5 *var.* Qui Nhon, Quinhon. SO Vietnam
**Qyzylorda** 114 B 5 *var.* Qizil Orda, *Russ.* Kizyl-Orda; *ehem.* Perovsk. S Kasachstan
**Qyzylkum** 122 D 2 *Russ.* Kyzyl Kum, *var.* Kizil Kum, *Usb.* Qizilqum. Wüste, Kasachstan/Usbekistan

# R

**Raab** *siehe* Rába
**Raahe** 84 D 4 *Schwe.* Brahestad. W Finnland
**Raalte** 86 D 3 O Niederlande
**Raamsdonksveer** 86 C 4 S Niederlande
**Raasiku** 106 D 2 *Dtsch.* Rasik. NW Estland
**Raas Xaafuun** 72 E 4 *var.* Ras Hafun. Landspitze, NO Somalia
**Rabat** 70 C 2 *var.* al Dar al Baida. Staatshauptstadt, NW Marokko
**Rabat** 102 B 5 S Malta
**Rabat** *siehe* Victoria
**Rabinal** 52 B 2 Z Guatemala
**Rabka** 99 D 5 S Polen
**Rabyānah, Ramlat** 71 G 3 *var.* Şaḩrā' Rabyānah, *Eng.* Rebiana Sand Sea. Wüste, SO Libyen

**Race, Cape** 39 H 4 Landspitze, Newfoundland and Labrador, O Kanada
**Rach Gia** 137 D 6 SW Vietnam
**Rach Gia, Vinh** 137 D 6 Bucht, Südchinesisches Meer/Pazifischer Ozean
**Racine** 40 B 3 Wisconsin, N USA
**Rădăuţi** 108 C 3 *Dtsch.* Radautz, *Ung.* Rádóc. N Rumänien
**Radom** 98 D 4 Z Polen
**Radomsko** 98 C 4 *Russ.* Novoradomsk. Z Polen
**Radomyshl'** 108 D 2 N Ukraine
**Radoviš** 101 E 6 *ehem.* Radovište. O Mazedonien
**Radovište** *siehe* Radoviš
**Radviliškis** 106 C 4 N Litauen
**Radzyń Podlaski** 98 E 4 O Polen
**Rae-Edzo** 37 E 4 Northwest Territories, NW Kanada
**Raeside, Lake** 147 C 5 See, Z Australien
**Raetihi** 150 D 4 North Island, Z Neuseeland
**Rafaela** 64 C 3 O Argentinien
**Rafah** 119 A 7 S Israel
**Rafḩā'** 120 B 4 N Saudi-Arabien
**Ragged Island Range** 54 C 2 Inselgruppe, Bahamas
**Ragnit** *siehe* Neman
**Ragusa** 97 C 7 SW Italien
**Ragusa** *siehe* Dubrovnik
**Rahachow** 107 D 7 *Russ.* Rogachëv. SO Weißrußland
**Rahaeng** *siehe* Tak
**Rahīmyār Khān** 134 C 3 SO Pakistan
**Rahovec** *siehe* Orahovac
**Raiatea** 145 G 4 Insel, W Französisch-Polynesien
**Rāichūr** 132 C 1 Z Indien
**Rainy Lake** 38 B 4 See, Ontario, S Kanada
**Raipur** 135 E 4 Z Indien
**Rājahmundry** 135 E 5 O Indien
**Rajang** *siehe* Rajang, Batang
**Rajang, Batang** 138 D 3 *var.* Rajang. Fluß, Borneo, O Malaysia
**Rājapālaiyam** 132 C 3 SO Indien
**Rājasthān** 134 C 3 Bundesstaat, NW Indien
**Rājkot** 134 C 4 W Indien
**Rāj Nāndgaon** 135 E 4 Z Indien
**Rājshāhi** 135 G 4 *ehem.* Rampur Boalia. W Bangladesch
**Rakahanga** 145 F 3 Insel, N Cook Islands
**Rakke** 106 E 2 NO Estland
**Rakvere** 106 E 2 *Dtsch.* Wesenberg. N Estland
**Raleigh** 43 F 1 Bundesstaatshauptstadt, North Carolina, SO USA
**Raleigh Bay** 43 G 1 Bucht, NW Atlantischer Ozean
**Ralik Chain** 144 D 1 Inselgruppe, W Marshall-Inseln
**Ramallah** 119 E 7 Z West Bank (Westjordanland)
**Ramat Gan** 119 A 6 Z Israel
**Râmnicu Sărat** 108 C 4 *ehem.* Râmnicul-Sărat, Rîmnicu-Sărat. O Rumänien
**Râmnicu Vîlcea** 108 B 4 *ehem.* Rîmnicu Vîlcea. Z Rumänien
**Ramotswa** 78 C 4 SO Botswana
**Rampur Boalia** *siehe* Rājshāhi
**Ramree Island** 136 A 4 Insel, W Myanmar
**Ramtha** *siehe* Ar Ramthā
**Rancagua** 64 B 4 Z Chile
**Rānchi** 135 F 4 N Indien
**Randers** 85 B 7 Z Dänemark
**Rangiora** 151 C 6 South Island, Z Neuseeland
**Rangoon** *siehe* Yangon
**Rangpur** 135 G 3 N Bangladesch
**Rankin Inlet** 37 G 3 Northwest Territories, Z Kanada
**Rankovićevo** *siehe* Kraljevo
**Ranong** 137 B 6 SW Thailand
**Rantoul** 40 B 4 Illinois, N USA
**Rapid City** 44 D 3 South Dakota, N USA
**Räpina** 106 E 3 *Dtsch.* Rappin. SO Estland
**Rapla** 106 D 2 *Dtsch.* Rappel. NW Estland
**Rappel** *siehe* Rapla
**Rappin** *siehe* Räpina
**Rarotonga** 145 F 5 Insel, S Cook Islands
**Ras al'Ain** *siehe* Ra's al 'Ayn
**Ra's al 'Ayn** 118 D 1 *var.* Ras al'Ain. N Syrien
**Ra's an Naqb** 119 B 8 S Jordanien
**Raseiniai** 106 B 4 Z Litauen
**Ras Hafun** *siehe* Raas Xaafuun
**Rasht** 120 C 2 *var.* Resht. NW Iran
**Rasik** *siehe* Raasiku
**Râşnov** 108 C 4 *Ung.* Barcarozsnyó; *ehem.* Rîşnov, *Ung.* Rozsnyó. Z Rumänien
**Rason Lake** 147 C 5 See, Z Australien
**Ratak Chain** 144 D 1 Inselgruppe, O Marshall-Inseln
**Ratan** 85 C 5 Z Schweden
**Rat Buri** *siehe* Ratchaburi
**Ratchaburi** 137 C 5 *var.* Rat Buri. Z Thailand
**Rätische Alpen** 95 B 7 *var.* Rhätikon. Gebirge, Z Europa
**Ratlām** 134 D 4 *ehem.* Rutlam. Z Indien
**Ratnapura** 132 D 4 Sri Lanka
**Raton** 48 D 1 New Mexico, SW USA
**Rättvik** 85 C 5 Z Schweden
**Raudhatain** *siehe* Ar Rawḑatayn
**Raufarhöfn** 83 E 4 NO Island
**Raukawa** *siehe* Cook-Straße
**Rauma** 85 D 5 *Schwe.* Raumo. SW Finnland
**Raumo** *siehe* Rauma
**Raurkela** 135 F 4 *ehem.* Rourkela. O Indien
**Ravenna** 96 C 3 N Italien
**Rāvi** 134 C 2 Fluß, Indien/Pakistan
**Rāwalpindi** 134 C 1 NO Pakistan
**Rawa Mazowiecka** 98 D 4 Z Polen
**Rawicz** 98 C 4 *Dtsch.* Rawitsch. W Polen
**Rawitsch** *siehe* Rawicz
**Rawlins** 44 C 3 Wyoming, Z USA
**Rawson** 65 C 6 SO Argentinien
**Rayak** 118 B 4 *var.* Rayaq, Riyāq. O Libanon
**Rayong** 137 C 6 Z Thailand
**Razāzah, Buḩayrat ar** 120 B 3 *var.* Baīr al Milí. See, Z Irak
**Razdolnoye** *siehe* Rozdol'ne
**Razelm, Lacul** *siehe* Razim, Lacul
**Razgrad** 104 D 2 NO Bulgarien
**Razim, Lacul** 108 D 5 *ehem.* Lacul Razelm. Lagune, W Schwarzes Meer
**Rāznas Ezers** 106 D 4 See, SO Lettland
**Ré, Île de** 90 A 4 Insel, W Frankreich
**Reading** 89 D 7 S England, Großbritannien
**Reading** 41 F 4 Pennysylvania, NO USA
**Realicó** 64 C 4 Z Argentinien
**Reâng Kesei** 137 D 5 W Kambodscha
**Rebecca, Lake** 147 C 6 See, Western Australia, Z Australien
**Rebiana Sand Sea** *siehe* Rabyānah, Ramlat
**Rebun-tō** 130 C 1 Insel, Japan
**Recherche, Archipelago of the** 147 C 7 Inselgruppe, SW Australien
**Rechitsa** *siehe* Rechytsa
**Rechytsa** 107 D 7 *Russ.* Rechitsa. SW Weißrußland
**Recife** 63 G 2 *ehem.* Pernambuco. Bundesstaatshauptstadt, O Brasilien
**Recklinghausen** 94 A 4 W Deutschland
**Recogne** 87 D 7 SO Belgien
**Reconquista** 64 D 3 NO Argentinien
**Red Bluff Lake** 49 E 3 See, SW USA
**Red Deer** 37 E 5 Alberta, SW Kanada
**Redding** 47 B 5 California, W USA
**Redon** 90 B 4 NW Frankreich
**Red River** 35 C 6 Fluß, S USA
**Red River** 45 E 1 Fluß, Kanada/USA
**Red River** *siehe* Roter Fluß
**Red Sea Hills** 72 C 3 Mittelgebirge, NO Sudan
**Red Wing** 45 G 2 Minnesota, N USA
**Reedley** 47 C 6 California, W USA
**Reefton** 151 C 5 South Island, Z Neuseeland
**Reese River** 47 C 5 Fluß, Nevada, W USA
**Refahiye** 117 E 3 Z Türkei
**Regensburg** 95 C 6 *Eng.* Ratisbon, *Fr.* Ratisbonne; *hist.* Ratisbona, *ant.* Castra Regina, Reginum. SO Deutschland
**Regenstauf** 95 C 6 SO Deutschland
**Reggane** 70 D 3 Z Algerien
**Reggio di Calabria** 97 D 7 *var.* Reggio Calabria, *Griech.* Rhegion; *ant.* Regium, Rhegium. SW Italien
**Reggio nell'Emilia** 96 B 2 *var.* Reggio Emilia, *Abkg.* Reggio; *ant.* Regium Lepidum. N Italien
**Reghin** 108 C 4 *Dtsch.* Sächsisch-Reen, *Ung.* Szászrégen; *ehem.* Reghinul Săsesc, *Dtsch.* Sächsisch-Regen. Z Rumänien
**Regina** 37 F 5 Provinzhauptstadt, Saskatchewan, S Kanada
**Registan** *siehe* Rīgestān
**Rehoboth** 78 B 4 Z Namibia
**Reichenau** *siehe* Bogatynia
**Reichenberg** *siehe* Liberec
**Reid** 147 D 6 Western Australia, S Australien
**Reikjavik** *siehe* Reykjavík
**Reims** 90 D 3 *Eng.* Rheims; *ant.* Durocortorum, Remi. N Frankreich
**Reindeer Lake** 34 C 4 See, Z Kanada
**Reine-Charlotte, Îles de la** *siehe* Queen Charlotte Islands
**Reine-Élisabeth, Îles de la** *siehe* Queen Elizabeth Islands
**Reinosa** 92 D 1 N Spanien
**Reliance** 37 F 4 Northwest Territories, Z Kanada
**Rendina** *siehe* Rentína
**Rendsburg** 94 B 2 N Deutschland
**Rengat** 138 B 4 Sumatera, W Indonesien
**Reni** 108 D 4 SW Ukraine
**Rennell** 144 C 4 *var.* Mu Nggava. Insel, S Salomon-Inseln
**Rennes** 90 B 3 *Bret.* Roazon; *ant.* Condate. NW Frankreich
**Reno** 47 C 5 Nevada, W USA
**Renqiu** 128 C 4 NO China
**Rentína** 105 B 5 *var.* Rendina. Z Griechenland
**Repulse Bay** 37 G 3 Northwest Territories, NO Kanada
**Resht** *siehe* Rasht
**Resistencia** 64 D 3 NO Argentinien
**Reşiţa** 108 A 4 *Dtsch.* Reschitza, *Ung.* Resicabánya. W Rumänien
**Resolute** 37 F 2 Cornwallis Island, N Kanada
**Resolution Island** 151 A 7 Insel, South Island, SW Neuseeland
**Resolution Island** 39 E 1 Insel, Northwest Territories, NO Kanada
**Réunion** 79 H 4 *off.* La Réunion. Franz. Übersee-Dept., O Afrika
**Reus** 93 F 2 O Spanien
**Reutlingen** 95 B 6 S Deutschland
**Reuver** 87 D 5 SO Niederlande
**Revillagigedo, Islas** 50 B 5 *Eng.* Revillagigedo Islands. Inselgruppe, SW Mexiko
**Rexburg** 46 E 3 Idaho, NW USA
**Rey, Isla del** 53 G 5 Insel, SO Panama
**Reyes** 61 F 3 NW Bolivien
**Reykjanes-Becken** 66 C 2 untermeer. Formation, N Atlantischer Ozean
**Reykjavík** 83 E 5 *var.* Reikjavik. Staatshauptstadt, W Island
**Reynosa** 51 E 2 Z Mexiko
**Reza, Gora** *siehe* Riza
**Rezé** 90 B 4 NW Frankreich
**Rēzekne** 106 D 4 *Dtsch.* Rositten; *ehem. Russ.* Rezhitsa. SO Lettland
**Rezovo** 104 E 3 *Türk.* Rezve. SO Bulgarien
**Rezve** *siehe* Rezovo
**Rhätikon** *siehe* Rätische Alpen
**Rhein** 80 D 4 *Nied.* Rijn, *Fr.* Rhin, Fluß, W Europa
**Rheine** 94 A 4 *var.* Rheine in Westfalen. NW Deutschland
**Rheinisches Schiefergebirge** 95 A 5 Gebirge, W Deutschland
**Rhinelander** 40 B 2 Wisconsin, N USA
**Rho** 96 B 2 N Italien
**Rhode Island** 41 G 3 *off.* State of Rhode Island and Providence Plantations; *auch genannt:* Little Rhody, Ocean State. Bundesstaat, NO USA
**Rhodopen** 104 C 3 *var.* Rodhópi Óri, *Bul.* Rhodope Planina, Rodopi, *Griech.* Orosirá Rodhópis, *Türk.* Dospad Dagh. Gebirge, Bulgarien/Griechenland
**Rhodos** *siehe* Ródos
**Rhondda** 89 C 7 S Wales, Großbritannien
**Rhône** 80 C 4 Fluß, Frankreich/Schweiz
**Rhum** 88 B 3 *var.* Rum. Insel, W Scotland, Großbritannien
**Riad** *siehe* Ar Riyāḑ
**Ribble** 89 D 5 Fluß, NW England, Großbritannien
**Ribeira** 92 B 1 NW Spanien
**Ribeirão Preto** 63 F 4 S Brasilien

**Riberalta** 61 E 2 N Bolivien
**Rîbniţa** 108 D 3 *var.* Râbniţa, *Russ.* Rybnitsa. NO Moldawien
**Richard Toll** 74 B 3 N Senegal
**Richfield** 44 B 4 Utah, W USA
**Richland** 46 C 2 Washington, NW USA
**Richmond** 151 C 5 North Island, Z Neuseeland
**Richmond** 41 E 5 Bundesstaatshauptstadt, Virginia, NO USA
**Richmond** 40 C 5 Kentucky, O USA
**Richmond Range** 151 C 5 Gebirge, North Island, Z Neuseeland
**Ricomagus** *siehe* Riom
**Ridgecrest** 47 C 7 California, W USA
**Ried im Innkreis** 95 D 6 *var.* Ried. NW Österreich
**Riemst** 87 D 6 NO Belgien
**Riesa** 94 D 4 O Deutschland
**Rift Valley** *siehe* Großer Grabenbruch
**Riga** *siehe* Rīga
**Rīga** 106 C 3 *var.* Riga, *Dtsch.* Riga. Staatshauptstadt, Z Lettland
**Riga, Bucht von** 106 C 3 *Est.* Liivi Laht, *Lett.* Rīgas Jūras Līcis, *Russ.* Rizhskiy Zaliv; *var.* Rigaer Bucht, *ehem.* Riia Laht. Golf, O Ostsee
**Rīgān** 120 E 4 SO Iran
**Rīgestān** 122 D 5 *var.* Registan. Region, S Afghanistan
**Riihimäki** 85 D 5 S Finnland
**Rijeka** 100 A 2 *Dtsch.* Sankt Veit am Flaum, *It.* Fiume, *Slwn.* Reka; *ant.* Tarsatica. NW Kroatien
**Rijssen** 86 E 3 O Niederlande
**Rimah, Wādī ar** 120 B 4 *var.* Wādí ar Rummah. Saisonaler Wasserlauf, Z Saudi-Arabien
**Rimini** 96 C 3 *ant.* Ariminum. N Italien
**Rîmnicu Vîlcea** *siehe* Râmnicu Vâlcea
**Rimouski** 39 E 4 Québec, SO Kanada
**Rincón del Bonete, Lago Artificial de** *siehe* Río Negro, Embalse del
**Ringebu** 85 B 5 S Norwegen
**Ringen** *siehe* Rõngu
**Ringkøbing Fjord** 85 A 7 Fjord, O Nordsee
**Ringsaker** 85 B 5 S Norwegen
**Ringvassøy** 84 C 2 Insel, N Norwegen
**Rio** *siehe* Rio de Janeiro
**Riobamba** 60 B 1 Z Ecuador
**Río Bravo** 51 E 2 Z Mexiko
**Río Cuarto** 64 C 4 Z Argentinien
**Rio de Janeiro** 63 F 4 *var.* Rio. Bundesstaatshauptstadt, Brasilien
**Río Gallegos** 65 B 7 *var.* Gallegos, Puerto Gallegos. S Argentinien
**Rio Grande** 63 E 5 *var.* São Pedro do Rio Grande do Sul. S Brasilien
**Rio Grande** 49 F 5 *var.* Río Bravo, Río Bravo del Norte. Fluß, Mexiko/USA
**Rio Grande do Norte** 63 G 2 *off.* Estado do Rio Grande do Norte. Bundesstaat, O Brasilien
**Rio Grande do Sul** 63 E 5 *off.* Estado do Rio Grande do Sul. Bundesstaat, S Brasilien
**Rio Grande-Schwelle** 57 E 5 *var.* Rio Grande-Plateau. Untermeer. Formation, SW Atlantischer Ozean
**Riohacha** 58 C 1 N Kolumbien
**Riom** 91 C 5 *ant.* Ricomagus. Z Frankreich
**Río Negro, Embalse del** 64 D 4 *var.* Lago Artificial de Rincón del Bonete. Stausee, Z Uruguay
**Rio Rancho Estates** 48 D 2 New Mexico, SW USA
**Río Santa Cruz** 65 B 7 S Argentinien
**Rioverde** *siehe* Río Verde
**Río Verde** 51 E 4 *var.* Rioverde. Z Mexiko
**Ripoll** 93 G 2 NO Spanien
**Rishiri-tō** 130 C 2 *var.* Risiri Tô. Insel, Japan
**Risiri Tô** *siehe* Rishiri-tō
**Risti** 106 D 2 *Dtsch.* Kreuz. W Estland
**Rivas** 52 D 4 SW Nicaragua
**Rivera** 64 D 3 N Uruguay
**River Falls** 40 A 2 Wisconsin, N USA
**Riverside** 47 C 8 California, W USA
**Riverton** 151 A 7 South Island, SW Neuseeland
**Riverton** 44 C 3 Wyoming, Z USA
**Riviera Beach** 43 F 4 Florida, SO USA
**Rivière-du-Loup** 39 E 4 Québec, SO Kanada
**Rivne** 108 C 1 *Pol.* Równe, *Russ.* Rovno. NW Ukraine
**Rivoli** 96 A 2 NW Italien
**Rixheim** 90 E 4 O Frankreich
**Riyadh** *siehe* Ar Riyāḍ
**Riza** 122 C 3 *Russ.* Gora Reza. Berg, SW Turkmenistan
**Rize** 117 E 2 NO Türkei
**Rizhao** 128 D 4 O China
**Rkîz, Lac** 74 B 3 See, SW Mauretanien
**Road Town** 55 F 3 Hauptstadt eines abhängigen Territoriums, British Virgin Islands
**Roanne** 91 D 5 *ant.* Rodunma. O Frankreich
**Roanoke** 41 E 5 Virginia, NO USA
**Roanoke Rapids** 43 F 1 North Carolina, SO USA
**Roanoke River** 43 F 1 Fluß, O USA
**Roatán** 52 C 2 *var.* Coxen Hole, Coxin Hole. N Honduras
**Robinson Ranges** 147 B 5 Gebirge, Western Australia, W Australien
**Robson, Mount** 37 E 5 Berg, Alberta, SW Kanada
**Robstown** 49 G 5 Texas, S USA
**Roca Partida, Isla** 50 B 5 Insel, W Mexiko
**Rocas, Atol das** 63 H 2 Insel, O Brasilien
**Rochefort** 91 B 5 *var.* Rochefort sur Mer. W Frankreich
**Rochefort** 87 C 7 SO Belgien
**Rochefort sur Mer** *siehe* Rochefort
**Rochester** 41 E 3 New York, NO USA
**Rochester** 41 G 2 New Hampshire, NO USA
**Rochester** 45 G 3 Minnesota, N USA
**Rockall-Bank** 66 C 2 untermeer. Formation, N Atlantischer Ozean
**Rockford** 40 B 3 Illinois, N USA
**Rockhampton** 148 D 4 Queensland, O Australien
**Rock Hill** 43 E 1 South Carolina, SO USA
**Rockingham** 147 B 6 Western Australia, SW Australien
**Rock Island** 40 B 3 Illinois, N USA
**Rock Sound** 54 C 1 Bahamas
**Rock Springs** 44 B 3 Wyoming, Z USA
**Rockstone** 59 F 3 Z Guyana
**Rocky Mountains** 34 B 4 *var.* Rockies, *Fr.* Montagnes Rocheuses. Gebirge, NW USA
**Roden** 86 E 2 NO Niederlande
**Rodez** 91 C 6 *ant.* Segodunum. S Frankreich
**Ródos** 105 E 7 *var.* Ródhos, *Dtsch.* Rhodos, *Eng.* Rhodes, *It.* Rodi. Ródos, SO Griechenland
**Ródos** 105 E 7 *var.* Ródhos, *Dtsch.* Rhodos, *Eng.* Rhodes, *It.* Rodi; *ant.* Rhodos. Insel, Dodekánisos, SO Griechenland
**Rodunma** *siehe* Roanne
**Roebuck Bay** 146 B 3 Bucht, O Indischer Ozean
**Roermond** 87 D 5 SO Niederlande
**Roeselare** 87 A 6 *Fr.* Roulers; *ehem.* Rousselaere. W Belgien
**Rogachëv** *siehe* Rahachow
**Rogers** 42 A 1 Arkansas, Z USA
**Roggeveld Berge** 78 C 5 Gebirge, S Südafrika
**Roi Et** 137 D 5 *var.* Muang Roi Et, Roi Ed. NO Thailand
**Roja** 106 C 2 NW Lettland
**Rokiškis** 106 C 4 NO Litauen
**Rokyčany** 99 A 5 *Dtsch.* Rokytzan. W Tschechische Republik
**Rokytzan** *siehe* Rokyčany
**Rôlas, Ilha das** 76 E 2 Insel, S São Tomé & Príncipe
**Rolla** 45 G 5 Missouri, Z USA
**Rom** *siehe* Roma
**Röm** *siehe* Rømø
**Roma** 96 C 4 *Dtsch.* Rom, *Eng.* Rome. Staatshauptstadt, Z Italien
**Roma** 149 D 5 Queensland, O Australien
**Roman** 108 C 4 *Ung.* Románvásár. NO Rumänien
**Roman** 104 C 2 NW Bulgarien
**Románvásár** *siehe* Roman
**Rome** 42 D 2 Georgia, SO USA
**Rome** *siehe* Roma
**Romny** 109 F 2 NO Ukraine
**Rømø** 85 A 7 *Dtsch.* Röm. Insel, SW Dänemark
**Ronda** 92 D 5 S Spanien
**Rondônia** 62 D 3 *off.* Território de Rondônia. Bundesstaat, W Brasilien
**Rondonópolis** 63 E 3 W Brasilien
**Rongelap Atoll** 144 D 1 *var.* Rōnlap. Insel, NW Marshall-Inseln
**Rõngu** 106 D 3 *Dtsch.* Ringen. SO Estland
**Rōnļap** *siehe* Rongelap Atoll
**Rønne** 85 B 8 O Dänemark
**Ronne Ice Shelf** 154 B 3 Schelfeis, Antarktis
**Roosendaal** 87 C 5 S Niederlande
**Roraima** 62 D 1 *off.* Território de Roraima; *ehem.* Território de Rio Branco. Bundesstaat, N Brasilien
**Roraima, Mount** 59 F 3 Berg, N Südamerika
**Røros** 85 B 5 S Norwegen
**Rosa, Lake** 54 D 2 See, Bahamas
**Rosario** 64 D 4 O Argentinien
**Rosario** 64 D 2 Z Paraguay
**Rosario** *siehe* Rosarito
**Rosarito** 50 A 1 *var.* Rosario. NW Mexiko
**Roscianum** *siehe* Rossano
**Roscommon** 40 C 2 Michigan, N USA
**Roseau** 55 G 4 *ehem.* Charlotte Town. Staatshauptstadt, Dominica
**Roseburg** 46 B 4 Oregon, NW USA
**Rosenberg** 49 G 4 Texas, S USA
**Rosengarten** 94 B 3 N Deutschland
**Rosenheim** 95 C 6 S Deutschland
**Rosia** 93 H 5 W Gibraltar
**Rosia Bay** 93 H 5 Bucht, NO Atlantischer Ozean
**Roşiori de Vede** 108 B 5 S Rumänien
**Roslavl'** 111 A 5 W Russische Föderation
**Rosmalen** 86 D 4 S Niederlande
**Ross** 151 B 6 South Island, SW Neuseeland
**Rossano** 97 E 6 *ant.* Roscianum. SW Italien
**Ross Dependency** 154 B 4 von Neuseeland abhängiges Territorium, Antarktis
**Ross Ice Shelf** 154 B 4 Schelfeis, Antarktis
**Rosso** 74 B 3 SW Mauretanien
**Ross-See** 154 B 4 Meer, S Pazifischer Ozean
**Rostock** 94 C 2 NO Deutschland
**Rostov-na-Donu** 111 B 7 *var.* Rostov. SW Russische Föderation
**Roswell** 48 D 2 New Mexico, SW USA
**Rota** 144 B 1 Insel, S Northern Mariana Islands
**Rotcher Island** *siehe* Tamana
**Roter Fluß** *siehe* Yuan Jiang und Hông, Sông
**Rotes Meer** 140 A 3 *var.* Sinus Arabius. Meer, NW Indischer Ozean
**Rothera** 154 A 3 Forschungsstation, Antarktis
**Rotomagus** *siehe* Rouen
**Rotorua** 150 D 3 North Island, NO Neuseeland
**Rotorua, Lake** 150 E 3 See, North Island, NO Neuseeland
**Rotterdam** 86 C 4 SW Niederlande
**Rottweil** 95 B 6 S Deutschland
**Rotuma** 145 E 4 Insel, NW Fidschi
**Roubaix** 90 D 2 N Frankreich
**Rouen** 90 C 3 *ant.* Rotomagus. N Frankreich
**Round Rock** 49 G 3 Texas, S USA
**Rourkela** *siehe* Raurkela
**Roussillon** 91 C 7 Region, S Frankreich
**Rouyn-Noranda** 38 D 4 Québec, SO Kanada
**Rovaniemen mlk** 84 D 3 N Finnland
**Rovigno** *siehe* Rovinj
**Rovigo** 96 C 2 NO Italien
**Rovinj** 100 A 2 *It.* Rovigno. NW Kroatien
**Rovuma** 69 D 5 *var.* Ruvuma. Fluß, Moçambique/Tansania
**Roxas** 139 E 2 Panay Island, Z Philippinen
**Royale, Isle** 40 B 1 Insel, Michigan, N USA
**Royan** 91 B 5 W Frankreich
**Rozdol'ne** 109 F 4 *Russ.* Razdolnoye. S Ukraine
**Rožňava** 99 D 6 *Dtsch.* Rosenau, *Ung.* Rozsnyó. O Slowakei
**Ruacana** 78 B 3 NW Namibia

---

**Ruanda**
73 B 6 Republika y'u Rwanda (Republik Ruanda). NO Afrika

**UN-Name:** Republic of Rwanda **Formation:** 1962 **Hauptstadt:** Kigali **Bevölkerung:** 7,5 Mio. **Fläche:** 26 340 km² **Sprachen:** Kinyarwanda*, Französisch*,

Kisuaheli **Religionen:** Christen 74%, Naturreligionen 25%, andere 1% **Volksgruppen:** Hutu 90%, Tutsi 9%, Twa (Pygmäen) 1% **Regierung:** Mehrparteienrepublik **Währung:** Ruanda-Franc = 100 Centimes

**Ruapehu, Mount** 150 D 4 Berg, North Island, Z Neuseeland
**Ruapuke Island** 151 B 8 Insel, South Island, SW Neuseeland
**Ruatoria** 150 E 3 North Island, NO Neuseeland
**Rub' al Khālī** 121 C 6 *Eng.* Empty Quarter, Great Sandy Desert, Dtsch. Leeres Viertel, Große Sandwüste. Wüste, SW Asien
**Rubezhnoye** *siehe* Rubizhne
**Rubizhne** 109 H 2 *Russ.* Rubezhnoye. O Ukraine
**Ruby Mountains** 47 D 5 Gebirge, Nevada, W USA
**Rucava** 106 B 3 SW Lettland
**Rudensk** *siehe* Rudzyensk
**Rūdiškės** 107 B 5 S Litauen
**Rudnik** 104 E 2 O Bulgarien
**Rudny** *siehe* Rudnyy
**Rudnyy** 114 C 4 *var.* Rudny. N Kasachstan
**Rudolf, Lake** *siehe* Turkana, Lake
**Rudzyensk** 107 C 6 *Russ.* Rudensk. Z Weißrußland
**Rufino** 64 C 4 Z Argentinien
**Rugāji** 106 D 4 O Lettland
**Ruggell** 94 E 1 N Liechtenstein
**Ruhnu** 106 C 2 *var.* Ruhnu Saar, *Schwe.* Runö. Insel, SW Estland
**Rūjiena** 106 D 3 *Est.* Ruhja, *Dtsch.* Rujen. N Lettland
**Rukwa, Lake** 73 B 7 *Dtsch.* Rukwa-See. See, SO Tansania
**Rukwa-See** *siehe* Rukwa, Lake
**Rum** 119 B 8 SW Jordanien
**Rum** *siehe* Rhum
**Ruma** 100 D 3 N Jugoslawien

**Rumänien**
108 B 4 *Rum.* România, *ehem.* Republica Socialistă România (Sozialistische Republik Rumänien), SO Europa

**UN-Name:** Romania **Formation:** 1947 **Hauptstadt:** Bukarest **Bevölkerung:** 23,4 Mio. **Fläche:** 237 500 km² **Sprachen:** Rumänisch*, Ungarisch **Religionen:** Rumänisch-Orthodoxe 70%, Römisch-Katholische 6%, Protestanten 6%, andere 18% **Volksgruppen:** Rumänen 89%, Ungarn 8%, andere (inkl. Roma) 3% **Regierung:** Mehrparteienrepublik **Währung:** Leu = 100 Bani

**Rumbek** 73 B 5 S Sudan
**Rum Cay** 54 D 2 Insel, Bahamas
**Rumia** 98 C 2 N Polen
**Rummah, Wādī ar** *siehe* Rimah, Wādī ar
**Rummelsburg in Pommern** *siehe* Miastko
**Runanga** 151 B 5 South Island, Z Neuseeland
**Runaway Bay** 54 B 4 Z Jamaica
**Rundu** 78 C 3 *var.* Runtu. NO Namibia
**Runtu** *siehe* Rundu
**Ruoqiang** 126 C 3 *var.* Jo-ch'iang, Ruoqiaang, *Uigh.* Charkhlik, Charkhliq, Qarkilik. NW China
**Rupea** 108 C 4 *Dtsch.* Reps, *Ung.* Kőhalom; *ehem.* Cohalm. Z Rumänien
**Rupel** 87 C 5 Fluß, N Belgien
**Rupella** *siehe* la Rochelle
**Rupert, Rivière de** 38 D 3 Fluß, Québec, Z Kanada
**Ruse** 104 D 1 *var.* Ruschuk, Rustchuk, *Türk.* Rusçuk. N Bulgarien

**Russische Föderation**
110 B 4 *Russ.* Rossiyskaya Federatsiya, *Lett.* Krievija, *var.* Rußland. Asien/Europa

**UN-Name:** Russian Federation **Formation:** 1991 **Hauptstadt:** Moskau **Bevölkerung:** 149,2 Mio. **Fläche:** 17 075 400 km² **Sprachen:** Russisch* **Religionen:** Russisch-Orthodoxe 80%, andere (inkl. Juden, Muslime) 20% **Volksgruppen:** Russen 80%, Tartaren 4%, Ukrainer 3%, andere 13% **Regierung:** Mehrparteienrepublik **Währung:** Rubel = 100 Kopeken

**Rußland** *siehe* Russische Föderation
**Rust'avi** 117 G 2 SZ Georgien
**Rutba** *siehe* Ar Ruṭbah
**Rutlam** *siehe* Ratlām
**Rutland** 41 G 2 Vermont, NO USA
**Rutog** 126 A 4 *var.* Rutok. W China
**Rutok** *siehe* Rutog
**Ruvuma** *siehe* Rovuma, Rio
**Ruwenzori** 77 E 5 Gebirge, Uganda/Dem. Rep. Kongo
**Ruzhany** 107 B 6 SW Weißrußland
**Ružomberok** 99 D 5 *Dtsch.* Rosenberg, *Ung.* Rózsahegy. N Slowakei
**Ryazan'** 111 B 5 W Russische Föderation
**Rybinsk** 110 B 4 *ehem.* Andropov. W Russische Föderation
**Rybnik** 99 C 5 S Polen
**Ryki** 98 E 4 O Polen
**Rypin** 98 D 3 Z Polen
**Rysy** 99 D 5 Berg, S Polen
**Ryūkyū-Graben** 152 B 2 *var.* Nansei Shotō-Graben. Untermeer. Formation, NW Pazifischer Ozean
**Ryūkyū-Inseln** *siehe* Nansei-shotō
**Rzeszów** 99 E 5 SO Polen
**Ržev** *siehe* Rzhev
**Rzhev** 110 B 4 *var.* Ržev. W Russische Föderation

# S

**Saalfeld** 95 C 5 *var.* Saalfeld an der Saale. Z Deutschland
**Saarbrücken** 95 A 6 *Fr.* Sarrebruck. SW Deutschland
**Sääre** 106 C 2 *var.* Sjar. Saaremaa, W Estland
**Saaremaa** 106 C 2 *Dtsch.* Oesel, Ösel; *ehem.* Saare. Insel, W Estland
**Saariselkä** 84 D 2 *Lapp.* Suoločielgi. N Finnland
**Sab' Ābār** 118 C 4 *var.* Sab'a Biyar, Sa'b Bi'ár. Z Syrien
**Šabac** 100 D 3 W Jugoslawien
**Sabadell** 93 G 2 O Spanien
**Sabah** 138 D 3 Region, Borneo, O Malaysia
**Sabanalarga** 58 B 1 N Kolumbien
**Sabaneta** 58 C 1 N Venezuela
**Sab'atayn, Ramlat as** 121 C 6 Wüste, Z Jemen
**Sabaya** 61 F 5 S Bolivien
**Sabhā** 71 F 3 Z Libyen
**Sabi** *siehe* Save, Rio
**Sabinas** 50 D 2 NO Mexiko
**Sabinas Hidalgo** 51 E 2 NO Mexiko
**Sabine Lake** 49 H 4 See, SW USA
**Sabine River** 49 H 3 Fluß, SW USA
**Sabkha** *siehe* As Sabkhah
**Sable, Cape** 39 F 5 Landspitze, Newfoundland and Labrador, SO Kanada
**Sable Island** 39 G 4 Insel, Nova Scotia, SO Kanada
**Ṣabyā** 121 B 6 SW Saudi-Arabien
**Sabzawar** *siehe* Sabzevār
**Sabzevār** 120 D 2 *var.* Sabzawar. NO Iran
**Săcele** 108 C 4 *Ung.* Négyfalu *Dtsch.* Vierdörfer; *ehem. Dtsch.* Sieben Dörfer, *Ung.* Hétfalu. Z Rumänien
**Sachsen** 94 D 4 Region, O Deutschland
**Sachsen-Anhalt** 94 C 4 Region, Z Deutschland
**Sachs Harbour** 37 E 2 Banks Island, NW Kanada
**Sächsische Saale** 94 C 4 Fluß, Z Deutschland
**Sacramento** 47 B 6 Bundesstaatshauptstadt, California, W USA
**Sacramento Mountains** 48 D 2 Gebirge, New Mexico, SW USA
**Sacramento River** 47 B 5 Fluß, California, W USA
**Sacramento Valley** 47 B 5 Tal, California, W USA
**Sá da Bandeira** *siehe* Lubango
**Ṣa'dah** 121 B 6 NW Jemen
**Sad Ishtrāgh** 123 F 3 Paß, Afghanistan/Pakistan
**Sado** 131 C 5 *var.* Sadoga-shima. Insel, N Japan
**Sadoga-shima** *siehe* Sado
**Ṣafāqis** *siehe* Sfax
**Säffle** 85 B 6 Z Schweden
**Safford** 48 C 3 Arizona, SW USA
**Safi** 70 B 2 W Marokko
**Sagaing** 136 B 3 Z Myanmar
**Sagami-nada** 131 D 6 Bucht, NW Pazifischer Ozean
**Sāgar** 134 D 4 *ehem.* Saugor. Z Indien
**Saginaw** 40 C 3 Michigan, N USA
**Saginaw Bay** 40 D 2 Seebucht, Michigan, N USA
**Sagua la Grande** 54 B 2 Z Kuba
**Sagunto** 93 F 3 *var.* Sagunt, *Ar.* Murviedro; *ant.* Saguntum. O Spanien
**Sahara** 68 B 3 Wüste, Algerien/Libyen
**Sahara el Gharbîya** 72 B 2 *var.* Aş Şaḥrā' al Gharbīyah, *Eng.* Western Desert, *Dtsch.* Westliche Wüste. Wüste, Z Ägypten
**Saharischer Atlas** *siehe* Atlas Saharien
**Sahel** 74 D 3 Region, N Afrika
**Sāhīwāl** 134 C 2 *ehem.* Montgomery. O Pakistan
**Sahtinsk** *siehe* Shakhtinsk
**Saïda** 119 A 5 *var.* Şaydā, Sayida; *ant.* Sidon. W Libanon
**Saidpur** 135 G 3 *var.* Syedpur. NW Bangladesch
**Sai Kung** 128 B 1 Hong Kong
**Saimaa** 85 E 5 See, SO Finnland
**St Albans** 89 E 7 *ant.* Verulamium. SO England, Großbritannien
**Saint Albans** 40 D 5 West Virginia, NO USA
**St Andrews** 88 D 4 O Scotland, Großbritannien
**St. Ann's Bay** 54 B 4 Z Jamaica
**St. Anthony** 39 G 3 Newfoundland and Labrador, SO Kanada
**Saint Augustine** 43 E 3 Florida, SO USA
**St-Avertin** 90 B 4 W Frankreich
**St-Brieuc** 90 A 3 NW Frankreich
**St Austell** 89 C 7 SW England, Großbritannien
**St. Botolph's Town** *siehe* Boston
**St. Catharines** 38 D 5 Ontario, S Kanada
**Saint Catherines Island** 43 E 3 Insel, SO USA
**St-Chamond** 91 D 5 O Frankreich
**Saint Clair, Lake** 40 D 3 See, Kanada/USA
**St-Claude** 91 D 5 *ant.* Condate. O Frankreich
**Saint Cloud** 45 F 2 Minnesota, N USA
**St Croix** 55 G 3 Insel, Virgin Islands
**Saint Croix River** 40 A 2 Fluß, N USA
**St David's Island** 42 B 5 Insel, O Bermuda
**St-Denis** 90 C 3 N Frankreich
**St-Denis** 79 H 4 Hauptstadt eines abhängigen Territoriums, Réunion
**St-Dié** 90 E 4 NO Frankreich
**St-Egrève** 91 D 5 O Frankreich
**Saintes** 91 B 5 *ant.* Mediolanum. W Frankreich
**St-Étienne** 91 C 5 O Frankreich
**St-Flour** 91 C 5 Z Frankreich
**St-Gaudens** 91 B 6 S Frankreich
**St George** 42 B 4 N Bermuda
**St George** 149 D 5 Queensland, O Australien
**Saint George** 44 A 5 Utah, W USA
**St-Georges** 39 E 4 Québec, SO Kanada
**St-Georges** 59 H 3 O Franz. Guyana
**St. George's** 55 H 5 Staatshauptstadt, Grenada
**Saint George's Channel** 89 B 6 Meerenge, Celtic Sea/Irish Sea
**St George's Island** 42 B 4 Insel, O Bermuda
**St. Gotthard-Paß** *siehe* San Gottardo, Passo del
**St Helena** 67 D 5 Insel, O Atlantischer Ozean
**St. Helena Bay** 78 B 5 Bucht, SW Südafrika
**Saint Helena Sound** 43 F 2 Bucht, NW Atlantischer Ozean
**Saint Helens, Mount** 34 B 4 Vulkan, Washington, NW USA
**St Helier** 89 D 8 Hauptstadt eines abhängigen Territoriums, S Jersey, Channel Islands, Großbritannien
**St. Iago de la Vega** *siehe* Spanish Town
**St-Jean, Lac** 39 E 4 See, Québec, SO Kanada
**St-Jean-de-Luz** 91 A 6 SW Frankreich
**Saint Joe River** 46 D 2 Fluß, N USA
**St. John** 39 F 4 New Brunswick, SO Kanada
**St John's** 55 G 3 Staatshauptstadt, Antigua & Barbuda
**St. John's** 39 H 3 Provinzhauptstadt, Newfoundland and Labrador, O Kanada
**St Julian's** 102 B 5 N Malta
**St Kilda** 88 A 3 Insel, NW Scotland, Großbritannien

**St. Kitts & Nevis**
55 G 3 *var.* St. Christopher-Nevis.

Republik im Commonwealth, O Karibisches Meer

**UN-Name:** Federation of Saint Christopher and Nevis **Formation:** 1983 **Hauptstadt:** Basseterre **Bevölkerung:** 44 000 **Fläche:** 360 km² **Sprachen:** Englisch*, Englisch-Kreolisch **Religionen:** Protestanten 85%, Römisch-Katholische 10%, andere Christen 5% **Volksgruppen:** Schwarze 95%, Mischlinge 5% **Regierung:** Parlamentarische Demokratie **Währung:** EC-$ = 100 Cents

---

**St-Laurent** *siehe* St-Laurent-du-Maroni
**St-Laurent, Fleuve** *siehe* St. Lawrence
**St-Laurent-du-Maroni** 59 H 3 *var.* St-Laurent. NW Franz. Guyana
**St. Lawrence** 39 E 4 *Fr.* Fleuve St-Laurent. Fluß, Kanada/USA
**St. Lawrence, Gulf of** 39 F 3 Golf, NW Atlantischer Ozean
**Saint Lawrence Island** 36 C 2 Insel, Alaska, NW USA
**St. Lawrence Seaway** 41 F 2 Wasserstraße, NW Atlantischer Ozean
**St-Lô** 90 B 3 *ant.* Briovera, Laudus. N Frankreich
**St-Louis** 90 E 4 NO Frankreich
**St-Louis** 74 B 3 NW Senegal
**St Louis** 45 G 5 Missouri, Z USA

---

**St. Lucia**
55 E 1 Republik im Commonwealth, O Karibisches Meer

**UN-Name:** Saint Lucia **Formation:** 1979 **Hauptstadt:** Castries **Bevölkerung:** 156 000 **Fläche:** 620 km² **Sprachen:** Englisch*, Französisch-Kreolisch, Hindi, Urdu **Religionen:** Römisch-Katholische 90%, andere 10% **Volksgruppen:** Schwarze 90%, Afro-Europäer 6%, Südasiaten 4% **Regierung:** Parlamentarische Demokratie **Währung:** EC-$ = 100 Cents

---

**St. Lucia Channel** 55 H 4 Meerenge, O Karibisches Meer
**St-Malo** 90 B 3 NW Frankreich
**St-Malo, Golfe de** 90 B 3 Bucht, N Frankreich
**St. Margareth's Bay** *siehe* St. Margareth's Bay
**Saint Martin** *siehe* Sint Maarten
**St. Matthew's Island** *siehe* Zadetkyi Kyun
**St-Max** 90 D 3 NO Frankreich
**St-Nazaire** 90 A 4 NW Frankreich
**Saint Nicholas** *siehe* São Nicolau
**Saint-Nicolas** *siehe* Sint-Niklaas
**St-Omer** 90 C 2 N Frankreich
**St. Patricks** 55 H 2 S Barbados
**Saint Paul** 45 F 2 Bundesstaatshauptstadt, Minnesota, N USA
**St-Paul, Île** 141 C 6 *var.* St.Paul Island. Insel, S Indischer Ozean
**St Peter Port** 89 D 8 Hauptstadt eines abhängigen Territoriums, Guernsey, Channel Islands, Großbritannien
**Saint Petersburg** 43 E 4 Florida, SO USA
**St. Petersburg** *siehe* Sankt-Peterburg
**St-Pierre** 39 G 4 Hauptstadt einer franz. Gebietskörperschaft, St-Pierre & Miquelon
**St-Pierre & Miquelon** 39 G 4 *Fr.* Îles St-Pierre et Miquelon. Franz. Gebietskörperschaft, NW Atlantischer Ozean
**St-Quentin** 90 D 3 N Frankreich
**Saint Simons Island** 43 E 3 Insel, SO USA
**Saint Thomas** *siehe* Charlotte Amalie
**Saint Thomas** *siehe* São Tomé
**Saint Vincent** 55 G 4 Insel, St. Vincent & Die Grenadinen
**Saint Vincent** *siehe* São Vicente

---

**St. Vincent & Die Grenadinen**
55 H 4 Republik im Commonwealth, O Karibisches Meer

**UN-Name:** Saint Vincent and The Grenadines **Formation:** 1979 **Hauptstadt:** Kingstown **Bevölkerung:** 109 000 **Fläche:** 340 km² **Sprachen:** Englisch*, Englisch-Kreolisch **Religionen:** Protestanten 62%, Römisch-Katholische 19%, andere 19% **Volksgruppen:** Schwarze 82%, Mischlinge 14%, Weiße 3%, Südasiaten 1% **Regierung:** Parlamentarische Demokratie **Währung:** EC-$ = 100 Cents

---

**Saint Vincent, Cape** *siehe* São Vicente, Cabo de
**Saint Vincent Passage** 55 H 4 Meerenge, O Karibisches Meer
**Saipan** 144 B 1 Insel, S Northern Mariana Islands
**Sajama, Nevado** 61 F 4 Berg, W Bolivien
**Sajószentpéter** 99 D 6 NO Ungarn
**Sakākah** 120 B 4 NW Saudi-Arabien
**Sakakawea, Lake** 44 D 2 Stausee, North Dakota, N USA
**Sakata** 130 D 4 Honshū, Z Japan
**Sakhalin** *siehe* Sakhalin, Ostrov
**Sakhalin, Ostrov** 115 H 4 *var.* Sakhalin. Insel, SO Russische Föderation
**Saki** *siehe* Saky
**Şăki** 117 G 2 *Russ.* Sheki; *ehem.* Nukha. NW Aserbaidschan
**Sakishima-shotō** 130 A 3 *var.* Sakisima Syotō. Inselgruppe, Nansei-shotō, S Japan
**Sakon Nakhon** 136 D 4 *var.* Muang Sakon Nakhon, Sakhon Nakhon. NO Thailand
**Saky** 109 F 5 *Russ.* Saki. S Ukraine
**Sal** 74 A 3 Insel, Kap Verde
**Sala** 85 C 6 Z Schweden
**Salacgrīva** 106 C 3 *Est.* Salatsi. N Lettland
**Sala Consilina** 97 D 5 S Italien
**Salado** 64 C 3 Fluß, Z Argentinien
**Şalālah** 121 D 6 SW Oman
**Salamá** 52 B 2 Z Guatemala
**Salamanca** 92 D 2 *ant.* Helmantica, Salmantica. NW Spanien
**Salamanca** 64 B 3 Z Chile
**Salamīyah** 118 B 3 *var.* As Salamīyah. W Syrien
**Salantai** 106 B 3 NW Litauen
**Salatsi** *siehe* Salacgrīva
**Salavan** 137 E 5 *var.* Saravan, Saravane. SO Laos
**Salavat** 111 D 6 W Russische Föderation
**Sala y Gomez** 153 F 4 Insel, O Pazifischer Ozean
**Šalčininkai** 107 C 5 SO Litauen
**Saldus** 106 B 3 *Dtsch.* Frauenburg. W Lettland
**Sale** 149 C 7 Victoria, SO Australien
**Salé** 70 C 2 NW Marokko
**Salekhard** 114 D 3 *ehem.* Obdorsk. N Russische Föderation
**Salem** 46 B 3 Bundesstaatshauptstadt, Oregon, NW USA
**Salem** 132 C 2 SO Indien
**Salentina, Penisola** 97 E 6 Halbinsel, S Italien
**Salerno** 97 D 5 *ant.* Salernum. S Italien
**Salerno, Golfo di** 97 D 5 *Dtsch.* Golf von Salerno. Golf, O Tyrrhenisches Meer
**Salernum** *siehe* Salerno
**Salihorsk** 107 C 7 *Russ.* Soligorsk. S Weißrußland
**Salima** 79 E 2 Z Malawi
**Salina** 45 E 5 Kansas, Z USA
**Salina Cruz** 51 F 5 SO Mexiko
**Salinas** 47 B 6 California, W USA
**Salinas de Santiago** 61 G 4 O Bolivien
**Salinas Grandes** 64 C 3 Feuchtgebiet, Z Argentinien
**Salisbury** 89 D 7 *var.* New Sarum. S England, Großbritannien
**Salisbury** *siehe* Harare
**Sallisaw** 49 H 1 Oklahoma, Z USA
**Sallyana** *siehe* Salyan
**Salmon Gums** 147 C 7 SW Australien
**Salmon River** 46 D 3 Fluß, Idaho, NW USA
**Salmon River Mountains** 46 D 3 Gebirge, Idaho, NW USA
**Salo** 85 D 6 SW Finnland
**Salomonen** *siehe* Solomon Islands
**Salomonen-See** 144 B 3 Meer, SW Pazifischer Ozean

---

**Salomon-Inseln**
144 D 3 *ehem.* Britisches Protektorat Salomon-Inseln. Republik im Commonwealth, SW Pazifischer Ozean

**UN-Name:** Solomon Islands **Formation:** 1978 **Hauptstadt:** Honiara **Bevölkerung:** 400 000 **Fläche:** 289 000 km² **Sprachen:** Englisch*, ca. 87 melanesische und polynesische Sprachen **Religionen:** Christen 91%, andere 9% **Volksgruppen:** Melanesier 94%, andere 6% **Regierung:** Parlamentarische Demokratie **Währung:** Solomon Is-$ = 100 Cents

---

**Salon-de-Provence** 91 D 6 SO Frankreich
**Salonta** 108 A 3 *Ung.* Nagyszalonta. NW Rumänien
**Sal'sk** 111 B 7 SW Russische Föderation
**Salt** *siehe* As Salţ
**Salta** 64 C 2 NW Argentinien
**Saltash** 89 C 7 SO England, Großbritannien
**Saltillo** 51 E 3 NO Mexiko
**Salt Lake City** 44 B 4 Bundesstaatshauptstadt, Utah, W USA
**Salto** 64 D 4 NW Uruguay
**Salton Sea** 47 D 8 *var.* Mar de Salton. See, California, W USA
**Salvador** 63 G 3 *ehem.* São Salvador. Bundesstaatshauptstadt, O Brasilien
**Salûm, Golf von** *siehe* Sallûm, Khalīj as
**Salûm, Khalīj as** 103 G 4 *Dtsch.* Golf von Salûm, *Eng.* Gulf of Salûm. NO Afrika
**Salvador, Lake** 42 B 3 See, Louisiana, S USA
**Salween** 124 C 2 *Bir.* Thanwin Myit, *Chin.* Nu Jiang, Nu Chiang. Fluß, SO Asien
**Salyan** 135 E 3 *var.* Sallyana. Nepal
**Salzburg** 95 D 6 *ant.* Juvavum. N Österreich
**Salzgitter** 94 B 4 *ehem.* Watenstedt-Salzgitter. Z Deutschland
**Salzwedel** 94 C 3 N Deutschland
**Samar** 139 F 2 Insel, Visayan Islands, Z Philippinen
**Samara** 111 C 6 *ehem.* Kuybyshev. W Russische Föderation
**Samarang** *siehe* Semarang
**Samarinda** 138 D 4 Kalimantan, Z Indonesien
**Samarkand** *siehe* Samarqand
**Samarqand** 123 E 2 *Russ.* Samarkand. Z Usbekistan
**Samawa** *siehe* As Samāwah
**Şamaxı** 117 H 2 *Russ.* Shemakha. Z Aserbaidschan
**Sambalpur** 135 F 4 O Indien
**Sambava** 79 G 2 NO Madagaskar
**Sambesi** *siehe* Zambezi

---

**Sambia**
78 C 2 Republik, *ehem.* Nordrhodesien. S Afrika

**UN-Name:** Republic of Zambia **Formation:** 1964 **Hauptstadt:** Lusaka **Bevölkerung:** 9,5 Mio. **Fläche:** 752 610 km² **Sprachen:** Englisch*, Bemba, Tonga, Nyanja, Kaonde, Lunda **Religionen:** Christen 63%, Naturreligionen 35%, andere 2% **Volksgruppen:** Bemba 36%, Maravi 18%, Tonga 15%, andere 31% **Regierung:** Mehrparteienrepublik **Währung:** Kwacha = 100 Ngwee

---

**Sambir** 108 B 2 *Russ.* Sambor. NW Ukraine
**Sambor** *siehe* Sambir
**Sambre** 87 B 7 Fluß, Belgien/Frankreich
**Samfya** 78 D 2 N Sambia
**Saminatal** 94 E 2 Tal, Österreich/Liechtenstein
**Samnān** *siehe* Semnān
**Sam Neua** *siehe* Xam Nua

---

**Samoa**
145 F 4 *Sam.* Sāmoa-i-Sisifo (Unabhängiger Staat Samoa), *ehem.* West-Samoa, *Eng.* Western Samoa. S Pazifischer Ozean

**UN-Name:** Independent State of Samoa **Formation:** 1962 **Hauptstadt:** Apia **Bevölkerung:** 162 000 **Fläche:** 2840 km² **Sprachen:** Samoanisch*, Englisch **Religionen:** Protestanten 74%, Katholiken 26% **Volksgruppen:** Samoaner (Polynesier) 93%, andere 7% **Regierung:** Parlamentarischer Staat **Währung:** Tala = 100 Sene

---

**Samoa-Becken** 152 D 4 untermeer. Formation, W Pazifischer Ozean
**Samobor** 100 B 2 N Kroatien
**Sámos** 105 E 6 *ehem.* Limín Vathéos. Sámos, SO Griechenland
**Sámos** 105 D 6 Insel, SO Griechenland
**Samothráki** 104 D 4 Samothráki, NO Griechenland
**Samothráki** 104 D 4 *ant.* Samothrace. Insel, NO Griechenland
**Sampit** 138 D 4 Z Indonesien
**Samsun** 116 D 2 *ant.* Amisus. N Türkei

**Samtredia** 117 F 2 W Georgien
**Samui, Ko** 137 C 6 Insel, S Thailand
**Samut Prakan** 137 C 5 *var.* Muang Samut Prakan, Paknam. Z Thailand
**San** 99 E 5 Fluß, SO Polen
**San** 74 D 3 Z Mali
**San, Tônle** 137 E 5 *var.* San, Sé. Fluß, Kambodscha/Vietnam
**Sana** 100 B 3 Fluß, NW Bosnien-Herzegowina
**Şan'ā'** 121 B 6 *Eng.* Sana, *Dtsch.* Sanaa. Staatshauptstadt, W Jemen
**Sana** *siehe* Şan'ā'
**Saña** 60 B 3 NW Peru
**Sanaa** *siehe* Şan'ā'
**Sanae** 154 B 2 Forschungsstation, Antarktis
**San Ambrosio, Isla** 153 G 4 Insel, SO Pazifischer Ozean
**Sanandaj** 120 C 3 *ehem.* Sinneh. W Iran
**San Andrés, Isla de** 53 F 3 Insel, Kolumbien
**San Andrés Tuxtla** 51 F 4 *var.* Tuxtla. O Mexiko
**San Angelo** 49 F 3 Texas, S USA
**San Antonio** 64 B 4 Z Chile
**San Antonio** 49 F 4 Texas, S USA
**San Antonio** 52 B 2 S Belize
**San Antonio Bay** 49 H 4 Bucht, Texas, S Golf von Mexiko
**San Antonio Oeste** 65 C 5 O Argentinien
**San Antonio River** 49 G 4 Fluß, Texas, S USA
**Sanāw** 121 D 6 *var.* Sanaw. NO Jemen
**Sanaw** *siehe* Sanāw
**San Benedicto, Isla** 50 B 5 Insel, W Mexiko
**San Benito** 49 G 5 Texas, S USA
**San Benito** 52 B 1 N Guatemala
**San Bernardino** 47 C 7 California, W USA
**San Blas** 50 C 3 Z Mexiko
**San Blas, Cordillera de** 53 G 4 Gebirge, NO Panama
**San Carlos de Ancud** *siehe* Ancud
**San Carlos de Bariloche** 65 B 5 SW Argentinien
**San Carlos del Zulia** 58 C 2 W Venezuela
**San Carlos Reservoir** 48 B 2 Stausee, Arizona, SW USA
**San Clemente Island** 47 C 8 Insel, California, W USA
**San Cristobal** 144 C 4 *var.* Makira. Insel, SO Salomon-Inseln
**San Cristóbal** 58 C 2 W Venezuela
**San Cristóbal** *siehe* San Cristóbal de Las Casas
**San Cristóbal de Las Casas** 51 G 5 *var.* San Cristóbal. SO Mexiko
**San Cristóbal, Isla** 60 B 5 *var.* Chatham Island. Insel, Galápagos-Inseln, O Pazifischer Ozean
**Sancti Spíritus** 54 B 2 Z Kuba
**Sandakan** 139 E 3 Borneo, O Malaysia
**Sandanski** 104 C 3 *ehem.* Sveti Vrach. SW Bulgarien
**Sand Hills** 44 D 3 Gebirge, Nebraska, Z USA
**Sandia** 48 D 2 New Mexico, SW USA
**San Diego** 47 C 8 California, W USA
**Sandnes** 85 A 6 S Norwegen
**Sandomierz** 98 D 4 *Russ.* Sandomir. SO Polen
**Sandomir** *siehe* Sandomierz
**Sandoway** 136 A 4 W Myanmar
**Sand Springs** 49 G 1 Oklahoma, Z USA
**Sandvika** 85 B 6 S Norwegen
**Sandviken** 85 C 5 Z Schweden
**Sandy Bay** 93 H 5 Bucht, W Mittelmeer
**Sandy City** 44 B 4 Utah, W USA
**Sandy Desert** 134 A 2 Wüste, W Pakistan
**Sandy Lake** 38 B 3 See, Ontario, Z Kanada
**Sandy Springs** 42 D 2 Georgia, SO USA
**San Esteban** 52 D 2 Z Honduras
**San Felipe** 58 D 1 NW Venezuela
**San Felipe de Puerto Plata** *siehe* Puerto Plata
**San Félix, Isla** 153 G 4 Insel, SO Pazifischer Ozean
**San Fernando** 92 C 5 *ehem.* Isla de León. S Spanien
**San Fernando** 64 B 4 Z Chile
**San Fernando** 55 H 5 Trinidad & Tobago
**San Fernando** 58 D 2 *var.* San Fernando de Apure. Z Venezuela
**San Fernando de Apure** *siehe* San Fernando
**San Fernando del Valle de Catamarca** 64 C 3 *var.* Catamarca. NW Argentinien
**San Fernando de Monte Cristi** *siehe* Monte Cristi
**San Francisco** 64 C 4 Z Argentinien
**San Francisco** 47 A 6 California, W USA
**San Francisco Bay** 47 A 6 Bucht, California, W Pazifischer Ozean
**San Francisco del Oro** 50 C 2 N Mexiko
**San Francisco de Macorís** 55 E 3 Z Dominikan. Republik
**San Francisco de Selva** *siehe* Copiapó
**San Fructuoso** *siehe* Tacuarembó
**Sanger** 47 C 6 California, W USA
**Sangir, Kepulauan** 139 F 3 Inselgruppe, Z Indonesien
**Sāngli** 132 B 1 W Indien
**Sangmélima** 77 B 5 S Kamerun
**San Gottardo, Passo del** 95 B 7 *Dtsch.* St. Gotthard-Paß. Paß, S Schweiz
**Sangre de Cristo Mountains** 44 D 5 Gebirge, Z USA
**San Ignacio** 52 B 1 *ehem.* Cayo, El Cayo. W Belize
**San Ignacio** 61 F 3 N Bolivien
**San Joaquin Valley** 47 B 6 Tal, California, W USA
**San Jorge, Golfo** 65 C 6 *var.* Gulf of San Jorge. Golf, SW Atlantischer Ozean
**San Jose** 47 B 6 *Sp.* San José. California, W USA
**San José** 52 B 3 *var.* Puerto San José. S Guatemala
**San José** 53 E 4 Staatshauptstadt Z Costa Rica
**San José** 61 G 4 *var.* San José de Chiquitos. O Bolivien
**San José** *siehe* San José del Guaviare
**San José de Chiquitos** *siehe* San José
**San José de Cúcuta** *siehe* Cúcuta
**San José del Guaviare** 58 C 4 *var.* San José. S Kolumbien
**San Juan** 55 F 3 Hauptstadt eines abhängigen Territoriums, Puerto Rico
**San Juan** 64 B 4 W Argentinien
**San Juan** 53 E 4 Fluß, Costa Rica/Nicaragua
**San Juan** *siehe* San Juan de los Morros
**San Juan Bautista** 64 D 3 S Paraguay
**San Juan Bautista** *siehe* Villahermosa
**San Juan Bautista Tuxtepec** *siehe* Tuxtepec
**San Juan de Alicante** 93 F 4 O Spanien
**San Juan del Norte** 53 E 4 *var.* Greytown. SO Nicaragua
**San Juan del Norte, Bahía de** 53 E 4 Bucht, W Karibisches Meer
**San Juan de los Morros** 58 D 2 *var.* San Juan. N Venezuela
**San Juan del Río** 51 E 4 Z Mexiko
**San Juanito, Isla** 50 C 4 Insel, Z Mexiko
**San Juan Mountains** 44 C 5 Gebirge, Colorado, Z USA
**San Juan River** 44 B 5 Fluß, Z USA
**San Julián** *siehe* Puerto San Julián
**Sankt-Bartholomäi** *siehe* Palamuse
**Sankt Gallen** 95 B 7 *var.* St.Gallen, *Fr.* St-Gall. NO Schweiz
**Sankt-Jakobi** *siehe* Pärnu-Jaagupi
**Sankt-Peterburg** 110 B 4 *Dtsch.* Sankt Petersburg, *Fin.* Pietari, *ehem.* Leningrad. NW Russische Föderation
**Sankt Pölten** 95 E 6 N Österreich
**Sankuru** 77 D 7 Fluß, Z Dem. Rep. Kongo
**San Lázaro** 64 D 2 NO Paraguay
**Sanlıurfa** 117 E 4 *ehem.* Sanli Urfa, Urfa, *ant.* Edessa. S Türkei
**San Lorenzo** 61 G 5 S Bolivien
**San Lorenzo** 60 A 1 N Ecuador
**San Lorenzo, Isla** 60 C 4 Insel, W Peru
**Sanlúcar de Barrameda** 92 C 5 S Spanien
**San Luis** 64 C 4 Z Argentinien
**San Luis** 50 A 1 *var.* San Luis Río Colorado. NW Mexiko
**San Luis** 52 B 2 NO Guatemala
**San Luis Obispo** 47 B 7 California, W USA
**San Luis Potosí** 51 E 3 Z Mexiko
**San Luis Río Colorado** *siehe* San Luis
**San Marcos** 49 G 4 Texas, S USA
**San Marcos** 52 A 2 W Guatemala
**San Marcos** 60 C 3 W Peru
**San Marcos de Arica** *siehe* Arica
**San Marino** 96 E 1 Staatshauptstadt, San Marino

---

**San Marino**
96 D 1 *It.* Repubblica di San Marino (Republik San Marino). S Europa

**UN-Name:** Republic of San Marino **Formation:** 1862 **Hauptstadt:** San Marino **Bevölkerung:** 23 000 **Fläche:** 61 km² **Sprachen:** Italienisch* **Religionen:** Römisch-Katholische 96%, Protestanten 2%, andere 2% **Volksgruppen:** Sanmarinesen 95%, Italiener 4%, andere 1% **Regierung:** Mehrparteienrepublik **Währung:** Italienische Lira = 100 Centesimi

---

**San Martín** 154 A 3 Forschungsstation, Antarktis
**San Mateo** 47 B 6 California, W USA
**San Mateo** 59 E 2 NO Venezuela
**San Matías** 61 H 3 O Bolivien
**San Matías, Golfo** 65 C 6 Golf, SW Atlantischer Ozean
**Sanmenxia** 128 C 4 *var.* Shan Xian. Z China
**San Miguel** 52 C 3 SO El Salvador
**San Miguel** 61 G 3 Fluß, Kolumbien/Ecuador
**San Miguel de Allende** 51 E 4 Z Mexiko
**San Miguel de Ibarra** *siehe* Ibarra
**San Miguel de Tucumán** 64 C 3 *var.* Tucumán. N Argentinien
**San Miguelito** 53 G 4 Z Panama
**Sannār** *siehe* Sennar
**San Nicolás, Bahía** 60 D 4 Bucht, O Pazifischer Ozean
**San Nicolas Island** 47 C 8 Insel, California, W USA
**Sânnicolau Mare** 108 A 4 *var.* Sânnicolaul-Mare, *Ung.* Nagyszentmiklós; *ehem.* Sânmiclăus Mare, Sînnicolau Mare. W Rumänien
**Sanok** 99 E 5 SO Polen
**San Pablo** 61 F 5 S Bolivien
**San Pedro** 50 D 3 *var.* San Pedro de las Colonias. NO Mexiko
**San Pedro** 52 C 1 NO Belize
**San-Pédro** 74 D 5 S Elfenbeinküste
**San Pedro de las Colonias** *siehe* San Pedro
**San Pedro de Lloc** 60 B 3 NW Peru
**San Pedro Mártir, Sierra** 50 A 1 Gebirge, NW Mexiko
**San Pedro Sula** 52 C 2 NW Honduras
**San Rafael** 64 B 4 W Argentinien
**San Rafael Mountains** 47 B 7 Gebirge, California, W USA
**San Ramón de la Nueva Orán** 64 C 2 N Argentinien
**San Remo** 96 A 3 NW Italien
**San Salvador** 54 D 1 *ehem.* Watlings Island. Insel, Bahamas
**San Salvador** 52 B 3 Staatshauptstadt, SW El Salvador
**San Salvador de Jujuy** 64 C 2 *var.* Jujuy. N Argentinien
**Sansanné-Mango** 75 E 4 *var.* Mango. N Togo
**Sansepolcro** 96 C 3 Z Italien
**San Severo** 97 D 5 SO Italien
**Sansibar** *siehe* Zanzibar
**Santa** 60 C 3 W Peru
**Santa Ana** 52 B 3 NW El Salvador
**Santa Ana** 47 C 8 California, W USA
**Santa Ana** 61 F 3 N Bolivien
**Santa Ana de Coro** *siehe* Coro
**Santa Barbara** 50 C 2 N Mexiko
**Santa Barbara** 47 C 7 California, W USA
**Santa Catalina, Gulf of** 47 B 8 Golf, W USA
**Santa Catalina Island** 47 C 8 Insel, California, W USA
**Santa Catarina** 63 E 5 *off.* Estado de Santa Catarina. Bundesstaat, S Brasilien
**Santa Catarina, Estado de** *siehe* Santa Catarina
**Santa Clara** 54 B 2 Z Kuba
**Santa Clara** 47 B 6 California, W USA
**Santa Comba** 92 B 1 NW Spanien
**Santa Cruz** 65 B 7 Fluß, S Argentinien
**Santa Cruz** 47 B 6 California, W USA
**Santa Cruz** 76 E 2 *var.* São João. São Tomé, SO São Tomé & Príncipe
**Santa Cruz** 61 G 4 *var.* Santa Cruz de la Sierra. Z Bolivien

**Santa Cruz, Isla** 60 B 5 *var.* Indefatigable Island, Isla Chávez. Insel, Galápagos-Inseln, O Pazifischer Ozean
**Santa Cruz Barillas** *siehe* Barillas
**Santa Cruz de la Sierra** *siehe* Santa Cruz
**Santa Cruz del Quiché** 52 B 2 W Guatemala
**Santa Cruz de Tenerife** 70 A 3 Tenerife, SW Spanien
**Santa Cruz Islands** 144 D 4 Inselgruppe, O Salomon-Inseln
**Santa Elena** 64 D 3 NO Argentinien
**Santa Elena** 52 B 1 W Belize
**Santa Fe** 64 D 4 NO Argentinien
**Santa Fe** 48 D 1 Bundesstaatshauptstadt, New Mexico, SW USA
**Santa Inês** 63 F 2 NO Brasilien
**Santa Isabel** 144 C 3 *var.* Bughotu. Insel, N Salomon-Inseln
**Santa Isabel** *siehe* Malabo
**Santa Lucia Range** 47 B 6 Gebirge, California, W USA
**Santa Margarita, Isla** 50 B 3 Insel, W Mexiko
**Santa Maria** 92 A 5 Insel, W Portugal
**Santa Maria** 63 E 5 S Brasilien
**Santa Maria** 47 B 7 California, W USA
**Santa María, Isla** 60 A 5 *var.* Charles Island, Isla Floreana. Insel, Galápagos-Inseln, O Pazifischer Ozean
**Santa Maria del Buen Aire** *siehe* Buenos Aires
**Santa María del Orinoco** 58 D 2 Z Venezuela
**Santa Marta** 58 B 1 N Kolumbien
**Santana** 76 E 2 São Tomé, Z São Tomé & Príncipe
**Santander** 92 D 1 N Spanien
**Santanilla, Islas** 53 E 1 *Eng.* Swan Islands. Insel, NO Honduras
**Santarém** 92 B 3 *ant.* Scalabis. W Portugal
**Santarém** 63 E 2 N Brasilien
**Santa Rosa** 65 C 5 Z Argentinien
**Santa Rosa** 47 B 6 California, W USA
**Santa Rosa** *siehe* Santa Rosa de Copán
**Santa Rosa de Copán** 52 C 2 *var.* Santa Rosa. W Honduras
**Santa Rosa Island** 47 B 8 Insel, California, W USA
**Sant Carles de la Rápida** *siehe* Sant Carles de la Ràpita
**Sant Carles de la Ràpita** 93 F 3 *var.* Sant Carles de la Rápida. NO Spanien
**Santiago** 92 B 1 *var.* Santiago de Compostela, *Eng.* Compostella; *ant.* Campus Stellae. NW Spanien
**Santiago** 55 E 3 *var.* Santiago de los Caballeros. N Dominikan. Republik
**Santiago** 64 B 4 *var.* Gran Santiago. Staatshauptstadt, Z Chile
**Santiago** 74 A 3 *var.* São Tiago. Insel, Kap Verde
**Santiago** 53 F 5 S Panama
**Santiago** 60 B 2 Fluß, N Peru
**Santiago** *siehe* Santiago de Cuba
**Santiago, Isla** 60 A 5 *var.* Isla San Salvador, James Island. Insel, Galápagos-Inseln, O Pazifischer Ozean
**Santiago de Cuba** 54 C 3 *var.* Santiago. O Kuba
**Santiago de Guayaquil** *siehe* Guayaquil
**Santiago del Estero** 64 C 3 Z Argentinien
**Santiago de los Caballeros** *siehe* Santiago
**Santiago Mountains** 49 E 4 Gebirge, Texas, S USA
**Santiago Pinotepa Nacional** *siehe* Pinotepa Nacional
**Sant Julià de Lòria** 91 A 8 SW Andorra
**Santo** *siehe* Espiritu Santo
**Santo André** 63 F 4 S Brasilien
**Santo Antão** 74 A 2 Insel, Kap Verde
**Santo António** 76 E 1 *var.* São António Príncipe, N São Tomé & Príncipe
**Santo Domingo** 55 E 3 *ehem.* Ciudad Trujillo. Staatshauptstadt, SO Dominikan. Republik
**Santo Domingo de Los Colorados** 60 B 1 NW Ecuador
**Santo Domingo Tehuantepec** *siehe* Tehuantepec
**Santorin** *siehe* Thíra
**Santos** 63 F 4 S Brasilien
**Santos-Plateau** 57 D 5 untermeer. Formation, SW Atlantischer Ozean
**Santo Tomé** 64 D 3 NO Argentinien
**San Valentín, Cerro** 65 B 7 Berg, S Chile
**San Vicente** 52 C 3 Z El Salvador
**São António** *siehe* Santo António
**São Francisco** 63 F 3 Fluß, O Brasilien
**Sao Hill** 73 C 7 S Tansania
**São João** *siehe* Santa Cruz
**São João da Madeira** 92 B 2 W Portugal
**São Jorge** 92 A 5 Insel, W Portugal
**São Luís** 63 F 2 Bundesstaatshauptstadt, NO Brasilien
**São Marcos, Baía de** 63 F 1 Bucht, W Atlantischer Ozean
**Saona, Isla** 55 E 3 Insel, SO Dominikan. Republik
**Saône** 91 D 5 Fluß, O Frankreich
**São Nicolau** 74 A 3 *Eng.* Saint Nicholas. Insel, Kap Verde
**São Paulo** 63 F 4 Bundesstaatshauptstadt, S Brasilien
**São Paulo** 63 E 4 *off.* Estado de São Paulo. Bundesstaat, S Brasilien
**São Paulo, Estado de** *siehe* São Paulo
**São Pedro do Rio Grande do Sul** *siehe* Rio Grande
**São Salvador** *siehe* Salvador
**São Tiago** *siehe* Santiago
**São Tomé** 76 E 2 *Eng.* Saint Thomas. Insel, S São Tomé & Príncipe
**São Tomé** 76 E 2 Staatshauptstadt, São Tomé, S São Tomé & Príncipe

**São Tomé & Príncipe**
76 D 1 *Port.* Republica Democrática de São Tomé e Príncipe (Demokratische Republik São Tomé und Príncipe). Z Afrika

**UN-Name:** Democratic Republic of Sao Tome and Principe **Formation:** 1975 **Hauptstadt:** São Tomé **Bevölkerung:** 121 000 **Fläche:** 964 km² **Sprachen:** Portugiesisch*, Portugiesisch-Kreolisch **Religionen:** Römisch-Katholische 90%, andere Christen 10% **Volksgruppen:** Schwarze 90%, Portugiesen und Kreolen 10% **Regierung:** Mehrparteienrepublik **Währung:** Dobra = 100 Centimos

**São Tomé, Pico de** 76 E 2 Berg, São Tomé, S São Tomé & Príncipe
**São Vicente** 74 A 3 Insel, Kap Verde
**São Vicente, Cabo de** 92 B 5 Landspitze, SW Portugal
**Sápai** *siehe* Sápes
**Sapele** 75 F 5 S Nigeria
**Sápes** 104 D 3 *var.* Sápai. NO Griechenland
**Sa Pobla** 93 G 3 *var.* La Puebla. O Spanien
**Sapporo** 130 D 2 Hokkaidō, NO Japan
**Sapri** 97 D 6 SW Italien
**Sapulpa** 49 G 1 Oklahoma, Z USA
**Saqqez** 120 C 2 *var.* Saghez, Sakiz, Saqqiz. NW Iran
**Sara Buri** 137 C 5 *var.* Saraburi. Z Thailand
**Saraburi** *siehe* Sara Buri
**Saragt** *siehe* Serakhs
**Saraguro** 60 B 2 S Ecuador
**Sarajevo** 101 A 8 Staatshauptstadt, SO Bosnien-Herzegowina
**Sarakhs** 120 E 2 NO Iran
**Saraktash** 111 D 6 W Russische Föderation
**Saran** 114 C 4 *Russ.* Saran'. Z Kasachstan
**Sarandë** 101 C 7 *var.* Saranda, *It.* Porto Edda; *ehem.* Santi Quaranta. S Albanien
**Saransk** 111 C 5 W Russische Föderation
**Sarasota** 43 E 4 Florida, SO USA
**Saratov** 111 C 6 W Russische Föderation
**Sarawak** 138 D 3 Region, Borneo, O Malaysia
**Sarawak** *siehe* Kuching
**Sardegna** 97 A 5 *Dtsch.* Sardinien. Insel, W Italien
**Sardinien** *siehe* Sardegna
**Sar-e Pol** *siehe* Sar-e Pol-e Żahāb
**Sargasso-Meer** 66 B 4 Meer, N Atlantischer Ozean
**Sargodha** 134 C 2 NO Pakistan
**Sarh** 76 C 4 *ehem.* Fort-Archambault. S Tschad
**Saría** 105 E 7 Insel, Dodekánisos, SO Griechenland
**Sarıkamış** 117 F 3 NO Türkei
**Sarikol** 123 G 3 *Chin.* Sarikol Shan. Gebirge, China/Tadschikistan
**Sark** 89 D 8 *Fr.* Sercq. Insel, Ärmelkanal, Großbritannien
**Şarkışla** 116 D 3 Z Türkei
**Sarmiento** 65 B 6 S Argentinien
**Sarnia** 38 C 5 Ontario, S Kanada
**Sarny** 108 C 1 NW Ukraine
**Sarochyna** 107 D 5 *Russ.* Sorochino. N Weißrußland
**Sarpsborg** 85 B 6 S Norwegen
**Sarrebruck** *siehe* Saarbrücken
**Sartène** 91 E 7 Corse, SO Frankreich
**Sarthe** 90 B 4 Region, NW Frankreich
**Sárti** 104 C 4 N Griechenland
**Saryarqa** 114 B 4 *Dtsch.* Kasachische Steppe. Region, Z Kasachstan
**Sary-Tash** 123 F 3 SW Kirgisistan
**Sasebo** 131 A 7 Kyūshū, SW Japan
**Saskatchewan** 37 F 5 Provinz, SW Kanada
**Saskatchewan** 37 F 5 Fluß, Z Kanada
**Saskatoon** 37 F 5 Saskatchewan, S Kanada
**Sasovo** 111 B 5 W Russische Föderation
**Sassandra** 74 D 5 S Elfenbeinküste
**Sassandra** 74 D 5 *var.* Ibo, Sassandra Fleuve. Fluß, S Elfenbeinküste
**Sassari** 97 A 5 W Italien
**Sassenheim** 86 C 3 W Niederlande
**Sassnitz** 94 D 2 NO Deutschland
**Sátoraljaújhely** 99 E 6 NO Ungarn
**Sātpura Range** 134 D 4 Gebirge, Z Indien
**Satsunan-shotō** 130 A 3 *var.* Satunan Syotô. Inselgruppe, Nansei-shotō, S Japan
**Sattanen** 84 D 3 NO Finnland
**Satu Mare** 108 B 3 *Dtsch.* Sathmar, *Ung.* Szatmárrnémeti. NW Rumänien
**Sauceda Mountains** 48 B 3 Gebirge, Arizona, SW USA

**Saudi-Arabien**
121 B 5 *Ar.* Al Mamlakāh al 'Arabīyah as Su'ūdīyah (Königreich Saudi-Arabien), SW Asien

**UN-Name:** Kingdom of Saudi Arabia **Formation:** 1932 **Hauptstadt:** Riad **Bevölkerung:** 16,5 Mio. **Fläche:** 2 149 690 km² **Sprachen:** Arabisch* **Religionen:** Sunna-Muslime 85%, Shi'a-Muslime 14%, Christen 1% **Volksgruppen:** Araber 90%, Jemeniten 8%, andere Araber 1%, andere 1% **Regierung:** Absolute Monarchie **Währung:** Riyal = 100 Malalah

**Sauer** *siehe* Sûre
**Saugor** *siehe* Sāgar
**Saulkrasti** 106 C 3 Z Lettland
**Sault Ste.Marie** 38 C 4 Ontario, S Kanada
**Sault Ste Marie** 40 C 2 Michigan, N USA
**Saumarez Reef** 148 E 4 Riff, S Korallen-See
**Saumur** 90 B 4 NW Frankreich
**Saurimo** 78 C 1 *var.* Henrique de Carvalho, *Port.* Vila Henrique de Carvalho. NO Angola
**Sava** 100 B 3 Fluß, SO Europa
**Sava** 107 E 6 O Weißrußland
**Savá** 52 D 2 N Honduras
**Savai'i** 145 E 4 Insel, Samoa
**Savannah** 43 E 2 Georgia, SO USA
**Savannah River** 43 E 2 Fluß, SO USA
**Savannakhét** 136 D 4 S Laos
**Savanna-La-Mar** 54 A 5 W Jamaica
**Save, Rio** 79 E 3 *var.* Sabi. Fluß, Moçambique/Zimbabwe
**Saverne** 90 E 3 *var.* Zabern; *ant.* Tres Tabernae. NO Frankreich
**Savigliano** 96 A 2 NW Italien
**Savigsivik** *siehe* Savissivik
**Savinski** *siehe* Savinskiy
**Savinskiy** 110 C 3 *var.* Savinski. NW Russische Föderation
**Savissivik** 82 D 1 *var.* Savigsivik. NW Grönland
**Savoie** 91 D 5 Region, SO Frankreich
**Savona** 96 A 2 NW Italien
**Sävsjö** 85 B 7 S Schweden
**Savu-See** *siehe* Sawu, Laut
**Sawakin** *siehe* Suakin
**Şawqirah** 121 E 6 *var.* Suqrah. S Oman
**Sawu, Laut** 139 E 5 *Eng.* Savu Sea, *Dtsch.* Savu-See. Meer, O Indischer Ozean
**Sayaboury** *siehe* Xaignabouli
**Sayat** 122 D 3 O Turkmenistan

**Sayaxché** 52 B 2 N Guatemala
**Sayḩūt** 121 D 6 O Jemen
**Saylac** 72 D 4 *var.* Zeila. NW Somalia
**Saynshand** 127 E 2 S Mongolei
**Say 'ūn** 121 C 6 *var.* Saywūn. Z Jemen
**Saywūn** *siehe* Say 'ūn
**Scalabis** *siehe* Santarém
**Scania** *siehe* Skåne
**Scarborough** 89 D 5 NO England, Großbritannien
**Scarborough** 38 D 5 Ontario, S Kanada
**Schaan** 94 E 1 W Liechtenstein
**Schaerbeek** 87 C 6 Z Belgien
**Schaffhausen** 95 B 7 *Fr.* Schaffhouse. N Schweiz
**Schaffhouse** *siehe* Schaffhausen
**Schagen** 86 C 2 NW Niederlande
**Schaulen** *siehe* Šiauliai
**Schaumburg** 40 B 3 Illinois, N USA
**Schebschi-Gebirge** *siehe* Shebshi Mountains
**Scheeßel** 94 B 3 NW Deutschland
**Schefferville** 39 E 2 Québec, O Kanada
**Schelde** 87 B 5 *Nied.* Schelde, *Fr.* Escaut. Fluß, W Europa
**Schell Creek Range** 47 D 5 Gebirge, Nevada, W USA
**Schenectady** 41 F 3 New York, NO USA
**Scherrebek** *siehe* Skærbæk
**Schertz** 49 G 4 Texas, S USA
**Schiedam** 86 C 4 SW Niederlande
**Schiermonnikoog** 86 D 1 *Fries.* Skiermûntseach. Insel, N Niederlande
**Schijndel** 86 D 4 S Niederlande
**Schivelbein** *siehe* Świdwin
**Schleswig** 94 B 2 N Deutschland
**Schleswig-Holstein** 94 B 2 Region, N Deutschland
**Schlettstadt** *siehe* Sélestat
**Schlochau** *siehe* Człuchów
**Schneekoppe** *siehe* Sněžka
**Schneidemühl** *siehe* Piła
**Schönebeck** 94 C 4 Z Deutschland
**Schönlanke** *siehe* Trzcianka
**Schooten** *siehe* Schoten
**Schoten** 87 C 5 *var.* Schooten. N Belgien
**Schottland** *siehe* Scotland
**Schouwen** 86 B 4 Insel, SW Niederlande
**Schwäbische Alb** 95 B 6 *var.* Schwabenalb. Gebirge, S Deutschland
**Schwandorf** 95 C 5 SO Deutschland
**Schwarze Drin** *siehe* Drini i Zi
**Schwarzer Fluß** *siehe* Đa, Sông *und* Lixian Jiang
**Schwarzer Volta** *siehe* Black Volta
**Schwarzes Meer** 81 F 4 *Bul.* Cherno More, *Eng.* Euxine Sea, *Rum.* Marea Neagră, *Russ.* Chernoye More, *Türk.* Karadeniz, *Ukr.* Chorne More. Meer, Europa/Asien
**Schwarzmeertiefland** *siehe* Prychornomors'ka Nyzovyna
**Schwarzwald** 95 B 6 Gebirge, SW Deutschland
**Schwaz** 95 C 7 W Österreich

---

**Schweden**
84 B 4 *Schwe.* Konungariket Sverige (Königreich Schweden). N Europa

**UN-Name:** Kingdom of Sweden **Formation:** 1905 **Hauptstadt:** Stockholm **Bevölkerung:** 8,7 Mio. **Fläche:** 449 960 km² **Sprachen:** Schwedisch*, Finnisch, Lappisch (Samisch) **Religionen:** Evangelisch-Lutherische 94%, Römisch-Katholische 2%, andere 4% **Volksgruppen:** Schweden 87%, Finnen und Lappen (Samen) 1%, andere Europäer 12% **Regierung:** Konstitutionelle Monarchie **Währung:** Krona = 100 Öre

---

**Schweidnitz** *siehe* Świdnica
**Schweinebucht** *siehe* Cochinos, Bahía de
**Schweinfurt** 95 B 5 SO Deutschland

---

**Schweiz**
95 A 7 *Fr.* La Suisse, *It.* Svizzera; *ant.* Helvetica. Bundesrepublik, Z Europa

**UN-Name:** Swiss Confederation **Formation:** 1815 **Hauptstadt:** Bern **Bevölkerung:** 6,9 Mio. **Fläche:** 41 290 km² **Sprachen:** Deutsch*, Französisch*, Italienisch* Rätoromanisch* **Religionen:** Römisch-Katholische 48%, Protestanten 44%, andere 8% **Volksgruppen:** Deutsche 65%, Franzosen 18%, Italiener 10%, andere 7% **Regierung:** Mehrparteienrepublik **Währung:** Franken = 100 Rappen

---

**Schwerin** 94 C 3 N Deutschland
**Schwertberg** *siehe* Świecie
**Schwiebus** *siehe* Świebodzin
**Scilly, Isles of** 89 B 8 Inselgruppe, SW England, Großbritannien
**Scoresby Sund** *siehe* Kangertittivaq
**Scotia-Rücken** 154 A 1 untermeer. Formation, S Atlantischer Ozean
**Scotia-See** 67 B 7 Meer, SW Atlantischer Ozean
**Scotland** 88 C 3 *Dtsch.* Schottland. Nationalregion, Großbritannien
**Scott Base** 154 C 4 Forschungsstation, Antarktis
**Scott Island** 154 B 5 Insel, Antarktis
**Scottsbluff** 44 D 3 Nebraska, Z USA
**Scottsdale** 48 B 2 Arizona, SW USA
**Scranton** 41 F 3 Pennysylvania, NO USA
**Scrobesbyrig'** *siehe* Shrewsbury
**Seaside** 47 B 6 California, W USA
**Seattle** 46 B 2 Washington, NW USA
**Sébaco** 52 D 3 W Nicaragua
**Sebago Lake** 41 G 2 See, Maine, NO USA
**Sebastián Vizcaíno, Bahía** 50 A 2 Bucht, O Pazifischer Ozean
**Sebastopol** *siehe* Sevastopol'
**Sebenico** *siehe* Šibenik
**Sebta** *siehe* Ceuta
**Sechura, Bahía de** 60 A 3 Bucht, W Pazifischer Ozean
**Secunderābād** 132 C 1 *var.* Sikandarabad. Z Indien
**Sedan** 90 D 3 N Frankreich
**Seddon** 151 D 5 South Island, Z Neuseeland
**Seddonville** 151 C 5 South Island, Z Neuseeland
**Sédhiou** 74 B 4 SW Senegal
**Sedona** 48 B 2 Arizona, SW USA
**Seeland** *siehe* Sjælland
**Seesen** 94 B 4 Z Deutschland
**Sefīdkūh, Selseleh-ye** 122 D 4 Gebirge. NW Afghanistan
**Segeža** *siehe* Segezha
**Segezha** 110 B 3 *var.* Segeža. NW Russische Föderation
**Segodunum** *siehe* Rodez
**Ségou** 74 D 3 *var.* Segu. Z Mali
**Segovia** 92 D 2 Z Spanien
**Segu** *siehe* Ségou
**Séguédine** 75 H 2 NO Niger
**Seguin** 49 G 4 Texas, S USA
**Segura** 93 E 4 Fluß, S Spanien
**Seinäjoki** 85 D 5 *Schwe.* Östermyra. W Finnland
**Seine** 90 C 3 Fluß, N Frankreich
**Seine, Baie de la** 90 B 3 Bucht, N Frankreich
**Sekondi** *siehe* Sekondi-Takoradi
**Sekondi-Takoradi** 75 E 5 *var.* Sekondi. S Ghana
**Sélestat** 90 E 4 *Dtsch.* Schlettstadt. NO Frankreich
**Seleucia** *siehe* Silifke
**Selfoss** 83 E 5 SW Island
**Sélibaby** *siehe* Sélibabi
**Selibi Phikwe** 78 D 3 O Botswana
**Selima** 72 B 3 Oase, N Sudan
**Selma** 47 C 6 California, W USA
**Selway River** 46 D 2 Fluß, Idaho, NW USA
**Selwyn Range** 148 B 3 Gebirge, Queensland, NW Australien
**Semara** *siehe* Smara
**Semarang** 138 C 5 *var.* Samarang. Jawa, Z Indonesien
**Sembé** 77 B 5 NW Rep. Kongo
**Semendria** *siehe* Smederevo
**Semey** 114 D 4 *Russ.* Semipalatinsk. O Kasachstan
**Semezhevo** *siehe* Syemyezhava
**Seminole** 49 E 3 Texas, S USA
**Seminole, Lake** 42 D 3 Stausee, SO USA
**Semipalatinsk** *siehe* Semey
**Semna** 72 B 3 N Sudan
**Semnān** 120 D 3 *var.* Samnān. N Iran
**Semois** 87 C 8 Fluß, SO Belgien
**Sên, Stœng** 137 D 5 Fluß, N Kambodscha
**Senatobia** 42 C 2 Mississippi, S USA
**Sendai** 130 D 4 Honshū, Z Japan
**Sendai** 131 A 8 Kyūshū, SW Japan
**Sendai-wan** 130 D 4 Bucht, NW Pazifischer Ozean
**Senec** 99 C 6 *Dtsch.* Wartberg, *Ung.* Szenc; *ehem.* Szempcz. W Slowakei
**Senegal** 74 C 3 *Fr.* Sénégal. Fluß, W Afrika

---

**Senegal**
74 B 3 *Fr.* République du Sénégal (Republik Senegal). W Afrika

**UN-Name:** Republic of Senegal **Formation:** 1960 **Hauptstadt:** Dakar **Bevölkerung:** 7,9 Mio. **Fläche:** 196 720 km² **Sprachen:** Französisch*, Wolof, Ful, Serer **Religionen:** Muslime 92%, Naturreligionen 6%, Christen 2% **Volksgruppen:** Wolof 46%, Fulbe 25%, Serer 16%, andere 13% **Regierung:** Mehrparteienrepublik **Währung:** CFA-Franc = 100 Centimes

---

**Senftenberg** 94 D 4 O Deutschland
**Sengkang** *siehe* Singkang
**Senica** 99 C 6 *Dtsch.* Senitz, *Ung.* Szenice. W Slowakei
**Seniça** *siehe* Sjenica
**Senj** 100 A 3 *Dtsch.* Zengg, *It.* Segna; *ant.* Senia. NW Kroatien
**Senja** 84 C 2 *ehem.* Senjen. Insel, N Norwegen
**Senjen** *siehe* Senja
**Senkaku-shotō** 130 A 3 Inselgruppe, Nansei-shotō, S Japan
**Senlis** 90 C 3 N Frankreich
**Sennar** 72 C 4 *var.* Sannār. Z Sudan
**Sens** 90 C 4 *ant.* Agendicum, Senones. Z Frankreich
**Senta** 100 D 2 *Ung.* Zenta. N Jugoslawien
**Sentosa** 138 A 2 Insel, S Singapur
**Seoul** *siehe* Sŏul
**Sept-Îles** 39 E 3 Québec, SO Kanada
**Seraing** 87 D 6 O Belgien
**Serakhs** 122 D 3 *var.* Saragt. S Turkmenistan
**Seram, Laut** 139 F 4 *Dtsch.* Ceram-See. Meer, W Pazifischer Ozean
**Seram, Pulau** 139 F 4 *var.* Serang, *Eng.* Ceram. Insel, Maluka, O Indonesien
**Serang** 138 C 5 Jawa, Z Indonesien
**Serasan, Selat** 138 C 3 Meerenge, W Pazifischer Ozean
**Serbien** 100 D 4 *Serb.* Srbija. Teilrepublik Jugoslawiens. *Siehe auch* Jugoslawien
**Sercq** *siehe* Sark
**Serdo** 72 D 4 N Äthiopien
**Seremban** 138 B 3 W Malaysia
**Serenje** 78 D 2 O Sambia
**Sérifos** 105 C 6 *ant.* Seriphos. Insel, Kykládes, SO Griechenland
**Seriphos** *siehe* Sérifos
**Serov** 114 C 3 Z Russische Föderation
**Serowe** 78 D 3 SO Botswana
**Serpent's Mouth, The** 59 F 2 *Sp.* Boca de la Serpiente. Meerenge, W Atlantischer Ozean
**Serpiente, Boca de la** *siehe* Serpent's Mouth, The
**Serpukhov** 111 B 5 W Russische Föderation
**Serravalle** 96 E 1 San Marino
**Sérres** 104 C 3 *var.* Seres; *ehem.* Sérrai. NO Griechenland
**Sesto San Giovanni** 96 B 2 N Italien
**Sesvete** 100 B 2 N Kroatien
**Sète** 91 C 6 *ehem.* Cette. S Frankreich
**Sétif** 71 E 2 *var.* Stif. N Algerien
**Setté Cama** 77 A 6 SW Gabun
**Setúbal** 92 B 4 *Eng.* Saint Ubes, Saint Yves. W Portugal
**Setúbal, Baía de** 92 B 4 Bucht, NO Atlantischer Ozean
**Seul, Lac** 38 B 3 See, Ontario, S Kanada
**Sevan** 117 G 2 Z Armenien
**Sevana Lich** 117 G 3 *Eng.* Lake Sevan, *Russ.* Ozero Sevan. See, O Armenien
**Sevastopol'** 109 F 5 *Eng.* Sebastopol. S Ukraine
**Severn** 89 D 7 *Wal.* Hafren. Fluß, England/Wales, Großbritannien
**Severn** 38 B 2 Fluß, Ontario, S Kanada
**Severnaya Dvina** 110 C 4 *Dtsch.* Nördliche Dvina. Fluß, NW Russische Föderation
**Severnaya Zemlya** 115 E 2 *var.* Nicholas II Land, North Land. Inselgruppe, N Russische Föderation
**Severnyy** 110 E 3 *var.* Severny, Severnyj. NW Russische Föderation

**Severodonetsk** *siehe* Syeverodonets'k
**Severodvinsk** 110 C 3 *ehem.* Molotov, Sudostroy. NW Russische Föderation
**Severomorsk** 110 C 2 NW Russische Föderation
**Sevier Lake** 44 A 4 See, Utah, W USA
**Sevier River** 44 B 5 Fluß, W USA
**Sevilla** 92 C 5 *Eng.* Seville; *ant.* Hispalis, SW Spanien
**Sevlievo** 104 D 2 Z Bulgarien

---

**Seychellen**
79 G 1 *Kreol.* Repiblik Sesel (Republik Seychellen). O Afrika

**UN-Name:** Republic of the Seychelles **Formation:** 1976
**Hauptstadt:** Victoria **Bevölkerung:** 69 000 **Fläche:** 280 km² **Sprachen:** Kreolisch*, Französisch, Englisch **Religionen:** Römisch-Katholische 90%, andere 10% **Volksgruppen:** Seycheller (Mischlinge von Afrikanern, Südasiaten und Europäern) 95%, Chinesen und Südasiaten 5% **Regierung:** Mehrparteienrepublik **Währung:** Rupee = 100 Cents

---

**Seydhisfjördhur** 83 E 5 O Island
**Seydi** 122 D 2 *ehem.* Neftezavodsk. O Turkmenistan
**Seyhan** *siehe* Adana
**Şeytan Deresi** 116 D 4 Fluß, NW Türkei
**Sfákia** 105 C 8 Kríti, SO Griechenland
**Sfântu Gheorghe** 108 C 4 *Dtsch.* Sankt-Georgen, *Ung.* Sepsiszentgyőrgy; *ehem.* Şepşi-Sângeorz, Sfîntu Gheorghe. Z Rumänien
**Sfax** 71 F 2 *var.* Şafāqis. O Tunesien
**'s Gravenhage** 86 B 4 *var.* Den Haag, *Eng.* The Hague, *Fr.* La Haye. Regierungssitz, W Niederlande
**'s Gravenzande** 86 B 4 W Niederlande
**Shaanxi** 129 B 5 *var.* Shaan, Shanhsi, Shenshi, Shensi. Provinz, Z China
**Shabani** *siehe* Zvishavane
**Shache** 126 A 3 *var.* Yarkant. NW China
**Shackleton Ice Shelf** 154 D 3 Schelfeis, Antarktis
**Shafer, Mount** 154 C 4 Berg, Antarktis
**Shahr-e Kord** 120 C 3 *var.* Shahr Kord. Z Iran
**Shahr Kord** *siehe* Shahr-e Kord
**Shakawe** 78 C 3 NW Botswana
**Shakhtinsk** 114 C 4 Z Kasachstan
**Shaluli Shan** 129 A 5 Gebirge, S China
**Shandī** *siehe* Shendi
**Shandong** 128 C 4 *var.* Lu, Shantung. Provinz, O China
**Shanghai** 129 D 5 *var.* Shang-hai. O China
**Shang-hai** *siehe* Shanghai
**Shangrao** 129 D 5 O China
**Shannon** 89 A 6 Z Rep. Irland
**Shannon** 89 A 6 *Ir.* An tSionainn. Fluß, W Rep. Irland
**Shan-Plateau** 136 B 3 Plateau, Z Myanmar
**Shantar Islands** *siehe* Shantarskiye Ostrova
**Shantarskiye Ostrova** 115 G 3 *Eng.* Shantar Islands. Inselgruppe, SO Russische Föderation
**Shantou** 129 D 6 *var.* Shan-t'ou, Swatow. SO China
**Shanxi** 128 C 4 *var.* Jin, Shan-hsi, Shansi. Provinz, NO China
**Shan Xian** *siehe* Sanmenxia
**Shaoguan** 129 C 6 *var.* Shao-kuan, *Kant.* Kukong; *ehem.* Ch'u-chiang. SO China
**Shaqrā'** 120 C 4 Z Saudi-Arabien
**Shaqrā** *siehe* Shuqrah
**Shari** *siehe* Chari
**Shari** 130 D 2 Hokkaidō, NO Japan
**Sharif** 135 F 3 N Indien
**Sharïngol** 127 E 2 N Mongolei
**Shark Bay** 147 A 5 Bucht, O Indischer Ozean
**Sharqī, Jazīrat ash** *siehe* Chergui, Île
**Shashe** 78 D 3 *var.* Shashi. Fluß, Botswana/Zimbabwe
**Shashi** *siehe* Shashe
**Shasta Lake** 47 B 5 Stausee, California, W USA
**Shawnee** 49 G 1 Oklahoma, Z USA
**Shaykh, Jabal ash** *siehe* Hermon, Mount
**Shchadryn** 107 D 7 *Russ.* Shchedrin. SO Weißrußland
**Shchedrin** *siehe* Shchadryn
**Shcheglovsk** *siehe* Kemerovo
**Shchëkino** 111 B 5 W Russische Föderation
**Shchigry** 111 B 5 W Russische Föderation
**Shchors** 109 E 1 N Ukraine
**Shchuchinsk** 114 C 4 *ehem.* Shchuchye. N Kasachstan
**Shchuchyn** 107 B 5 *Pol.* Szczuczyn Nowogródzki, *Russ.* Shchuchin. W Weißrußland
**Shebekino** 111 A 6 W Russische Föderation
**Shebeli** 73 D 5 *Amh.* Wabē Shebelē Wenz, *It.* Scebeli, *Som.* Webi Shabeelle. Fluß, Äthiopien/Somalia
**Sheberghān** 123 E 3 *var.* Shibarghan, Shibarghān, Shiberghan, Shiberghān. N Afghanistan
**Sheboygan** 40 B 3 Wisconsin, N USA
**Shebshi Mountains** 75 H 4 Gebirge, O Nigeria
**Sheffield** 89 D 6 N England, Großbritannien
**Shelburne** 39 F 5 Ontario, S Kanada
**Shelburne Bay** 148 C 1 Bucht, NW Korallen-See
**Shelby** 44 B 1 Montana, NW USA
**Shelbyville, Lake** 40 B 4 Stausee, Illinois, N USA
**Sheldon** 45 F 3 Iowa, Z USA
**Shelikhova, Zaliv** 115 H 2 *Dtsch.* Golf von Shelikhova. Golf, N Okhotskisches Meer
**Shemakha** *siehe* Şamaxı
**Shendi** 72 C 3 *var.* Shandī. NO Sudan
**Shenyang** 128 D 3 *Chin.* Shen-yang, *Eng.* Moukden, Mukden; *ehem.* Fengtien. Provinzhauptstadt, NO China
**Shepetivka** 108 D 2 *Russ.* Shepetovka. NW Ukraine
**Shepetovka** *siehe* Shepetivka
**Shepparton** 149 C 7 Victoria, SO Australien
**Sherbrooke** 39 E 4 Québec, SO Kanada
**Shereik** 72 C 3 N Sudan
**Shergui, Shatt al-** *siehe* Ech Chergui, Chott
**Sheridan** 44 C 2 Wyoming, Z USA
**Sherman** 49 G 2 Texas, S USA
**'s Hertogenbosch** 86 D 4 *Fr.* Bois-le-Duc, *Dtsch.* Herzogenbusch. S Niederlande
**Shetland Islands** 88 D 1 Inselgruppe, NO Scotland, Großbritannien
**Shibushi-wan** 131 B 8 Bucht, NW Pazifischer Ozean
**Shihezi** 126 C 2 NW China
**Shiichi** *siehe* Shyichy
**Shijiazhuang** 128 C 4 *var.* Shihchia-chuang, Shihkiachwang; *ehem.* Shihmen. Provinzhauptstadt, NO China
**Shikārpur** 134 B 3 S Pakistan
**Shikoku** 131 C 7 *var.* Sikoku. Insel, Japan
**Shikoku-Becken** 152 B 2 untermeer. Formation, NO Pazifischer Ozean
**Shikotan, Ostrov** 130 E 2 Insel, Kuril'skiye Ostrova, SO Russische Föderation
**Shiliguri** 135 F 3 *ehem.* Siliguri. NO Indien
**Shilka** 115 F 4 Fluß, Z Russische Föderation
**Shimbir Berris** *siehe* Shimbiris
**Shimbiris** 72 E 4 *var.* Shimbir Berris. Berg, N Somalia
**Shimoga** 132 C 2 W Indien
**Shimonoseki** 131 A 7 *var.* Simonoseki; *hist.* Akamagaseki, Bakan. Honshū, SW Japan
**Shinano-gawa** 131 C 5 *var.* Sinano Gawa. Fluß, Honshū, Z Japan
**Shīndand** 122 D 4 W Afghanistan
**Shingū** 131 C 7 *var.* Singû. Honshū, SW Japan
**Shinjō** 130 D 4 *var.* Sinzyô. Honshū, Z Japan
**Shinyanga** 73 C 7 NW Tansania
**Shiprock** 48 C 1 New Mexico, SW USA
**Shiquanhe** 126 A 4 W China
**Shirāz** 120 D 4 *var.* Shīrāz. S Iran
**Shīrāz** *siehe* Shirāz
**Shishchitsy** *siehe* Shyshchytsy
**Shivpuri** 134 D 3 Z Indien
**Shizugawa** 130 D 4 Honshū, NO Japan
**Shizuoka** 131 D 6 *var.* Sizuoka. Honshū, S Japan
**Shklov** *siehe* Shklow
**Shklow** 107 E 6 *Russ.* Shklov. O Weißrußland
**Shkodër** 101 C 5 *var.* Shkodra, *It.* Scutari, *SKr.* Skadar. NW Albanien
**Shkumbinit, Lumi i** 101 D 6 *var.* Shkumbî, Shkumbin. Fluß, Z Albanien
**Shoal Lake** 37 F 5 Manitoba, S Kanada
**Sholāpur** *siehe* Solapur
**Shostka** 109 F 1 NO Ukraine
**Show Low** 48 B 2 Arizona, SW USA
**Shpola** 109 E 3 N Ukraine
**Shreveport** 42 A 2 Louisiana, S USA
**Shrewsbury** 89 C 6 *hist.* Scrobesbyrig'. W England, Großbritannien
**Shū** 114 C 5 *Russ.* Chu. SO Kasachstan
**Shūlgareh** 123 E 3 N Afghanistan
**Shumagin Islands** 36 B 3 Inselgruppe, Alaska, NW USA
**Shumen** 104 D 2 *var.* Šumen. NO Bulgarien
**Shumerlya** 111 C 5 W Russische Föderation
**Shumilina** 107 E 5 *Russ.* Shumilino. NO Weißrußland
**Shumilino** *siehe* Shumilina
**Shunsen** *siehe* Ch'unch'ŏn
**Shuqrah** 121 C 7 *var.* Shaqrā. SW Jemen
**Shwebo** 136 B 3 N Myanmar
**Shyichy** 107 C 7 *Russ.* Shiichi. SO Weißrußland
**Shymkent** 114 B 5 *var.* Čimkent; *ehem.* Chimkent. S Kasachstan
**Shyshchytsy** 107 C 6 *Russ.* Shishchitsy. Z Weißrußland
**Siāhān Range** 134 A 3 Gebirge, S Pakistan
**Sīāh Kūh** 122 D 4 Gebirge, Afghanistan/Iran
**Siam** *siehe* Thailand
**Siam, Golf von** *siehe* Thailand, Golf von
**Šiauliai** 106 B 4 *Dtsch.* Schaulen. N Litauen
**Siazan'** *siehe* Siyäzän
**Sibay** 111 D 6 W Russische Föderation
**Šibenik** 100 A 4 *It.* Sebenico. S Kroatien
**Siberoet** *siehe* Siberut, Pulau
**Siberut, Pulau** 138 A 4 *ehem.* Siberoet. Insel, Kepulauan Mentawai, W Indonesien
**Sibi** 134 B 2 SW Pakistan
**Sibirien** 115 E 3 *Russ.* Sibir'. Region, Z Russische Föderation
**Sibiu** 108 B 4 *Dtsch.* Hermannstadt, *Ung.* Nagyszeben. Z Rumänien
**Sibolga** 138 B 3 Sumatera, N Indonesien
**Sibu** 138 D 3 Borneo, O Malaysia
**Sibut** 76 C 4 *ehem.* Fort-Sibut. S Zentralafrikanische Republik
**Sibuyan Sea** 139 E 2 Meer, W Pazifischer Ozean
**Sichon** 137 C 7 *var.* Ban Sichon, Si Chon. S Thailand
**Sichuan** 129 B 5 *var.* Chuan, Ssu-ch'uan, Szechuan, Szechwan. Provinz, Z China
**Sichuan Pendi** 129 B 5 Senke, Z China
**Sicilia** 97 C 7 *Dtsch.* Sizilien; *ant.* Trinacria. Insel, S Italien
**Sicuani** 61 E 4 S Peru
**Sidári** 104 A 4 Kérkyra, W Griechenland
**Siderno** 97 D 7 SW Italien
**Sidhirókastron** *siehe* Sidirókastro
**Sîdi Barrâni** 72 A 1 NW Ägypten
**Sidi Bel Abbès** 70 D 2 *var.* Sidi bel Abbès, Sidi-Bel-Abbès. NW Algerien
**Sidirókastro** 104 C 3 *ehem.* Sidhirókastron. NO Griechenland
**Sidley, Mount** 154 B 4 Berg, Antarktis
**Sidney** 40 C 4 Ohio, N USA
**Sidney** 44 D 1 Nebraska, Z USA
**Sidney** 44 D 4 Missouri, Z USA
**Siebenbürgen** *siehe* Transilvania
**Siebenbürger Alpen** *siehe* Carpații Meridionali
**Siedlce** 98 E 3 *Dtsch.* Sedlez, *Russ.* Sesdlets. O Polen
**Siegen** 94 B 4 W Deutschland
**Siemiatycze** 98 E 3 O Polen
**Siena** 96 C 3 *Fr.* Sienne; *ant.* Saena Julia. Z Italien
**Sieradz** 98 C 4 Z Polen

**Sierpc** 98 D 3 Z Polen
**Sierra de Soconusco** *siehe* Sierra Madre

**Sierra Leone**
74 C 4 W Afrika

**UN-Name:** Republic of Sierra Leone **Formation:** 1961 **Hauptstadt:** Freetown **Bevölkerung:** 4,5 Mio. **Fläche:** 71 740 km² **Sprachen:** Englisch*, Krio (Kreolisch) **Religionen:** Naturreligionen 52%, Muslime 40%, Christen 8% **Volksgruppen:** Mende 34%, Temne 31%, Limba 9%, Kono 5%, andere 21% **Regierung:** Mehrparteienrepublik **Währung:** Leone = 100 Cents

**Sierra Leone-Becken** 66 C 4 untermeer. Formation, O Atlantischer Ozean
**Sierra Leone-Schwelle** 66 C 4 *var.* Sierra Leone Ridge. Untermeer. Formation, O Atlantischer Ozean
**Sierra Madre** 52 A 2 *var.* Sierra de Soconusco. Gebirge, Guatemala/Mexiko
**Sierra Nevada** 47 C 6 Gebirge, California, W USA
**Sierra Nevada de Mérida** *siehe* Mérida, Cordillera de
**Sierra Vieja** 48 D 4 Gebirge, Texas, S USA
**Sierra Vista** 48 B 3 Arizona, SW USA
**Sífnos** 105 C 6 *ant.* Siphnos. Insel, Kykládes, SO Griechenland
**Sigli** 138 A 3 W Indonesien
**Siglufjördhur** 83 E 4 N Island
**Signy** 154 A 2 Forschungsstation, Antarktis
**Sigsbee Deep** *siehe* Mexiko-Becken
**Siguatepeque** 52 C 2 W Honduras
**Siguiri** 74 D 4 NO Guinea
**Siilinjärvi** 84 E 4 Z Finnland
**Siirt** 117 F 4 *var.* Sert; *ant.* Tigranocerta. SO Türkei
**Sikainana** *siehe* Stewart Island
**Sikandarabad** *siehe* Secunderābād
**Sikasso** 74 D 4 S Mali
**Sikeston** 45 H 5 Iowa, Z USA
**Sikhote-Alin', Khrebet** 115 G 4 Gebirge, SO Russische Föderation
**Siklós** 99 C 7 SW Ungarn
**Sikoku** *siehe* Shikoku
**Sikoku-Becken** *siehe* Shikoku-Becken
**Šilalė** 106 B 4 W Litauen
**Silchar** 135 G 3 NO Indien
**Silifke** 116 C 4 *ant.* Seleucia. S Türkei
**Siliguri** *siehe* Shiliguri
**Siling Co** 126 C 5 See, W China
**Silistra** 104 E 1 *var.* Silistria; *ant.* Durostorum. NO Bulgarien
**Sillamäe** 106 E 2 *Dtsch.* Sillamäggi. NO Estland
**Sillamäggi** *siehe* Sillamäe
**Silsbee** 49 H 3 Texas, S USA
**Šilutė** 106 B 4 *Dtsch.* Heydekrug. W Litauen
**Silvan** 117 E 4 SO Türkei
**Silva Porto** *siehe* Kuito
**Silverek** 117 E 4 SO Türkei
**Simanichy** 107 C 7 *Russ.* Simonichi. SO Weißrußland
**Simav** 116 B 3 W Türkei
**Simav** 116 A 3 Fluß, NW Türkei
**Simbabwe** *siehe* Zimbabwe
**Simbirsk** *siehe* Ul'yanovsk
**Simeto** 97 C 7 Fluß, SW Italien
**Simeulue, Pulau** 138 A 3 Insel, NW Indonesien
**Simferopol'** 109 F 5 S Ukraine
**Simitli** 104 C 3 SW Bulgarien
**Şimleu Silvaniei** 108 B 3 *Ung.* Szilágysomlyo; *ehem.* Şimlâul Silvaniei, Şimleul Silvaniei. NW Rumänien
**Simonichi** *siehe* Simanichy
**Simpang** 138 B 4 W Indonesien
**Simpelveld** 87 D 6 SO Niederlande
**Simplon-Paß** 95 B 8 Paß, S Schweiz
**Simplon-Tunnel** 95 B 8 Tunnel, Italien/Schweiz
**Simpson** *siehe* Fort Simpson
**Simpson Desert** 148 B 4 Wüste, Z Australien
**Sīnā'** *siehe* Sinai
**Sinai** 72 C 2 *Ar.* Shibh Jazīrat Sīnā', Sīnā'. Region, NO Ägypten
**Sinaia** 108 C 4 SO Rumänien
**Sinano Gawa** *siehe* Shinano-gawa
**Sincelejo** 58 B 2 NW Kolumbien
**Sind** 134 B 3 *var.* Sindh. Provinz, SO Pakistan
**Sindelfingen** 95 B 6 SW Deutschland
**Sindh** *siehe* Sind
**Sindi** 106 D 2 *Dtsch.* Zintenhof. SW Estland
**Sinegorskiy** 111 B 7 SW Russische Föderation
**Sinel'nikovo** *siehe* Synel'nykove
**Sines** 92 B 4 S Portugal

**Singapur**
138 A 1 Republik. SO Asien

**UN-Name:** Republic of Singapore **Formation:** 1965 **Hauptstadt:** Singapore City **Bevölkerung:** 2,8 Mio. **Fläche:** 620 km² **Sprachen:** Malaiisch*, Chinesisch **Religionen:** Buddhisten 30%, Christen 20%, Muslime 17%, andere 33% **Volksgruppen:** Chinesen 76%, Malaien 15%, Südasiaten 7%, andere 2% **Regierung:** Mehrparteiendemokratie **Währung:** Singapore $ = 100 Cents

**Singapur-Straße** 138 A 2 Meerenge, W Pazifischer Ozean
**Singen** 95 B 7 S Deutschland
**Singida** 73 C 7 Z Tansania
**Singkang** 139 E 4 *var.* Sengkang. Sulawesi, Z Indonesien
**Singkawang** 138 C 4 Kalimantan, Z Indonesien
**Singû** *siehe* Shingū
**Siniscola** 97 A 5 W Italien
**Sinj** 100 B 4 SO Kroatien
**Sinnamarie** *siehe* Sinnamary
**Sinnamary** 59 H 3 *var.* Sinnamarie. N Franz. Guyana
**Sinneh** *siehe* Sanandaj
**Sinoe, Lacul** *siehe* Sinoie, Lacul
**Sinoie, Lacul** 108 D 5 *ehem.* Lacul Sinoe. Lagune, W Schwarzes Meer
**Sinop** 116 D 2 *ant.* Sinope. N Türkei
**Sinope** *siehe* Sinop
**Sinsheim** 95 B 6 SW Deutschland
**Sint Maarten** 55 G 3 *Eng.* Saint Martin. Insel, N Niederländische Antillen
**Sint-Michielsgestel** 86 D 4 S Niederlande
**Sint-Niklaas** 87 B 5 *Fr.* Saint-Nicolas. N Belgien
**Sint-Pieters-Leeuw** 87 B 6 Z Belgien
**Sintra** 92 B 4 *ehem.* Cintra. W Portugal
**Sinujiif** 73 E 5 NO Somalia
**Sinus Arabius** *siehe* Rotes Meer
**Sinzyô** *siehe* Shinjō
**Siorapaluk** 82 D 1 NW Grönland
**Sioux City** 45 F 3 South Dakota, N USA
**Sioux Falls** 45 F 3 South Dakota, N USA
**Siphnos** *siehe* Sífnos
**Siping** 128 D 3 *var.* Ssu-p'ing, Szeping; *ehem.* Ssu-p'ing-chieh NO China
**Siple, Mount** 154 A 4 Berg, Antarktis
**Siquirres** 53 E 4 E Costa Rica
**Siracusa** 97 D 7 *Dtsch.* Syrakus. SW Italien
**Sir Charles Forbes Island** *siehe* Kau-Ye Kyun
**Sir Edward Pellew Group** 148 B 2 Inselgruppe, Northern Territory, NO Australien
**Siret** 108 C 3 *var.* Siretul, *Dtsch.* Sereth, *Russ.* Seret, *Ukr.* Siret. Fluß, Rumänien/Ukraine
**Sirikit Reservoir** 136 C 4 See, N Thailand
**Sirna** *siehe* Sýrna
**Sisak** 100 B 3 *var.* Siscia, *Dtsch.* Sissek, *Ung.* Sziszek; *ant.* Segestica. Z Kroatien
**Sisimiut** 82 C 3 *var.* Holsteinborg, Holsteinsborg, Holstenborg, Holstensborg. W Grönland
**Sīstān, Daryācheh-ye** 122 D 5 *var.* Daryācheh-ye Hāmūn, Hāmūn-e Şāberī. See, O Iran
**Sistema Central** 92 D 3 Gebirge, Z Spanien
**Sistema Ibérico** 93 E 2 *var.* Cordillera Ibérica, *Dtsch.* Iberische Kordillere. Gebirge, NO Spanien
**Sistemas Béticos** 92 D 5 Gebirge, S Spanien
**Siteía** 105 D 8 *var.* Sitía. Kríti, SO Griechenland
**Sitges** 93 G 2 NO Spanien
**Sitía** *siehe* Siteía
**Sittang** 136 B 4 *var.* Sittoung. Fluß, Z Myanmar
**Sittard** 87 D 5 SO Niederlande
**Sittoung** *siehe* Sittang
**Sittwe** 136 A 3 *var.* Akyab. W Myanmar
**Siuna** 52 D 3 NO Nicaragua
**Sivas** 116 D 3 *ant.* Sebaste, Sebastia. Z Türkei
**Siwa** 72 A 2 Oase, NW Ägypten
**Six Counties, The** *siehe* Northern Ireland
**Six-Fours-les-Plages** 91 D 6 SO Frankreich
**Siyäzän** 117 H 2 *Russ.* Siazan'. NO Aserbaidschan
**Sizilien** *siehe* Sicilia
**Sizilien, Straße von** 70 F 1 *Eng.* Sicilian Channel. Meerenge, Z Mittelmeer
**Sizuoka** *siehe* Shizuoka
**Sjar** *siehe* Sääre
**Sjælland** 85 B 8 *Dtsch.* Seeland, *Eng.* Zealand. Insel, O Dänemark
**Sjenica** 101 D 5 *Türk.* Seniça. SW Jugoslawien
**Skagerrak** 85 A 6 *var.* Skagerak. Meerenge, Ostsee/Nordsee
**Skagit River** 46 B 1 Fluß, Washington, NW USA
**Skalka** 84 C 3 See, N Schweden
**Skandinavien** 66 D 2 Region, NW Europa
**Skåne** 85 B 7 *ehem. Eng.* Scania. Region, S Schweden
**Skaudvilė** 106 B 4 SW Litauen
**Skegness** 89 E 6 O England, Großbritannien
**Skelettküste** 78 A 3 Region, NW Namibia
**Skellefteå** 84 D 4 N Schweden
**Skellefteälven** 84 C 4 Fluß, N Schweden
**Ski** 85 B 6 S Norwegen
**Skíathos** 105 C 5 Vóreioi Sporádes, O Griechenland
**Skidal'** 107 B 5 *Russ.* Skidel'. W Weißrußland
**Skidel'** *siehe* Skidal'
**Skiermûntseach** *siehe* Schiermonnikoog
**Skíros** *siehe* Skýros
**Skópelos** 105 C 5 Vóreioi Sporádes, O Griechenland
**Skopje** 101 D 6 *var.* Üsküb, *Türk.* Üsküp; *ehem.* Skoplje, *ant.* Scupi. Staatshauptstadt, N Mazedonien
**Skovorodino** 115 F 4 SO Russische Föderation
**Skrīveri** 106 C 4 S Lettland
**Skuodas** 106 B 3 *Dtsch.* Schoden, *Pol.* Szkudy. NW Litauen
**Skutari-See** 101 C 5 *Alb.* Liqeni i Shkodrës; *SKr.* Skadarsko Jezero. See, Albanien/Jugoslawien
**Skye, Isle of** 88 B 3 Insel, W Scotland, Großbritannien
**Skylge** *siehe* Terschelling
**Skýros** 105 C 5 *var.* Skíros. Skýros, O Griechenland
**Skýros** 105 C 5 *var.* Skíros; *ant.* Scyros. Insel, Vóreioi Sporádes, O Griechenland
**Slagelse** 85 B 7 O Dänemark
**Slatina** 108 B 4 S Rumänien
**Sklavenküste** 75 F 5 Küstenregion, W Afrika
**Slavgorod** *siehe* Slawharad
**Slavonska Požega** 100 C 3 *Dtsch.* Poschega, *Ung.* Pozsega; *ehem.* Požega. NO Kroatien
**Slavonski Brod** 100 C 3 *Dtsch.* Brod, *Ung.* Bród; *ehem.* Brod, Brod na savi. NO Kroatien
**Slavuta** 108 C 2 NW Ukraine
**Slavyansk** *siehe* Slov"yans'k
**Slawharad** 107 E 7 *Russ.* Slavgorod. O Weißrußland
**Sławno** 98 B 2 NW Polen
**Sléibhte Chill Mhantáin** *siehe* Wicklow Mountains
**Sliema** 102 B 5 N Malta
**Sligeach** *siehe* Sligo
**Sligo** 89 A 5 *Ir.* Sligeach. NW Rep. Irland
**Sliven** 104 D 2 *var.* Slivno. O Bulgarien
**Slivnitsa** 104 C 2 W Bulgarien
**Slivno** *siehe* Sliven
**Slobozia** 108 D 5 SO Rumänien
**Slonim** 107 B 6 *Pol.* Słonim, *Russ.* Slonim. W Weißrußland
**Slovenské Rudohorie** 99 D 6 *Dtsch.* Slowakisches Erzgebirge, *var.* Ungarisches Erzgebirge, *Eng.* Slovak Ore Mountains. Gebirge, Z Slowakei
**Slov"yans'k** 109 G 3 *Russ.* Slavyansk. O Ukraine

**Slowakei**
99 D 6 *Slwk.* Slovenská Republika (Slowakische Republik), Slovensko, *Ung.* Szlovákia. Z Europa

**UN-Name:** Slovak Republic **Formation:** 1993 **Hauptstadt:** Bratislava **Bevölkerung:** 5,3 Mio. **Fläche:** 49 500 km² **Sprachen:** Slowakisch*, Ungarisch (Magyarisch), Tschechisch **Religionen:** Römisch-Katholische 80%, Protestanten 12%, andere 8% **Volksgruppen:** Slowaken 85%, Ungarn 9%, Tschechen 1%, andere (inkl. Roma) 5% **Regierung:** Mehrparteienrepublik **Währung:** Koruna = 100 Halierov

**Slowenien**
95 D 8 *Slwn.* Slovenská Republika (Slowenische Republik), Slovenija. Z Europa

**UN-Name:** Republic of Slovenia **Formation:** 1991 **Hauptstadt:** Ljubljana **Bevölkerung:** 2 Mio. **Fläche:** 20 250 km² **Sprachen:** Slowenisch*, Serbisch, Kroatisch **Religionen:** Römisch-Katholische 96%, Muslime 1%, andere 3% **Volksgruppen:** Slowenen 92%, Kroaten 3%, Serben 1%, andere 4% **Regierung:** Mehrparteienrepublik **Währung:** Tolar = 100 Stotins

**Słubice** 98 B 3 *Dtsch.* Frankfurt. W Polen
**Sluch** 108 D 1 Fluß, NW Ukraine
**Słupsk** 98 C 2 *Dtsch.* Stolp. NW Polen
**Slutsk** 107 C 6 S Weißrußland
**Småland** 85 B 7 Region, S Schweden
**Smallwood Reservoir** 39 F 2 See, Newfoundland and Labrador, S Kanada
**Smara** 70 B 3 N West-Sahara
**Smarhon'** 107 C 5 *Pol.* Smorgonie, *Russ.* Smorgon'. W Weißrußland
**Smederevo** 100 E 4 *Dtsch.* Semendria. N Jugoslawien
**Smela** *siehe* Smila
**Smila** 109 E 2 *Russ.* Smela. Z Ukraine
**Smilten** *siehe* Smiltene
**Smiltene** 106 D 3 *Dtsch.* Smilten. N Lettland
**Smithton** 149 C 8 Tasmania, SO Australien
**Smoky Cape** 149 E 6 Landspitze, New South Wales, SO Australien
**Smøla** 84 A 4 Insel, W Norwegen
**Smolensk** 111 A 5 W Russische Föderation
**Smyrna** *siehe* İzmir
**Snake River** 46 C 3 Fluß, NW USA
**Snake River Plain** 46 D 4 Ebene, Idaho, NW USA
**Sneek** 86 D 2 N Niederlande
**Sněžka** 98 B 4 *Dtsch.* Schneekoppe. Berg, N Tschechische Republik
**Sniečkus** *siehe* Visaginas
**Snina** 99 E 5 *Ung.* Szinna. O Slowakei
**Snowdonia** 89 C 6 Gebirge, N Wales, Großbritannien
**Snowdrift** *siehe* Łutselk'e
**Snyder** 49 F 3 Texas, S USA
**Sobradinho, Barragem de** *siehe* Sobradinho, Represa de
**Sobradinho, Represa de** 63 F 2 *var.* Barragem de Sobradinho. Stausee, O Brasilien
**Socabaya** 61 E 4 SO Peru
**Sochi** 111 A 7 SW Russische Föderation
**Société, Archipel de la** 145 G 4 *var.* Îles de la Société, *Eng.* Society Islands, *Dtsch.* Gesellschaftsinseln. Inselgruppe, W Französisch-Polynesien
**Society Islands** *siehe* Leeward Islands
**Society Islands** *siehe* Société, Archipel de la
**Socorro, Isla** 50 B 5 Insel, W Mexiko
**Soc Trâng** 137 D 6 *var.* Khanh *Ung.* S Vietnam
**Socuéllamos** 93 E 3 Z Spanien
**Sodankylä** 84 D 3 N Finnland
**Söderhamn** 85 C 5 Z Schweden
**Södertälje** 85 C 6 Z Schweden
**Sodiri** 72 B 4 *var.* Sawdirī, Sodari. Z Sudan
**Soekaboemi** *siehe* Sukabumi
**Sofia** *siehe* Sofiya
**Sofiya** 104 C 2 *var.* Sofija, Sophia, *Dtsch./Eng.* Sofia; *Lat.* Serdica. Staatshauptstadt, W Bulgarien
**Sogamoso** 58 B 3 Z Kolumbien
**Sognefjorden** 85 A 5 Fjord, NO Nordsee
**Sohâg** 72 B 2 *var.* Sawhāj, Suliag. Z Ägypten
**Sohar** *siehe* Şuḩār
**Sokal'** 108 C 2 *Russ.* Sokal. NW Ukraine
**Sokal** *siehe* Sokal'
**Söke** 116 A 4 SW Türkei
**Sokhumi** 117 E 1 *Russ.* Sukhumi. NW Georgien
**Sokodé** 75 F 4 Z Togo
**Sokol** 110 C 4 NW Russische Föderation
**Sokółka** 98 E 3 NW Polen
**Sokolov** 99 A 5 *Dtsch.* Falkenau an der Eger; *ehem.* Falknov nad Ohří. W Tschechische Republik
**Sokoto** 75 F 4 NW Nigeria
**Sokotra** *siehe* Suquṭrā
**Sol, Costa del** 92 D 5 Küstenregion, S Spanien
**Solāpur** 132 C 1 *ehem.* Sholāpur. SW Indien
**Solca** 108 C 3 *Dtsch.* Solka. N Rumänien
**Soldeu** 91 B 8 Andorra
**Solec Kujawski** 98 C 3 W Polen
**Soledad** 58 B 1 N Kolumbien
**Soledad** *siehe* East Falkland
**Soligorsk** *siehe* Salihorsk
**Solikamsk** 110 D 4 NW Russische Föderation
**Sol'-Iletsk** 111 D 6 W Russische Föderation
**Solin** 100 B 4 *It.* Salona; *ant.* Salonae. S Kroatien
**Solingen** 94 A 4 W Deutschland
**Solka** *siehe* Solca
**Sollentuna** 85 C 6 Z Schweden
**Solok** 138 B 4 W Indonesien
**Solomon Islands** 125 H 5 *Dtsch.* Salomonen. SW Pazifischer Ozean
**Soltau** 94 B 3 NW Deutschland
**Sol'tsy** 110 A 4 *var.* Solcy,Sol'cy. W Russische Föderation
**Solwezi** 78 D 2 NW Sambia
**Sōma** 130 D 4 Honshū, Z Japan

**Somalia**
73 E 5 *Som.* Jamuuriyadda Dimoqraadiga Soomaaliyeed (Demokratische Republik Somalia), Soomaaliya, *ehem.* Italienisch-Somaliland. NO Afrika

**UN-Name:** Somali Democratic Republic **Formation:** 1960 **Hauptstadt:** Mogadishu **Bevölkerung:** 9,5 Mio. **Fläche:** 637 660 km² **Sprachen:** Somali,* Arabisch **Religionen:** Sunna-Muslime 99%, andere (inkl. Christen) 1% **Volksgruppen:** Somali 98%, Bantu, Araber und andere 2% **Regierung:** Bürgerkrieg **Währung:** Shilling = 100 Cents

**Somali-Becken** 140 B 4 untermeer. Formation, W Indischer Ozean
**Somalische Halbinsel** 68 E 4 *var.* Horn von Afrika. Region, O Somalia
**Sombor** 100 D 3 *Ung.* Zombor. NW Jugoslawien
**Someren** 87 D 5 SO Niederlande
**Somerset** 42 A 5 *var.* Somerset Village. W Bermuda
**Somerset** 40 C 5 Massachusetts, NO USA
**Somerset Island** 42 A 5 Insel, W Bermuda
**Somerset Island** 37 F 2 Insel, NW Kanada
**Somerset Village** *siehe* Somerset
**Somerton** 48 A 3 Arizona, SW USA
**Somerville Lake** 49 G 3 Stausee, Texas, S USA
**Someș** 108 B 3 *var.* Someșul, Szamos, *Dtsch.* Samosch, Somesch. Fluß, Ungarn/Rumänien
**Somme** 90 C 2 Fluß, N Frankreich
**Sommerfeld** *siehe* Lubsko
**Somotillo** 52 C 3 NW Nicaragua
**Somoto** 52 D 3 NW Nicaragua
**Sonaguera** 52 D 2 N Honduras
**Søndre Strømfjord** *siehe* Kangerlussuaq
**Songea** 73 C 8 S Tansania
**Sŏngjin** *siehe* Kimch'aek
**Songkhla** 137 C 7 *var.* Songkla, *Mal.* Singora. S Thailand
**Sông Srepok** *siehe* Srêpôk, Tônle
**Sonsonate** 52 B 3 W El Salvador
**Sop Hao** 136 D 3 NO Laos
**Sopot** 98 C 2 *Dtsch.* Zoppot. N Polen
**Sopron** 99 B 6 *Dtsch.* Ödenburg. NW Ungarn
**Sorgues** 91 D 6 SO Frankreich
**Sorgun** 116 D 3 Z Türkei
**Soria** 93 E 2 N Spanien
**Soroca** 108 D 3 *Russ.* Soroki. N Moldawien
**Sorocaba** 57 D 5 S Brasilien
**Sorochino** *siehe* Sarochyna
**Soroki** *siehe* Soroca
**Sorong** 139 G 4 Irian Jaya, O Indonesien
**Sørøy** *siehe* Sørøya
**Sørøya** 84 C 2 *var.* Sørøy. Insel, N Norwegen
**Sortavala** 110 B 3 NW Russische Föderation
**Sosnogorsk** 110 D 4 NW Russische Föderation
**Sotavento, Ilhas de** 74 A 3 *var.* Leeward Islands. Inselgruppe, Kap Verde
**Sotkamo** 84 E 4 Z Finnland
**Souanké** 77 B 5 NW Rep. Kongo
**Souflí** 104 D 3 *ehem.* Souflíon. NO Griechenland
**Souflíon** *siehe* Souflí
**Soufrière** 55 F 2 W St. Lucia
**Sŏul** 128 E 4 *off.* Sŏul-t'ŭkpyŏlsi, *Dtsch.* Seoul, *Jap.* Keijō; *ehem.* Kyŏngsŏng. Staatshauptstadt, NW Süd-Korea
**Soûr** 119 A 5 *var.* Şūr; *ant.* Tyre. SW Libanon
**Souris River** 45 E 1 Fluß, Kanada/USA
**Sourpi** 105 B 5 Z Griechenland
**Sousse** 71 F 2 *var.* Sūsah. NO Tunesien
**Southampton** 89 D 7 *hist.* Hamwih, *Lat.* Clausentum. S England, Großbritannien
**Southampton Island** 37 G 3 Insel, NO Kanada
**South Andaman** 133 F 2 Insel, SO Indien
**South Australia** 149 A 5 Bundesstaat, S Australien
**South Bend** 40 C 3 Indiana, N USA
**South Bruny Island** 149 C 8 Insel, Tasmania, SO Australien
**South Carolina** 43 E 2 *off.* State of South Carolina; *auch genannt:* Palmetto State. Bundesstaat, SO USA
**South Dakota** 45 E 2 *off.* State of South Dakota; *auch genannt:* Coyote State, Sunshine State. Bundesstaat, N USA
**South East Point** 149 C 7 Landspitze, Victoria, S Australien
**Southend-on-Sea** 89 E 6 SO England, Großbritannien
**Southern Alps** 151 B 6 Gebirge, South Island, SW Neuseeland
**Southern Cook Islands** 145 F 5 Inselgruppe, S Cook Islands
**Southern Cross** 147 B 6 Western Australia, SW Australien
**Southern Indian Lake** 37 F 4 Manitoba, Z Kanada
**Southern Uplands** 88 C 4 Gebirge, S Scotland, Großbritannien
**Southesk Tablelands** 146 D 3 Ebene, NW Australien
**South Georgia** 154 A 1 Insel, SW Atlantischer Ozean
**South Georgia-Rücken** 57 C 8 *var.* North Scotia Ridge. Untermeer. Formation, SW Atlantischer Ozean
**South Huvadhu Atoll** 132 B 5 *var.* Gaafu Dhaalu Atoll. Insel, S Malediven
**South Indian Lake** 38 A 2 See, Manitoba, Z Kanada
**South Island** 151 C 6 Insel, South Island, S Neuseeland
**South Island** *siehe* Auk Bok
**South Lake Tahoe** 47 C 5 California, W USA
**South Orkney Islands** 154 A 2 Inselgruppe, Antarktis
**South Platte River** 44 D 4 Fluß, Z USA
**South Portland** 41 G 2 Maine, NO USA
**South Sandwich-Graben** 154 A 1 untermeer. Formation, SW Atlantischer Ozean
**South Sandwich Islands** 154 A 1 Inselgruppe, S Atlantischer Ozean
**South Shetland Islands** 154 A 2 Inselgruppe, Antarktis
**South Shields** 88 D 4 N England, Großbritannien
**South Sioux City** 45 F 3 Nebraska, Z USA
**South Taranaki Bight** 150 C 4 Bucht, O Tasman-See
**South Tasmania Plateau** *siehe* Tasman Plateau
**South Uist** 88 B 3 Insel, W Scotland, Großbritannien
**South Wellesley Islands** 148 B 3 Inselgruppe, Northern Territory, N Australien

**South West Island** 148 D 3 Insel, O Australien
**Soweto** 78 D 4 NO Südafrika
**Spalato** *siehe* Split
**Spaldings** 54 B 5 Z Jamaica

**Spanien**
92-93 0 *Sp.* Reino de España (Königreich Spanien); *ant.* Hispania, Iberia. SW Europa

**UN-Name:** Kingdom of Spain **Formation:** 1492 **Hauptstadt:** Madrid **Bevölkerung:** 39,2 Mio. **Fläche:** 504 780 km² **Sprachen:** Kastilisch*, Katalanisch*, Galizisch*, Baskisch* **Religionen:** Römisch-Katholische 99%, andere 1% **Volksgruppen:** Spanier (Kastilier) 72%, Katalanen 16%, Galizier 7%, andere 5% **Regierung:** Konstitutionelle Monarchie **Währung:** Peseta = 100 Céntimos

**Spanish Town** 54 B 5 *hist.* St. Iago de la Vega. Z Jamaica
**Spanish Wells** 54 C 1 Bahamas
**Sparks** 47 C 5 Nevada, W USA
**Sparta** *siehe* Spárti
**Spartanburg** 43 E 1 South Carolina, SO USA
**Spárti** 105 B 6 *Dtsch.* Sparta. S Griechenland
**Spearfish** 44 D 3 South Dakota, N USA
**Speightstown** 55 G 1 W Barbados
**Spencer** 45 F 3 Iowa, Z USA
**Spencer Gulf** 149 B 6 Golf, O Indischer Ozean
**Spenser Mountains** 151 C 5 Gebirge, South Island, Z Neuseeland
**Spey** 88 C 3 Fluß, NO Scotland, Großbritannien
**Spijkenisse** 86 B 4 SW Niederlande
**Spíli** 105 C 8 Kríti, SO Griechenland
**Spīn Būldak** 123 E 5 S Afghanistan
**Spitsbergen** 83 G 2 *Dtsch.* Spitzbergen. Insel, NW Svalbard
**Spitzbergen** *siehe* Spitsbergen
**Split** 101 A 8 *It.* Spalato. S Kroatien
**Špogi** 106 D 4 SO Litauen
**Spokane** 46 C 2 Washington, NW USA
**Spratly Islands** 138 D 2 *Chin.* Nansha Qundao. Inselgruppe, umstrittenes Territorium, Z Südchinesisches Meer
**Spree** 94 D 4 Fluß, O Deutschland
**Springfield** 40 C 4 Ohio, NO USA
**Springfield** 41 G 3 Bundesstaatshauptstadt, Illinois, N USA
**Springfield** 45 G 5 Missouri, Z USA
**Springfield** 46 B 3 Oregon, NW USA
**Spring Garden** 59 F 2 NO Guyana
**Spring Hill** 43 E 4 Florida, SO USA
**Springsure** 148 D 4 Queensland, O Australien
**Sprottau** *siehe* Szprotawa
**Srbobran** 100 D 3 *var.* Bácsszenttamás, *Ung.* Szenttamás. N Jugoslawien
**Srebrenica** 100 C 4 O Bosnien-Herzegowina
**Sredets** 104 E 2 *var.* Sredec; *ehem.* Syulemeshlii. Z Bulgarien
**Srednesibirskoye Ploskogor'ye** 115 E 3 *Dtsch.* Mittelsibirisches Bergland. Gebirge, Z Russische Föderation
**Sremska Mitrovica** 100 D 3 *Dtsch.* Mitrowitz; *ehem.* Mitrovica. NW Jugoslawien
**Srêpôk, Tônle** 137 E 5 *var.* Sông Srepok. Fluß, Kambodscha/Vietnam
**Sri Aman** 138 C 3 *var.* Bandar Sri Aman, Simanggang. Borneo, O Malaysia
**Sri Jayawardanapura** 132 D 4 Sri Lanka
**Srīkākulam** 135 F 5 O Indien

**Sri Lanka**
132 D 3 *Sin.* Srī Lankā Prajātāntrika Samājavādī Janarajaya (Demokratische Sozialistische Republik Sri Lanka); *ehem.* Ceylon. S Asien

**UN-Name:** Democratic Socialist Republic of Sri Lanka **Formation:** 1948 **Hauptstadt:** Colombo **Bevölkerung:** 17,9 Mio. **Fläche:** 65 610 km² **Sprachen:** Sinhala*, Tamil, Englisch **Religionen:** Buddhisten 70%, Hindus 15%, Christen 8%, Muslime 7% **Volksgruppen:** Singhalesen 74%, Tamilen 18%, andere 8% **Regierung:** Mehrparteienrepublik **Währung:** Rupee = 100 Cents

**Srinagarind Reservoir** 137 C 5 See, W Thailand
**Stabroek** 87 C 5 N Belgien
**Stade** 94 B 3 NW Deutschland
**Stadskanaal** 86 E 2 NO Niederlande
**Stafford** 89 D 6 W England, Großbritannien
**Staicele** 106 D 3 N Lettland
**Stakhanov** 109 H 3 O Ukraine
**Stalinsk** *siehe* Novokuznetsk
**Stalinski Zaliv** *siehe* Varnenski Zaliv
**Stalowa Wola** 98 E 4 SO Polen
**Stamford** 41 F 3 Connecticut, NO USA
**Stanley** 65 D 7 *var.* Port Stanley. Hauptstadt eines abhängigen Territoriums, O Falkland Islands
**Stanley** *siehe* Chek Chue
**Stanleyville** *siehe* Kisangani
**Stann Creek** *siehe* Dangriga
**Stanovoy Khrebet** 115 F 4 Gebirge, O Russische Föderation
**Stanthorpe** 149 D 5 Queensland, SO Australien
**Staphorst** 86 D 3 O Niederlande
**Starachowice** 98 D 4 SO Polen
**Stara Pazova** 100 D 3 *Dtsch.* Altpasua, *Ung.* Ópazova. N Jugoslawien
**Stara Planina** *siehe* Balkan
**Stara Zagora** 104 D 2 *Lat.* Augusta Trajana. Z Bulgarien
**Starbuck Island** 145 G 3 *ehem.* Volunteer Island. Insel, O Kiribati
**Stargard in Pommern** *siehe* Stargard Szczeciński
**Stargard Szczeciński** 98 B 3 *Dtsch.* Stargard in Pommern. NW Polen
**Starobel'sk** *siehe* Starobil's'k
**Starobil's'k** 109 H 2 *Russ.* Starobel'sk. O Ukraine
**Starobin** *siehe* Starobyn
**Starobyn** 107 C 7 *Russ.* Starobin. S Weißrußland
**Starogard Gdański** 98 C 2 *Dtsch.* Preussisch-Stargard. N Polen
**Starokonstantinov** *siehe* Starokostyantyniv
**Starokostyantyniv** 108 D 2 *Russ.* Starokonstantinov. NW Ukraine
**Starominskaya** 111 A 7 SW Russische Föderation
**Staryya Darohi** 107 C 7 *Russ.* Staryye Dorogi. S Weißrußland
**Staryye Dorogi** *siehe* Staryya Darohi
**Staryy Oskol** 111 B 6 W Russische Föderation
**Staten Island** *siehe* Estados, Isla de los
**Statesboro** 43 E 2 Georgia, SO USA
**Staunton** 41 E 5 Virginia, NO USA
**Stavanger** 85 A 6 S Norwegen
**Stavropol'** 111 B 7 *ehem.* Voroshilovsk. SW Russische Föderation
**Stavropol'** *siehe* Tol'yatti
**Steamboat Springs** 44 C 4 Colorado, Z USA
**Steenwijk** 86 D 2 N Niederlande
**Steier** *siehe* Steyr
**Steinkjer** 84 B 4 Z Norwegen
**Stejarul** *siehe* Karapelit
**Stendal** 94 C 3 Z Deutschland
**Stephenville** 49 G 3 Texas, S USA
**Sterling** 40 B 3 Illinois, N USA
**Sterling** 44 D 4 Colorado, Z USA
**Sterling Heights** 40 D 3 Michigan, N USA
**Sterlitamak** 111 D 6 W Russische Föderation
**Stettin** *siehe* Szczecin
**Stevenage** 89 E 6 SO England, Großbritannien
**Stevens Point** 40 B 2 Wisconsin, N USA
**Stewart** 36 D 4 British Columbia, W Kanada
**Stewart Island** 151 A 8 *var.* Sikainana. Insel, South Island, S Neuseeland
**Steyr** 95 D 6 *var.* Steier. N Österreich
**Stif** *siehe* Sétif
**Stiller Ozean** *siehe* Pazifischer Ozean
**Stillwater** 49 G 1 Oklahoma, Z USA
**Štip** 101 E 6 O Mazedonien
**Stirling** 88 C 4 S Scotland, Großbritannien
**Stjørdal** 84 B 4 Z Norwegen
**Stockach** 95 B 6 S Deutschland
**Stockholm** 85 C 6 Staatshauptstadt, Z Schweden
**Stockmannshof** *siehe* Pļaviņas
**Stockton** 47 B 6 California, W USA
**Stŏeng Trêng** 137 D 5 *ehem.* Stung Treng. N Kambodscha
**Stoke** *siehe* Stoke-on-Trent
**Stoke-on-Trent** 89 C 6 *var.* Stoke. W England, Großbritannien
**Stolp** *siehe* Słupsk
**Stolpmünde** *siehe* Ustka
**Stómio** 104 B 4 Z Griechenland
**Storebælt** 85 B 7 *var.* Store Bælt, Storebelt, *Dtsch.* Großer Belt. Meerenge, Ostsee/Nordsee
**Støren** 85 B 5 S Norwegen
**Storfjorden** 83 G 2 Fjord, Barents-Meer/Norwegisches Meer
**Storhammer** *siehe* Hamar
**Stornoway** 88 B 2 NW Scotland, Großbritannien
**Storsjön** 85 B 5 See, Z Schweden
**Storuman** 84 C 4 See, N Schweden
**Storuman** 84 C 4 N Schweden
**Stowbtsy** 107 C 6 *Pol.* Stolbce, *Russ.* Stolbtsy. Z Weißrußland
**Strabane** 89 B 5 *Ir.* An Srath Bán. Z Northern Ireland, Großbritannien
**Strakonice** 99 A 5 *Dtsch.* Strakonitz. SW Tschechische Republik
**Strakonitz** *siehe* Strakonice
**Stralsund** 94 D 2 NO Deutschland
**Stranraer** 89 B 5 SW Scotland, Großbritannien
**Strasbourg** 90 E 3 *Dtsch.* Straßburg; *ant.* Argentoratum. NO Frankreich
**Strășeni** 108 D 4 *var.* Strasheny. Z Moldawien
**Strasheny** *siehe* Strășeni
**Straßburg** *siehe* Strasbourg
**Stratford** 150 D 4 North Island, Z Neuseeland
**Straubing** 95 C 6 SO Deutschland
**Streaky Bay** 149 A 6 Bucht, SO Indischer Ozean
**Strehaia** 108 B 5 SW Rumänien
**Strelka** 114 D 4 Z Russische Föderation
**Strofilia** *siehe* Strofyliá
**Strofyliá** 105 C 5 *var.* Strofilia. Évvoia, Z Griechenland
**Stromboli, Isola** 97 D 6 Insel, S Italien
**Stromeferry** 88 B 3 NW Scotland, Großbritannien
**Strömstad** 85 B 6 S Schweden
**Strömsund** 84 C 4 Z Schweden
**Struga** 101 D 6 SW Mazedonien
**Struma** 104 C 3 *Griech.* Strymónas. Fluß, Bulgarien/Griechenland
**Strumica** 101 E 6 O Mazedonien
**Strumyani** 104 C 3 SW Bulgarien
**Stryy** 108 B 2 NW Ukraine
**Studholme** 151 B 7 South Island, SW Neuseeland
**Stung Treng** *siehe* Stŏeng Trêng
**Stupino** 111 B 5 W Russische Föderation
**Sturgis** 44 D 3 South Dakota, N USA
**Stuttgart** 95 B 6 SW Deutschland
**Stykkishólmur** 83 E 5 W Island
**Styr** 108 C 1 Fluß, NW Ukraine
**Suakin** 72 C 3 *var.* Sawakin. NO Sudan
**Subačius** 106 C 4 NO Litauen
**Subotica** 100 D 2 *Dtsch.* Maria-Theresiopel, *Ung.* Szabadka. N Jugoslawien
**Suceava** 108 C 3 *Dtsch.* Suczawa, *Ung.* Szucsava. NO Rumänien
**Sucre** 61 F 4 *hist.* Chuquisaca, La Plata. Staatshauptstadt, S Bolivien

**Südafrika**
78 C 4 *Afr.* Republiek van Zuid-Afrika (Republik Südafrika). S Afrika

**UN-Name:** Republic of South Africa **Formation:** 1910 **Hauptstädte:** Pretoria, Cape Town (Kapstadt), Bloemfontein **Bevölkerung:** 37,4 Mio. **Fläche:** 1 221 040 km² **Sprachen:** Afrikaans*, Englisch, 11 afrikanische Sprachen **Religionen:** Protestanten 55%, Römisch-Katholische 9%, Hindus 1%, Muslime 1%, andere 34% **Volksgruppen:** Schwarze 75%, Weiße 14%, Mischlinge 9%, Südasiaten 2% **Regierung:** Mehrparteienrepublik **Währung:** Rand = 100 Cents

**Südamerika** 67 B 5 Kontinent
**Südbeveland** *siehe* Zuid-Beveland
**Sudan** 74 C-G 4 Region, W Afrika

**Sudan**
72 B 4 *Ar.* Jamhūriyya as-Sudan (Republik Sudan); *ehem.* Anglo-Ägyptisch-Sudan. NO Afrika

**UN-Name:** Republic of Sudan
**Formation:** 1956 **Hauptstadt:** Khartoum **Bevölkerung:** 27,4 Mio. **Fläche:** 2 505 815 km² **Sprachen:** Arabisch*, andere **Religionen:** Muslime 70%, Naturreligionen 20%, Christen 5%, andere 5% **Volksgruppen:** Araber 50%, nilotische Völker 30%, andere 20% **Regierung:** Militärregime **Währung:** Pfund = 100 Piaster

---

**Südaustralisches Becken** 152 B 4 untermeer. Formation, SW Indischer Ozean
**Sudbury** 38 C 4 Ontario, S Kanada
**Südchina-Becken** 152 A 3 untermeer. Formation, O Pazifischer Ozean
**Südchinesisches Meer** 152 A 2 *Chin.* Nan Hai, *Ind.* Laut Cina Selatan, *Vtn.* Biên Fông. Meer, O Pazifischer Ozean
**Sudd** 73 B 5 Feuchtgebiet, S Sudan
**Suddie** 59 F 2 NO Guyana
**Sudeten** *siehe* Sudety
**Sudety** 99 C 5 *Dtsch.* Sudeten. Gebirge, Tschechische Republik/Polen
**Süd-Fidschi-Becken** 152 C 4 untermeer. Formation, S Pazifischer Ozean
**Südindisches Becken** 141 D 7 untermeer. Formation, S Indischer Ozean

---

**Süd-Korea**
128 E 4 *Kor.* Taehan Min'guk (Republik Korea). O Asien

**UN-Name:** Republic of Korea
**Formation:** 1948 **Hauptstadt:** Seoul **Bevölkerung:** 44,5 Mio. **Fläche:** 99 020 km² **Sprachen:** Koreanisch*, Chinesisch **Religionen:** Mahayana-Buddhisten 47%, Protestanten 38%, Römisch-Katholische 11%, Konfuzianer 3%, andere 1% **Volksgruppen:** Koreaner 99,9% andere 0,1% **Regierung:** Mehrparteienrepublik **Währung:** Won = 100 Chon

---

**Südlicher Ozean** 152 C 5 Ozean
**Sudong, Pulau** 138 A 2 Insel, SW Singapur
**Südostindischer Rücken** 141 D 6 untermeer. Formation, S Indischer Ozean
**Südostpazifisches Becken** 153 F 5 *var.* Belling Hausen Mulde. Untermeer. Formation, SO Pazifischer Ozean
**Südpazifisches Becken** *siehe* Südwestpazifisches Becken
**Südpol** 154 B 3 Pol, Antarktis
**Südpol, Magnetischer** 154 D 5 Pol, Antarktis
**Südsee** 146 *var.* Südwestpazifik
**Südwestindischer Rücken** 141 A 6 *var.* Südwestlicher Indik-Rücken. Untermeer. Formation, SW Indischer Ozean
**Südwestpazifisches Becken** 152 D 4 *var.* Südpazifisches Becken. Untermeer. Formation, SO Pazifischer Ozean
**Sueca** 93 F 3 O Spanien
**Sue Wood Bay** 42 B 5 Bucht, W Atlantischer Ozean
**Suez** 72 B 1 *Ar.* As Suways, El Suweis. NO Ägypten
**Suez, Golf von** 72 B 1 *Ar.* Khalīj as Suways. Golf, NW Rotes Meer
**Suez-Kanal** 72 C 1 *Ar.* Qanāt as Suways. Kanal, NO Ägypten
**Suffolk** 41 F 5 Virginia, NO USA
**Suğla Gölü** 116 C 4 See, SW Türkei
**Sühbaatar** 127 E 1 N Mongolei
**Suhl** 95 C 5 Z Deutschland
**Şuḩār** 121 D 5 *var.* Sohar. N Oman
**Suixi** 129 C 7 S China
**Sukabumi** 138 C 5 *ehem.* Soekaboemi. Jawa, Z Indonesien
**Sukagawa** 131 D 5 Honshū, Z Japan
**Sukhumi** *siehe* Sokhumi
**Sukkur** 134 B 3 SO Pakistan
**Sukumo** 131 B 7 Shikoku, SW Japan
**Sula, Kepulauan** 139 F 4 *ehem.* Soela, Xulla Islands. Inselgruppe, O Indonesien
**Sulaimān Range** 134 C 2 Gebirge, Z Pakistan
**Sulawesi** 139 E 4 *ehem.* Celebes, Insel, Z Indonesien
**Sulawesi, Laut** *siehe* Celebes-See
**Sullana** 60 B 2 NW Peru
**Sullivan Island** *siehe* Lanbi Kyun
**Sulphur** 42 A 3 Louisiana, S USA
**Sulphur Springs** 49 G 2 Texas, S USA
**Sultānābād** *siehe* Arāk
**Sulu Archipelago** 139 E 3 Inselgruppe, SW Philippinen
**Sülüktü** 23 F 2 *Russ.* Sulyukta. SW Kirgisistan
**Sulu, Laut** *siehe* Sulu-See
**Sulu-See** 139 E 2 *var.* Laut Sulu. Meer, W Pazifischer Ozean
**Sulyukta** *siehe* Sülüktü
**Sulz** *siehe* Sulz am Neckar
**Sulz am Neckar** 95 B 6 *var.* Sulz. SW Deutschland
**Sumatera** 138 A 4 *Dtsch./Eng.* Sumatra. Insel, W Indonesien
**Sumatra** *siehe* Sumatera
**Šumava** 98 A 5 *Dtsch.* Böhmerwald. Gebirge, Z Europa
**Sumba, Pulau** 139 E 5 *Eng.* Sandalwood Island; *ehem.* Soemba. Insel, Nusa Tenggara, Z Indonesien
**Sumba, Selat** 138 D 5 Meerenge, Indischer Ozean/Savu Sea
**Sumbawanga** 73 B 7 W Tansania
**Sumbay** 61 E 4 SO Peru
**Sumbe** 78 B 2 *var.* N'Gunza, *Port.* Novo Redondo. W Angola
**Šumen** *siehe* Shumen
**Sumgait** *siehe* Sumqayıt
**Summer Lake** 46 B 4 See, Oregon, NW USA
**Sumqayıt** 117 H 2 *Russ.* Sumgait. O Aserbaidschan
**Sumy** 109 F 1 NO Ukraine
**Suna** 73 C 5 S Sudan
**Sunbury** 149 C 7 Victoria, SO Australien
**Sun City** 48 B 2 Arizona, SW USA
**Sunda-Graben** 140 D 4 untermeer. Formation, NO Indischer Ozean
**Sunda, Selat** 138 B 5 Meerenge, Indischer Ozean/Pazifischer Ozean
**Sunda-Schelf** 140 E 4 Kontinentalschelf, W Pazifischer Ozean
**Sunderland** 88 D 4 *var.* Wearmouth. N England, Großbritannien
**Sundsvall** 85 C 5 Z Schweden
**Sunne** 85 B 6 Z Schweden
**Sunnyside** 46 C 2 Washington, NW USA
**Sunnyvale** 47 B 6 California, W USA
**Suntar** 115 F 3 O Russische Föderation
**Sunyani** 75 E 5 W Ghana
**Suoločielgi** *siehe* Saariselkä
**Suomussalmi** 84 E 4 O Finnland
**Suŏng** 137 D 6 SO Kambodscha
**Suoyarvi** 110 B 3 NW Russische Föderation
**Supe** 60 C 3 *var.* Puerto Supe. W Peru
**Supérieur, Lac** *siehe* Superior, Lake
**Superior** 40 A 1 Wisconsin, N USA
**Superior, Lake** 40 B 1 *Fr.* Lac Supérieur. See, Kanada/USA
**Suqrah** *siehe* Şawqirah
**Suquṭrā** 121 D 7 *Dtsch.* Sokotra, *Eng.* Socotra. Insel, SO Jemen
**Şūr** 121 E 5 NO Oman
**Surabaya** 138 D 5 *ehem.* Soerabaja, Surabaja. Jawa, Z Indonesien
**Surakarta** 138 C 5 *Eng.* Solo; *ehem.* Soerakarta. Jawa, Z Indonesien
**Šurany** 99 C 6 *Ung.* Nagysurány. SW Slowakei
**Sūrat** 134 C 4 W Indien
**Suratdhani** *siehe* Surat Thani
**Surat Thani** 137 C 7 *var.* Suratdhani. S Thailand
**Surazh** 107 E 5 NO Weißrußland
**Surdulica** 101 E 5 SO Jugoslawien
**Sûre** 87 D 7 *var.* Sauer. Fluß, W Europa
**Surendranagar** 134 C 4 W Indien
**Surin** 137 D 5 O Thailand

---

**Suriname**
59 G 3 *Nied.* Republiek van Suriname (Republik Suriname) *var.* Surinam; *ehem.* Niederländisch-Guiana. NO Südamerika

**UN-Name:** Republic of Surinam
**Formation:** 1975 **Hauptstadt:** Paramaribo **Bevölkerung:** 400 000 **Fläche:** 163 270 km² **Sprachen:** Niederländisch*, Pidgin Englisch (Taki-Taki), Hindi, Javanisch, Karib **Religionen:** Christen 48%, Hindus 27%, Muslime 20%, andere 5% **Volksgruppen:** Südasiaten 37%, Kreolen 31%, Javaner 15%, andere 17% **Regierung:** Mehrparteienrepublik **Währung:** Guilder = 100 Cents

---

**Surkhob** 123 F 3 Fluß, Z Tadschikistan
**Surt** 71 G 2 *var.* Sidra, Sirte. N Libyen
**Surtsey** 83 E 5 Insel, S Island
**Suruga-wan** 131 D 6 Bucht, NW Pazifischer Ozean
**Susa** 96 A 2 NW Italien
**Sūsah** *siehe* Sousse
**Susitna** 36 C 3 Alaska, NW USA
**Susteren** 87 D 5 SO Niederlande
**Susuman** 115 G 3 O Russische Föderation
**Sutlej** 134 C 2 Fluß, Indien/Pakistan
**Suur Munamägi** 106 D 3 *var.* Munamägi, *Dtsch.* Eier-Berg. Berg, SO Estland
**Suur Väin** 106 C 2 *Dtsch.* Grosser Sund. Meerenge, O Ostsee
**Suva** 145 E 4 Staatshauptstadt, Viti Levu, W Fidschi
**Suwałki** 98 E 2 *Lit.* Suvalkai, *Russ.* Suvalki. NO Polen
**Suwannee River** 43 E 3 Fluß, SO USA
**Şuwāt** 118 D 2 O Syrien
**Suways, Khalīj as** *siehe* Suez, Golf von
**Suways, Qanāt as** *siehe* Suez-Kanal
**Suzhou** 129 D 5 *var.* Soochow, Suchou, Suchow; *ehem.* Wuhsien. O China
**Svalbard** 83 G 2 von Norwegen abhängiges Territorium, NO Atlantischer Ozean
**Svartisen** 84 C 3 Gletscher, Z Norwegen
**Svay Riěng** 137 D 6 SO Kambodscha
**Sveg** 85 C 5 Z Schweden
**Svenstavik** 85 C 5 Z Schweden
**Sverdlovsk** *siehe* Yekaterinburg
**Sveti Vrach** *siehe* Sandanski
**Svetlogorsk** *siehe* Svyetlahorsk
**Svetlograd** 111 B 7 SW Russische Föderation
**Svetlovodsk** *siehe* Svitlovods'k
**Svetozarevo** 100 E 4 *var.* Jadodina. Z Jugoslawien
**Svilengrad** 104 D 3 *ehem.* Mustafa-Pasha. SO Bulgarien
**Svisloch'** *siehe* Svislach
**Svitlovods'k** 109 E 2 *Russ.* Svetlovodsk. Z Ukraine
**Svobodnyy** 115 G 4 SO Russische Föderation
**Svyataya Anna-Rinne** 155 H 4 untermeer. Formation, Arktis
**Svyetlahorsk** 107 D 7 *Russ.* Svetlogorsk. SO Weißrußland
**Swakopmund** 78 B 3 W Namibia
**Swan Islands** *siehe* Santanilla, Islas
**Swansea** 89 C 7 *Wal.* Abertawe. S Wales, Großbritannien
**Swarzędz** 98 C 3 W Polen

---

**Swaziland**
78 D 4 *Sisw.* Umbuso wakaNgwane (Königreich Swaziland). S Afrika

**UN-Name:** Kingdom of Swaziland
**Formation:** 1968 **Hauptstadt:** Mbabane **Bevölkerung:** 800 000 **Fläche:** 17 360 km² **Sprachen:** Siswati*, Englisch*, Zulu **Religionen:** Christen 60%, Naturreligionen 40% **Volksgruppen:** Swazi (Bantu) 95%, andere 5% **Regierung:** Monarchie im Ausnahmezustand **Währung:** Lilangeni = 100 Cents

---

**Sweetwater** 49 F 3 Texas, S USA
**Świdnica** 98 B 4 *Dtsch.* Schweidnitz. SW Polen
**Świdwin** 98 B 2 *Dtsch.* Schivelbein. NW Polen
**Świebodzice** 98 B 4 *Dtsch.* Freiburg in Schlesien, Swiebodzice. SW Polen
**Świebodzin** 98 B 3 *Dtsch.* Schwiebus. W Polen
**Świecie** 98 C 3 *Dtsch.* Schwertberg. N Polen
**Swindon** 89 D 7 S England, Großbritannien
**Swinemünde** *siehe* Świnoujście
**Świnoujście** 98 A 2 *Dtsch.* Swinemünde. NW Polen
**Syas'stroy** 110 B 4 *var.* S'as'stroj, Sjasstroj. NW Russische Föderation
**Sydenham Island** *siehe* Nonouti
**Sydney** 39 G 4 Nova Scotia, SO Kanada
**Sydney** 149 D 6 Bundesstaatshauptstadt, New South Wales, SO Australien
**Sydney Island** *siehe* Manra
**Sydney Mines** 39 G 4 Nova Scotia, SO Kanada
**Syedpur** *siehe* Saidpur
**Syemyezhava** 107 C 6 *Russ.* Semezhevo. Z Weißrußland

**Syeverodonets'k** 109 H 3 *Russ.* Severodonetsk. O Ukraine
**Syktyvkar** 110 D 4 *ehem.* Ust'-Sysol'sk. NW Russische Föderation
**Sylacauga** 42 D 2 Alabama, S USA
**Sylhet** 135 G 3 NO Bangladesch
**Synel'nykove** 109 G 3 *var.* Sinel'nikovo. O Ukraine
**Syowa** 154 C 2 Forschungsstation, Antarktis
**Syracuse** 41 F 3 New York, NO USA
**Syrakus** *siehe* Siracusa
**Syrdariya** 114 C 5 *var.* Sai Hun, Sir Darya, Syr Darya, *Russ.* Syrdar'ya, *Usb.* Sirdaryo; *ant.* Jaxartes. Fluß, Z Asien
**Syrdar'ya** 123 E 2 O Usbekistan
**Syriam** 136 B 4 S Myanmar

**Syrien**
118 B 3 *Ar.* Al-Jumhūrīyah al-'Arabīyah as-Sūrīyah (Arabische Republik Syrien), Sūrīya. SW Asien

**UN-Name:** Syrian Arab Republic **Formation:** 1946 **Hauptstadt:** Damaskus **Bevölkerung:** 13,8 Mio. **Fläche:** 185 180 km² **Sprachen:** Arabisch*, Französisch, kurdische Sprachen, Armenisch **Religionen:** Sunna-Muslime 74%, andere Muslime 16%, Christen 10% **Volksgruppen:** Araber 90%, andere 10% **Regierung:** Ein-Parteien-System **Währung:** Pfund = 100 Piaster

**Syrische Wüste** 119 D 5 *Ar.* Ādiyat ash Sham, Al Hamad, Bādiyat ash Shām. Wüste. SW Asien
**Sýrna** 105 E 7 *var.* Sirna. Insel, Dodekánisos, SO Griechenland
**Syvash, Zatoka** 109 F 4 *Russ.* Zaliv Syvash. Bucht, W Asowsches Meer
**Syzran'** 111 C 6 W Russische Föderation
**Szamotuły** 98 B 3 W Polen
**Szczecin** 98 B 3 *Dtsch.* Stettin. NW Polen
**Szczecinek** 98 C 2 *Dtsch.* Neustettin. NW Polen
**Szczytno** 98 D 3 *Dtsch.* Ortelsburg. NO Polen
**Szeged** 99 D 7 *Dtsch.* Szegedin, *Rum.* Seghedin. SO Ungarn
**Székesfehérvár** 99 C 7 *Dtsch.* Stuhlweissenberg; *ant.* Alba Regia. W Ungarn
**Szekszárd** 99 C 7 S Ungarn
**Szinna** *siehe* Snina
**Szolnok** 99 D 7 Z Ungarn
**Szombathely** 99 B 6 *Dtsch.* Steinamanger; *ant.* Sabaria, Savaria. W Ungarn
**Szprotawa** 98 B 4 *Dtsch.* Sprottau. W Polen

## T

**Ţabaqah** 118 D 2 N Syrien
**Tabasará, Serranía de** 53 F 5 Gebirge, W Panama
**Tábor** 99 B 5 SW Tschechische Republik
**Tabora** 73 B 7 W Tansania
**Täbris** *siehe* Tabrīz
**Tabrīz** 120 C 2 *var.* Tauris, Tebriz. *Dtsch.* Täbris. NW Iran
**Tabuaeran** 145 G 2 *ehem.* Fanning Island. Insel, O Kiribati
**Tabūk** 120 A 4 NW Saudi-Arabien
**Täby** 85 C 6 Z Schweden
**Tachau** *siehe* Tachov
**Tachov** 99 A 5 *Dtsch.* Tachau. W Tschechische Republik
**Tacloban** 139 F 2 *off.* Tacloban City. Leyte, Z Philippinen
**Tacloban City** *siehe* Tacloban
**Tacna** 61 E 4 SO Peru
**Tacoma** 46 B 2 Washington, NW USA
**Tacuarembó** 64 D 4 *ehem.* San Fructuoso. N Uruguay
**Tademaït, Plateau du** 70 D 3 Plateau, Z Algerien
**Tādpatri** 132 C 2 O Indien

**Tadschikistan**
123 E 3 *Tadsch.* Jumhurii Tojikiston (Republik Tadschikistan), *Russ.* Tadzhikistan; *ehem.* Tadschikische Sozialistische Sowjetrepublik, *Russ.* Tadzhikistanskaya SSR. Z Asien

**UN-Name:** Republic of Tajikistan **Formation:** 1991 **Hauptstadt:** Dushanbe **Bevölkerung:** 5,7 Mio. **Fläche:** 143 100 km² **Sprachen:** Tadschikisch*, Usbekisch, Russisch **Religionen:** Sunna-Muslime 85%, Shi'a-Muslime 5%, andere 10% **Volksgruppen:** Tadschiken 62%, Usbeken 24%, Russen 4%, Tartaren 2%, andere 8% **Regierung:** Ein-Parteien-System **Währung:** Taj. Rubel = 100 Kopeken

**Taegu** 128 E 4 *off.* Taegukwangyŏksi, *var.* Daegu, *Jap.* Taikyū. SO Süd-Korea
**Taejŏn** 128 E 4 *off.* Taejŏnkwangyŏksi, *Jap.* Taiden. Z Süd-Korea
**Tafí Viejo** 64 C 3 NW Argentinien
**Taganrog** 111 A 7 SW Russische Föderation
**Taganrogskiy Zaliv** 109 G 4 *Dtsch.* Golf von Taganrog, *Ukr.* Tahanroz'ka Zatoka. Golf, Schwarzes Meer/Asowsches Meer
**Taguatinga** 63 F 3 Z Brasilien
**Tagus** *siehe* Tajo und Tejo
**Tahat** 71 E 4 Berg, SO Algerien
**Tahiti** 145 H 4 Insel, W Französisch-Polynesien
**Tahlequah** 49 G 1 Oklahoma, Z USA
**Tahoe, Lake** 47 B 5 See, W USA
**Tahoua** 75 F 3 W Niger
**T'aichung** 129 D 6 *Jap.* Taichou, Taichū; *ehem.* Taiwan. W Taiwan
**Taieri** 151 B 7 Fluß, South Island, SW Neuseeland
**Taihape** 150 D 4 North Island, Z Neuseeland
**T'ainan** 129 D 6 *Jap.* Tainan; *ehem.* Dainan. SW Taiwan
**Tai Pak Wan** *siehe* Discovery Bay
**T'aipei** 129 D 6 *Jap.* Taihoku; *ehem.* Daihoku. Staatshauptstadt, N Taiwan
**Taiping** 138 B 3 W Malaysia
**Tai Po** 128 A 1 Hong Kong

**Taiwan**
129 D 6 *Kuo.* Ta Chung-hua Minhuo (Nationale Republik China) *var.* Formosa, Formo'sa. O Asien

**UN-Name:** Republic of China (Taiwan) **Formation:** 1949 **Hauptstadt:** T'aipei **Bevölkerung:** 20,8 Mio. **Fläche:** 36 179 km² **Sprachen:** Kuoya (Mandarin-Chinesisch)*, Amoy-Chinesisch, Hakka-Chinesisch **Religionen:** Buddhisten, Konfuzianer, Daoisten 93%, andere 7% **Volksgruppen:** Taiwanesen 84%, Festlandchinesen 14%, andere 2% **Regierung:** Mehrparteienrepublik **Währung:** NT-$ = 100 Cents

**Taiwan-Straße** 125 E 3 *ehem.* Formosa-Straße, *Chin.* T'aiwan Haihsia, Taiwan Haixia. Meerenge, Ostchinesisches Meer/Südchinesisches Meer
**Taiyuan** 128 C 4 *var.* T'ai-yuan, T'ai-yüan; *ehem.* Yangku. Provinzhauptstadt, N China
**Tai Yue Shan** *siehe* Lantau Island
**Ta'izz** 121 B 7 SW Jemen
**Tajo** 92 E 3 *var.* Río Tajo, *Port.* Rio Tejo, *ant.* Tagus. Fluß, Portugal/Spanien
**Tak** 136 C 4 *var.* Rahaeng. W Thailand
**Takaoka** 131 C 5 Honshū, SW Japan
**Takapuna** 150 D 2 North Island, N Neuseeland
**Takengon** 138 A 3 W Indonesien
**Takhiatash** *siehe* Takhiatosh
**Takhiatosh** 122 C 2 *Russ.* Takhiatash. W Usbekistan
**Takhtakŭpir** 122 D 1 *Russ.* Takhtakupyr. NW Usbekistan
**Takhtakupyr** *siehe* Takhtakŭpir
**Takikawa** 130 D 2 Hokkaidō, NO Japan
**Takla Makan** *siehe* Taklimakan Shamo
**Taklimakan Shamo** 126 B 3 *Dtsch.* Takla Makan, *Eng.* Takli Makan Desert. Wüste, NW China
**Takutea** 145 G 5 Insel, S Cook Islands
**Talabriga** *siehe* Aveiro
**Talachyn** 107 D 6 *Russ.* Tolochin. NO Weißrußland
**Talamanca, Cordillera de** 53 E 5 Gebirge, Z Costa Rica
**Talara** 60 B 2 NW Peru
**Talas** 123 F 2 NW Kirgisistan
**Talaud, Kepulauan** 139 F 3 Inselgruppe, O Indonesien
**Talavera de la Reina** 92 D 3 *ant.* Caesarobriga, Talabriga. Z Spanien
**Talca** 64 B 4 Z Chile
**Talcahuano** 65 B 5 Z Chile
**Taldykorgan** *siehe* Taldyqorghan
**Taldyqorghan** 114 C 5 *Russ.* Taldykorgan; *ehem.* Taldy-Kurgan. SO Kasachstan
**Taliq-an** *siehe* Tāloqān
**Tal'ka** 107 D 6 Z Weißrußland
**Talkhof** *siehe* Puurmani
**Tallahassee** 42 D 3 *ehem.* Muskogean. Bundesstaatshauptstadt, Florida, SO USA
**Tall Fadghāmī** 118 E 2 *var.* Fadghāmī. NO Syrien
**Tallinn** 106 D 2 *Dtsch.* Reval, *Russ.* Tallin; *ehem.* Revel. Staatshauptstadt, NW Estland
**Tall Kalakh** 118 B 4 *var.* Tell Kalakh. W Syrien
**Tallulah** 42 B 2 Louisiana, S USA
**Tal'ne** 109 E 3 *Russ.* Tal'noye. Z Ukraine
**Tal'noye** *siehe* Tal'ne
**Tāloqān** 123 E 3 *var.* Taliq-an. NO Afghanistan
**Talsen** *siehe* Talsi
**Talsi** 106 C 3 *Dtsch.* Talsen. NW Lettland
**Taltal** 64 B 2 N Chile
**Talvik** 84 D 2 N Norwegen
**Tamale** 75 E 4 Z Ghana
**Tamana** 145 E 3 *ehem.* Rotcher Island. Insel, W Kiribati
**Tamanrasset** 71 E 4 *var.* Tamenghest. S Algerien
**Tamar** 89 C 7 Fluß, SW England, Großbritannien
**Tamatave** *siehe* Toamasina
**Tamazunchale** 51 E 4 Z Mexiko
**Tambacounda** 74 C 3 SO Senegal
**Tambo** 148 C 4 Queensland, Z Australien
**Tambov** 111 B 6 W Russische Föderation
**Tambura** 73 B 5 SW Sudan
**Tamchaket** *siehe* Tâmchekkeţ
**Tâmchekkeţ** 74 C 3 *var.* Tamchaket. S Mauretanien
**Tamenghest** *siehe* Tamanrasset
**Tamiahua, Laguna de** 51 F 4 SW Golf von Mexiko
**Tam Ky** 137 E 5 O Vietnam
**Tammerfors** *siehe* Tampere
**Tampa** 43 E 4 Florida, SO USA
**Tampa Bay** 43 E 4 Bucht, Florida, SO Golf von Mexiko
**Tampere** 85 D 5 *Schwe.* Tammerfors. SW Finnland
**Tampico** 51 E 3 Z Mexiko
**Tamshiyacu** 60 C 1 N Peru
**Tamworth** 149 D 6 New South Wales, SO Australien
**Tana** 84 D 2 *var.* Tenojoki, *Fin.* Teno, *Lapp.* Dealnu. Fluß, Finnland/Norwegen
**Tana** 84 D 2 N Norwegen
**Tana, Lake** *siehe* T'ana Hāyk'
**Tanabe** 131 C 7 Honshū, SW Japan
**Tanaga Island** 36 A 3 Insel, Alaska, NW USA
**T'ana Hāyk'** 72 C 4 *var.* Lake Tana. See, NW Äthiopien
**Tanais** *siehe* Don
**Tanami Desert** 146 E 3 Wüste, Northern Territory, N Australien
**Tananarive** *siehe* Antananarivo
**Ţăndărei** 108 D 5 SO Rumänien
**Tandil** 65 D 5 O Argentinien
**Tando Ādam** 134 B 3 *var.* Adam-jo-Tando. S Pakistan
**Tanega-shima** 131 B 8 Insel, Ōsumi-shotō, SW Japan
**Tanen Taunggyi** *siehe* Tane Range
**Tane Range** 136 B 4 *Bir.* Tanen Taunggyi. Gebirge, N Thailand
**Tanezrouft** 70 D 4 Wüste, Algerien/Mali
**Tanga** 73 C 7 O Tansania
**Tanganjika-See** *siehe* Tanganyika, Lake
**Tanganyika, Lake** 73 B 7 See, NO Afrika
**Tanger** 70 C 2 *Eng.* Tangier, Tangiers, *Fr./Dtsch.* Tanger, *Sp.* Tánger; *ant.* Tingis. NW Marokko
**Tanggula Shan** 126 C 4 *var.* Dangla, Tangla Range. Gebirge, W China
**Tangier** *siehe* Tanger
**Tangiers** *siehe* Tanger
**Tangra Yumco** 126 B 5 *var.* Tangro Tso. See, W China
**Tangro Tso** *siehe* Tangra Yumco
**Tangshan** 128 D 3 *var.* T'angshan, T'ang-shan. NO China
**Tanimbar, Kepulauan** 139 G 5 *Eng.* Tanimbar Islands. Inselgruppe, Maluka, O Indonesien
**Tanna** 144 D 5 Insel, S Vanuatu

**Tansania**
73 C 7 *Kis.* Jamhuri ya Muungano wa Tanzania (Republik Tansania); *ehem.* Deutsch-Ostafrika, Tanganjika und Sansibar. NO Afrika

**UN-Name:** United Republic of Tanzania **Formation:** 1964
**Hauptstadt:** Dodoma **Bevölkerung:** 28,8 Mio. **Fläche:** 945 090 km²
**Sprachen:** Englisch*, Swahili*
**Religionen:** Naturreligionen 42%, Muslime 31%, Christen 27%
**Volksgruppen:** 120 Bantu-Gruppen 99%, andere 1%
**Regierung:** Ein-Parteien-System
**Währung:** Shilling = 100 Cents

**Tansen** 135 E 3 Nepal
**Tan-Tan** 70 B 3 SW Marokko
**Tao, Ko** 137 C 6 Insel, Z Thailand
**Taoudenit** *siehe* Taoudenni
**Taoudenni** 75 E 2 *var.* Taoudenit. N Mali
**Tapa** 106 E 2 *Dtsch.* Taps. NO Estland
**Tapachula** 51 G 5 SO Mexiko
**Tapaiu** *siehe* Gvardeysk
**Tapajós** 63 E 2 *var.* Tapajóz. Fluß, NW Brasilien
**Tapajóz** *siehe* Tapajós
**Taps** *siehe* Tapa
**Țarābulus** 71 F 2 *var.* Țarābulus al Gharb; *Eng.* Tripoli, *Dtsch.* Tripolis. Staatshauptstadt, NW Libyen
**Taraclia** 108 D 4 *Russ.* Tarakilya. S Moldawien
**Tarakilya** *siehe* Taraclia
**Taranaki, Mount** 150 D 4 *var.* Egmont. Berg, North Island, Z Neuseeland
**Tarancón** 93 E 3 Z Spanien
**Taranto** 97 E 5 *Dtsch.* Tarent, *ant.* Tarentum. SO Italien
**Taranto, Golfo di** 97 E 6 *Dtsch.* Golf von Tarent. Golf, N Ionisches Meer
**Tarapoto** 60 C 2 N Peru
**Tarare** 91 D 5 O Frankreich
**Tarascon** 91 D 6 SO Frankreich
**Tarawa Atoll** 144 D 2 Insel, W Kiribati
**Tarazona** 93 E 2 NO Spanien
**Tarbes** 91 B 6 *ant.* Bigorra. S Frankreich
**Tarcoola** 149 A 6 South Australia, S Australien
**Taree** 149 D 6 New South Wales, SO Australien
**Tarent** *siehe* Taranto
**Tarent, Golf von** *siehe* Taranto, Golfo di
**Tarentum** *siehe* Taranto
**Târgoviște** 108 C 5 *ehem.* Tîrgoviște. S Rumänien
**Târgu Jui** 108 B 4 *ehem.* Tîrgu Jiu. W Rumänien
**Târgu Mureș** 108 B 4 *Dtsch.* Neumarkt, *Ung.* Marosvásárhely; *ehem.* Oșorhei, Tîrgu Mures. Z Rumänien
**Târgu-Neamț** 108 C 3 *var.* Târgul-Neamț; *ehem.* Tîrgu-Neamț. NO Rumänien
**Târgu Ocna** 108 C 4 *Ung.* Aknavásár; *ehem.* Tîrgu Ocna. O Rumänien
**Târgu Secuiesc** 108 C 4 *Dtsch.* Neumarkt, Szekler Neumarkt, *Ung.* Kezdivásárhely; *ehem.* Chezdi-Oșorheiu, Târgul-Săcuiesc, Tîrgu Secuiesc. O Rumänien
**Tarija** 61 G 5 S Bolivien
**Tarīm** 121 C 6 Z Jemen
**Tarim He** 126 B 3 Fluß, NW China
**Tarim Pendi** 126 B 3 *Eng.* Tarim Basin, *Dtsch.* Tarim-Becken. Becken, NW China
**Tarma** 60 C 3 Z Peru
**Tarn** 91 C 6 Region, S Frankreich
**Tarn** 91 C 6 Fluß, S Frankreich
**Târnăveni** 108 B 4 *Dtsch.* Marteskirch, Martinskirch, *Ung.* Dicsőszentmárton; *ehem.* Sînmartin, Tîrnăveni. Z Rumänien
**Tarnobrzeg** 98 D 4 SO Polen
**Tarnów** 99 D 5 SO Polen
**Taroom** 149 D 5 Queensland, SO Australien
**Tarraco** *siehe* Tarragona
**Tarragona** 93 G 2 *ant.* Tarraco. O Spanien
**Tarran Hills** 149 C 6 Mittelgebirge, New South Wales, Z Australien
**Tarrasa** *siehe* Terrassa
**Tarrega** *siehe* Tàrrega
**Tàrrega** 93 F 2 *var.* Tarrega. NO Spanien
**Tarsus** 116 C 4 S Türkei
**Tartu** 106 E 3 *Dtsch.* Dorpat; *ehem. Russ.* Yurev, Yur'yev. SO Estland
**Țarțūs** 118 B 4 *Fr.* Tartouss; *ant.* Tortosa. W Syrien
**Tarutao, Ko** 137 C 7 Insel, S Thailand
**Tarvisio** 96 D 2 NO Italien
**Tarvisium** *siehe* Treviso
**Taschkent** *siehe* Toshkent
**Tash-Kömür** 123 F 2 *Russ.* Tash-Kumyr. W Kirgisistan
**Tash-Kumyr** *siehe* Tash-Kömür
**Tasikmalaja** *siehe* Tasikmalaya
**Tasikmalaya** 138 C 5 *ehem.* Tasikmalaja. Jawa, Indonesien
**Tasiusaq** 82 C 2 *var.* Tasiusak, Tasiussaq. W Grönland
**Tasman Bay** 151 C 5 Bucht, O Tasman-See
**Tasman-Becken** 152 C 5 *var.* Ostaustralisches Becken. Untermeer. Formation, SW Pazifischer Ozean
**Tasmania** 149 B 8 *ehem.* Van Diemen's Land. Bundesstaat, SO Australien
**Tasman-Plateau** 142 C 5 *var.* South Tasmania Plateau. Untermeer. Formation, S Tasman-See
**Tasman-See** 152 C 5 Meer, SW Pazifischer Ozean
**Tassili-n'Ajjer** 71 E 4 *var.* Hamada du Tinghert. Plateau, O Algerien
**Tatabánya** 99 C 6 NW Ungarn
**Tathlīth** 121 B 6 S Saudi-Arabien
**Tatra** 99 D 5 *Ung.* Tátra, *Pol./Slwk.* Tatry. Gebirge, Polen/Slowakei
**Tatvan** 117 F 3 SO Türkei
**Tau** 145 F 4 *var.* Ta'ú. Insel, O American Samoa
**Taumarunui** 150 D 4 North Island, Z Neuseeland
**Taungdwingyi** 136 B 3 W Myanmar
**Taunggyi** 136 B 3 Z Myanmar
**Taunton** 89 C 7 SW England, Großbritannien
**Taupo** 150 D 3 North Island, N Neuseeland
**Taupo, Lake** 150 D 3 See, North Island, N Neuseeland
**Tauragė** 106 B 4 *Dtsch.* Tauroggen. SW Litauen
**Tauranga** 150 D 3 North Island, NO Neuseeland
**Tauroggen** *siehe* Tauragė
**Taurus-Gebirge** *siehe* Toros Dağları
**Tavas** 116 B 4 SW Türkei
**Tavastehus** *siehe* Hämeenlinna
**Tavira** 92 C 5 SO Portugal
**Tavoy** 137 B 5 *var.* Dawei. SO Myanmar
**Tavoy Island** *siehe* Mali Kyun
**Ta Waewae Bay** 151 A 7 Bucht, S Pazifischer Ozean
**Tawakoni, Lake** 49 G 2 Stausee, Texas, S USA
**Tawau** 138 D 3 Borneo, O Malaysia
**Țawkar** *siehe* Tokar
**Tawzar** *siehe* Tozeur
**Taxco** 51 E 4 *var.* Taxco de Alarcón. S Mexiko
**Taxco de Alarcón** *siehe* Taxco
**Tay** 88 C 3 Fluß, Z Scotland, Großbritannien
**Taylor** 49 G 3 Texas, S USA
**Taymā'** 120 A 4 NW Saudi-Arabien
**Taymyr, Ozero** 115 E 2 See, N Russische Föderation
**Taymyr, Poluostrov** 115 E 2 Halbinsel, N Russische Föderation
**Tayshet** 115 E 4 S Russische Föderation
**T'bilisi** 117 G 2 *Dtsch.* Tiflis. Staatshauptstadt, SO Georgien
**Tchad, Lac du** 76 B 3 *Eng.* Lake Chad, *Dtsch.* Tschad-See. See, Z Afrika
**Tchien** *siehe* Zwedru
**Tczew** 98 C 2 *Dtsch.* Dirschau. N Polen
**Te Anau** 151 A 7 South Island, SW Neuseeland
**Te Anau, Lake** 151 A 7 See, South Island, SW Neuseeland
**Teapa** 51 G 5 SO Mexiko
**Teate** *siehe* Chieti
**Tebingtinggi** 138 B 3 Sumatera, N Indonesien
**Teboe Top** 59 G 3 SO Suriname
**Techirghiol** 108 D 5 O Rumänien
**Tecomán** 50 D 4 SW Mexiko
**Tecpan** 51 E 5 *var.* Tecpan de Galeana. S Mexiko
**Tecpan de Galeana** *siehe* Tecpan
**Tecuci** 108 D 4 O Rumänien
**Tedzhen** *siehe* Tejen
**Tees** 89 D 5 Fluß, N England, Großbritannien
**Tefé** 62 D 2 N Brasilien
**Tegal** 138 C 4 Jawa, Z Indonesien
**Tegelen** 87 D 5 SO Niederlande
**Tegucigalpa** 52 C 3 Staatshauptstadt, SW Honduras
**Tehama** *siehe* Tihāmah
**Teheran** *siehe* Tehrān
**Tehrān** 120 C 3 *var.* Teheran. Staatshauptstadt, N Iran
**Tehuacán** 51 F 4 S Mexiko
**Tehuantepec** 51 F 5 *var.* Santo Domingo Tehuantepec. SO Mexiko
**Tehuantepec, Golfo de** 51 G 5 *var.* Gulf of Tehuantepec. Golf, O Pazifischer Ozean
**Tehuantepec, Istmo de** 51 F 5 *var.* Isthmus of Tehuantepec. Landenge, SO Mexiko
**Tejen** 122 D 3 *Russ.* Tedzhen. S Turkmenistan
**Tejo** 92 C 3 *Sp.* Tajo, *ant.* Tagus. Fluß, Portugal/Spanien
**Te Kao** 150 C 1 North Island, N Neuseeland
**Tekax** 51 H 4 *var.* Tekax de Álvaro Obregón. SO Mexiko
**Tekax de Álvaro Obregón** *siehe* Tekax
**Tekeli** 114 C 5 SO Kasachstan
**Tekirdağ** 116 A 2 *It.* Rodosto; *ant.* Bisanthe, Raidestos, Rhaedestus. NW Türkei
**Tekong, Pulau** 138 B 1 Insel, O Singapur
**Te Kuiti** 150 D 3 North Island, N Neuseeland
**Tela** 52 C 2 NW Honduras
**Tel Aviv-Jaffa** *siehe* Tel Aviv-Yafo
**Tel Aviv-Yafo** 119 A 6 *var.* Tel Aviv-Jaffa. Z Israel
**Telish** 104 C 2 *var.* Teliš; *ehem.* Azizie. NW Bulgarien
**Tell-Atlas** *siehe* Atlas Tellien
**Tell Kalakh** *siehe* Tall Kalakh
**Telschen** *siehe* Telšiai
**Telšiai** 106 B 3 *Dtsch.* Telschen. NW Litauen
**Teluk Intan** 138 B 3 *var.* Telok Anson, Telok Intan, Teluk Anson. W Malaysia
**Tema** 75 E 5 SO Ghana
**Temerin** 100 D 3 N Jugoslawien
**Temirtau** 114 C 4 *ehem.* Samarkandski, Samarkandskoye. Z Kasachstan
**Tempe** 48 B 2 Arizona, SW USA
**Tempio Pausania** 97 A 5 W Italien
**Temple** 49 G 3 Texas, S USA
**Temple Bay** 148 C 2 Bucht, NW Korallen-See
**Temryuk** 111 A 7 SW Russische Föderation
**Temuco** 65 B 5 Z Chile
**Temuka** 151 B 6 South Island, SW Neuseeland
**Téna Kourou** 74 D 4 Berg, SW Burkina Faso
**Tenasserim Range** 137 C 6 Gebirge, S Myanmar
**Ténenkou** 74 D 3 Z Mali
**Ténéré** 75 G 2 Wüste, Algerien/Niger
**Ténéré du Tafassâsset** 75 G 2 Wüste, N Niger
**Tenerife** 70 A 3 *Dtsch.* Teneriffa. Insel, Islas Canarias, SW Spanien
**Teneriffa** *siehe* Tenerife
**Tengger Shamo** 127 E 3 Wüste, N China
**Tengréla** 74 D 4 *var.* Tingréla. N Elfenbeinküste
**Tenkodogo** 75 E 4 S Burkina Faso
**Tennant Creek** 148 A 3 Northern Territory, Z Australien
**Tennessee** 42 C 1 *off.* State of Tennessee; *auch genannt:* Volunteer State. Bundesstaat, SO USA
**Tenos** *siehe* Tínos
**Tenterfield** 149 D 5 New South Wales, SO Australien
**Ten Thousand Islands** 43 E 5 Insel, Florida, SO USA
**Tepelenë** 101 C 7 *var.* Tepelena, *It.* Tepeleni. S Albanien
**Tepic** 50 D 4 Z Mexiko
**Teplice** 98 A 4 *Dtsch.* Teplitz; *ehem.* Teplice-Šanov, Teplitz-Schönau. NW Tschechische Republik
**Tequila** 50 D 4 SW Mexiko
**Teraina** 145 G 2 *ehem.* Washington Island. Insel, O Kiribati
**Teramo** 96 D 4 *ant.* Interamna. Z Italien
**Tercan** 117 E 3 NO Türkei
**Terceira** 92 A 5 *var.* Ilha Terceira. Insel, W Portugal
**Terceira, Ilha** *siehe* Terceira

**Terekhovka** *siehe* Tsyerakhowka
**Teresina** 63 F 2 *var.* Therezina. Bundesstaatshauptstadt, NO Brasilien
**Termez** *siehe* Termiz
**Términos, Laguna de** 51 G 4 Lagune, SO Golf von Mexiko
**Termiz** 123 E 3 *Russ.* Termez. S Usbekistan
**Termoli** 96 D 4 Z Italien
**Terneuzen** 87 B 5 *var.* Neuzen. SW Niederlande
**Terni** 96 C 4 *ant.* Interamna Nahars. Z Italien
**Ternopil'** 108 C 2 *Pol.* Tarnopol, *Russ.* Ternopol'. W Ukraine
**Terrace Bay** 38 B 4 Ontario, S Kanada
**Terracina** 97 C 5 W Italien
**Terranova di Sicilia** *siehe* Gela
**Terranova Pausania** *siehe* Olbia
**Terrassa** 93 G 2 *Kast.* Tarrasa. O Spanien
**Terre Adélie** 154 C 4 von Frankreich abhängiges Territorium, Antarktis
**Terre Neuve** *siehe* Newfoundland and Labrador
**Terre-Neuve** *siehe* Newfoundland
**Terres Australes et Antarctiques Françaises** 141 C 6 *Dtsch.* Französisches Süd- & Antarktis-Territorium. Franz. Übersee-Territorium, S Indischer Ozean
**Terschelling** 86 C 1 *Fries.* Skylge. Insel, N Niederlande
**Teruel** 93 F 3 *ant.* Turba. O Spanien
**Tervel** 104 E 1 *ehem.* Kurtbunar, *Rum.* Curtbunar. NO Bulgarien
**Tervueren** *siehe* Tervuren
**Tervuren** 87 C 6 *var.* Tervueren. Z Belgien
**Teseney** 72 C 4 *var.* Tessenei. W Eritrea
**Tessalit** 75 E 2 NO Mali
**Tessaoua** 75 G 3 S Niger
**Tessenderlo** 87 C 5 NO Belgien
**Tessenei** *siehe* Teseney
**Tete** 79 E 2 NW Moçambique
**Teterow** 94 C 3 NO Deutschland
**Tétouan** 70 C 2 *var.* Tetouan, Tetuán. N Marokko
**Tetovo** 101 D 6 *Alb.* Tetova, Tetovë, *Türk.* Kalkandelen. NW Mazedonien
**Tetschen** *siehe* Děčín
**Tevere** 96 C 4 *Dtsch./Eng.* Tiber. Fluß, Z Italien
**Teverya** 119 B 5 *var.* Tiberias. N Israel
**Texarkana** 42 A 2 Arkansas, Z USA
**Texarkana** 49 H 2 Texas, S USA
**Texas** 49 G 3 *off.* State of Texas; *auch genannt:* Lone Star State. Bundesstaat, S USA
**Texas City** 49 H 4 Texas, S USA
**Texel** 86 C 2 Insel, NW Niederlande
**Texoma, Lake** 49 G 2 Stausee, SW USA
**Teziutlán** 51 F 4 S Mexiko
**Thai Binh** 136 D 3 N Vietnam

**Thailand**
137 C 5 *Th.* Prathet Thai (Königreich Thailand); *ehem.* Siam. SO Asien

**UN-Name:** Kingdom of Thailand **Formation:** 1882 **Hauptstadt:** Bangkok **Bevölkerung:** 56,9 Mio. **Fläche:** 513 120 km² **Sprachen:** Thai*, Chinesisch, Malaiisch **Religionen:** Buddhisten 95%, Muslime 4%, andere 1% **Volksgruppen:** Thai 75%, Chinesen 14%, Malaien 4%, andere 7% **Regierung:** Konstitutionelle Monarchie **Währung:** Baht = 100 Stangs

**Thailand, Golf von** 137 C 6 *var.* Golf von Siam, *Th.* Ao Thai, *Vtn.* Vinh Thai Lan. Golf, Pazifischer Ozean/Südchinesisches Meer
**Thai Nguyên** 136 D 3 N Vietnam
**Thakhek** *siehe* Thakhèk
**Thames** 89 D 7 Fluß, S England, Großbritannien
**Thames** 150 D 3 North Island, N Neuseeland
**Thāna** *siehe* Thāne
**Thāne** 134 C 5 *ehem.* Thāna. W Indien
**Thanh Hoa** 136 D 4 N Vietnam
**Thanwin Myit** 136 B 3 *Eng.* Salween, *Chin.* Nu Jiang, Nu Chiang. Fluß, Myanmar/China
**Thap Put** 137 B 7 S Thailand
**Thar** 134 C 3 *Eng.* Thar Desert, *var.* Great Indian Desert, Indian Desert. Wüste, Indien/Pakistan
**Thásos** 104 C 4 Thásos, O Griechenland
**Thásos** 104 C 4 Insel, O Griechenland
**Thaton** 136 B 4 SO Myanmar
**Thatta** 134 B 3 SO Pakistan
**Thayetmyo** 136 A 4 W Myanmar
**The Dalles** 46 B 3 Oregon, NW USA
**The Flatts Village** *siehe* Flatts Village
**Theiß** *siehe* Tisza
**The Pas** 37 F 5 Manitoba, Z Kanada
**Therezina** *siehe* Teresina
**Thérma** 105 D 6 Ikaría, SO Griechenland
**Thermaïkós Kólpos** 104 B 4 *Dtsch.* Thermäischer Golf, *Eng.* Thermaic Gulf; *ant.* Thermaicus Sinus. Golf, NW Ägäisches Meer
**Thérmo** 105 B 5 Z Griechenland
**The Rock** 93 H 4 O Gibraltar
**Thessaloníki** 104 B 4 *Eng.* Salonica, Salonika, *SKr.* Solun, *Türk.* Selânik. N Griechenland
**The Valley** 55 G 3 Hauptstadt eines abhängigen Territoriums, Anguilla
**The Village** 49 G 1 Oklahoma, Z USA
**The Woodlands** 49 H 4 Texas, S USA
**Thiamis** *siehe* Thýamis
**Thief River Falls** 45 F 1 Minnesota, N USA
**Thiers** 91 C 5 Z Frankreich
**Thiès** 74 B 3 W Senegal
**Thikombia** *siehe* Cikobia
**Thimphu** 135 G 3 *var.* Thimbu; *ehem.* Tashi Chho Dzong. Staatshauptstadt, Bhutan
**Thionville** 90 D 3 *Dtsch.* Diedenhofen. NO Frankreich
**Thíra** 105 D 7 Thíra, SO Griechenland
**Thíra** 105 D 7 *Dtsch.* Santorin, *It.* Santoríni, *ant.* Thera. Insel, Kykládes, SO Griechenland
**Thiruvanathapuram** *siehe* Trivandrum
**Tholen** 86 B 4 Insel, SW Niederlande
**Thomasville** 42 D 3 Georgia, SO USA
**Thompson** 37 G 5 Manitoba, Z Kanada
**Thompson** 148 C 4 Fluß, O Australien
**Thon Buri** 137 C 5 Z Thailand
**Thonon-les-Bains** 91 D 5 O Frankreich
**Thonze** 136 B 4 SW Myanmar
**Thorlákshöfn** 83 E 5 SW Island
**Thorn** *siehe* Toruń
**Thornton Island** *siehe* Caroline Island
**Thorshavn** *siehe* Tórshavn
**Thouars** 90 B 4 W Frankreich
**Thoune** *siehe* Thun
**Thrakikó Pélagos** 104 D 4 *Dtsch.* Thrakisches Meer; *ant.* Thracium Mare. Meer, N Ägäisches Meer
**Thrakisches Meer** *siehe* Thrakikó Pélagos
**Three Kings Island** 150 C 1 Insel, North Island, N Neuseeland
**Thrissur** *siehe* Trichūr
**Thuin** 87 B 7 S Belgien
**Thun** 95 A 7 *Fr.* Thoune. W Schweiz
**Thunder Bay** 38 B 4 Ontario, S Kanada
**Thuner See** 95 A 7 See, Z Schweiz
**Thung Song** 137 C 7 *var.* Cha Mai. S Thailand
**Thüringer Wald** 95 C 5 Gebirge, Z Deutschland
**Thurso** 88 C 2 N Scotland, Großbritannien
**Thýamis** 104 A 4 *var.* Thiamis. Fluß, W Griechenland
**Tianjin** 128 D 4 NO China
**Tian Shan** 123 G 2 *var.* Thian Shan, T'ian Shan, T'ien Shan, *Russ.* Tyan Shan, Tyan'-Shan', *Eng.* Tien Shan. Gebirge, China/Kirgisistan
**Tianshui** 128 B 4 Z China
**Tiba** *siehe* Chiba
**Tiber** *siehe* Tevere
**Tiber** *siehe* Tivoli
**Tiberias** *siehe* Teverya
**Tiberias, Lake** *siehe* Kinneret, Yam
**Tibesti** 76 C 2 *var.* Tibesti Massif, *Ar.* Tībistī. Gebirge, N Afrika
**Tibet-Plateau** 135 F 2 SO China, *siehe auch* Qingzang Gaoyuan
**Tibnī** *siehe* At Tibnī
**Tiburón, Isla** 50 B 2 *var.* Isla del Tiburón. Insel, NW Mexiko
**Tiburón, Isla del** *siehe* Tiburón, Isla
**Tichau** *siehe* Tychy
**Tîchît** 74 D 2 *var.* Tichitt. Z Mauretanien
**Tichitt** *siehe* Tîchît
**Tichvin** *siehe* Tikhvin
**Ticinum** *siehe* Pavia
**Ticul** 51 H 4 SO Mexiko
**Tiel** 86 C 4 Z Niederlande
**Tienen** 87 C 6 *var.* Thienen, *Fr.* Tirlemont. Z Belgien
**Tierp** 85 C 6 Z Schweden
**Tierra del Fuego** 65 B 8 *Dtsch.* Feuerland. Insel, Argentinien/Chile
**Tiflis** *siehe* T'bilisi
**Tifton** 43 E 3 Georgia, SO USA
**Tighina** 108 D 4 *Russ.* Bendery; *ehem.* Bender. O Moldawien
**Tigris** 120 B 2 *Ar.* Dijlah, *Türk.* Dicle. Fluß, Irak/Türkei
**Tihāmah** 121 B 6 *var.* Tehama. Ebene, Saudi-Arabien/Jemen
**Tijuana** 50 A 1 NW Mexiko
**Tikhoretsk** 111 A 7 SW Russische Föderation
**Tikhvin** 110 B 4 *var.* Tichvin. NW Russische Föderation
**Tiki-Becken** 153 E 3 untermeer. Formation, S Pazifischer Ozean
**Tiksi** 115 F 2 N Russische Föderation
**Tilburg** 86 C 4 S Niederlande
**Tillabéri** 75 F 3 *var.* Tillabéry. W Niger
**Tillabéry** *siehe* Tillabéri
**Tílos** 105 E 7 Insel, Dodekánisos, SO Griechenland
**Timah, Bukit** 138 B 1 Berg, Z Singapur
**Timaru** 151 B 6 South Island, SW Neuseeland
**Timbedgha** 74 D 3 *var.* Timbédra. SO Mauretanien
**Timbédra** *siehe* Timbedgha
**Timbuktu** *siehe* Tombouctou
**Timétrine** 75 E 2 Gebirge, Z Mali
**Timiș** 108 A 4 Fluß, W Rumänien
**Timișoara** 108 A 4 *Dtsch.* Temeschwar, Temeswar, *Ung.* Temesvár; *ehem.* Temeschberg. W Rumänien
**Timmins** 38 C 4 Ontario, S Kanada
**Timor** 139 F 5 Insel, Nusa Tenggara, Z Indonesien
**Timor-See** 152 A 3 Meer, O Indischer Ozean
**Timor-Rinne** 125 F 5 *var.* Timor-Graben. Untermeer. Formation, N Timor-See
**Timrå** 85 C 5 Z Schweden
**Tindouf** 70 C 3 W Algerien
**Tineo** 92 C 1 N Spanien
**Tinghert, Hamada du** *siehe* Tassili N'Ajjer
**Tingo María** 60 C 3 Z Peru
**Tingréla** *siehe* Tengréla
**Tinhosa Grande** 76 E 2 Insel, Z São Tomé & Príncipe
**Tinhosa Pequena** 76 E 1 Insel, Z São Tomé & Príncipe
**Tinian** 144 B 1 Insel, S Northern Mariana Islands
**Tínos** 105 D 6 Tínos, SO Griechenland
**Tínos** 105 D 6 *ant.* Tenos. Insel, Kykládes, SO Griechenland
**Tinrhert, Hamada de** 71 E 3 *var.* Plateau du Tinghert. Plateau, W Algerien
**Tipitapa** 52 D 3 W Nicaragua
**Tirana** *siehe* Tiranë
**Tiranë** 101 D 6 *var.* Tirana. Staatshauptstadt, Z Albanien
**Tirasberge** 78 B 4 Gebirge, SW Namibia
**Tiraspol** 108 D 4 *Russ.* Tiraspol'. O Moldawien
**Tiraspol'** *siehe* Tiraspol
**Tiree** 88 B 3 Insel, W Scotland, Großbritannien
**Tîrgoviște** *siehe* Târgoviște
**Tîrgu Jiu** *siehe* Targu Jui
**Tírnavos** *siehe* Týrnavos
**Tirol** 95 C 7 *var.* Tyrol, *It.* Tirolo. Region, W Österreich
**Tirreno, Mare** *siehe* Tyrrhenisches Meer
**Tiruchchirāppalli** 132 C 3 *ehem.* Trichinopoly. SO Indien
**Tiruntán** 60 C 3 Z Peru
**Tiruppattūr** 132 C 2 SO Indien
**Tisza** 81 E 4 *var.* Tisa, Tysa, *Dtsch.* Theiß, *Russ.* Tissa. Fluß, O Europa
**Tiszakécske** 99 D 7 Ungarn
**Tit** 70 D 3 Z Algerien
**Titano, Monte** 96 E 1 Berg, San Marino
**Titicaca, Lago** 61 E 4 See, Bolivien/Peru
**Titograd** *siehe* Podgorica
**Titose** *siehe* Chitose
**Titovo Užice** *siehe* Užice
**Titov Veles** 101 E 6 Z Mazedonien
**Titu** 108 C 5 S Rumänien
**Titule** 77 D 5 N Dem. Rep. Kongo
**Tiverton** 89 C 7 SW England, Großbritannien
**Tivoli** 96 C 4 *ant.* Tiber. Z Italien
**Tizimín** 51 H 3 SO Mexiko

**Tizi Ouzou** 71 E 1 *var.* Tizi-Ouzou. N Algerien
**Tizi-Ouzou** *siehe* Tizi Ouzou
**Tiznit** 70 B 3 SW Marokko
**Tjilatjap** *siehe* Cilacap
**Tjirebon** *siehe* Cirebon
**Tlaquepaque** 50 D 4 Z Mexiko
**Tlaxcala** 51 E 4 *var.* Tlascala, Tlaxcala de Xicohténcatl. Z Mexiko
**Tlemcen** 70 D 2 *var.* Tilimsen, Tlemsen. NW Algerien
**Tmassah** 71 G 3 Z Libyen
**Toamasina** 79 G 3 *var.* Tamatave. O Madagaskar
**Toba, Danau** 138 B 3 See, Sumatera, W Indonesien
**Tobago** 55 H 5 Insel, Trinidad & Tobago
**Toba Kākar Range** 134 B 2 Gebirge, NW Pakistan
**Tobol** 114 C 4 *Kas.* Tobyl. Fluß, Kasachstan/Russische Föderation
**Tobol'sk** 114 C 3 Z Russische Föderation
**Tobyl** *siehe* Tobol
**Tocantins** 63 F 3 Fluß, N Brasilien
**Tocoa** 52 D 2 N Honduras
**Tocopilla** 64 B 2 N Chile
**Todi** 96 C 4 Z Italien
**Todos os Santos, Baía de** 63 G 3 Bucht, W Atlantischer Ozean
**Toetoes Bay** 151 B 8 Bucht, SW Pazifischer Ozean
**Tofua** 145 E 5 Insel, Z Tonga

**Togo**
75 E 4 *Fr.* République Togolaise (Togolesische Republik) *ehem.* Französisch-Togoland. W Afrika

**UN-Name:** Togolese Republic **Formation:** 1960 **Hauptstadt:** Lomé **Bevölkerung:** 3,9 Mio. **Fläche:** 56 790 km² **Sprachen:** Französisch*, Ewe, Kabye, Gurma **Religionen:** Naturreligionen 70%, Christen 20%, Sunna-Muslime 10% **Volksgruppen:** Ewe 43%, Kabyé 26%, Gurma 16%, andere 15% **Regierung:** Mehrparteienrepublik **Währung:** CFA-Franc = 100 Centimes

**Toiyabe Range** 47 C 5 Gebirge, Nevada, W USA
**Tokanui** 151 B 8 South Island, SW Neuseeland
**Tokar** 72 C 3 *var.* Ṭawkar. NO Sudan
**Tokat** 116 D 3 N Türkei
**Tokelau** 145 F 3 von Neuseeland abhängiges Territorium, S Pazifischer Ozean
**Tőketerebes** *siehe* Trebišov
**Tokio** *siehe* Tōkyō
**Tokmak** 109 G 4 *var.* Velykyy Tokmak. SO Ukraine
**Tokmak** *siehe* Tokmok
**Tokmok** 123 G 2 *Russ.* Tokmak. N Kirgisistan
**Tokoroa** 150 D 3 North Island, N Neuseeland
**Tokuno-shima** 130 A 3 Insel, Amami-shotō, SW Japan
**Tokushima** 131 C 7 *var.* Tokusima. Shikoku, SW Japan
**Tokusima** *siehe* Tokushima
**Tōkyō** 131 D 5 Staatshauptstadt, Honshū, S Japan
**Tōkyō Bay** 130 A 1 Bucht, NW Pazifischer Ozean
**Toledo** 61 F 4 W Bolivien
**Toledo** 92 D 3 *ant.* Toletum. Z Spanien
**Toledo** 40 D 3 Ohio, N USA
**Toledo Bend Reservoir** 49 H 3 Stausee, SW USA
**Toletum** *siehe* Toledo
**Toliara** 79 F 4 *var.* Toliary; *ehem.* Tuléar. SW Madagaskar
**Tolmin** 95 D 8 *Dtsch.* Tolmein, *It.* Tolmino. W Slowenien
**Tolna** 99 C 7 *Dtsch.* Tolnau. S Ungarn
**Tolnau** *siehe* Tolna
**Tolochin** *siehe* Talachyn
**Tolo Harbour** 128 B 1 Hong Kong
**Tolosa** 93 E 1 N Spanien
**Tolosa** *siehe* Toulouse
**Toluca** 51 E 4 *var.* Toluca de Lerdo. S Mexiko
**Toluca de Lerdo** *siehe* Toluca
**Tol'yatti** 111 C 6 *ehem.* Stavropol'. W Russische Föderation
**Tomakomai** 130 D 2 Hokkaidō, NO Japan
**Tomar** 92 B 3 W Portugal
**Tomaschow** *siehe* Tomaszów Lubelski
**Tomaszów Lubelski** 98 E 4 *Dtsch.* Tomaschow. SO Polen
**Tomaszów Mazowiecki** 98 D 4 *var.* Tomaszów Mazowiecka; *ehem.* Tomaszów, *Dtsch.* Tomaschow. Z Polen
**Tombigbee River** 42 C 3 Fluß, SO USA
**Tombouctou** 75 E 3 *Eng.* Timbuktu. N Mali
**Tombua** 78 A 2 *Port.* Porto Alexandre. SW Angola
**Tomelloso** 93 E 3 Z Spanien
**Tomini, Teluk** 139 E 4 *ehem.* Teluk Gorontalo. Bucht, W Molukken-See
**Tomsk** 114 D 4 Z Russische Föderation
**Tonezh** *siehe* Tonyezh

**Tonga**
145 E 4 *Tong.* Pule'anga Tonga (Königreich Tonga), *ehem.* Friendly Islands, *Dtsch.* Freundschaftsinseln, S Pazifischer Ozean

**UN-Name:** Kingdom of Tonga **Formation:** 1970 **Hauptstadt:** Nuku'alofa **Bevölkerung:** 101 000 **Fläche:** 750 km² **Sprachen:** Tonga*, Englisch **Religionen:** Protestanten 82 %, Römisch-Katholische 18% **Volksgruppen:** Tongaer 98%, andere 2% **Regierung:** Konstitutionelle Monarchie **Währung:** Pa'anga = 100 Seniti

**Tonga-Graben** 152 D 4 untermeer. Formation, S Pazifischer Ozean
**Tongatapu** 145 E 5 Insel, S Tonga
**Tongatapu Group** 145 E 5 Inselgruppe, S Tonga
**Tongchuan** 128 C 4 Z China
**Tongeren** 87 D 6 *Fr.* Tongres. NO Belgien
**Tong Fuk** 128 A 2 Hong Kong
**Ton'gking, Golf von** 136 E 4 *Chin.* Beibu Wan, *Vtn.* Vinh Băc Bô. Golf, Pazifischer Ozean/Südchinesisches Meer
**Tongliao** 127 G 2 N China
**Tongres** *siehe* Tongeren
**Tongtian He** 126 C 4 Fluß, Z China
**Tonj** 73 B 5 SW Sudan
**Tônlé Sap** 137 D 5 *Eng.* Great Lake. See, W Kambodscha
**Tonyezh** 107 C 7 *Russ.* Tonezh. SO Weißrußland
**Tooele** 44 B 4 Utah, W USA
**Toowoomba** 149 E 5 Queensland, O Australien
**Topeka** 45 F 4 Bundesstaatshauptstadt, Kansas, Z USA
**Toplița** 108 C 3 *Dtsch.* Töplitz, *Ung.* Maroshévíz; *ehem.* Oláh-Toplicza, Toplicza, Toplița Română. Z Rumänien
**Topoľčany** 99 C 6 *Ung.* Nagytapolcsány. W Slowakei
**Topolovgrad** 104 D 3 *ehem.* Kavakli. SO Bulgarien
**Top Springs** 146 E 3 Northern Territory, N Australien
**Torbalı** 116 A 4 W Türkei
**Torez** 109 H 3 SO Ukraine
**Torgau** 94 D 4 O Deutschland
**Torhout** 87 A 5 W Belgien
**Torino** 96 A 2 *Dtsch.* Turin. NW Italien
**Torneå** *siehe* Tornio
**Torneträsk** 84 C 3 See, N Schweden
**Tornio** 84 D 3 *Schwe.* Torneå. NW Finnland
**Tornionjoki** 84 D 3 *var.* Torniojoki, *Schwe.* Torneälven. Fluß, Finnland/Schweden
**Toro** 92 D 2 N Spanien
**Toronto** 38 D 5 Provinzhauptstadt, Ontario, S Kanada
**Toropec** *siehe* Toropets
**Toropets** 110 A 4 *var.* Toropec. W Russische Föderation
**Toros Dağları** 116 C 4 *Dtsch.* Taurus-Gebirge. Gebirge, S Türkei
**Torquay** 89 C 7 SW England, Großbritannien
**Torre, Alto da** 92 C 3 Berg, Z Portugal
**Torre del Greco** 97 D 5 S Italien
**Torrejón de Ardoz** 93 E 3 Z Spanien
**Torrejón, Embalse de** 92 C 3 Stausee, W Spanien
**Torrelavega** 92 D 1 N Spanien
**Torrens, Lake** 149 B 5 Salzsee, South Australia, S Australien
**Torrente** 93 F 3 *var.* Torrent, Torrent de l'Horta. O Spanien
**Torreón** 50 D 3 Z Mexiko
**Torres-Straße** 148 C 1 Meerenge, Queensland, Arafura-See/Korallen-See
**Torres Vedras** 92 A 3 W Portugal
**Torrington** 44 D 3 Wyoming, Z USA
**Tórshavn** 83 F 5 *Dän.* Thorshavn. Hauptstadt eines abhängigen Territoriums, Färöer-Inseln
**Tortosa** 93 F 2 *ant.* Dertosa. O Spanien
**Tortue, Montagne** 59 H 3 Gebirge, Z Franz. Guyana
**Tortuga, Isla** *siehe* La Tortuga, Isla
**Toruń** 98 C 3 *Dtsch.* Thorn. Z Polen
**Tõrva** 106 D 3 *Dtsch.* Törwa. S Estland
**Törwa** *siehe* Tõrva
**Torzhok** 110 B 4 *var.* Toržok. W Russische Föderation
**Toržok** *siehe* Torzhok
**Tosa-wan** 131 B 7 Bucht, NW Pazifischer Ozean
**Toscano, Archipelago** 96 B 4 *Dtsch.* Toskanische Inseln. Inselgruppe, Z Italien
**Toshkent** 123 E 2 *Russ.* Tashkent, *Dtsch.* Taschkent. Staatshauptstadt, O Usbekistan
**Toskanische Inseln** *siehe* Toscano, Archipelago
**Totana** 93 E 4 SO Spanien
**Totes Meer** 119 E 7 *Ar.* Al Baḥr al Mayyit, Baḥrat Lūt, *Heb.* Yam HaMelaḥ, *ant.* Lacus Asphaltites. Salzsee, Israel/Jordanien
**Totness** 59 G 3 N Suriname
**Tottori** 131 B 6 Honshū, SW Japan
**Touba** 74 B 3 W Senegal
**Touboro** 76 B 4 NO Kamerun
**Touggourt** 71 E 2 NO Algerien
**Toukoto** 74 C 3 W Mali
**Toul** 90 D 3 NO Frankreich
**Toulon** 91 D 6 *ant.* Telo Martius, Tilio Martius. SO Frankreich
**Toulouse** 91 B 6 *ant.* Tolosa. S Frankreich
**Toungoo** 136 B 4 S Myanmar
**Touraine** 90 B 4 Region, Z Frankreich
**Tourane** *siehe* Đà Nâng
**Tourcoing** 90 D 2 N Frankreich
**Tournai** 87 B 6 *var.* Tournay, *Nied.* Doornik; *ant.* Tornacum. SW Belgien
**Tournavista** 60 C 3 Z Peru
**Tours** 90 B 4 *ant.* Caesarodunum, Turoni. Z Frankreich
**Tovarkovskiy** 111 B 5 W Russische Föderation
**Tower Island** *siehe* Genovesa, Isla
**Townshend Island** 148 D 4 Insel, Queensland, O Australien
**Townsville** 148 D 3 Queensland, NO Australien
**Towoeti Meer** *siehe* Towuti, Danau
**Towraghoudī** 122 D 4 NW Afghanistan
**Towson** 41 F 4 Maryland, NO USA
**Towuti, Danau** 139 E 4 *Nied.* Towoeti Meer. See, Sulawesi, Z Indonesien
**Toxkan He** 126 A 3 *Kir.* Aksay. Fluß, China/Kirgisistan
**Toyama** 131 C 5 Honshū, SW Japan
**Toyama-wan** 131 B 5 Bucht, O Japanisches Meer
**Toyota** 131 C 6 Honshū, SW Japan
**Tozeur** 71 E 2 *var.* Tawzar. W Tunesien
**Trabzon** 117 E 2 *Eng.* Trebizond; *ant.* Trapezus. NO Türkei
**Traiskirchen** 95 E 6 NO Österreich
**Trajectum ad Rhenum** *siehe* Utrecht
**Trakai** 107 C 5 *Dtsch.* Traken, *Pol.* Troki. SO Litauen
**Tralee** 89 A 6 *Ir.* Trá Lí. SW Rep. Irland
**Trá Lí** *siehe* Tralee
**Trang** 137 C 7 S Thailand
**Transantarctic Mountains** 154 C 3 Gebirge, Antarktis
**Transilvania** 108 B 4 *Eng.* Ardeal, Transylvania, *Dtsch.* Siebenbürgen, Transsylvanien, *Ung.* Erdély. Region, NW Rumänien
**Trapani** 97 B 7 *ant.* Drepanum. SW Italien
**Traralgon** 149 C 7 Victoria, SO Australien
**Trasimenischer See** *siehe* Trasimeno, Lago
**Trasimeno, Lago** 96 B 3 *Eng.* Lake of Perugia, *Dtsch.* Trasimenischer See. See, Z Italien
**Traù** *siehe* Trogir
**Traunsee** 95 D 6 *var.* Gmundner See. See, N Österreich
**Traunstein** 95 C 6 SO Deutschland
**Traverse City** 40 C 2 Michigan, N USA
**Tra Vinh** 137 E 6 *var.* Phu Vinh. S Vietnam
**Travis, Lake** 49 F 4 Stausee, Texas, S USA
**Travnik** 100 C 4 Z Bosnien-Herzegowina
**Trbovlje** 95 E 8 *Dtsch.* Trifail. Z Slowenien

**Třebíč** 99 B 5 *Dtsch.* Trebitsch. S Tschechische Republik
**Trebinje** 101 C 5 S Bosnien-Herzegowina
**Trebišov** 99 E 6 *Ung.* Tőketerebes. O Slowakei
**Trebitsch** *siehe* Třebíč
**Trebnitz** *siehe* Trzebnica
**Trélazé** 90 B 4 NW Frankreich
**Trelew** 65 C 6 SO Argentinien
**Tremelo** 87 C 6 Z Belgien
**Trenčín** 99 C 6 *Dtsch.* Trentschin, *Ung.* Trencsén. W Slowakei
**Trenque Lauquen** 64 C 4 O Argentinien
**Trento** 96 C 2 *Eng.* Trent, *Dtsch.* Trient; *ant.* Tridentum. N Italien
**Trenton** 41 F 4 Bundesstaatshauptstadt, New Jersey, NO USA
**Tres Arroyos** 65 D 5 O Argentinien
**Treskavica** 100 C 4 Gebirge, SO Bosnien-Herzegowina
**Tres Marías, Islas** 50 C 4 Inselgruppe, Z Mexiko
**Treviso** 96 C 2 *ant.* Tarvisium. NO Italien
**Trg** *siehe* Feldkirchen in Kärnten
**Trichinopoly** *siehe* Tiruchchirāppalli
**Trichūr** 132 C 3 *var.* Thrissur. SW Indien
**Trient** *siehe* Trento
**Trier** 95 A 5 *Eng.* Treves, *Fr.* Trèves; *ant.* Augusta Treverorum. SW Deutschland
**Triesen** 94 E 2 SW Liechtenstein
**Triesenberg** 94 E 2 SW Liechtenstein
**Trieste** 96 D 2 *Slwn.* Trst. NO Italien
**Trifail** *siehe* Trbovlje
**Tríkala** 104 B 4 *ehem.* Trikkala. Z Griechenland
**Trikkala** *siehe* Tríkala
**Trincomalee** 132 D 3 *var.* Trinkomali. Sri Lanka
**Trinidad** 61 F 3 N Bolivien
**Trinidad** 64 D 4 SW Uruguay
**Trinidad** 44 D 5 Colorado, Z USA
**Trinidad** 55 H 5 Insel, Trinidad & Tobago

**Trinidad & Tobago**
55 H 5 Republik, SO Karibisches Meer

**UN-Name:** Republic of Trinidad and Tobago **Formation:** 1962 **Hauptstadt:** Port-of-Spain **Bevölkerung:** 1,3 Mio. **Fläche:** 5130 km$^2$ **Sprachen:** Englisch* **Religionen:** Christen 58%, Hindus 30%, Muslime 8%, andere 4% **Volksgruppen:** Schwarze 43%, Südasiaten 40%, Mischlinge 14%, andere 3% **Regierung:** Mehrparteienrepublik **Währung:** TT-$ = 100 Cents

**Trinité, Montagnes de la** 59 H 3 Gebirge, Z Franz. Guyana
**Trinity River** 49 G 3 Fluß, Texas, S USA
**Trinkomali** *siehe* Trincomalee
**Tripoli** 118 B 4 *var.* Ţarābulus, Ţarābulus ash Shām, Trâblous; *ant.* Tripolis. N Libanon
**Tripoli** *siehe* Ţarābulus
**Trípoli** 105 B 6 *ehem.* Trípolis. S Griechenland
**Trípolis** *siehe* Trípoli
**Tripolis** *siehe* Ţarābulus
**Tristan da Cunha** 69 A 7 *var.* Tristan da Cunha Islands. Inselgruppe, S Atlantischer Ozean
**Tristan da Cunha** 67 C 6 Insel, S Atlantischer Ozean
**Trivandrum** 132 C 3 *var.* Thiruvanathapuram. Bundesstaatshauptstadt, SW Indien
**Trnava** 99 C 6 *Dtsch.* Tyrnau, *Ung.* Nagyszombat. W Slowakei
**Trobriand Islands** *siehe* Kiriwina Islands
**Trogir** 100 B 4 *It.* Traù. S Kroatien
**Troglav** 100 B 4 Berg, Bosnien-Herzegowina/Kroatien
**Troía Peninsula** 92 B 4 Halbinsel, W Portugal
**Troisdorf** 95 A 5 W Deutschland
**Trois-Rivières** 39 E 4 Québec, SO Kanada
**Trojan** *siehe* Troyan
**Trollhättan** 85 B 6 S Schweden
**Tromsø** 84 C 2 *Fin.* Tromssa. N Norwegen
**Tromssa** *siehe* Tromsø
**Trondheim** 84 B 4 *Dtsch.* Drontheim; *ehem.* Nidaros, Trondhejm. S Norwegen
**Trondheimsfjorden** 84 A 4 Fjord, O Nordsee
**Troódos** 102 C 5 Gebirge, Z Zypern
**Troppau** *siehe* Opava
**Troy** 42 D 3 Alabama, S USA
**Troy** 41 F 3 New York, NO USA
**Troyan** 104 C 2 *var.* Trojan. Z Bulgarien
**Troyes** 90 D 4 *ant.* Augustobona Tricassium. N Frankreich
**Trst** *siehe* Trieste
**Trstenik** 100 D 4 Z Jugoslawien
**Trujillo** 92 C 3 W Spanien
**Trujillo** 52 D 2 NO Honduras
**Trujillo** 60 B 3 NW Peru
**Trŭn** 104 B 2 W Bulgarien
**Trung Phân** 137 E 5 Region, S Vietnam
**Truro** 89 C 7 SW England, Großbritannien
**Truro** 39 F 4 Nova Scotia, SO Kanada
**Trzcianka** 98 B 3 *Dtsch.* Schönlanke. NW Polen
**Trzebnica** 98 C 4 *Dtsch.* Trebnitz. SW Polen
**Ţsafjördhur** 83 E 4 NW Island
**Tsalka** 117 F 2 SO Georgien
**Tsaochuang** *siehe* Zaozhuang
**Tsarevo** 104 E 2 *var.* Mičurin; *ehem.* Michurin. SO Bulgarien

**Tschad**
76 C 2 Jumhurūrīyya Tashād (Republik Tschad), *Fr.* République du Tchad. Z Afrika

**UN-Name:** Republic of Chad **Formation:** 1960 **Hauptstadt:** N'Djamena **Bevölkerung:** 6,4 Mio. **Fläche:** 1 284 000 km$^2$ **Sprachen:** Französisch*, Sara, Maba **Religionen:** Muslime 44%, Christen 33%, Naturreligionen 23% **Volksgruppen:** Bagirmi, Sara, Kreish 31%, Sudan-Araber 26%, Teda 7%, andere 36% **Regierung:** Mehrparteienrepublik **Währung:** CFA-Franc = 100 Centimes

**Tschad-See** *siehe* Tchad, Lac du
**Tschaslau** *siehe* Čáslav

**Tschechische Republik**
99 B 5 *Tsch.* Česká Republika (Tschechische Republik), Z Europa

**UN-Name:** Czech Republic **Formation:** 1993 **Hauptstadt:** Prag **Bevölkerung:** 10,3 Mio. **Fläche:** 78 370 km$^2$ **Sprachen:** Tschechisch*, Slowakisch, **Religionen:** Römisch-Katholische 44%, Protestanten 6%, andere Christen 12%, andere 38% **Volksgruppen:** Tschechen (Böhmen 85%, Mährer 13%), andere 2% **Regierung:** Mehrparteienrepublik **Währung:** Koruna = 100 Haleru

**Tschuktschenen-See** *siehe* Chukchi-See
**Tsetserleg** 126 D 2 W Mongolei
**Tshela** 77 B 6 W Dem. Rep. Kongo
**Tshikapa** 77 C 7 S W Dem. Rep. Kongo
**Tshuapa** 77 D 6 Fluß, Z Dem. Rep. Kongo
**Tsodilo Hills** 78 C 3 Gebirge, NW Botswana
**Tsu** 131 C 6 *var.* Tu. Honshū, SW Japan
**Tsuen Wan** 128 A 1 Hong Kong
**Tsugaru-kaikyō** 130 C 3 Meerenge, Pazifischer Ozean/Japanisches Meer
**Tsumeb** 78 B 3 N Namibia
**Tsuruga** 131 C 6 *var.* Turuga. Honshū, SW Japan
**Tsuruoka** 130 D 4 *var.* Turuoka. Honshū, Z Japan
**Tsushima** 131 A 7 *var.* Tsushima-tō, Tusima. Inselgruppe, Japan
**Tsyerakhowka** 107 D 8 *Russ.* Terekhovka. SO Weißrußland
**Tsyurupinsk** *siehe* Tsyurupyns'k
**Tsyurupyns'k** 109 F 4 *Russ.* Tsyurupinsk. S Ukraine
**Tu** *siehe* Tsu
**Tuamotu, Îles** 145 H 4 *var.* Tuamotu Islands. Inselgruppe, N Französisch-Polynesien
**Tuamotu Islands** *siehe* Tuamotu, Îles
**Tuapi** 53 E 2 NO Nicaragua
**Tuapse** 111 A 7 SW Russische Föderation
**Tuba City** 48 B 1 Arizona, SW USA
**Tubbergen** 86 E 3 O Niederlande
**Tubeke** *siehe* Tubize
**Tubize** 87 B 6 *Nied.* Tubeke. Z Belgien
**Tubmanburg** 74 C 5 NW Liberia
**Tucker's Town** 42 B 5 O Bermuda
**Tuckum** *siehe* Tukums
**Tucson** 48 B 3 Arizona, SW USA
**Tucumán** *siehe* San Miguel de Tucumán
**Tucupita** 59 E 2 NO Venezuela
**Tucuruí** 63 F 2 NO Brasilien
**Tucuruí, Represa de** 63 F 2 Stausee, NO Brasilien
**Tudela** 93 E 2 *Bask.* Tutera; *ant.* Tutela. N Spanien
**Tudmur** 118 C 3 *var.* Tadmur, Tamar, *Griech.* Palmyra; *Bibl.* Tadmor. Z Syrien
**Tuen Mun** 128 A 1 Hong Kong
**Tuguegarao** 139 E 1 Luzon, N Philippinen
**Tuktoyaktuk** 37 E 3 Northwestern Territories, NW Kanada
**Tukums** 106 C 3 *Dtsch.* Tuckum. W Lettland
**Tula** 111 B 5 W Russische Föderation
**Tulancingo** 51 E 4 Z Mexiko
**Tulare** 47 C 7 California, W USA
**Tulcán** 60 B 1 N Ecuador
**Tulcea** 108 D 5 O Rumänien
**Tul'chin** *siehe* Tul'chyn
**Tul'chyn** 108 D 3 *Russ.* Tul'chin. Z Ukraine
**Tulia** 49 E 2 Texas, S USA
**Tulkarm** 119 D 7 NW West Bank (Westjordanland)
**Tullahoma** 42 D 1 Tennessee, S USA
**Tulle** 91 C 5 *ant.* Tutela. Z Frankreich
**Tulln** 95 E 6 *var.* Oberhollabrunn. NO Österreich
**Tully** 148 D 3 Queensland, NO Australien
**Tulsa** 49 G 1 Oklahoma, Z USA
**Tuluá** 58 B 3 W Kolumbien
**Tulun** 115 E 4 S Russische Föderation
**Tumaco** 58 A 4 SW Kolumbien
**Tumba, Lac** *siehe* Ntomba, Lac
**Tumbes** 60 B 2 NW Peru
**Tumkūr** 132 C 2 W Indien
**Tumucumaque, Serra** 63 E 1 *Eng.* Tumuc-Humac Mountains. Gebirge, N Südamerika
**Tunca Nehri** *siehe* Tundzha
**Tunduru** 73 C 8 S Tansania
**Tundzha** 104 D 3 *Türk.* Tunca Nehri. Fluß, Bulgarien/Türkei

**Tunesien**
71 E 2 *Ar.* Al Jumhūrīyah at Tūnisīyah (Tunesische Republik), *Fr.* République Tunisienne, N Afrika

**UN-Name:** Republic of Tunisia **Formation:** 1956 **Hauptstadt:** Tunis **Bevölkerung:** 8,6 Mio. **Fläche:** 163 610 km$^2$ **Sprachen:** Arabisch*, Französisch **Religionen:** Muslime 98%, Christen 1%, andere 1% **Volksgruppen:** Araber und Berber 98%, Europäer 1%, andere 1% **Regierung:** Mehrparteienrepublik **Währung:** Dinar = 1000 Millimes

**Tungabhadra Reservoir** 132 C 2 See, S Indien
**Tungsten** 37 E 4 Northwestern Territories, W Kanada
**Tung-t'ing Hu** *siehe* Dongting Hu
**Tunis** 71 E 1 *Ar.* Tūnis. Staatshauptstadt, NO Tunesien
**Tunis, Golfe de** 102 D 3 *Ar.* Khalīj Tūnis. Bucht, S Mittelmeer
**Tūnis, Khalīj** *siehe* Tunis, Golfe de
**Tunja** 58 B 3 Z Kolumbien
**Tuong Buong** *siehe* Tương Đương
**Tương Đương** 136 D 4 *var.* Tuong Buong. N Vietnam
**Tüp** 123 G 2 *Russ.* Tyup. NO Kirgisistan
**Tupelo** 42 C 2 Mississippi, S USA
**Tupiza** 61 G 5 S Bolivien
**Turabah** 121 B 5 W Saudi-Arabien
**Turangi** 150 D 4 North Island, N Neuseeland
**Turan-Tiefland** 122 C 2 *Russ.* Turanskaya Nizmennost'. Ebene, Z Asien
**Ţurayf** 120 A 3 NW Saudi-Arabien
**Turba** *siehe* Teruel
**Turda** 108 B 4 *Dtsch.* Thorenburg, *Ung.* Torda. NW Rumänien
**Turin** *siehe* Torino
**Turkana, Lake** 68 D 4 *ehem.* Lake Rudolf, *Dtsch.* Turkana-See. See, N Kenia

**Türkei**
116 B 3 *Türk.* Türkiye Cumhuriyeti (Türkische Republik). SW Asien

**UN-Name:** Republic of Turkey **Formation:** 1923 **Hauptstadt:** Ankara **Bevölkerung:** 63,6 Mio. **Fläche:** 779 450 km$^2$ **Sprachen:** Türkisch*, kurdische Sprachen, Arabisch **Religionen:** Muslime 99%, andere 1% **Volksgruppen:** Türken

80%, Kurden 17%, andere 3%
**Regierung:** Mehrparteienrepublik
**Währung:** Türkische Lira = 100 Krural

**Turkestan** *siehe* Türkistan
**Türkistan** 114 B 5 *Russ.* Turkestan. S Kasachstan
**Türkmen Aylagy** 122 B 2 *Russ.* Turkmenskiy Zaliv. Bucht, S Kaspisches Meer
**Türkmenbashi** 122 B 2 *ehem.* Krasnovodsk. W Turkmenistan
**Türkmenbashi Aylagy** 122 B 2 *Russ.* Krasnowodskiy Zaliv. Golf, O Kaspisches Meer

**Turkmenistan**
122 B 2 *Turkm.* Türkmenistan; *ehem.* Turkmenische Sozialistische Sowjetrepublik, *Russ.* Turkmenskaya SSR. Z Asien

**UN-Name:** Republic of Turkmenistan **Formation:** 1991 **Hauptstadt:** Ashgabat **Bevölkerung:** 4 Mio. **Fläche:** 488 100 km² **Sprachen:** Turkmenisch*, Russisch, Usbekisch **Religionen:** Muslime 85%, Russ.-Orthodoxe 10%, andere 5% **Volksgruppen:** Turkmenen 72%, Russen 9%, Usbeken 9%, andere 10% **Regierung:** Ein-Parteien-System **Währung:** Manat = 100 Tenge

**Turkmenskiy Zaliv** *siehe* Türkmen Aylagy
**Turks & Caicos Islands** 55 E 2 Brit. abhängiges Territorium, N Karibisches Meer
**Turku** 85 D 6 *Schwe.* Åbo. SW Finnland
**Turlock** 47 B 6 California, W USA
**Turnau** *siehe* Turnov
**Turnhout** 87 C 5 N Belgien
**Turnov** 98 B 4 *Dtsch.* Turnau. N Tschechische Republik
**Turnu Măgurele** 108 B 5 *var.* Turnu-Măgurele. S Rumänien
**Turnu Severin** *siehe* Drobeta-Turnu Severin
**Turpan** 126 C 3 *var.* Turfan. NW China
**Turpan Depression** 124 C 2 Senke, NW China
**Turpan Pendi** 126 C 3 *Eng.* Turpan Depression. Geol. Senke, NW China
**Türtkül** 122 D 2 *ehem.* Petroaleksandrovsk, *Russ.* Turtkul'. W Usbekistan
**Turuga** *siehe* Tsuruga
**Turuoka** *siehe* Tsuruoka
**Tuscaloosa** 42 C 2 Alabama, S USA
**Tutela** *siehe* Tulle
**Tuticorin** 132 C 3 SO Indien
**Tutrakan** 104 D 1 NO Bulgarien
**Tutuila** 145 F 4 Insel, W American Samoa

**Tuvalu**
145 E 4 *ehem.* Ellice Islands, Republik im Commonwealth. Z Pazifischer Ozean

**UN-Name:** Tuvalu **Formation:** 1978 **Hauptstadt:** Fongafale **Bevölkerung:** 9000 **Fläche:** 26 km² **Sprachen:** Tuvaluisch*, Kiribati **Religionen:** Protestanten 97%, andere 3% **Volksgruppen:** Tuvaluer (Polynesier, Melanesier) 95% andere 5% **Regierung:** Konstitutionelle Monarchie **Währung:** Austral. $ = 100 Cents

**Tuxpan** 50 D 4 Z Mexiko
**Tuxpán** 51 F 4 *var.* Tuxpán de Rodríguez Cano. O Mexiko
**Tuxpán de Rodríguez Cano** *siehe* Tuxpán
**Tuxtepec** 51 F 4 *var.* San Juan Bautista Tuxtepec. S Mexiko
**Tuxtla** 51 G 5 *var.* Tuxtla Gutiérrez. SO Mexiko
**Tuxtla** *siehe* San Andrés Tuxtla
**Tuxtla Gutiérrez** *siehe* Tuxtla
**Tuy Hoa** 137 E 5 SO Vietnam
**Tuz Gölü** 116 C 3 See, Z Türkei
**Tuzla** 100 C 3 NO Bosnien-Herzegowina
**Tver'** 110 B 4 *ehem.* Kalinin. W Russische Föderation
**Twante** 136 B 4 S Myanmar
**Twin Falls** 46 D 4 Idaho, NW USA
**Two Thumbs Range** 151 B 6 Gebirge, South Island, SW Neuseeland
**Tychy** 99 C 5 *Dtsch.* Tichau. S Polen
**Tyler** 49 H 3 Texas, S USA
**Tynda** 115 F 4 SO Russische Föderation
**Tyne** 88 D 4 Fluß, N England, Großbritannien
**Tyôsi** *siehe* Chōshi
**Týrnavos** 104 B 4 *var.* Tirnavos. Z Griechenland
**Tyrrhenisches Meer** 97 B 6 *It.* Mare Tirreno. Meer, Z Mittelmeer
**Tyumen'** 114 C 3 Z Russische Föderation
**Tyup** *siehe* Tüp
**Tywyn** 89 C 6 W Wales, Großbritannien
**Tzekung** *siehe* Zigong

# U

**Uaco Cungo** 78 B 2 *var.* Waku Kungo, *Port.* Santa Comba. Z Angola
**UAE** *siehe* Vereinigte Arabische Emirate
**Uaupés, Rio** *siehe* Vaupés, Río
**Ubangi** 77 C 5 *Fr.* Oubangui. Fluß, Z Afrika
**Ube** 131 B 7 Honshū, SW Japan
**Ubeda** 93 E 4 S Spanien
**Uberaba** 63 F 4 SO Brasilien
**Uberlândia** 63 F 4 SO Brasilien
**Ubin, Pulau** 138 B 1 Insel, NO Singapur
**Ubon Ratchathani** 137 D 5 *var.* Muang Ubon, Ubol Rajadhani, Ubol Ratchathani, Udon Ratchathani. O Thailand
**Ubrique** 92 C 5 S Spanien
**Ubsu-Nur, Ozero** *siehe* Uvs Nuur
**Ucayali** 60 D 3 Fluß, Z Peru
**Uchiura-wan** 130 D 3 Bucht, NW Pazifischer Ozean
**Uchkuduk** *siehe* Uchquduq
**Uchquduq** 122 D 2 *Russ.* Uchkuduk. N Usbekistan
**Udaipur** 134 C 4 *ehem.* Oodeypore. Z Indien
**Uddevalla** 85 B 6 S Schweden
**Udine** 96 D 2 *ant.* Utina. NO Italien
**Udintsev-Bruchzone** 154 A 5 untermeer. Formation, SO Pazifischer Ozean
**Udipi** *siehe* Udupi
**Udon Thani** 136 D 4 *var.* Ban Mak Khaeng, Udorndhani. N Thailand
**Udupi** 132 B 2 *var.* Udipi. SW Indien
**Ueckermünde** 94 D 3 NO Deutschland
**Ueda** 131 C 5 *var.* Uyeda. Honshū, S Japan
**Uele** 77 D 5 *var.* Welle. Fluß, N Dem. Rep. Kongo
**Uelzen** 94 C 3 N Deutschland
**Ufa** 111 D 6 W Russische Föderation
**Ugāle** 106 C 3 NW Lettland

**Uganda**
73 C 6 *Kis.* Jamhuri ya Uganda (Republik Uganda). NO Afrika

**UN-Name:** Republic of Uganda **Formation:** 1962 **Hauptstadt:** Kampala **Bevölkerung:** 21,3 Mio. **Fläche:** 235 880 km² **Sprachen:** Englisch*, Kisuaheli, Luganda, Nkole, Chiga, Lango, Acholi, Teso **Religionen:** Christen 66%, Naturreligionen 18%, Muslime 16% **Volksgruppen:** Buganda 18%, Banyoro 14%, Teso 9%, andere 59% **Regierung:** Mehrparteienrepublik **Währung:** Shilling = 100 Cents

**Uglovka** 110 B 4 *var.* Okulovka. W Russische Föderation
**Uíge** 78 B 1 *Port.* Carmona, Vila Marechal Carmona. NW Angola
**Uinta Mountains** 44 B 4 Gebirge, Utah, W USA
**Uitenhage** 78 C 5 S Südafrika
**Uithoorn** 86 C 3 Z Niederlande
**Ujelang Atoll** 144 C 1 *var.* Wujlán. Insel, W Marshall-Inseln
**Ujungpandang** 139 E 4 *var.* Macassar, Makassar; *ehem.* Makasar. Sulawesi, Z Indonesien
**Ukhta** 110 D 4 *var.* Uchta, Uhta. NW Russische Föderation
**Ukiah** 47 B 5 California, W USA
**Ukmergė** 106 C 4 *Pol.* Wiłkomierz. Z Litauen

**Ukraine**
108 C 2 *Ukr.* Ukrayina, *Russ.* Ukraina, *ehem.* Ukrainische Sozialistische Sowjetrepublik, *Russ.* Ukrainskaya SSR. O Europa

**UN-Name:** Ukraine **Formation:** 1991 **Hauptstadt:** Kiev **Bevölkerung:** 51,4 Mio. **Fläche:** 603 700 km² **Sprachen:** Ukrainisch*, Russisch, Tatarisch **Religionen:** zumeist Ukrainisch-Orthodoxe, ferner katholische, protestantische und jüdische Minderheiten **Volksgruppen:** Ukrainer 73%, Russen 22%, andere (darunter Tataren) 5% **Regierung:** Mehrparteienrepublik **Währung:** Griwna = 100 Kopijken

**Ulaanbaatar** 127 E 2 *Dtsch.* Ulan Bator. Staatshauptstadt, Z Mongolei
**Ulaangom** 126 C 2 NW Mongolei
**Ulaan-Uul** 127 F 2 *var.* Erdenet, SO Mongolei
**Ulan Bator** *siehe* Ulaanbaatar
**Ulanhad** *siehe* Chifeng
**Ulan-Ude** 115 E 4 *ehem.* Verkhneudinsk. Z Russische Föderation
**Uldz** 127 F 1 Fluß, NO Mongolei
**Uleåborg** *siehe* Oulu
**Uleälv** *siehe* Oulujoki
**Uleträsk** *siehe* Oulujärvi
**Ulft** 86 E 4 O Niederlande
**Ullapool** 88 B 3 N Scotland, Großbritannien
**Ulm** 95 B 6 S Deutschland
**Ulsan** 128 E 4 *Jap.* Urusan. SO Süd-Korea
**Ulster** 89 B 5 Region, N Rep. Irland
**Ulungur Hu** 126 C 2 See, NW China
**Uluru** 146 E 5 *var.* Ayers Rock. Fels, Northern Territory, Z Australien
**Ulyanivka** 109 E 3 *Russ.* Ul'yanovka. Z Ukraine
**Ul'yanovka** *siehe* Ulyanivka
**Ul'yanovsk** 111 C 5 *ehem.* Simbirsk. W Russische Föderation
**Uman'** 109 E 3 *Russ.* Uman. Z Ukraine
**Uman** *siehe* Uman'
**Umán** 51 G 3 SO Mexiko
**'Umān, Khalīj** *siehe* Oman, Golf von
**Umbro-Marchigiano, Appennino** 96 C 4 Gebirge, Z Italien
**Umeå** 84 D 4 N Schweden
**Umeälven** 84 C 4 Fluß, N Schweden
**Umiat** 36 D 2 Alaska, NW USA
**Umm al Ḩayt, Wādī** 121 D 6 *var.* Wādī Amilíayt. Fluß, SW Oman
**Umm Durmān** *siehe* Omdurman
**Umm Ruwaba** 72 B 4 *var.* Umm Ruwābah, Um Ruwāba. Z Sudan
**Umnak Island** 36 A 3 Insel, Alaska, NW USA
**Umtata** 78 D 5 SO Südafrika
**Una** 100 B 3 Fluß, Bosnien-Herzegowina/Kroatien
**Unalaska Island** 36 A 3 Insel, Alaska, NW USA
**'Unayzah** 120 B 4 Z Saudi-Arabien
**Uncompahgre Peak** 44 C 5 Berg, Colorado, Z USA
**Ungama Bay** *siehe* Formosa Bay
**Ungarisches Tiefland** *siehe* Alföld

**Ungarn**
99 D 6 Magyar Köztársaság (Republik Ungarn), *var.* Magyarország, *Rum.* Ungaria, *SKr.* Mađarska, *Ukr.* Uhorshchyna; *ehem.* Ungarische Volksrepublik. Z Europa

**UN-Name:** Republic of Hungary **Formation:** 1918 **Hauptstadt:** Budapest **Bevölkerung:** 10,1 Mio. **Fläche:** 93 030 km² **Sprachen:** Magyarisch*, Deutsch, Slowakisch **Religionen:** Römisch-Katholische 68%, Protestanten (Calvinisten, Lutheraner) 25%, andere 7% **Volksgruppen:** Ungarn (Magyaren) 90%, Deutsche 2%, andere 8% **Regierung:** Mehrparteienrepublik **Währung:** Forint = 100 Filler

**Ungava, Péninsule d'** 38 D 1 Halbinsel, Québec, SO Kanada
**Ungava Bay** 39 E 1 Bucht, W Labrador-See
**Ungeny** *siehe* Ungheni
**Ungheni** 108 D 3 *Russ.* Ungeny. W Moldawien
**Unguja** *siehe* Zanzibar
**Üngüz Angyrsyndaky Garagum** 122 C 2 *Russ.* Zaunguzskiye Karakumy. Wüste, N Turkmenistan
**Unimak Island** 36 B 3 Insel, Alaska, NW USA
**Union** 43 E 1 South Carolina, SO USA
**Union City** 42 C 1 Tennessee, S USA
**Unst** 88 D 1 Insel, NO Scotland, Großbritannien

**Ünye** 116 D 2 W Türkei
**Upala** 52 D 4 NW Costa Rica
**Upata** 59 E 2 O Venezuela
**Upemba, Lake** 77 D 7 See, SO Dem. Rep. Kongo
**Upernavik** 82 C 2 *var.* Upernivik. W Grönland
**Upernivik** *siehe* Upernavik
**Upington** 78 C 4 W Südafrika
**'Upolu** 145 F 4 Insel, Samoa
**Upper Darby** 41 F 4 Pennsylvania, NO USA
**Upper Klamath Lake** 46 B 4 See, Oregon, NW USA
**Upper Lough Erne** 89 B 5 See, S Northern Ireland, Großbritannien
**Upper Red Lake** 45 F 1 See, Minnesota, N USA
**Uppsala** 85 C 6 Z Schweden
**Ural** 114 B 3 *Kas.* Zayyq. Fluß, Kasachstan/Russische Föderation
**Ural** *siehe* Ural'skiye Gory
**Ural'sk** *siehe* Oral
**Ural'skiye Gory** 114 C 3 *var.* Ural'skiy Khrebet, *Dtsch.* Ural. Gebirge, Kasachstan/Russische Föderation
**Uraricoera** 62 D 1 N Brasilien
**Ura-Tyube** *siehe* Ŭroteppa
**Urbandale** 45 F 4 Iowa, Z USA
**Ureki** 117 F 2 W Georgien
**Uren'** 111 C 5 W Russische Föderation
**Urganch** 122 D 2 *Russ.* Urgench; *ehem.* Novo-Urgench. W Usbekistan
**Urgut** 123 E 3 Z Usbekistan
**Urmia-See** *siehe* Orūmīyeh, Daryācheh-ye
**Uroševac** 101 D 5 *Alb.* Ferizaj. S Jugoslawien
**Ŭroteppa** 123 E 2 *Russ.* Ura-Tyube. NW Tadschikistan
**Uruapan** 51 E 4 *var.* Uruapan del Progreso. SW Mexiko
**Uruapan del Progreso** *siehe* Uruapan
**Uruguai, Rio** *siehe* Uruguay
**Uruguay** 64 D 3 Fluß, NO Uruguay

**Uruguay**
64 D 4 República Oriental del Uruguay (Republik östlich des Uruguay). S Südamerika

**UN-Name:** Republic of Uruguay **Formation:** 1828/1909 **Hauptstadt:** Montevideo **Bevölkerung:** 3,2 Mio. **Fläche:** 174 810 km² **Sprachen:** Spanisch* **Religionen:** Katholiken 66%, Protestanten 2%, Juden 2%, andere 30% **Volksgruppen:** Europäer 88%, Mestizen 8%, Schwarze 4% **Regierung:** Präsidialrepublik **Währung:** Peso = 100 Centimes

**Urumaco** 58 C 1 NW Venezuela
**Ürümqi** 126 C 3 *var.* Tihwa, Urumchi, Urumqi, Urumtsi, Wu-lu-k'o-mu-shi, Wu-lu-mu-ch'i; *ehem.* Ti-hua. NW China
**Urup, Ostrov** 115 H 4 Insel, Kuril'skiye Ostrova, SO Russische Föderation
**Urusan** *siehe* Ulsan
**Urziceni** 108 C 5 SO Rumänien
**Usa** 110 E 3 Fluß, NW Russische Föderation
**Uşak** 116 B 3 *ehem.* Ushak. W Türkei

**Usbekistan**
122 C 1 *Usb.* Uzbekiston Zumhurijati (Republik Usbekistan). Z Asien

**UN-Name:** Republic of Uzbekistan **Formation:** 1991 **Hauptstadt:** Tashkent **Bevölkerung:** 21,9 Mio. **Fläche:** 1 138 910 km² **Sprachen:** Usbekisch*, Russisch **Religionen:** Muslime 88%, andere (zumeist Orthodoxe) 12% **Volksgruppen:** Usbeken 71%, Russen 8%, Tadschiken 5%, Kasachen 4%, andere 12% **Regierung:** Ein-Parteien-System **Währung:** Sum = 100 Teen

**Ushak** *siehe* Uşak
**Ushant** *siehe* Ouessant, Île d'
**Ushuaia** 65 B 8 S Argentinien
**Usinsk** 110 E 3 NW Russische Föderation
**Usmas Ezers** 106 B 3 See, NW Lettland
**Usol'ye-Sibirskoye** 115 E 4 Z Russische Föderation
**Ussel** 91 C 5 Z Frankreich
**Ussuriysk** 115 G 5 *ehem.* Nikol'sk, Nikol'sk-Ussuriyskiy, Voroshilov. SO Russische Föderation
**Ustica, Isola d'** 97 B 6 Insel, S Italien
**Ústí nad Labem** 98 A 4 *Dtsch.* Aussig. N Tschechische Republik
**Ustinov** *siehe* Izhevsk
**Ustka** 98 B 2 *Dtsch.* Stolpmünde. NW Polen
**Ust'-Kamchatsk** 115 H 2 NO Russische Föderation
**Ust'-Kamenogorsk** *siehe* Öskemen
**Ust'-Olenëk** 115 F 2 *var.* Olenyok. N Russische Föderation
**Ust'-Sysol'sk** *siehe* Syktyvkar
**Ustyurt-Plateau** 122 C 1 *var.* Ust Urt, *Usb.* Ustyurt Platosi. Plateau, Kasachstan/Usbekistan
**Usulután** 52 C 3 SO El Salvador
**Usumacinta** 52 A 1 Fluß, Guatemala/Mexiko
**Usumbura** *siehe* Bujumbura
**Utah** 44 B 4 *off.* State of Utah; *auch genannt:* Beehive State, Mormon State. Bundesstaat, W USA
**Utah Lake** 44 B 4 See, Utah, W USA
**'Uta Vava'u** 145 F 4 Insel, Z Tonga
**Utena** 106 C 4 O Litauen
**Utica** 41 F 3 New York, NO USA
**Utina** *siehe* Udine
**Utrecht** 86 C 3 *Lat.* Trajectum ad Rhenum. Z Niederlande
**Utsunomiya** 131 D 5 *var.* Utunomiya. Honshū, S Japan
**Uttar Pradesh** 135 E 3 *ehem.* United Provinces, United Provices of Agra and Oudh. Bundesstaat, N Indien
**Utunomiya** *siehe* Utsunomiya
**Uulu** 106 D 2 SW Estland
**Uummannaq** 82 C 3 *var.* Umanak, Umanaq. Grönland
**Uummannarsuaq** 82 B 5 *var.* Nunap Isua, *Dän.* Kap Farvel, *Eng.* Cape Farewell. Landspitze, S Grönland
**Uvalde** 49 F 4 Texas, S USA
**Uvaravichy** 107 D 7 *Russ.* Uvarovichi. SO Weißrußland
**Uvarovichi** *siehe* Uvaravichy
**Uvea, Île** 145 E 4 Insel, S Wallis & Futuna
**Uvs Nuur** 126 C 1 *var.* Ozero Ubsu-Nur. See, Mongolei/Russische Föderation
**Uyeda** *siehe* Ueda
**Uyuni** 61 F 5 W Bolivien
**Uzhhorod** 108 B 2 *Russ.* Uzhgorod; *ehem.* Ungvár. W Ukraine
**Užice** 100 D 4 *ehem.* Titovo Užice. W Jugoslawien

# V

**Vaal** 78 D 4 Fluß, Z Südafrika
**Vaals** 87 D 6 SO Niederlande
**Vaasa** 84 D 4 *Schwe.* Vasa; *ehem.* Nikolainkaupunki. W Finnland
**Vaassen** 86 D 3 O Niederlande
**Vác** 99 C 6 *Dtsch.* Waitzen. N Ungarn
**Vacaville** 47 B 6 California, W USA
**Vadodara** 134 C 4 *ehem.* Baroda. W Indien
**Vaduz** 94 E 2 Staatshauptstadt, W Liechtenstein
**VAE** *siehe* Vereinigte Arabische Emirate
**Váh** 99 C 5 *Dtsch.* Waag, *Ung.* Vág. Fluß, W Slowakei
**Väinameri** 106 C 2 *Dtsch.* Moon-Sund; *ehem.* Muhu Väin. Meer, O Ostsee
**Vaiņode** 106 B 3 SW Lettland
**Valachia** 108 B 5 *Dtsch.* Wallachei. Region, S Rumänien
**Valdaj** *siehe* Valday
**Valday** 110 B 4 *var.* Valdaj. W Russische Föderation
**Valdecañas, Embalse de** 92 D 3 Stausee, W Spanien
**Valdepeñas** 93 E 4 Z Spanien
**Valdés, Península** 65 C 6 Halbinsel, SO Argentinien
**Valdez** 36 C 3 Alaska, NW USA
**Valdivia** 65 B 5 Z Chile
**Val-d'Or** 38 D 4 Québec, SO Kanada
**Valdosta** 43 E 3 Georgia, SO USA
**Valence** 91 D 5 *ant.* Valentia, Valentia Julia, Ventia. O Frankreich
**Valencia** 93 F 3 O Spanien
**Valencia** 58 D 2 N Venezuela
**Valencia, Golfo de** 93 G 3 *var.* Gulf of Valencia. Golf, W Mittelmeer
**Valencia, Golf von** *siehe* Valencia, Golfo de
**Valenciennes** 90 D 2 N Frankreich
**Valera** 58 C 2 NW Venezuela
**Valga** 106 D 3 *Dtsch.* Walk, *Lett.* Valka. S Estland
**Valira** 91 A 8 Fluß, Andorra/Spanien
**Valjevo** 100 D 4 W Jugoslawien
**Valjok** 84 D 2 N Norwegen
**Valka** 106 D 3 *Dtsch.* Walk. N Lettland
**Valkenswaard** 87 D 5 S Niederlande
**Valladolid** 92 D 2 NW Spanien
**Valladolid** 51 H 3 SO Mexiko
**Vall d'Uxó** 93 F 3 O Spanien
**Valle de La Pascua** 58 D 2 N Venezuela
**Valle del Po** *siehe* Po-Ebene
**Valledupar** 58 B 1 N Kolumbien
**Vallejo** 47 B 6 California, W USA
**Vallenar** 64 B 3 N Chile
**Valletta** 102 B 5 *ehem.* La Valette. Staatshauptstadt, NO Malta
**Valley City** 45 E 2 North Dakota, N USA
**Valls** 93 F 2 NO Spanien
**Valmiera** 106 D 3 *Est.* Volmari, *Dtsch.* Wolmar. N Lettland
**Valona Bay** *siehe* Vlorës, Gjiri i
**Valozhyn** 107 C 5 *Pol.* Wołożyn, *Russ.* Volozhin. Z Weißrußland
**Valparaiso** 40 C 3 Indiana, N USA
**Valparaíso** 64 B 4 Z Chile
**Valverde del Camino** 92 B 4 S Spanien
**Van** 117 F 3 O Türkei
**Vanadzor** 117 F 2 *ehem.* Kirovakan. N Armenien
**Vancouver** 37 E 5 British Columbia, SW Kanada
**Vancouver** 46 B 2 Washington, NW USA
**Vancouver Island** 36 D 5 Insel, SW Kanada
**Vanda** *siehe* Vantaa
**Van Diemen Gulf** 146 E 2 Golf, SW Arafura-See
**Van Diemen's Land** *siehe* Tasmania
**Vänern** 85 B 6 *Dtsch.* Väner-See, *Eng.* Lake Vaner. See, S Schweden
**Vangaindrano** 79 G 4 S Madagaskar
**Van Gölü** 117 F 3 *ant.* Thospitis, *Dtsch.* Van-See. Salzsee, O Türkei
**Van-See** *siehe* Van Gölü
**Vannes** 90 A 4 *ant.* Dariorigum. NW Frankreich
**Vantaa** 85 D 6 *Schwe.* Vanda. S Finnland
**Vanua Levu** 145 E 4 Insel, N Fidschi

**Vanuatu**
144 C 4 Ripablik blong Vanuatu (Republik Vanuatu), *ehem.* Neu-Hebriden, S Pazifischer Ozean

**UN-Name:** Republic of Vanuatu **Formation:** 1980 **Hauptstadt:** Port-Vila **Bevölkerung:** 200 000 **Fläche:** 12 190 km² **Sprachen:** Bislama*, Englisch*, Französisch* **Religionen:** Protestanten 77%, Katholiken 15%, Naturreligionen 8% **Volksgruppen:** Ni-Vanuatu (Melanesier) 98%, andere 2% **Regierung:** Mehrparteienrepublik **Währung:** Vatu = 100 Centimes

**Vapincum** *siehe* Gap
**Varakļani** 106 D 4 Z Lettland
**Vārānasi** 135 E 3 *ehem.* Banaras, Benares, *hist.* Kasi. N Indien
**Varangerfjorden** 84 E 2 Fjord, SW Barents-Meer
**Varangerhalvøya** 84 E 1 Halbinsel, N Norwegen
**Varaždin** 100 B 2 *Dtsch.* Warasdin, *Ung.* Varasd. N Kroatien
**Varberg** 85 B 7 S Schweden
**Vardar** 101 E 6 *Griech.* Axiós. Fluß, Griechenland/Mazedonien
**Varde** 85 A 7 W Dänemark
**Varėna** 107 B 5 *Pol.* Orany. S Litauen
**Varese** 96 B 2 N Italien
**Vârful Moldoveanu** 108 B 4 *var.* Moldoveanul; *ehem.* Vîrful Moldoveanu. Berg, Z Rumänien
**Varkaus** 85 E 5 Z Finnland
**Varna** 104 E 2 *ehem.* Stalin, *ant.* Odessus. NO Bulgarien
**Varnenski Zaliv** 104 E 2 *ehem.* Stalinski Zaliv. Bucht, NW Schwarzes Meer
**Vasilikí** 105 A 5 Kríti, SO Griechenland
**Vasilishki** 107 B 5 *Pol.* Wasiliszki. W Weißrußland
**Vasil'kov** *siehe* Vasyl'kiv
**Vaslui** 108 D 4 Z Rumänien
**Västerås** 85 C 6 Z Schweden
**Vasyl'kiv** 109 E 2 *var.* Vasil'kov. N Ukraine

**Vatikan-Stadt**
97 A 7 Status Civitatis Vaticanae (Staat der Vatikan-Stadt), *It.* Stato della Città del Vaticano. S Europa

**UN-Name:** Vatican City State **Formation:** 1929 **Bevölkerung:** 1000 **Fläche:** 0,44 $km^2$ **Sprachen:** Latein*, Italienisch* **Religionen:** Römisch-Katholische 100% **Volksgruppen:** Italiener 90%, Schweizer 10% (inkl. Schweizer Garde) **Regierung:** Päpstliche Kommission **Währung:** Italienische Lira = 100 Centesimi

**Vatnajökull** 83 E 5 Gletscher, SO Island
**Vättern** 85 B 6 *Dtsch.* Vätter-See, *Eng.* Lake Vatter. See, S Schweden
**Vaupés** 58 C 4 *var.* Rio Uaupés. Fluß, Brasilien/Kolumbien
**Vava'u Group** 143 E 3 Inselgruppe, N Tonga
**Vavuniya** 132 D 3 Sri Lanka
**Vawkavysk** 107 B 6 *Pol.* Wołkowysk, *Russ.* Volkovysk. W Weißrußland
**Växjö** 85 C 7 *var.* Vexiö. S Schweden
**Vaygach, Ostrov** 110 E 2 Island, NW Russische Föderation
**Veendam** 86 E 2 NO Niederlande
**Veenendaal** 86 D 4 Z Niederlande
**Vega** 84 B 4 Insel, Z Norwegen
**Veisiejai** 107 B 5 S Litauen
**Vejer de la Frontera** 92 C 5 S Spanien
**Veldhoven** 87 D 5 S Niederlande
**Velebit** 100 A 3 Gebirge, Z Kroatien
**Velenje** 95 E 7 *Dtsch.* Wöllan. N Slowenien
**Velho** *siehe* Porto Velho
**Velika Gorica** 100 B 2 N Kroatien
**Velika Morava** 100 E 4 *var.* Glavn'a Morava, Morava, *Dtsch.* Grosse Morava. Fluß, Z Jugoslawien
**Velika Plana** 100 D 4 Z Jugoslawien
**Velikaya** 115 H 2 Fluß, NO Russische Föderation
**Velike-Luki** *siehe* Velikiye Luki
**Velikij Ust'ug** *siehe* Velikiy Ustyug
**Velikiye Luki** 110 A 4 *var.* Velike-Luki. W Russische Föderation
**Velikiy Ustyug** 110 C 4 *var.* Velikij Ust'ug. NW Russische Föderation
**Veliko Tŭrnovo** 104 D 2 *var.* Veliko Tărnovo; *ehem.* Tirnovo, Trnovo, Tŭrnovo. N Bulgarien
**Velingrad** 104 C 3 SW Bulgarien
**Vel'ký Krtíš** 99 D 6 S Slowakei
**Vellore** 132 C 2 SO Indien
**Velsen** *siehe* Velsen-Noord
**Velsen-Noord** 86 C 3 *var.* Velsen. W Niederlande
**Vel'sk** 110 C 4 *var.* Velsk. NW Russische Föderation
**Velsk** *siehe* Vel'sk
**Velvendós** 104 B 4 *var.* Velvendos. N Griechenland
**Velykyy Tokmak** *siehe* Tokmak
**Vendée** 90 B 4 Region, W Frankreich
**Vendôme** 90 B 4 Z Frankreich
**Venedig** *siehe* Venezia
**Venezia** 96 C 2 *Dtsch.* Venedig, *Eng.* Venice, *Fr.* Venise; *ant.*Venetia. NO Italien
**Venezia, Golfo di** 96 D 2 *Dtsch.* Golf von Venedig, *Slwn.* Beneški Zaliv. Golf, N Adriatisches Meer
**Venezolanisches Becken** 66 B 4 untermeer. Formation, W Atlantischer Ozean

**Venezuela**
58 D 2 *Sp.* República de Venezuela (Republik Venezuela), *ehem.* Vereinigte Staaten von Venezuela. N Südamerika

**UN-Name:** Republic of Venezuela **Formation:** 1830 **Hauptstadt:** Caracas **Bevölkerung:** 21,8 Mio. **Fläche:** 912 050 $km^2$ **Sprachen:** Spanisch*, indianische Sprachen (Goajiro, Guaraúno, Garina, Pemón) **Religionen:** Katholiken 96%, Protestanten 2%, andere 2% **Volksgruppen:** Mestizen 67%, Weiße 21%, Schwarze 10%, Indianer 2% **Regierung:** Mehrparteienrepublik **Währung:** Bolívar = 100 Céntimos

**Venezuela, Golfo de** 58 C 1 *Eng.* Gulf of Maracaibo, Gulf of Venezuela. Golf, O Karibisches Meer
**Venice** 43 E 4 Florida, SO USA
**Venice** 42 C 4 Louisiana, S USA
**Venlo** 87 D 5 *ehem.* Venloo. SO Niederlande
**Venloo** *siehe* Venlo
**Venta** 106 B 3 *Dtsch.* Windau. Fluß, Lettland/Litauen
**Ventimiglia** 96 A 3 NW Italien
**Ventspils** 106 B 2 *Dtsch.* Windau. NW Lettland
**Ventura** 47 C 7 California, W USA
**Vera** 64 D 3 NO Argentinien
**Veracruz** 51 F 4 *var.* Veracruz Llave. O Mexiko
**Veracruz Llave** *siehe* Veracruz
**Vercellae** *siehe* Vercelli
**Vercelli** 96 A 2 *ant.* Vercellae. NW Italien
**Verdalsøra** 84 B 4 Z Norwegen
**Verden** 94 B 3 NW Deutschland

**Vereinigte Arabische Emirate**
121 E 5 *Ar.* Dawlāt al-Amārāt al-'Arabīyahal Muttaḩidah (Staat der Vereinigten Arabischen Emirate), *Abkg.* VAE; *ehem.* Trucial States (›Vertragsstaaten‹). SW Asien

**UN-Name:** United Arab Emirates **Formation:** 1971 **Hauptstadt:** Abu Dhabi **Bevölkerung:** 1,9 Mio. **Fläche:** 83 600 $km^2$ **Sprachen:** Arabisch*, Farsi (Persisch), Urdu, Hindi, Englisch **Religionen:** Sunna-Muslime 77%, Shi'a-Muslime 19%, andere 4% **Volksgruppen:** Südasiaten 50%, Emirat-Araber 19%, andere Araber 23%, andere 8% **Regierung:** Föderation von Emiraten **Währung:** Dirham = 100 Fils

**Vereinigte Staaten von Amerika**
35 B 5 *Abkg.* USA, U.S., N Amerika

**UN-Name:** United States of America **Formation:** 1959 **Hauptstadt:** Washington D.C. **Bevölkerung:** 263,3 Mio. **Fläche:** 9 372 610 $km^2$ **Sprachen:** Englisch*, Spanisch, Italienisch, Deutsch, Französisch, Polnisch, Chinesisch, Griechisch **Religionen:** Protestanten 56%, Katholiken 28%, Juden 2%, andere 14% **Volksgruppen:** Weiße (darunter Hispanier) 83%, Schwarze 13%, andere 4% **Regierung:** Mehrparteienrepublik **Währung:** US-$ = 100 Cents

**Vereinigtes Königreich von Großbritannien und Nordirland**
89 B 5 NW Europa

**UN-Name:** United Kingdom of Great Britain and Northern Ireland **Formation:** 1921 **Hauptstadt:** London **Bevölkerung:** 58,3 Mio. **Fläche:** 244 880 $km^2$ **Sprachen:** Englisch*, Walisisch, Schottisch, Gälisch **Religionen:** Protestanten 52%, Katholiken 9%, Muslime 3%, andere 36% **Volksgruppen:** Engländer 81%, Schotten 10%, Waliser 2%, andere 7% **Regierung:** Konstitutionelle Monarchie **Währung:** Pfund Sterling = 100 Pence

**Verkhnedvinsk** *siehe* Vyerkhnyadzvinsk
**Verkhneudinsk** *siehe* Ulan-Ude
**Verkhoyanskiy Khrebet** 115 F 3 Gebirge, O Russische Föderation
**Vermillion** 45 F 3 South Dakota, N USA
**Vermont** 41 F 2 *off.* State of Vermont; *auch genannt:* Green Mountain State. Bundesstaat, NO USA
**Vernal** 44 B 4 Utah, W USA
**Vernon** 49 F 2 Texas, S USA
**Vero Beach** 43 F 4 Florida, SO USA
**Véroia** 104 B 4 *var.* Veria, Vérroia, *Türk.* Karaferiye. N Griechenland
**Verona** 96 B 2 NO Italien
**Versailles** 90 C 3 N Frankreich
**Verulamium** *siehe* St Albans
**Verviers** 87 D 6 O Belgien
**Veselinovo** 104 E 2 O Bulgarien
**Vesoul** 90 D 4 *ant.* Vesulium, Vesulum. O Frankreich
**Vesterålen** 84 B 2 Inselgruppe, N Norwegen
**Vestfjorden** 84 C 3 Fjord, O Norwegisches Meer
**Vestmannaeyjar** 83 E 5 S Island
**Vesuna** *siehe* Périgueux
**Vesuv** *siehe* Vesuvio
**Vesuvio** 97 D 5 *Dtsch.* Vesuv, *ant.* Vesuvius. Vulkan, S Italien
**Vesuvius** *siehe* Vesuvio
**Veszprém** 99 C 7 *Dtsch.* Veszprim. W Ungarn
**Veszprim** *siehe* Veszprém
**Vetrino** 104 E 2 NO Bulgarien
**Vetrino** *siehe* Vyetryna
**Veurne** 87 A 5 *var.* Furnes. W Belgien
**Vexiö** *siehe* Växjö
**Vhuru Peak** *siehe* Kilimanjaro
**Viacha** 61 F 4 W Bolivien
**Viana do Castelo** 92 B 2 *var.* Viana de Castelo; *ant.* Velobriga. NW Portugal
**Vianden** 87 D 7 Luxemburg
**Vianen** 86 C 4 Z Niederlande
**Viangchan** 136 D 4 *Eng./Fr.* Vientiane. Staatshauptstadt, Z Laos
**Viangphoukha** 136 C 3 *var.* Vieng Pou Kha. NW Laos
**Viareggio** 96 B 3 Z Italien
**Viborg** 85 A 7 NW Dänemark
**Vic** 93 G 2 *var.* Vich; *ant.* Ausa, Vicus Ausonensis. NO Spanien
**Vicentia** *siehe* Vicenza
**Vicenza** 96 C 2 *ant.* Vicentia. NO Italien
**Vichy** 91 C 5 Z Frankreich
**Victor Harbor** 149 B 7 South Australia, S Australien
**Victoria** 36 D 5 Provinzhauptstadt, Vancouver Island, SW Kanada
**Victoria** 65 B 5 Z Chile
**Victoria** 49 G 4 Texas, S USA
**Victoria** 102 A 5 *var.* Rabat. NO Malta
**Victoria** 149 B 7 Bundesstaat, SO Australien
**Victoria** 146 D 3 Fluß, Western Australia, N Australien
**Victoria** 79 H 1 Staatshauptstadt, NO Seychellen
**Victoria, Lake** 73 B 6 *var.* Victoria Nyanza, *Dtsch.* Victoria-See. See, NO Afrika
**Victoria de Durango** *siehe* Durango
**Victoria de las Tunas** *siehe* Las Tunas
**Victoria Falls** 78 C 3 W Zimbabwe
**Victoria Falls** 78 C 3 Wasserfall, Sambia/Zimbabwe
**Victoria Harbour** 128 A 1 Hafen, Hong Kong
**Victoria Island** 37 F 3 Insel, NW Kanada
**Victoria Land** 154 C 4 Region, Antarktis
**Victoria Nyanza** *siehe* Victoria, Lake
**Victoria Peak** 128 A 2 Berg, Hong Kong
**Victoria-See** *siehe* Victoria, Lake
**Victorville** 47 C 7 California, W USA
**Vicus Elbii** *siehe* Viterbo
**Vidalia** 43 E 2 Georgia, SO USA
**Vidin** 104 B 1 *ant.* Bononia. NW Bulgarien
**Vidzeme** 106 C 3 *Eng.* Livonia. Region, NO Lettland
**Vidzy** 107 C 5 NW Weißrußland
**Viedma** 65 C 5 O Argentinien
**Vieng Pou Kha** *siehe* Viangphoukha
**Vienna** *siehe* Vienne
**Vienne** 91 D 5 *ant.* Vienna. O Frankreich
**Vienne** 91 B 5 Fluß, W Frankreich
**Vientiane** *siehe* Viangchan
**Vierwaldstätter See** 95 B 7 *Eng.* Lake of Lucerne. See, Z Schweiz
**Vierzon** 90 C 4 Z Frankreich
**Viesíte** 106 C 4 *var.* Viesīte, *Dtsch.* Eckengraf. S Lettland

**Vietnam**
136 D 4 *Vtn.* Công-hòa xa-hôi chu-nghĩa Viêt-Nam (Sozialistische Republik Vietnam). SO Asien

**UN-Name:** Socialist Republic of Viet-Nam **Formation:** 1976 **Hauptstadt:** Hanoi **Bevölkerung:** 74,5 Mio. **Fläche:** 329 560 $km^2$ **Sprachen:** Vietnamesisch*, Chinesisch,Thai, Khmer, Muong **Religionen:** Buddhisten 55%, Katholiken 7%, Muslime 1%, andere 37% **Volksgruppen:** Vietnamesen 88%, Chinesen 4%, Thai 2%, andere 6% **Regierung:** Ein-Parteien-System **Währung:** Dong = 10 Hao = 100 Xu

**Viêt Tri** 136 D 3 *var.* Vietri. N Vietnam
**Vieux Fort** 55 F 2 S St. Lucia
**Vigo** 92 B 2 NW Spanien
**Viipuri** *siehe* Vyborg
**Vijayawāda** 132 D 1 *ehem.* Bezwada. SO Indien
**Vila** *siehe* Port-Vila
**Vila de Mocímboa da Praia** *siehe* Mocímboa da Praia
**Vila do Conde** 92 B 2 NW Portugal
**Vila do Zumbo** 78 D 2 *ehem.* Vila do Zumbu, Zumbo. NW Moçambique

**Vilafranca del Penedès** 93 F 2 *var.* Villafranca del Panadés. NO Spanien
**Viļaka** 106 D 4 *Dtsch.* Marienhausen. NO Lettland
**Vilalba** 92 C 1 NW Spanien
**Vila Nova de Gaia** 92 B 2 NW Portugal
**Vila Nova de Portimão** *siehe* Portimão
**Vila Real** 92 B 2 *var.* Vila Rial. N Portugal
**Vila-real de los Infantes** 93 F 3 *var.* Villarreal. O Spanien
**Vila Rial** *siehe* Vila Real
**Vilhelmina** 84 C 4 N Schweden
**Vilhena** 62 D 3 W Brasilien
**Vília** 105 C 5 Z Griechenland
**Viljandi** 106 D 2 *Dtsch.* Fellin. S Estland
**Vilkaviškis** 106 B 4 *Pol.* Wyłkowyszki. SW Litauen
**Villa Acuña** *siehe* Ciudad Acuña
**Villacarrillo** 93 E 4 S Spanien
**Villa Cecilia** *siehe* Ciudad Madero
**Villach** 95 D 7 *Slwn.* Beljak. S Österreich
**Villacidro** 97 A 5 W Italien
**Villa Concepción** *siehe* Concepción
**Villa del Pilar** *siehe* Pilar
**Villafranca de los Barros** 92 C 4 W Spanien
**Villafranca del Panadés** *siehe* Vilafranca del Penedès
**Villahermosa** 51 G 4 *ehem.* San Juan Bautista. SO Mexiko
**Villajoyosa** 93 F 4 *var.* La Vila Jojosa. O Spanien
**Villalcampo, Embalse de** 92 C 2 Stausee, NW Spanien
**Villa María** 64 C 4 Z Argentinien
**Villa Martín** 61 F 5 SW Bolivien
**Villanueva** 50 D 4 Z Mexiko
**Villanueva de la Serena** 92 C 4 W Spanien
**Villanueva de los Infantes** 93 E 4 Z Spanien
**Villa Ojo de Agua** 64 C 3 Argentinien
**Villarreal** *siehe* Vila-real de los Infantes
**Villarrica** 64 D 2 SO Paraguay
**Villavicencio** 58 B 3 Z Kolumbien
**Villaviciosa** 92 D 1 N Spanien
**Villazón** 61 G 5 S Bolivien
**Villena** 93 E 4 O Spanien
**Villeneuve d'Ascq** 90 D 2 NO Frankreich
**Villeurbanne** 91 D 5 O Frankreich
**Villingen-Schwenningen** 95 B 6 S Deutschland
**Villmanstrand** *siehe* Lappeenranta
**Vilnius** 107 C 5 *Dtsch.* Wilna, *Pol.* Wilno; *ehem. Russ.* Vilna. Staatshauptstadt, SO Litauen
**Vil'shanka** 109 E 3 *Russ.* Olshanka. Z Ukraine
**Vilvoorde** 87 C 6 *Fr.* Vilvorde. Z Belgien
**Vilvorde** *siehe* Vilvoorde
**Vilyeyka** 107 C 5 *Pol.* Wilejka, *Russ.* Vileyka. NW Weißrußland
**Vilyuy** 115 F 3 Fluß, Z Russische Föderation
**Viña del Mar** 64 B 4 Z Chile
**Vinaròs** 93 F 3 O Spanien
**Vincennes** 40 B 4 Indiana, N USA
**Vindhya Range** 134 D 4 *var.* Vindhya Mountains. Gebirge, N Indien
**Vineland** 41 F 4 Delaware, NO USA
**Vinh** 136 D 4 NO Vietnam
**Vinh Loi** *siehe* Bac Liêu
**Vinishte** 104 B 2 *var.* Vinište. NW Bulgarien
**Vinište** *siehe* Vinishte
**Vinita** 49 G 1 Oklahoma, Z USA
**Vinkovci** 100 C 3 *Dtsch.* Winkowitz, *Ung.* Vinkovcze. O Kroatien
**Vinnitsa** *siehe* Vinnytsya
**Vinnytsya** 108 D 2 *Russ.* Vinnitsa. Z Ukraine
**Vinson Massif** 154 B 3 Berg, Antarktis
**Viranşehir** 117 E 4 SO Türkei
**Virginia** 41 E 5 *off.* Commonwealth of Virginia; *auch genannt:* Old Dominion, Mother of Presidents, Mother of States. Bundesstaat, O USA
**Virginia** 45 G 1 Minnesota, N USA
**Virginia Beach** 41 F 5 Virginia, NO USA
**Virgin Islands** 55 F 3 *var.* Virgin Islands of the United States; *Dtsch.* Jungferninseln, *ehem.* Dänisch-Westindien. US-Unincorporated Territory, O Karibisches Meer
**Virgin Islands** *siehe* British Virgin Islands
**Virôchey** 137 E 5 NO Kambodscha
**Virovitica** 100 C 2 *Dtsch.* Virovititz, *Ung.* Verőcze; *ehem. Dtsch.* Werowitz. NO Kroatien
**Virton** 87 D 8 SO Belgien
**Virtsu** 106 D 2 *Dtsch.* Werder. W Estland
**Vis** 100 B 4 *It.* Lissa; *ant.* Issa. Insel, S Kroatien
**Vis** *siehe* Fish
**Visaginas** 106 C 4 *ehem.* Sniečkus. O Litauen
**Visākhapatnam** 132 D 1 SO Indien
**Visalia** 47 C 7 California, W USA
**Visby** 85 C 7 *Dtsch.* Wisby. SO Schweden
**Viscount Melville Sound** 37 F 2 *ehem.* Melville Sound. Sund, Arktis
**Visé** 87 D 6 O Belgien
**Viseu** 92 C 3 *ehem.* Vizeu. N Portugal
**Vişeu de Sus** 108 B 3 *var.* Vişeul de Sus, *Dtsch.* Oberwischau, *Ung.* Felsővisó. N Rumänien
**Visoko** 100 C 4 Z Bosnien-Herzegowina
**Vista** 47 C 8 California, W USA
**Vistula** *siehe* Wisła
**Vitebsk** *siehe* Vitsyebsk
**Viterbo** 96 C 4 *ant.* Vicus Elbii. Z Italien
**Viti Levu** 145 E 4 Insel, Z Fidschi
**Vitim** 115 F 4 Fluß, Z Russische Föderation
**Vitória** 63 G 4 Bundesstaatshauptstadt, SO Brasilien
**Vitória da Conquista** 63 G 3 O Brasilien
**Vitoria-Gasteiz** 93 E 1 *var.* Vitoria, *Eng.* Vittoria. N Spanien
**Vitré** 90 B 3 NW Frankreich
**Vitsyebsk** 107 E 5 *Russ.* Vitebsk. NO Weißrußland
**Vittoria** 97 C 7 SW Italien
**Vizeu** *siehe* Viseu
**Vizianagaram** 132 D 1 *var.* Vizianagram. O Indien
**Vizianagram** *siehe* Vizianagaram
**Vjosës, Lumi i** 101 C 7 *var.* Vijosa, Vijosë, *Griech.* Aóos. Fluß, Albanien/Griechenland
**Vlaardingen** 86 C 4 SW Niederlande
**Vladikavkaz** 111 B 8 *ehem.* Dzaudzhikau, Ordzhonikidze. SW Russische Föderation
**Vladimir** 111 B 5 W Russische Föderation
**Vladivostok** 115 G 5 SO Russische Föderation
**Vlagtwedde** 86 E 2 NO Niederlande
**Vlasotince** 101 E 5 SO Jugoslawien
**Vlieland** 86 C 1 *Fries.* Flylân. Insel, N Niederlande
**Vlijmen** 86 C 4 S Niederlande
**Vlissingen** 87 B 5 *Eng.* Flushing, *Fr.* Flessingue. SW Niederlande
**Vlodava** *siehe* Włodawa
**Vlorë** 101 C 7 *It.* Valona, Vlora; *ehem.* Vlonë. SW Albanien
**Vlorës, Gjiri i** 101 C 6 *var.* Valona Bay. S Adriatisches Meer
**Vlotslavsk** *siehe* Włocławek
**Vöcklabruck** 95 D 6 NW Österreich
**Vogel Peak** *siehe* Dimlang
**Vogesen** *siehe* **Vosges**
**Voiron** 91 D 5 O Frankreich
**Vojvodina** 100 D 3 *Dtsch.* Wojwodina. Region, N Jugoslawien
**Volga** *siehe* Wolga
**Volgograd** 111 B 7 *ehem.* Stalingrad, Tsaritsyn. SW Russische Föderation
**Volkhov** 110 B 4 *var.* Volchov, Volnov, NW Russische Föderation
**Volnovakha** 109 G 3 SO Ukraine
**Volodymyr-Volyns'kyy** 108 C 1 *Pol.* Włodzimierz, *Russ.* Vladimir-Volynskiy. NW Ukraine
**Vologda** 110 B 4 W Russische Föderation
**Volokonovka** 111 A 6 W Russische Föderation
**Vólos** 105 B 5 Z Griechenland
**Vol'sk** 111 C 6 W Russische Föderation
**Volta** 75 E 4 Fluß, SO Ghana
**Volta, Lake** 75 E 4 Stausee, SO Ghana
**Volturno** 97 D 5 Fluß, S Italien
**Volunteer Island** *siehe* Starbuck Island
**Volzhsk** 111 C 5 W Russische Föderation
**Volzhskiy** 111 B 6 SW Russische Föderation
**Võnnu** 106 E 3 *Dtsch.* Wendau. SO Estland
**Voorst** 86 D 3 O Niederlande
**Voranava** 107 C 5 *Pol.* Werenów, *Russ.* Voronovo. W Weißrußland
**Vorderrhein** 95 B 7 Fluß, SO Schweiz
**Vóreioi Sporádes** 105 C 5 *var.* Vórioi Sporádhes, *Dtsch.* Nördliche Sporaden. Inselgruppe, O Griechenland
**Vorkuta** 110 E 3 NW Russische Föderation
**Vormsi** 106 D 2 *var.* Vormsi Saar, *Dtsch.* Worms, *Schwe.* Ormsö. Insel, W Estland
**Voronezh** 111 B 6 W Russische Föderation
**Voroshilovsk** *siehe* Stavropol'
**Vorskla** 109 F 2 Fluß, Z Ukraine
**Võrtsjärv** 106 D 3 *Dtsch.* Wirz-See. See, SO Estland
**Võru** 106 D 3 *Dtsch.* Werro. SO Estland
**Vosges** 90 E 4 *Dtsch.* Vogesen. Gebirge, NO Frankreich
**Vostochno-Sibirskoye More** 115 G 1 *Dtsch.* Ostsibirische See. Meer, Arktis
**Vostochnyy Sayan** 115 E 4 *Mong.* Dzüün Soyonï Nuruu, *Dtsch.* Östlicher Sayan. Gebirge, Mongolei/Russische Föderation
**Vostok** 154 C 3 Forschungsstation, Antarktis
**Vostok Island** 145 G 3 *var.* Vostock Island; *ehem.* Stavers Island. Insel, O Kiribati
**Voznesens'k** 109 E 3 *Russ.* Voznesensk. S Ukraine
**Voznesensk** *siehe* Voznesens'k
**Vraca** *siehe* Vratsa
**Vrangelya, Ostrov** 115 G 1 *Eng.* Wrangel Island. Insel, NO Russische Föderation
**Vranje** 101 E 5 SO Jugoslawien
**Vranov nad Topl'ou** 99 E 5 *var.* Vranov, *Ung.* Varannó. O Slowakei
**Vratsa** 104 C 2 *var.* Vraca. NW Bulgarien
**Vrbas** 100 C 3 Fluß, N Bosnien-Herzegowina
**Vrbas** 100 D 3 N Jugoslawien
**Vršac** 100 E 3 *Dtsch.* Werschetz, *Ung.* Versecz. NO Jugoslawien
**Vsetín** 99 C 5 *Dtsch.* Wsetin. O Tschechische Republik
**Vučitrn** 101 D 5 Z Jugoslawien
**Vukovar** 100 D 3 *Ung.* Vukovár. O Kroatien
**Vukovár** *siehe* Vukovar
**Vulcan** 37 E 5 Alberta, SW Kanada
**Vulcan** 108 B 4 *Dtsch.* Wulkan, *Ung.* Zsilyvajdevulkán; *ehem.* Crivadia Vulcanului, Vaidei, *Ung.* Sily-Vajdej, Vajdej. W Rumänien
**Vulcano, Isola** 97 C 7 Insel, S Italien
**Vung Tau** 137 E 6 *ehem. Fr.* Cap Saint-Jacques, *Eng.* Cape Saint Jacques. S Vietnam
**Vyatka** 111 C 5 *var.* V'atka, Viatka. Fluß, NW Russische Föderation
**Vyatka** *siehe* Kirov
**Vyborg** 110 B 3 *Fin.* Viipuri. NW Russische Föderation
**Vyerkhnyadzvinsk** 107 D 5 *Russ.* Verkhnedvinsk. N Weißrußland
**Vyetryna** 107 D 5 *Russ.* Vetrino. N Weißrußland
**Vynohradiv** 108 B 3 *Tsch.* Sevluš, *Ung.* Nagyszöllös, *Russ.* Vinogradov; *ehem.* Sevlyush. W Ukraine
**Vytegra** 110 B 4 NW Russische Föderation

# W

**Wa** 75 E 4 NW Ghana
**Waal** 86 D 4 Fluß, S Niederlande
**Wabash River** 40 B 5 Fluß, NO USA
**Waco** 49 G 3 Texas, S USA
**Waddān** 71 F 3 NW Libyen
**Waddeneilanden** 86 C 1 *Dtsch.* Westfriesische Inseln. Inselgruppe, N Niederlande
**Waddenzee** 86 C 2 *var.* Wadden Zee, *Dtsch.* Wattenmeer. Meer, O Nordsee
**Waddington, Mount** 36 D 5 Berg, SW Kanada
**Wādī as Sīr** 119 B 6 *var.* Wadi es Sir. NW Jordanien

**Wadi es Sir** *siehe* Wādī as Sīr
**Wadi Halfa** 72 B 3 *var.* Wādī Ḩalfā'. N Sudan
**Wādī Ḩalfā'** *siehe* Wadi Halfa
**Wādī Mūsā** 119 B 7 *var./ant.* Petra. S Jordanien
**Wad Madanī** *siehe* Wad Medani
**Wad Medani** 72 C 4 *var.* Wad Madanī. Z Sudan
**Wagadugu** *siehe* Ouagadougou
**Wagga Wagga** 149 C 7 New South Wales, SO Australien
**Wagin** 147 B 7 Western Australia, SW Australien
**Wāh** 134 C 1 NO Pakistan
**Wahai** 139 F 4 Pulau Seram, O Indonesien
**Wahiawa** 47 A 8 *Haw.* Wahiawā. Hawaii, W USA
**Wahiawā** *siehe* Wahiawa
**Wahpeton** 45 F 2 North Dakota, N USA
**Waiau** 151 C 5 Fluß, South Island, Neuseeland
**Waigeo, Pulau** 139 G 4 Insel, Maluka, O Indonesien
**Waikaremoana, Lake** 150 E 4 See, North Island, O Neuseeland
**Wailuku** 47 B 8 Hawaii, W USA
**Waimate** 151 B 7 South Island, SW Neuseeland
**Waiouru** 150 D 4 North Island, Z Neuseeland
**Waipara** 151 C 6 South Island, Z Neuseeland
**Waipawa** 150 E 4 North Island, NO Neuseeland
**Waipukurau** 150 E 4 North Island, NO Neuseeland
**Wairau** 151 C 5 Fluß, South Island, Z Neuseeland
**Wairoa** 150 D 2 Fluß, North Island, N Neuseeland
**Wairoa** 150 E 4 North Island, NO Neuseeland
**Waitaki** 151 B 7 Fluß, South Island, SW Neuseeland
**Waitara** 150 D 4 North Island, Z Neuseeland
**Waitzen** *siehe* Vác
**Waiuku** 150 D 3 North Island, N Neuseeland
**Wakasa-wan** 131 C 6 Bucht, SO Japanisches Meer
**Wakatipu, Lake** 151 A 7 See, South Island, SW Neuseeland
**Wakayama** 131 C 6 Honshū, SW Japan
**Wake Island** 142 D 1 US-Unincorporated Territory, W Pazifischer Ozean
**Wakkanai** 130 C 1 Hokkaidō, NO Japan
**Wałbrzych** 98 B 4 *Dtsch.* Waldenburg, Waldenburg in Schlesien. SW Polen
**Walcourt** 87 C 7 S Belgien
**Wałcz** 98 B 3 *Dtsch.* Deutsch-Krone. NW Polen
**Wales** 89 C 6 *Wal.* Cymru. Nationalregion, Großbritannien
**Wales** 36 C 2 Alaska, NW USA
**Walgett** 149 D 5 New South Wales, SO Australien
**Walfisch-Rücken** *siehe* Walvis-Rücken
**Walliser Alpen** 95 A 8 *var.* Penninische Alpen, *Fr.* Alpes Pennines, *It.* Alpi Pennine; *Lat.* Alpes Penninae. Gebirge, Italien/Schweiz
**Walk** *siehe* Valka
**Walker Lake** 47 C 6 See, Nevada, W USA
**Wallaby Island** 148 C 2 Insel, Queensland, N Australien
**Wallachei** *siehe* Valachia
**Wallal Downs** 146 B 3 W Australien
**Walla Walla** 46 C 2 Washington, NW USA
**Wallis & Futuna** 145 F 4 *Fr.* Territoire de Wallis et Futuna. Franz. Übersee-Territorium, S Pazifischer Ozean
**Walnut Ridge** 42 B 1 Arkansas, Z USA
**Walvisbaai** *siehe* Walvis Bay
**Walvis Bay** 78 B 4 *Afr.* Walvisbaai. W Namibia
**Walvis-Rücken** 67 D 6 *var.* Walfisch-Rücken. Untermeer. Formation, O Atlantischer Ozean
**Wanaka** 151 B 7 South Island, SW Neuseeland
**Wanaka, Lake** 151 B 6 See, South Island, SW Neuseeland
**Wandel-See** 83 F 1 Meer, Arktis
**Wanganui** 150 D 4 North Island, Z Neuseeland
**Wangaratta** 149 C 7 Victoria, SO Australien
**Wankie** *siehe* Hwange
**Wanlaweyn** 73 D 6 *var.* Wanle Weyn, *It.* Uanle Uen. SW Somalia
**Wanxian** 129 B 5 Z China
**Warburg** 94 B 4 W Deutschland
**Ware** 37 E 4 British Columbia, W Kanada
**Waremme** 87 C 6 O Belgien
**Waren** 94 C 3 NO Deutschland
**Wargla** *siehe* Ouargla
**Warnemünde** 94 C 2 NO Deutschland
**Warnes** 61 G 4 Z Bolivien
**Warrego** 149 D 5 Fluß, New South Wales/Queensland, O Australien
**Warrego Range** 148 D 4 Gebirge, O Australien
**Warren** 40 D 4 Ohio, N USA
**Warren** 40 D 3 Michigan, N USA
**Warri** 75 F 5 S Nigeria
**Warrnambool** 149 B 7 Victoria, SO Australien
**Warschau** *siehe* Warszawa
**Warszawa** 98 D 3 *Dtsch.* Warschau, *Russ.* Varshava. Staatshauptstadt, Z Polen
**Warta** 98 C 4 *Dtsch.* Warthe. Fluß, W Polen
**Warthe** *siehe* Warta
**Warwick** 149 D 5 Queensland, O Australien
**Wash, The** 89 E 6 Bucht, SW Nordsee
**Washington** 40 D 4 Pennsylvania, NO USA
**Washington** 46 B 2 *off.* State of Washington; *auch genannt:* Chinook State, Evergreen State. Bundesstaat, NW USA
**Washington D.C.** 41 E 4 Staatshauptstadt, District of Columbia, NO USA
**Washington Island** *siehe* Teraina
**Washington Land** 82 D 1 Region, NW Grönland
**Waspam** 53 E 2 *var.* Waspán. NO Nicaragua
**Waspán** *siehe* Waspam
**Watampone** 139 E 4 *var.* Bone. Sulawesi, Z Indonesien
**Watenstedt-Salzgitter** *siehe* Salzgitter
**Waterbury** 41 G 3 Connecticut, NO USA
**Waterford** 89 B 6 *Ir.* Port Láirge. S Rep. Irland
**Waterloo** 45 G 3 Iowa, Z USA
**Watertown** 41 F 2 New York, NO USA
**Watertown** 45 E 2 South Dakota, N USA
**Waterville** 41 G 2 Maine, NO USA
**Watford** 89 E 7 SO England, Großbritannien
**Watlings Island** *siehe* San Salvador
**Watsa** 77 E 5 NO Dem. Rep. Kongo
**Watsonville** 47 B 6 California, W USA
**Wau** 73 B 5 *var.* Wāw. S Sudan
**Waukegan** 40 B 3 Illinois, N USA
**Waukesha** 40 B 3 Wisconsin, N USA
**Wausau** 40 B 2 Wisconsin, N USA
**Wave Hill** 146 E 3 N Australien
**Waverly** 45 G 3 Iowa, Z USA
**Wavre** 87 C 6 Z Belgien
**Wāw** *siehe* Wau
**Wawa** 38 C 4 Ontario, S Kanada
**Waycross** 43 E 3 Georgia, SO USA
**Wearmouth** *siehe* Sunderland
**Weatherford** 49 F 1 Oklahoma, Z USA
**Webster City** 45 F 3 Iowa, Z USA
**Weddell-See** 154 B 2 Meer, SW Atlantischer Ozean
**Weddell-Tiefsee-Ebene** 154 A 2 untermeer. Formation, SW Atlantischer Ozean
**Weener** 94 A 3 NW Deutschland
**Weert** 87 D 5 SO Niederlande
**Weesp** 86 C 3 Z Niederlande
**Węgorzewo** 98 D 2 *Dtsch.* Angerburg. NO Polen
**Weichsel** *siehe* Wisła
**Weimar** 94 C 4 Z Deutschland
**Weißenburg** 95 C 6 SO Deutschland
**Weißenstein** *siehe* Paide
**Weißer Nil** 68 D 4 Fluß, O Afrika, *siehe auch* Jebel, Bahr el
**Weißes Meer** *siehe* Beloye More

---

**Weißrußland**
107 C 6 *Bel.* Rèspublika Belarus' (Republik Weißrußland [Belorußland]), *var.* Belarus, *Let.* Baltkrievija, *Russ.* Belorusskaya; *ehem.* Belorusskaya SSR. Z Europa

**UN-Name:** Republic of Belarus
**Formation:** 1991/1991 **Hauptstadt:** Minsk **Bevölkerung:** 10,3 Mio.
**Fläche** 207 600 km² **Sprachen:** Belorussisch (Weißrussisch)*, Russisch
**Religionen:** Russisch-Orthodoxe 60%, Römisch-Katholische 8%, andere 32% **Volksgruppen:** Belo-(Weiß-)russen 78%, Russen 13%, Polen 4%, andere 5%
**Regierung:** Mehrparteienrepublik
**Währung:** Rubel = 100 Kopeken

---

**Wejherowo** 98 C 2 NW Polen
**Welchman Hall** 55 G 1 Z Barbados
**Weldiya** 72 C 4 *var.* Waldia, *It.* Valdia. N Äthiopien
**Welkom** 78 D 4 Z Südafrika
**Welle** *siehe* Uele
**Wellesley Islands** 148 B 2 Inselgruppe, N Australien
**Wellington** 151 D 5 Staatshauptstadt, North Island, Z Neuseeland
**Wellington** 45 F 5 Kansas, Z USA
**Wellington** *siehe* Wellington, Isla
**Wellington, Isla** 65 B 7 *var.* Wellington. Insel, S Chile
**Wells, Lake** 147 C 5 See, Western Australia, Z Australien
**Wellsford** 150 D 2 North Island, N Neuseeland
**Wels** 95 D 6 *ant.* Ovilava. N Österreich
**Wemmel** 87 B 6 Z Belgien
**Wenatchee** 46 C 2 Washington, NW USA
**Wenchi** 75 E 4 W Ghana
**Wen-chou** *siehe* Wenzhou
**Wendau** *siehe* Võnnu
**Wenden** *siehe* Cēsis
**Wenmen Island** *siehe* Wolf, Isla
**Wentworth** 149 B 6 New South Wales, SO Australien
**Wenzhou** 129 D 5 *var.* Wen-chou. O China
**Werda** 78 C 4 S Botswana
**Werder** *siehe* Virtsu
**Werkendam** 86 C 4 S Niederlande
**Werro** *siehe* Võru
**Wesenberg** *siehe* Rakvere
**Wessel Islands** 148 B 1 Inselgruppe, N Australien
**West-Antarktis** *siehe* Kleine Antarktis
**West-Australisches Becken** *siehe* Wharton-Becken
**West Bank** 119 D 6 *Dtsch.* Westjordanland. Umstrittenes Gebiet/Aut. Region, SW Asien
**West Bend** 40 B 3 Wisconsin, N USA
**West Bengal** 135 F 4 Bundesstaat, NO Indien
**West Caroline Islands** 144 B 2 Inselgruppe, Z Mikronesien
**West Des Moines** 45 F 4 Iowa, Z USA
**Westerland** 94 B 2 N Deutschland
**Western Australia** 146 C 4 Bundesstaat, W Australien
**Western Ghats** 132 B 1 Gebirge, SW Indien
**Western Isles** *siehe* Outer Hebrides
**Western Punjab** *siehe* Punjab
**Western Sierra Madre** *siehe* Madre Occidental, Sierra
**Westerschelde** 87 B 5 *Eng.* Western Scheldt; *ehem.* Honte. Meerenge, S Nordsee
**Westerville** 40 C 4 Ohio, N USA
**Westeuropäisches Becken** 66 C 3 untermeer. Formation, N Atlantischer Ozean
**Westfalen** 94 A 4 Region, W Deutschland
**West Falkland** 65 C 7 *var.* Gran Malvina. Insel, W Falkland Islands
**West Fargo** 45 F 2 North Dakota, N USA
**Westfriesische Inseln** *siehe* Waddeneilanden
**Westindische Inseln** 66 A 4 Inselgruppe, W Atlantischer Ozean
**Westjordanland** *siehe* West Bank
**Westliche Dvina** 85 E 7 *var. Dtsch.* Düna, *Bel.* Dzvina, *Lett.* Daugava, *Russ.* Zapadnaya Dvina. Fluß, Asien/Europa
**Westliche Morava** *siehe* Zapadna Morava
**Westlicher Sayan** *siehe* Zapadnyy Sayan
**Westliches Carolinen-Becken** 152 B 3 untermeer. Formation, SW Pazifischer Ozean

**Weston-super-Mare** 89 D 7 SW England, Großbritannien
**West Palm Beach** 43 F 5 Florida, SO USA
**Westport** 151 C 5 South Island, Z Neuseeland
**West Punjab** *siehe* Punjab
**West-Sahara** 70 B 4 von Marokko seit 1976 besetztes Gebiet, NW Afrika
**West-Samoa** *siehe* Samoa
**Westsibirisches Tiefland** *siehe* Zapadno-Sibirskaya Ravnina
**West Virginia** 40 D 4 *off.* State of West Virginia; *auch genannt:* Mountain State. Bundesstaat, O USA
**Wetar, Pulau** 138 D 5 Insel, O Indonesien
**Wetzlar** 95 B 5 W Deutschland
**Wevok** 36 C 2 *var.* Wewuk. Alaska, NW USA
**Wewuk** *siehe* Wevok
**Wexford** 89 B 6 *Ir.* Loch Garman. SO Rep. Irland
**Weyburn** 37 F 5 Saskatchewan, S Kanada
**Weymouth** 89 D 7 S England, Großbritannien
**Weymouth** 41 G 3 Massachusetts, NO USA
**Weymouth, Cape** 148 C 2 Landspitze, Queensland, NO Australien
**Wezep** 86 D 3 O Niederlande
**Whakatane** 150 E 3 North Island, NO Neuseeland
**Whale Cove** 37 G 4 Northwest Territories, Z Kanada
**Whangarei** 150 D 2 North Island, N Neuseeland
**Wharton-Becken** 141 D 5 *var.* Westaustralisches Becken. Untermeer. Formation, O Indischer Ozean
**Whataroa** 151 B 6 South Island, SW Neuseeland
**Wheatland** 44 D 3 Wyoming, Z USA
**Wheeling** 40 D 4 West Virginia, NO USA
**Whitby** 89 D 5 N England, Großbritannien
**Whitefish** 44 B 1 Montana, NW USA
**Whitehaven** 89 C 5 NW England, Großbritannien
**Whitehorse** 36 D 4 Provinz-Hauptstadt, Yukon Territory, W Kanada
**White Lake** 42 A 3 See, Louisiana, S USA
**White Mountains** 41 G 2 Gebirge, USA
**White River** 44 D 3 Fluß, South Dakota, N USA
**White Volta** 75 E 4 *var.* Nakambé, *Fr.* Volta Blanche. Fluß, Burkina Faso/Ghana
**Whitewater Bay** 43 E 5 Bucht, Florida, SO Golf von Mexiko
**Whitianga** 150 D 2 North Island, N Neuseeland
**Whitney, Mount** 47 C 6 Berg, California, W USA
**Whitsunday Group** 148 D 3 Inselgruppe, Queensland, O Australien
**Whyalla** 149 A 6 South Australia, S Australien
**Wichita** 45 F 5 Kansas, Z USA
**Wichita Falls** 49 F 2 Texas, S USA
**Wichita River** 49 F 2 Fluß, Texas, S USA
**Wicklow Mountains** 89 B 6 *Ir.* Sléibhte Chill Mhantáin. Gebirge, O Rep. Irland
**Wiehl** 94 A 4 W Deutschland
**Wieliczka** 99 D 5 S Polen
**Wieluń** 98 C 4 Z Polen
**Wien** 95 E 6 *Eng.* Vienna, *Ung.* Bécs, *Slwk.* Vídeň, *Slwn.* Dunaj; *ant.* Vindobna, Vindobona. Staatshauptstadt, NO Österreich
**Wiener Neustadt** 95 E 6 O Österreich
**Wierden** 86 E 3 O Niederlande
**Wiesbaden** 95 B 5 W Deutschland
**Wight, Isle of** 89 D 7 Insel, S England, Großbritannien
**Wigorna Ceaster** *siehe* Worcester
**Wijchen** 86 D 4 SO Niederlande
**Wijk bij Duurstede** 86 D 4 Z Niederlande
**Wilberforce, Cape** 148 B 1 Landspitze, Northern Territory, N Australien
**Wilcannia** 149 C 6 New South Wales, SO Australien
**Wilhelm, Mount** 144 B 3 Berg, New Guinea, Z Papua-Neuguinea
**Wilhelm-Pieck-Stadt** *siehe* Guben
**Wilhelmshaven** 94 B 3 NW Deutschland
**Wilkes Barre** 41 F 3 Pennysylvania, NO USA
**Wilkes-Bruchzone** 153 F 3 untermeer. Formation, O Pazifischer Ozean
**Wilkes Land** 154 D 4 Region, Antarktis
**Wiłkomierz** *siehe* Ukmergė
**Willebroek** 87 C 5 Z Belgien
**Willemstad** 55 E 5 Hauptstadt eines abhängigen Territoriums, Z Niederländische Antillen
**Willeroo** 146 E 2 N Australien
**Williston** 44 D 1 North Dakota, N USA
**Wilmington** 41 F 4 Delaware, NO USA
**Wilmington** 43 F 2 North Carolina, SO USA
**Wilrijk** 87 C 5 N Belgien
**Winchester** 89 D 7 *hist.* Wintanceaster, *Lat.* Venta Belgarum. S England, Großbritannien
**Winchester** 41 E 4 Virginia, NO USA
**Windau** *siehe* Venta
**Windau** *siehe* Ventspils
**Windhoek** 78 B 3 *Dtsch.* Windhuk. Staatshauptstadt, Z Namibia
**Windhuk** *siehe* Windhoek
**Windsor** 89 D 7 S England, Großbritannien
**Windsor** 38 C 5 Ontario, S Kanada
**Windsor** 41 G 3 Connecticut, NO USA
**Windward Islands** 55 H 4 Inselgruppe, SO Karibisches Meer
**Windward Islands** *siehe* Barlavento, Ilhas de
**Windward Passage** 54 D 3 *Sp.* Paso de los Vientos. Meerenge, N Karibisches Meer
**Winisk** 38 C 2 Ontario, Z Kanada
**Winisk** 38 C 2 Fluß, Ontario, S Kanada
**Winnebago, Lake** 40 B 2 See, Wisconsin, N USA
**Winning** 146 A 4 W Australien
**Winnipeg** 37 G 5 Provinzhauptstadt, Manitoba, S Kanada
**Winnipeg, Lake** 37 G 5 See, Manitoba, Z Kanada
**Winnipesaukee, Lake** 41 G 2 See, New Hampshire, NO USA
**Winona** 45 G 3 Minnesota, N USA
**Winschoten** 86 E 2 NO Niederlande
**Winsen** 94 B 3 N Deutschland
**Winslow** 48 B 2 Arizona, SW USA
**Winston Salem** 43 E 1 North Carolina, SO USA
**Winsum** 86 D 1 NO Niederlande
**Winter Haven** 43 E 4 Florida, SO USA
**Winterswijk** 86 E 4 O Niederlande
**Winterthur** 95 B 7 NO Schweiz
**Winton** 148 C 4 Queensland, O Australien
**Winton** 151 A 7 South Island, SW Neuseeland
**Wirz-See** *siehe* Võrtsjärv
**Wisby** *siehe* Visby
**Wisconsin** 40 A 2 *off.* State of Wisconsin; *auch genannt:* Badger State. Bundesstaat, N USA
**Wisconsin Rapids** 40 B 2 Wisconsin, N USA
**Wisconsin River** 40 B 3 Fluß, Wisconsin, N USA
**Wisła** 98 D 4 *Dtsch.* Weichsel, *Eng.* Vistula. Fluß, Z Polen
**Wisłany, Zalew** 98 C 2 *Dtsch.* Frisches Haff, *Russ.* Vislinskiy Zaliv. Lagune, S Ostsee
**Wismar** 94 C 2 N Deutschland
**Wittenberge** 94 C 3 N Deutschland
**Wittlich** 95 A 5 SW Deutschland
**Wittstock** 94 C 3 NO Deutschland
**W. J. van Blommesteinmeer** 59 G 3 Stausee, O Suriname
**Władysławowo** 98 C 2 N Polen
**Włocławek** 98 C 3 *Dtsch./Russ.* Vlotslavsk. Z Polen
**Włodawa** 98 E 4 *Russ.* Vlodava. SO Polen
**Wodonga** 149 C 7 Victoria, SO Australien
**Wodzisław Śląski** 99 C 5 *Dtsch.* Loslau. S Polen
**Wōjjā** *siehe* Wotje Atoll
**Wojwodina** *siehe* Vojvodina
**Woking** 89 E 7 SO England, Großbritannien
**Wolf, Isla** 60 A 4 *var.* Wenmen Island. Insel, Galápagos-Inseln, O Pazifischer Ozean
**Wolfsburg** 94 C 3 N Deutschland
**Wolga** 111 C 7 *Eng./Russ.* Volga. Fluß, W Russische Föderation
**Wolgast** 94 D 2 NO Deutschland
**Wöllan** *siehe* Velenje
**Wollaston Lake** 37 F 4 Saskatchewan, Z Kanada
**Wollongong** 149 D 6 New South Wales, SO Australien
**Wolvega** 86 D 2 *Fries.* Wolvegea. N Niederlande
**Wolvegea** *siehe* Wolvega
**Wolverhampton** 89 C 6 W England, Großbritannien
**Wonowon** 37 E 4 British Columbia, W Kanada
**Wônsan** 128 E 3 SO Nord-Korea
**Woodburn** 46 B 3 Oregon, NW USA
**Woodland** 47 B 5 California, W USA
**Woodruff** 40 B 2 Wisconsin, N USA
**Woods, Lake of the** 38 B 3 *Fr.* Lac des Bois. See, Kanada/USA
**Woodville** 150 D 4 North Island, Z Neuseeland
**Woodward** 49 F 1 Oklahoma, Z USA
**Wooramel** 147 A 5 W Australien
**Worb** 95 A 7 Z Schweiz
**Worcester** 89 D 6 *hist.* Wigorna Ceaster. W England, Großbritannien
**Worcester** 41 G 3 Massachusetts, NO USA
**Worcester** 78 C 5 SW Südafrika
**Workington** 89 C 5 NW England, Großbritannien
**Worland** 44 C 3 Wyoming, Z USA
**Worms** 95 B 5 *ant.* Augusta Vangionum, Borbetomagus, Wormatia. SW Deutschland
**Worthington** 45 F 3 Minnesota, N USA
**Wotje Atoll** 144 D 1 *var.* Wōjjā. Insel, O Marshall-Inseln
**Woudrichem** 86 C 4 S Niederlande
**Wrangel Island** *siehe* Vrangelya, Ostrov
**Wrangel-Tiefsee-Ebene** 155 G 2 untermeer. Formation, Arktis
**Wreck Reef** 148 F 4 Riff, W Korallen-See
**Wrocław** 98 C 4 *Eng./Dtsch.* Breslau. SW Polen
**Września** 98 C 3 Z Polen
**Wsetin** *siehe* Vsetín
**Wuday 'ah** 121 C 6 S Saudi-Arabien
**Wuhai** 127 E 3 N China
**Wuhan** 129 C 5 *var.* Han-kou, Han-k'ou, Hanyang, Wuchang, Wu-han; *ehem.* Hankow. Provinzhauptstadt, Z China
**Wuhu** 129 D 5 *var.* Wu-na-mu. O China
**Wujlān** *siehe* Ujelang Atoll
**Wukari** 75 G 5 O Nigeria
**Wuliang Shan** 129 A 6 Gebirge, S China
**Wu-na-mu** *siehe* Wuhu
**Wuppertal** 94 A 4 *ehem.* Barmen-Elberfeld. W Deutschland
**Würzburg** 95 B 5 SW Deutschland
**Wuxi** 129 D 5 *var.* Wuhsi, Wu-hsi, Wusih. O China
**Wye** 89 C 6 *Wal.* Gwy. Fluß, England/Wales, Großbritannien
**Wyłkowyszki** *siehe* Vilkaviškis
**Wyndham** 146 D 3 Western Australia, N Australien
**Wyoming** 40 C 3 Michigan, N USA
**Wyoming** 44 B 3 *off.* State of Wyoming; *auch genannt:* Equality State. Bundesstaat, Z USA
**Wyszków** 98 D 3 *Dtsch.* Probstberg. NO Polen

# X

**Xaçmaz** 117 H 2 *Russ.* Khachmas. N Aserbaidschan
**Xaignabouli** 79 E 4 *ehem.* Muang Xaignabouri, *Fr.* Sayaboury. N Laos
**Xai-Xai** 79 E 4 *ehem.* João Belo, Vila de João *Bel.* S Moçambique
**Xam Nua** 136 D 3 *var.* Sam Neua. NO Laos
**Xankändi** 117 G 3 *Russ.* Khankendi; *ehem.* Stepanakert. SW Aserbaidschan
**Xánthi** 104 C 3 NO Griechenland
**Xátiva** 93 F 4 *var.* Jativa; *ant.* Setabis. O Spanien
**Xiaguan** 129 A 6 S China
**Xiamen** 129 D 6 *var.* Hsia-men; *ehem.* Amoy. China
**Xi'an** 128 C 4 *var.* Changan, Hsi-an Sian, Sian, Signan, Siking, Singan, Xian. Provinzhauptstadt, Z China

**Xiang** *siehe* Hunan
**Xiangkhoang** 136 D 4 *var.* Xieng Khouang. O Laos
**Xiangtan** 129 C 5 *var.* Hsiang-t'an, Siangtan. S China
**Xianning** 129 C 5 O China
**Xiao Hinggan Ling** 128 E 2 *Dtsch.* Kleiner Khingan, *Eng.* Lesser Khingan Range. Gebirge, NO China
**Xichang** 129 B 5 Z China
**Xieng Khouang** *siehe* Pèk
**Xieng Ngeun** *siehe* Muong Xiang Ngeun
**Xifeng** 128 B 4 N China
**Xigazê** 126 C 5 *var.* Jih-k'a-tse, Shigatse, Xigaze. W China
**Xi Jiang** 124 D 3 *var.* Hsi Chiang, *Eng.* West River. Fluß, S China
**Xilinhot** 127 F 2 *var.* Abagnar Qi. NO China
**Xilokastro** *siehe* Xylókastro
**Xingkai Hu** 128 E 2 *var.* Hsing-K'ai Hu, *Russ.* Ozero Khanka, *Dtsch.* Khanka-See. See, China/Russische Föderation
**Xingu** 63 E 2 Fluß, Z Brasilien
**Xingxingxia** 126 D 3 Z China
**Xining** 127 E 4 *var.* Hsining, Hsining, Sining. Z China
**Xinjiang Uygur Zizhiqu** 126 B 3 *var.* Sinkiang, Sinkiang Uighur, Xin, Xinjiang. Aut. Region, NW China
**Xinpu** *siehe* Lianyungang
**Xinxiang** 128 C 4 NO China
**Xinyang** 129 C 5 *var.* Hsin-yang, Sinyang. Z China
**Xinzo de Limia** 92 C 2 NW Spanien
**Xizang Zizhiqu** 126 B 4 *var.* Thibet, Xizang, *Chin.* Sitsang, *Dtsch./Eng.* Tibet. Aut. Region, W China
**Xolotlán** *siehe* Managua, Lago de
**Xuguit Qi** 127 F 1 *var.* Yakeshi. N China
**Xuwen** 129 C 7 S China
**Xuzhou** 128 D 4 *var.* Hsu-chou, Suchow, Tongshan; *ehem.* T'ungshan. O China
**Xylókastro** 105 B 6 *var.* Xilokastro. S Griechenland

# Y

**Ya'an** 129 B 5 *var.* Yaan. Z China
**Yaan** *siehe* Ya'an
**Yabēlo** 73 C 5 S Äthiopien
**Yablis** 53 E 2 NO Nicaragua
**Yablonovyy Khrebet** 115 F 4 Gebirge, Z Russische Föderation
**Yafran** 71 F 2 NW Libyen
**Yaghan-Becken** 67 B 7 untermeer. Formation, SO Pazifischer Ozean
**Yagotin** *siehe* Yahotyn
**Yahotyn** 109 E 2 *Russ.* Yagotin. N Ukraine
**Yahualica** 50 D 4 SW Mexiko
**Yakeshi** *siehe* Xuguit Qi
**Yakima** 46 B 2 Washington, NW USA
**Yakima River** 46 B 2 Fluß, Washington, NW USA
**Yakoruda** 104 C 3 SW Bulgarien
**Yaku-shima** 131 B 8 Insel, Ōsumi-shotō, SW Japan
**Yakutat** 36 C 4 Alaska, NW USA
**Yakutsk** 115 F 3 O Russische Föderation
**Yakymivka** 109 F 4 SO Ukraine
**Yala** 137 C 7 S Thailand
**Yalizava** 107 D 6 *Russ.* Yelizovo. O Weißrußland
**Yalong Jiang** 129 A 5 Fluß, Z China
**Yalova** 116 B 3 NW Türkei
**Yalpug, Ozero** *siehe* Yalpuh, Ozero
**Yalpuh, Ozero** 108 D 4 *Russ.* Ozero Yalpug. See, SW Ukraine
**Yalta** 109 F 5 S Ukraine
**Yalu** 125 E 2 *Chin.* Yalu Jiang, *Jap.* Oryokko, *Kor.* Amnok-kang. Fluß, China/Nord-Korea
**Yamaguchi** 131 B 7 *var.* Yamaguti. Honshū, SW Japan
**Yamaguti** *siehe* Yamaguchi
**Yamal, Poluostrov** 114 D 2 Halbinsel, N Russische Föderation
**Yambio** 73 B 5 *var.* Yambiyo. S Sudan
**Yambiyo** *siehe* Yambio
**Yambol** 104 D 2 *var.* Jambol, *Türk.* Yanboli. O Bulgarien
**Yamdena, Pulau** 139 G 5 *ehem.* Jamdena. Insel, Kepulauan Tanimbar, O Indonesien
**Yamoussoukro** 74 D 5 Staatshauptstadt, Z Elfenbeinküste
**Yana** 115 F 2 Fluß, N Russische Föderation
**Yanaul** 111 D 5 W Russische Föderation
**Yanbu' al Baḩr** 121 A 5 W Saudi-Arabien
**Yangambi** 77 D 5 N Dem. Rep. Kongo
**Yangchow** *siehe* Yangzhou
**Yangiyŭl** 123 E 2 *Russ.* Yangiyul'. O Usbekistan
**Yangiyul'** *siehe* Yangiyŭl
**Yangon** 136 B 4 *var.* Rangoon. Staatshauptstadt, S Myanmar
**Yangtze** *siehe* Chang Jiang
**Yangzhou** 129 D 5 *var.* Yangchow. NO China
**Yangzi** *siehe* Chang Jiang
**Yankton** 45 E 3 South Dakota, N USA
**Yantai** 128 D 4 *var.* Yan-t'ai; *ehem.* Chefoo, Chih-fu. O China
**Yaoundé** 77 B 5 *var.* Yaunde. Staatshauptstadt, S Kamerun
**Yap** 144 A 1 Bundesstaat, W Mikronesien
**Yapanskoye More** *siehe* Japanisches Meer
**Yapen, Pulau** 139 G 4 *ehem.* Japen. Insel, O Indonesien
**Yap-Graben** 142 B 2 untermeer. Formation, W Pazifischer Ozean
**Yaqui, Río** 50 B 2 Fluß, NW Mexiko
**Yaransk** 111 C 5 *var.* Jaransk. NW Russische Föderation
**Yarega** 110 D 4 *var.* Jarega. NW Russische Föderation
**Yarkant** *siehe* Shache
**Yarmouth** 39 F 5 Nova Scotia, SO Kanada
**Yarmouth** *siehe* Great Yarmouth
**Yaroslavl'** 110 B 4 *var.* Jaroslavl. W Russische Föderation
**Yarumal** 58 B 2 NW Kolumbien
**Yasyel'da** 107 B 7 Fluß, SW Weißrußland
**Yatsushiro** 131 A 7 *var.* Yatusiro. Kyūshū, SW Japan
**Yatusiro** *siehe* Yatsushiro
**Yaunde** *siehe* Yaoundé
**Yavarí** 56 B 3 *var.* Javari. Fluß, Z Brasilien
**Yavarí** *siehe* Javari
**Yaviza** 53 H 5 SO Panama
**Yavoriv** 108 B 2 *Pol.* Jaworów, *Russ.* Yavorov. NW Ukraine
**Yazd** 120 D 3 *var.* Yezd. Z Iran
**Yazd-e Khvāst** 120 D 3 Iran
**Yazoo City** 42 B 2 Mississippi, S USA
**Yding Skovhøj** 85 A 7 Berg, Z Dänemark
**Ýdra** 105 C 6 *var.* Ídhra, *Dtsch.* Hydra. S Griechenland
**Ye** 137 B 5 SO Myanmar
**Yecheng** 126 A 3 *var.* Kargilik. NW China
**Yeeda** 146 C 3 NW Australien
**Yefremov** 111 B 5 W Russische Föderation
**Yei** 73 B 5 S Sudan
**Yekaterinburg** 114 C 3 *ehem.* Sverdlovsk. Z Russische Föderation
**Yekaterinodar** *siehe* Krasnodar
**Yelets** 111 B 5 W Russische Föderation
**Yelizovo** *siehe* Yalizava
**Yell** 88 D 1 Insel, NO Scotland, Großbritannien
**Yellowknife** 37 E 4 Provinz-Hauptstadt, Northwest Territories, W Kanada
**Yellow River** *siehe* Huang He
**Yellowstone River** 44 C 2 Fluß, NW USA
**Yel'sk** 107 C 8 SO Weißrußland
**Yelwa** 75 F 4 W Nigeria
**Yemassee** 43 E 2 South Carolina, SO USA
**Yemva** 110 D 4 *var.* Železnodorožny, Zeleznodorožnyj; *ehem.* Zheleznodorozhnyy. NW Russische Föderation
**Yenakiyeve** 109 G 3 *Russ.* Yenakiyevo; *ehem.* Ordzhonikidze, Rykovo. O Ukraine
**Yenangyaung** 136 A 3 W Myanmar
**Yendi** 75 E 4 NO Ghana
**Yengisar** 126 A 3 NW China
**Yenipazar** *siehe* Novi Pazar
**Yenisey** 114 D 3 *var.* Jeniseiy. Fluß, Mongolei/Russische Föderation
**Yeovil** 89 D 7 S England, Großbritannien
**Yeppoon** 148 D 4 Queensland, O Australien
**Yerevan** 117 G 3 *var.* Erevan, *Dtsch.* Eriwan. Staatshauptstadt, Z Armenien
**Yermak** *siehe* Ermak
**Yerushalayim** 119 B 6 *Ar.* Al Quds ash Sharīf, Al Quds, *Dtsch.* Jerusalem; *ant.* Hierosolyma. Staatshauptstadt, NO Israel
**Yeu, Île d'** 90 A 4 Insel, NW Frankreich
**Yevlakh** *siehe* Yevlax
**Yevlax** 117 G 2 *Russ.* Yevlakh. Z Aserbaidschan
**Yevpatoriya** 109 F 5 S Ukraine
**Yezd** *siehe* Yazd
**Yezerishche** *siehe* Yezyaryshcha
**Yezyaryshcha** 107 E 5 *Russ.* Yezerishche. NO Weißrußland
**Yiannitsá** *siehe* Giannitsá
**Yichang** 129 C 5 Z China
**Yıldızeli** 116 D 3 N Türkei
**Yinchuan** 128 B 4 *var.* Yinch'uan, Yin-ch'uan, Yinchwan. Hauptstadt einer aut. Region, N China
**Yingcheng** 128 E 3 Z China
**Yining** 126 B 2 *var.* I-ning, *Uigh.* Gulja, Kuldja. NW China
**Yin Shan** 127 E 3 Gebirge, N China
**Yof** 74 B 3 W Senegal
**Yogyakarta** 138 C 5 *ehem.* Djokjakarta, Jogjakarta, Jokyakarta. Jawa, Z Indonesien
**Yokohama** 131 D 5 Honshū, S Japan
**Yokote** 130 D 4 Honshū, Z Japan
**Yola** 75 H 4 O Nigeria
**Yonago** 131 B 6 Honshū, SW Japan
**Yong'an** 129 D 6 *var.* Yongan. SO China
**Yongan** *siehe* Yong'an
**Yonkers** 41 F 4 New York, NO USA
**Yonne** 90 C 4 Fluß, Z Frankreich
**Yopal** 58 C 3 *var.* El Yopal. Z Kolumbien
**York** 89 D 5 *ant.* Eboracum, Eburacum. N England, Großbritannien
**York** 45 E 4 Nebraska, Z USA
**York, Cape** 148 C 1 Landspitze, Queensland, NO Australien
**Yorkton** 37 F 5 Saskatchewan, S Kanada
**Yoro** 52 C 2 Z Honduras
**Yoshkar-Ola** 111 C 5 W Russische Föderation
**Youngstown** 40 D 4 Ohio, N USA
**Ypres** *siehe* Ieper
**Yssel** *siehe* IJssel
**Ysyk-Köl** 123 G 2 *Russ.* Balykchy; *ehem.* Issyk-Kul', Rybach'ye. NO Kirgisistan
**Ysyk-Köl** 123 G 2 *var.* Issiq Köl, *Russ.* Ozero Issyk-Kul'. See, NO Kirgisistan
**Yuan Jiang** 129 A 6 *var.* Yijan Chiang, *Dtsch.* Roter Fluß, *Eng.* Red River, *Vtn.* Sông Hông. Fluß, China/Vietnam, *siehe auch* Hông, Sông
**Yuba City** 47 B 5 California, W USA
**Yucatán, Canal de** 54 A 2 *Eng.* Yucatan Channel. Meerenge Karibisches Meer/Golf von Mexiko
**Yucatán, Península de** 51 H 4 *Eng.* Yucatan Peninsula. Halbinsel, Guatemala/Mexiko
**Yuci** 128 C 4 NO China
**Yuen Long** 128 A 1 Hong Kong
**Yueyang** 129 C 5 S China
**Yukhavichy** 107 D 5 *Russ.* Yukhovichi. N Weißrußland
**Yukhovichi** *siehe* Yukhavichy
**Yukon** 36 D 3 Fluß, Kanada/USA
**Yukon Territory** 36 D 3 *var.* Yukon, *Fr.* Territoire du Yukon. Provinz, NW Kanada
**Yulin** 129 C 6 S China
**Yuma** 48 A 2 Arizona, SW USA
**Yumen** 128 A 3 *var.* Lao-chün-miao, Laojunmiao, Yümen, Yu-men. N China
**Yunjinghong** *siehe* Jinghong
**Yunnan** 129 A 6 *var.* Yun, Yünna, Yun-nan. Provinz, SW China
**Yuruá, Río** *siehe* Juruá
**Yushu** 126 D 4 Z China
**Yuty** 64 D 3 S Paraguay
**Yuzhno-Sakhalinsk** 115 H 4 *Jap.* Toyohara; *ehem.* Vladimirovka. Ostrov Sakhalin, SO Russische Föderation
**Yuzhnyy Bug** *siehe* Pivdennyy Buh
**Yylanly** *siehe* Il'yaly

# Z

**Zaandam** *siehe* Zaanstad
**Zaanstad** 86 C 3 *ehem.* Zaandam. Z Niederlande

**Zabaykal'sk** 115 F 5 S Russische Föderation
**Zabīd** 121 B 7 W Jemen
**Ząbkowice Śląskie** 98 C 4 *var.* Ząbkowice, *Dtsch.* Frankenstein, Frankenstein in Schlesien. SW Polen
**Zábřeh** 99 B 5 *Dtsch.* Hohenstadt. O Tschechische Republik
**Zacapa** 52 B 2 O Guatemala
**Zacatecas** 50 D 3 Z Mexiko
**Zacatepec** 51 E 4 S Mexiko
**Zacháro** 105 B 6 *var.* Zakháro. S Griechenland
**Zadar** 100 A 3 *It.* Zara; *ant.* Iader. W Kroatien
**Zadetkyi Kyun** 137 B 6 Insel, S Myanmar
**Zafra** 92 C 4 W Spanien
**Zagazig** 72 B 1 *var.* Az Zaqāzīq. N Ägypten
**Zagreb** 100 B 2 *Dtsch.* Agram, *Ung.* Zágráb. Staatshauptstadt, N Kroatien
**Zāgros, Kuhhā-ye** 120 C 3 *Dtsch.* Zagros-Gebirge. Gebirge, W Iran
**Zagros-Gebirge** *siehe* Zāgros, Kūhhā-ye
**Zāhedān** 120 E 4 *var.* Zahidan; *ehem.* Duzdab. SO Iran
**Zaḩlah** *siehe* Zahlé
**Zahlé** 118 B 4 *var.* Zaḩlah. Z Libanon
**Záhony** 99 E 6 NO Ungarn
**Zaire** 78 C 1 *ehem.* Congo. Provinz, NW Angola
**Zaire** *siehe* Kongo, Demokratische Republik
**Zaječar** 100 E 4 O Jugoslawien
**Zakataly** *siehe* Zaqatala
**Zakhidnyy Buh** *siehe* Bug
**Zākhō** 120 B 2 *var.* Zākhū. N Irak
**Zakhodni Buh** *siehe* Bug
**Zākhū** *siehe* Zākhō
**Zákynthos** 105 A 6 *var.* Zákinthos, *It.* Zante. Insel, W Griechenland
**Zalantun** *siehe* Butha Qi
**Zalău** 108 B 3 *Dtsch.* Waltenberg, *Ung.* Zilah; *ehem.* Zillenmarkt. NW Rumänien
**Zalim** 121 B 5 W Saudi-Arabien
**Zaliv Syvash** *siehe* Syvash, Zatoka
**`Zaĺni Pjašaci** *siehe* Zlatni Pyasŭtsi
**Zambezi** 78 C 2 W Sambia
**Zambezi** 78 D 2 *var.* Zambesi, *Port.* Zambeze, *Dtsch.* Sambesi. Fluß, S Afrika
**Zambia** *siehe* Sambia
**Zamboanga** 139 E 3 *off.* Zamboanga City. Mindanao, S Philippinen
**Zamboanga City** *siehe* Zamboanga
**Zambrów** 98 E 3 O Polen
**Zamora** 92 D 2 NW Spanien
**Zamora de Hidalgo** 50 D 4 SW Mexiko
**Zamość** 98 E 4 *Russ.* Zamostye. SO Polen
**Zamostye** *siehe* Zamość
**Zanda X** 126 A 4 W China
**Zanjān** 120 C 2 *var.* Zenjan, Zinjan. NW Iran
**Zanthus** 147 C 6 S Australien
**Zanzibar** 73 D 7 *Swa.* Unguja, *Dtsch.* Sansibar. Insel, O Tansania
**Zanzibar** 73 D 7 O Tansania
**Zaozhuang** 128 D 4 *var.* Tsaochuang. O China
**Zapadna Morava** 100 D 4 *Dtsch.* Westliche Morava. Fluß, Z Jugoslawien
**Zapadnaya Dvina** 110 A 4 W Russische Föderation
**Zapadnaya Dvina** *siehe* Westliche Dvina
**Zapadno-Sibirskaya Ravnina** 114 D 3 *Dtsch.* Westsibirische Ebene. Ebene, Kasachstan/ Russische Föderation
**Zapadnyy Bug** *siehe* Bug
**Zapadnyy Sayan** 114 D 4 *Dtsch.* Westlicher Sayan. Gebirge, Z Russische Föderation
**Zapala** 65 B 5 W Argentinien
**Zapiola-Rücken** 67 B 6 untermeer. Formation, SW Atlantischer Ozean
**Zapolyarnyy** 110 C 2 *var.* Zapol'arnyj, Zapoljarny. NW Russische Föderation
**Zaporizhzhya** 109 G 3 *Russ.* Zaporozh'ye; *ehem.* Aleksandrovsk. SO Ukraine
**Zapotiltic** 50 D 4 SW Mexiko
**Zaqatala** 117 G 2 *Russ.* Zakataly. NW Aserbaidschan
**Zara** 116 D 3 Z Türkei
**Zarafshon** 123 E 3 *Russ.* Zeravshan. Fluß, Tadschikistan/Usbekistan
**Zarafshon** 122 D 2 *Russ.* Zarafshan. Z Usbekistan
**Zaragoza** 93 F 2 *Eng.* Saragossa; *ant.* Caesaraugusta, Salduba. NO Spanien
**Zarand** 120 D 3 Z Iran
**Zaranj** 122 D 5 SW Afghanistan
**Zarasai** 106 C 4 O Litauen
**Zárate** 64 D 4 *ehem.* General José F.Uriburu. O Argentinien
**Zarautz** 93 E 1 *var.* Zarauz. N Spanien
**Zaraza** 59 E 2 N Venezuela
**Zaria** 75 G 4 Z Nigeria
**Zarós** 105 D 8 Kríti, SO Griechenland
**Zarqa** *siehe* Az Zarqā'
**Żary** 98 B 4 *Dtsch.* Sorau, Sorau in der Niederlausitz. W Polen
**Zaunguzskiye Karakumy** *siehe* Üngüz Angyrsyndaky Garagum
**Zavertse** *siehe* Zawiercie
**Zavet** 104 D 1 NO Bulgarien
**Zavidovići** 100 C 3 N Bosnien-Herzegowina
**Zawiercie** 98 C 4 *Russ.* Zavertse. S Polen
**Zaysan-Köl** 114 D 5 *Dtsch.* Zaysan-See, *Russ.* Ozero Zaysan. See, O Kasachstan
**Zaysan, Ozero** *siehe* Zaysan-Köl
**Zayyq** 114 B 4 *Russ.* Ural. N Kasachstan, *siehe auch* Ural
**Zbarazh** 108 C 2 W Ukraine
**Zduńska Wola** 98 C 4 Z Polen
**Zēbāk** 123 F 3 NO Afghanistan
**Zeebrugge** 87 A 5 NW Belgien
**Zeewolde** 86 D 3 Z Niederlande
**Ẕefat** 119 B 5 *var.* Safed, *Ar.* Safad. N Israel
**Zeila** *siehe* Saylac
**Zeist** 86 C 4 Z Niederlande
**Zele** 87 B 5 NW Belgien
**Zelenoborski** *siehe* Zelenoborskiy
**Zelenoborskiy** 110 C 2 *var.* Zelenoborski. NW Russische Föderation
**Zelenodol'sk** 111 C 5 W Russische Föderation
**Zelenograd** 111 B 5 W Russische Föderation
**Zelenogradsk** 106 A 4 *var.* Kranz, *Dtsch.* Cranz. W Russische Föderation
**Železnodorožny** *siehe* Yemva
**Zelle** *siehe* Celle
**Zel'va** 107 B 6 *Pol.* Zelwa. W Weißrußland
**Zelwa** *siehe* Zel'va
**Zelzate** 87 B 5 *var.* Selzaete. NW Belgien
**Žemaičių Aukštumas** 106 B 3 Region, W Litauen
**Zemst** 87 C 6 Z Belgien
**Zemun** 100 D 3 N Jugoslawien
**Zenica** 100 C 4 Z Bosnien-Herzegowina
**Zenta** *siehe* Senta

---

**Zentralafrikanische Republik** 76 C 4 Ködrö tî Bê-Afrika (Zentralafrikanische Republik), *var.* République Centrafricaine; *ehem.* Oubangui-Chari, Territoire de l'Oubangui-Chari, Ubangi-Shari. Z Afrika

**UN-Name:** Central African Republic **Formation:** 1960 **Hauptstadt:** Bangui **Bevölkerung:** 3,3 Mio. **Fläche:** 622 980 km² **Sprachen:** Französisch*, Sangho, Banda, Gbaya **Religionen:** Christen 50%, Naturreligionen 27%, Muslime 15%, andere 8% **Volksgruppen:** Baya 34%, Banda 27%, Mandjia 21%, andere 18% **Regierung:** Mehrparteienrepublik **Währung:** CFA-Franc = 100 Centimes

---

**Zentralpazifisches Becken** 152 D 3 untermeer. Formation, Z Pazifischer Ozean
**Žepa** 100 C 4 SO Bosnien-Herzegowina
**Zeravshan** *siehe* Zarafshon
**Zevenaar** 86 D 4 SO Niederlande
**Zevenbergen** 86 C 4 S Niederlande
**Zgierz** 98 C 4 *Dtsch.* Neuhof, *Russ.* Zgerzh. Z Polen
**Zgorzelec** 98 B 4 *Dtsch.* Görlitz. SW Polen
**Zhabinka** 107 A 6 *Pol.* Żabinka. SW Weißrußland
**Zhambyl** 114 C 5 *ehem.* Aulie Ataprev, Auliye-Ata, Džambul, Dzhambul. S Kasachstan
**Zhangaözen** 114 A 4 *Russ.* Novyy Uzen'. W Kasachstan
**Zhangaqazaly** 114 B 4 *Russ.* Novokazalinsk. SW Kasachstan
**Zhangjiakou** 128 C 3 *var.* Changkiakow, Zhang-chia-k'ou, *Eng.* Kalgan; *ehem.* Wanchuan. NO China
**Zhangzhou** 129 D 6 SO China
**Zhanjiang** 129 C 7 *var.* Chanchiang, Chan-chiang, *Kant.* Tsamkong, *Fr.* Fort-Bayard. S China
**Zhaoqing** 129 C 6 SO China
**Zhdanov** *siehe* Mariupol'
**Zhejiang** 129 D 5 *var.* Che-chiang, Chekiang, Zhe. Provinz, O China
**Zheleznodoroznyy** 106 A 4 *Dtsch.* Gerdauen. W Russische Föderation
**Zheleznogorsk** 111 A 5 W Russische Föderation
**Zhëltyye Vody** *siehe* Zhovti Vody
**Zhengzhou** 128 C 4 *var.* Ch'eng-chou, Chengchow; *ehem.* Cheng-hsien. Provinzhauptstadt, Z China
**Zhetiqara** 114 B 4 *Russ.* Dzhetygara. NW Kasachstan
**Zhezkazgan** *siehe* Zhezqazghan
**Zhezqazghan** 114 C 4 *Russ.* Džezkazgan, Zhezkazgan; *ehem.* Dzhezkazgan. Z Kasachstan
**Zhitkovichi** *siehe* Zhytkavichy
**Zhitomir** *siehe* Zhytomyr
**Zhmerinka** *siehe* Zhmerynka
**Zhmerynka** 108 D 2 *Russ.* Zhmerinka. Z Ukraine
**Zhodino** *siehe* Zhodzina
**Zhodzina** 107 D 6 *Russ.* Zhodino. Z Weißrußland
**Zholsaly** 114 B 4 *Russ.* Dzhusaly. SW Kasachstan
**Zhovkva** 108 C 2 *Pol.* Żółkiew, *Russ.* Zholkev, Zholkva; *ehem.* Nesterov. NW Ukraine
**Zhovti Vody** 109 F 3 *Russ.* Zhëltyye Vody. Z Ukraine
**Zhovtneve** 109 E 4 *Russ.* Zhovtnevoye. S Ukraine
**Zhovtnevoye** *siehe* Zhovtneve
**Zhydachiv** 108 C 2 *Pol.* Żydaczów, *Russ.* Zhidachov. NW Ukraine
**Zhytkavichy** 107 C 7 *Russ.* Zhitkovichi. SO Weißrußland
**Zhytomyr** 108 D 2 *Russ.* Zhitomir. NW Ukraine
**Zibo** 128 D 4 *var.* Chang-tien, Zhangdian. O China
**Zichenau** *siehe* Ciechanów
**Zielona Góra** 98 B 4 *Dtsch.* Grünberg, Grünberg in Schlesien, Grüneberg. W Polen
**Zierikzee** 86 B 4 SW Niederlande
**Zigong** 129 B 5 *var.* Tzekung. SW China
**Ziguinchor** 74 B 4 SW Senegal
**Žilina** 99 C 5 *Dtsch.* Sillein, *Ung.* Zsolna. NW Slowakei
**Zillertaler Alpen** 95 C 7 *It.* Alpi Aurine. Gebirge, Österreich/Italien

---

**Zimbabwe** 78 D 3 Republik, *ehem.* Rhodesien. S Afrika

**UN-Name:** Republic of Zimbabwe **Formation:** 1980 **Hauptstadt:** Harare **Bevölkerung:** 10,9 Mio. **Fläche:** 390 580 km² **Sprachen:** Englisch*, Shona, Ndebele **Religionen:** Synkretistisch (Christen und Naturreligionen) 50%, Christen 26%, Naturreligionen 24% **Volksgruppen:** Shona 71%, Ndebele 16%, andere 11%, Weiße, Asiaten 2% **Regierung:** Mehrparteienrepublik **Währung:** Zim.-$ = 100 Cents

---

**Zimnicea** 108 C 5 S Rumänien
**Zimovniki** 111 B 7 SW Russische Föderation
**Zinder** 75 G 3 S Niger
**Zintenhof** *siehe* Sindi
**Zipaquirá** 58 B 3 Z Kolumbien
**Zittau** 94 D 4 O Deutschland
**Zlatni Pyasŭtsi** 104 E 2 *var.* `Zaĺni Pjašaci. NO Bulgarien
**Zlín** 99 C 5 *ehem.* Gottwaldov. SO Tschechische Republik
**Złotów** 98 C 3 NW Polen
**Znaim** *siehe* Znojmo
**Znamenka** *siehe* Znam"yanka
**Znam"yanka** 109 E 3 *Russ.* Znamenka. Z Ukraine
**Żnin** 98 C 3 W Polen
**Znojmo** 99 B 5 *Dtsch.* Znaim. S Tschechische Republik
**Zoetermeer** 86 C 4 W Niederlande
**Zolochev** *siehe* Zolochiv
**Zolochiv** 108 C 2 *Pol.* Złoczów, *Russ.* Zolochev. W Ukraine
**Zolochiv** 109 G 2 *Russ.* Zolochev. O Ukraine

**Zolote** 109 H 3 *Russ.* Zolotoye. O Ukraine
**Zolotonosha** 109 E 2 Z Ukraine
**Zolotoye** *siehe* Zolote
**Zomba** 79 E 2 S Malawi
**Zombor** *siehe* Sombor
**Zongo** 77 C 5 N Dem. Rep. Kongo
**Zonguldak** 116 C 2 NW Türkei
**Zonhoven** 87 D 6 NO Belgien
**Zoppot** *siehe* Sopot
**Żory** 99 C 5 *var.* Zory, *Dtsch.* Sohrau. S Polen
**Zouar** 76 C 1 N Tschad
**Zouérat** 74 C 2 *var.* Zouérate, Zouîrât. N Mauretanien
**Zrenjanin** 100 D 3 *Dtsch.* Grossbetschkerek, *Ung.* Nagybecskerek; *ehem.* Petrovgrad, Veliki Bečkerek. N Jugoslawien
**Zsupanya** *siehe* Županja
**Zugspitze** 95 C 7 Berg, S Deutschland
**Zuid-Beveland** 87 B 5 *Dtsch.* Südbeveland. Insel, SW Niederlande
**Zuider Zee** *siehe* IJsselmeer
**Zuidhorn** 86 E 1 NO Niederlande
**Zuidlaren** 86 E 2 NO Niederlande
**Zujevka** *siehe* Zuyevka
**Zula** 72 D 4 O Eritrea
**Zumbo** *siehe* Vila do Zumbo
**Zundert** 87 C 5 S Niederlande
**Zunyi** 129 B 5 O China
**Županja** 100 C 3 *Ung.* Zsupanya. O Kroatien
**Zürich** 95 B 7 *Eng./Fr.* Zurich, *It.* Zurigo. N Schweiz
**Zürichsee** 95 B 7 See, NO Schweiz
**Zutphen** 86 D 3 O Niederlande
**Zuwārah** 71 F 2 NW Libyen
**Zuyevka** 111 D 5 *var.* Zujevka. NW Russische Föderation
**Zvenigorodka** *siehe* Zvenyhorodka
**Zvenyhorodka** 109 E 2 *Russ.* Zvenigorodka. Z Ukraine
**Zvishavane** 78 D 3 *ehem.* Shabani. S Zimbabwe
**Zvolen** 99 C 6 *Dtsch.* Altsohl, *Ung.* Zólyom. Z Slowakei
**Zvornik** 100 C 4 O Bosnien-Herzegowina
**Zwedru** 74 D 5 *var.* Tchien. O Liberia
**Zwettl** 95 E 6 N Österreich
**Zwevegem** 87 A 6 W Belgien
**Zwickau** 95 C 5 O Deutschland
**Zwiesel** 95 D 6 SO Deutschland
**Zwolle** 86 D 3 O Niederlande
**Zyôetu** *siehe* Jōetsu

---

**Zypern**
102 C 5 Kypriaki Dimokratía (Zyprische Demokratie), *Griech.* Kypros, *Türk.* Kıbrıs. SW Asien

**UN-Name:** Republic of Cyprus **Formation:** 1974 **Hauptstadt:** Levkosía (Nikosia) **Bevölkerung:** 700 000 **Fläche:** 9 251 km² **Sprachen:** Griechisch*, Türkisch, andere **Religionen:** Griechisch-Orthodoxe 77%, Muslime 18%, andere 5% **Volksgruppen:** Griechen 77%, Türken 18%, andere (v. a. Briten) 5% **Regierung:** Mehrparteienrepublik; der Nordteil abgespalten als Türkische Republik Nordzypern **Währung:** Zypriot. £/Türkische Lira

---

**Zypern** 103 H 4 *var. Dtsch.* Cypern, *Griech.* Kypros, *Türk.* Kıbrıs, *Eng.* Cyprus. Insel, O Mittelmeer
**Zyryanovsk** 114 D 5 O Kasachstan

# Kartenübersicht

## Nord- & Westasien 112-113

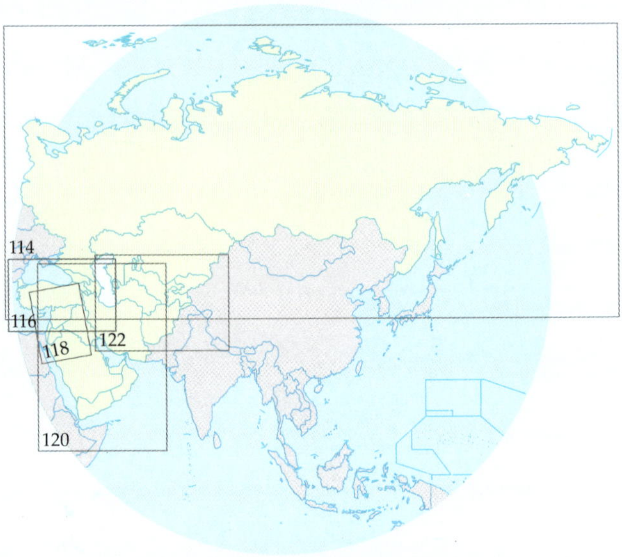


## Süd- & Ostasien 124-125

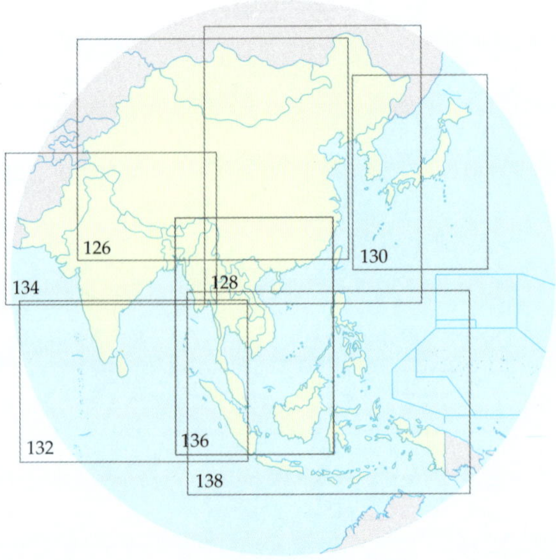